石油和化工行业“十四五”规划教材

高等学校自动化类专业系列教材

工业控制装备原理及应用

李丽娟　杨世品　姜　茂　等编著

化学工业出版社

·北京·

内容简介

本教材主要介绍智能制造背景下可编程控制器PLC、集散控制系统DCS、安全仪表系统SIS等三种典型工业控制装备的工作原理及应用方法，以及基于PLC/DCS/SIS的智能制造系统设计方法与开发实施方法，培养读者在复杂工业场景下基于不同工业控制装备的智能制造系统方案设计、功能开发、工程实施的能力以及堪当智能制造重任的卓越工程师素养。

本教材的读者对象包括普通高等学校自动化、智能制造工程、机器人工程、测控技术与仪器、机械工程、电气工程及其自动化等专业本专科学生，也可作为从事智能制造系统开发与运维领域的工程技术人员学习资料。

图书在版编目（CIP）数据

工业控制装备原理及应用 / 李丽娟等编著. -- 北京 : 化学工业出版社， 2025. 9. -- （石油和化工行业“十四五”规划教材）（高等学校自动化类专业系列教材）.

ISBN 978-7-122-49274-6

Ⅰ. TP332. 3

中国国家版本馆CIP数据核字第2025W3J851号

责任编辑：郝英华　　文字编辑：刘建平　温潇潇
责任校对：李雨函　　装帧设计：张　辉

出版发行：化学工业出版社
（北京市东城区青年湖南街13号　邮政编码100011）
印　　装：北京云浩印刷有限责任公司
787mm×1092mm　1/16　印张21　字数548千字
2025年9月北京第1版第1次印刷

购书咨询：010-64518888　　售后服务：010-64518899
网　　址：http://www.cip.com.cn
凡购买本书，如有缺损质量问题，本社销售中心负责调换。

定　　价：69.00元

前言
PREFACE

智能制造是实现制造强国的必由之路。工业控制装备相当于制造业的大脑，实现制造业信息获取、智能决策、实时控制以及联网通信等，是智能制造装备“国之重器”。南京工业大学“工业控制装备”为国家一流本科专业建设点——自动化专业的核心课程，并面向智能制造工程、机器人工程、测控技术与仪器等 6 个专业开课。课程源于 1996 年开设的“可编程控制器”，后鉴于工业自动化控制装置的数字化和融合性发展趋势，于 2018 年并入“集散控制系统”课程。学校联合工业控制装备龙头企业开发慕课在线资源，已在中国大学慕课、超星学习通平台上线运行，获江苏省微课竞赛一等奖、江苏省产教融合型一流课程等荣誉。

本教材主要介绍智能制造背景下可编程控制器（PLC）、集散控制系统（DCS）、安全仪表系统（SIS）等三种典型工业控制装备的工作原理及应用方法，基于 PLC/DCS/SIS 的智能制造系统设计方法以及开发实施方法，培养读者在复杂工业场景下基于不同工业控制装备的智能制造系统方案设计、功能开发、工程实施的能力以及堪当智能制造重任的卓越工程师素养。主要特色体现在：

① 种类高度集成的教材内容构成。教材将可编程控制器、集散控制系统、安全仪表系统等工业控制装备集成于一本教材，使读者从确定自动化系统方案出发，在更宏观层面学习不同类别工业控制装备的原理与应用，便于对比不同工业控制装备的原理、功能和优势，从而根据场景需求选择 PLC/DCS/SIS 等装备。

② 真实工程场景导引的内容架构。教材打破“核心内容—应用案例”这种使用手册式的传统编排方式，每一章采用“场景需求导引—核心内容介绍—场景解决方案—测试习题实践”的布局方式，每章开头引入教材团队科研中的真实场景需求，使读者在学习每部分知识点前先了解该内容用在什么实际应用场景，然后带着问题去学习核心内容，学习结束后紧接着给出应用这部分知识解决开头提到问题的解决方案，并通过测试习题进一步深化实践以解决真实需求问题。

③ 纸质数字融合的教材资源呈现。本教材依托的课程自 1996 年开始授课，陆续从不同知识模块出版过 5 部教材，且 2019 年起与中控技术等领军企业产教融合共建了在线开放课程，经过多年的教学实践，积累了丰富的授课视频、工程项目资料、实习题库等电子资源，采取“文字+ 电子”的教材资源呈现形式，纸质部分体系化呈现主要技术，电子部分由授课视频、测试题、工程案例资料、作业题参考答案、前沿拓展内容等组成，便于动态更新更丰富的课程资源。

本教材由南京工业大学李丽娟教授担任主编，她是自动化国家一流专业建设点负责人、“工业控制装备”省产教融合一流课程负责人，获国家教学成果二等奖等省部级以上奖励 10 余项，同时也承担了国家重大仪器专项等 30 余项科研项目，能够将科研案例有机融入教材。教材编写团队由本课程专业教师与工业自动化领域龙头企业中控技术专家组成，充分体现工程知识前沿性和工程案例真实性。教材共由 4 篇 11 章组成：第 1 篇是工业控制装备绪论，由南京工业大学李丽娟教授编写；第 2 篇是可编程控制器，包含第 2 ~ 4 章，其中，第 2 章为继电器控制技术，由南京林业大学赵亚琴教授编写，第 3 章是可编程控制器控制原理，由南京工业大学李丽娟教授编写，第 4 章是 PLC 系统软件设计，由南京工业大学杨世品副教授编写；第 3 篇是集散控制系统，包含第 5 ~ 8 章，其中，第 5 章为过程控制仪表，由南京工业大学高级实验师徐启老师编写，第 6 ~ 8 章由南京工业大学李丽娟教授与中控技术股份有限公司技术专家张丽丽、姜茂、王一帆、谭翠松、傅莉斐、田采玄等联合编写；第 4 篇为工业控制装备应用实践，包含第 9 ~ 11 章，其中，第 9 章为工业控制装备应用系统设计，由南京工业大学张印强副教授编写，南京工业大学产业教授郭培志提供水处理 PLC 控制系统工程案例相关资料，第 10 章为工业控制装备实验，由南京工业大学高级实验师徐启老师编写，第 11 章为工业控制装备应用实习，由南京工业大学李丽娟教授、赵亚琴教授编写。

由于编者水平所限，疏漏之处在所难免，欢迎广大读者批评指正。

2025 年 6 月

目录
CONTENTS

第 1 篇　工业控制装备绪论

第 1 章　工业控制装备概述 ………… 2

1.1　现代工业控制系统类型 ………… 2

1.1.1　污水沉淀池排泥控制案例 ………… 2

1.1.2　反应器液位控制案例 ………… 3

1.1.3　顺序控制和过程控制 ………… 4

1.2　控制系统原理概述 ………… 5

1.2.1　控制系统结构 ………… 5

1.2.2　控制器的作用 ………… 6

1.2.3　工业控制装备的作用 ………… 6

1.3　工业控制装备的类型 ………… 7

1.3.1　工控机 ………… 7

1.3.2　继电器控制 ………… 8

1.3.3　可编程控制器 ………… 9

1.3.4　调节仪表 ………… 10

1.3.5　集散控制系统 ………… 11

1.3.6　安全仪表系统 ………… 12

1.4　工业控制装备品牌 ………… 13

1.4.1　工控机 ………… 13

1.4.2　PLC ………… 14

1.4.3　DCS/SIS ………… 14

1.4.4　其他工业控制装备 ………… 14

1.5　工业控制装备网络集成 ………… 15

1.5.1　综合自动化系统典型结构 ………… 15

1.5.2　综合自动化系统集成技术 ………… 15

1.5.3　工业控制装备网络集成技术 ………… 17

本章作业 ………… 19

第 2 篇　可编程控制器（PLC）

第 2 章　继电器控制技术 ………… 21

2.1　电气控制基本电路设计 ………… 21

2.1.1 电气控制电路图标准 …… 21
2.1.2 电气控制系统原理图 …… 24
2.1.3 电气控制系统器件布置图 …… 27
2.1.4 电气安装接线图 …… 27
2.2 常用低压电器 …… 30
2.2.1 电器定义 …… 30
2.2.2 电器种类 …… 30
2.2.3 电磁式低压电器原理 …… 31
2.2.4 接触器 …… 32
2.2.5 继电器 …… 33
2.2.6 主令电器 …… 35
2.2.7 低压配电电器 …… 36
2.3 典型电气基本电路 …… 37
2.3.1 启保停控制 …… 38
2.3.2 电动机正反转控制 …… 40
2.3.3 自动往返循环控制 …… 41
2.3.4 两台电动机顺序控制 …… 42
2.3.5 多点联锁控制 …… 43
2.3.6 三相异步电动机典型控制 …… 43
本章作业 …… 50
第 3 章 可编程控制器控制原理 …… 51
3.1 可编程控制器概述 …… 51
3.1.1 继电器控制的 PLC 实现模式 …… 51
3.1.2 PLC 发展历程 …… 52
3.1.3 PLC 硬件组成 …… 55
3.1.4 PLC 编程元件 …… 60
3.1.5 PLC 工作原理 …… 62
3.2 西门子 S7-1200 系列 PLC …… 65
3.2.1 西门子 PLC 系列产品 …… 65
3.2.2 S7-1200 硬件 …… 66
3.2.3 S7-1200 硬件接线 …… 74
3.2.4 S7-1200 的编程概念 …… 77
3.2.5 S7-1200 的工作模式 …… 80
3.3 PLC 系统硬件设计 …… 83
3.3.1 污水沉淀池排泥控制硬件设计 …… 84

3.3.2 多站点分布式控制系统案例 …… 86
3.3.3 某企业 PLC 控制系统扩容案例 …… 90
本章作业 …… 93
第 4 章 PLC 系统软件设计 …… 94
4.1 S7-1200 基本指令 …… 94
4.1.1 位逻辑指令 …… 94
4.1.2 定时器与计数器指令 …… 101
4.1.3 比较与数学运算指令 …… 109
4.1.4 程序跳转指令 …… 117
4.1.5 日期和时钟指令 …… 120
4.1.6 模块化编程 …… 122
4.2 顺序功能图设计法 …… 128
4.2.1 顺序功能图应用场景案例 …… 128
4.2.2 顺序控制设计法 …… 130
4.3 S7-1200 在模拟量闭环控制中的应用 …… 144
4.3.1 模拟量信号采集 …… 144
4.3.2 模拟量闭环控制系统 …… 147
4.3.3 PID_Compact 指令的算法与参数 …… 148
4.3.4 PID_Compact 指令的组态与调试 …… 149
4.4 S7-1200 通信 …… 151
4.4.1 S7-1200 之间的 ISO-on-TCP 和 TCP 通信 …… 152
4.4.2 S7-1200 之间的 UDP 通信 …… 156
4.4.3 S7-1200 与 S7-300/400 之间的开放式用户通信 …… 158
本章作业 …… 161
第 3 篇 集散控制系统（DCS）
第 5 章 过程控制仪表 …… 163
5.1 过程控制仪表应用场景案例 …… 163
5.2 过程控制仪表的信号制式 …… 164
5.2.1 信号标准 …… 164
5.2.2 信号连接方式 …… 165
5.3 过程控制仪表的防爆 …… 165
5.3.1 防爆仪表的标准 …… 166
5.3.2 控制仪表的防爆措施 …… 168

5.4 控制策略 …… 169
5.4.1 位式控制 …… 169
5.4.2 离散 PID 控制算法 …… 170
5.4.3 先进控制策略 …… 172
5.5 数字控制器 …… 175
5.5.1 数字控制器组成 …… 175
5.5.2 厦门宇电 AI-8 系列数字控制器 …… 177
5.5.3 过程控制应用案例 …… 180
本章作业 …… 183
第 6 章 集散控制系统硬件 …… 185
6.1 DCS 应用场景案例 …… 185
6.2 DCS 概述 …… 191
6.2.1 DCS 发展 …… 191
6.2.2 DCS 基本结构 …… 192
6.2.3 DCS 特点 …… 192
6.2.4 DCS 典型产品 …… 196
6.3 DCS 硬件架构 …… 197
6.3.1 ECS-700 系统概述 …… 197
6.3.2 ECS-700 系统硬件构成 …… 198
6.3.3 ECS-700 网络架构 …… 204
6.4 DCS 硬件选型 …… 210
本章作业 …… 214
第 7 章 集散控制系统软件 …… 216
7.1 软件组成 …… 216
7.1.1 组态软件 …… 216
7.1.2 操作软件 …… 217
7.1.3 诊断软件 …… 217
7.1.4 批量控制软件 …… 218
7.1.5 先进控制软件 …… 219
7.1.6 智能仪表管理软件 …… 220
7.2 集散控制系统控制组态 …… 221
7.2.1 组态概述 …… 221
7.2.2 集散控制系统组态 …… 223
7.2.3 图形化编程 …… 226
7.2.4 现场总线控制系统组态（FF） …… 234

7.3 人机界面 …… 235
7.3.1 人机界面概念 …… 235
7.3.2 人机界面操作 …… 236
7.3.3 人机界面组成 …… 237
7.3.4 仪表面板和调整画面 …… 239
7.3.5 报警管理 …… 240
7.4 数据通信 …… 240
7.4.1 数据通信基本概念 …… 240
7.4.2 集散控制系统的网络协议 …… 241
本章作业 …… 244
第 8 章 安全仪表系统（SIS） …… 246
8.1 安全仪表系统概述 …… 246
8.1.1 安全仪表系统应用背景 …… 246
8.1.2 安全仪表系统相关术语 …… 246
8.1.3 SIS 与 DCS 的关系 …… 247
8.1.4 典型安全仪表系统 …… 248
8.2 安全仪表系统硬件组成 …… 248
8.2.1 系统架构概述 …… 248
8.2.2 安全控制站 …… 249
8.2.3 工程师站 …… 252
8.2.4 系统网络 …… 253
8.2.5 硬件选型 …… 254
8.3 安全仪表系统软件组成 …… 256
8.3.1 控制系统软件组态 …… 256
8.3.2 HMI 软件应用 …… 263
8.4 DCS 与 SIS 的集成管理 …… 266
本章作业 …… 268

第 4 篇 工业控制装备应用实践

第 9 章 工业控制装备应用系统设计 …… 270
9.1 系统综合设计场景案例 …… 270
9.2 工业自动化系统设计流程 …… 273
9.2.1 PLC 自动化系统设计流程 …… 273
9.2.2 DCS 自动化系统设计流程 …… 276

9.2.3 SIS 系统设计流程 …… 278
9.3 水处理 PLC 控制系统工程案例 …… 279
9.3.1 水处理控制系统设计思路 …… 279
9.3.2 水处理系统运行要求 …… 279
9.3.3 水处理 PLC 控制系统控制方式 …… 282
9.3.4 水处理 PLC 控制系统硬件设计 …… 282
9.3.5 水处理 PLC 控制系统软件设计 …… 285
9.4 DCS 应用案例 …… 289
9.4.1 项目案例及要求 …… 289
9.4.2 系统结构设计 …… 291
9.4.3 控制域设计 …… 293
9.4.4 操作域设计 …… 294
本章作业 …… 296
第 10 章 工业控制装备实验 …… 297
10.1 博途软件使用及基本指令练习 …… 297
10.2 西门子 S7-1200 液体混合装置控制 …… 305
10.3 西门子 S7-1200 温度检测与控制 …… 306
10.4 储罐液位 DCS 控制系统组态仿真 …… 312
10.5 SIS 仿真设计 …… 313
第 11 章 工业控制装备应用实习 …… 316
11.1 实习目标 …… 316
11.2 实习任务 …… 316
11.3 实习流程 …… 322
11.4 实习文档 …… 323
11.4.1 投标标书 …… 323
11.4.2 实习总结报告 …… 325
参考文献 …… 326

第1篇

工业控制装备绪论

工业控制装备是现代工业自动化系统的大脑，通过对产品生产全流程的监测、控制和优化，实现生产过程“安稳长满优（安全、稳定、长期、满负荷、优化）”运行，是化工、材料、食品、汽车等国民经济基础性产业和石化、能源、国防等领域国家重大工程项目不可或缺的关键通用硬软件平台与系统，也是工业生产实现智能制造的关键核心装置。

现代工业自动化系统中广泛应用的工业控制装备主要包括可编程控制器（programmable logic controller，PLC）与集散控制系统 (distributed control system，DCS)，二者有不同的工作原理、优势和应用场合。本教材将从应用需求的角度出发，分别介绍这两种工业控制装备的原理及应用技术。第 1 章为工业控制装备概述，使读者初步理解典型工业控制系统和控制原理，了解工业控制装备的作用、种类、品牌等概况，知晓工业控制装备在综合自动化系统中的地位和作用，以及构建自动化系统时对工业控制装备技术的需求。1. 1 节从两种典型工程应用案例出发，引出对工业控制系统类型的介绍，重点说明过程控制系统和顺序控制系统的特点、应用场合等；1. 2 节介绍控制系统原理，重点说明开环控制和闭环控制的概念和结构；1. 3 节主要介绍工业控制装备的类型和特征；1. 4 节重点介绍不同类型工业控制装备的常见品牌；1. 5 节介绍工业自动化集成技术，阐述工业综合自动化系统网络架构，以及工业控制装备在构建综合自动化系统时需要的网络、接口、数据库等关键技术。

视频1.1　课程导学

第1章 工业控制装备概述

视频1.2 工业控制装备概述

1.1 现代工业控制系统类型

在介绍 PLC 和 DCS 的原理和应用技术之前，本节首先引入两个典型的工业控制系统简化案例，帮助读者了解 PLC 和 DCS 的不同应用场景和领域。

1.1.1 污水沉淀池排泥控制案例

污水处理过程中，沉淀池是去除废水中悬浮物、有机物和有害物质的重要设备，它通过重力作用将废水中的颗粒物和絮凝体沉降至池底，从而实现固液分离。沉淀池中的污泥如不及时排出，会厌氧发酵，致使污泥上浮，不仅破坏沉淀池的正常工作，而且使出水质恶化。因此，周期性排泥是沉淀池运行中极为重要的工作。对于排泥过程，高密排放泵、高密排泥阀、高密冲洗水阀、排泥泵进口阀、高密循环泵是五个重要的排泥控制设备，如图 1-1 所示。高密排泥阀用于开关高效沉淀池的底部排泥通道，打开时沉淀池中的泥浆在重力作用下排出。排泥泵进口阀用于开关进入高密排放泵的泥浆，打开时通过沉淀池排出的泥浆流到高密排放泵。高密排放泵用于将泥浆从沉淀池中抽出输送至浓缩池。高密冲洗水阀用于开关冲洗管路的进水，防止污泥在管路和设备中板结，当排泥泵进口阀和高密排放泵关闭、高密排泥阀打开时，水流反向冲洗高密排泥阀和相应管道，而当高密排泥阀关闭、排泥泵进口阀和高密排放泵打开时，水流正向冲洗排泥泵进口阀、高密排放泵及相应管路。高密循环泵用于开关泥浆的循环回流，使部分泥浆回流到初始的污水收集池。

本案例的控制要求，是在一个排泥周期的工作中，按顺序控制好每一步流程中高密排泥阀、排泥泵进口阀、高密排放泵、高密冲洗水阀、高密循环泵等五个排泥设备的开关状态。对于电动阀和泵来说，为了实现该控制要求，可通过设计逻辑控制电路来给相应设备通断电，从而实现对其开关状态的控制，也可通过控制器输出数字量信号 0 或 1，传递给相应的接触器或继电器，使其作为被控制设备的启停开关来实现设备的通断电控制。以图 1-1 所示的高密排放泵控制为例：在第一个反冲洗阶段的 1 分钟内，控制器输出数字量 0 至控制高密排放泵的接触器线圈，接触器开关关断高密排放泵；接下来在第一个正冲洗阶段的 1 分钟、排泥阶段的 15 分钟、第二次正冲洗的 15 分钟内，控制器输出数字量 1 至该接触器线圈，接触器开关接通高密排放泵，启动工作；到第二次反冲洗的 1 分钟、排泥结束后的 120 分钟内，控制器输出从 1 变为 0，高密排放泵停止工作。其他四个排泥设备的控制依此类推。

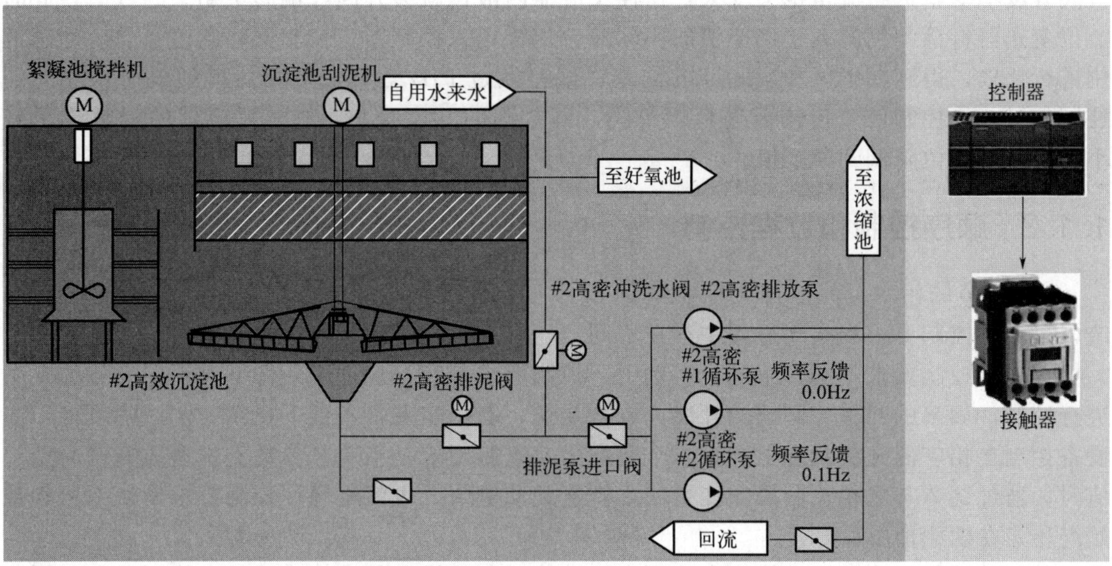

图 1-1　污水处理高效沉淀池排泥控制

1.1.2　反应器液位控制案例

反应器是化工、制药、冶金等行业实现多种物料混合完成反应过程的常用工业设备，为了得到满足质量要求的产品，反应过程的温度、压力、液位等参数往往需要运行在设计的数值范围内或稳定于某一数值上。以某一液相反应的液位控制系统为例，如图 1-2 所示，原料通过进料阀进入反应器，在一定的温度、压力、液位等工艺条件下发生反应，反应后的产品通过底部的出料阀流出。假定反应的工艺条件之一是反应器内的液体液位保持在某一期望的高度，比如总高度的 70%，正常情况下进料和出料保持平衡，液位保持稳定。当进料压力波动等扰动出现时，尽管进料阀开度不变，但进入反应器的物料流量波动，导致进入反应器的物料量不等于流出的物料量，致使液位升高或降低，偏离了期望的高度，这时需要控制系统自动调节使其液位高度恢复。

为了实现对液位的自动控制，在反应器底部加装了液位变送器，用于测量反应器内的实际液位高度，进料阀选择为开度可从 0～100%任意调节的调节阀，可以实现对进料流量的任意调节，并配置了控制器用于实现控制算法的运算，三者与反应器对象一起形成液位控制回路。液位变送器检测实际液位高度，将测量信号送至控制器，控制器将实际测量值与期望的液位高度相比较并经过一定的算法（如比例积分微分算法，即 PID 算法）运算后，输出控制信号至调节阀，使调节阀开度发生变化，从而改变进入反应器的物料流量，进而实现对液位的调节。当系统有扰动发生时，比如进料压力突然变大，即使调

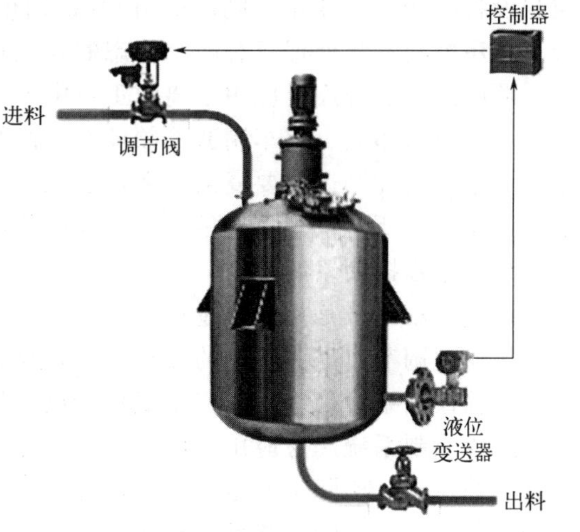

图 1-2　反应器液位控制案例

节阀开度不变，进料流量也会变大，这样反应器内液位就会升高，偏离了期望的数值，此时液位变送器将检测到的大于期望值的实际液位信号送入控制器，控制器将此信号与期望的液位进行比较，得到期望值和实际值的偏差，偏差经过 PID 等算法运算后得到关小调节阀的控制信号，将控制信号传输至进料调节阀，调节阀的开度减小，进入反应器的物料流量减小，从而使液位降低到期望值。

1.1.3 顺序控制和过程控制

1.1.1 节的污水沉淀池排泥控制案例和 1.1.2 节反应器液位控制案例均为工业控制系统，二者在控制要求和实现过程中存在不同。

首先，控制要求不同。第一个案例中，控制要求是在一定逻辑条件下对不同设备的开关进行控制，如泵的开关、阀门的开关，也就是说，在一定逻辑条件下或在一定的阶段将不同设备控制在相应的开关状态上。第二个案例中，控制要求是当工艺参数受扰动影响偏离期望值时，通过调节与之相关的操作变量使之恢复到期望值，也就是说，控制要求是使工艺参数始终稳定在期望值上。

其次，控制方式不同。第一个案例中，被控对象是设备的启停或开关，控制器通过预先设定的逻辑条件或时间顺序条件输出开关信号到设备，控制设备开关，控制信号的传递是单向的。第二个案例中，控制器首先接收来自液位变送器的反馈信号，经过控制策略运算后输出控制信号到进料调节阀，控制的是调节阀的开度，信号按“反应器—测量元件—控制器—调节阀—反应器”传递，形成闭环反馈。

最后，控制变量不同。第一个案例中，控制变量是决定设备开、关两种状态的离散量，可分别用 1、0 表示。第二个案例中，控制变量是决定调节阀开度的连续量，信号一般为 4～20mA 的电流信号或 1～5V、－10～10V、0～10V 的电压信号。

这两种控制要求不同、控制方式不同、控制变量不同的控制系统，代表了两类典型的工业控制系统。第一个案例对应的控制系统，称为顺序控制系统；第二个案例对应的控制系统，称为过程控制系统。

(1) 顺序控制系统

顺序控制系统是指按照规定的时间或逻辑顺序依次完成各种操作启停的控制系统。通过控制设备的运行或停止、阀门的开启或关闭、指示灯的亮或灭等来实现各种动作按顺序进行。顺序控制系统处理只有两个状态的开关量信号。

顺序控制系统广泛应用于离散工业中，一般需要按一定的加工顺序完成生产过程，如食品加工、纺织印染、汽车制造等领域的生产线或装配线。实际工业生产中的顺序控制系统比第一个案例的控制逻辑要复杂得多，往往有几百上千的设备需要控制，图 1-3 所示的汽车装配生产线中，所有汽车零部件都要按顺序装配完成，具有非常复杂的顺序控制逻辑。

(2) 过程控制系统

过程控制系统是指生产过程的工艺参数需要稳定在一定数值上或按预设规律调整的控制系统，通过调节对需要控制的被控变量有显著影响的调节变量，实现被控变量稳定于期望数值。过程控制系统处理的是连续变化的模拟量信号。

过程控制系统广泛应用于炼油、化工等流程工业，一般需要在设定的工艺条件下实现生产过程的控制。实际工业生产中的过程控制系统也比第二个案例复杂很多，第二个案例只是一个控制回路，实际系统可能有几千上万个回路。图 1-4 所示的化学品生产过程控制，由多个生产单元组成，每个生产单元中都有大量的温度、压力、液位、流量等参数需要被控制。

图 1-3 汽车装配生产线

图 1-4 化工生产装置

1.2 控制系统原理概述

控制系统是专门设计用于管理、命令、指示和操纵另一种设备或系统行为的一套装置，由多个自动化元部件以一定的信号连接方式组成。顺序控制系统和过程控制系统的实现，均通过连接一定的自动化元部件，按照一定的信号传递过程来完成。

1.2.1 控制系统结构

控制系统的实现有开环控制和闭环控制两种结构。

(1) 开环控制

开环控制是指控制装置和被控对象之间的控制作用的传递是单向的，系统的输出由输入驱动产生，输出无法影响到输入端。如图 1-1 所示的污水沉淀池排泥控制，事先编好程序将控制流程写入控制器，控制器把程序运行后的结果输出至控制高密排泥泵的接触器，通过接触器的触点再去控制高密排泥泵，控制信号从控制器输出至接触器，没有从高密排泥泵反馈回控制器的信号，这就是开环控制。开环控制的结构如图 1-5 所示，预先设定的程序输入控制器，控制器运行程序后输出控制信号到调节阀、电动机等执行器，通过改变执行器的状态从而改变被控对象的状态。一般顺序控制系统多采用开环控制结构。

图 1-5 开环控制结构

(2) 闭环控制

闭环控制是指控制系统中信号的传递沿一个方向形成闭合回路，被控对象的输出信号返回到输入端进入控制器。一般闭环控制由控制器、执行器、测量变送元件、被控对象等组成，如图 1-6 所示。被控对象是要施加控制的装置或设备，如案例二中的反应器。测量变送元件的作用是测量被控对象的变量实际值，返回到控制器，如案例二中的液位变送器。控制器接收来自测量变送元件的实际测量值，经过一定的控制算法运算后输出控制信号到执行器，以决定执行器的动作方向和动作幅度，控制器可以是 PLC、DCS、工控机、单片机等。执行器是执行控制器指令的执行元件，如开度可调的调节阀或频率可调的变频器等。

在闭环控制过程中，当被控对象受到干扰使输出变量偏离期望的设定值时，测量变送元件检测到输出变量的变化，将测量信号送至控制器，控制器根据实际测量值和期望设定值间

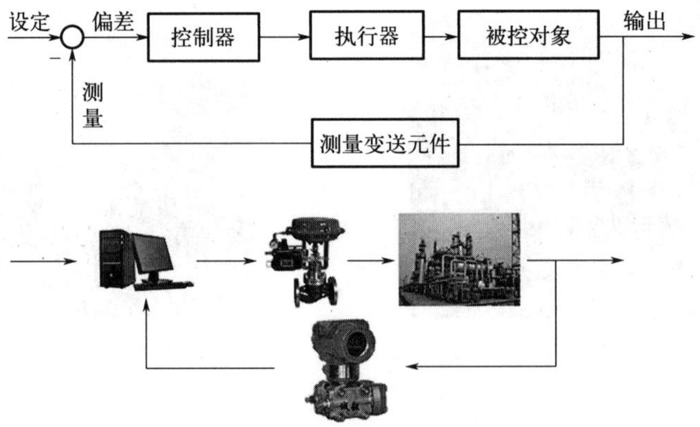

图 1-6　闭环控制结构

的偏差计算需要的控制量，并将其输出至执行器，执行器根据控制量执行动作后改变被控对象上影响输出变量的调节变量，使调节变量对输出变量的影响抵消干扰作用引起的输出变量变化，从而使输出变量稳定。一般过程控制系统多采用闭环控制的结构。

由于闭环控制系统中输出变量的测量值通过测量变送元件反馈至控制器，使控制器得到控制效果的反馈信息，闭环控制又称反馈控制。

1.2.2　控制器的作用

无论是开环控制还是闭环控制，控制器在其中都起着至关重要的作用。对于工业控制来说，控制器相当于工业大脑，起着决策控制作用方向和幅度的关键作用，接收工业过程测量变送元件送来的测量信号，经过一定的运算，输出控制信号控制执行机构动作，从而使生产过程按预设的程序或参数值运行。

控制器的作用体现在三个方面：

① 接收输入：接收来自测量变送元件的测量信号。

② 内部运算：根据系统预设的程序或预设的参数值，将接收的输入信号与内部变量信号进行一定的逻辑运算或数值运算，产生控制信号。

③ 产生输出：将内部运算的结果输出至执行器执行动作。

控制器的核心作用体现在内部运算上，控制系统最终的控制性能主要取决于运算算法的设计。对于顺序控制来说，需要设计变量间的逻辑运算规则，使其输出运行在期望的流程状态上。对于过程控制来说，需要设计合理的控制算法，使输出在受到干扰偏离期望值时快速、稳定、准确地恢复，最常见的控制算法是比例积分微分（PID）算法，近年来为了提高控制系统性能提出了预测控制、模糊控制等各种先进控制算法。

1.2.3　工业控制装备的作用

工业控制装备是实现控制系统中控制器作用的自动化设备。早期的工业控制装备功能比较单一，只能起到控制器的作用，如调节仪表只能作为单回路控制系统的控制器使用，一台调节仪表控制一个回路。随着网络通信技术和微处理器技术的发展，工业控制装备硬件上配置了微处理器和网络接口，不仅可以起到控制器的作用，而且具备灵活的网络通信功能、科学计算功能，甚至自学习功能，一台工业控制装备可以控制大量的执行器，形成庞大的控制系统网络。

1.3　工业控制装备的类型

为了实现工业控制系统中控制器的作用，长期以来发展了多种工业控制装备。针对顺序控制和过程控制这两类典型的控制系统，一直以来分别有两类相应的控制设备实现控制器作用，形成了两个发展分支。

早期的顺序控制系统通过继电器控制来实现，也就是通过各种低压电器的串并联硬接线实现控制逻辑，从而按需求控制被控设备的通断电。后来发展了可编程控制器PLC，硬件上采用微处理器和数据输入输出模块，通过软件编程代替继电器控制的硬接线实现控制逻辑。

早期的过程控制系统通过调节仪表实现，通过仪表内的各种集成电路实现PID算法和回路控制，对调节变量进行连续调节，使输出变量稳定于设定值。后来发展了集散控制系统DCS，通过软件的控制策略组态实现大规模的PID回路控制，通过一套控制系统实现全流程所有控制回路的集中管理。此外，在炼油、石化等行业存在重点监管的高危工艺或重大危险源，为了保障生产过程始终处于安全状态，一般均需安装安全仪表系统（safety instrumented system，SIS）实现装置的联锁保护和紧急停车。

除了上述两类工业控制装备外，工业上用来实现控制器作用的装备还有工控机（industrial control computer，IPC）。工控机是一种专门用于工业控制和自动化领域的计算机设备，广泛应用于各种工业场景，如制造业、能源生产、交通运输、机械设备等。工控机通过运行特定的软件和算法，监控和控制工业过程，实现自动化、提高生产效率和产品质量。

1.3.1　工控机

工业计算机（工控机）是专门用于工业控制领域的计算机设备，用于监控、控制和管理各种工业过程。工业计算机可以分为嵌入式箱式工业计算机、上架式工业计算机、平板工业计算机等细分品类。典型的国产品牌研华工控机外形如图1-7所示。它的基本组成类似于普通电脑，但二者有显著差异。

图1-7　典型品牌的工控机

（1）设计用途

工控机的设计初衷是在工业环境中稳定运行。它们通常用于监控、控制和管理自动化系统，如工厂生产线、电力站、交通信号系统等。这些机器需要能够在极端温度、湿度和电磁干扰下稳定工作。因此，工控机通常具有更坚固的外壳和更好的散热系统，以适应这些严苛的条件。普通电脑则是为一般消费者和商业用户设计的，用于各种一般用途，如办公、娱乐、网上冲浪等。它们通常不需要经受如工控环境中的那些极端条件，因此设计上更注重性能和用户友好性。

(2) 硬件配置

工控机和普通电脑的硬件配置也有很大不同。工控机通常会采用更耐用的组件，如工业级主板、高质量的电子元件，以及更坚固的机箱。此外，它们通常会采用定制化的设计，以满足特定的工业需求。普通电脑则更注重性能和通用性，它们可能会采用更高性能的CPU和GPU，以提供更好的图形和计算性能，适用于各种商业应用。

(3) 操作系统

工控机通常会运行特定的嵌入式操作系统或工业控制系统，如Windows Embedded、Linux嵌入式等。这些操作系统被优化用于工业控制任务，具有较高的稳定性和可靠性。普通电脑通常运行常见的操作系统，如Windows、MacOS或Linux桌面版，用于各种一般用途。它们更适合运行办公软件、娱乐应用和互联网浏览器。

(4) 连接和接口

工控机通常配备各种工业接口，如RS-232、RS-485、CAN总线等，以便与各种工业设备进行通信。此外，它们通常支持多个扩展槽，以满足不同的输入输出需求。普通电脑通常配备一般性能的接口，如USB、HDMI、音频接口等，更适合连接消费类外设，如键盘、鼠标、显示器等。

(5) 应用领域

工控机主要用于工业控制和自动化领域，包括生产线监控、机器人控制、数据采集和处理等。它们在工业环境中起到关键作用，确保生产过程的稳定性和效率。普通电脑则广泛应用于办公、娱乐、科研、设计等各种领域。它们是我们日常生活中不可或缺的工具，用于各种任务和娱乐活动。

综上所述，工控机和普通电脑虽然都是计算机，但它们在设计用途、硬件配置、操作系统连接和接口、应用领域上有着显著的不同。选择哪种类型的计算机，取决于具体的用途和环境需求。如果需要在工业控制环境中运行稳定，那么工控机是更好的选择。而如果是普通的办公和娱乐需求，那么普通电脑更适合。

1.3.2 继电器控制

接触器和继电器是继电器控制系统中最重要的低压电器，被控设备往往通过硬接线连接到这两类电器，被控设备的通断状态由接触器或继电器的触点接通和断开来控制。图1-8所示是继电器控制的一个典型案例。为了实现对负载电机的启停控制，将断路器、接触器、热继电器、熔断器、按钮等各类低压电器通过串并联等方式连接起来，当人工操作按钮使其开关状态改变时，接触器触点的通断状态就会改变，从而可以控制负载电机的运行和停止。

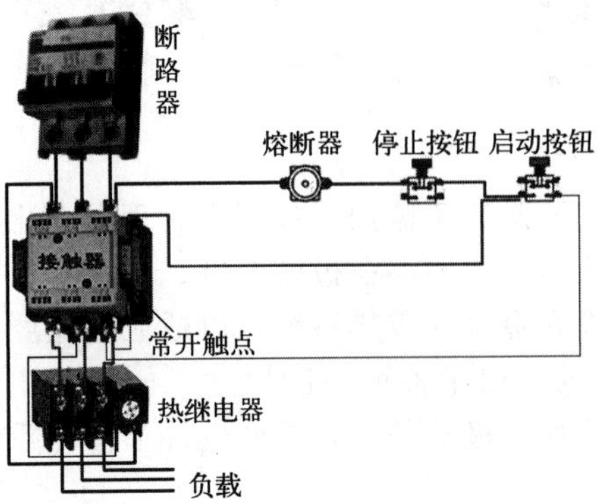

图1-8 典型继电器控制

可见，继电器控制系统通过各类低压电器的逻辑硬接线实现对被控对象的控制。继电器控制系统的逻辑接线方式决定了被控负载的通断状态。一般典型的控制功能有专门的逻辑接线方案。要实现继电器控制系统，一般先进行硬件选型，然后设计电气原理图，使电路串并联接线逻辑满足控制要求，然后根据电气原理图绘制电气元件布置图和电气接线图，最后根据接线图接线并测试控制电路。

PLC 出现之前，继电器控制系统广泛应用于顺序控制领域。继电器控制系统的逻辑接线在建成后很难更改，系统扩容和修改控制逻辑都极度缺乏灵活性，20 世纪 70 年代后逐步被 PLC 取代。但是，继电器控制具有成本低的显著优势，在当前 PLC 控制的辅助逻辑电路以及简单的顺序控制中仍在使用，而且 PLC 控制沿用了继电器控制梯形图的设计思路，因此学习和理解继电器控制仍非常必要。在后续第 2 章中会详细介绍继电器控制原理，本节不再赘述。

1.3.3　可编程控制器

可编程控制器本质上是一种工控机，其功能是完成从输入设备接收信号，根据编程逻辑计算结果，输出信号控制外围设备。图 1-9 所示为 PLC 的功能结构图，按钮、传感器等设备的状态通过输入模块存储在 PLC 的输入存储器中，通过编程器下载到 PLC 的用户程序以当前的变量状态为基础进行计算，计算结果通过输出模块传送至接触器线圈等外部被控设备。图 1-10 为典型的工业 PLC 设备。

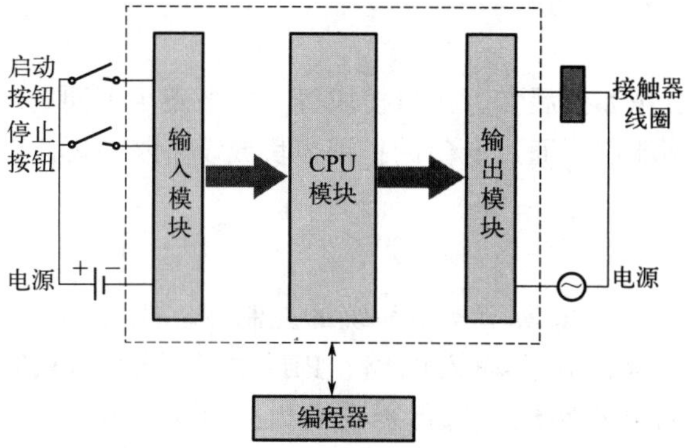

图 1-9　可编程控制器组成

图 1-10　典型品牌的可编程控制器

在 PLC 出现之前，所有工业应用的顺序控制系统都是通过硬接线的继电器控制实现的，这种系统既不灵活也不便宜，对其升级改造往往意味着对整个系统费时费钱地彻底重建。自从有了 PLC，继电器控制系统就可被完全替代。它采集输入量，并根据输入量的状态控制输出量的状态或大小，从而让控制系统的输出按期望变化。用户一般通过软件预先为 PLC 装载程序，使 PLC 运行时能够实现所需的控制效果。由于继电器控制需要使用具有大量电磁装置的继电器、接触器等低压电器，因此，更换 PLC 后极大地节省了占用空间，降低了电量消耗，减少了设备维护工作量。

PLC 系统开发的主要流程一般包括：硬件选型、电气原理图绘制、电气接线图绘制、安装硬件并接线、编写软件程序、下载程序到 PLC、测试运行等步骤。详细的开发过程在后续章节中会做具体讲解，此处不再赘述。

随着 PLC 产品的不断更新换代，目前的 PLC 不仅具备顺序控制功能，在数值计算、联网通信、过程控制等方面也具备了丰富的功能，因此也可应用于少量回路的过程控制、计算速度和计算量要求不太高的数值计算，以及需要联网通信的多级监控系统等场合。PLC 和工控机都是工业自动化领域中非常重要的控制设备。PLC 虽然本质上是一种工控机，但它与工控机有显著的区别，主要体现在以下几方面。

(1) 硬件特性

工控机通常具备通用计算机的硬件特性，如处理器、内存、硬盘、多种接口等，以满足各种计算、存储和连接需求。而PLC的硬件设计更专注于实时性和可靠性，通常具有可靠的输入/输出接口、防护等级、抗干扰能力，并支持工业环境下的长时间连续运行。

(2) 编程方式

工控机的编程通常是基于通用编程语言（如C/C++、Java）进行开发的，可以使用各种编程语言和开发工具进行复杂的应用程序开发和定制化编程。PLC的编程则是基于特定的编程语言，如梯形图、指令列表、顺序功能图等进行的，这些语言专门用于描述逻辑控制和处理输入/输出信号。

(3) 应用场合

工控机通常基于操作系统，用于工业环境中进行数据处理、控制和监视等任务，能够执行复杂的计算、运行各种应用软件，并且具备较高的灵活性和可编程性。而PLC则是专门设计用于工业自动控制的设备，它具有特定的硬件和软件架构，用于实时控制、逻辑运算和输入/输出（I/O）处理。因此，工控机适用于更为复杂的自动控制和数据处理任务，如实现复杂算法和软件应用，而PLC则专门用于离散型控制和实时性要求高的控制等场合。

(4) 可扩展性

工控机通常具备较高的可扩展性，可以通过添加扩展卡、接口模块等方式来满足不同的应用需求。PLC也具有灵活的可扩展性，但扩展功能需要通过专门的扩展模块或设备来实现。

1.3.4 调节仪表

早期的过程控制是由单元组合仪表实现的，图1-6所示控制系统的控制器、执行器、测量变送元件等功能均由仪表实现，其中，控制器采用由输入电路、PID电路、输出电路、软/硬手操电路、指示电路等组成的电动模拟调节器实现，执行器主要由开度从0到100%可调的调节阀实现，测量变送元件由温度、压力、液位、流量等参数测量仪表实现。整套系统按照功能划分成若干独立的单元，各单元之间用统一的标准信号连接。具体来说，控制系统中测量变送单元的输出、控制单元的输入和输出、执行单元的输入，均采用统一的标准信号。单元组合仪表分为电动单元组合仪表和气动单元组合仪表，标准信号分别为统一范围的电信号和气信号。虽然目前不再提单元组合仪表的概念，但工业上的各种仪表、阀门、信号传输模块等的模拟量信号仍沿用了DDZ-Ⅲ型电动单元组合仪表的4～20mA标准电信号和气动单元组合仪表的0.02～0.1MPa标准气信号。

图1-11所示为模拟调节仪表操作和显示面板，具有内外给定切换、正反作用选择、PID运算和调节、手动操作、输出显示、偏差显示等功能，仪表的背面有接线端子。模拟调节仪表的输入来自测量变送单元，输出为PID运算后的结果，输出至调节阀等执行单元。

随着微处理器的广泛应用，由各种运算放大电路组成的模拟调节仪表逐步退出了历史舞台，取而代之的是数字调节仪表。数字调节仪表的主要功能是输入信号采集、A/D转换、数字处理、数字显示和结果输出。目前先进的数字调节仪表不仅可实现上述基础功能，而且具备人工智能自学习算法，能够根据工况自动整定PID参数，实现持久的精确控制。而且，数字调节仪表还具有RS-485等各类通信接口，能够与其他设备进行联网通信。某国产品牌数字调节仪表如图1-12所示。数字调节仪表广泛应用于电子设备的生产制造、科学研究、医疗诊断等领域。

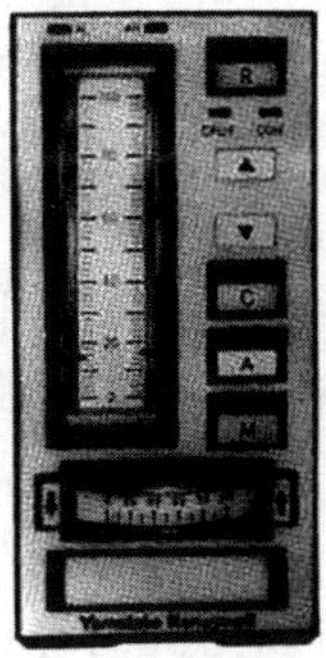

图 1-11　模拟调节仪表

图 1-12　数字调节仪表

1.3.5　集散控制系统

在过程控制系统中，前述的数字调节仪表、工控机主要用于控制回路较少的场合，现代过程工业流程长、工艺复杂、质量参数多，往往需要控制成百上千甚至上万的回路，针对这种需求，随着控制技术、显示技术、计算机技术、通信技术（即所谓的 4G 技术）的发展，出现了以微处理器为基础的集散控制系统（distributed control system，DCS）。集散控制系统的显著特征是"分散控制，集中操作"，克服了常规计算机控制中一旦计算机崩溃全部控制回路失控的危险。由于具有结构开放、网络化、通信趋于标准化、高性价比、高可靠性、组态灵活、人机界面友好、操作简易方便等一系列优点，集散控制系统在世界范围内的炼油、石油、化工、电力、钢铁、纺织、食品加工等领域得到了广泛的应用。目前的 DCS 功能更加强大，除了过程控制功能外，还与设备管理系统、安全仪表系统、先进监控系统等集成，构成功能完善的综合自动化系统。因此，DCS 不仅仅是控制回路中的控制器，而且还是实现综合自动化的核心设备。

经过半个世纪的发展，世界各地的供应商可提供大量的 DCS 产品。我国 DCS 产品后来者居上，目前国产品牌的 DCS 产品在国内市场占有率已经超过外国品牌，系统稳定性和性价比得到了市场的广泛认可。虽然 DCS 的品种繁多，但系统的基本结构还是相似的，典型结构如图 1-13 所示。主要包括以下几个部分。

① 输入/输出（I/O）卡件：处理来自现场设备的信息，如采集来自现场仪表的测量信号、来自执行器的反馈信号，输出去往执行器的控制信号，等等。

② 控制器 CPU：集散控制系统的核心，主要完成连续控制功能、顺序控制功能、算术运算功能、报警检查功能、过程 I/O 功能、数据处理功能和通信功能等。

③ 工作站：集散控制系统的人机接口装置，为生产过程提供图形用户界面，包括工程师站和操作员站。工程师可实现控制系统组态、操作站系统的生成和系统的维护；操作员可以进行各种操作，监视生产画面、信息画面和用户画面等。

④ 控制网络：提供节点之间的通信。集散控制系统网络标准体系结构为：最高级为工厂管理网络，负责中央控制室与上级管理计算机的连接，目前多采用工业以太网通信；第二级为过程控制网络，负责中央控制室各控制装置间的相互连接；最低一级为现场总线，负责安装在现场的智能设备与中央控制室控制装置间的相互连接。

出于安全考虑，DCS 一般都安装一套冗余控制器和卡件，当其中一套存在问题时自动切换到另一套运行，不会影响正常生产。同样，为了保证通信的可靠性，控制网络一般也设计为冗余结构，配有两条相互独立的主、副通信通道。

随着微芯片技术、网络通信和智能仪表的快速发展，以智能仪表为基础的现场总线控制系统（field control system，FCS）快速发展起来。现场总线是连接现场智能设备和自动化控制设备的双向、串行、数字式、多节点的通信网络，可以支持各种工业领域的信息处理、监视和控制，实现现场传感器、执行器和本地控制器之间的低级通信，如图 1-14 所示。对比图 1-13 与图 1-14 可以看出，传统模拟系统采用一对一的设备连线，按控制回路分别进行连接，控制器与位于现场的执行器、开关、电机之间均为一对一的物理连接，而现场总线由于采用了现场智能仪表，能够把原先 DCS 中处于控制室的控制模块、各输入输出模块置入现场设备，加上现场设备具有通信能力，现场的测量变送仪表可以与阀门等执行机构直接传送信号，因而控制系统功能能够不依赖控制室的计算机或控制仪表，直接在现场完成，实现了彻底的分散控制。

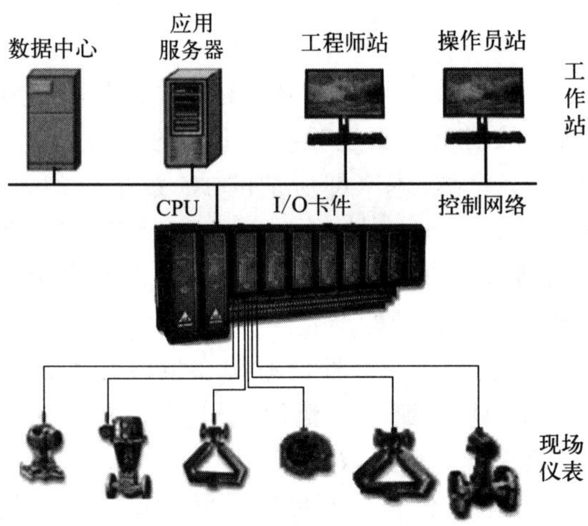

图 1-13　典型集散控制系统结构

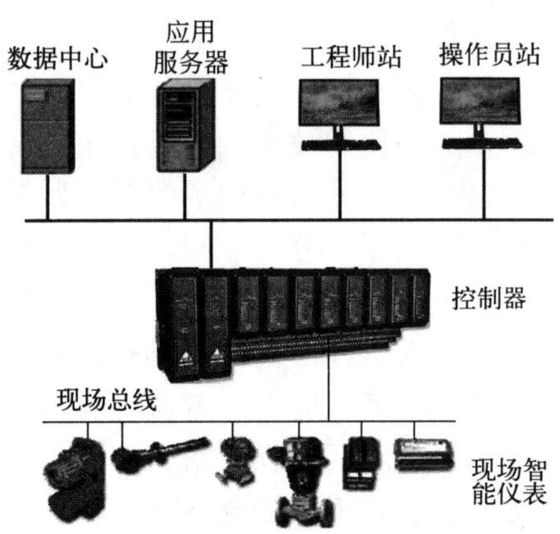

图 1-14　现场总线控制系统结构

目前过程工业中依然大量使用模拟仪表和 DCS，现场总线仪表短期内不可能完全替代模拟仪表，FCS 也不可能完全替代 DCS，但总的趋势是逐步取代的过程，在相当长的过渡期内，以 DCS 为基础集成 FCS 实现技术更新是必由之路。此外，PLC 由于其在离散工业顺序控制领域的统治地位也将长期存在，当前的 PLC 产品也具备了丰富的网络通信功能，可以作为网络节点与 DCS 融合在一个控制网络中，且很多 PLC 厂家也推出了自己的过程控制系统产品，融合了 DCS 的特性。有的 DCS 开发商推出了 DCS 混合控制器，使 DCS 强化了顺序控制功能，具备了 PLC 的特性。因此，虽然 FCS 是现在和未来的发展方向，但 DCS、PLC 系统也有其特色与长处，在一定时期内，DCS、PLC、FCS 将同时存在且逐渐相互融合。目前中小型项目中使用的控制系统比较单一和明确，但在大型工程项目中，大多使用 DCS、PLC、FCS 的混合系统。

1.3.6　安全仪表系统

为了保护人员安全、防止环境污染、保护财产和设施、维护企业声誉和合规性、提高生产效率、确保可持续发展，以化工企业为代表的过程工业企业应高度重视和投入资源来确保生产过程的安全性，并积极采取措施来减少事故的风险和影响。为确保过程工业的安全性，国际电工委员会 IEC 61511-1：2016 发布了过程工业安全保护洋葱模型，如图 1-15 所示，将不同类型的保护层按照失效顺序进行形象化排布，高一层级的保护层都将在相应低一级的保护层失效时启用，从而遏制事故的发生或发展，安全仪表系统位于第 4 层。

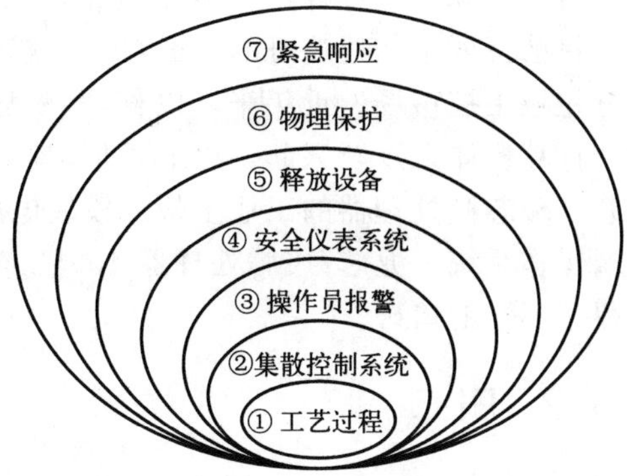

图 1-15　过程工业安全保护洋葱模型

安全仪表系统（safety instrumented system，SIS）是由传感器、逻辑控制器和最终控制元件组成的系统，用于当预定的过程条件或状态出现背离时，将过程置于安全状态。过程工业中有时提到的安全联锁系统、安全停车系统、紧急停车系统、仪表保护系统等与安全仪表系统是同一概念。当工艺过程本质安全、集散控制系统保护以及操作员报警干预失效后，安全仪表系统按照预先设定的程序，及时输出安全保护指令，使工艺过程或生产装置回到安全状态，以防止任何危险的发生或减轻事故后果，最终保证人员、设备和环境的安全。

SIS 的硬件结构如图 1-16 所示。传感器用于检测温度、压力、液位、流量等参数，当被测参数达到设定值时，检测开关改变输出状态。逻辑控制器是 SIS 的核心，它根据传感器的信号和设定的控制逻辑实现对最终控制元件的控制。最终控制元件是用于执行必要的动作，使工艺过程安全停车的设备，最常见的是电磁阀和关断阀，由 SIS 逻辑控制器的输出信号控制其开关。详细的安全仪表系统原理与应用将在第 8 章中讲解。

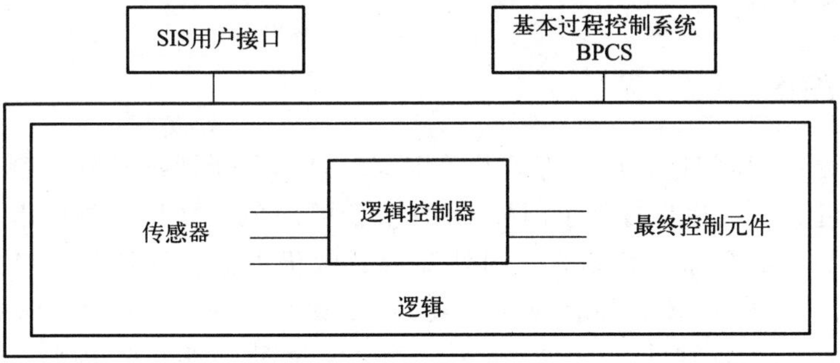

图 1-16　SIS 系统组成

1.4　工业控制装备品牌

各种类型的工业控制装备起源于不同的历史时期，随着其发展产生了大量的知名品牌，功能随着自动化系统的需求不断完善，产品系列愈加丰富，对世界各国工业企业产出高质量产品做出了重要贡献。

1.4.1　工控机

美国、德国等发达国家的企业由于起步较早，在高端工控机领域拥有较大的话语权，知名品牌有德国西门子（Siemens）、德国倍福（Beckhoff）、奥地利贝加莱（B&R）、美国国家仪器（National Instruments）等。中国台湾地区企业在中低端设备方面拥有数量上的出货优势，拥有研华、凌华、桦汉、友通资讯、威强电、安勤科技等众多知名厂商，其中，研华是目前全球工业计算机行业出货量最大的企业。中国大陆地区企业在政策及资本的支持下，目前正处于加速追赶的局面，福升威尔、东田工控、中科时代等国产品牌正在逐步占领部分领域工控市场。近年来，以麒麟/凝思/UOS操作系统＋龙芯/兆芯/飞腾处理器构成的国产计算机体系逐渐兴起，比如研华国产芯片产品系列就已经涵盖了麒麟操作系统＋飞腾、兆芯、瑞芯微处理器的工业主板、模块电脑以及电力行业应用产品，福升威尔还推出一系列麒麟操作系统＋龙芯/飞腾处理器100%国产化的工业计算机产品及解决方案，在市场上也取得了不错的口碑。

1.4.2 PLC

自1969年第一台PLC问世以来，欧美、日本等发达国家和地区的PLC长期占据主导地位，近些年市场占有率领先的德国西门子（Siemens）、美国罗克韦尔（Rockwell）、日本三菱（Mitsubishi）、法国施耐德电气（Schneider Electric）、瑞士ABB等，具有较强的软件编写、系统集成以及提供整体解决方案的能力，占据我国中大型PLC绝大多数市场。在众多的PLC知名品牌中，中国台湾地区的台达（Delta）公司占有一席之地，台达DVP系列PLC以高速、稳健、高可靠度应用于许多工业自动化机械上。中国大陆地区近年来加速推进国产PLC的研发，其中，汇川技术、信捷电气是较有代表性的国产品牌，在中小型PLC应用领域以超高性价比、供货迅速且稳定等优势逐步扩张市场。在国产中大型PLC领域，由于技术门槛高、控制对象复杂，目前国内能够自主研发生产中大型PLC产品的厂家相对较少，只有傲拓科技、中控技术、和利时等少数几家掌握拥有自主可控的产品，并逐步打破了国外品牌垄断的现象。

1.4.3 DCS/SIS

DCS产品于1975年问世，后一直被欧美国家、日本垄断，我国国产DCS 20世纪80年代开始起步后奋起直追，逐步打破了国外DCS垄断的现象，并且在国内市场占有率方面已实现反超国外产品。从全球占有率看，国外知名品牌仍占据主导地位，包括美国霍尼韦尔（Honeywell）、日本横河（Yokogawa）、美国艾默生（Emerson）、法国施耐德电气（Schneider Electric）、德国西门子（Siemens）等。经过四十多年的发展，国产DCS产品已逐渐赶超欧美国家知名品牌，推出了完全自主可控的DCS产品，头部品牌包括浙江中控、北京和利时、南京科远、国电智深、上海新华、上海自仪等，在石化、电力、冶金等国民经济支柱产业领域实现了工业控制装备的自主可控，其中，浙江中控技术已连续十多年位列国内DCS市场占有率第一，且在DCS功能方面已处于全球领先水平。

大多数知名的DCS厂家都推出了自己的SIS，其SIS软件一般与DCS集成在一个开发软件中。

1.4.4 其他工业控制装备

对继电器控制来说，低压电器的全球龙头企业当前非法国施耐德电气莫属，但国内已具备几乎全系列国产替代产品，以浙江正泰电气为代表的诸多国产品牌以高性价比在国内市场与施耐德并驾齐驱。对调节仪表来说，厦门宇电、浙江正泰电气等诸多国产品牌的数字调节控制器完全能够满足应用调节仪表的场合。

1.5　工业控制装备网络集成

如前所述，工业控制装备包括工控机、PLC、DCS、SIS、调节仪表、继电器等多种类型，在生产过程的不同场景发挥着各自的作用。除了主要生产单元的控制外，污水处理、环境监测、公共供气等辅助工程控制系统繁杂，往往同时拥有PLC、DCS、工控机等不同工业控制装备构成的控制系统，而且同种类型中可能有不同品牌、不同系列的工业控制装备产品。在以工业互联网和人工智能技术为特征的智能制造背景下，工业企业逐步将分散的控制系统推向全厂综合自动化系统。

综合自动化系统指在获取生产流程所需全部信息的基础上，将分散的过程控制系统、生产调度系统以及管理决策系统等有机地集成，深度融合自动化技术、信息技术、计算机技术、网络技术、系统工程技术、生产加工技术和管理决策技术，通过对生产活动所需的各种信息的集成，形成集控制、监测、优化、调度、管理、经营、决策等功能于一体，能适应各种生产环境和市场需求，总体最优，高质量，高效益，高柔性的现代化企业系统，以达到提高企业经济效益、适应能力和竞争能力的目的。通常提到的计算机集成制造系统（CIMS）、计算机集成流程生产系统（CIPS）与企业综合自动化是同一概念。

现代企业综合自动化系统需将所有的生产和辅助工程信息集成于工业互联网数据平台，进行深层次的数据分析和深度应用，因此，不同的工业控制装备构建的系统需要进行网络集成，使不同系统间实现信息共享，敏捷响应。

1.5.1　综合自动化系统典型结构

典型的制造业综合自动化系统采用ERP/MES/PCS三层结构，如图1-17所示，其中，ERP为企业资源计划（enterprise resource planning），以财务分析与决策为核心；MES为制造执行系统（manufacturing execution system），以优化管理和运行为核心；PCS为过程控制系统（process control system），以设备综合控制为核心。

1.5.2　综合自动化系统集成技术

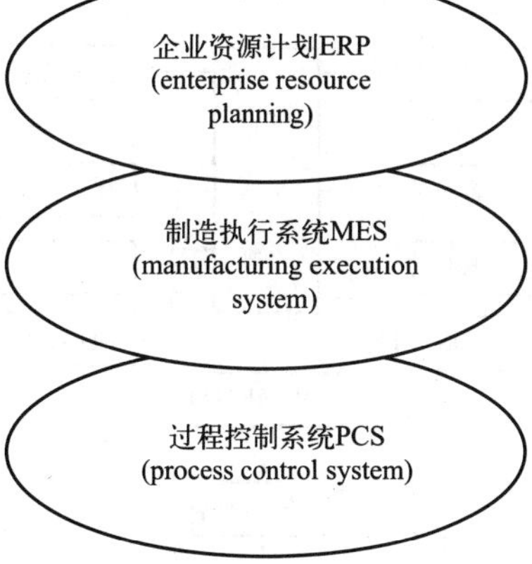

图1-17　制造业综合自动化系统结构图

建立过程工业综合自动化系统，一方面应研究综合自动化涉及的各种先进技术，如优化调度技术、故障诊断技术、先进控制技术、实时优化技术等，另一方面应研究建立各模块的工程集成技术，如网络架构、数据库融合等技术。第一方面涉及的技术非常广泛和深入，有兴趣的读者可查阅专门的参考资料学习，本书简要介绍建立综合自动化需要的工程集成技术。

(1) 工业网络技术

历史上，经济决策、计划调度、过程控制、安全仪表、设备管理等属于不同的研究领域，因此，综合自动化系统的各个模块在早期都有其技术路线和发展历程，且不同的厂商生产的产品不遵循统一标准，其信号标准、通信方式、传输介质等各有不同，不具有开放性。为了把不同的模块集成为互联互通、资源共享、实时高效的系统，最重要的一个技术就是网络集成，通过工业网络架构可以把遵循不同网络协议的系统联通起来，为综合自动化的实现奠定基础。网络集成技术包括网络互联技术和网络管理技术，网络互联技术解决地址、路由选择、通信速度匹配等，网络管理是对网络资源的管理，包括对资源的控制、协调和监视。

(2) 数据库管理系统

综合自动化系统中的信息分为两类，一类是与生产过程直接相关联的实时信息，另一类是与职能部门相关联的管理信息，这两类信息构成的数据库分别称为实时数据库和关系数据库。综合自动化要求所有数据在整个企业内部能够充分共享，所以要求实时数据库与关系数据库之间无缝连接，实时数据库中的实时数据进入关系数据库后，用户可以通过访问关系数据库了解企业的生产状况，为生产管理和经营决策提供支持。实时数据库与关系数据库既可独立操作，也可协调动作，及时并行或交叉处理来自全厂的各种信息，真正做到信息集成与共享。

在过程工业中，较多地采用客户机/服务器模式，客户机运行数据库应用程序，服务器运行数据库管理程序。用户在客户机上发出查询请求，应用程序通过网络将查询请求发送到数据服务器，服务器执行查询处理，并将结果通过网络发送给相应的客户机。在设计数据库时，系统的查询性能、事务处理能力、数据的一致性、安全性、可扩展性、互操作性、开发工具与硬件的兼容性、经济性等都是要考虑的问题。

早期的实时数据库都内嵌于工控软件包中，目前已经有 Aspen 公司的 Info Plus、OSI 公司的 PI、Honeywell 公司的 PHD 等主流的实时数据库系统产品。关系数据库技术的发展已相当成熟，有 Oracle、Microsoft SQL Sever 等商品化的大型关系数据库系统产品。

(3) 数据库接口技术

综合自动化系统中的接口包括关系数据库的接口、异构数据库的接口、各种应用软件与数据库的接口、各应用软件之间的接口、异构计算机和异构网络互联的接口。接口是信息交互的桥梁，接口设计的好坏将直接影响到信息集成的质量，实时数据库与关系数据库的接口问题尤为重要。

为了实现关系数据库与实时数据库的无缝对接，实时数据库和关系数据库都提供了数据库接口，通过这些接口，可以把实时数据存储到关系数据库中，实时数据库也可以获取关系数据库中的信息。实时数据库与关系数据库集成的接口方式包括 ODBC 接口、应用程序接口 API、ActiveX 控件等方式，具体实现方式请读者查阅有关数据库接口的专业参考文献。

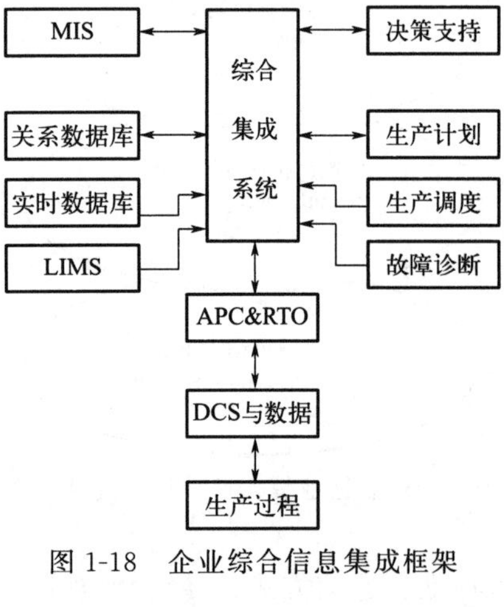

图 1-18　企业综合信息集成框架

(4) 系统集成平台

上述数据库接口是数据集成的一种有效途径，而大型企业中，除了关系数据库和实时数据库，成千上万的应用软件间也需要集成接口。系统集成平台是一组集成的基础设施和集成服务器，包括信息服务器、通信服务器、前端服务器、经营服务器等，可把企业网络中不同信息岛的数据集成在一起，存储在一个单一的集成关系数据库中。图 1-18 所示为企业综合信息集成框架的例子，所有管理信息系统（MIS）的数据、实时数据库的数据以及实验室信息管理系统（LIMS）的分析化验数据等，通过综合集成系统，为管理、运行和操作整个企业提供各种信息资源。该集成系统实际上是管理各种数据的数据仓库，把各种信息有选择地送给各个用户，从而有效地管理和控制企业的生产过程。所有上层的优化决策，均通过实时优化（RTO）和先进控制（APC）来指挥底层自动控制的执行。

1.5.3 工业控制装备网络集成技术

为了适应以工业互联网为特征的智能制造新趋势，目前的工业控制装备产品均具备了强大的网络通信功能，能够通过工业网络或以更加灵活的通信方式，与具有不同网络协议的智能设备节点进行通信，实现企业全厂信息的互联互通。

企业网络的连接结构一般划分为三层，第一层为控制网（Infranet），也是最为基础的底层。中间为企业的内部层（Intranet），通过它延伸到外部的互联网（Internet），从而形成Internet-Intranet-Infranet的网络结构。从功能上可将企业网结构划分为信息网和控制网上下两层，其层次结构如图1-19所示。

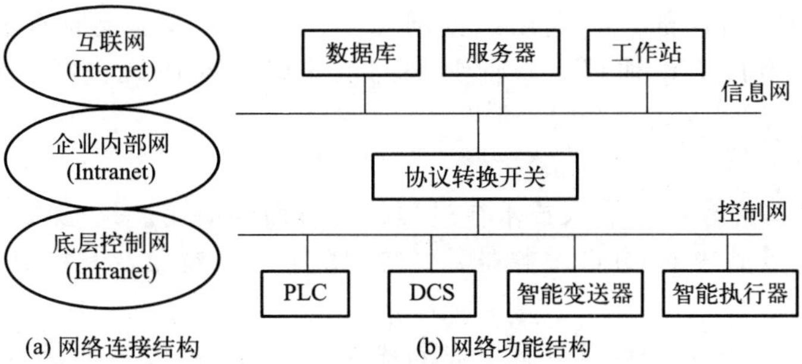

图1-19 企业网络体系结构

企业网络为企业综合自动化服务。信息网络一般处理企业管理与决策信息，位于企业网络的中上层，具有综合、信息量大等特征。控制网络处理企业实时控制信息，为信息网络提供生产过程的控制参数与设备状态等信息，位于企业网络中下层，是构成企业网络的基础，具有协议简单、容错性强、成本低等特征。

工业控制装备处于网络体系的基础底层，接入网络体系的方式可通过接入控制网或直接接入信息网实现，因此，工业控制装备一般均配备各种工业控制网络和以太网接口，并遵循相应的通信协议，可通过各种方式集成到企业网络中。

(1) 现场总线网络

目前提到的工业控制网络主要指现场总线网络。国际电工委员会IEC对现场总线的定义是：安装在制造或过程区域的现场装置与控制室内的自动控制装置之间的数字式、串行、多点通信的数据总线。该定义表明，现场总线的使用场合是制造业自动化、批量流程控制、过程控制等领域，其主要作用是连通现场装置和控制室内的自动控制装置，它是一种总线技术，通信方式是数字式、串行、多节点的。现场总线的核心是总线协议，规定了通信速度、节点容量、各系统相关的网关、网桥、体系结构、现场智能仪表及网络供电方式等在内的关键技术和软硬件设备。

由于历史原因，现场总线一直未有统一的标准，现状为多种现场总线标准共存。国际电工委员会公布的IEC 61158现场总线标准，经多次扩展和修订后，包括FF H1、ControlNet、PROFIBUS、P-Net、FF HSE、SwiftNet、WorldFIP、PROFInet等20种主流现场总线类型，可满足从传统总线到工业以太网的多场景需求。此外，IEC制定的IEC 62026包括执行器、传感器接口标准AS-i、设备网络DeviceNet、智能分布式系统ADS、串行多路控制总线Seriplex，是低压开关装置与控制装置作为控制设备之间的接口标准。除了IEC制定的上述现场总线国际标准外，ISO制定了控制器局域网CAN总线和交通工具局域网 VAN 国际标准。此外，许多国家和地区形成了各式各样的现场总线标准，如 FF H1 为美国标准，AS-i 为欧洲标准，PROFIBUS 为德国标准，Lonworks 在建筑业广泛使用，HART 为混合型数字通信标准，MODBUS ASCII 和 MODBUS RTU 为美国 Modicon 公司提出的标准。

(2) 工业以太网

由于国际上几十种现场总线标准共存，现场总线技术标准化工作没有达到人们理想中的结果，以太网及 TCP/IP 技术逐步在自动化行业中得到应用，并发展成为一种技术潮流。所谓工业以太网是指技术上与商用以太网（IEEE 802.3 标准）兼容，但在产品设计时材质的选用、产品的强度、实用性以及实时性等方面能满足工业现场需要的以太网标准。

以太网技术的发展不可能脱离原来的 DCS、PLC 和 FCS 控制与管理系统基础，各现场总线组织为了保护已有投资利益和扩大自己产品的应用范围，纷纷将以太网引入其现场总线体系中的高速部分，利用以太网和 TCP/IP 技术以及原有的低速现场总线应用层协议，构成工业以太网协议，目前典型的工业以太网协议包括 HSE、PROFINET、Ethernet/IP 等。

(3) OPC 技术

OPC 是微软公司对象链接嵌入技术在过程控制方面的应用，是 OPC 基金会建立的标准接口规范。OPC 规范描述了 OPC 服务器需要实现的 COM 对象及其接口，它定义了定制接口和自动化接口。

OPC 采用客户机/服务器模式，通常把符合 OPC 规范的设备驱动程序称为 OPC 服务器，将符合 OPC 规范的应用程序称为 OPC 客户机。客户机通过接口与 OPC 服务器通信，间接地对现场数据进行存取。只要硬件开发商提供了实现 OPC 接口的服务器，任何支持 OPC 接口的客户机均可采用统一的方式对不同硬件厂商的设备数据进行存取。因此，OPC 技术极大地方便了遵循不同网络协议的设备通信，得到了广泛应用。它的作用具体体现在以下几方面。

① OPC 解决了设备驱动程序开发中的异构问题。随着用户需求的不断提高，以 DCS 为主体的工业控制系统功能日趋强大，一套系统往往选用几家甚至几十家不同公司的控制设备或系统，但由于缺乏统一的标准，开发商必须对每种设备编写相应的驱动程序，且不同公司的控制软件也存在冲突的风险。采用 OPC 后，有了统一的接口标准，硬件厂商只需提供一套符合 OPC 技术的程序，软件开发人员也只需编写一个接口，节省了大量的驱动程序和应用程序开发成本，用户可以方便地进行设备选型和功能扩充，而不需关注设备和控制系统是否兼容。

② OPC 解决了现场总线系统中异构网段之间的数据交换问题。由于多种现场总线并存的情况一直存在，系统集成和异构网段之间的数据交换面临很多困难，采用 OPC 作为异构网段集成的中间件，只要每个网段提供自己的 OPC 服务器，任一 OPC 客户机都可通过一致的 OPC 接口访问这些服务器，从而获取各个网段的数据。

③ OPC 可作为访问专有数据库的中间件。实际应用中很多控制软件的开发商都自主开发了专有实时数据库，这类数据库的访问通常通过调用开发商提供的 API 函数或其他特殊方式实现，不同开发商的 API 函数是不同的，因此需要专门编写应用程序访问不同的数据库。采用 OPC 后，只要专有数据库的开发商同时提供一个访问该数据库的 OPC 服务器，用户就可以编写统一的 OPC 客户端程序通过 OPC 服务器访问该专有数据库。

④ OPC 便于实现控制网络与信息网络的集成。底层控制网络与上层网络 Intranet 之间的信息集成，可以把 OPC 作为连接件。无论控制系统还是管理系统，PLC、DCS、FCS 等

网络上的节点只要遵守标准的 OPC 规范，都可以快速可靠地交换彼此的信息，因此，OPC 是整个企业网络的数据接口规范，实现了上层信息网络与底层控制网络之间、不同类型控制网络之间的便捷互连。

为了使工业控制装备产品灵活地接入企业控制网和信息网，几乎所有的工业控制装备产品均配备了丰富的现场总线接口、工业以太网接口以及 OPC 驱动程序，适用于各种不同类型和品牌设备构成的工业网络集成场景。

【拓展阅读】1.1　工业控制装备发展趋势
【拓展阅读】1.2　国产工业控制装备创始人的故事

第1章　在线测试题

本章作业

1. 请查阅资料，分别列举一个顺序控制系统和过程控制系统的应用案例，简要说明系统的控制要求，分析其中一个控制点的控制原理，指出其中采用的工业控制装备种类和功能，根据需求思考国产工业控制装备替代的可能性。

2. 假定一家工业企业主要生产单元采用浙江中控技术的 DCS 控制，配备了污水处理 PLC 监控系统，采用的是西门子 PLC，同时工业现场还装配了大量挂接在现场总线的智能仪表，现需要将所有生产单元和污水处理单元的信息集成到数据中心，请给出一到两种可能的网络集成方案。

第1章　作业参考答案

第2篇

可编程控制器（PLC）

可编程控制器（PLC）是工业控制装备中较重要的设备之一，工业自动化系统中以顺序控制为主的应用场合，如汽车装配生产线、食品灌装生产线、污水处理系统等，大多采用可编程控制器作为控制器。本篇主要介绍可编程控制器的硬件组成、工作原理以及模块化编程方法，使读者能够根据应用场景和控制功能的需要设计和开发 PLC 控制系统，具备硬件选型、电气设计、软件编程、调试运行等能力。

由于可编程控制器是延续继电器控制技术发展起来的，其编程逻辑沿用了继电器控制的梯形图形式，且可编程控制器外围接线和辅助电路仍用到继电器控制的技术，因此本篇中作为可编程控制器的基础首先在第 2 章中讲解继电器控制技术，包括电气控制设计规范、常用低压电器和典型继电器控制电路等内容，使读者能够根据顺序控制应用场景进行硬件选型和继电器控制电路的设计。第 3 章讲解可编程控制器控制原理，包括可编程控制器发展历程、硬件组成、编程元件、工作原理，并以西门子 S7-1200 系列 PLC 为例介绍一种产品的硬件及接线、软件编程概念及工作模式，以 3 个实际工业应用场景为例介绍基于需求的硬件选型和电气设计方法，使读者能根据场景需求综合多方面因素合理选型 PLC 模块及电气元件，并进行电气柜设计。第 4 章以 S7-1200 为例介绍 PLC 控制系统软件设计，具体包括 S7-1200 基本编程指令、顺序功能图设计法、闭环控制应用以及通信与故障诊断应用指令，并辅以一定的工程应用案例强化对编程指令的理解，使读者能够根据系统功能需求和硬件配置编写软件程序，并具备调试、维护、改进程序的能力。

第2章 继电器控制技术

继电器控制技术是早期实现顺序控制功能的主要手段，如第 1.1.1 节给出的污水沉淀池排泥控制案例，就可以由各类低压电器组成的继电器控制系统实现。要通过继电器控制电路实现对设备的控制，需要设计相应的电气控制电路，然后按照电气控制电路接线实现相应的控制功能，因此本章 2.1 节首先介绍电气控制电路设计的基本知识，给出电气控制原理图、电气元件布置图、电气安装接线图的设计方法，使读者对电气控制电路的设计规则和基本原理有初步了解。其次，由于继电器控制电路的实现，主要由各类按钮、开关、继电器、接触器等低压电器元件的串并联接线完成，因此本章 2.2 节介绍各类常见的低压电器原理、功能、图形文字符号、性能指标等，使读者熟悉各类常见低压电器基本功能和参数，在设计继电器控制时能够选择合适的元器件。一个复杂工程电气控制线路的设计，往往是由一些经典的基本控制电路组合而成的，在本章 2.3 节将介绍实现基本控制功能的一些经典控制电路，使读者学习后能够根据实际工程项目功能需求通过组合和调整经典控制电路实现复杂控制功能。

2.1 电气控制基本电路设计

电气控制线路在各个领域都有广泛的应用，包括但不限于工业自动化、电力系统、建筑自动化等。在这些领域中，电气控制线路可以实现各种复杂的控制任务，提高生产效率，降低人工干预，从而提高整体的系统性能和可靠性。

电气控制线路是一种由电器、传感器、执行器和控制元件等组成的系统，旨在实现自动化或半自动化生产过程中对设备或工艺参数的监测和调节，主要功能包括信号采集、信号处理、逻辑判断和执行操作等。

各行业的电气控制设备有着各种各样的电气控制电路。在自动化控制系统设计、制造、安装、调试、维修及运行等方面都离不开电气控制电路图。因此，掌握基本电气控制电路的原理，对整个电气控制电路的工作原理分析及电气设备维护有着重要的意义。

2.1.1 电气控制电路图标准

电气控制电路是用导线将执行器、仪表、传感器、控制元件等电气元件按一定的要求和方式连接起来组成并能实现某种功能的电气电路。为表达电气控制电路的组成、工作原理及安装、调试、维修等技术要求，需要用统一的工程语言即用图的形式来表示。在图上用不同的图形符号来表示各种电气元件，用不同的文字符号来进一步说明图形符号所代表的电气元件的基本名称、用途、主要特征及编号等。因此，电气控制电路应根据简学易懂的原则采用统一规定的图形符号、文字符号和标准画法来进行绘制。

我国颁布了 GB/T 24340—2009《工业机械电气图用图形符号》、GB/T 24341—2009《工业机械电气设备电气图、图解和表的绘制》和 GB/T 18135—2008《电气工程 CAD 制图规则》，电气控制电路中的图形和文字符号必须符合其中规定的国家标准。

（1）文字符号

电气控制电路中的基本文字符号是用于标识电气元件、设备、线路等的通用符号。这些符号能够直观表达电气系统的结构和功能。例如，“R”代表电阻，“C”代表电容，“L”代表电感，“D”代表二极管，等等。

单字母符号通常用于表示电气元件或设备的基本类型。它们简单易懂，便于快速识别。例如，“V”代表电压源，“I”代表电流，“P”代表功率，“T”代表变压器，等等。

双字母符号由两个字母组成，用于更具体地描述电气元件或设备的类型和用途。这种符号可以提供更多的信息，有助于详细区分不同的元件和设备。例如，“FU”代表熔断器，“QS”代表隔离开关，“KM”代表接触器，“SB”代表按钮开关，等等。

辅助文字符号用于进一步说明电气元件或设备的特性、功能或状态。它们通常与基本文字符号或双字母符号结合使用，以提供更完整的描述。例如，“-P”表示保护，“-R”表示热敏元件，“-S”表示同步，等等。

（2）图形符号

在电气图纸中，图形符号用于表示各种电气元件和设备，以及它们之间的连接关系和工作原理。这些符号的使用有助于工程师和技术人员快速理解和设计电气系统。电气图形符号是指用于各种设备上，作为操作指示或用来显示设备的功能或工作状态的图形符号。

常用的电气图形符号和基本文字符号如表 2-1、表 2-2 所示，实际使用时如需要更详细的资料，请查阅有关国家标准。

表 2-1 常用电气图形符号

类别	名称	图形符号	文字符号	类别	名称	图形符号	文字符号
开关	单极控制开关		SA	位置开关	常开触头		SQ
	手动开关一般符号	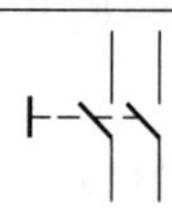	SA		常闭触头		SQ
	三极控制开关	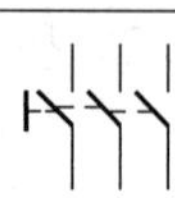	QS		复合触头		SQ
	三极隔离开关	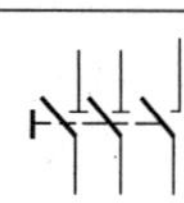	QS	按钮	常开按钮		SB
	三极负荷开关	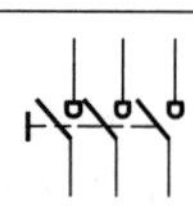	QS		常闭按钮	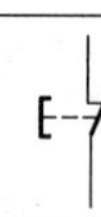	SB
	组合旋钮开关	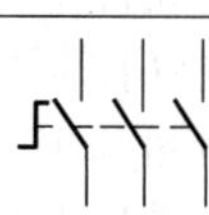	QS		复合按钮	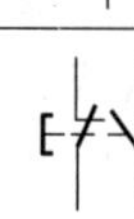	SB
	低压断路器	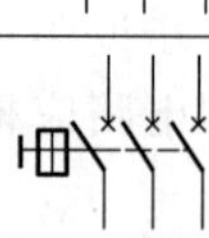	QF		急停按钮	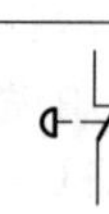	SB
	控制器或操作开关		SA		钥匙操作式按钮	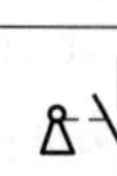	SB

续表

类别	名称	图形符号	文字符号	类别	名称	图形符号	文字符号
接触器	线圈操作器件	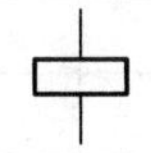	KM	热继电器	热元件	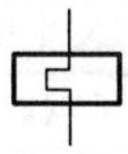	FR
	常开主触头	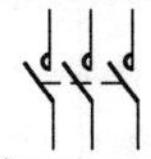	KM		常闭触头	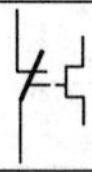	FR
	常开辅助触头		KM	中间继电器	线圈	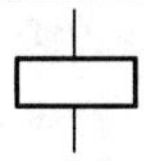	KA
	常闭辅助触头		KM		常开触头		KA
时间继电器	通电延时（缓吸）线圈	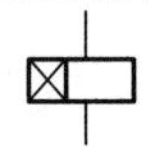	KT		常闭触头		KA
	断电延时（缓放）线圈	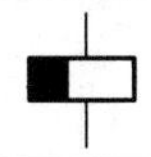	KT	电流继电器	过电流线圈	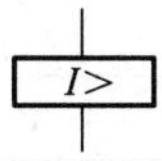	KA
	瞬时闭合的常开触头		KT		欠电流线圈	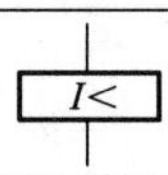	KA
	瞬时断开的常闭触头		KT		常开触头		KA
	延时闭合的常开触头		KT		常闭触头		KA
	延时断开的常闭触头	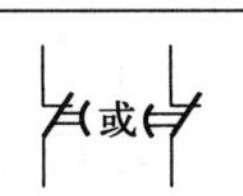	KT	电压继电器	过电压线圈	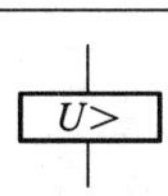	KV
	延时闭合的常闭触头		KT		欠电压线圈	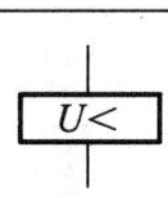	KV
	延时断开的常开触头	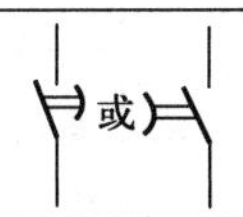	KT		常开触头		KV
电磁操作器	电磁铁的一般符号	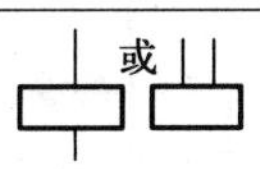	YA		常闭触头		KV
	电磁吸盘	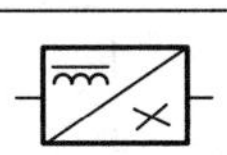	YH	电动机	三相笼型异步电动机	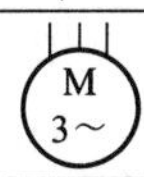	M
	电磁离合器	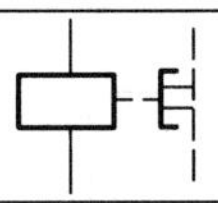	YC		三相绕线转子异步电动机		M
	电磁制动器	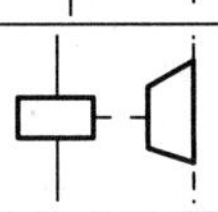	YB		他励直流电动机	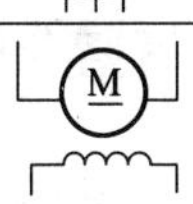	M
	电磁阀	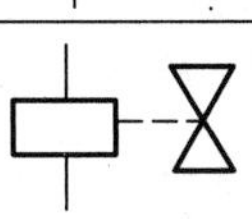	YV		并励直流电动机	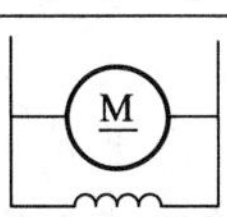	M

表 2-2 常用基本文字符号

基本文字符号		项目种类	设备、装置、元器件举例
单字母	双字母		
A	AT	组件部件	抽屉柜
B	BP	非电量到电量变换器或电量到非电量变换器	压力变换器
	BQ		位置变换器
	BT		温度变换器
	BV		速度变换器
F	FU	保护电器	熔断器
	FV		限压保护器
H	HA	信号器件	声响指示器
	HL		指示灯
K	KM	接触器、继电器	接触器
	KA		中间继电器
	KP		极化继电器
	KR		簧片继电器
	KT		时间继电器
P	PA	测量设备 试验设备	电流表
	PJ		电度表
	PS		记录仪器
	PV		电压表
	PT		时钟，操作时间表
Q	QF	开关器件	断路器
	QM		电动机保护开关
	QS		隔离开关
R	RP	电阻器	电位器
	RT		热敏电阻器
	RV		压敏电阻器
S	SA	控制、记忆、信号电路的开关器件、传感器	控制开关
	SB		按钮开关
	SP		压力传感器
	SQ		位置传感器
	ST		温度传感器

2.1.2 电气控制系统原理图

电气原理图是用来表明设备电气的工作原理及各电气元件的作用，以及它们之间相互关系的一种表示方式。电气原理图包括主电路图、控制电路图及保护电路图。

主电路是电能传输和转换的主要通道，通常包括电源、变压器、电机等核心部件。主电路负责将电源提供的电能转化为设备所需的形式，以满足设备正常工作的需求。主电路的设计需考虑电压等级、电流容量以及设备的功率需求，以确保电能的稳定传输和高效利用。

控制电路是电气原理图中负责逻辑控制和调节的部分。它根据预设的控制策略或外部信号，通过开关、继电器、PLC 等元件对主电路进行精确控制。控制电路的设计原理涉及信号检测、处理和执行等多个环节，确保设备按照预定的程序或条件运行。

保护电路在电气原理图中扮演着重要的角色，用于保障设备和电路的安全运行。常见的保护电路包括过载保护、短路保护、过压保护等。这些保护电路能够在异常情况发生时迅速切断电源或采取其他保护措施，防止设备损坏或发生安全事故。保护电路和控制电路一般绘制在一起。

（1）电路图的绘制

电气控制线路图中的支路、节点，一般都加上标号。

主电路标号由文字符号和数字组成。文字符号用于标明主电路中的元件或线路的主要特征；数字标号用于区别电路的不同线段。三相交流电源引入线采用 L1、L2、L3 标号，电源开关之后的三相交流电源主电路分别标 U、V、W。如 U11 表示电动机的第一相的第一个节点代号，U21 为第一相的第二个节点代号，依此类推。

控制电路标号由 3 位或 3 位以下的数字组成，交流控制电路的标号一般以主要压降元件（如电气元件线圈）为分界，左（上）侧用奇数标号，右（下）侧用偶数标号。直流控制电路中，正极按奇数标号，负极按偶数标号。

绘制电路图原则如下：

① 主电路通大电流，用粗实线条画在原理图的左边。控制电路是通过弱电流的电路，一般由按钮、电气元件的线圈、接触器的辅助触点、继电器的触点等组成，用细实线条画在原理图的右边。

② 电气原理图中，所有电气元件的图形、文字符号必须采用国家规定的统一标准。

③ 采用电气元件展开图的画法。同一电气元件的各部件可以不画在一起，但须用同一文字符号标出。若有多个同一种类的电气元件，可在文字符号后加上数字序号，如 FR1、FR2 等。

④ 所有按钮、触点均按没有外力作用或没有通电时的原始状态画出。

⑤ 控制电路的分支线路，原则上按照动作先后顺序排列，两线交叉连接时的电气连接点须用黑点标出。

图 2-1 所示为某车床控制线路的电气原理图。

（2）图上元器件位置表示

在绘制和阅读、使用电路时，往往需要确定元器件、连线等的图形符号在图上的位置。例如：

① 当继电器、接触器在图上采用分开表示法（线圈与触点分开）绘制时，需要采用图或表格表明各部分在图上的位置；

② 较长的连接线采用中断画法，或者连接线的另一端需要画到另一张图上去时，除了要在中断处标记中断标记外，还须标注另一端在图上的位置；

③ 在供使用、维修的技术文件（如说明书）中，有时需要对某一元件或器件做注释和说明，为了找到图中相应的元器件的图形符号，也需要注明这些符号在图上的位置；

④ 在更改电路设计时，也需要标明被更改部分在图上的位置。

图上位置表示法包括：电路编号法、图表格式法和横坐标图示法。

① 电路编号法。电路编号法是一种表示电路图中位置的方法，它通过使用字母或数字对电路中的各个电路进行编号，这些编号通常遵循从上至下、从左至右的顺序，如图 2-1 所

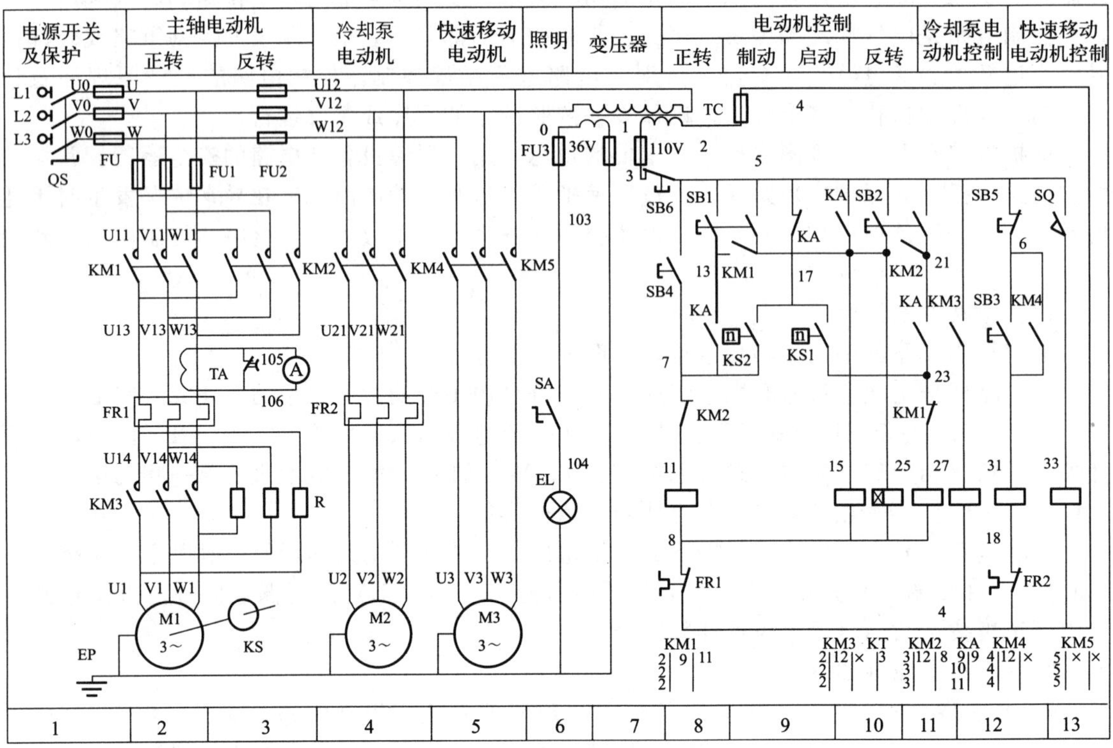

图 2-1 车床控制线路电气原理图

示。在水平布图的电路中，数字编号按照自上而下的顺序，而在垂直布图的电路中，数字编号则按照自左而右的顺序。这种编号方式有助于清楚地表达电路图中各个元器件及其之间的连接关系。

图 2-1 所示有 3 个主电路和控制电路，垂直分布，在各个支路下方按顺序标有电路编号 1～13，图上方的电路名称与下方的电路编号对应，方框内的“电源开关及保护”字样表明其下方元器件或电路功能。

电路编号法不仅有助于表示电路图中各个元器件的位置，还有助于在查找线路故障时使用电压法和电阻法等方法来确定故障点。掌握这些编号规则，可以更加高效地查找和解决线路中的故障。

② 图表格式法。继电器和接触器的触点位置采用附加图表的方式表示，图表格式如图 2-2 所示。接触器由 3 列表示，从左到右分别是主触点、常开辅助触点和常闭辅助触点的所在电路编号。如图 2-1 右下角的 KM2，3 个主触点在 3 号电路里，常开辅助触点在 12 号电路里，常闭辅助触点在 8 号电路里。继电器由 2 列表示，从左到右分别是常开触点和常闭触点的所在电路编号。如图 2-1 右下角的继电器 KA，3 个常开触点在 8、10、11 号电路里，常闭触点在 9 号电路里。如果没有用到该触点用“×”表示。

③ 横坐标图示法。采用横坐标图示法，线路中各电气元件均按横向画法排列。各电气元件线圈的右侧，由上到下标明各支路的序号 1，2…，并在该电气元件线圈旁标明其常开触点（标在横线上方）、常闭触点（标在横线下方）在电路所在支路的标号，以便阅读和分析电路时查找。例如图 2-3，接触器 KM1 常开主触点在主电路有 3 对在 2 号电路中，常闭辅助触点在控制电路 3 支路中有 1 对。

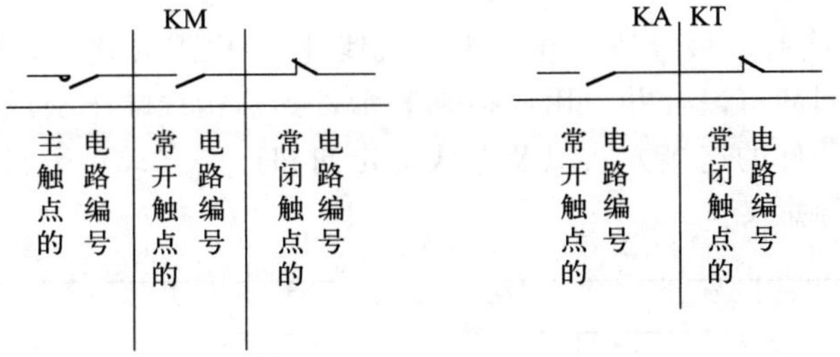

图 2-2 触点位置表示方法

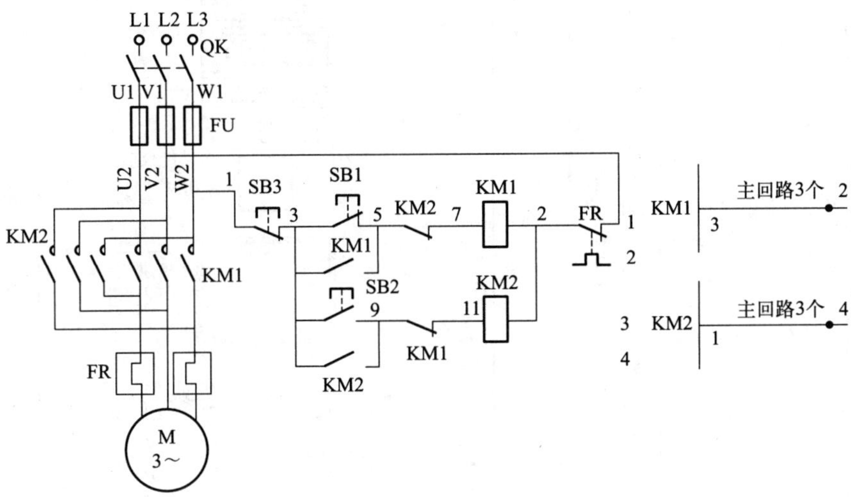

图 2-3 横坐标图示法

2.1.3 电气控制系统器件布置图

电气布置安装图主要用来表明电气设备上所有电机、电器的实际位置，为控制设备的制造、安装、维护、维修提供必要的资料。布置图根据设备的复杂程度或集中绘制在一张图上，或将控制柜与操作台的电气元件布置图分别绘制。电气元件及设备代号必须与有关电路和清单上的代号一致。图 2-4 所示为控制柜门面板和柜内器件布置图。面板布置图表明电气元件安装位置及各尺寸（单位：mm）等。

2.1.4 电气安装接线图

电气安装接线图是根据电气设备和电气元件的实际位置和安装情况绘制的，主要用于表示电气设备和电气元件的位置、配线方式和接线方式。它不直接展示电气动作原理，而主要用于指导安装接线、线路的检查维修和故障处理。图 2-5 所示为三相交流异步电动机变频控制的安装接线图。

绘制安装接线图应遵循以下原则：

① 电气设备和电气元件的相对位置、文字符号、端子号、导线号、导线类型、导线截面、屏蔽和导线绞合等无误。

② 所有的电气设备和电气元件都按其所在的实际位置绘制在图纸上，同一电器的各元件根据实际结构画在一起，并用点画线框上。文字符号以及接线端子的编号应与电路图中的

标注一致，以便对照检查接线。

③ 接线图中的导线有单根导线、导线组（或线扎）、电缆等之分，可用连续线和中断线来表示。导线走向相同的可以合并，用线束来表示，到达接线端子板或电气元件的连接点时再分别画出。设备和元件的连接方式以及电线的走向和连接方式对于安装、维修和故障排查工作都具有重要的指导意义。

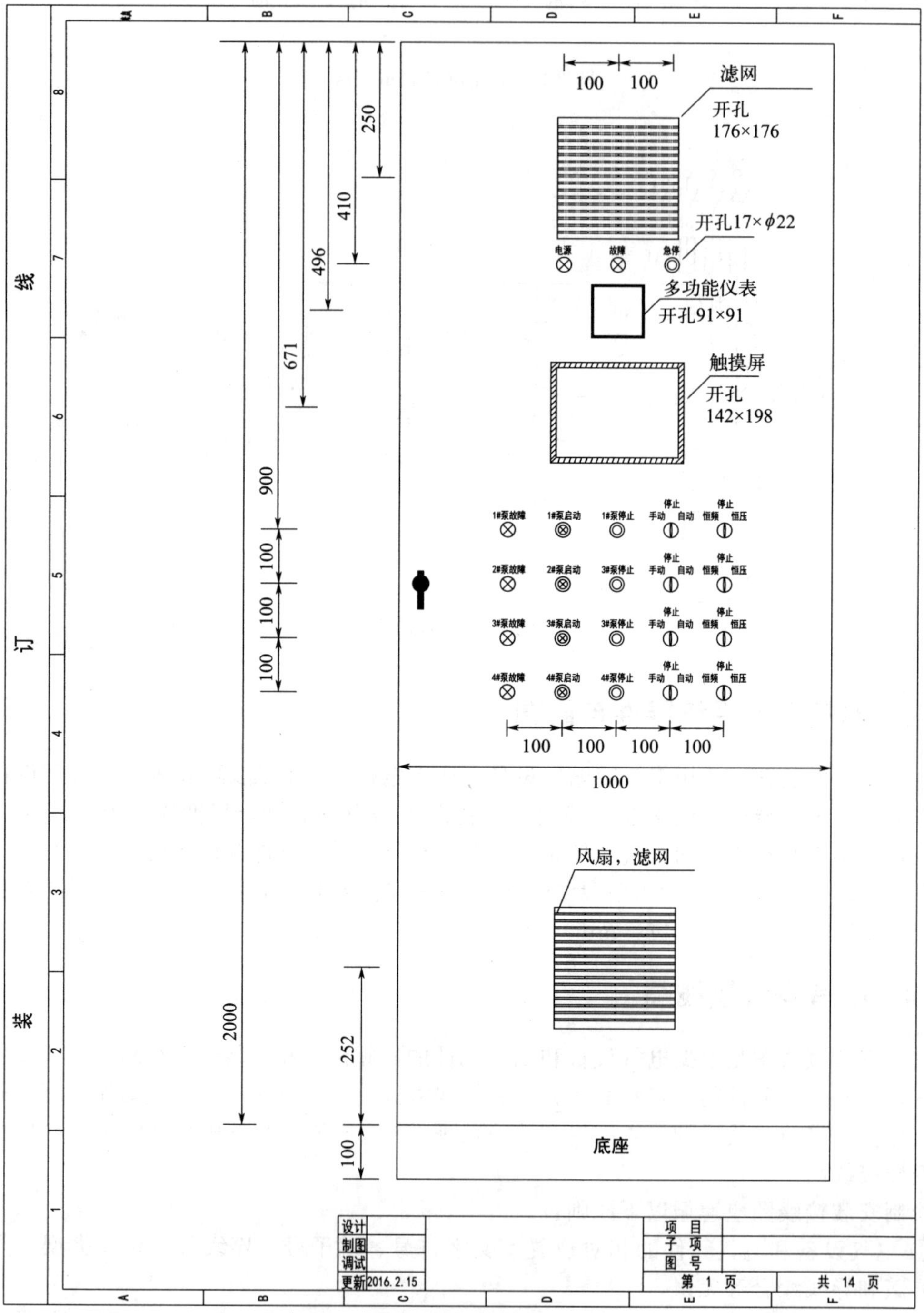

(a)

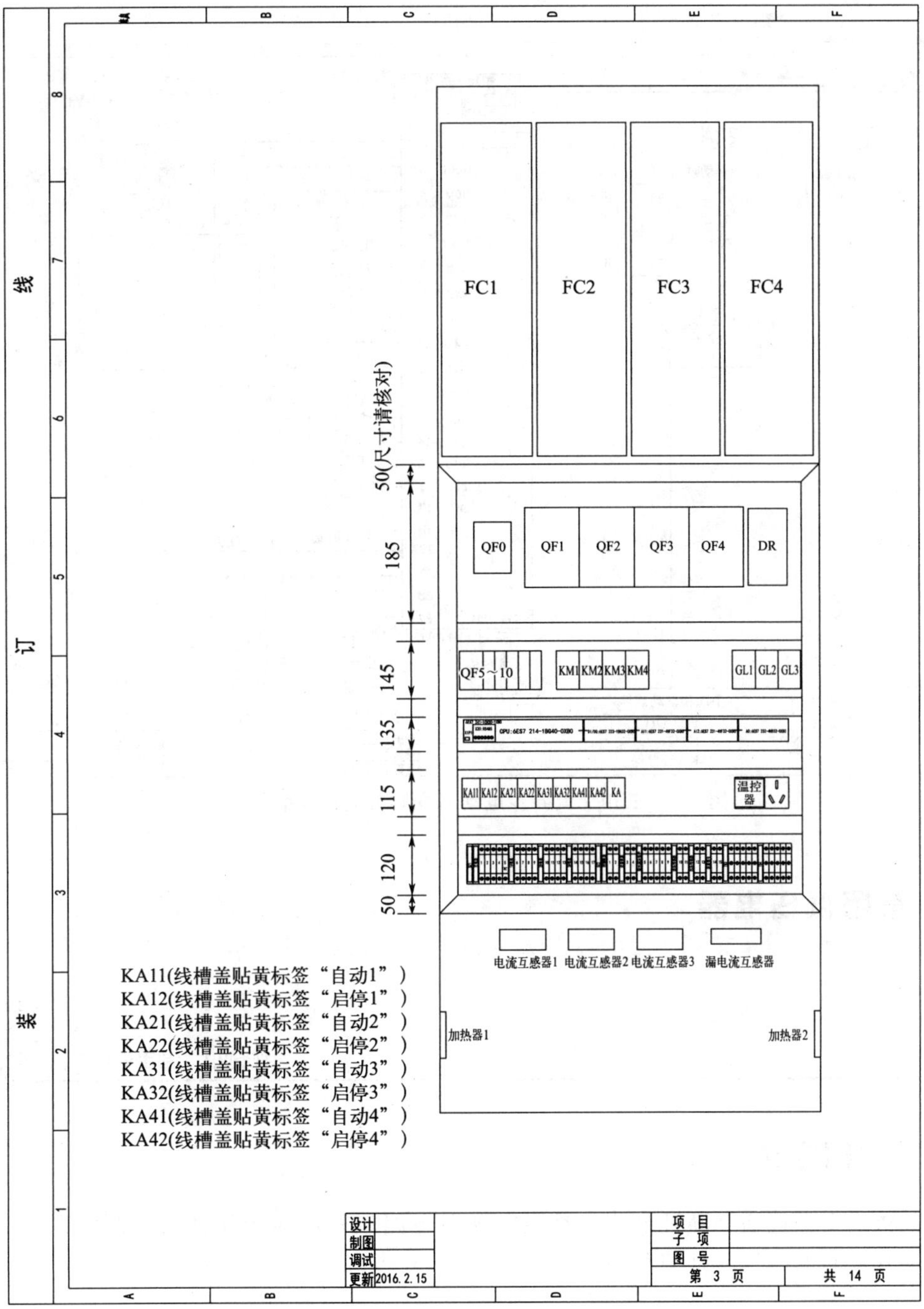

(b)

图 2-4　控制柜门面板布置图及柜内布置图

通过电气安装接线图，可以清晰地了解到各个设备和元件是如何连接的，在实际应用中，电气安装接线图可能会因不同的项目、设备和系统而有所差异。因此，在解读和使用接线图时，需要具备一定的电气知识和经验，以确保正确理解和操作。同时，也需要注意遵守相关的安全规定和操作规程，确保工作过程中的安全。

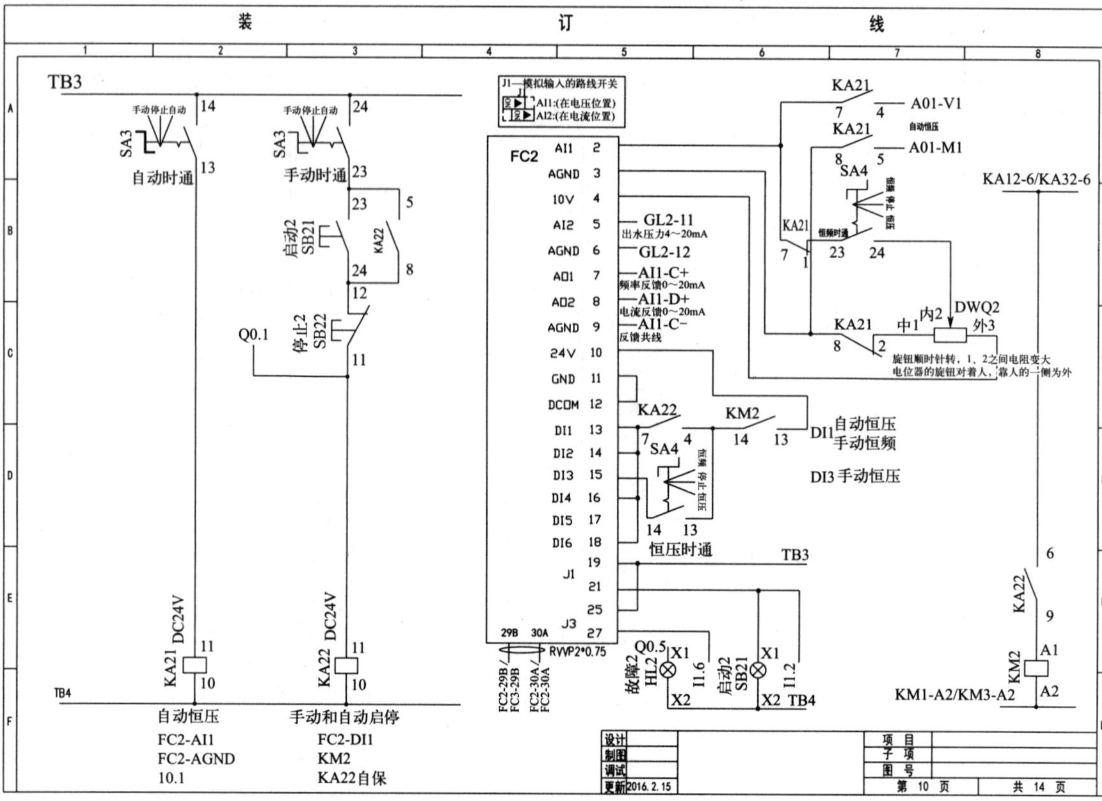

图 2-5　三相交流异步电动机变频控制的安装接线图

2.2　常用低压电器

视频2.1　常用低压电器

2.2.1　电器定义

能自动或手动接通和断开电路，且能实现对电路或非电对象切换、控制、保护、检测、变换和调节目的的电气元件统称为电器。

2.2.2　电器种类

电器种类较多，制造工艺复杂，用途广泛，其分类方法较多。

(1) 按照工作电压等级分

① 低压电器：用于 AC 1000V、DC 1200V 级以下的电路中，起通断、保护、控制或调节作用的电器产品，称为低压电器。如：继电器、接触器、刀开关、按钮、低压断路器等。

② 高压电器：用于 AC 1000V、DC 1200V 级以上的电路中，起通断、保护、控制或调

节作用的电器产品，称为高压电器。如：高压断路器、隔离开关、避雷器等。

（2）按照操作方式分

① 手动操作电器：需要人直接操作完成任务的电器。如：按钮、刀开关、转换开关、隔离开关等。

② 自动操作电器：不需要人工参与，直接根据电量或非电量信号完成任务的电器。如：接触器、继电器、漏电保护器、断路器等。

（3）按用途分

① 控制电器：在控制电路中用于控制设备启停的电器。如：接触器、启动器及各种控制器等。

② 主令电器：在控制电路中用于发送控制指令的电器。如：按钮、主令开关、行程开关及万能转换开关等。

③ 保护电器：用于对电路和用电设备进行保护的电器。如：智能断路器、熔断器、热继电器、相序继电器、漏电保护器等。

④ 执行电器：用于完成某种动作和传动功能的电器。如：电磁铁、电磁离合器等。

⑤ 配电电器：在供电系统中进行电能的传输和分配的电器。例：断路器、隔离开关、刀开关、自动开关等。

2.2.3 电磁式低压电器原理

在电气控制系统的控制电路中，主要通过控制电磁式低压电器来接通或断开执行电器（电磁阀、电机等）的电源。各类电磁式电器的工作原理基本相同，由检测部分（电磁机构）和执行部分（触点系统）两部分组成。接触器和继电器是两类典型的电磁式低压电器。

电磁机构的作用是将电磁能转换成机械能并带动触点的闭合或断开，完成通断电路的控制作用。电磁铁工作时，线圈产生的磁通作用于衔铁，产生电磁吸力，并使衔铁产生机械位移，衔铁复位时复位弹簧将衔铁拉回原位。因此，作用在衔铁上的力有两个：电磁吸力和反力。电磁吸力由电磁机构产生，反力由复位弹簧和触头等产生。

（1）电磁机构

电磁机构由吸引线圈、铁芯和衔铁组成，其结构形式按衔铁的运动方式可分为直动式和拍合式。吸引线圈的作用是将电能转换为磁能，即产生磁通，衔铁在电磁吸力作用下产生机械位移使铁芯吸合。

直流电控制的线圈，铁芯不会发热，只有线圈发热，因此线圈与铁芯接触以利散热。线圈做成方便改善线圈自身散热的结构。

对于交流线圈，除线圈发热外，由于铁芯中有涡流和磁滞损耗，铁芯也会发热。为了改善线圈和铁芯的散热情况，在铁芯与线圈之间留有散热间隙。铁芯用硅钢片叠成，以减少涡流。

另外，根据线圈在电路中的连接方式可分为串联线圈（即电流线圈）和并联线圈（即电压线圈）。串联线圈在电路中通过电流大，为减少对电路的影响，制作时尽量减少阻抗，需要线径粗、匝数少。并联线圈要求在电路中减少分流作用，制作时需要足够大阻抗，需要线径细、匝数多。

（2）触点系统

触点是电磁式电器的执行元件，用来接通或断开被控制电路。触点的结构形式很多，按其所控制的电路可分为主触点和辅助触点，主触点用于接通或断开主电路，允许通过较大的电流；辅助触点用于接通或断开控制电路，只能通过较小的电流。

触点按其原始状态可分为常开触点和常闭触点。原始状态时（即线圈未通电）断开，线圈通电后闭合的触点叫常开触点；原始状态时闭合，线圈通电后断开的触点叫常闭触点。

2.2.4 接触器

接触器是用来自动地接通或断开大功率电气设备的电器，主要使用在控制电动机的启动、反转、制动和调速等，是电力拖动系统最重要也是最常见的控制电器，也可用于控制其他负荷，如电焊机、电阻炉等。

（1）接触器结构

图 2-6 为接触器结构示意图，主要由电磁机构、触点、灭弧装置组成。

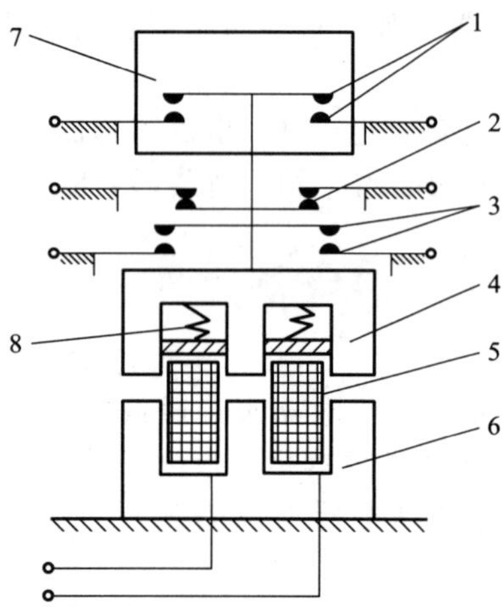

图 2-6 接触器结构示意图

1—主触点；2—常闭辅助触点；3—常开辅助触点；4—动铁芯；5—电磁线圈；6—静铁芯；7—灭弧罩；8—复位弹簧

电磁机构主要包括电磁线圈、铁芯、衔铁，主要功能是根据电磁线圈的通断电，带动衔铁上的触点闭合或断开。

触点包括主触点和辅助触点。主触点用在主电路中通断大电流，一般有三对动合触点，体积较大。辅助触点用在电流较小的控制电路中，体积小，按需求配置触点数量及类型。

（2）接触器工作原理

当线圈通电后，在铁芯中产生磁通。由此在衔铁气隙处产生吸力，使衔铁产生闭合动作，主触点在衔铁的带动下也闭合，于是接通了主电路。同时衔铁还带动辅助触点动作，使原来打开的辅助触点（常开）闭合，而使原来闭合的辅助触点（常闭）打开。

当线圈断电或电压显著降低时，吸力消失或减弱，衔铁在复位弹簧作用下打开，主、副触点又恢复到原来状态。

接触器的图形符号及文字符号如图 2-7 所示。

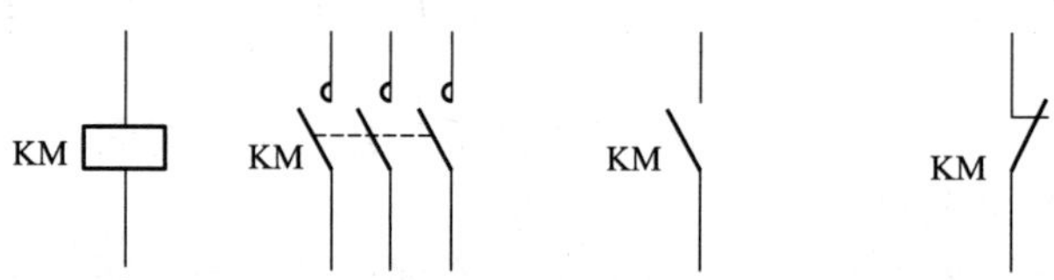

图 2-7 接触器的图形符号及文字符号

（3）接触器的主要技术参数

额定电压：主触点的正常工作电压。

额定电流：主触点的正常工作电流。

线圈额定电压：线圈工作电压。

额定操作频率：每小时操作次数，最高 1200 次。

接通和分断能力：主触点在规定条件下可靠接通和分断的电流值。

（4）接触器选型

接触器选型主要从以下几个方面考虑选择。

负载类别：负载使用交流电还是直流电，负载是阻性、感性还是容性负载。

负载特点：设备启动是否频繁，启动方式是直接启动还是软启动，设备操作频率大小，等等。

定位：选择国产还是进口。

使用环境：主要考虑温度、湿度、海拔等。

参数：额定电压与被控电路电压一致，额定电流与负载额定电流一致，极数根据设备要求确定。

控制线圈：控制线圈选择根据控制电路电压类型（交流或直流）、电压等级、频率等来选择。

辅助触点：辅助触点数量及类型按照系统需求配置。

其他：浪涌抑制器、机械联锁、延时触头等。

2.2.5 继电器

继电器是一种根据外来电量（电压或电流）或者非电量（压力、转速等）的变化，接通或断开控制电路的低压电器，主要用于实现电路自动控制或保护。

继电器一般由感测机构、中间机构和执行机构三个基本部分组成。感测机构把感测到的电量或非电量传递给中间机构，将它与额定的整定值进行比较，当达到整定值时，中间机构便使执行机构动作，从而接通或断开被控电路。

继电器种类主要有电流继电器、电压继电器、中间继电器、时间继电器、热继电器、速度继电器、压力继电器以及液位继电器等。

(1) 电流继电器

电流继电器是根据线圈中电流的大小而接通和断开电路的继电器。由于电流继电器根据电路中电流大小动作，因此需要串联在负荷电路中。为了减少对电路的影响，其线圈的匝数少而且线径粗，阻抗小，体积小。当线圈电流高于整定值时动作的继电器称为过电流继电器；低于整定值时动作的继电器称为欠电流继电器。

电流继电器主要用于过载和短路保护，它比熔断器的结构复杂，但过载保护性能优于熔断器，而且事故后不必像熔断器那样更换元件，可重复使用。所以，它在电力系统中对电机过载和短路起着关键性的保护作用。

图 2-8 为电流继电器的图形和文字符号。

(2) 电压继电器

电压继电器通过检测线圈两端的电压变化接通或断开电路。因此，电压继电器的线圈一般并联在被测电路中。为了减少对电路的影响，其线圈的匝数多而且线径细，阻抗大，体积大。

电压继电器分为过电压继电器、欠电压继电器和零电压继电器。过电压继电器是当电压大于其整定值时动作的电压继电器，主要用于对电路或设备的过电压保护。欠电压继电器是当电压降至某一规定范围时动作的电压继电器。零电压继电器是端电压降至零或接近消失时才动作的电压继电器。

电压继电器广泛应用于零压和欠压保护中。所谓零压和欠压保护就是当由于某种原因电源电压降低过多或暂时停电时，电动机即自动与电源断开。

图 2-9 为电压继电器的图形和文字符号。

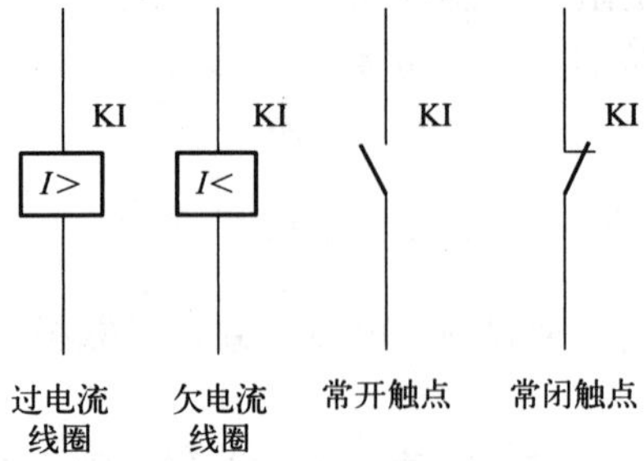

图 2-8　电流继电器

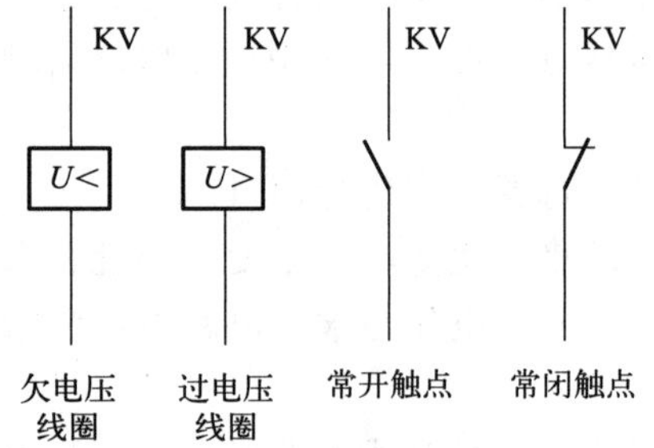

图 2-9　电压继电器的图形和文字符号

(3) 中间继电器

中间继电器在控制电路中主要用来传递信号、转换信号功率以及将一个输入信号变换成多个输出信号等。中间继电器的基本结构及工作原理与接触器相同。但中间继电器的触点对数多，并且没有主辅之分，各对触点允许通过的电流大小相同。图 2-10 为中间继电器的图形和文字符号。

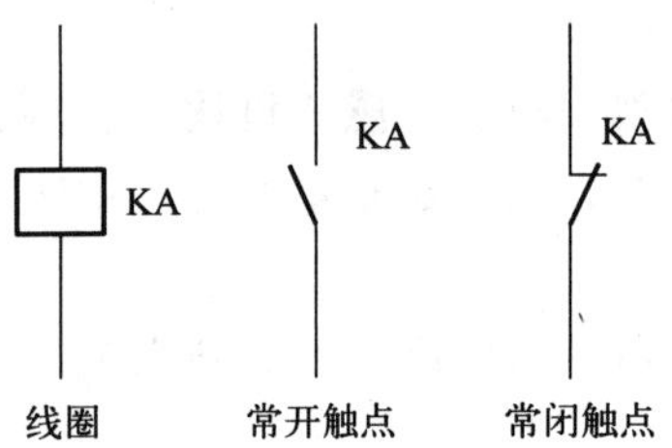

图 2-10　中间继电器的图形和文字符号

(4) 热继电器

热继电器就是利用电流的热效应原理，过载时切断电动机电路，为电动机提供过载保护的保护电器。它主要用于交流电动机的过载、缺相及电流不平衡运动的保护及其他电器设备的保护。

热继电器可以根据过载电流的大小自动调整动作时间，当电动机的工作电流为额定电流时，热继电器应长期不动作。

热继电器主要由热元件、双金属片和触头三部分组成。

双金属片是热继电器的感测元件，由两种线膨胀系数不同的金属片用机械碾压而成。线膨胀系数大的称为主动层，小的称为被动层。在加热以前，两金属片长度基本一致。当串在负载电路中的热元件有电流通过时，热元件产生的热量使两金属片伸长。由于线膨胀系数不同，且因它们紧密结合在一起，所以，双金属片就会发生弯曲。电动机正常运行时，双金属片的弯曲程度不足以使热继电器动作，当负载过载时，热元件中电流增大，加上时间效应，所以双金属片接受的热量就会大大增加，从而使弯曲程度加大，最终使双金属片推动导板使热继电器的触点动作，切断负载的电源。

图 2-11 为热继电器的图形和文字符号。

(5) 液位继电器

液位继电器是控制液面的继电器，一个内部有电子线路的继电器。利用液体的导电性，当液面达到一定高度时继电器就会动作，切断电源；当液面低于一定位置时接通电源，使水泵工作，实现自动控制的作用。自动控制由传感器和控制执行机构组成。液位控制器的传感器一般是导线，由于水的导电性较差，不能直接驱动继电器，所以要由电子线路将电流放大，以推动继电器工作。控制点分高、低、中三挡，高控制点为水位溢出点，自动控制水位高度，水位到此自动停止；中控制点为水位自动加水点，水位在这个点时自动启动加水装置。

图 2-12 为液位继电器的图形和文字符号。

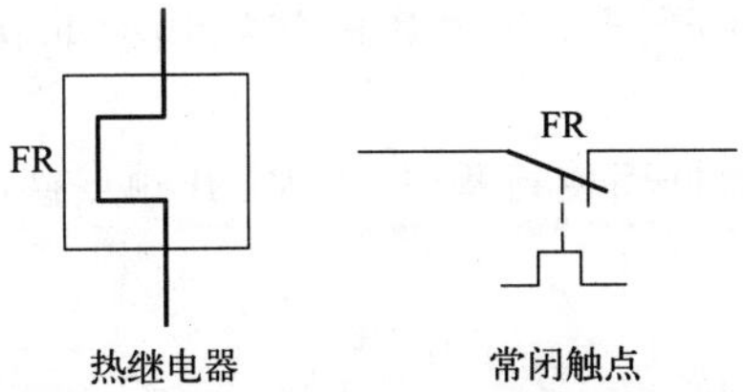

图 2-11　热继电器的图形和文字符号

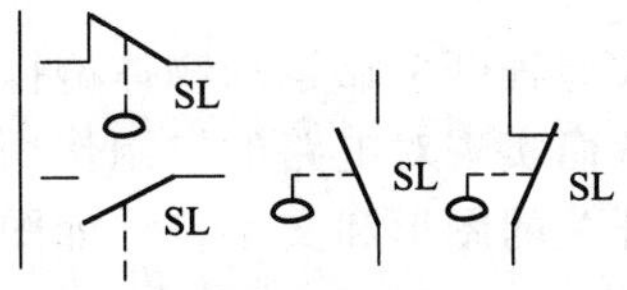

图 2-12　液位继电器的图形和文字符号

(6) 时间继电器

时间继电器是从得到输入信号（线圈的通电或断电）开始，经过一定的延时后触点由闭合变成断开的继电器。时间继电器延时方式有通电延时、断电延时两种。

通电延时时间继电器线圈通电后延迟一段时间，其常开触点闭合，常闭触点断开。线圈断电后其常开触点断开，常闭触点闭合。

断电延时时间继电器线圈通电后，其常开触点立刻闭合，常闭触点立刻断开。线圈断电后经过一段时间其常开触点才断开，常闭触点才闭合。

图 2-13 为时间继电器的图形和文字符号。

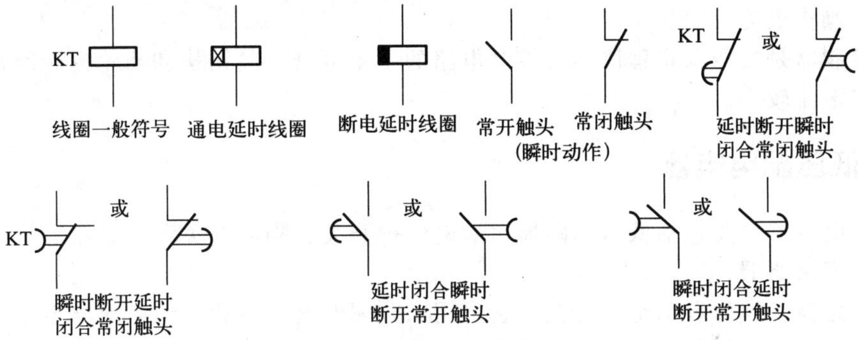

图 2-13　时间继电器的图形和文字符号

2.2.6　主令电器

主令电器是用来发布命令、改变控制系统工作状态的电器，用于控制电力拖动系统中电动机的启动、停车、制动及调速等。

它可以直接作用于控制电路，也可以通过电磁式电器的转换对主电路实现控制，其主要类型有按钮、行程开关、万能转换开关、主令控制器、脚踏开关等。

(1) 按钮

按钮在低压控制电路中用于手动发出控制信号，用来控制接触器、继电器等。按钮触点允许通过的电流较小。

按钮由按钮帽、复位弹簧、桥式触点和外壳等组成。按用途和结构的不同，分为启动按钮、停止按钮和复合按钮等。

为方便操作，启动按钮的按钮帽一般采用绿色，停止按钮的按钮帽一般采用红色。按钮的图形和文字符号如图 2-14 所示。

(2) 行程开关

行程开关主要用于检测工作机械的位置，发出命令以控制其运动方向或行程长短。行程开关也称位置开关。

行程开关按结构分为机械结构的接触式有触点行程开关和电气结构的非接触式接近开关。

接触式行程开关靠运动物体碰撞行程开关的顶杆而使行程开关的常开触点接通和常闭触点分断，从而实现对电路的控制作用。

行程开关的图形和文字符号如图 2-15 所示。

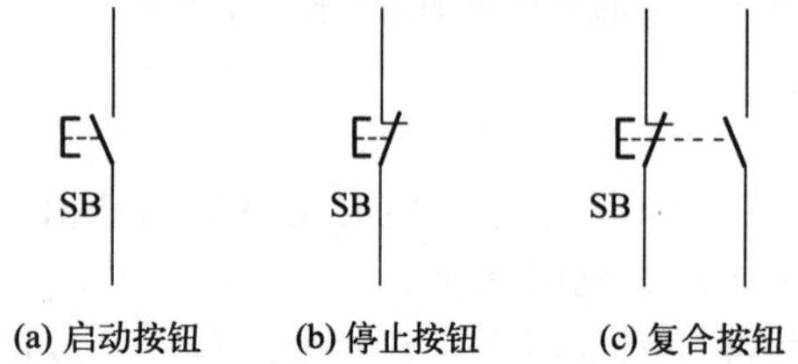

图 2-14　按钮的文字符号和图形符号

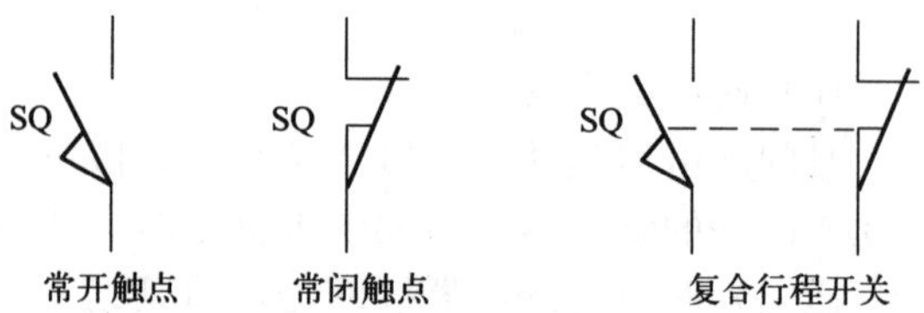

图 2-15　行程开关的文字符号和图形符号

(3) 主令控制器

当电动机容量较大、工作繁重、操作频繁、调速性能要求较高时，往往采用主令控制器操作。由主令控制器的触点来控制接触器，再由接触器来控制电动机。这样，触点的容量可大大减小，操作更为轻便。

主令控制器是按照预定程序转换控制电路的主令电器，其结构和凸轮控制器相似，只是触点的额定电流较小。

2.2.7　低压配电电器

低压配电电器主要包括低压断路器、漏电保护开关、隔离开关和熔断器等。

(1) 低压断路器

低压断路器又称为自动空气开关，它可用来分配电能、不频繁地启动异步电动机、对电源线路及电动机等实行保护，当发生严重的过载或短路及欠电压等故障时能自动切断电路，其功能相当于熔断器式断路器与过流、欠压、热继电器等的组合，而且在分断故障电流后一般不需要更换零部件，因而获得了广泛的应用。

低压断路器的主要参数如下。

额定电压：它是指断路器在长期工作时的允许电压。通常，它等于或大于电路的额定电压。

额定电流：这是指断路器在长期工作时的允许持续电流。

通断能力：这是指断路器在规定的电压、频率以及规定的线路参数（交流电路为功率参数，直流电路为时间常数）下，能接通和分断的断路电流值。

分断时间：它是指断路器切断故障电流所需时间。

图 2-16 所示为低压断路器的图形和文字符号。

(2) 隔离开关

低压隔离开关也称刀开关。低压隔离开关是低压电器中结构比较简单、应用十分广泛的一类手动操作电器，品种主要有低压刀开关、熔断器式刀开关和组合开关 3 种。

隔离开关主要是在电源切除后，将线路与电源彻底地隔开，以保障检修人员的安全。熔断器式刀开关由刀开关和熔断器组合而成，故兼有二者的功能，即电源隔离和电路保护功能，可分断一定的负载电流。

图 2-17 为低压隔离开关的图形和文字符号。

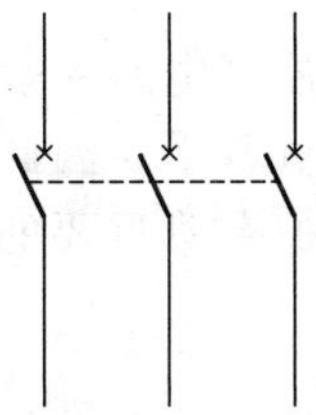

图 2-16　低压断路器的文字符号和图形符号

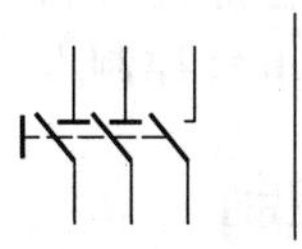

图 2-17　低压隔离开关的文字符号和图形符号

(3) 漏电保护开关

漏电保护开关是电器保护装置的一种，主要用于触电保护，也兼有漏电保护的作用。

当低压电网发生人身触电或设备漏电时，漏电保护开关能迅速自动切断电源，从而避免造成事故。

漏电保护器工作原理是通过零序电流互感器检测漏电流大小，再将检测到的漏电流与一个预定基准值相比较，从而判断漏电脱扣器是否动作，当漏电流大于预定基准值时漏电脱扣器动作，分断被保护的电路。

图 2-18 为漏电保护开关的图形和文字符号。

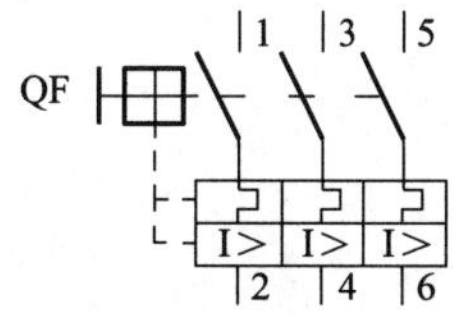

图 2-18　漏电保护开关的文字符号和图形符号

(4) 熔断器

当电路发生短路或过载故障时，通过熔体的电流使熔断器发热，当电路正常工作时，熔体允许通过一定大小的电流而长期不熔断；当达到熔化温度时熔体自行熔断，从而分断故障电路。熔断器在电路中作过载和短路保护之用。它具有结构简单、价格便宜、动作可靠、使用和维护方便等优点，因此得到广泛应用。其图形符号和文字符号如图 2-19 所示。

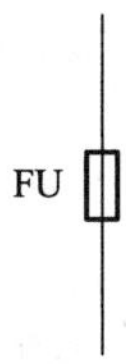

图 2-19　熔断器图形符号和文字符号

熔断器的主要参数：

(a) 额定电压：是指保证熔断器能长期正常工作的电压。

(b) 额定电流：是指保证熔断器能长期正常工作的电流，是由熔断器各部分长期工作时的允许温升决定的。它与熔体的额定电流是两个不同的概念。熔体的额定电流是指在规定的工作条件下，长时间通过熔体而熔体不熔断的最大电流值。通常一个额定电流等级的熔断器可以配用若干个额定电流等级的熔体，但熔体的额定电流不能大于熔断器的额定电流值。

(c) 极限分断电流：是指熔断器在额定电压下所能断开的最大短路电流。熔断器的极限分断电流必须大于线路中可能出现的最大短路电流。

2.3　典型电气基本电路

视频2.2　继电器控制基本电路

在各行各业的生产过程中都离不开机电设备，其自动控制电路大都以电机等电动执行器为对象。电气控制线路是指把各种有触点的接触器、继电器、按钮、行程开关等电气元件，用导线按一定方式连接起来，实现具有一定控制要求的控制线路。

为满足生产需求，需要设计各种各样的电气控制电路。这些控制电路一般是由一些基本典型控制环节组成，在原理分析和故障判断时，一般都从基本环节着手。因此，掌握基本电气控制线路，对整个电气控制电路的工作原理分析及电气设备维护有着重要的意义。

2.3.1 启保停控制

（1）点动电路

图 2-20 是最基本的电机控制电路，其中，图（a）为主电路，由刀开关 QS、熔断器 FU，接触器 KM 的主触点、热继电器 FR 的热元件与电动机 M 构成；图（b）为控制电路，由启动按钮 SB、接触器 KM 的线圈、热继电器 FR 的常闭触点等几部分构成。

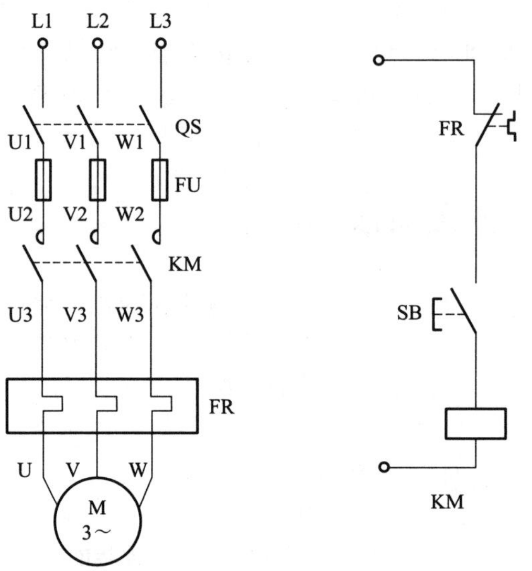

(a) 主电路　　(b) 控制电路

图 2-20　电机控制电路

合上 QS，引入三相电源，按下 SB，交流接触器 KM 的线圈通电，接触器主触点闭合，电动机接通电源直接启动运转，手松开 SB 自动复位时，接触器 KM 的线圈失电，接触器主触点断开，电动机停止运行。在电动机过载导致热继电器动作时，热继电器常闭触点断开，这时即使按钮被按着，接触器线圈也不能得电，主触点也不闭合，从而可以保护电机。

此电路可以用于需要点动控制的场合，如机床刀头进退刀控制、行车控制等，但是若要保持电机通电，需要长时间按着按钮。

（2）自锁电路

图 2-21 是带自锁功能的控制电路。在点动控制电路的基础上增加了带常闭触点的停机按钮 SB1，在启动按钮 SB2 常开触点上并联了接触器的常开辅助触点。

正常启动时，合上 QS 引入三相电源，按下启动按钮 SB2，交流接触器 KM 的线圈通电，接触器主触点闭合，电动机接通电源直接启动运转。同时与 SB2 并联的常开辅助触点 KM 也闭合，使接触器线圈经两条路通电。这样，当手松开，SB2 自动复位时，接触器 KM 的线圈仍可通过辅助触点 KM 使接触器线圈继续通电，从而保持电动机的连续运行。这个辅助触点起着自锁的作用。

按下停止按钮 SB1，SB1 常闭触点断开，控制电路被切断，接触器线圈则断电，其主触

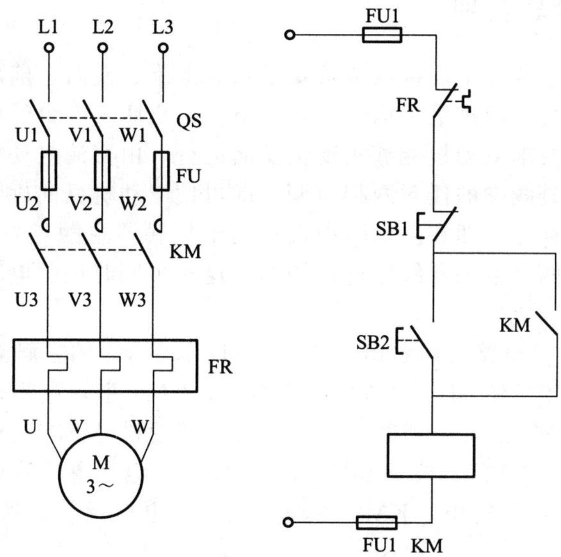

图 2-21 带自锁功能的控制电路

点释放，将三相电源断开，电动机停止运转。同时 KM 的辅助常开触点也释放，因而当手松开停止按钮后，SB1 在复位弹簧的作用下，恢复到原来的常闭状态，但接触器线圈也不能再依靠自锁通电了。

（3）点动与自锁组合控制

如图 2-22 所示，图（a）为基本点动控制，按下 SB，KM 得电，主触点闭合，电动机运转；松开 SB，KM 失电，电动机停运。图（b）有两个运转按钮，SB2 连续运转按钮，SB3 点动控制按钮，SB1 停止按钮，在自锁回路中串联点动按钮的常闭触点，按下点动按钮时，不能自锁。图（c）用中间继电器 KA 实现，SB2 连续运转按钮，SB3 点动控制按钮，按下连续运转按钮 SB2，启动中间继电器 KA，并联在 SB2 上的 KA 的常开触点实现自锁。通过 KA 的常开触点控制接触器 KM 的线圈，再控制电动机实现连续运转；当需要停转时，按下 SB1 按钮即可。当需要点动运转时，按下 SB3 按钮即可。

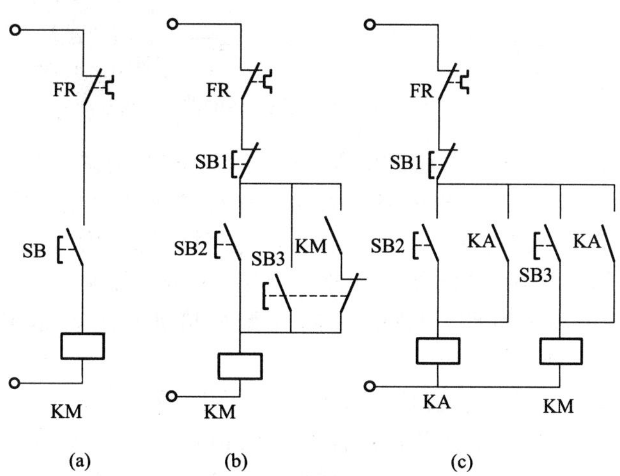

图 2-22 点动与自锁组合控制

2.3.2 电动机正反转控制

在生产加工过程中，各种生产机械常常要求具有上下、左右、前后、往返等相反方向的运动，如电梯的上下运行、起重机吊钩的上升与下降、机床工作台的前进与后退及主轴的正转与反转等运动，这就要求电动机能够实现正反向运行。由交流电动机工作原理可知，若将接至电动机的三相电源进线中的任意两相对调，即可使电动机反向旋转。因此需要对单向运行的控制线路做相应的补充，即在主电路中设置两组接触器主触点来实现电源相序的转换，在控制电路中对相应的两个接触器线圈进行控制，这种可同时控制电动机正转与反转的控制线路称为可逆控制线路。

如图 2-23 所示，从主电路可以看出，通过 KM1 和 KM2 的主触点的换相，可实现电机的正反转。按下正转启动按钮 SB2，KM1 线圈得电，KM1 主触点闭合，电机正转。同时并联在启动按钮 SB2 的 KM1 的常开辅助触点也闭合，即使松开 SB2，SB2 自动复位，线圈依然得电，这种情况称为“自锁”。按下 SB1，KM1 线圈失电，电机停止正向转动。再按下反转启动按钮 SB3，KM2 线圈得电，KM2 主触点闭合，电机反转。按下 SB1，KM2 线圈失电，电机停止反向转动。

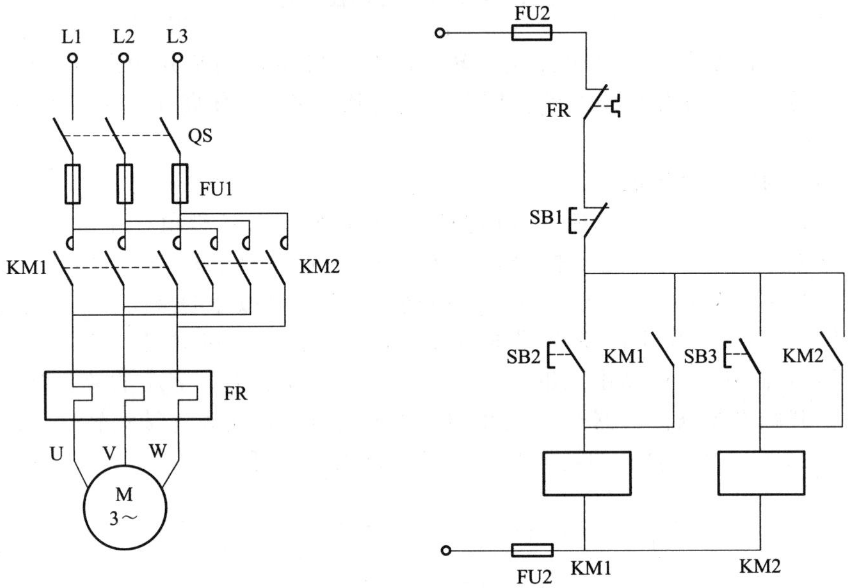

图 2-23 正反转控制电路

如果在电机正在正转（KM1 主触点闭合）时按下反转启动按钮 SB3，接触器 KM2 主触点也闭合，这样就会导致 L1、L2 相短路，为避免这种情况的发生，需要在接触器 KM1 和 KM2 的控制回路中相互串入对方的常闭辅助触点，这种情况称为“互锁”，如图 2-24(a) 所示。假定通过 SB2 按钮已接通 KM1 线圈，此时串接在 KM2 控制电路中的 KM1 辅助常闭触点断开，这时即使按下 SB3 按钮，KM2 线圈也无法接通，也就是 KM1 的通电锁定了，KM2 不能同时通电。

图 2-24(a) 电路实现正反转控制时，由于互锁作用，需要经过停止这个过程才能切换到另一个方向。为此，在控制回路中增加复合按钮联锁正、反转控制，如图 2-24(b) 所示，在彼此的控制回路中串入对方启动按钮的常闭触点，在按下启动按钮时先断开另一路中的联锁常闭触点，从而断开对方接触器线圈，接通按钮常开触点所在电路的接触器线圈，可以实

现正反向之间直接切换，无须经过停止阶段。

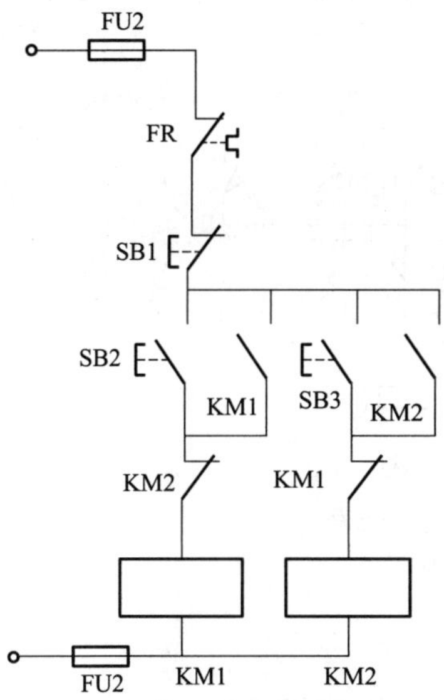

(a) 互锁正反转控制

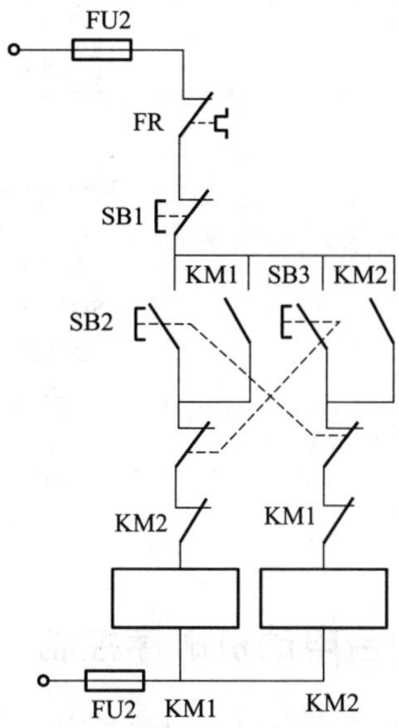

(b) 复合联锁正反转控制

图 2-24　正反转互锁和复合联锁控制电路

2.3.3　自动往返循环控制

在自动生产过程中需要设备自动往复运动，如图 2-25 所示。

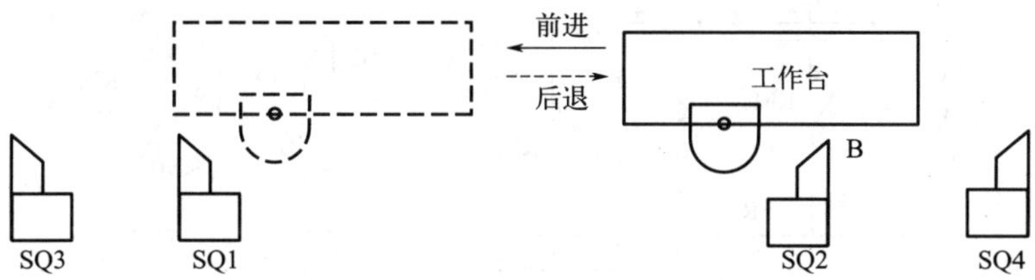

图 2-25　自动往返工作台示意图

该类设备往往采用交流电机正反转实现。在控制电路中，行程开关 SQ3、SQ4 为极限位置保护，是为了防止 SQ1、SQ2 可能失效引起设备滑出极限位置导致事故而设的，SQ1 和 SQ2 分别安装在电机正转和反转时运动部件的行程限位。如果 SQ2 失灵，运动部件继续前行压下 SQ4 后，采取保护措施使电机停止。这种限位保护的行程开关在位置控制电路中必须设置，例如电梯、立体车库、吊车等。

图 2-26 所示为自动往返控制电路，在正反转控制电路的基础上添加了行程限位联锁开关 SQ1 和 SQ2，保护限位开关 SQ3 和 SQ4。在前进接触器 KM1 的控制回路中串入前行程限位 SQ1 的常闭触点和前保护限位 SQ3，启动按钮 SB2 上并联后行程限位 SQ2 的常开触点；在后退接触器 KM2 的控制回路中串入后行程限位 SQ2 的常闭触点和后保护限位 SQ4，启动按钮 SB3 上并联前行程限位 SQ1 的常开触点。

设备处于静止状态，按下启动按钮 SB2，KM1 线圈得电，设备前进，松开 SB2，KM1 的常开触点自保持，前进到前行程限位 SQ1 常闭触点断开，停止前进，SQ1 常开触点闭合，后退接触器 KM2 线圈得电，开始后退，KM2 常开触点闭合自保持，直到后退到后行程限位 SQ2 常闭触点断开，停止后退，SQ2 常开触点闭合切换到前进，实现前进和后退的自动切换。

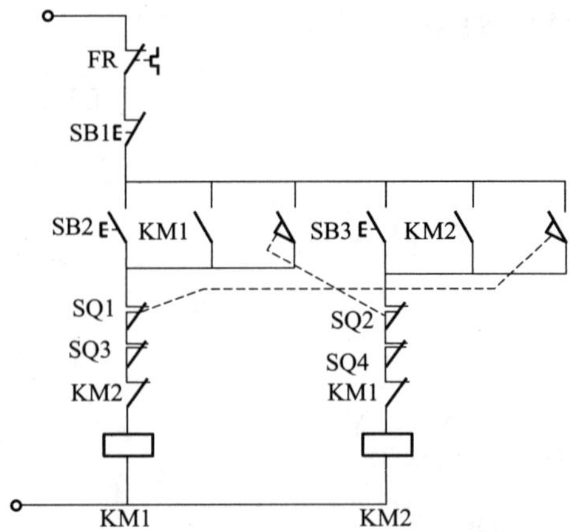

图 2-26　自动往返控制电路

2.3.4　两台电动机顺序控制

以多台电动机为动力的设备中，有时需要按照一定的顺序启动和停止。这样就需要设计相应的顺序控制电路来实现。如图 2-27 所示。

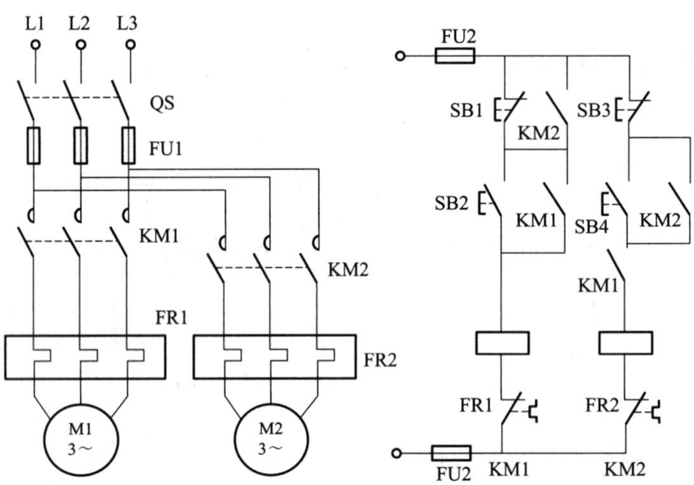

图 2-27　顺序控制电路

图 2-27 是一个实现顺序启动逆序停车的控制电路。由 KM1 和 KM2 分别控制两台电动机 M1 和 M2，要求 M1 启动之后 M2 才可以启动，M2 停车之后 M1 才可以停车。

启动过程：按下启动按钮 SB2，KM1 线圈得电，M1 启动，并联在 SB2 上的 KM1 的常开触点实现自锁；按下启动按钮 SB4，KM2 线圈得电，M2 启动，并联在 SB4 上的 KM2 的常开触点实现自锁。启动时由于在后启动电动机控制回路中串联了先启动电动机的接触器的常开触点，因此，在先启动电动机的接触器未得电前，即使按下后启动电动机的启动按钮也不能启动该电动机。

停止过程：按下 SB3，KM2 线圈失电，M2 停止，再按下 SB1，KM1 线圈失电，M1 停止。停止时由于在后停止电动机控制回路的停止按钮上并联了先停止电动机的接触器的常开触点，因此在先停止电动电机的接触器未失电前，即使按下后停止电动机的停止按钮也不能停止该电动机。

由此可得如下控制规律：当要求甲接触器工作后方允许乙接触器工作，则在乙接触器线圈电路中串入甲接触器的常开触点。当要求乙接触器线圈断电后方允许甲接触器线圈断电，则将乙接触器的常开触点并联在甲接触器的停止按钮两端。

2.3.5　多点联锁控制

有时电机需要在多个地方实现启动或停止。比如一台泵，需要在现场和操作间都可控制其启动或停止。如图 2-28 所示。

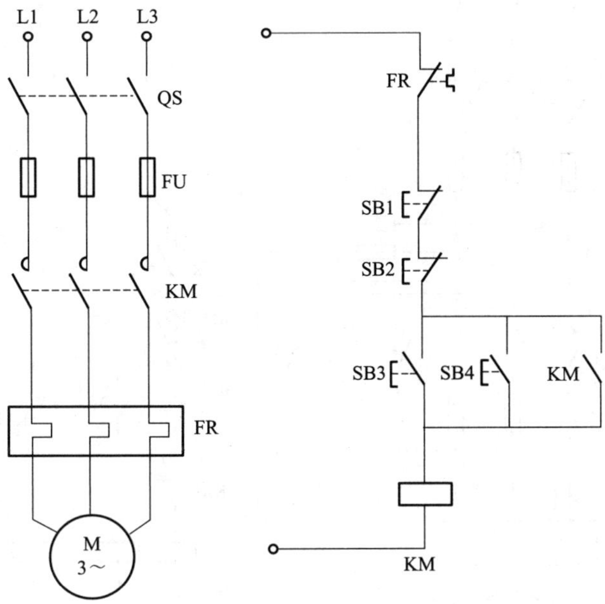

图 2-28　多点控制电路

多点控制的控制规律为：多点控制的常闭停止按钮串联在控制电路中，多点控制的常开启动按钮并联在接触器辅助常开触点上。

2.3.6　三相异步电动机典型控制

1）三相异步电动机启动控制

容量较小的三相异步电动机均采用直接启动的方式，如图 2-20 所示。启动时将电动机的定子绕阻直接接在交流电源上，电动机在额定电压下直接启动。大、中容量的电动机，因启动电流较大，一般应采用降压启动方式，以防止过大的启动电流引起电源电压的波动，影响其他设备的正常运行。

通常降压启动的方式有：三相定子串电阻启动、星形-三角形降压启动、软启动器启动、延边三角降压启动等。

定子绕组接线方式如图 2-29 所示，图（a）为星形方式，图（b）为三角形方式。

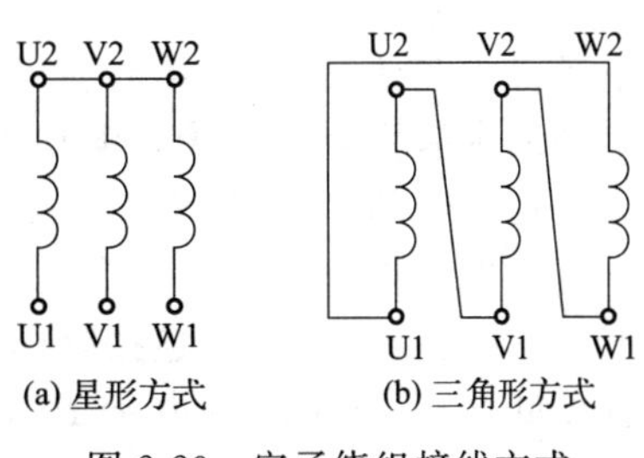

(a) 星形方式　(b) 三角形方式

图 2-29　定子绕组接线方式

(1) 三相定子串电阻启动

定子串电阻降压启动方法就是电动机启动时，在三相定子电路中串接电阻，使电动机定子绕阻电压降低，启动结束后再将电阻短接，电动机在全压下运行。这种方法的缺点是会消耗大量的电能且装置成本较高。

图 2-30 所示是定子串电阻降压启动控制电路，其工作过程如下：按下启动按钮 SB2，接触器 KM1 和定时器 KT 线圈通电，电动机串电阻降压工作，延时一定时间后 KT 常开触点闭合，KM2 线圈得电，KM2 主触点闭合，串联电阻被短接，电动机常压工作，KM2 常闭触点打开，定时器 KT 线圈失电，KT 常开触点断开，由于并联在 KT 常开触点的 KM2 常开辅助触点自锁，因此 KM2 线圈一直得电。

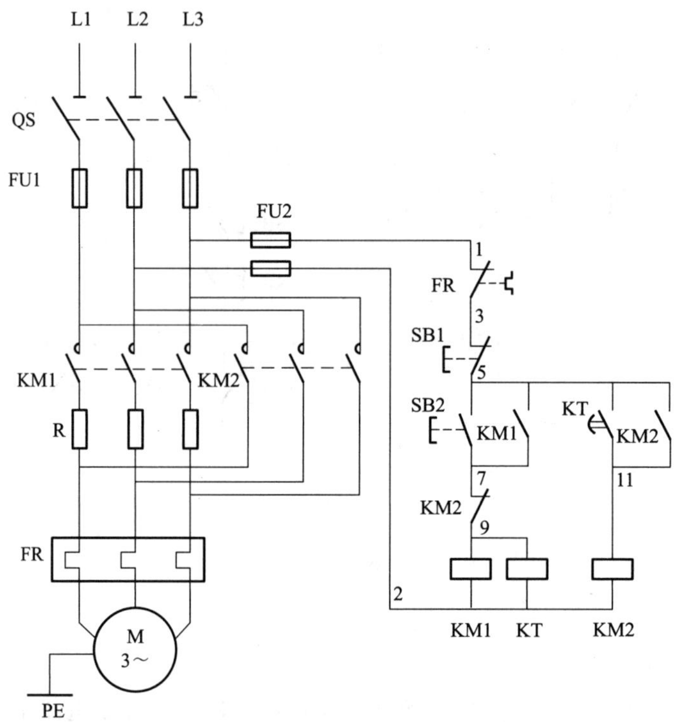

图 2-30　定子串电阻降压启动控制图

(2) 星形-三角形降压启动

正常运行时定子绕组接成三角形的笼型异步电动机，通常可采用星形-三角形（Y-△）降压启动方法来限制启动电流。启动时先将电动机定子绕组接成Y，这时加在电动机每相绕组上的电压为电源电压额定值的 1/3，启动转矩为△接法时直接启动转矩的 1/3，启动电流降为△连接直接启动电流的 1/3，减小了启动电流对电网的影响。待电动机启动后，按预先设定的时间再将定子绕组切换成△接法，使电动机在额定电压下正常运转。

图 2-31 所示为星形-三角形降压启动电路。主要器件包括：启动按钮 SB1，停止按钮 SB2，交流接触器 KM1，Y连接交流接触器 KM3（KM1 和 KM3 同时接通为Y接法，启动结束后停止工作），△连接的交流接触器 KM2（KM1 和 KM2 同时接通为△接法，用于电动机启动结束后恢复△连接，电动机正常运行），时间继电器 KT（控制Y-△变换的时间，即电动机启动时间），热继电器 FR（三相电动机的过载保护）。

其工作过程如下：按下启动按钮常开触点 SB1，接触器 KM1 和 KM3 线圈得电，KM1 和 KM3 主触点接通，Y连接降压启动；同时 KM3 的常闭触点断开，KM2 线圈失电，KM2 主触点断开；KM1 线圈由于 KM1 常开触点闭合保持自锁；KT 线圈得电，延时一定时间后，KT 的常闭触点断开，KM3 线圈失电，KM3 的常闭触点接通，接触器线圈 KM2 得电，

KM3 主触点断开，KM2 主触点闭合，完成Y-△的切换，全压运行，同时 KM2 常闭触点断开，KT 线圈失电。KM2 和 KM3 互锁，防止同时Y连接和△连接造成电源短路。

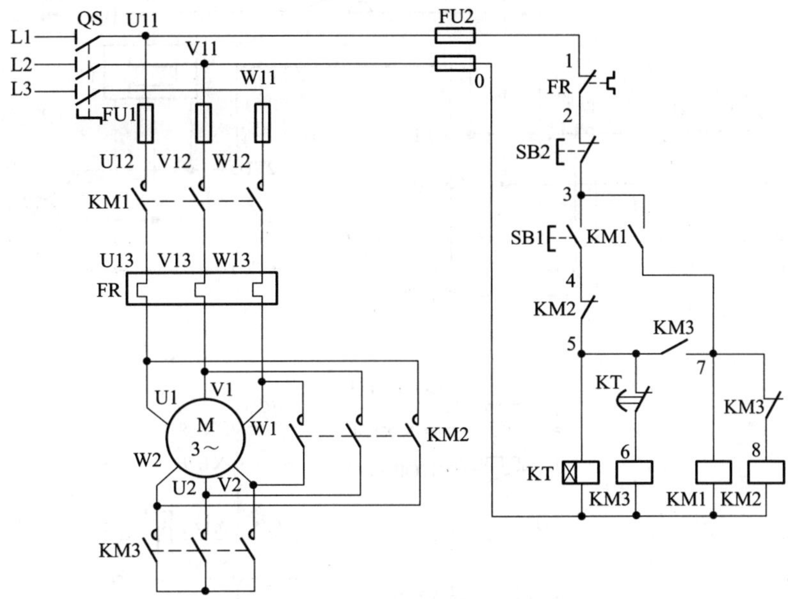

图 2-31 星形-三角形降压启动

(3) 软启动器启动

软启动器是一种集电机软启动、软停车、轻载节能和多种保护功能于一体的新颖电机控制装置，国外称为 soft starter。软启动器采用三相反并联晶闸管作为调压器，将其接入电源和电机定子之间，这种电路如三相全控桥式整流电路。使用软启动器启动电机时，晶闸管的输出电压逐渐增加，电机逐渐加速，直到晶闸管全导通，电机工作在额定电压的机械特性上，实现平滑启动，降低启动电流，避免启动过流跳闸。

待电机达到额定转速时，启动过程结束，软启动器自动用旁路接触器取代已完成任务的晶闸管，为电机正常运转提供额定电压，以降低晶闸管的热损耗，延长软启动器的使用寿命，提高其工作效率，又使电网避免了谐波污染。软启动器同时还提供软停车功能，软停车与软启动过程相反，电压逐渐降低，转速逐渐下降到零，避免自由停车引起的转矩冲击。

图 2-32 所示为软启动器启动控制电路。左侧端子为输入端子，右侧端子为输出端子，1L1、3L2、5L3 为三相电源输入，X1/1、X1/2 为电流互感器输入端子，用于检测电流，X1/3、X1/4、X1/5 为启停控制端子，X1/11、X1/12 为软启动器工作电源输入端子，2T1、4T2、6T3 为软启动器三相电源输出，X1/8、X1/9 为故障报警无源常开触点，X1/6、X1/7 为控制无源常开触点，用于旁路接触器 KM 的控制。

其工作过程如下：按下启动按钮，加在电机端的电压从零开始，按预设函数关系逐渐上升，直至达到满足启动转矩而使电机顺利启动，再使电机全电压运行，此时旁路触点闭合，旁路接触线圈 KM 得电，KM 主触点闭合，切除软启动器，实现电机的降压软启动过程。按下停止按钮，接触器 KM 断开，软启动器待机。

2）三相异步电动机调速控制

许多设备需要调速达到优化控制的目标，比如通过调节水泵转速实现水泵流量控制等。

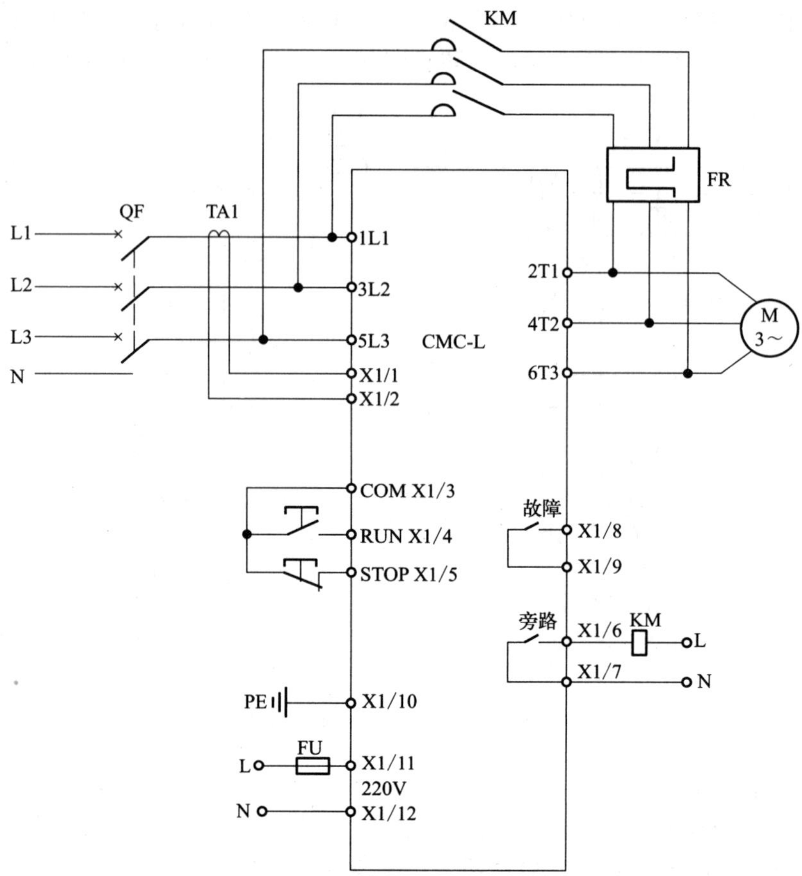

图 2-32　软启动器启动控制电路

异步电动机调速常用来改善机械装置的调速性能和简化机械变速装置。三相异步电动机的转速公式为：

$$n=\frac{60f_1}{p}(1-s) \tag{2-1}$$

式中，s 为转差率；f_1 为电源频率，Hz；p 为定子绕组的磁极对数。

三相异步电动机的调速方法有：改变电动机定子绕组的磁极对数 p，改变电源频率 f_1，改变转差率 s。改变磁极对数 p，可以对电动机实现段速控制，一定范围内改变转差率 s 和电源频率 f_1 可以实现连续调速。

下面分别介绍几种常用的异步电动机调速控制线路。

(1) 改变磁极对数 p 的调速控制

多速电动机一般有双速、三速、四速之分。双速电动机定子装有一套绕组，三速、四速电动机则装有两套绕组。双速电动机三相绕组连接图如图 2-33 所示。图 2-33(a) 为三角形转换双星形连接法，图 2-33(b) 为星形转换双星形连接法。三角形或星形连接时，$p=2$，为低速运行；当双星形连接时 $p=1$，为高速运行。

图 2-34 所示为双速电动机调速控制接线图，其工作原理如下。

低速运行：SC 置于低速位置→接触器 KM3 通电→KM3 主触点闭合→电动机 M 连接成三角形，低速运行。

高速运行：SC 置于高速位置→时间继电器 KT 线圈通电→时间继电器 KT 常开触点闭

合→接触器 KM3 通电→电动机 M 先连接成三角形以低速启动→开始延时→时间到→KT 延时打开常闭触点→KM3 线圈断电→KT 延时闭合常开触点→接触器 KM2 线圈通电→接触器 KM2 常开辅助触点闭合→接触器 KM1 线圈通电→电动机连接成双星形投入高速运行。这种启动方式可实现大功率电动机的启动控制。

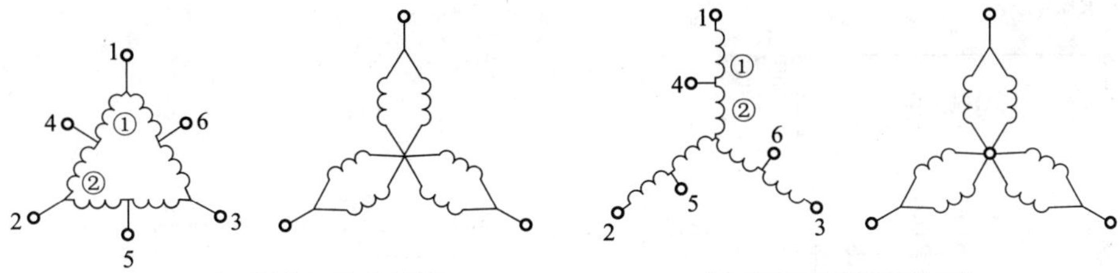

(a) 三角形转换双星形连接法　　(b) 星形转换双星形连接法

图 2-33　双速电动机三相绕组接线图

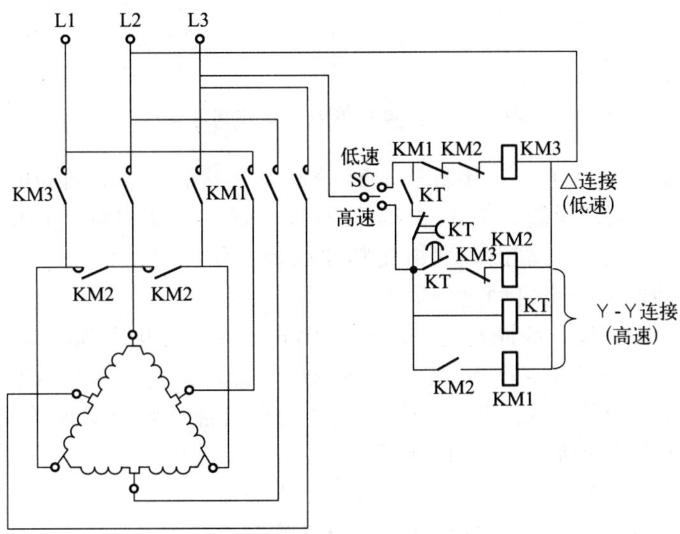

图 2-34　双速电动机调速控制接线图

（2）改变电源频率 f_1 的调速控制

变频调速一般是以变频器向交流电机供电，并构成开环或闭环系统，从而实现交流电机宽范围内无级调速。变频器利用电力半导体器件的通断作用把电压、频率固定不变的交流电变成电压、频率都可调的交流电源。

① 变频调速的基本原理。只要平滑地调节异步电动机的供电电源频率 f_1，就可以平滑地调节异步电动机的同步转速 n_1，从而实现异步电动机的无级调速。

表面上看来，只要改变电源频率 f_1，就可以调节电动机的转速，但实际上仅仅改变电动机的频率并不能获得良好的变频特性。

如果电源电压 U_1 不变，只改变电源频率 f_1，当频率 f_1 从基频（50Hz）往下调节（$f_1<50$Hz）时，会引起电动机发热，甚至烧坏电动机绕组；当频率 f_1 由基频（50Hz）向上调节（$f_1>50$Hz）时，电动机的拖动能力减小，电动机得不到充分利用。

这两种变频的情况都是实际运行中不允许的。所以，真正应用变频调速时，一般需要同时改变电压和频率，以保持磁通基本恒定。

② 变频器单向转动控制回路。图 2-35 为变频器单向转动控制电路。左侧为主电路图，

右侧为控制电路图。

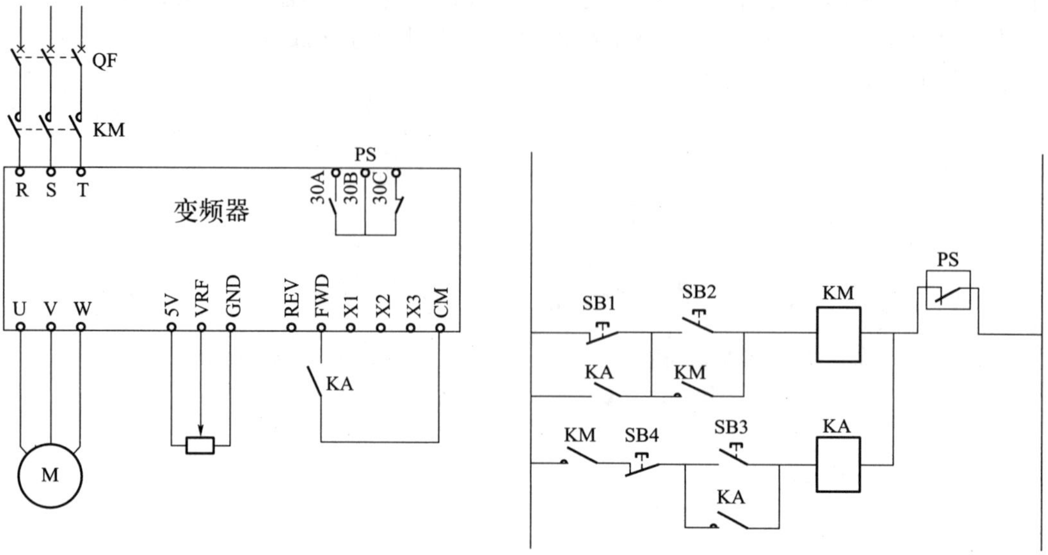

图 2-35 变频器单向转动控制电路

由继电器 KA 控制正转电路，接触器 KM 控制变频器输入端的通断电。

SB2、SB1 控制接触器通断，SB3、SB4 控制继电器 KA 实现电动机的启停控制。PS 是变频器的故障信号。变频器的输出频率由变频器面板操作给定。

变频器单向转动控制电路启动过程如下。

按下启动按钮 SB2→KM 线圈得电→主触点闭合，变频器电源输入端通电，辅助触点自保持→继电器 KA 控制回路中的 KM 常开辅助触点闭合，为启动 KA 做准备。

按下启动按钮 SB3→KA 线圈得电→KA 常开触点闭合→启动变频器正转。

变频器单向转动控制回路停止过程如下。

按下停止按钮 SB4→KA 线圈失电→变频器停止输出。

再按下停止按钮 SB1→KM 线圈失电，断开变频器电源输入。

值得注意的是，变频器启动运行后，通过 KA 常开触点并联在停止按钮 SB1 上，以防止变频器启动运行后，按停止按钮 SB1 直接停止给变频器供电。在 KA 控制回路中串接 KM 常开辅助触点的目的是只有给变频器供电后才能启动变频器运行。

变频器速度通过面板直接给定。出现故障时，变频器故障 PS 常闭触点断开，KM 线圈失电，断开变频器电源，从而保护变频器及电机。

3）三相异步电动机制动控制

三相异步电动机从切断电源到安全停止转动，由于惯性的关系总要经过一段时间，影响了劳动生产率。在实际生产中，为了实现快速、准确停车，以缩短时间，提高生产效率，对要求停转的电动机强迫其迅速停车，必须采取制动措施。

三相异步电动机的制动方法有机械制动和电气制动两种。

机械制动是利用机械装置使电动机迅速停转。电气制动方法有反接制动、能耗制动、发电制动和电容制动等。这里介绍反接制动、能耗制动两种控制线路。

(1) 反接制动

反接制动是利用改变电动机电源相序，使定子绕组产生的旋转磁场与转子旋转方向相反因而产生制动力矩的一种制动方法。应注意的是，当电动机转速接近零时，必须立即断开电源，否则电动机会反向旋转。由于反接制动电流较大，需要制动时在定子回路中串入电阻以限制制动电流。图 2-36 所示为三相异步电动机反接制动电路。

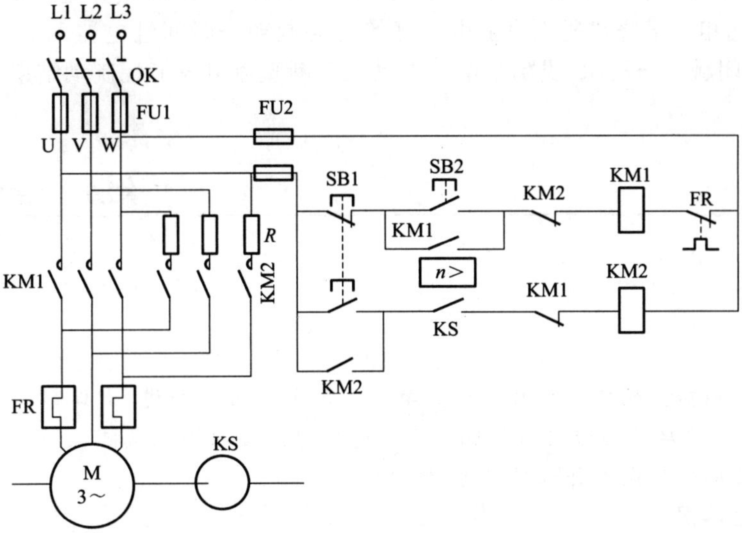

图 2-36　三相异步电动机反接制动电路图

工作过程如下：启动时按下启动按钮 SB2 常开触点→接触器 KM1 线圈通电→电动机 M 启动运行→速度继电器 KS 常开触点闭合，为制动做准备。

制动时按下停止按钮 SB1→KM1 线圈断电，KM2 线圈通电→KM2 主触点闭合，定子绕组串入限流电阻 *R* 进行反接制动→当速度接近时，KS 常开触头断开→KM2 断电，电动机制动结束。

（2）能耗制动

三相异步电动机能耗制动时，切断定子绕组的交流电源后，在定子绕组任意两相通入直流电流，形成固定磁场，与旋转着的转子中的感应电流相互作用产生制动力矩，制动结束后，必须及时切除直流电源。如图 2-37 所示。

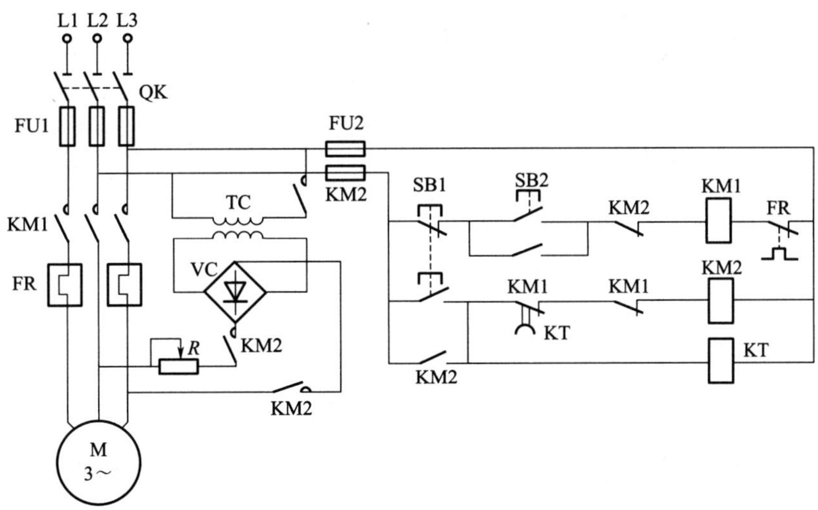

图 2-37　三相异步电动机能耗制动电路图

工作过程如下：按下启动按钮 SB2 常开触点→接触器 KM1 线圈通电→电动机 M 启动运行。

制动时，按下复合按钮 SB1→KM1 线圈断电→电动机 M 断开交流电源→KM2 线圈通电→电动机 M 两相定子绕组通入直流电，开始能耗制动→时间继电器 KT 通电→延时到→KT 延时打开常闭触头→KM2 线圈断电，电动机切断直流电→能耗制动结束。

第2章　在线测试题

本章作业

1. 隧道装有相轴流风机用于通风，功率为 7.5kW，在两个进/出口都设有启动按钮和停止按钮。进去时，按启动按钮启动风机，出去时按停止按钮停止风机。

① 列出需要的低压电器并选择型号。

② 设计主电路图。

③ 设计控制电路图。

2. 为防止雨水流入地下车库，在入口负一楼设有积水坑用于收集雨水，在雨水收集的高水位，自动启动 1# 排污泵，雨水超过高高位启动 2# 排污泵，低于低水位时自动停止水泵。需要手动和自动控制两种模式。设计水泵控制系统。

① 列出需要的低压电器、水位检测开关等器件。

② 设计主电路图。

③ 设计控制电路图。

第2章　作业参考答案

第3章
可编程控制器控制原理

本章在学习继电器控制系统的基础上，引出 PLC 控制系统的等效实现模式，介绍 PLC 的发展历程、功能特点、硬件组成、编程原理等，并以西门子 S7-1200 为例介绍典型 PLC 的工作原理及基于应用场景的硬件设计方法。

3.1 可编程控制器概述

视频3.1 PLC工作原理

3.1.1 继电器控制的 PLC 实现模式

继电器控制系统主要依靠各电气元件逻辑接线来决定负载线圈是否接通。如图 3-1 所示的启保停继电器控制电路，用接触器 KM 的主触点控制异步电动机的主电路，而主触点的状态是由接触器 KM 的线圈是否通电决定的，线圈是否通电则是由 SB1 常闭触点、SB2 常开触点、KM 辅助触点、热继电器 FR 常闭触点的串并联接线方式以及这些触点的通断状态决定的。如果触点闭合或线圈通电用波形图的高电平 1 表示，触点断开或线圈断电用低电平 0 表示，则电气元件的串联相当于两个元件的“与”逻辑运算。“与”运算中，只有参与运算的两个元素都为 1 结果才为 1，其他情况结果均为 0。串联接线中，只有两个元件都是闭合的串联的电路才是通电的，其他情况串联电路都是断开的。同理，电气元件的并联相当于两个元件的“或”运算，两个元素中只要有一个为 1 结果就为 1，同理，并联元件中只要有一个接通并联电路就是接通的。可见，继电器控制电路中的串并联接线完全等效于“与”“或”“非”逻辑运算。对于图 3-1 所示的控制电路来说，KM 线圈的状态其实就是由逻辑代数表达式 $KM=(SB2+KM)\cdot\overline{SB1}\cdot\overline{FR}$ 计算结果决定的。“与”“或”“非”这种逻辑运算在可以编程的微处理器中很容易实现，因此，硬件串并联接线完全可以被软件程序中的逻辑运算取代，PLC 取代继电器控制正是基于这个等效关系实现的。

基于串并联硬接线由软件编程的逻辑运算等效取代，PLC 控制系统的工业应用模式如图 1-9 所示。所有需要参与逻辑运算的检测元件和控制元件通过输入模块分别接入 PLC，所有需要由运算结果驱动的外部元件分别接入 PLC 的输出模块，接入时完全不考虑相互之间的串并联关系。各输入元件的状态存储在 PLC 不同的地址空间，PLC 程序读取这些地址空间的状态并按逻辑算法对这些元件进行逻辑运算，运算结果通过输出模块驱动接触器线圈等外部负载。对于图 3-1 所示的启保停电路，两个按钮通过输入模块接入 PLC，接触器线圈 KM 通过输出模块接入 PLC，编程实现 $KM=(SB2+KM)\cdot\overline{SB1}\cdot\overline{FR}$，即可实现通过启

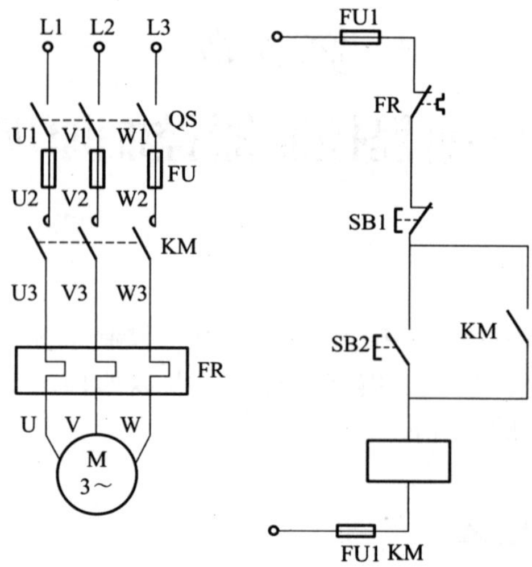

图 3-1　启保停继电器控制电路

动按钮和停止按钮控制接触器的状态。这样，通过 PLC 编程同样实现了启保停电路的功能，但显著减少了按钮与接触器各触点间的复杂串并联接线，而且如果需要扩充输入输出点或改变逻辑运算，不需要变动原输入输出点的接线，只需增加相应的接线点或修改程序。

3.1.2　PLC 发展历程

正是由于继电器控制的串并联硬接线可以由软件编程的逻辑运算等效取代，与继电器控制相比 PLC 控制的优势显而易见，且计算机的发展提供了 PLC 编程实现逻辑运算的可能，因此，PLC 取代继电器控制是大势所趋。

1）PLC 的产生与发展

1968 年，美国通用汽车公司（GM）为满足市场需求，适应汽车生产工艺不断更新的需要，将汽车的生产方式由大批量、少品种转变为小批量、多品种。为此要解决因汽车不断改型而重新设计汽车装配线上各种继电器的控制线路问题，需寻求一种比继电器更可靠、响应速度更快、功能更强大的通用工业控制器。GM 公司提出了著名的 10 条技术指标在社会上招标，其核心指标为：

① 用计算机代替继电器控制盘；

② 用程序代替硬件接线；

③ 输入/输出电平可与外部装置直接连接；

④ 结构易于扩展。

根据以上指标，美国数字设备公司（DEC）在 1969 年研制出世界上第一台可编程控制器，型号为 PDP-14，并在 GM 公司的汽车生产线上首次应用成功，取得了显著的经济效益。当时人们把它称为可编程序逻辑控制器（programmable logic controller，PLC）。

第一个把 PLC 商品化的是美国的哥德公司（GOULD），时间也是 1969 年。1971 年，日本从美国引进了这项新技术，研制出日本第一台可编程控制器。1973～1974 年，德国和法国也都相继研制出自己的可编程控制器，德国西门子公司于 1973 年研制出欧洲第一台 PLC。我国从 1974 年开始研制，1977 年开始工业应用。

随着微电子技术的发展，20 世纪 70 年代中期以来，大规模集成电路（LSI）和微处理器在 PLC 中的应用，使得 PLC 的功能不断增强。它不仅能执行逻辑控制、顺序控制、计时及计数控制，还增加了算术运算、数据处理、通信等功能，具有处理分支、中断、自诊断的能力，使得 PLC 更多地具有了计算机的功能。由于 PLC 具有编程简单、可靠性高、使用方便、维护容易、价格适中等优点，因此得到了迅猛的发展，在冶金、机械、石油、化工、纺织、轻工、建筑、运输、电力等领域都得到了广泛的应用。

2）PLC 特点与功能

（1）PLC 的特点

PLC 能如此迅速发展，除了工业自动化的客观需要外，还因为它具有许多独特的优点。它较好地解决了工业控制领域中普遍关心的可靠、安全、灵活、方便、经济等问题。可编程控制器的种类虽然千差万别，但为了在工业环境中使用，它们都有许多共同的特点：

① 在 PLC 的设计和制造过程中，主要采用隔离和滤波技术，抗干扰能力强；

② 梯形图语言继承了传统继电器控制线路的表达形式，编程简单易学；

③ 软/硬件配套齐全，用户使用方便，适应性强；

④ PLC 的操作及维修工作量小，维护方便；

⑤ 系统设计和施工可同时进行，程序可在实验室模拟调试，施工、调试周期短；

⑥ 体积小、能耗低，易于实现机电一体化。

（2）PLC 的主要功能

PLC 在现场的输入信号作用下，按照预先输入的程序，控制现场的执行机构按照一定规律进行动作。主要功能体现在以下几个方面。

① 顺序逻辑控制。这是 PLC 最基本最广泛的应用领域，实现逻辑控制和顺序控制。

② 运动控制。PLC 与计算机数控（CNC）集成在一起，用于完成机床的运动控制，已广泛用于控制无心磨削、冲压、复杂零件分段冲裁、滚削等应用中。

③ 定时、计数控制。精度高，设定方便，灵活，同时还提供了高精度的时钟脉冲，用于准确地实时控制。

④ 步进控制。用步进或移位指令方便地完成步进控制功能，使得步进控制更为方便。

⑤ 数据处理。大部分 PLC 都具有不同程度的算术和数据处理功能，便于系统的过程控制。

⑥ A/D 和 D/A 转换。PLC 大都具有模拟量处理功能，用于过程控制或闭环控制系统中，而且编程和使用都很方便。

⑦ 通信及联网。能够在 PLC 与计算机之间进行通信，记录和监控有关数据。

3）主流产品

（1）西门子（Siemens）PLC

德国西门子成立于 1847 年，在全球范围内工业自动化领域长期占据着重要地位。西门子的 PLC 产品系列以 SIMATIC 品牌命名，该系列涵盖了广泛的工业自动化应用。SIMATIC 系列 PLC 产品具有出色的性能、可靠性和灵活性，能够满足不同行业和应用的需求。SIMATIC S7 系列是西门子 PLC 产品中的主力系列之一。西门子 PLC 产品具有高性能、可靠性和灵活性的特点，采用先进的技术和工艺，具有优异的运行稳定性和可靠性，能够满足工业控制领域的严苛要求。本书后续主要以西门子 S7-1200 为例介绍。

（2）欧姆龙（OMRON）PLC

欧姆龙（OMRON）是一家源自日本的知名自动化解决方案提供商。在工业控制领域，欧姆龙的 PLC 产品拥有一定的市场份额，为各种工业应用提供了高效的控制解决方案。

欧姆龙的PLC产品系列包括多个型号。CP1系列是欧姆龙的入门级产品，具有紧凑的设计和易于使用的特点，适用于小型自动化系统和简单控制任务；CP2系列是欧姆龙的中级产品，具有更强大的功能和性能，适用于中等规模的自动化系统和复杂控制任务，提供了更大的灵活性和可扩展性；NJ系列是欧姆龙的高端产品，采用了先进的技术和创新的设计。它们具有高速、高精度的控制能力，适用于要求严格的工业应用，如高速生产线和精密加工设备。除了以上系列，欧姆龙还提供了其他型号的PLC产品，以满足不同客户的需求。

（3）台达（Delta）PLC

台达是一家全球领先的电源管理解决方案提供商，总部位于台湾。公司成立于1971年，主要从事电源供应器、电源转换器、工业自动化设备、电动车充电设备等领域的研发、生产和销售。台达的PLC产品是其工业自动化领域的重要组成部分，在工业自动化、智能制造等领域有广泛的应用。

主流的台达PLC产品：AH500系列是台达旗下的一款高性能模块化PLC产品系列，具有强大的处理能力和高速的响应速度，能够应对复杂的工业控制任务和实时控制需求；AS300系列是台达电子推出的一款紧凑型且模块化的PLC产品系列，采用紧凑型设计，体积小巧，适合安装在空间有限的场合，如机柜内部、设备内部等。它具有较低的成本和良好的性价比，特别适合中小型自动化系统和广泛的应用场合，如生产线、机械控制、设备监控等领域。AS300为用户提供了高性价比的控制解决方案，结合了高效的处理能力、灵活的扩展性和易于编程的特性。

（4）信捷（XINJE）PLC

无锡信捷（XINJE）是一家专注于工业自动化产品研发与应用的国内知名企业。拥有可编程控制器（PLC）、人机界面（HMI）、伺服控制系统、变频驱动等核心产品，包括智能机器视觉系统、基于示教的机械臂、机器人等前沿产品和信息化网络在内的更全面的整套自动化装备。主流PLC产品包括：XC系列，适用于小型控制系统和简单的自动化任务，可进行逻辑控制、数据运算等一般功能。经济实惠，简单易用，适合于初级用户或者对成本有限制的项目；XD系列，具有更高的性能和功能，适用于中小型自动化系统以及复杂的控制任务，具有较强的扩展性和灵活性，能够满足多种应用需求。

（5）汇川PLC

汇川的HU系列中小型PLC是适用于较小型的自动化系统的高性价比解决方案，提供灵活、稳定和高效的控制能力。它的模块化设计、丰富的通信协议支持、灵活的扩展能力以及易于编程的特性，使其在工业自动化、智能制造、能源管理等多个行业中广泛应用。汇川的AM系列PLC是适用于中大型自动化系统的高性能控制器，具有强大的控制能力、丰富的扩展选项和灵活的编程支持。它不仅在生产线自动化、智能制造等领域表现出色，还能够满足各种行业对控制精度、实时性和扩展性的要求。

4）发展趋势

（1）可编程控制器的应用现状

微处理器芯片及有关元件的价格大大下降，使得PLC成本下降，且PLC的功能大大增强，能够解决复杂的计算和通信问题，这使得PLC作为一种通用的工业控制器，可用于所有的工业领域。目前PLC在国内外已广泛地应用到机械、汽车、冶金、石油、化工、轻工、纺织、交通、电力、电信、采矿、建材、食品、造纸、军工、机器人等领域。PLC控制技术代表了当今电气控制技术的世界先进水平，已与CAD/CAM、工业机器人并列为工业自动化的三大支柱。

全球PLC市场规模持续扩大，年复合增长率保持在稳定的水平。近年来，PLC市场呈现出逐步增长的趋势，主要受到工业自动化需求的推动。新兴市场的工业化进程加速，也为全球 PLC 市场带来了增长机遇。

根据市场研究机构的数据，全球 PLC 市场规模在过去几年持续扩大，这主要归因于全球工业自动化需求的持续增长。制造业的转型升级和工厂智能化的推进，对于自动化控制系统的需求持续增加，从而推动了 PLC 市场的发展。PLC 作为工业控制领域的核心技术之一，其应用范围涵盖了诸如生产线控制、设备监控、数据采集与处理等多个领域，因此受到了广泛的关注和应用。

（2）可编程控制器的发展趋势

随着 PLC 技术的推广、应用，PLC 将进一步向以下几个方向发展。

① 智能化与互联化：随着物联网（IoT）和工业互联网的兴起，PLC 系统与其他设备和系统的集成程度越来越高，能够实现更高级的数据分析、远程监控和故障诊断能力。

② 模块化设计：对 PLC 进行模块化设计，意味着 PLC 系统将更加灵活，可以根据具体应用的需要进行定制和扩展，同时更容易进行维护和升级。

③ 安全性设计：随着工业网络的不断扩展，可编程控制器的安全性将成为焦点。未来的发展趋势之一是加强 PLC 系统的安全性，包括对数据的加密、网络通信的安全性的加强以及对恶意攻击的防范。

④ 人机交互界面改进：未来的 PLC 系统将更加注重人机交互界面的改进，使操作更加简单直观。这可能包括更先进的触摸屏技术、语音控制、虚拟现实等技术的应用，以提高操作员的工作效率和工作体验。

⑤ 人工智能和机器学习应用：随着人工智能和机器学习技术的发展，未来可编程控制器可能会集成更多的智能算法和学习能力，从而实现更高级的自动控制和优化功能，提升工厂的生产效率和增强工厂的灵活性。

3.1.3　PLC 硬件组成

可编程控制器（PLC）是微机技术和继电器常规控制技术相结合的产物。从广义上讲，PLC 是一种计算机系统，只不过它比一般计算机具有更强的与工业过程相连接的输入/输出接口，具有更直接的适应控制要求的编程语言，具有更适应于工业环境的抗干扰性能。因此，PLC 是一种工控机，它的实际组成与一般微型计算机系统基本相同，也是由硬件系统和软件系统两大部分组成的。

按照硬件构成形式，PLC 分为整体式 PLC 和模块式 PLC。某品牌 PLC 外形如图 3-2 所示。

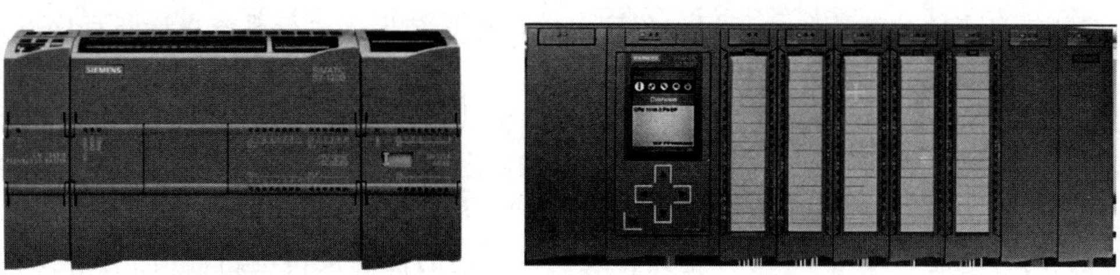

(a) 整体式PLC　　(b) 模块式PLC

图 3-2　典型的整体式和模块式 PLC 外形

整体式 PLC 内部基本结构如图 3-3 所示，将中央处理器（CPU）、存储器、输入接口、输出接口、I/O 扩展接口、通信接口和电源等组装在一个机箱内构成主机。用户通过按钮等开关设备或各种传感器就能够将开关量或模拟量由输入接口输入主机存储器的输入映像寄存区，经过运算或处理得到的开关量或模拟量的控制信号经输出接口输出到用户的被控设备，配合编程器就组成了最小的 PLC 控制系统。当本机的 I/O 点数不够时，可以连接扩展 I/O 接口，但能够扩展的模块数量是有限的。

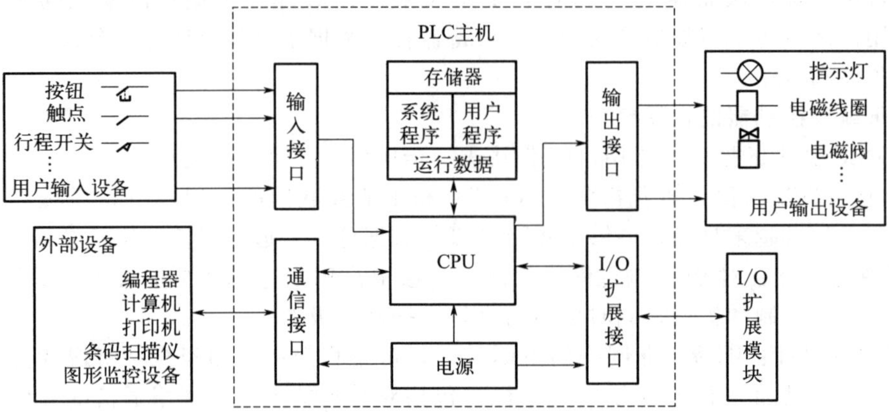

图 3-3　整体式 PLC 的基本结构

模块式 PLC 的基本结构如图 3-4 所示。模块式 PLC 是将整体式 PLC 主机内的各个部分制成等高的单独模块，如 CPU 模块、输入模块、输出模块、通信模块、各种智能模块及电源模块等。这些模块通过总线连接，像文件夹一样安装在基架或导轨上。由此可见，模块式 PLC 比整体式 PLC 配置更加灵活，输入和输出的点数能够自由选择。

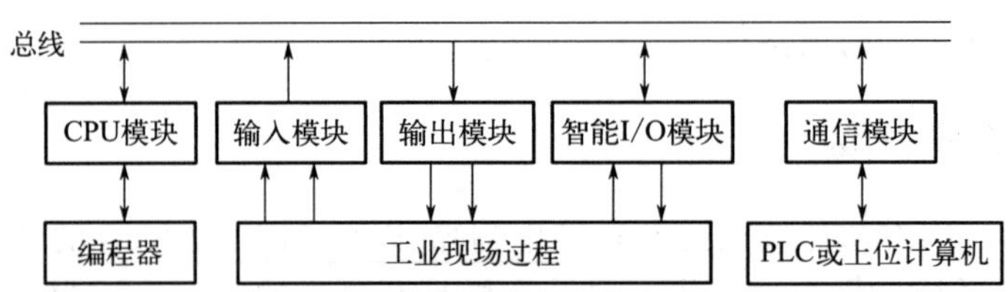

图 3-4　模块式 PLC 的结构示意图

整体式和模块式 PLC 虽然基本结构有所不同，但其基本组成部分是相同的，下面分别介绍 PLC 的各个组成部分。

1）中央处理单元 CPU

中央处理单元（CPU）是 PLC 的核心，是整个 PLC 系统的中枢，其功能包括读入现场状态、控制信息存储、解读和执行用户程序、输出运算结果、执行系统自诊断程序以及与计算机等外部设备通信。

CPU 由大规模或超大规模集成电路微处理器构成，PLC 常用的微处理器主要有通用微处理器、单片机或双极型位片式微处理器。一般在低档 PLC 中普遍采用如 Z80 这样的通用微处理器。目前 PLC 更广泛使用单片机作为 CPU。单片机是将 CPU、部分 ROM 和 RAM、I/O 接口、时钟电路、A/D 和 D/A 电路以及连接它们的控制接口电路等集成在一块芯片上的处理器，具有高集成度、高可靠性、高功能、高速度、低成本等优点，同时增强了 PLC 逻辑处理能力和通信能力，便于实现机电一体化。

2）存储器

存储器是 PLC 存放系统程序、用户程序和运行数据的单元。它包括只读存储器 ROM、随机存取存储器 RAM、可编程只读存储器 PROM、可擦写只读存储器 EPROM、带电可擦写只读存储器 EEPROM。只读存储器 ROM 在使用过程中只能读取不能存储，而随机存取存储器 RAM 在使用过程中能随时读取和存储。

PLC 中的存储器根据用途不同分为系统程序存储器、用户程序存储器和工作数据存储器。系统程序存储器用于存放系统程序，为只读存储器，用户不能更改其中的内容。用户程序存储器用于存放用户程序，是用户根据自己的控制要求而编写的应用程序，一般用户程序存放在带有后备电池掉电保护的 RAM 和 EEPROM 中。工作数据存储器是用来存放工作数据的存储区域，工作数据是随着程序的运行和控制过程的进行而随机变化的，因此，这种存储器也是采用 RAM 和 EEPROM 存储器。

3）输入/输出模块

PLC 的对外功能主要是通过各类输入输出（I/O）接口模块的外接线，实现对工业设备和生产过程的检测与控制。通过各种 I/O 接口模块，PLC 可检测到需要的过程信息，并将处理结果传送给外部过程，驱动各种执行机构，实现工业生产过程的控制。这里主要从应用的角度对 PLC 常用的 I/O 接口模块的功能、类型、原理电路及外接线等进行重点介绍，为正确选用各种 I/O 接口模块奠定基础。

（1）数字量输入（DI）模块

DI 模块的作用是接收现场输入电器的数字量输入信号，隔离并通过电平转换将信号转换成 PLC 所需的标准信号，如图 3-5 所示，图中只画出了一路输入电路，M、N 分别为直流和交流输入模块同一组输入信号的公共点。根据电源不同，输入模块有以下几种形式：

① 直流输入模块：外接直流 12V、24V、48V 电源。

② 交流输入模块：外接交流 110V、220V 电源。

③ 交、直流输入模块：外接交、直流电源，即交、直流电源都能用。

④ 无源输入模块（干接触型）：由 PLC 内部提供电源，无须外接电源。

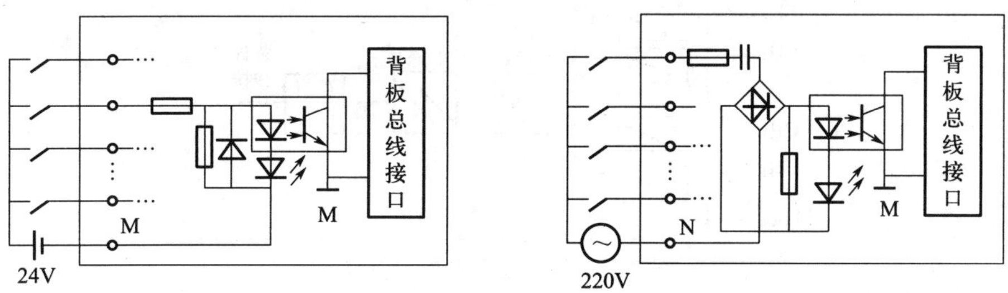

(a) 数字量直流输入模块　　(b) 数字量交流输入模块

图 3-5　数字量输入模块电路

（2）数字量输出（DQ）模块

DQ 模块通过光电隔离、电平转换并进行功率放大，将信号输出（或驱动）到控制现场的执行电器，如图 3-6 所示，图中只画出了一路输出电路。根据输出负载要求，输出模块有以下几种形式：

① 继电器输出（交、直流输出模块）：输出电流大（3～5A），交、直流两用，适应性强，但动作速度慢（10～12ms），工作频率低。

② 晶体管输出（直流输出模块）：外接直流电源，动作速度快（≤2ms），工作频率高，但输出电流小（≤1A）。

③ 晶闸管（双向的）或固态继电器输出（交流输出模块）：外接交流电源，输出电流较

大，动作速度快，工作频率高。

在选择数字量输出模块时，应注意负载电压的种类和大小、工作频率和负载类型（如电阻、电感性负载、白炽灯等）。除了每一点的输出电流外，还应注意每一组的最大输出电流不要超过允许值，否则，输出模块会被烧坏。

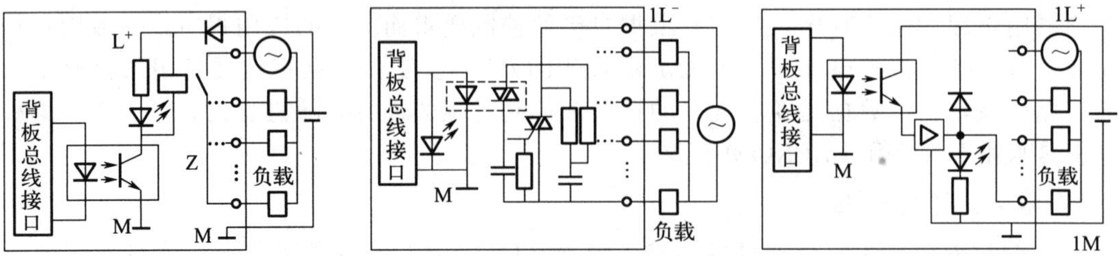

(a) 继电器输出模块　　(b) 晶闸管输出模块　　(c) 晶体管输出模块

图 3-6　数字量输出模块电路

(3) 模拟量输入（AI）模块

PLC 控制系统控制的信号中有许多是模拟量，如常用的温度、压力、速度、流量、酸碱度、位移等各种工业检测都是对应于电压、电流的模拟量值。模拟量输入电平大多是从传感器通过变换后得到的，模拟量的输入信号为 4～20mA 的电流信号或 1～5V、－10～10V、0～10V 的直流电压信号。模拟量输入模块接收这种模拟信号之后，将其转换为 8 位、10 位、12 位或 16 位等精度的数字量信号并传送给 PLC 进行处理，因此模拟量输入模块又叫 A/D 转换输入模块。其原理框图如图 3-7 所示。

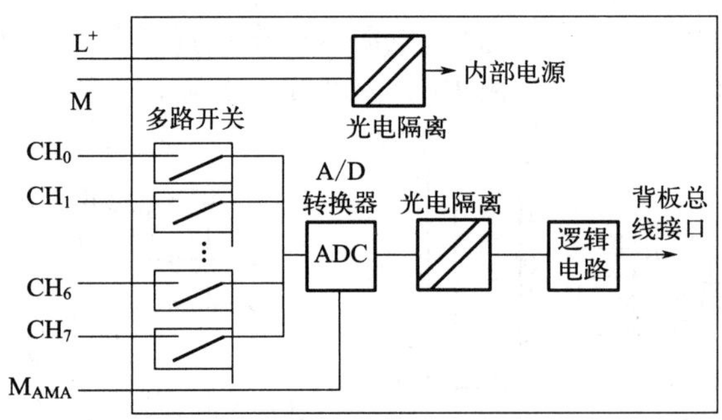

图 3-7　模拟量输入模块框图

(4) 模拟量输出（AQ）模块

模拟量输出模块是将中央处理器的二进制数字信号转换成 4～20mA 的电流输出信号或 0～10V、1～5V 的电压输出信号，提供给执行机构，满足生产现场连续信号的控制要求。模拟量输出单元一般由光电隔离器、D/A 转换器和信号转换等部分组成，其原理框图如图 3-8 所示。

模拟量输出模块为负载执行器提供控制电流或控制电压。若使用电压输出，输出模块与负载连接一般采用四线制接线，以 CH_0 输出通道为例，用 QV_0、S_{0+}、S_{0-}、M_{AMA} 接线端子，其中，S_{0+} 和 S_{0-} 叫输出检测端子，QV_0 和 M_{AMA} 端子与负载连接是为了实时检测负载电压并进行修正，以实现高精度输出。电压输出时接线端子 QV_0 与 S_{0+} 要绞在一起与负载一端相连，接线端子 S_{0-} 与 M_{AMA} 绞在一起与负载另一端相连。若使用电流输出，输出模块与负载的连接只能采用两线制接线，以 CH_0 输出通道为例，使用 QI_0 和 M_{ANA} 接线端子。

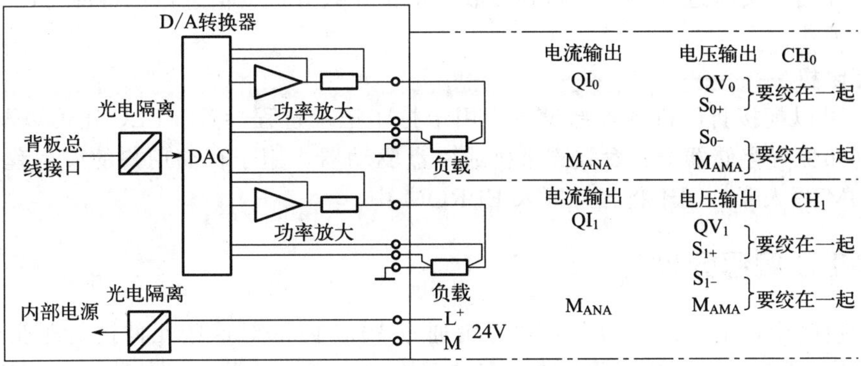

图 3-8 模拟量输出模块框图

4）电源

PLC 的外部工作电源一般为单相 85～260V 50/60Hz 交流电源，也有采用 24～26V 直流电源的。使用单相交流电源的 PLC，往往还能同时提供 24V 直流电源，供直流输入使用。PLC 对其外部工作电源的稳定度要求不高，一般可允许±15%左右的误差。

在 PLC 的输出端子上接的负载所需的工作电源，必须由用户提供。

PLC 的内部电源系统一般有三类：第一类电源是供 PLC 中的 TTL（晶体管-晶体管逻辑）芯片和集成运算放大器使用的基本电源（+5V 和±15V 直流电源）；第二类电源是供输出接口使用的高压大电流的功率电源；第三类电源是锂电池及其充电电源。考虑到系统的可靠性及光电隔离器的使用，不同类型电源具有不同的地线。此外，根据 PLC 的规模及所允许扩展的接口模板数，各种 PLC 的电源种类和容量往往是不同的。

5）I/O 扩展接口

I/O 扩展接口是 PLC 主机为了弥补原系统中 I/O 口有限而设置的，用于扩展输入、输出点数。当用户的 PLC 控制系统所需的输入、输出点数超过主机的输入、输出点数时，就要通过 I/O 扩展接口将主机与 I/O 扩展单元连接起来。I/O 扩展接口有并行接口、串行接口等多种形式。

6）外部设备

（1）编程器

编程器是编制、调试 PLC 用户程序的外部设备，是人机交互的窗口。通过编程器，可以把新的用户程序输入 PLC 的 RAM 中，或者对 RAM 中已有程序进行编辑。通过编程器还可以对 PLC 的工作状态进行监视和跟踪，这对调试和试运行用户程序是非常有用的。编程器分为简易型和智能型两类。简易型的编程器只能联机编程，且往往需要将梯形图转化为机器语言助记符（指令表）后才能输入。一般由简易键盘和发光二极管或其他显示器件组成。智能型的编程器又称图形编程器，它可以联机编程，也可以脱机编程，具有 LCD 或 CRT 图形显示功能，可以直接输入梯形图和通过屏幕进行人机对话。

除了上述专用的编程器外，还可以将计算机配上 PLC 生产厂家提供的相应的软件包作为编程器，这种编程方式已成为 PLC 发展的趋势。现在，大部分 PLC 不再提供编程器，而只提供计算机编程软件，并且配有相应的通信连接电缆。

（2）上位机组态画面

大中型 PLC 通常配接上位机组态画面，通过组态过程在彩色图形显示器上显示模拟生产过程的流程图、实时过程参数、趋势参数及报警参数等过程信息，使得现场控制情况在显示屏上一目了然。

(3) 打印机

PLC 也可以配接打印机等外部设备，用于打印记录过程参数。PLC 还可以配置其他外部设备，例如配置存储器卡、盒式磁带机或磁盘驱动器，用于存储用户的应用程序和数据，配置 EPROM 写入器，用于将程序写入 EPROM 中。

3.1.4 PLC 编程元件

继电器控制中，电气元件的串并联逻辑通过 PLC 内部对这些元件进行逻辑运算实现。在 PLC 内部，逻辑运算的对象是存储在存储器中的变量，这些变量的作用相当于继电器控制系统的电气元件，因此我们沿用继电器控制的名称，称其为编程元件，每个编程元件相当于一个继电器，对应有常开触点、常闭触点和输出线圈。可见，PLC 编程元件本质上就是内部存储单元，每个存储单元可对应读取其常开触点、常闭触点状态，也可通过程序运行结果改变其线圈的状态。当某存储单元内容为“1”时，表示该编程元件线圈通电，常开触点闭合，常闭触点断开。类似地，当某存储单元内容为“0”时，表示该编程元件线圈断电，常开触点断开，常闭触点闭合。对这些编程元件进行逻辑运算的程序相当于继电器控制中的硬接线。作为 PLC 内部的存储单元，PLC 编程元件可以读取无数次，因此相当于具有无数对常开、常闭触点。

类似于继电器控制中电气元件有不同的类型，PLC 编程元件也可分为不同的功能用途，因此，PLC 的存储区按其功能用途分割为不同的区域，每个区域用不同的字母标识符表示。由于 PLC 的功能比继电器控制更丰富，因此，其编程元件对应的分区与继电器电气元件分类有所不同。

以西门子 S7-1200 系列 PLC 为例，系统存储区分区如表 3-1 所示。不同的存储区分区由不同的标识符表示，如过程映像输入由字母 I 表示。应用程序通过地址访问存储区，地址可由绝对地址或符号地址表示。由地址标识符和存储区位置组成的地址称为绝对地址，为绝对地址指定的符号名表示的地址称为符号地址。符号地址便于阅读和检查程序，运行时系统自动将符号名翻译成对应的绝对地址。如接入控制电动机运行的输出点，绝对地址为 Q0.0，为其指定符号名 MOTOR_RUN，程序中即可直接调用符号地址 MOTOR_RUN。

表 3-1 系统存储区

存储区	描述	强制	保持性
过程映像输入(I)	在循环开始时，将输入模块的输入值保存到过程映像输入表	No	No
外设输入(I_:P)	通过该区域直接访问集中式和分布式输入模块	Yes	No
过程映像输出(Q)	在循环开始时，将过程映像输出表中的值写入输出模块	No	No
外设输出(Q_:P)	通过该区域直接访问集中式和分布式输出模块	Yes	No
位存储器(M)	用于存储用户程序的中间运算结果或标志位	No	Yes
临时局部存储器(L)	存储块的临时局部数据，只能供块内部使用	No	No
数据块(DB)	数据存储器与 FB(函数块)的参数存储器	No	Yes

(1) 过程映像输入

过程映像输入在用户程序中的标识符为 I，它是 PLC 接收外部输入数字量信号的窗口。

输入端可以外接控制按钮、行程开关的触点、各种检测及保护器件的触点或动作信号等，也可以接多个触点组成的串、并联电路。每个输入端子对应一个编程元件，称为输入继电器，用户程序可以通过地址访问其常开触点、常闭触点。输入继电器的状态由其连接的外部设备开关状态决定，不能通过程序改变，因此 PLC 程序不访问输入继电器的线圈。

过程映像输入区的一位对应一个输入端子，地址内容与输入端子连接外设的对应关系如图 3-9 所示。当连接在 I0.0 端子的开关 SW1 闭合时，对应过程映像输入区 I0.0 的存储单元为“1”，相当于输入继电器 I0.0 的线圈通电，I0.0 常开触点闭合、常闭触点断开。当 SW1 断开时，对应过程映像输入区 I0.0 的存储单元为“0”，相当于输入继电器 I0.0 的线圈断电，I0.0 常开触点断开、常闭触点闭合。

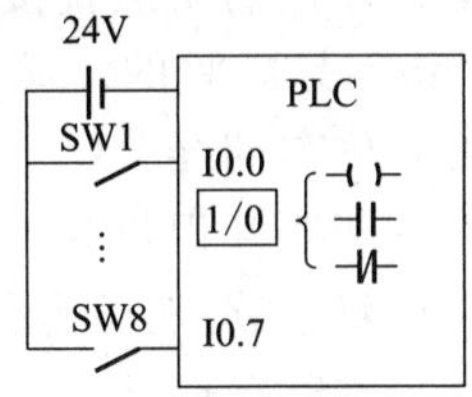

图 3-9 PLC 输入继电器原理

PLC 执行程序采取周期性扫描方式。在每个扫描循环开始时，CPU 读取数字量输入点外部输入电路的状态，并将它们存入过程映像输入区。用户程序访问 PLC 的输入地址时，不是去读取数字量输入模块中信号的状态，而是访问该地址对应的过程映像输入区。

（2）过程映像输出

过程映像输出在用户程序中的标识符为 Q，它是 PLC 输出数字量信号的窗口。输出端可以外接指示灯、电磁阀、接触器线圈等外部负载。每个输出端子对应一个编程元件，称为输出继电器，用户程序可以通过地址访问其常开触点、常闭触点和线圈。

过程映像输出区的一位对应一个输出端子，地址内容与输出端子连接外设的对应关系如图 3-10 所示。当过程映像输出区 Q0.0 的存储内容为“1”时，相当于输出继电器 Q0.0 的线圈通电，Q0.0 常开触点闭合、常闭触点断开。当过程映像输出区 Q0.0 的存储内容为“0”时，相当于输出继电器 Q0.0 的线圈断电，Q0.0 常开触点断开、常闭触点闭合。Q0.0 输出端子连接的外设是接触器 KM1 的线圈，其状态取决于输出继电器 Q0.0 的常开触点，常开触点断开时外设线圈断电，常开触点闭合时外设线圈通电。

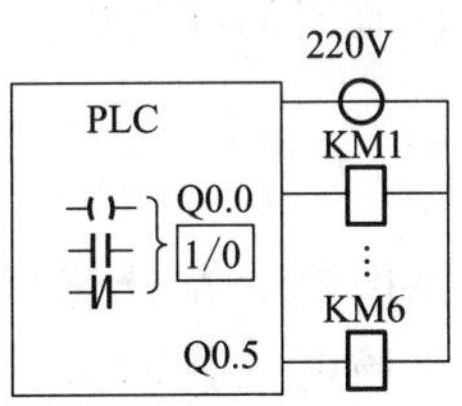

图 3-10 PLC 输出继电器原理

用户程序访问 PLC 的输出地址时，不是去读、写数字量输出模块中信号的状态，而是访问 CPU 的过程映像输出区。在扫描循环中，用户程序计算输出值，并将它们存入过程映像输出区。在下一扫描循环开始时，将过程映像输出区的内容写到数字量输出点，再由后者驱动外部负载，使外部负载的状态与输出继电器的常开触点的状态对应。

（3）外设输入

在 I/O 地址或符号地址的后面附加“：P”，可以在程序执行时立即访问外设输入或外设输出，而不需要等到下一个扫描循环的开始。通过给输入点的地址附加“：P”，例如 I0.3：P 或“Stop：P”，可以立即读取 CPU、信号板和信号模块的数字量输入和模拟量输入。访问时使用 I_：P 取代 I 的区别在于前者的数字量直接来自被访问的输入点，而不是来自过程映像输入区。因为数据从信号源被立即读取，而不是从最后一次被刷新的过程映像输入区中复制，这种访问被称为“立即读”访问。

由于外设输入点从直接连接在该点的现场设备接收数据值，因此写外设输入点是被禁止的，即 I_：P 访问是只读的。

(4) 外设输出

在输出点地址后面附加“:P”(例如 Q0.3:P),可以立即写 CPU、信号板和信号模块的数字量和模拟量输出。访问时使用 Q_:P 取代 Q 的区别在于前者的数字量直接写给被访问的外设输出点,同时写给过程映像输出区。这种访问被称为“立即写”,因为数据被立即写给目标点,不用等到下一次扫描循环时将过程映像输出区中的数据传送给目标点。

由于外设输出点直接控制与该点连接的现场设备,因此读外设输出点是被禁止的,即 Q_:P 访问是只写的。但是,可以读写 Q 区的数据。

(5) 位存储器

位存储器标识符为 M,用来存储运算的中间操作状态或其他控制信息。可以用位、字节、字或双字读/写位存储器。

(6) 临时存储器

临时存储器(标识符为 L)用于存储代码块被处理时使用的临时数据。临时存储器类似于 M 存储器,二者的主要区别在于 M 存储器是全局的,而临时存储器是局部的。M 存储器中的数据可以供用户程序中所有的代码块全局性地使用。代码块接口区生成的临时变量具有局部性,只能在生成它们的代码块内使用,不能与其他代码块共享。CPU 在代码块被启动或被调用时,将临时存储器分配给代码块,代码块执行结束后,CPU 将它使用的临时存储器重新分配给其他要执行的代码块使用。只能通过符号地址访问临时存储器。

(7) 数据块

数据块(data block,DB)用来存储代码块使用的各种类型的数据,包括中间操作状态或 FB 的其他控制信息参数,以及某些指令(例如定时器、计数器指令)需要的数据结构。

在访问数据块中的数据时,应指明数据块的名称,例如 DB1.DBW20。如果启用了块属性“优化的块访问”,不能用绝对地址访问数据块和代码块接口区中的临时局部数据。

3.1.5 PLC 工作原理

可编程控制器是一种专用的工业控制计算机,因此,其工作原理建立在计算机控制系统工作原理的基础上。但为了可靠地应用在工业环境下,便于现场电气技术人员的使用和维护,它有着大量的接口器件、特定的监控软件、专用的编程器件。所以,不但其外观不像计算机,它的操作使用方法、编程语言及工作过程与计算机控制系统也是有区别的。

1) PLC 的等效工作电路

PLC 控制系统的等效工作电路可分为三部分,即输入部分、内部控制电路和输出部分。输入部分就是采集输入信号,输出部分就是系统的执行部件。这两部分与继电器控制电路相同。内部控制电路通过编程方法实现控制逻辑,用软件编程代替继电器电路的功能。其等效工作电路如图 3-11 所示。

(1) 输入部分

输入部分由外部输入电路、PLC 输入接线端子和输入继电器组成。外部输入信号经 PLC 输入接线端子去驱动输入继电器的线圈。当外部的输入元件处于接通状态时,对应的输入继电器逻辑为 1,对应的输入继电器线圈得电。输入回路所使用的电源,可以用 PLC 内部提供的 24V 直流电源(其带负载能力有限),也可由 PLC 外部的独立的交流或直流电源供电。

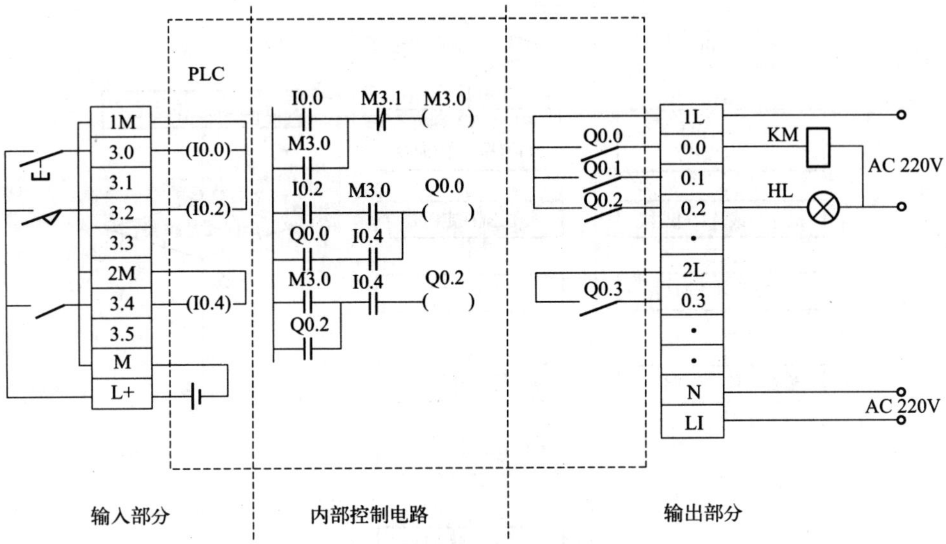

图 3-11 PLC 的等效工作电路

(2) 内部控制电路

所谓内部控制电路是由用户程序来代替继电器的控制逻辑。它的作用是按照用户程序规定的逻辑关系，对输入信号和输出信号的状态进行检测、判断、运算和处理，然后得到相应的输出。一般用户程序是用梯形图语言编制的，它看起来很像继电器控制线路图。

PLC 的内部控制电路中有许多输出继电器，每个输出继电器除了为内部控制电路提供编程用的任意多个常开、常闭触点外，还为外部输出电路提供了一个实际的常开触点与输出接线端子相连。

(3) 输出部分

输出部分由在 PLC 内部且与内部控制电路隔离的输出继电器常开触点、输出接线端子和外部驱动电路组成，用来驱动外部负载。

2）PLC 的工作过程

周期性扫描是可编程控制器特有的工作方式。PLC 在运行过程中，总是处在不断循环的顺序扫描过程中。每次扫描所用的时间称为扫描时间，又称为扫描周期或工作周期。

可编程控制器的另一个特点就是对输入采样、执行用户程序、输出刷新实施集中批处理。这样可以简化操作过程，便于控制，提高系统可靠性。

PLC 的工作流程如图 3-12 所示。当 PLC 启动后，先进行初始化操作，包括对工作内存的初始化、复位所有的定时器、将输入/输出继电器清零，检查 I/O 单元连接是否完好，如有异常则发出报警信号。初始化之后，PLC 就进入周期性扫描过程中，一个扫描周期分为 4 个阶段。

(1) 公共处理扫描阶段

公共处理包括 PLC 自检、执行来自外设的命令、对警戒时钟（又称监视定时器或看门狗定时器 WDT）清零等。

PLC 自检就是 CPU 检测 PLC 各器件的状态，如出现异常再进行诊断，并给出故障信号，或自行进行相应处理，这将有助于及时发现或提前预报系统的故障，提高系统的可靠性。

在 CPU 对 PLC 自检结束后，就检查是否有外设请求，如是否需要进入编程状态、是否需要通信服务、是否需要启动磁带机或打印机等。

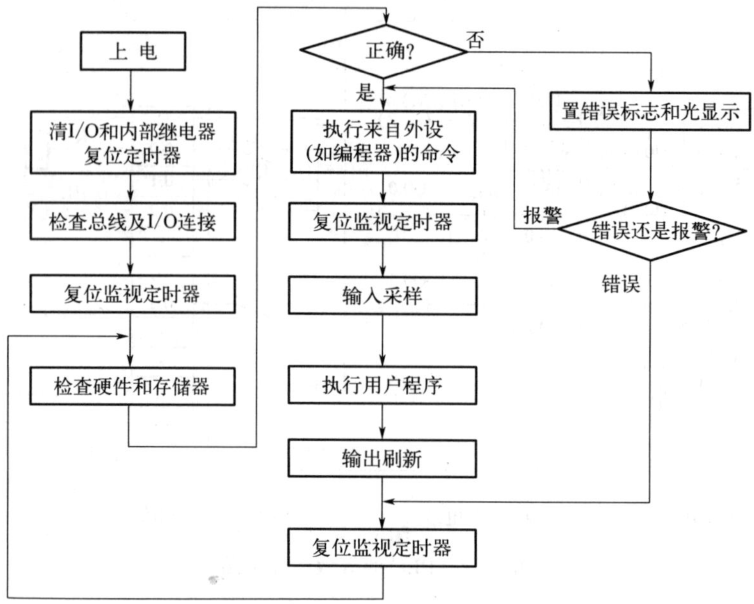

图 3-12　PLC 的工作过程流程图

采用 WDT 技术也是提高系统可靠性的一个有效措施，它是在 PLC 内部设置一个监视定时器。这是一个硬件时钟，是为了监视 PLC 的每次扫描时间而设置的，对它预先设定好规定时间，每个扫描周期都要监视扫描时间是否超过规定值。如果程序运行正常，则在每次扫描周期的公共处理阶段对 WDT 进行清零（复位），避免由于 PLC 在执行程序的过程中进入死循环，或者由于 PLC 执行非预定的程序而造成系统故障，从而导致系统瘫痪。如果程序运行失常进入死循环，则 WDT 得不到按时清零而造成超时溢出，从而给出报警信号或停止 PLC 工作。

（2）输入采样扫描阶段

在这个阶段中，PLC 按顺序逐个采集所有输入端子上的信号，CPU 顺序读取全部输入端，将所有采集到的一批输入信号写到过程映像输入区。在当前的扫描周期内，用户程序依据的输入信号的状态（ON 或 OFF）均从过程映像输入区取，而不管此时外部输入信号的状态是否变化。即使此时外部输入信号的状态发生了变化，也只能在下一个扫描周期的输入采样扫描阶段去读取。对于这种采集输入信号的批处理，虽然严格上说每个信号被采集的时间有先有后，但由于 PLC 的扫描周期很短，这个差异对一般工程应用可忽略，所以可认为这些采集到的输入信息是同时的。

（3）执行用户程序扫描阶段

在执行用户程序阶段，CPU 对用户程序按顺序进行扫描。如果程序用梯形图表示，则按先上后下、从左至右的顺序进行扫描。每扫描到一条指令，所需要的输入信息状态均从过程映像输入区读取，而不是直接使用现场的立即输入信号。对其他信息，则是从 PLC 的其他类型存储区读取。在执行用户程序中，每一次运算的中间结果都立即写入过程映像输出区或其他类型存储区，这样该状态马上就可以被后面将要扫描到的指令利用。在这个阶段，除了过程映像输入区外，其他各个存储区的内容是随着程序的执行而不断更新的。

（4）输出刷新扫描阶段

当 CPU 对全部用户程序扫描结束后，将过程映像输出区各输出继电器的状态集中批处理送到输出锁存器中，再由输出锁存器经输出端子去驱动各输出继电器所带的负载。

在输出刷新阶段结束后，CPU 进入下一个扫描周期。

3）PLC 的扫描周期及滞后响应

PLC 的扫描周期与 PLC 的时钟频率、用户程序的长短及系统配置有关。一般 PLC 的扫描时间为几十毫秒，在输入采样和输出刷新阶段只需 1～2ms。进行公共处理也是在瞬间完成的，所以扫描时间的长短主要由用户程序来决定。

从 PLC 的输入端有一个输入信号发生变化到 PLC 的输出端对该输入变化做出反应，需要一段时间，这段时间称为响应时间或滞后时间。这种输出对输入在时间上的滞后现象，严格地说，影响了控制的实时性，但对于一般的工业控制，这种滞后是完全允许的。如果需要快速响应，可选用快速响应模板、高速计数模板及中断处理功能来缩短滞后时间。

3.2　西门子 S7-1200 系列 PLC

3.2.1　西门子 PLC 系列产品

西门子 PLC 是目前市场占有率最大的产品，在各行各业都有广泛的应用，本书将以 S7-1200 系列 PLC 为例讲解以 PLC 为控制器的自动化系统设计和应用方法，其他品牌的应用大同小异，读者需要时可自行学习。

西门子公司的 PLC 产品最早是 1975 年投放市场的 SIMATIC S3，后逐步更新换代，1994 年诞生 S7 系列，具有更国际化、更高性能等级、安装空间更小、更良好的 Windows 用户界面等优势。S3 系列 PLC 已逐步退出市场，停止生产，而 S7 系列 PLC 发展成为了西门子自动化系统的控制核心。目前西门子控制器系列是一个完整的产品组合，系列化的控制器家族产品可满足不同应用及需求，包括从高性能可编程逻辑控制器到书本型迷你控制器 LOGO！到基于 PC 的控制器，用户可根据具体应用需求及预算，灵活组合、定制。图 3-13 从应用复杂性、控制器性能 2 个方面对 SIMATIC PLC 产品进行了一个明确的分类，目前较广泛应用的新产品系列是 LOGO！8、SIMATIC S7-1200/S7-200 SMART、SIMATIC S7-1500。市场上仍在服役的产品从低端到高端包括 LOGO！0BA6、SIMATIC S7-200、SIMATIC S7-300、SIMATIC S7-400 等。SIMATIC S7-1500 是 SIMATIC S7-300、SIMATIC S7-400 的升级版产品，SIMATIC S7-1200/S7-200 SMART 逐步在取代 SIMATIC S7-200。

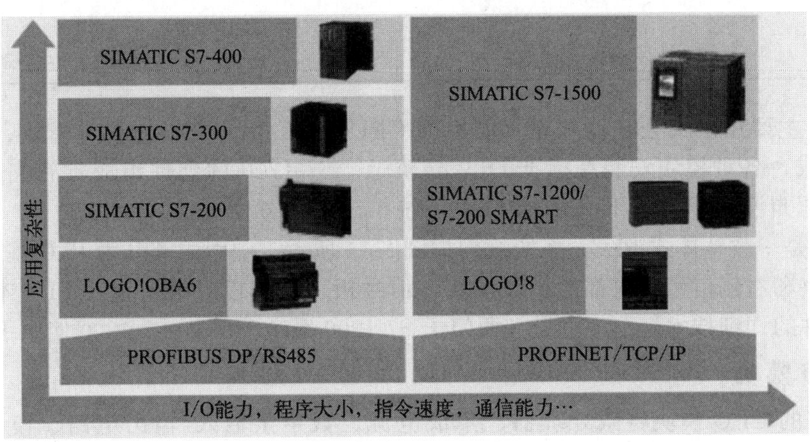

图 3-13　SIMATIC PLC 产品的分类

S7-200 SMART 系列是西门子最基础的 PLC 产品系列，专为小型控制系统而设计。其低成本、小体积、支持多种通信接口和内置数字和模拟 I/O 模块等特点，使其成为简单控制任务的理想选择。这使得 S7-200 SMART 系列在小型控制系统中具有很大的市场需求，尤其在一些对成本敏感的场景中，其性价比优势更加显著。

S7-300 系列是西门子中级 PLC 产品系列，适用于中型控制系统。其性能高、可靠性高和可扩展性强，支持大容量内存和多种扩展模块，成为了复杂控制任务的不二之选。然而，由于 S7-300 系列已经停产，对于一些特定的应用场景来说，用户也需要考虑产品的后续支持和维护问题。

S7-400 系列为西门子高级 PLC 产品系列，适用于大型控制系统。其高性能、高可靠性和多种通信接口、大容量内存及多种扩展模块的优势使其能够胜任大规模和复杂控制任务。在一些对性能要求较高的行业中，S7-400 系列 PLC 的应用场景更为广泛，尤其是对于大型生产线或者工业设备的控制系统来说，其强大的性能得到了广泛认可。

S7-1200 系列 PLC 是已停产的 S7-200 系列 PLC 的替代产品，是西门子紧凑型 PLC 产品系列，适用于小型和中型控制系统。其小体积、低成本、支持多种通信接口和可扩展性强的特点使其成为简单控制任务的首选。在一些对空间和成本有限制的场景中，S7-1200 系列 PLC 的优势更为突出，尤其是对于中小型企业或者一些特定的机械设备来说，其应用场景更加广泛。

S7-1500 系列是西门子最先进的 PLC 产品系列，适用于中型和大型控制系统。其高性能、高可靠性、多种通信接口和支持大容量内存及多种扩展模块的特点使其能够满足复杂和高速控制任务的需求。在一些对性能和稳定性要求极高的领域，S7-1500 系列 PLC 的应用需求更为迫切，尤其是在汽车制造、航空航天等领域，其先进的技术和性能得到了广泛认可。

在不同的工业控制场景中，选择适合的 PLC 系列将极大地提高效率和增强性能，带来更好的控制体验。西门子 PLC 各个系列均具有其独特的特点和适用范围，用户可根据自身需求选择最适合的产品。此外，其他国际品牌和国产品牌的 PLC 也在特定领域有一定优势，设计 PLC 自动化系统时可综合考虑功能、稳定性、安全、价格、自主可控等方面的因素选择合适的 PLC 产品。

3.2.2 S7-1200 硬件

视频3.2 PLC硬件

S7-1200 主要由中央处理器单元（简称为 CPU 模块）、信号板、信号模块、通信模块和编程软件组成，各种模块安装在标准 DIN 导轨上。S7-1200 的硬件组成具有高度的灵活性，用户可以根据自身需求确定 PLC 的结构，系统扩展十分方便。

S7-1200 是一款整体式 PLC，系统结构如图 3-14 所示，中间的部分为 PLC 基本单元 CPU，左侧通信模块和右侧信号模块都是扩展模块，信号板、通信板或电池板在 PLC 本体上的扩展板，各种硬件的详细技术规范均可见《西门子 S7-1200 系统手册》《S7-1200 使用手册》。

1）CPU 模块

S7-1200 的 CPU 模块将微处理器、集成电源、数字量输入/输出电路、模拟量输入/输出电路、PROFINET 以太网接口、高速运动控制 I/O 以及板载模拟量输入组合到一个设计

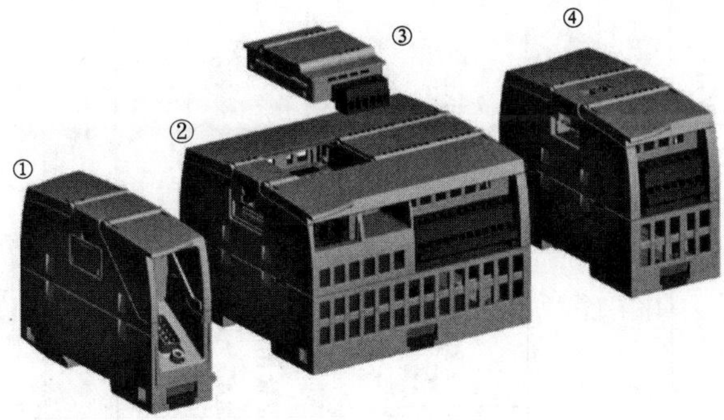

①—通信模块(CM)、通信处理器(CP)或TS适配器；
②—CPU；
③—信号板(SB)、通信板(CB)或电池板(BB)；
④—信号模块(SM)

图 3-14　SIMATIC S7-1200 结构

紧凑的外壳中以形成功能强大的控制器，每块 CPU 内可以安装一块信号板，安装以后不会改变 CPU 的外形和体积。在下载用户程序后，CPU 将包含监控应用设备所需的逻辑。CPU 根据用户程序逻辑监视输入与更改输出，用户程序逻辑可以包含布尔逻辑、计数、定时、复杂数学运算以及与其他智能设备的通信。

CPU 模块的正面视图如图 3-15 所示。模块上、下方保护盖的下面为用户接线连接器；左上方为供电电源接口，上方其他接口主要用于外部输入设备的接线，下方接口用于外部负载的接线；模块右上方保护盖下面为存储卡插槽，SD 卡插入后可以存储用户项目文件；正面显示的 I/O 指示灯表示每一个输入点和输出点对应的内存状态，红色表示内存为 0，绿色表示为 1；模块左下方保护盖下面为 PROFINET 以太网接口，用来把 PLC 接入以太网。

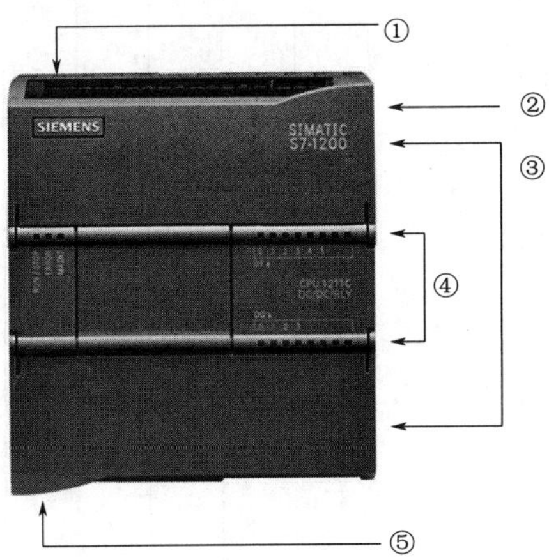

①—电源接口；
②—存储卡插槽（上部保护盖下面）；
③—可拆卸用户接线连接器（保护盖下面）；
④—板载I/O的状态LED；
⑤—PROFINET连接器（CPU的底部）

图 3-15　SIMATIC S7-1200 的 CPU 正面视图

S7-1200 有 5 种型号的 CPU，包括 CPU1211C、CPU1212C、CPU1214C、CPU1215C、CPU1217C，此外还有故障安全型 CPU。每一种 CPU 本地 I/O 点数、可扩展模块数等性能都不一样，主要的技术规范见表 3-2。每种 CPU 有 3 种具有不同电源电压和输入、输出电压的版本，见表 3-3，其中，DC 表示直流，AC 表示交流，Relay 表示直流交流均可，斜杠隔开的部分分别表示电源电压/输入电压/输出电压。

表 3-2　S7-1200 CPU 的技术规范

型号	CPU 1211C	CPU 1212C	CPU 1212FC	CPU 1214C	CPU 1214FC	CPU 1215C	CPU 1215FC	CPU 1217C
外观								
标准 CPU	DC/DC/DC，AC/DC/RLY，DC/DC/RLY							DC/DC/DC
故障安全型 CPU	—	DC/DC/DC，DC/DC/RLY						—
物理尺寸/mm	90×100×75			110×100×75		130×100×75		150×100×75
用户存储器 • 工作存储器 • 装载存储器 • 保持性存储器	• 75KB • 1MB • 14KB	• 100KB • 2MB • 14KB	• 150KB • 2MB • 14KB	• 150KB • 4MB • 14KB	• 200KB • 4MB • 14KB	• 200KB • 4MB • 14KB	• 250KB • 4MB • 14KB	• 250KB • 4MB • 14KB
本体集成 I/O • 数字量 • 模拟量	• 6 点输入/4 点输出 • 2 路输入	• 8 点输入/6 点输出 • 2 路输入		• 14 点输入/10 点输出 • 2 路输入		• 14 点输入/10 点输出 • 2 路输入/2 路输出		
过程映像大小	1024B 输入(I)和 1024B 输出(Q)							
位存储器(M)	4096B			8192B				
信号模块扩展	无	2		8				
信号板	1							
最大本地 I/O-数字量	14	82		284				
最大本地 I/O-模拟量	3	19		67		69		
通信模块	3(左侧扩展)							

续表

<table>
<tr><th colspan="2">型号</th><th>CPU 1211C</th><th>CPU 1212C</th><th>CPU 1212FC</th><th>CPU 1214C</th><th>CPU 1214FC</th><th>CPU 1215C</th><th>CPU 1215FC</th><th>CPU 1217C</th></tr>
<tr><td rowspan="6">高速计数器</td><td>总计</td><td colspan="8">最多可组态 6 个使用任意内置输入或 SB 输入的高速计数器</td></tr>
<tr><td>差分 1MHz</td><td colspan="7">—</td><td>Ib. 2 到 Ib. 5</td></tr>
<tr><td>100/80kHz</td><td colspan="8">Ia. 0 到 Ia. 5</td></tr>
<tr><td rowspan="2">30/20kHz</td><td colspan="3">—</td><td colspan="2">Ia. 6 到 Ia. 7</td><td colspan="2">Ia. 6 到 Ia. 5</td><td>Ia. 6 到 Ib. 1</td></tr>
<tr><td colspan="8">使用 SB 1223 DI 2×24V DC，DQ 2×24V DC 时可达 30/20kHz</td></tr>
<tr><td>200/160kHz</td><td colspan="8">使用 SB 1221 DI 4×24V DC，200kHz、SB 1221 DI 4×5V DC，200kHz、SB 1223 DI 2×24V DC/DQ 2×24V DC，200kHz、SB 1223 DI 2×5V DC/DQ 2×5V DC，200kHz 时最高可达 200/160kHz</td></tr>
<tr><td rowspan="6">脉冲输出</td><td>总计</td><td colspan="8">最多可组态 4 个使用 DC/DC/DC CPU 任意内置输出或 SB 输出的脉冲输出</td></tr>
<tr><td>差分 1MHz</td><td colspan="7">—</td><td>Qa. 0 到 Qa. 3</td></tr>
<tr><td>100kHz</td><td colspan="7">Qa. 0 到 Qa. 3</td><td>Qa. 4 到 Qb. 1</td></tr>
<tr><td rowspan="2">20kHz</td><td colspan="3">—</td><td colspan="2">Qa. 4 到 Qa. 5</td><td colspan="2">Qa. 4 到 Qb. 1</td><td>—</td></tr>
<tr><td colspan="8">使用 SB 1223 DI 2×24V DC，DQ 2×24V DC 时可达 20kHz</td></tr>
<tr><td>200kHz</td><td colspan="8">使用 SB 1222 DQ 4×24V DC，200kHz，SB 1222 DQ 4×5V DC，200kHz、SB 1223 DI 2×24V DC/DQ 2×24V DC，200kHz，SB 1223 DI 2×5V DC/DQ 2×5V DC，200kHz 时最高可达 200kHz</td></tr>
<tr><td colspan="2">存储卡</td><td colspan="8">SIMATIC 存储卡（选件）</td></tr>
<tr><td colspan="2">实时时钟保持时间</td><td colspan="8">通常为 20 天，40℃时最少 12 天</td></tr>
<tr><td colspan="2">PROFINET</td><td colspan="5">1 个以太网通信端口
支持 PROFINET 通信</td><td colspan="3">2 个以太网端口
支持 PROFINET 通信</td></tr>
<tr><td colspan="2">实数数学运算执行速度</td><td colspan="8">2. 3μs/指令</td></tr>
<tr><td colspan="2">布尔运算执行速度</td><td colspan="8">0. 08μs/指令</td></tr>
</table>

表 3-3　S7-1200 CPU 的 3 种版本

版本	电源电压	DI 输入电压	DQ 输出电压	DQ 输出电流
DC/DC/DC	DC 24V	DC 24V	DC 24V	0.5A，MOSFET
DC/DC/Relay	DC 24V	DC 24V	DC 5～30V，AC 5～250V	2A，DC 30W/AC 200W
AC/DC/Relay	AC 85～264V	DC 24V	DC 5～30V，AC 5～250V	2A，DC 30W/AC 200W

为了与编程设备通信，CPU 提供了一个内置 PROFINET 以太网接口，借助 PROFINET 网络，CPU 可以与编程计算机、HMI（人机界面）、其他 PLC 或其他设备通信，此外它还可使用附加模块基于 PROFIBUS、GPRS、WAN、RS-485、MODBUS 等网络和协议进行通信，或通过开放的以太网协议支持与第三方设备的通信。

为了确保应用程序安全，每个 S7-1200 的 CPU 都提供密码保护功能，用户通过它可以组态对 CPU 功能的访问，可以使用专有技术保护隐藏特定块中的代码，可以使用复制保护将程序绑定到特定存储卡或 CPU。

2）电源模块

S7-1200 配套的电源模块是 PM 1207，可以提供输入 AC 120/230V 和输出 DC 24V/2.5A，内置在 CPU 中，用于为 CPU、信号模块、信号板和通信模块供电，并可满足其他 DC 24V 的电源要求。

3）信号板、通信板与电池板

S7-1200 所有的 CPU 模块的正面都可以安装一块信号板、通信板或电池板，位置见图 3-15，并且不会增加安装的空间。添加一块板可以增加需要的功能，例如数字量输出信号板使继电器输出的 CPU 具有高速输出的功能。

安装时首先取下端子盖板，然后将信号板直接插入 S7-1200CPU 正面的槽内，信号板有可拆卸的端子，因此可以很容易地更换信号板。S7-1200 系列有下列信号板、通信板和电池板，数字量输入、数字量输出信号板的额定电压有 DC 24V 和 DC 5V 两种。

① SB 1221 数字量输入信号板，4 点输入的最高计数频率为 200kHz。

② SB 1222 数字量输出信号板，4 点固态 MOSFET 输出的最高计数频率为 200kHz。

③ SB 1223 数字量输入/输出信号板，2 点输入和 2 点输出的最高频率均为 200kHz。

④ SB 1231 热电偶信号板和 RTD（热电阻）信号板，它们可选多种量程的传感器，分辨率为 0.1℃/0.1℉，15 位＋符号位。

⑤ SB 1231 模拟量输入信号板，有一路 12 位的输入，可测量电压和电流。

⑥ SB 1232 模拟量输出信号板，一路输出，可输出分辨率为 12 位的电压和 11 位的电流。

⑦ CB 1241 RS-485 通信板，提供一个 RS-485 通信接口。

⑧ BB 1297 电池板，适用于实时时钟的长期备份。

4）信号模块

信号模块一般连接到 CPU 的右侧，以扩展其数字量或模拟量 I/O 的点数。数字量输入/数字量输出（DI/DQ）模块和模拟量输入/模拟量输出（AI/AQ）模块统称为信号模块。所有的模块都能方便地安装在标准的 35mm DIN 导轨上，所有的硬件都配备了可拆卸的端子板，不用重新接线就能迅速地更换组件。

现有的数字量信号模块见表 3-4，8 点、16 点和 32 点可以满足不同的控制需要。8 继电器输出（双态）的 DQ 模块的每一点，可以通过有公共端子的一个常闭触点和一个常开触点，在输出值为 0 和 1 时，分别控制两个负载。

表 3-4 数字量输入/输出模块

型号	型号
SM 1221,8 输入 DC 24V	SM 1222,8 继电器输出(双态),2A
SM 1221,16 输入 DC 24V	SM 1223,8 输入 DC 24V/8 继电器输出,2A
SM 1222,8 继电器输出,2A	SM 1223,16 输入 DC 24V/16 继电器输出,2A
SM 1222,16 继电器输出,2A	SM 1223,8 输入 DC 24V/8 输出 DC 24V,0.5A
SM 1222,8 输出 DC 24V,0.5A	SM 1223,16 输入 DC 24V/16 输出 DC 24V,0.5A
SM 1222,16 输出 DC 24V,0.5A	SM 1223,8 输入 AC 230V/8 继电器输出,2A

在工业控制中，某些输入量（例如压力、温度、流量、转速等）是模拟量，某些执行机构（例如电动调节阀和变频器等）要求 PLC 输出模拟量信号，而 PLC 的 CPU 只能处理数字量。模拟量首先被传感器和变送器转换为标准量程的电流或电压，例如 4～20mA，0～10V，PLC 用模拟量输入模块的 A/D 转换器将它们转换成数字量，带正负号的电流或电压在 A/D 转换后用二进制补码来表示。模拟量输出模块的 D/A 转换器将 PLC 中的数字量转换为模拟量电压或电流，再去控制执行机构，模拟量输入/模拟量输出模块的主要任务就是实现 A/D 转换（模拟量输入）和 D/A 转换（模拟量输出）。A/D 转换器和 D/A 转换器的二进制位数反映了它们的分辨率，位数越多，分辨率越高。

(1) SM 1231 模拟量输入模块

有 4 路、8 路的 13 位模块和 4 路的 16 位模块。模拟量输入可选±10V、±5V 和 0～20mA、4～20mA 等多种量程。电压输入的输入电阻大于等于 9MΩ，电流输入的输入电阻为 280Ω。双极性模拟量满量程转换后对应的数字为－27648～27648，单极性模拟量为 0～27648。

(2) SM 1231 热电偶和热电阻模拟量输入模块

有 4 路、8 路的热电偶（TC）模块和 4 路、8 路的热电阻（RTD）模块。可选多种量程的传感器，分辨率为 0.1℃/0.1℉，15 位＋符号位。

(3) SM 1232 模拟量输出模块

有 2 路和 4 路的模拟量输出模块，－10～10V 电压输出为 14 位，最小负载阻抗 1000Ω。0～20mA 或 4～20mA 电流输出为 13 位，最大负载阻抗 600Ω。－27648～27648 对应满量程电压，0～27648 对应满量程电流。电压输出负载为电阻时转换时间为 300μs，负载为 1μF 电容时转换时间为 750μs。电流输出负载为 1mH 电感时转换时间为 600μs，负载为 10mH 电感时为 2ms。

(4) SM 1234 模拟量输入/输出模块

SM 1234 模块包括 4 路模拟量输入/2 路模拟量输出，模拟量输入和模拟量输出通道的性能指标分别与 SM 1231 AI 4×13bit 模块和 SM 1232 AQ 2×14bit 模块的相同，相当于这两种模块的组合。

5）集成的通信接口与通信模块

S7-1200 具有非常强大的通信功能，提供下列的通信选项：I-Device（智能设备）、PROFINET、PROFIBUS、远距离控制通信、点对点（PtP）通信、USS 通信、MODBUS

RTU、AS-i 和 IO-Link MASTER。在 CPU 的左侧可以扩展通信模块（CM）以及通信处理器（CP），左侧最多可以扩展 3 块。

(1) 集成的 PROFINET 接口

实时工业以太网是现场总线发展的趋势，PROFINET 是基于工业以太网的现场总线，是开放式的工业以太网标准，它使工业以太网的应用扩展到了控制网络最底层的现场设备。利用 S7-1200 本体上的 PROFINET 接口，可以组建各种类型的网络。早期的典型网络应用结构是上层工业以太网、下层 PROFIBUS-DP 网，PROFINET 兼容上层工业以太网和下层 PROFIBUS-DP 网，可连接工业以太网与现场网络。PROFINET 最简单的应用方式是 CPU 与编程软件之间通过 PROFINET 接口通信，另一种常用的是 S7-1200 与精简系列面板之间的通信，此外也可利用工业以太网交换机组建多台 PLC 之间及其与触摸屏之间的通信。

S7-1200 CPU 集成的 PROFINET 接口可以与下列设备通信：计算机（见图 3-16）、其他 S7 系列 CPU、PROFINETIVO 设备（例如 ET200 远程 I/O 和 SINAMICS 驱动器）、HMI 基本面板（见图 3-17），以及使用标准的 TCP 通信协议的设备，它支持 TCP/IP、ISO-on-TCP、UDP 和 S7 通信协议。

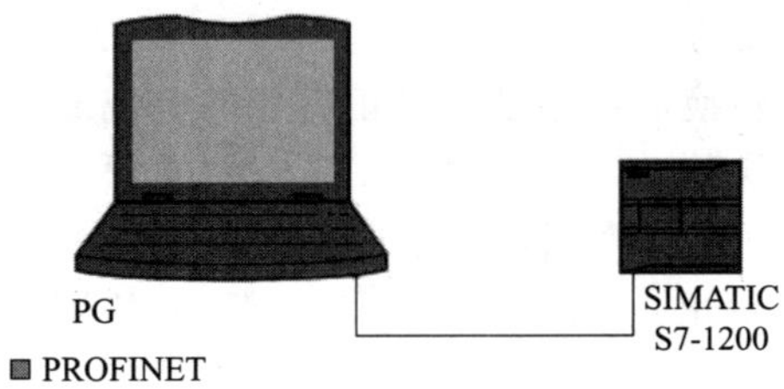

图 3-16　S7-1200 与编程计算机的通信

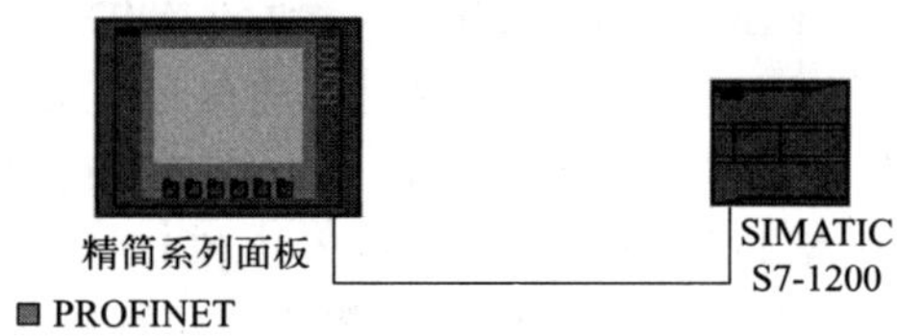

图 3-17　S7-1200 与精简系列面板的通信

该接口使用具有自动交叉网线功能的 RJ45 连接器，用直通网线或者交叉网线都可以连接 CPU 和其他以太网设备或交换机，数据传输速率为 10/100Mbit/s。支持最多 23 个以太网连接，其中，3 个连接用于与 HMI 的通信，1 个连接用于与编程设备（PG）的通信，8 个连接用于开放式用户通信，3 个连接用于使用 GET/PUT 指令的 S7 通信的服务器，8 个连接用于使用 GET/PUT 指令的 S7 通信的客户端。

CSM 1277 是紧凑型交换机模块（见图 3-18），有 4 个具有自检测和交叉自适应功能的 RJ45 连接器，能以线形、树形或星形拓扑结构将 S7-1200 连接到工业以太网。它安装在 S7-1200 的安装导轨上，不需要组态。

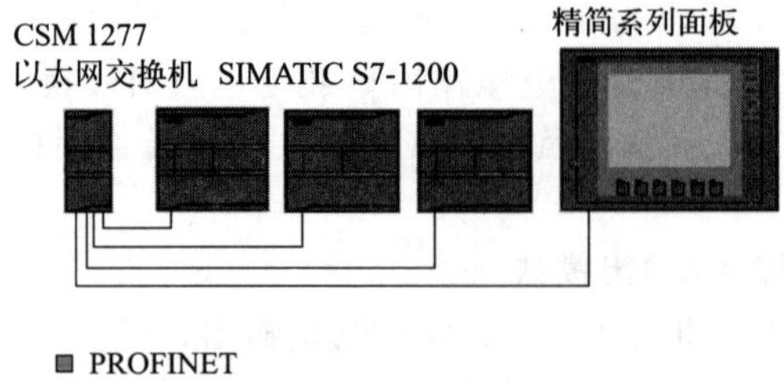

图 3-18　利用工业以太网交换机 CSM 1277 进行多设备的连接

(2) PROFIBUS 通信与通信模块

PROFIBUS 是目前国际上通用的现场总线标准之一，已被纳入现场总线的国际标准 IEC 61158。S7-1200 CPU 从固件版本 V2.0 开始，组态软件 STEP 7 从版本 V11.0 开始，支持 PROFIBUS-DP 通信。

通过使用 PROFIBUS-DP 主站模块 CM 1243-5，S7-1200 可以和其他 CPU、编程设备、人机界面和 PROFIBUS-DP 从站设备（例如可以做 S7 通信的客户机或服务器）通信。

通过使用 PROFIBUS-DP 从站模块 CM 1242-5，S7-1200 可以作为一个智能 DP 从站设备与 PROFIBUS-DP 主站设备通信。

（3）点对点（PtP）通信与通信模块

通过点对点通信，S7-1200 可以直接发送信息到外部设备，例如打印机；从其他设备接收信息，例如条码阅读器、RFID（射频识别）读写器和视觉系统；可以与 GPS 装置、无线电调制解调器以及其他类型的设备交换信息。

CM 1241 是点对点高速串行通信模块，可执行的协议有 ASCII、USS 驱动协议、MODBUS RTU 主站协议和从站协议，可以装载其他协议，3 种模块分别有 RS-232、RS-485 和 RS-422/485 通信接口。通过 CM 1241 RS-485 通信模块或者 CB 1241 RS-485 通信板，可以与支持 MODBUS RTU 协议和 USS 协议的设备进行通信，S7-1200 可以作为 MODBUS 主站或从站。

（4）AS-i 通信与通信模块

AS-i 是执行器传感器接口（actuator sensor interface）的缩写，它是用于现场自动化设备的双向数据通信网络，位于工厂自动化网络的最底层。AS-i 已被列入 IEC 62026 标准。AS-i 是单主站主从式网络，支持总线供电，即两根电缆同时作信号线和电源线。S7-1200 的 AS-i 主站模块为 CM 1243-2，其主站协议版本为 V3.0，可配置 31 个标准开关量/模拟量从站或 62 个 A/B 类开关量/模拟量从站。

（5）远程控制通信与通信模块

通过使用 GPRS 通信处理器 CP 1242-7，S7-1200 CPU 可以与下列设备进行无线通信：中央控制站、其他远程站、移动设备（SMS 短消息）、编程设备（远程服务）和使用开放式用户通信（UDP）的其他通信设备。通过 GPRS 可以实现简单的远程监控。

（6）IO-Link 主站模块

IO-Link 是 IEC 61131-9 中定义的用于传感器/执行器领域的点对点通信接口，使用非屏蔽的三线制标准电缆。IO-Link 主站模块 SM 1278 用于连接 S7-1200 CPU 和 IO-Link 设备，它有 4 个 IO-Link 端口，同时具有信号模块功能和通信模块功能。

6）HMI 基本面板

由于可视化已成为大多数机器设计的标准组件，西门子公司提供了与 S7-1200 匹配的精简系列面板 HMI，基本型面板有触屏式设备，用于执行基本的操作员监控任务，常见基本型 HMI 见表 3-5。

表 3-5 常见基本型 HMI

型号	触摸屏大小	键盘	分辨率	变量数
KP 300 Basic PN	87mm×31mm	薄膜键盘，10 按键	240×80	250
KTP400 Basic PN	76.79mm×57.59mm	触摸屏，4 按键	320×240	250
KTP600 Basic PN	115.2mm×86.4mm	触摸屏，6 按键	320×240	500
KTP1000 Basic PN	211.2mm×158.4mm	触摸屏，8 按键	640×480	500
TP1500 Basic PN	304.1mm×228.1mm	触摸屏，无按键	1024×768	500

3.2.3 S7-1200 硬件接线

所有电气设备的正确接地和接线非常重要，因为这有助于确保实现最佳系统运行以及为S7-1200提供更好的电噪声防护。

1）S7-1200的接地准则

① 将应用设备接地的最佳方式是确保S7-1200和相关设备的所有公共端和接地连接在同一个点，该点应该直接连接到系统的大地接地。

② 所有地线应尽可能地短且应使用大线径。

③ 确定接地点时，应考虑安全接地要求和保护性中断装置的正常运行。

2）S7-1200的接线准则

① 规划S7-1200的接线时，应提供一个可同时切断S7-1200 CPU电源、所有输入电路和所有输出电路电力供应的隔离开关。

② 提供过流保护（例如熔断器或断路器）以限制电源线中的故障电流。考虑在各输出电路中安装熔断器或其他电流限制器提供额外保护。

③ 为所有可能遭雷电冲击的线路安装合适的浪涌抑制设备。

④ 避免将低压信号线和通信电缆铺设在具有交流线和高能量快速开关直流线的槽中。

⑤ 始终成对布线，中性线或公共线与火线或信号线成对。

⑥ 使用尽可能短的电线并确保线径适合承载所需电流。

⑦ 导线和电缆应具有高于S7-1200周围的环境温度30℃的温度等级。

⑧ 应从特定电路图额定值和安装环境来确定其他导线类型和材料要求。

⑨ 使用屏蔽线以便最好地防止电噪声。通常在S7-1200端将屏蔽层接地能获得最佳效果。

⑩ 应使用与电缆屏蔽层相连的连接器将通信电缆屏蔽层接地至S7-1200通信连接器外壳，或将通信电缆屏蔽层与单独的接地端相连。

⑪ 应围绕屏蔽层使用夹子或铜带来提供较大的接地点连接表面，将其他电缆屏蔽层接地。

⑫ 在给通过外部电源供电的输入电路接线时，应在电路中安装过流保护装置。由S7-1200的DC 24V传感器电源供电的电路不需要外部保护，因为该传感器电源的电流已经受到限制。

⑬ 所有S7-1200模块都有供用户接线的可拆卸连接器。要防止连接器松动，应确保连接器固定牢靠并且导线被牢固地安装到连接器中。

⑭ 为了有利于防止安装中出现意外的电流，S7-1200在某些点提供绝缘边界。在规划系统的接线时，应考虑这些绝缘边界。有关提供的绝缘程度和绝缘边界位置的信息，参见《S7-1200系统手册》技术规范。

⑮ 采用交流线路电压的电路与其他电路实现安全隔离。DC 24V电路间的隔离边界仅起一定作用，不应依赖于这些边界提供安全性。

3）S7-1200的接线方式

外部元器件的状态要输入PLC时，需要将其接在输入端子上，PLC的程序运行结果需要通过输出端子驱动外部负载，因此要把这些输入和输出相关的元件接在PLC上。此外PLC需要外部电源给其供电，因此电源需要接线。所以，PLC的接线工作主要包括输入端子（包括数字量和模拟量）、输出端子（同样包括数字量和模拟量）、电源端子等的接线。模块的左上角为电源接线端子，电源接线端子右侧两个端子为 24V 输出端子，可以为外部元件提供 24V 电源，再右侧为数字量输入端子，最右侧为模拟量输入端子，数字量输出端子在 PLC 模块的下部。

首先了解一下 PLC 数字量信号的两种接入形式：漏型（NPN）和源型（PNP），如图 3-19 所示。PLC 所有的输入端子共用一个公共端，或者分组共用多个公共端。漏型输入的接线形式如图 3-19(a) 所示，输入端子的公共端 M 与电源－相连，输入元件与电源＋相连。源型输入如图 3-19(b) 所示，输入端子的公共端 M 与电源＋相连，输入元件与电源－相连。有的 PLC 只支持漏型接线，如 S7-300；有的 PLC 同时支持漏型接线或源型接线，如 S7-1200，但在同一项目中所有端子接线方式均保持一致。对于数字量输出来说，CPU 本体的输出均为源型输出，即负载接电源－。个别信号板支持漏型输出，即负载接电源＋。

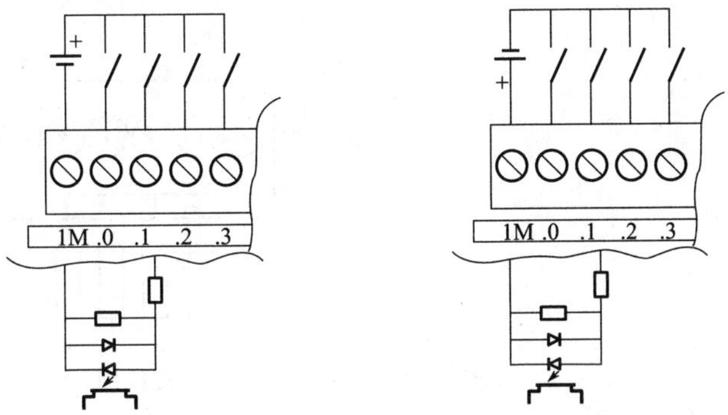

(a) DC 24V输入用作漏型输入　　(b) DC 24V输入用作源型输入

图 3-19　漏型、源型接线图

对于 CPU 以及各模块，其电源电压、输入输出电压类型不同，其接线方式也不同，下面以 CPU 1211C 为例介绍接线方式。

(1) CPU 1211C AC/DC/Relay

如图 3-20 所示，AC/DC/Relay 表示供电电源为交流，输入为直流，输出为交流直流都可以。把 220V 电源接入左上角的接线端子。按照源型或漏型接线方式接入所有数字量输入元件。右上角的模拟量输入接线方式如图所示，负极接公共端，正极接模拟量输入端子。下方输出部分，负载电源交直流均可，负载一端接电源，一端接输入端子，电源一端接公共端，另一端接负载。

(2) CPU 1211C DC/DC/DC

如图 3-21 所示，DC/DC/DC 表示供电电源、输入电源、输出电源均为直流。把 24V 电源接入左上角的接线端子。按照源型或漏型接线方式接入所有数字量输入元件。右上角的模拟量输入接线方式与 AC/DC/Relay 一致，负极接公共端，正极接模拟量输入端子。下方输出部分，负载一端接电源，一端接入端子，电源一端接公共端，另一端接负载。

(3) CPU 1211C DC/DC/Relay

如图 3-22 所示，DC/DC/Relay 表示供电电源、输入电源为直流，输出电源为交直流均可。把 24V 电源接入左上角的接线端子。按照源型或漏型接线方式接入所有数字量输入元件；右上角的模拟量输入接线方式与 AC/DC/Relay 一致，负极接公共端，正极接模拟量输入端子。下方输出部分，交流直流都可以，负载一端接输出端子，另一端接电源，电源一端接负载，另一端接公共端 L。

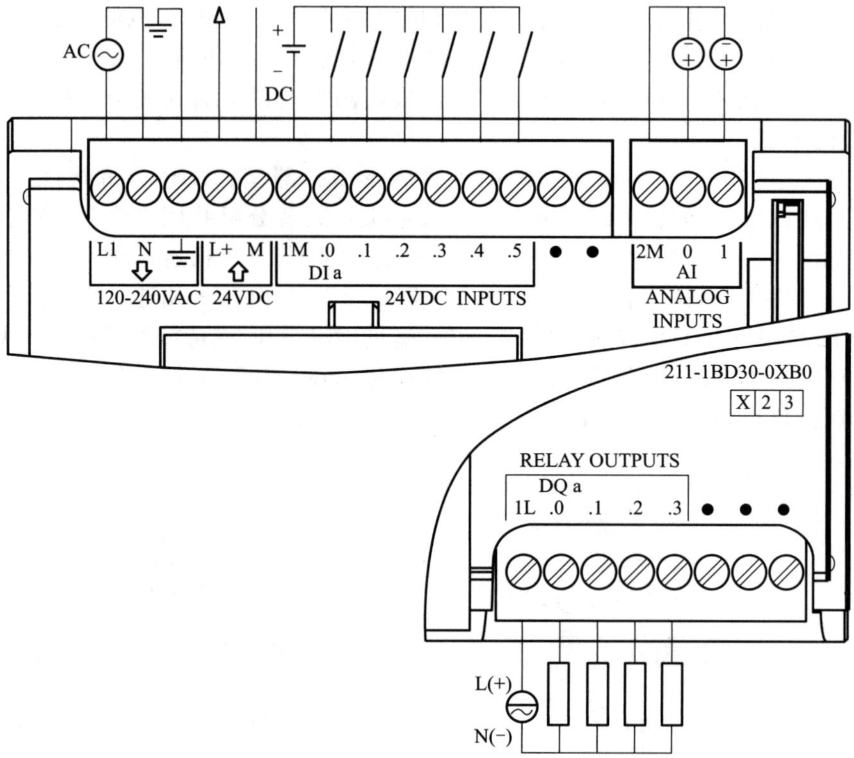

图 3-20 CPU 1211C AC/DC/Relay 接线图

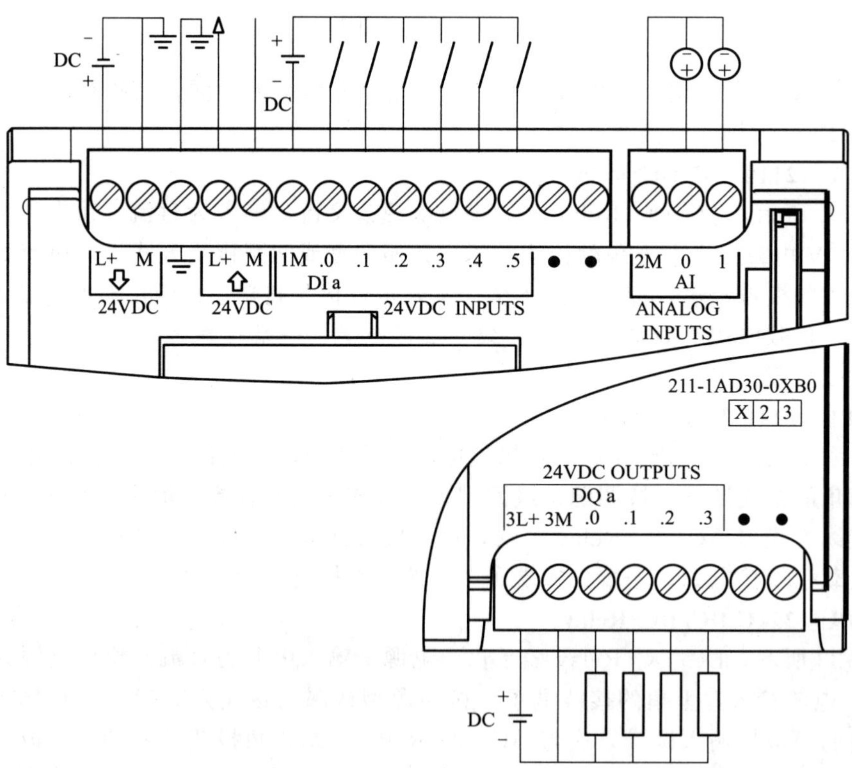

图 3-21 CPU 1211C DC/DC/DC 接线图

其他型号的 CPU 以及扩展模块的接线方式与上述介绍的三种相似，具体的接线图参见《西门子 S7-1200 系统手册》技术规范。

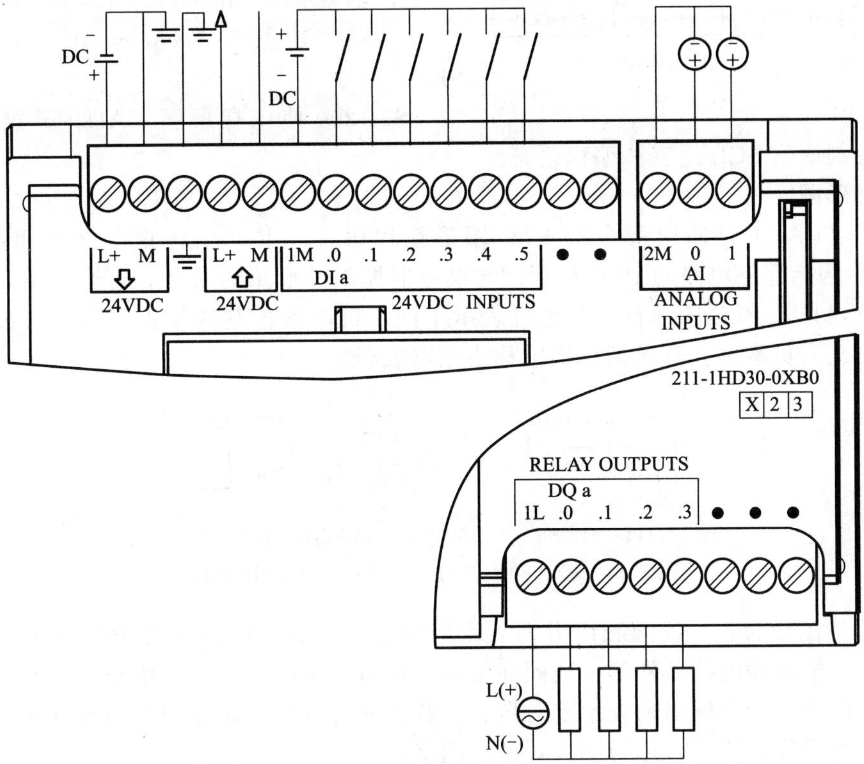

图 3-22　CPU 1211C DC/DC/Relay 接线图

3.2.4　S7-1200 的编程概念

1）编程软件

TIA 是 totally integrated automation（全集成自动化）的简称，TIA 博途（TIA Portal）是西门子自动化的全新工程设计软件平台。S7-1200 用 TIA 博途中的 STEP 7 Basic（基本版）或 STEP 7 Professional（专业版）编程。STEP 7 Basic 软件提供了一个用户友好的环境，供用户开发、编辑和监视控制应用所需的逻辑，其中包括用于管理和组态项目中所有设备（例如 PLC 和 HMI 等设备）的工具。STEP 7 Basic 提供了两种编程语言（LAD 和 FBD）用于方便高效地开发适合用户具体应用的控制程序，而且还提供了用于在项目中创建和组态 HMI 设备的工具。

2）PLC 编程语言的国际标准

IEC 61131 是 IEC（国际电工委员会）制定的 PLC 标准，其中的第三部分 IEC 61131-3 是 PLC 的编程语言标准。IEC 61131-3 是世界上第一个，也是至今为止唯一的工业控制系统的编程语言标准。目前已有越来越多的生产 PLC 的厂家提供符合 IEC 61131-3 标准的产品，IEC 61131-3 已经成为各种工控产品事实上的软件标准。

IEC 61131-3 详细地说明了句法、语义和下述 5 种编程语言（见图 3-23）：

① 指令表（instruction list，IL）。

② 结构文本（structured text），S7-1200 中为 SCL（结构化控制语言）。

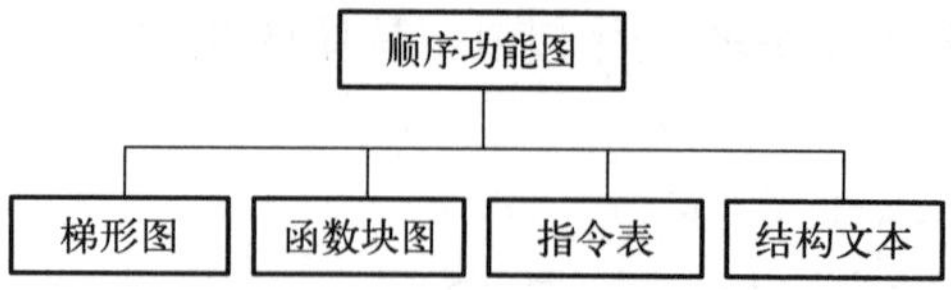

图 3-23　PLC 的编程语言

③ 梯形图（ladder diagram，LD），西门子PLC 中简称为 LAD。

④ 函数块图（function block diagram，FBD）。

⑤ 顺序功能图（sequential function chart，SFC）。

S7-1200 使用梯形图 LAD、函数块图 FBD 和结构化控制语言 SCL 这三种编程语言。

（1）梯形图

梯形图（LAD）是使用最多的 PLC 图形编程语言，本书也将重点介绍梯形图编程。图 3-24 所示为启保停电路的 PLC 梯形图与继电器控制梯形图的对比，可以看出，二者的结构完全一致，只是 PLC 图形符号与地址表示不同于继电器控制的标识，很容易被熟悉继电器控制的电气人员掌握。有时把梯形图称为电路或程序。

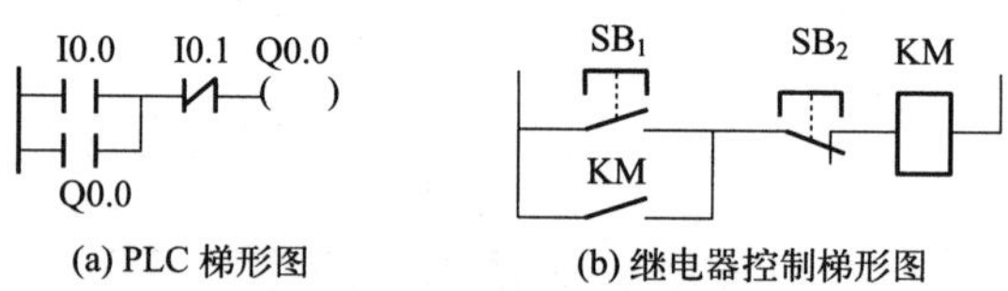

图 3-24　PLC 梯形图与继电器控制梯形图对比

PLC 梯形图由触点、线圈和用方框表示的指令框组成。触点代表逻辑输入条件，例如外部的开关、按钮和内部条件等。线圈通常代表逻辑运算的结果，常用来控制外部的负载和内部的标志位等。指令框用来表示定时器、计数器或者数学运算等指令。触点和线圈等组成的电路称为程序段，英语名称为 Network（网络）。

在分析梯形图的逻辑关系时，为了借用继电器电路图的分析方法，可以想象在梯形图的左右两侧垂直“电源线”之间有一个左正右负的直流电源电压，类似于电流的概念，梯形图中定义为“能流”，只能从左向右单向流动。如果从左到右能流流通到线圈，则线圈被激励，如果能流从左至右未能全部流通，则线圈不被激励。当图 3-24 中 I0.0 与 I0.1 的触点同时接通，或 Q0.0 与 I0.1 的触点同时接通时，能流流过 Q0.0 的线圈，线圈接通。

（2）函数块图

函数块图（FBD）使用类似于数字电路的图形逻辑符号来表示控制逻辑，有数字电路基础的人很容易掌握。国内很少有人使用函数块图语言。

图 3-25 是与图 3-24 梯形图对应的函数块图。在函数块图中，用类似于与门（带有符号“&”）、或门（带有符号“>=1”）的方框来表示逻辑运算关系，方框的左边为逻辑运算的输入变量，右边为输出变量，输入、输出端的小圆圈表示非运算，方框被导线连接在一起，信号自左向右流动。指令框用来表示一些复杂的功能，例如数学运算等。

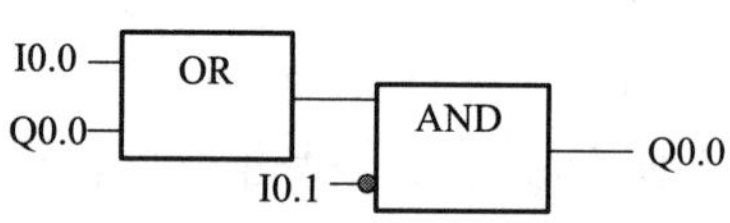

图 3-25　函数块图

（3）SCL

SCL（structured control language，结构化控制语言）是一种基于 PASCAL 的高级编程语言。这种语言基于 IEC 61131-3 标准。SCL 除了包含 PLC 的典型元素（例如输入、输出、定时器或存储器位）外，还包含高级编程语言中的表达式、赋值运算和算术运算符。SCL 提供了简便的指令进行程序控制。例如创建程序分支、循环或跳转。SCL 尤其适用于下列应用领域：数据管理、过程优化、配方管理和数学计算、统计任务。

3）数字数据存储形式

数字系统内的最小信息单位为“位”（对于二进制数）。一个位只能存储一种状态，即“0”（假）或“1”（真）。CPU 将数据位编成组，8 位一组称为 1 个字节，2 个字节一组称为一个字，4 个字节一组称为一个双字，如图 3-26 所示。

S7-1200 使用二进制数字系统（基数为 2）来计数。字可以表示从－32768 到＋32767 的整数。2^{15} 的位用来表示负数（当位置 2^{15} 的值为“1”时，该值为负数）。

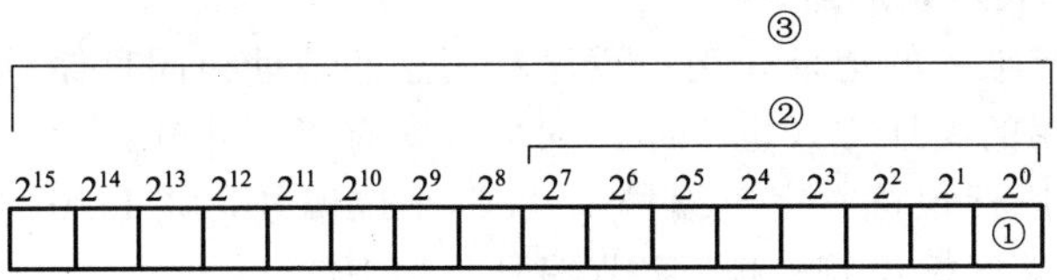

图 3-26　CPU 数据位编组示例

①—位；②—字节；③—字

4）S7-1200 支持的数据类型

数据类型不仅指定数据元素的大小，而且还指定数据内各个位的结构，每个指令参数至少支持一种数据类型，有些参数支持多种数据类型。S7-1200 中常见的数据类型如表 3-6 所示。

表 3-6　常见的数据类型

数据类型	大小	范围	常量输入示例
Bool(布尔型)	1 位	0 到 1	TRUE,FALSE,0,1
Byte(字节)	1 个字节	16＃00 到 16＃FF	16＃12,16＃AB
Word(字)	2 个字节	16＃0000 到 16＃FFFF	16＃0001,16＃ABCD
DWord(双字)	4 个字节	16＃00000000 到 16＃FFFFFFFF	16＃02468ACE
Char(字符)	1 个字节	16＃00 到 16＃FF	'A','t','@'
SInt(短整型)	1 个字节	－128 到 127	123,－123
USInt(无符号短整型)	1 个字节	0 到 255	123
Int(整型)	2 个字节	－32768 到 32767	123,－123
UInt(无符号整型)	2 个字节	0 到 65535	123
DInt(双整型)	4 个字节	－2147483648 到 2147483647	123,－123
UDInt(无符号双整型)	4 个字节	0 到 4294967295	123
Real(实型或浮点型)	4 个字节	$\pm1.08\times10^{-38}$ 到 $\pm3.40\times10^{38}$	12.34,－3.4,－1.2E＋12,3.4E－3
LReal(长实型)	8 个字节	$\pm2.23\times10^{-308}$ 到 $\pm1.79\times10^{308}$	12345.123456789,－1.2E＋40
Time(时间)	4 个字节	T＃－24d_20h_31m_23s_648ms 到 T＃24d_20h_31m_23s_647ms 存储为：－2147483648ms 到＋2147483647ms	T＃5m_30s,5＃-2d,T＃1d_2h_15m_30s_45ms
String(字符串)	可变	0 到 254 字节字符	'ABC'
DTL(长型日期和时间)	12 个字节	最小值：DTL＃1970-01-01-00:00:00.0 最大值：DTL＃2554-12-31-23:59:59.999999999	DTL＃2008-12-16-20:30:20.250

5）S7-1200的存储区与寻址

第3.1.4节中已经介绍了S7-1200的存储区，每一类编程元件对应一个存储区域，并用字母作为区域标识符，如：过程映像输入区标识符为I，过程映像输出区标识符为Q，模拟量输入映像寄存器标识符为AI，模拟量输出映像寄存器标识符为AQ。除了输入输出外，PLC还有其他元件，V表示变量存储器，M表示内部标志位存储器，SM表示特殊标志位存储器，L表示局部存储器，T表示定时器，C表示计数器，HC表示高速计数器，S表示顺序控制存储器，AC表示累加器。

每个存储单元都有唯一的地址，用户程序利用这些地址访问存储单元中的信息。根据存储器的单位不同，常用的编址方式也不同，编址方式有以下几种：

① 位编址：存储区标识符＋字节编号＋“.”＋位编号，如I0.0、Q1.1。

② 字节编址：存储区标识符＋B＋字节编号，如IB3。

③ 字编址：存储区标识符＋W＋字节编号，如MW100。

④ 双字编址：存储区标识符＋D＋字节编号，如MD100。

⑤ 常数表示：二进制2#1100、十六进制16#234B1、十进制数234、实数－3.1415926、ASCII码“hello”。

图3-27说明了如何访问一个位，地址M3.4在图中位置如图，存储区和字节地址（M代表位存储区，3代表字节3）通过后面的句点“.”与位地址（4）分隔。

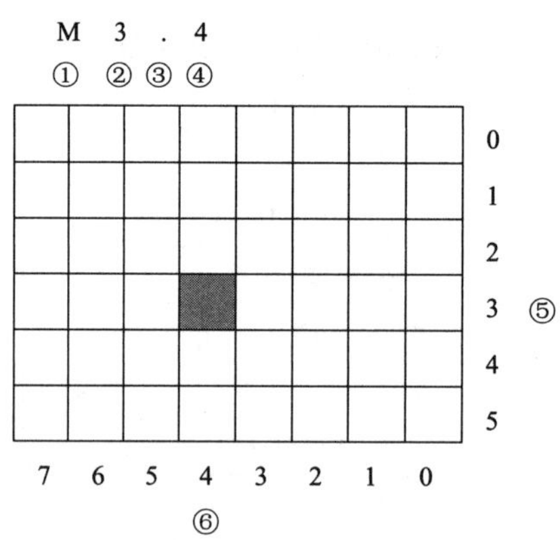

图3-27　存储区寻址示例

①—存储区标识符；②—字节地址（字节3）；③—分隔符（字节.位）；④—位在字节中的位置（位4，共8位）；⑤—存储区的字节；⑥—选定字节的位

STEP 7 Basic简化了符号编程，用户可为数据地址创建符号名称或变量，作为与存储器地址和I/O点相关的PLC变量或在代码块中使用的局部变量。在编程时，通过在指令参数中输入变量名称，可以使用这些变量。

3.2.5　S7-1200的工作模式

1）用户程序结构与执行

在STEP 7中采用模块化编程，模块化编程将复杂的自动化任务划分为对应于生产过程的技术功能的较小的子任务，每个子任务对应一个称为“块”的子程序，可以通过块与块之间的相互调用来组织程序。表3-7为S7-1200 CPU支持的块类型，使用它们可以创建有效的用户程序结构。其中，OB、FB、FC都包含代码，统称为代码块。

表 3-7　S7-1200 CPU 支持的块

块	功能描述
组织块(OB)	操作系统与用户程序的接口,决定用户程序的结构,有些 OB 具有预定义的行为和启动事件,但用户也可以创建具有自定义启动事件的 OB
函数(FC)	用户编写的包含经常使用的功能的子程序,没有专用的背景数据块,执行结束后,其临时变量中的数据丢失,可以用全局数据块或 M 存储区来存储那些在功能执行结束后需要保持的数据。每个 FC 都提供一组输入和输出参数,用于与调用块共享数据。典型应用是用于完成标准的和可重复使用的操作
函数块(FB)	用户编写的包含经常使用的功能的子程序,有专用的背景数据块。每个 FB 都提供一组输入和输出参数,用于与调用块共享数据。可多次调用 FB,每次调用都采用唯一的背景数据块。调用带有不同背景数据块的同一 FB 不会对其他任何背景数据块的数据值产生影响。调用同一个功能块时使用不同的背景数据块,可以控制不同的设备。典型应用是执行不能在一个扫描周期内结束的操作
背景数据块(DB)	用于保存 FB 的输入变量、输出变量和静态变量,其数据在编译时自动生成
全局数据块(DB)	存储用户数据的数据区域,供所有的代码块共享

图 3-28 是模块化程序的调用过程，OB 相当于高级语言中的主程序，由它调用所有的 FB 和 FC。所有程序代码的执行过程是从第一行程序开始执行到最后一行，然后再返回第一行，不断循环顺序扫描执行。其中，FB 和 FC 是程序执行到调用指令时执行，而 OB 的执行是事件触发机制，没有调用 OB 的指令，只要发生了相应的事件，相应的 OB 就会被执行。

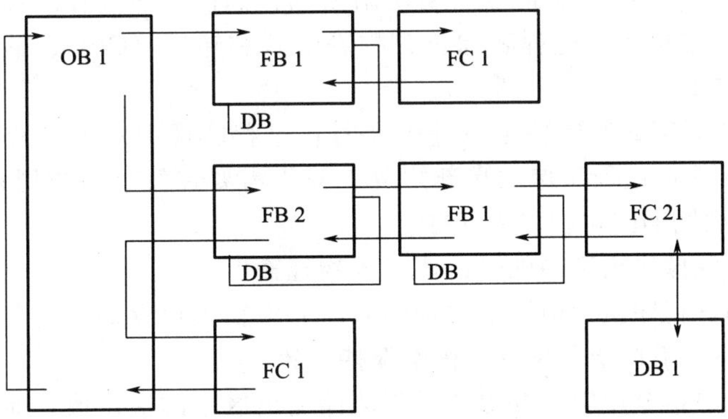

图 3-28　模块化程序的调用过程

组织块（OB）共有三种：启动组织块（startup OB）、程序循环组织块（program cycle OB）和中断组织块（interrupt OB）。每个组织块必须有唯一的 OB 编号，200 之前的某些编号是保留的，其他 OB 的编号应大于等于 200。可启动组织块的事件如表 3-8 所示。

表 3-8　可启动组织块的事件

事件类型	OB 编号	OB 个数	启动事件	队列深度	OB 优先级	优先级组
程序循环	1 或≥200	≥1	启动或结束前一循环 OB	1	1	1
启动	100 或≥200	≥0	从 STOP 切换到 RUN	1	1	

续表

<table>
<tr><th>事件类型</th><th>OB 编号</th><th>OB 个数</th><th>启动事件</th><th>队列深度</th><th>OB 优先级</th><th>优先级组</th></tr>
<tr><td>时间延迟</td><td>≥200</td><td>≤4</td><td>延迟时间到</td><td>8</td><td>3</td><td rowspan="5">2</td></tr>
<tr><td>循环中断</td><td>≥200</td><td>≤4</td><td>固定的循环时间到</td><td>8</td><td>4</td></tr>
<tr><td rowspan="2">硬件中断</td><td rowspan="2">≥200</td><td rowspan="2">≤50</td><td>上升沿(≤16 个)、下降沿(≤16 个)</td><td>32</td><td>5</td></tr>
<tr><td>HSC(高速计数器)计数值＝设定值,计数方向变化,外部复位,最大分别 6 个</td><td>16</td><td>6</td></tr>
<tr><td>诊断错误</td><td>82</td><td>0 或 1</td><td>模块检测到错误</td><td>8</td><td>9</td></tr>
<tr><td>时间错误</td><td>80</td><td>0 或 1</td><td>超过最大循环时间,请求的 OB 无法启动,队列溢出</td><td>8</td><td>26</td><td>3</td></tr>
</table>

当 CPU 的工作模式从 STOP 切换到 RUN 时，执行一次启动组织块来初始化程序循环组织块中的某些变量。可以有多个启动组织块，默认的为 OB100。

程序循环组织块 OB1 是用户程序中的主程序，CPU 循环执行程序，在每一次循环中，操作系统调用一次 OB1。允许有多个程序循环组织块，默认的是 OB1。

中断组织块用来实现对特殊内部事件或外部事件的快速响应，如果出现中断事件，操作系统在执行完当前程序的当前指令后，立即响应中断。

2）CPU 的工作模式

当每个周期都包括写入输出、读取输入、执行用户程序指令以及执行后台处理时，这个周期就称为扫描周期。CPU 伴随扫描周期使用内部存储区（即过程映像）对本地数字量和模拟量 I/O 点进行同步更新，过程映像包含物理输入和输出（CPU、信号板和信号模块上的物理 I/O 点）的快照。

组态在每个扫描周期或发生特定事件中断时在过程映像中对 I/O 点进行更新。也可对 I/O 进行组态使其排除在过程映像的更新之外。对于需要在每个扫描周期进行更新的 I/O，CPU 将在每个扫描周期期间执行以下任务：

① CPU 将过程映像输出区中的输出值写入物理输出。

② CPU 仅在用户程序执行前读取物理输入，并将输入值存储在过程映像输入区。这样一来，这些值便在整个用户指令执行过程中保持一致。

③ CPU 执行用户指令逻辑，并更新过程映像输出区中的输出值，而不是写入实际的物理输出。

这一过程通过在给定周期内执行用户指令而提供一致的逻辑，并防止物理输出点可能在过程映像输出区中多次改变状态而出现抖动。

CPU 有以下三种工作模式：STOP 模式、STARTUP 模式和 RUN 模式。CPU 前面的状态 LED 指示当前工作模式。CPU 模块上没有切换工作模式的模式选择开关，只能用 STEP 7 Basic 在线工具中的 CPU 操作员面板或工具栏上的按钮，来切换 STOP 或 RUN 工作模式，也可以在程序中用 STP 指令使 CPU 进入 STOP 模式。

在 STOP 模式下，CPU 不执行程序，可以下载项目。

在 STARTUP 模式下，执行一次启动 OB（如果存在），在启动模式下，CPU 不会处理中断事件。

在 RUN 模式下，重复执行扫描周期。在程序循环阶段的任何时刻都可能发生和处理中断事件。RUN 模式中的任意点处都可能发生中断事件，这会导致相应的中断 OB 执行。CPU 支持通过暖启动方法进入 RUN 模式，暖启动不包括存储器复位，但通过编程软件可以控制存储器复位。存储器复位将清除所有工作存储器、保持性及非保持性存储区，并将装载的存储器内容复制到工作存储器。存储器复位不会清除诊断缓冲区，也不会清除永久保存的 IP 地址。在暖启动时，所有非保持性系统及用户数据都将被初始化。

可以使用编程软件指定 CPU 的上电模式以及重启方法。上电后，CPU 将执行一系列上电诊断检查和系统初始化操作，然后 CPU 进入适当的上电模式，检测到某些错误将阻止 CPU 进入 RUN 模式。CPU 支持以下上电模式：STOP 模式、暖启动后转到 RUN 模式和暖启动后转到上一个模式。

在 STOP 模式下，CPU 处理所有通信请求（如果适用）并执行自诊断，CPU 不执行用户程序，过程映像也不会自动更新。在 STARTUP 和 RUN 模式下，CPU 按照图 3-29 所示的顺序执行下述任务。

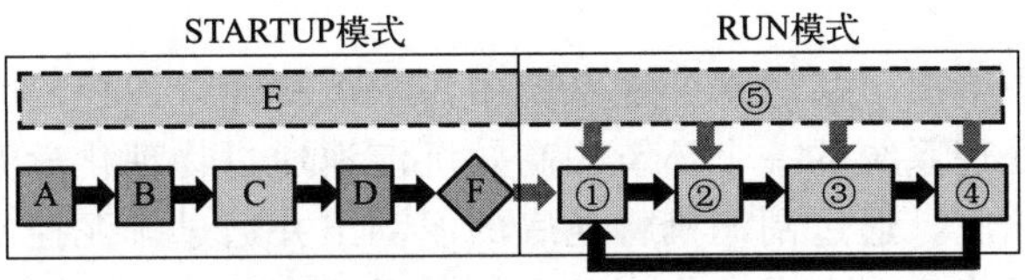

图 3-29 STATPUP 和 RUN 模式下 CPU 工作模式

STARTUP 模式：
A——复位过程映像输入区（I）；
B——使用上一次 RUN 模式最后的值或替换值初始化输出；
C——执行启动 OB；
D——将物理输入的状态复制到 I 存储区；
E——将所有中断事件存储到要在 RUN 模式下处理的队列中；
F——将过程映像输出区（Q）的值写到物理输出。
RUN 模式：
①——将过程映像输出区（Q）的值写到物理输出；
②——将物理输入的状态复制到 I 存储区；
③——执行程序循环 OB；
④——处理通信请求和进行自诊断；
⑤——在扫描周期的任何阶段处理中断和通信。

3.3 PLC 系统硬件设计

PLC 系统可以便捷地实现工业生产中的数据采集、顺序控制、过程控制、科学计算、联网通信等功能，能够满足大多数工业自动化系统开发需求。但是，PLC 的品牌众多，每个品牌的产品系列型号繁多，扩展模块功能齐全，面对一个自动化系统需求，如何选择合适的 PLC 硬件，是设计开发 PLC 系统的首要任务。

PLC 系统的硬件选型，要根据系统开发需求，遵循一定的原则进行。

① PLC 品牌的选择。如第 3.1.2 节所述，目前市场上拥有大量的国内外 PLC 系列产品，大中型市场以国外品牌西门子、罗克韦尔等为主流，对于中小型 PLC 的应用，近年来

国产产品台达、信捷、汇川等能够满足绝大多数需求。品牌选择时，作为中国市场的应用，尤其是重大核电工程等关乎国计民生的项目，从支持国产品牌和系统安全的角度，优先考虑自主可控的国产品牌。对于企业应用项目，从便于维护和管理的角度，优先选择该企业已有的 PLC 系统品牌，使备件能够通用，从而节省开支，也遵从技术人员习惯，精于同一品牌产品的维护。

② PLC 模块的选择。PLC 的产品系列丰富多样，满足要求的 PLC 模块种类繁多，选择模块时从控制系统功能和性能需求角度首先选择 CPU 模块，然后根据 I/O 点数量需求，留有 20%余量选择数字量和模拟量输入输出模块，按（1～1.25）（DI×10＋DO×8＋AI/AO×100＋CP×300）/1024 选择存储器容量，另外再根据系统需求考虑通信、定位、高速计数、温度控制等专用模块的选择。每个 PLC 模块都有相应的规格参数，选型时要根据外部设备的接口和信号参数、模块之间的适配性、现场具备的安装条件和供电情况等进行选择。

3.3.1 污水沉淀池排泥控制硬件设计

第 1 章 1.1.1 节中给出了某污水处理系统中污水沉淀池排泥控制的控制系统需求，这个案例其实只是某污水处理系统的一个环节，高效沉淀池通过物理化学方法，将污水中的固体小颗粒凝结并沉降在池底，通过刮泥机将池底的泥刮出并通过排泥控制系统排放至污泥浓缩池。为简化起见，这里将排泥子系统作为独立控制系统来选型。

系统流程如图 3-30 所示，该系统中有污泥循环泵、污泥排放泵、污泥排放自动阀、污泥排放冲洗自动阀、污泥排放泵进泥总阀五个被控设备，控制要求如表 3-9 所示，“K”表示打开，“G”表示关闭，括号内的数字表示在同一步序中的操作顺序，“P”表示保持上一步序的状态。

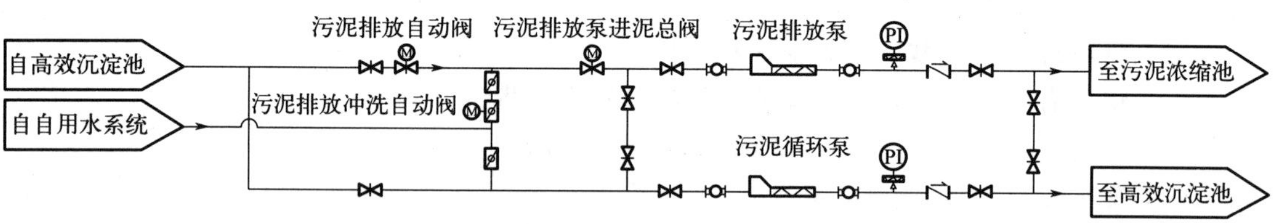

图 3-30 排泥控制系统结构图

表 3-9 排泥控制系统控制要求

设备及步序			污泥循环泵	污泥排放泵	污泥排放自动阀	污泥排放冲洗自动阀	污泥排放泵进泥总阀	备注
1	系统备用		G	G	G	G	G	
2	系统启动		K(4)	G(1)	G(P)	G(3)	G(2)	按钮控制启动
3	冲洗排泥	反冲 1	K(P)	G(P)	K(1)	K(2)	G(P)	1min(时间可调)
		正冲 1	K(P)	K(2)	G(3)	K(P)	K(1)	1min(时间可调)
		排泥	K(P)	K(P)	K(1)	G(2)	K(P)	15min(时间可调)
		正冲 2	K(P)	K(P)	G(2)	K(1)	K(P)	15min(时间可调)
		反冲 2	K(P)	G(2)	K(1)	K(P)	G(3)	1min(时间可调)
		排泥完成	K(P)	G(P)	G(1)	G(2)	G(P)	120min(时间可调)

排泥系统中有 5 个被控设备，均为设备开关操作，故数字量输出（DO）点为 5 个；为

便于维修和灵活手动控制，5个设备均需要设置手动启停控制按钮，需要10个数字量输入（DI）点；为实现自动全流程控制、手动控制2种模式，需要2个模式切换开关，共2个DI点；为实现上电和复位控制，需要2个按钮，也就是2个DI点。综上，合计需要DI点14个，DO点5个。

在PLC设计过程中，I/O点应有20%的余量，故本案例中的点量设计为DI点≥17个、DO点≥6个。根据经验公式——存储量（KB）=(1～1.25)(DI×10+DO×8+AI/AO×100+CP×300)/1024，本案例中的存储量不超过1KB。根据上述情况，系统功能相对简单，属于小型PLC系统，可优先考虑国产品牌PLC。此处选择台达DVP系列PLC，选取型号为DVP40EH00R3的主机，该主机自带24点输入和16点输出，已满足要求。PLC控制柜主要部件的配置见表3-10。选择好系统硬件后进行电气接线设计，PLC接线图如图3-31所示，PLC主机上标号开头为X的接口为数字量输入（DI），标号开头为Y的接口为数字量输出（DO），在工业现场中，CPU模块、开关电源、继电器等都需要工业现场进行供电，并安装在PLC控制柜体中，以便调试及管理。其余电气设计图见拓展阅读3.1排泥控制系统台达PLC方案硬件设计资料。

表3-10 PLC控制柜主要部件配置选型清单（国产PLC）

品名	规格、型号、说明	数量	单位	厂家
台达DVP系列	DVP40EH00R3	1	块	台达
DIN导轨	RR-A-100	2	块	汇思德自动化
台达开关电源	DRC-24V60W1AC	1	块	台达
继电器	RCLKITS 230V AC 2C0	5	个	魏德米勒
接线端子	PT2.5	150	块	菲尼克斯
断路器	C65N-C-6A/2P	3	块	施耐德
PLC控制柜体	单开门，带线槽800mm×600mm×2200mm	1	套	仿威图
接线板	8插位，总控	1	块	公牛
通信线缆	超六类	30	m	秋叶原

如果选择国外品牌PLC，优先选择市场占有率高、相对通用的西门子S7-1200作为主控制器，选择CPU 1214C AC/DC/Relay（订货号6ES7 214-1BG40-0XB0），CPU自带14个DI和10个DO，故增加1块DI输入模块SM 1221 DI 8（24V DC）（订货号6ES7 221-1BF32-0XB0）即可满足要求。在硬件选型方面只需要更换CPU模块和开关电源以及导轨，相关配件见表3-11，PLC接线图如图3-32所示，上侧的接口主要用于供电和DI，下侧的接口用于DO。其余电气设计图见拓展阅读3.2排泥控制系统西门子S7-1200PLC方案硬件设计资料。

表3-11 PLC控制柜主要部件配置选型清单（国外PLC）

品名	规格、型号、说明	数量	单位	厂家
CPU 1214C AC/DC/Relay	6ES7 214-1BG40-0XB0	1	块	西门子
数字量输入模块 SM 1221 DI 8(24VDC)	6ES7 221-1BF32-0XB0	1	块	西门子
西门子导轨(480mm)	6ES7 390-1AE80-0AA0	2	块	西门子
西门子开关电源	6EP 1334-2BA20	1	块	西门子

续表

品名	规格、型号、说明	数量	单位	厂家
继电器	RCLKITS 230V AC 2CO	5	个	魏德米勒
接线端子	PT2.5	150	块	菲尼克斯
断路器	C65N-C-6A/2P	3	块	施耐德
PLC 控制柜体	单开门，带线槽 800mm×600mm×2200mm	1	套	仿威图
接线板	8 插位，总控	1	块	公牛
通信线缆	超六类	30	m	秋叶原

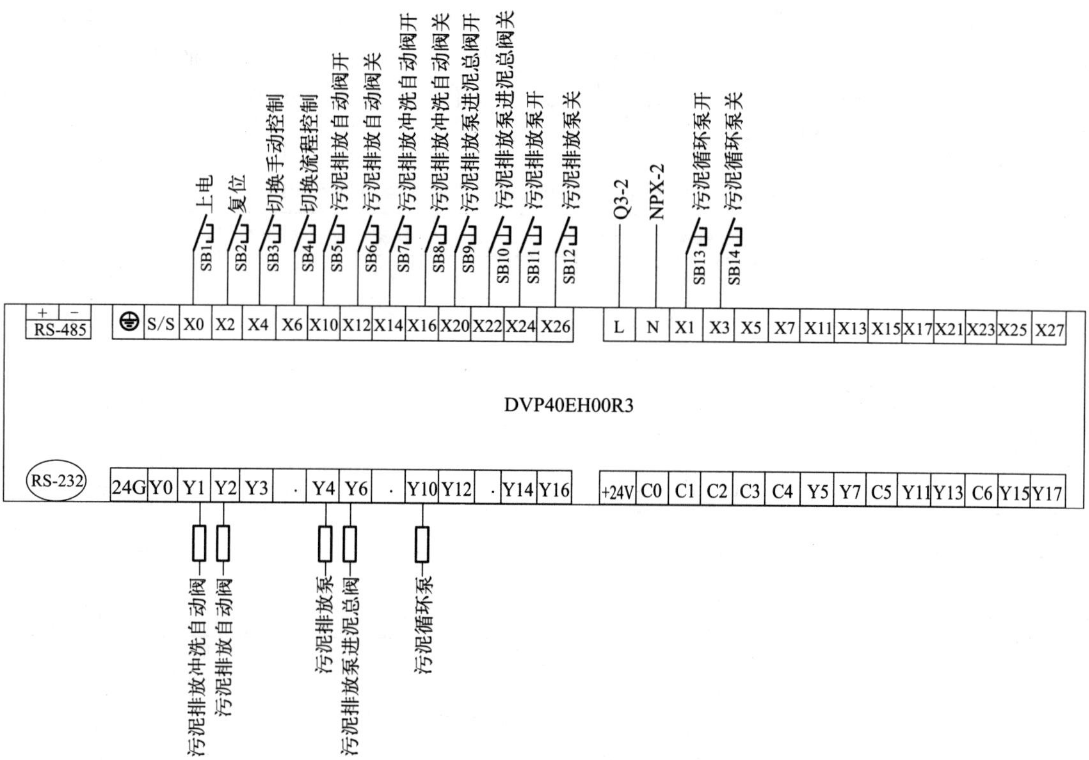

图 3-31 PLC 接线图

3.3.2 多站点分布式控制系统案例

多站点分布式控制系统常用的形式为上位机＋多个 PLC，上位机可以采用 PLC，也可以采用计算机或者 HMI。上位机的主要作用是监控被控对象的运行状态、修改被控对象的运行参数和对现场进行动态模拟显示，以方便工作人员更好地管理作业现场、及时掌握企业生产状态。采用多个 PLC 控制不同的工艺流程，不需要配置单个大型 PLC 控制整个工艺流程，将信号采集和控制功能分布到现场，使得系统具备更高的灵活性和可扩展性，并根据具体需求及实际现场情况进行布置，方便随时添加或更换设备，满足系统的变化需求。同时，分布式控制将信号处理分散到多个站点相互独立工作，提供冗余机制，避免单点故障导致控制系统整体失效，提高了系统的可靠性和可用性。基于上述优点，在大型工艺流程中多采用分布式控制系统。

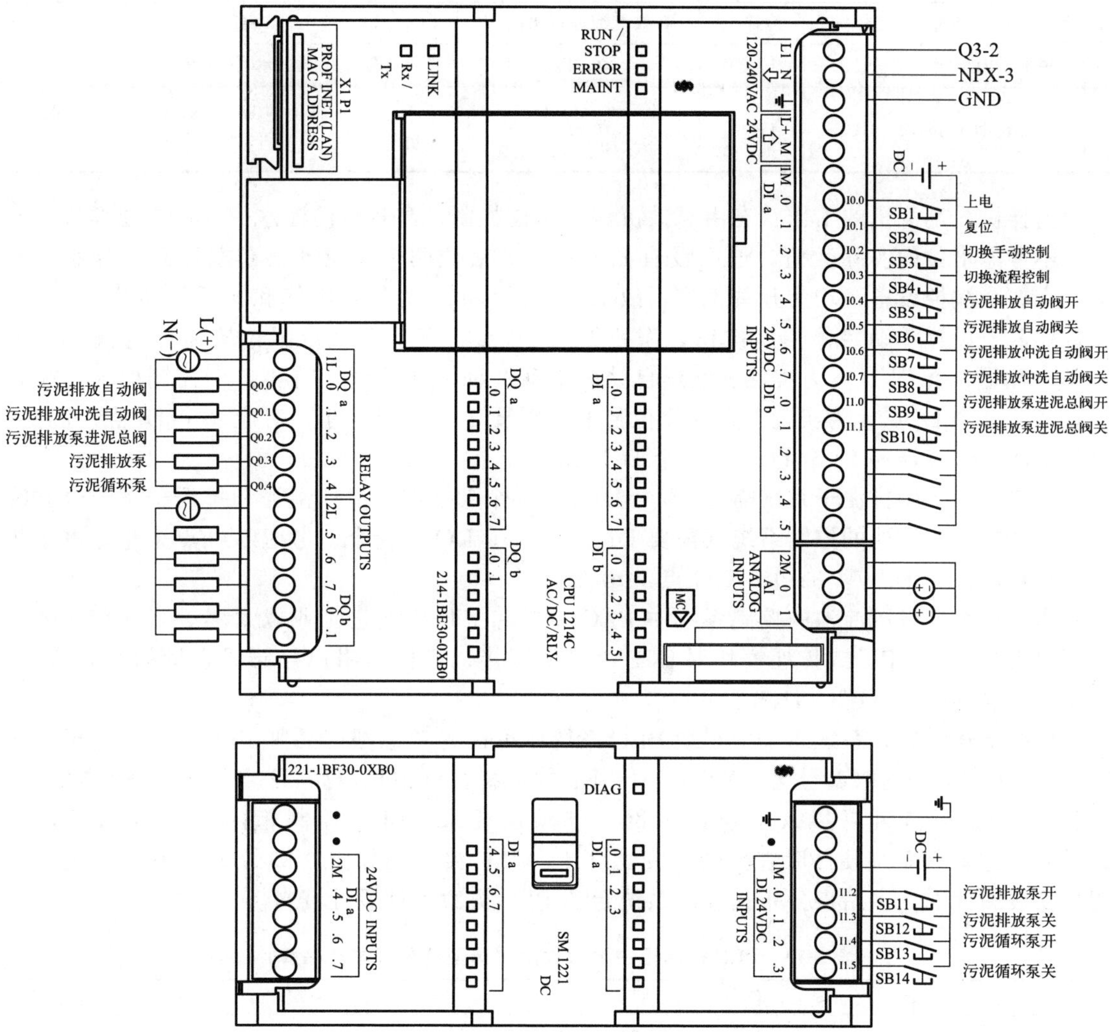

图 3-32　PLC 接线图

本节案例仍然以污水处理系统为背景。某城市的污水处理站点共三个，分别位于城市的东南角、东北角和西南角，在市政部门办公室有一上位机可以监控各污水处理站点的相关数据，每个站点用一套 PLC 系统控制，现场 PLC 与上位机间通过工业以太网通信，现场 PLC 之间互不通信。实际的污水处理系统控制流程繁多复杂，为简化起见，本案例中仅考虑高效沉淀池的控制，实际工程中其他流程的控制可类似设计。

根据高效沉淀池的整体工作流程，考虑两个控制流程，其中一个是第 3.3.1 节提到的排泥控制，另一个是池中的搅拌刮泥控制，控制要求如表 3-12 所示。

表 3-12　搅拌刮泥控制系统控制要求

设备及阀门步序		刮泥机	搅拌机	高效沉淀池进水闸阀	备注
1	首次启用	G(P)	K(2)	K(1)	水位高于一定程度后再手动启动搅拌机
2	正常运行	K(1)	K(P)	K(P)	水位高于刮泥机刮泥板(低液位)再启动刮泥机
3	单池高液位	K(P)	K(P)	G(1)	

续表

设备及阀门步序		刮泥机	搅拌机	高效沉淀池进水闸阀	备注
4	单池临时停运	K(P)	K(P)	G(1)	手动停止单池进水
5	单池长期停运	G(3)	G(2)	G(1)	手动停止单池进水，手动停止搅拌机与刮泥机

搅拌机、刮泥机的工作状态由高效沉淀池水位控制，高效沉淀池水位通过限位器进行监测，不考虑水位的实际数值，池中设有低液位、高液位两个限位器。在搅拌刮泥控制系统中，有 3 个被控设备，均为开关工作，故 DO 点为 3 个；为便于维修和灵活手动控制，3 个设备均需要设置手动启停控制按钮，需要 6 个 DI 点；有 2 个液位限位器需作为输入接入 PLC，需要 2 个 DI 点；为实现全流程自动和手动 2 种模式控制，需要 2 个控制模式切换开关，即需 2 个 DI 点；为实现上电和复位控制，需要 2 个控制按钮，对应 2 个 DI 点。因此，搅拌刮泥子系统需要 12 个 DI 点，3 个 DO 点。

第 3.3.1 节中排泥子系统需要 14 个 DI 点，5 个 DO 点，搅拌刮泥和排泥子系统合并统计，单个高效沉淀池的控制系统共需要 DI 点 26 个，DO 点 8 个。考虑 I/O 点余量，本案例中的点量设计为 DI 点≥32 个、DO 点≥10 个。

由于单个高效沉淀池的控制系统中 PLC 需要和上位机通过工业以太网进行通信，因此选型时需要考虑 CPU 或扩展模块具备工业以太网接口。根据用户存储器容量的经验公式，本案例中的存储量不超过 1KB。

根据上述情况，系统属于中小型 PLC 系统，可优先考虑国产品牌 PLC。此处选择台达 DVP 系列 PLC，选取型号为 DVP64EH00R3 的主机，该主机自带 32 点输入和 32 点输出，以及 RS-485 接口可以接入工业以太网，已满足要求。PLC 控制柜主要部件的配置见表 3-13。选择好系统硬件后进行电气接线设计，PLC 接线图如图 3-33 所示。其余电气设计图见拓展阅读 3.3 多站点分布式控制系统台达 PLC 方案硬件设计资料。

表 3-13 PLC 控制柜主要部件配置选型清单（国产品牌）

品名	规格、型号、说明	数量	单位	厂家
台达 DVP 系列	DVP64EH00R3	1	块	台达
DIN 导轨	RR-A-100	2	块	汇思德自动化
台达开关电源	DRC-24V60W1AC	1	块	台达
继电器	RCLKITS 230V AC 2C0	8	个	魏德米勒
接线端子	PT2.5	150	块	菲尼克斯
断路器	C65N-C-6A/2P	3	块	施耐德
PLC 控制柜体	单开门，带线槽 800mm×600mm×2200mm	1	套	仿威图
接线板	8 插位，总控	1	块	公牛
通信线缆	超六类	120	m	秋叶原
交换机	6GK5 008-0BA10-1AB2	1	只	西门子

如果选择国外品牌 PLC，优先选择市场占有率高、相对通用的 S7-1200 作为主控制器，选择 CPU 1214C AC/DC/Relay（订货号 6ES7 214-1BG40-0XB0），CPU 自带 14 个 DI 和 10 个 DO 以及 PROFINET 接口可以连入工业以太网，故增加 1 块 16 点 DI 输入模块 SM 1221 DI 16（24V DC）（订货号 6ES7 221-1BH30-0XB0）即可满足要求，以西门子 S7-1200 系列为 CPU 的 PLC 电气接线如图 3-34 所示，扩展模块 SM 1221 的供电由 CPU 提供（即 CPU 上侧的 DC 24V 接口）。其余电气设计图见拓展阅读 3.4 多站点分布式控制系统西门子

PLC 方案硬件设计资料。

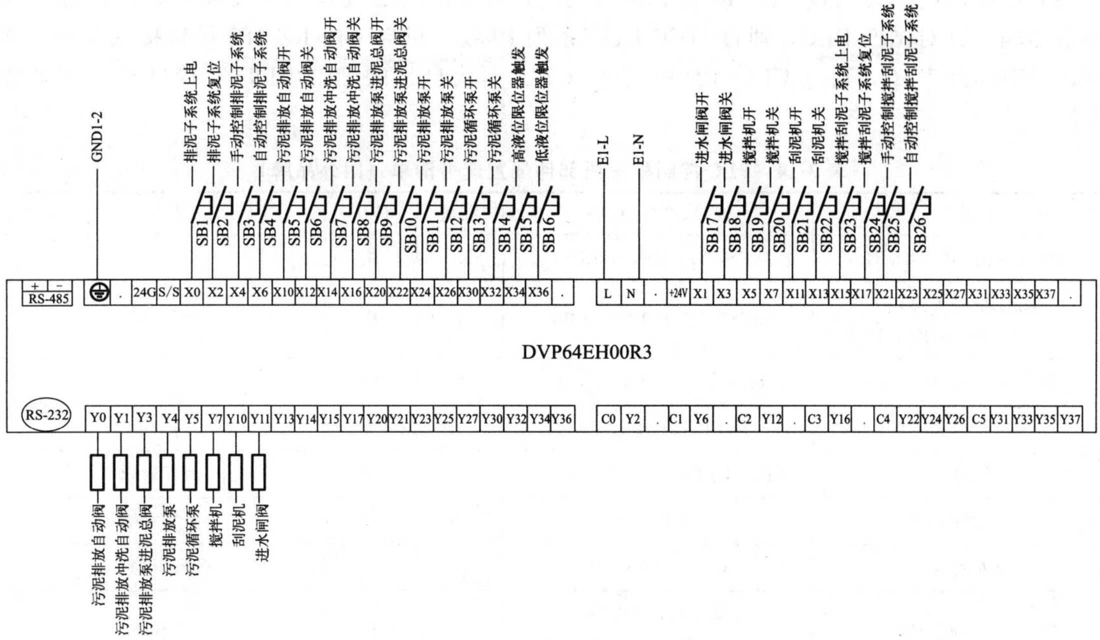

图 3-33 多站点案例台达 PLC 接线图

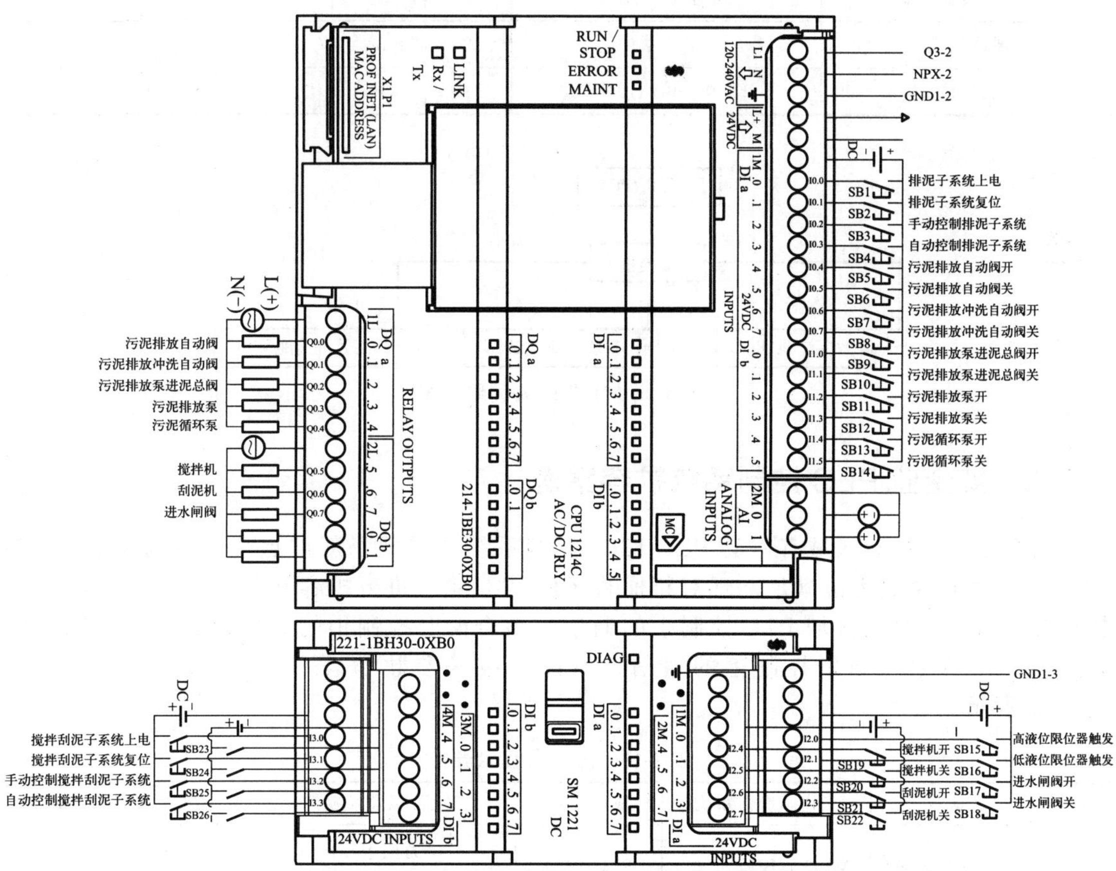

图 3-34 多站点案例西门子 PLC 接线图

另外，本案例中需要实现超远距离工业以太网通信功能，网络架构如图 3-35 所示，三处高效沉淀池的信息通过 PLC 接入工业以太网，在 PC 周围设置一个交换机，信息通过交换机传输。针对国产 PLC，通过 DVP-EH3 系列 PLC 主机自带的 RS-485 接口接入工业以太网，针对国外 PLC，通过 CPU 1214C 系列 CPU 模块自带的 PROFINET 接口接入工业以太网。

表 3-14　PLC 控制柜主要部件配置选型清单（国外品牌）

品名	规格、型号、说明	数量	单位	厂家
CPU 1214C AC/DC/RLY	6ES7 214-1BG40-0XB0	1	块	西门子
数字量输入模块 SM 1221 DI 16(24V DC)	6ES7 221-1BH32-0XB0	1	块	西门子
西门子导轨(480mm)	6ES7 390-1AE80-0AA0	2	块	西门子
西门子开关电源	6EP 1334-2BA20	1	块	西门子
继电器	RCLKITS 230V AC 2CO	5	个	魏德米勒
接线端子	PT2.5	150	块	菲尼克斯
断路器	C65N-C-6A/2P	3	块	施耐德
PLC 控制柜体	单开门，带线槽 800mm×600mm×2200mm	1	套	仿威图
接线板	8 插位，总控	1	块	公牛
通信线缆	超六类	120	m	秋叶原
交换机	6GK5 008-0BA10-1AB2	1	只	西门子

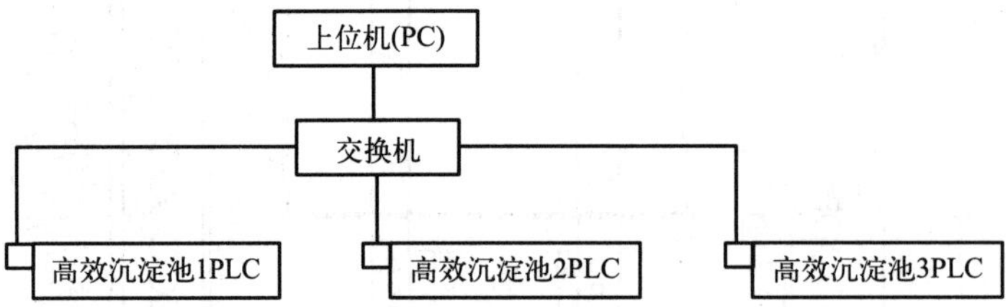

图 3-35　工业以太网结构图

3.3.3　某企业 PLC 控制系统扩容案例

某企业在新桶装区域有一套 PLC 1200 控制系统，因现场新增点位控制需求，原 S7-1200 PLC 点位余量无法满足。现对新桶装区域 PLC 系统进行扩容升级，新增一套 PLC 控制柜实现与原新桶装区域 PLC 控制柜的通信，整合两套控制柜的通信设置，实现原新桶装区域 PLC 系统与新增控制柜的通信。原设备技术参数如表 3-15 所示，扩充点位如表 3-16 所示。

表 3-15　原设备技术参数

序号	地点	工作站操作系统	底层设备	上位机监控软件	数量	点数
1	新桶装区域	Win7 旗舰版 64 位	PLC 1200	力控 V7.1 Kepserver 6.6	1	113

表 3-16　扩充点位表

序号	位号	地点
1	XTZ-C1	新桶装醋酸 1 号发放口阀门
2	XTZ-C2	新桶装醋酸 2 号发放口阀门
3	XTZ-Y1	新桶装乙酯 1 号发放口阀门
4	XTZ-Y2	新桶装乙酯 2 号发放口阀门
5	XTZ-DPC	新桶装鹤嘴粗醋酸发放口阀门
6	XTZ-CCC	新桶装鹤嘴低品酸发放口阀门
7	FT-01	新桶装醋酸 1 号发放口流量
8	FT-02	新桶装醋酸 2 号发放口流量
9	FT-03	新桶装乙酯 1 号发放口流量
10	FT-04	新桶装乙酯 2 号发放口流量
11	FT-05	新桶装鹤嘴粗醋酸发放口流量
12	FT-06	新桶装鹤嘴低品酸发放口流量
13	MI-P5801A	新桶装醋酸发放口 A 泵状态
14	MI-P5801B	新桶装醋酸发放口 B 泵状态
15	MI-P5801C	新桶装醋酸发放口 C 泵状态
16	MI-P5801D	新桶装醋酸发放口 D 泵状态
17	MI-P5801E	新桶装醋酸发放口 E 泵状态
18	II-P5801A	新桶装醋酸发放口 A 泵电流
19	II-P5801B	新桶装醋酸发放口 B 泵电流
20	II-P5801C	新桶装醋酸发放口 C 泵电流
21	II-P5801D	新桶装醋酸发放口 D 泵电流
22	II-P5801E	新桶装醋酸发放口 E 泵电流

方案设计要求为：

① 根据扩容需求和扩充点位表进行设备选型；

② 根据选型设备，绘制新增控制柜的元器件布局图和接线图。

根据扩充点位表 3-16，序号 1 到序号 6 为阀门控制点，每个阀门需要使用 1 个数字量输出点控制阀门的开和关，共计 6 个数字量输出点位；序号 7 到序号 12 为每个发放口的流量数据，每个发放口的流量需要使用一个模拟量输入点读取，共计 6 个模拟量输入点；序号 13 到序号 17 为泵状态点位，每个泵需要一个数字量输入点显示泵的状态，共计 5 个数字量输入点；序号 18 到序号 22 为发放口泵的电流数据，每个发放口泵的电流数据需要使用一个模拟量输入点读取，共计 5 个模拟量输入点。综上，新增系统要求有 6 个数字量输出点位，5 个数字量输入点位、11 个模拟量输入点位。考虑到后续维护问题，扩容继续采用 S7-1200 系列 PLC，PLC 控制柜主要部件配置选型清单如表 3-17。

表 3-17 PLC 控制柜主要部件配置选型清单

品名	规格、型号、说明	数量	单位	厂家
CPU 1214C AC/DC/RLY	6ES7 214-1BG40-0XB0	1	块	西门子
模拟量输入模块 SM 1231	6ES7 231-4HF32-0XB0	2	块	西门子
SIMATIC S7 STEP 7 V5.5 SP4	6ES7 810-4CC10-0YA5	1	个	西门子
力控 V7.1	力控 V7.1 组态软件	1	个	力控
西门子导轨(482mm)	6ES7 390-1AE80-0AA0	1	块	西门子
8 口工业交换机	6GK5 008-0BA10-1AB2	1	块	西门子
西门子开关电源	6EP 1334-2BA01	1	块	西门子
继电器	RCLKITS 230VAC 2C0	10	个	魏德米勒
断路器	C65N-C-6A/2P	3	块	施耐德
接线端子	PT2.5	100	块	菲尼克斯
PLC 控制柜体	单开门,带线槽 800mm×600mm×2200mm	1	套	仿威图
接线板	8 插位,总控	1	块	公牛
通信线缆	超六类,秋叶原	30	m	秋叶原

新增 S7-1200 PLC 控制系统接线图如图 3-36 所示，除了 CPU 自带的输入输出端口，还扩展了两个模拟量输入模块（AI）。其余电气设计图见拓展阅读 3.5 某企业 PLC 控制系统扩容案例硬件设计资料。

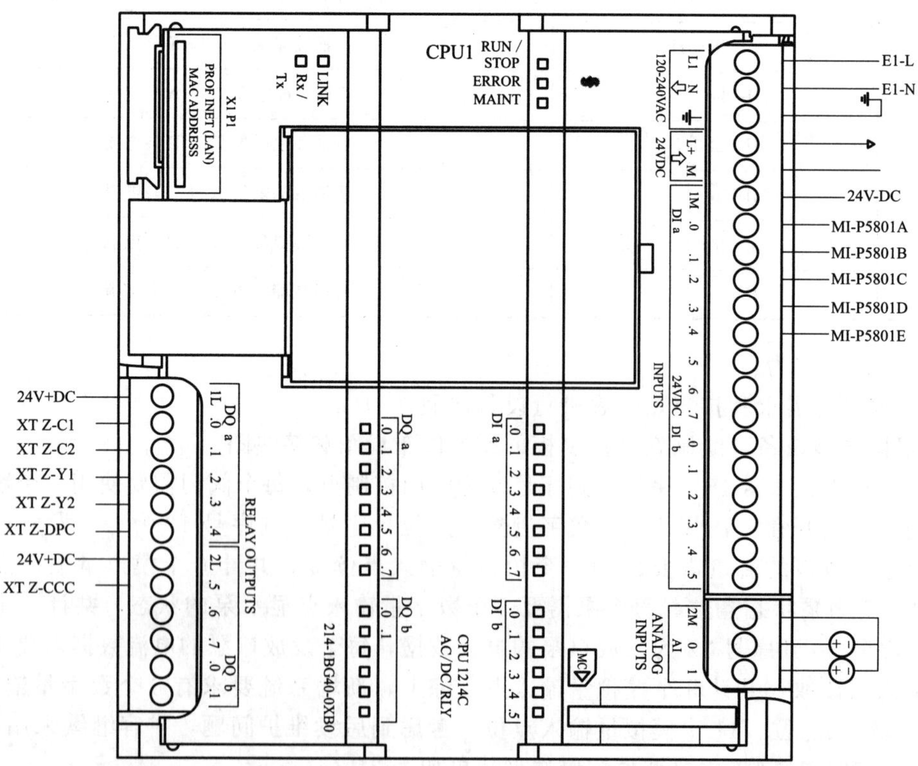

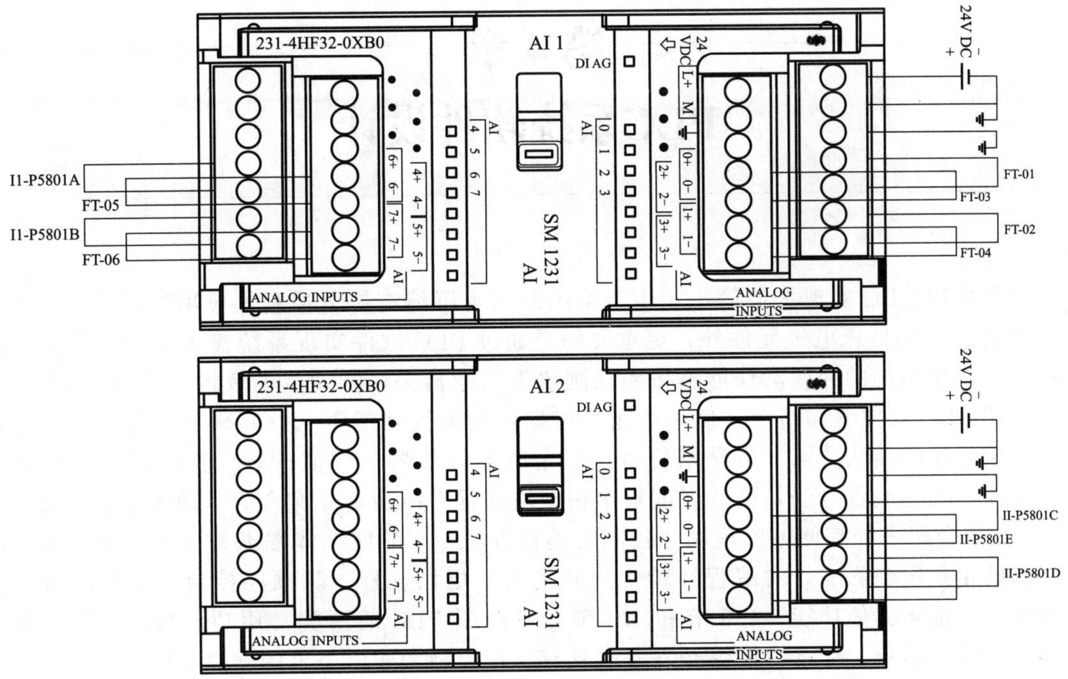

图 3-36　PLC 点位接线图

第3章　在线测试题

本章作业

某企业雨水和污水排口环保参数需通过现场仪表检测并上传至监管部门，原 PLC 模拟量通道已全部用完，电气柜空间无法安装扩展模块，现需要雨水排口和一号排口处分别增加一台 PLC，实现新增参数的数据采集，新增加 5 个 DI，4 个 AI 与 4 个 DO，同时与原 PLC 电气柜的数据集成至监控计算机，监控计算机中需增加监测点动态显示，请进行硬件选型和电气图设计。

第3章　作业参考答案

第 4 章
PLC系统软件设计

为了采用 PLC 实现类似第 1.1.1 节给出的污水沉淀池排泥控制等应用场景，除了配置 PLC 硬件和外围低压电气元件外，更重要的是通过 PLC 软件实现系统输入输出之间的逻辑关系运算，使系统的控制动作能够按照控制要求的逻辑关系实现。本章将以西门子 S7-1200 为例介绍 PLC 软件编程指令，使读者能够根据控制系统功能需求编写软件程序，并具备调试、完善程序的能力。4.1 节介绍位逻辑、定时器计数器、数值计算、程序跳转等基本指令，以及模块化编程方法，使读者能够掌握模块化程序结构，并实现基本顺序控制的软件开发；4.2 节介绍一种简便地实现顺序控制的编程方法——顺序功能图编程方法，可以不考虑步序间的相互逻辑影响，对编程经验少的开发人员更加友好；除顺序控制功能外，PLC 还逐步扩展了很多其他功能，4.3 节和 4.4 节分别介绍 PLC 的两类常用功能指令，模拟量控制指令和通信指令，使读者能够开发各类具有过程控制和通信需求的软件程序。

4.1 S7-1200 基本指令

视频4.1 PLC基本指令

4.1.1 位逻辑指令

位逻辑指令主要用于实现逻辑运算，实现类似继电器控制的逻辑控制功能。

(1) 常开触点与常闭触点

常开触点（见表 4-1）在指定的位为 1 状态（TRUE）时闭合，为 0 状态（FALSE）时断开。常闭触点在指定的位为 1 状态时断开，为 0 状态时闭合。两个触点串联将进行与运算，两个触点并联将进行或运算。

(2) 取反 RLO 触点

RLO 是逻辑运算结果的简称，图 4-1 中间有“NOT”的触点为取反 RLO 触点，它用来转换能流输入的逻辑状态。如果有能流流入取反 RLO 触点，该触点输入端的 RLO 为 1 状态，反之为 0 状态。

如果没有能流流入取反 RLO 触点，则有能流流出（见图 4-1 的上图）。如果有能流流入取反 RLO 触点，则没有能流流出（见图 4-1 的下图）。

表 4-1 位逻辑指令

指令	描述	指令	描述
─┤ ├─	常开触点	RS	复位/置位触发器

续表

指令	描述	指令	描述
—|/|—	常闭触点	SR	置位/复位触发器
—| NOT |—	取反 RLO	—|P|—	扫描操作数的信号上升沿
—( )—	线圈	—|N|—	扫描操作数的信号下降沿
—(/)—	取反线圈	—(P)—	在信号上升沿置位操作数
—(S)—	置位输出	—(N)—	在信号下降沿置位操作数
—(R)—	复位输出	P_TRIG	扫描 RLO 的信号上升沿
—(SET_BF)—	置位位域	N_TRIG	扫描 RLO 的信号下降沿
—(RESET_BF)—	复位位域	R_TRIG	检测信号上升沿
		F_TRIG	检测信号下降沿

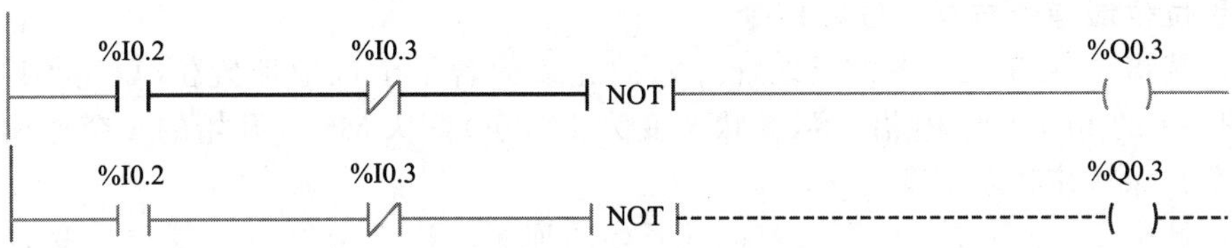

图 4-1　RLO 取反触点

（3）线圈

线圈将输入的逻辑运算结果（RLO）的信号状态写入指定的地址，线圈通电（RLO 的状态为 1）时写入 1，断电时写入 0。可以用 Q0.4：P 的线圈将位数据值写入过程映像输出 Q0.4。同时立即直接写给对应的物理输出点（见图 4-2 的下图）。

取反线圈中间有“/”符号，如果有能流流过 M4.1 的取反线圈（见图 4-2 的上图），则输出位 M4.1 为 0 状态，其常开触点断开（见图 4-2 的下图），反之 M4.1 为 1 状态，其常开触点闭合。

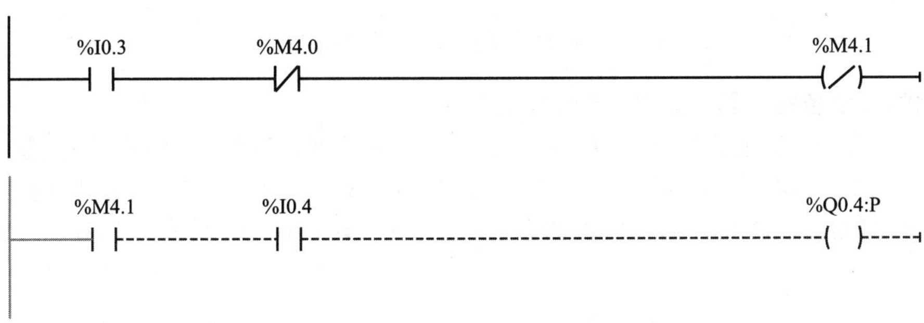

图 4-2　取反线圈和立即输出

（4）置位、复位输出指令

S(set，置位输出）指令将指定的位操作数置位（变为 1 状态并保持）。

R(reset，复位输出）指令将指定的位操作数复位（变为 0 状态并保持）。

如果同一操作数的 S 线圈和 R 线圈同时断电（线圈输入端的 RLO 为 0），则指定操作数的信号状态保持不变。

置位输出指令与复位输出指令最主要的特点是有记忆和保持功能。

如果图 4-3 中 I0.4 的常开触点闭合，Q0.5 变为 1 状态并保持该状态。即使 I0.4 的常开触点断开，Q0.5 也仍然保持 1 状态（见图 4-3 中的波形图左侧）。

如果图 4-3 中 I0.5 的常开触点闭合，Q0.5 变为 0 状态并保持该状态，即使 I0.5 的常开触点断开，Q0.5 也仍然保持为 0 状态（见图 4-3 中的波形图右侧）。

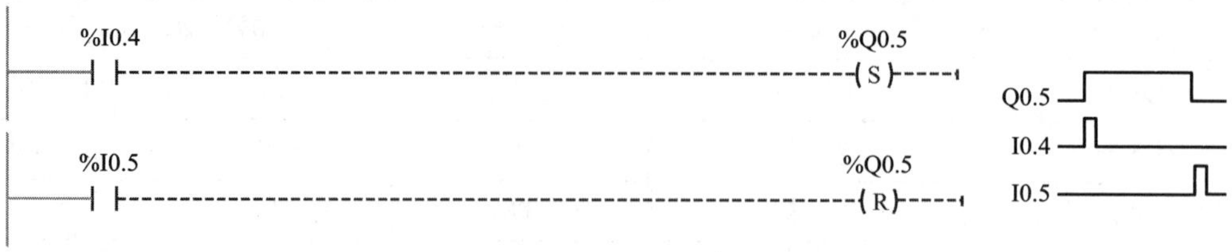

图 4-3　置位输出与复位输出指令

在程序状态中，用 Q0.5 的 S 和 R 线圈连续的绿色圆弧和绿色的字母表示 Q0.5 为 1 状态，用间断的蓝色圆弧和蓝色的字母表示 0 状态。图 4-3 中 Q0.5 为 0 状态。

(5) 置位位域指令与复位位域指令

置位位域指令 SET_BF 将指定地址开始的连续的若干个位地址置位（变为 1 状态并保持）。在图 4-4 的 I0.6 的上升沿（从 0 状态变为 1 状态），从 M5.0 开始的 4 个连续的位被置位为 1 状态并保持该状态不变。

复位位域指令 RESET_BF 将指定地址开始的连续的若干个位地址复位（变为 0 状态并保持）。在图 4-4 的 M4.4 的下降沿（从 1 状态变为 0 状态），从 M5.4 开始的 3 个连续的位被复位为 0 状态并保持该状态不变。

图 4-4　边沿检测触点与置位复位位域指令

(6) 置位/复位触发器与复位/置位触发器

图 4-5 中的 SR 方框是置位/复位（复位优先）触发器，其输入/输出关系见表 4-2，两种触发器的区别仅在于表的最下面一行。在置位（S）和复位（R1）信号同时为 1 时，图 4-5 的 SR 方框上面的输出位 M7.2 被复位为 0。可选的输出 Q 反映了 M7.2 的状态。

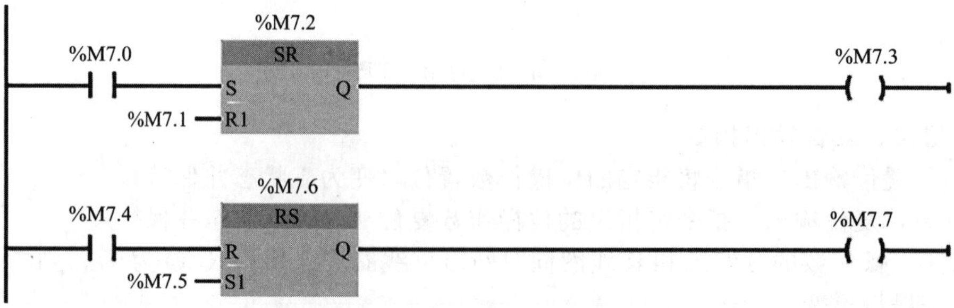

图 4-5　SR 触发器与 RS 触发器

RS方框是复位/置位(置位优先)触发器，其输入/输出关系见表4-2。在置位(S1)和复位(R)信号同时为1时，方框上的M7.6被置位为1。可选的输出Q反映了M7.6的状态。

表4-2 SR与RS触发器的功能

置位/复位(SR)触发器			复位/置位(RS)触发器		
S	R1	输出位	S1	R	输出位
0	0	保持前一状态	0	0	保持前一状态
0	1	0	0	1	0
1	0	1	1	0	1
1	1	0	1	1	1

(7) 扫描操作数信号边沿的指令

图4-4中间有P的触点指令的名称为扫描操作数的信号上升沿，如果该触点上面的输入信号I0.6由0状态变为1状态(即输入信号I0.6的上升沿)，则该触点接通一个扫描周期。边沿检测触点不能放在电路结束处。P触点下面的M4.3为边沿存储位，用来存储上一次扫描循环时I0.6的状态。通过比较I0.6的当前状态和上一次循环的状态，来检测信号的边沿。边沿存储位的地址只能在程序中使用一次，它的状态不能在其他地方被改写。只能用M、DB和FB的静态局部变量来作为边沿存储位，不能用块的临时局部数据或I/O变量来作为边沿存储位。

图4-4中间有N的触点指令的名称为扫描操作数的信号下降沿，如果该触点上面的输入信号M4.4由1状态变为0状态(即M4.4的下降沿)，RESE _ BF的线圈通电一个扫描周期。该触点下面的M4.5为边沿储存位。

(8) 在信号边沿置位操作数的指令

图4-6中有P的线圈是在信号上升沿置位操作数指令，仅在流进该线圈的能流的上升沿(线圈由断电变为通电)，该指令的输出位M6.1为1状态。其他情况下M6.1均为0状态，M6.2为保存P线圈输入端的RLO的边沿存储位。

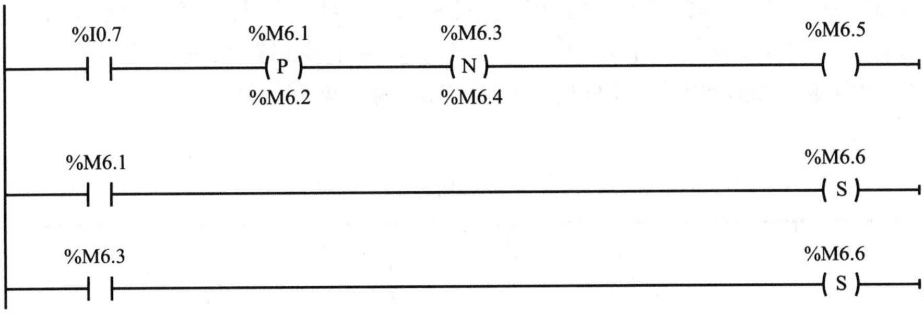

图4-6 在RLO边沿置位复位操作数指令

图4-6中有N的线圈是在信号下降沿置位操作数指令，仅在流进该线圈的能流的下降沿(线圈由通电变为断电)，该指令的输出位M6.3为1状态。其他情况下M6.3均为0状态，M6.4为边沿存储位。

上述两条线圈格式的指令不会影响逻辑运算结果RLO，它们对能流是畅通无阻的，其输入端的逻辑运算结果被立即送给它的输出端。这两条指令可以放置在程序段的中间或程序段的最右边。

在运行时用外接的小开关使 I0.7 变为 1 状态，I0.7 的常开触点闭合，能流经 P 线圈和 N 线圈流过 M6.5 的线圈。在 I0.7 的上升沿，M6.1 的常开触点闭合一个扫描周期，使 M6.6 置位。在 I0.7 的下降沿，M6.3 的常开触点闭合一个扫描周期，使 M6.6 复位。

(9) 扫描 RLO 的信号边沿指令

在流进扫描 RLO 的信号上升沿指令（P _ TRIG 指令）的 CLK 输入端（见图 4-7）的能流（即 RLO）的上升沿（能流刚流进），Q 端输出脉冲宽度为一个扫描周期的能流，使 M8.1 置位。方框下面的 M8.0 是脉冲存储位。

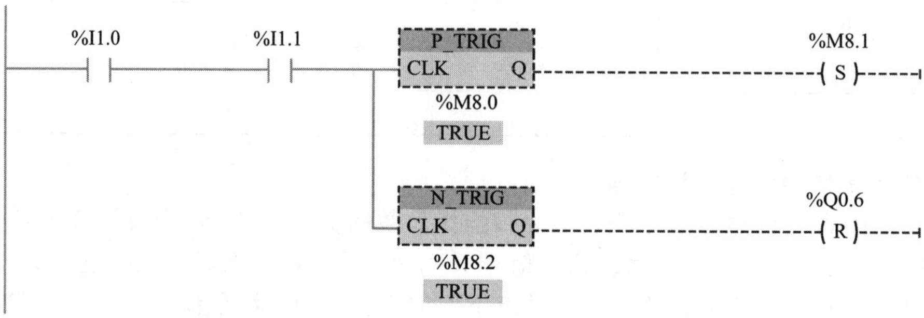

图 4-7　扫描 RLO 的信号边沿指令

在流进扫描 RLO 的信号下降沿指令（N_TRIG 指令）的 CLK 输入端的能流的下降沿（能流刚消失），Q 端输出脉冲宽度为一个扫描周期的能流，使 Q0.6 复位。指令方框下面的 M8.2 是脉冲存储位。P_TRIG 指令与 N_TRIG 指令不能放在电路的开始处和结束处。

(10) 检测信号边沿指令

图 4-8 中的 R _ TRIG 是检测信号上升沿指令，图 4-9 中的 F _ TRIG 是检测信号下降沿指令。它们是函数块，在调用时应为它们指定背景数据块。这两条指令将输入 CLK 的当前状态与背景数据块中的边沿存储位保存的上一个扫描周期的 CLK 的状态进行比较。如果指令检测到 CLK 的上升沿或下降沿，将会通过 Q 端输出一个扫描周期的脉冲。

在输入 CLK 输入端的电路时，首先选中左侧的垂直“电源”线，双击收藏夹中的“打开分支”按钮↳，生成一个带双箭头的分支。双击收藏夹中的按钮，生成一个常开触点和常闭触点的串联电路。将鼠标的光标放到串联电路右端的双箭头上，按住鼠标左键不放，移动鼠标。光标放到 CLK 端绿色的小方块上时，出现一根连接双箭头和小方块的浅色折线（见图 4-10）。松开鼠标左键，串联电路被连接到 CLK 端（见图 4-8）。

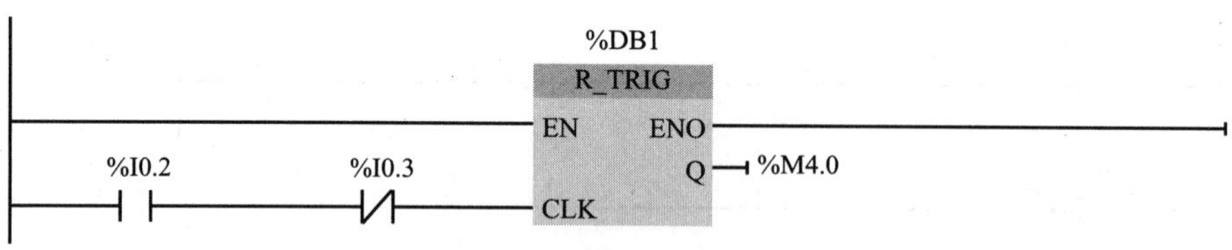

图 4-8　R_TRIG 指令

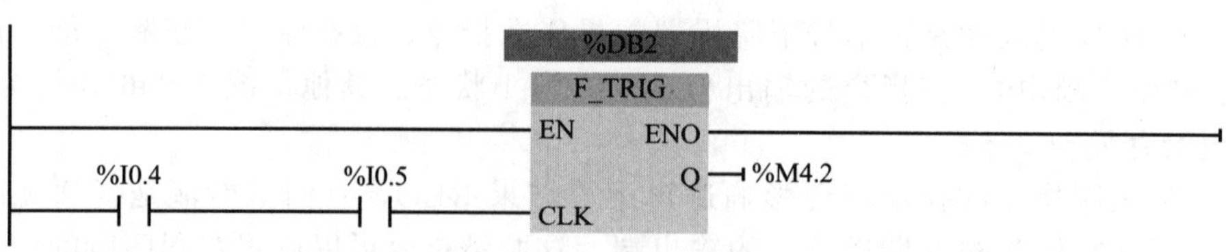

图 4-9　F_TRIG 指令

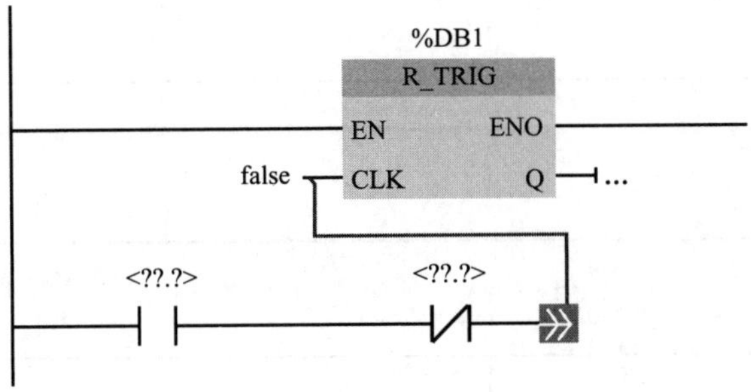

图 4-10 R_TRIG 指令检测 CLK 端能流上升沿

(11) 边沿检测指令的比较

以上升沿检测为例，下面比较 4 种边沿检测指令的功能。

在┤P├触点上面的地址的上升沿，该触点接通一个扫描周期。因此 P 触点用于检测触点上面的地址的上升沿，并且直接输出上升沿脉冲。其他 3 种指令都是用来检测 RLO（流入它们的能流）的上升沿。

在流过┤(P)├线圈的能流的上升沿，线圈上面的地址在一个扫描周期为 1 状态。因此 P 线圈用于检测能流的上升沿，并用线圈上面的地址来输出上升沿脉冲。其他 3 种指令都是直接输出检测结果。

R_TRIG 指令与 P_TRIG 指令都用于检测流入它们的 CLK 端的能流的上升沿，并直接输出检测结果。其区别在于 R _ TRIG 指令用背景数据块保存上一次扫描循环 CLK 端信号的状态，而 P_TRIG 指令用边沿存储位来保存它。如果 P_TRIG 指令与 R_TRIG 指令的 CLK 电路只有某地址的常开触点，可以用该地址的┤(P)├触点来代替它的常开触点和这两条指令之一的串联电路。

(12) 故障显示控制设计案例

报警及报警响应是工业控制中的常见需求，生产异常的情况下发出指示灯闪烁报警，当有工作人员响应后停止闪烁报警转为常亮报警，生产异常消除后停止报警。本案例要求设计故障信息显示电路具有图 4-11 所示的波形响应，从故障信号 I0.0 的上升沿开始，Q0.7 控制的指示灯以 1Hz 的频率闪烁。操作人员按复位按钮 I0.1 后，如果故障已经消失，则指示灯熄灭。如果没有消失，则指示灯转为常亮，直至故障消失。

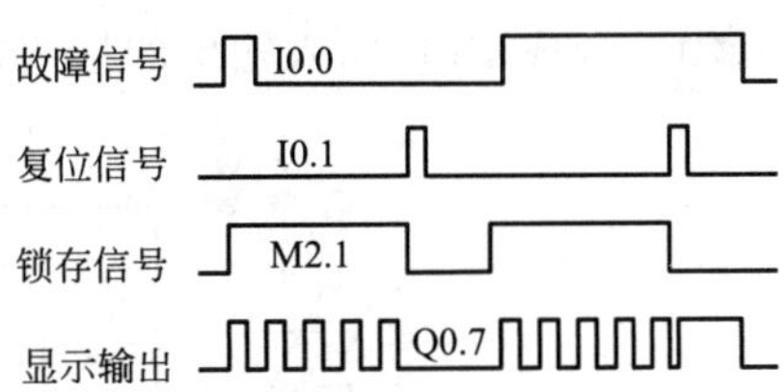

图 4-11 期望的故障显示电路波形响应

为了实现 Q0.7 控制的指示灯以 1Hz 的频率闪烁，可以利用 PLC 内部的闪烁时钟，具体设置为：打开 PLC 硬件组态，点击 CPU，设置 CPU 的属性，令 MB0 为时钟存储器字节，其中的 M0.5 即可提供 1Hz 的频率通断。

此外，根据要求，当出现故障时，I0.0 提供的故障信号可能瞬间消失，也可能持续存在，故该出现的故障信号应先用 M2.1 锁存起来，然后 M2.1 和 M0.5 的常开触点就可以串联使 Q0.7 控制的指示灯以 1Hz 的频率闪烁。按下复位按钮 I0.1，故障锁存标志 M2.1 被复位为 0 状态。如果这时故障信号 I0.0 已经消失，则指示灯熄灭。如果故障信号 I0.0 没有消失，则 M2.1 的常闭触点与 I0.0 的常开触点组成的串联电路使指示灯转为常亮，直至 I0.0 变为 0 状态，故障消失，指示灯熄灭。故该故障显示控制的程序可设计如图 4-12 所示。

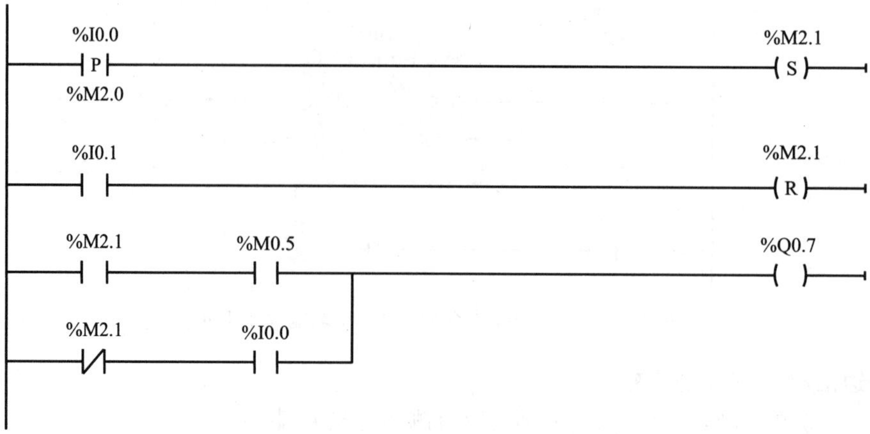

图 4-12　故障显示控制程序

如果将程序中的┤P├触点改为常开触点，在故障没有消失的时候按复位按钮 I0.1，松手后 M2.1 又会被置位，指示灯不会由闪烁变为常亮，仍然继续闪动。

(13) 电机正反转控制设计案例

某工程现场需要实现电机的启停及正反转组合，即原始停止条件下，按下正转启动按钮，三相电机即刻正转并保持。如果需要反转，则先按下停止按钮，再按下反转启动按钮，三相电机反转启动并保持。如果后续又需正转，则先按下停止按钮，再按下正转启动按钮，电机开始正转启动并保持。试设计整个系统的主电路接线图、PLC 接线图及 PLC 控制程序。

前面章节已经学过三相电机的正反转启停可基于简单的刀开关启—保—停，过渡到接触器 KM1 的正转启—保—停，再增加接触器 KM2 的反转启—保—停，如图 4-13 所示。由于 PLC 控制与继电器控制改变的只是输入输出的逻辑实现方式（控制方式），而二者的主电路接线完全一致，故可在主电路的接线基础上，将控制电路的逻辑由硬接线下的电磁线圈自锁与互锁转变成 PLC 输入输出的接线，以及程序的自锁与互锁。

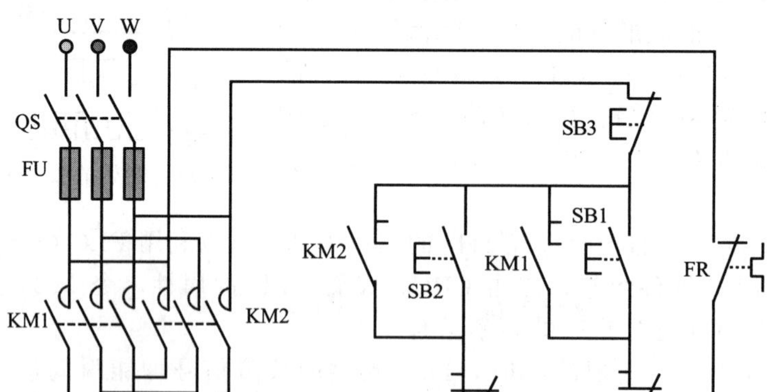

图 4-13　接触器实现电机正/反转

最终 PLC 实现电机正反转的整个控制及程序如图 4-14 所示。以正转启动为例，按下 PLC 输入端的 SB1 按钮，24V 高电压被输入端口 I0.0 检测到，SB2 和 SB3 由于都没有被按下，故以 I0.0、I0.1、I0.2 三个地址为例，1、0、0 将被存入 PLC 的输入映像寄存器，输入读取完毕，即刻关闭输入扫描通道；以存入输入映像寄存器的值及上一扫描周期的结果为程序运行的初始条件，进行当前扫描，结果存入输出映像寄存器中；最后一行程序执行完毕后，将输出映像寄存器中的状态输出给外部电路并进行保持。由于 PLC 扫描非常快，即便按下非常短的时间间隔，PLC 也已经扫描很多次。故在第一次 Q0.0 为 1 后的下一扫描过程中，I0.0 和 Q0.0 的并联导通，结果 Q0.0 线圈继续为 1；即便是正转启动按钮 SB1 回弹后的首次扫描，PLC 程序执行过程中，也因为前一扫描周期结果 Q0.0 为 1，进而当前扫描周期仍然有 Q0.0 的常开触点闭合，继续维持 Q0.0 的线圈状态为 1，形成自锁。停止按钮的作用与反转按钮的控制原理与此类同。

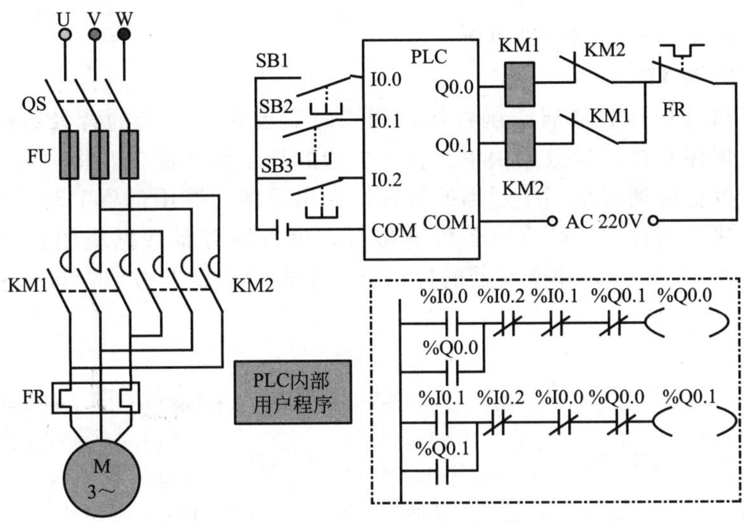

图 4-14 PLC 控制实现电机正/反转

4.1.2 定时器与计数器指令

视频4.2 定时器指令及应用

在介绍定时器与计数器指令之前，针对上一节的电机正反转控制，工程中提出了新的需求：污水处理过程中絮凝剂添加后的搅拌电机正转及反转的切换期望无人值守自动切换，即按下启动按钮后，电机即刻正转，正转 30s 后自动切换到反转状态，反转 30s 后完成第 1 个周期，同时又切换到正转状态，正转 30s 后自动切换到反转状态，反转 30s 后完成第 2 个周期。一共 10 个周期后系统自动停止。

针对这个控制要求，怎么实现呢？如果仅会利用第 4.1.1 节的位逻辑基本指令编程，就无法实现 30s 的时间计时逻辑功能，也无法对每个周期完成后进行计数，故本节接下来主要学习定时器和计数器的使用。

1）定时器指令

为了便捷使用，根据应用场景的需要，西门子 S7-1200 系列 PLC 提供四种类型的定时器：

① 触发后即刻输出高电平方波，定时时间到后定时器复位——TP 定时器（也称脉冲定时器）；

② 触发保持情况下开始计时，定时时间到后开始动作；动作随触发消失而复位——TON 定时器（也称接通延时定时器）；

③ 触发后定时器线圈即刻动作，触发信号消失后定时器线圈仍然保持，同时定时器开始计时，定时时间到定时器线圈才复位——TOF 定时器（也称关断延时定时器）；

④ 带保持的特殊 TON 定时器——TONR 定时器（也称累加定时器），相比于 TON 定时器随着触发信号消失而自动复位，TONR 定时器不随触发信号的消失而自动复位，即便 TONR 定时器的触发信号消失，已完成的定时时间暂存，等待下一个触发信号的到来又继续接力定时，直至定时时间大于等于预设时间，TONR 定时器线圈置位后，需要专用操作方可使其复位。

下面对每一种定时器分别仔细讲解。

(1) 脉冲定时器 TP

IEC 定时器和 IEC 计数器属于函数块，调用时需要指定配套的背景数据块，定时器和计数器指令的数据保存在背景数据块中。打开右边的指令列表窗口，将“定时器操作”文件夹中的定时器指令拖放到梯形图中适当的位置。在出现的“调用选项”对话框中，可以修改默认的背景数据块的名称。IEC 定时器没有编号，可以用背景数据块的名称（例如“T1”，或“1 号电机启动延时”）来作定时器的标识符。单击“确定”按钮，自动生成的背景数据块见图 4-15。

		名称	数据类型	起始值	保持
1	01	▼ Static			
2	01	■ PT	Time	T#0ms	
3	01	■ ET	Time	T#0ms	
4	01	■ IN	Bool	false	
5	01	■ Q	Bool	false	

图 4-15　定时器的背景数据块

定时器的输入 IN（见图 4-16）为启动输入端，在输入 IN 的上升沿（从 0 状态变为 1 状态），TP、TON 和 TONR 开始定时。在输入 IN 的下降沿，TOF 开始定时。PT（preset time）为预设时间值，ET（elapsed time）为定时开始后经过的时间，称为当前时间值，它们的数据类型为 32 位的 Time，单位为 ms，最大定时时间为 T＃24d_20h_31m_23s_647ms，d、h、m、s、ms（文中不区分大小写）分别为日、时、分、秒和毫秒。可以不给输出 ET 指定地址。Q 为定时器的位输出，各参数均可以使用 I（仅用于输入参数）、Q、M、DB、L 存储区，PT 可以使用常量。定时器指令可以放在程序段的中间或结束处。

脉冲定时器的指令名称为“生成脉冲”，用于将输出 Q 置位为 PT 预设的一段时间。用程序状态功能可以观察当前时间值的变化情况（见图 4-16）。在 IN 输入信号的上升沿启动该指令，Q 输出变为 1 状态，开始输出脉冲。定时开始后，当前时间 ET 从 0ms 开始不断增大，达到 PT 预设的时间时，Q 输出变为 0 状态。如果 IN 输入信号为 1 状态，则当前时间值保持不变（见图 4-17 的波形 A）。如果 IN 输入信号为 0 状态，则当前时间变为 0s（见图 4-17 的波形 B）。

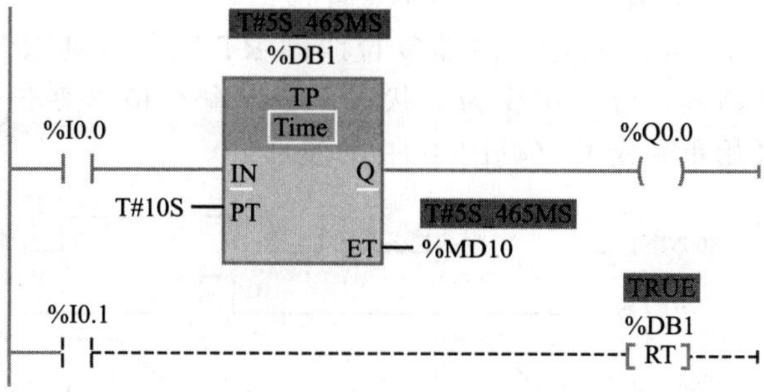

图 4-16　脉冲定时器的程序状态图

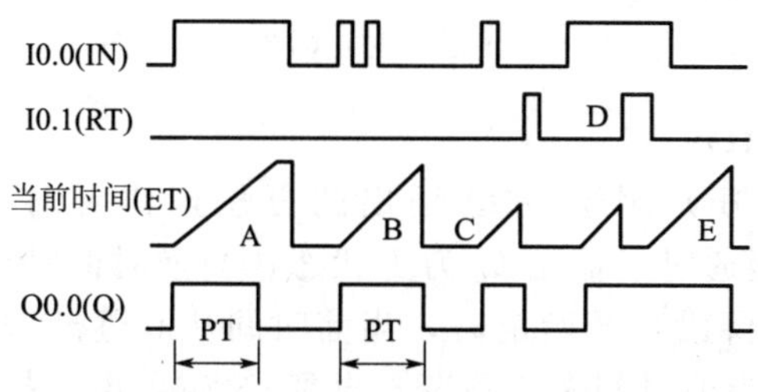

图 4-17　脉冲定时器的程序状态

IN 输入的脉冲宽度可以小于预设值，在脉冲输出期间，即使 IN 输入出现下降沿和上升沿（见图 4-17 的波形 B），也不会影响脉冲的输出。

图 4-16 中的 I0.1 为 1 时，定时器复位线圈（RT）通电，定时器被复位。用定时器的背景数据块的编号或符号名来指定需要复位的定时器。如果此时正在定时，且 IN 输入信号为 0 状态，将使当前时间值 ET 清零，Q 输出也变为 0 状态（见图 4-17 的波形 C）。如果此时正在定时，且 IN 输入信号为 1 状态，将使当前时间清零，但是 Q 输出保持为 1 状态（见图 4-17 的波形 D）。复位信号 I0.1 变为 0 状态时，如果 IN 输入信号为 1 状态，将重新开始定时（见图 4-17 的波形 E）。只是在需要时才对定时器使用 RT 指令。

（2）接通延时定时器 TON

接通延时定时器（TON）用于将 Q 输出的置位操作延时 PT 指定的一段时间，见图 4-18。IN 输入端的输入电路由断开变为接通时开始定时。定时时间大于等于预设时间 PT 指定的设定值时，输出 Q 变为 1 状态，当前时间值 ET 保持不变（见图 4-19 中的波形 A）。

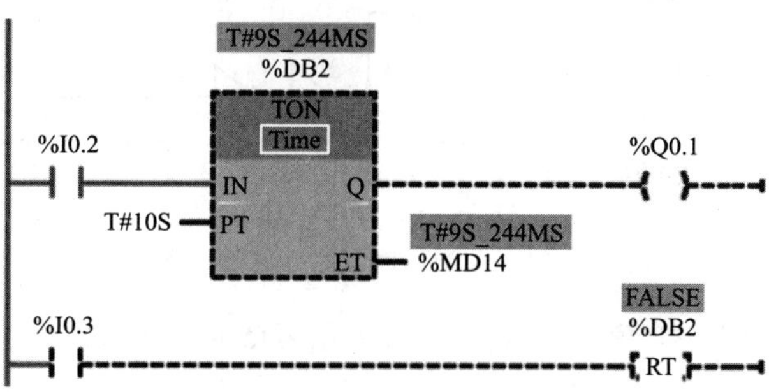

图 4-18　接通延时定时器

IN 输入端的电路断开时，定时器被复位，当前时间被清零，输出 Q 变为 0 状态。CPU 第一次扫描时，定时器输出 Q 被清零。如果 IN 输入信号在未达到 PT 设定的时间时变为 0

状态（见图 4-19 的波形 B），输出 Q 保持 0 状态不变。

图 4-18 中的 I0.3 为 1 状态时，定时器复位线圈 RT 通电（见图 4-19 的波形 C），定时器被复位，当前时间被清零，Q 输出变为 0 状态。复位输入 I0.3 变为 0 状态时，如果 IN 输入信号为 1 状态，将开始重新定时（见图 4-19 的波形 D）。

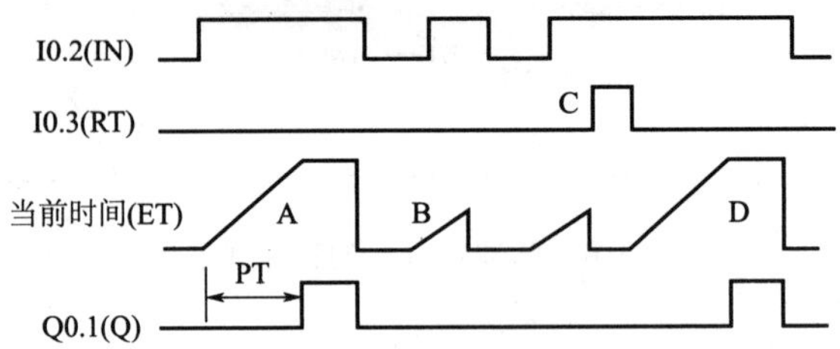

图 4-19　接通延时定时器的波形图

(3) 关断延时定时器 TOF

关断延时定时器（TOF）用于将 Q 输出的复位操作延时 PT 指定的一段时间，见图 4-20。其 IN 输入电路接通时，输出 Q 为 1 状态，当前时间被清零。IN 输入电路由接通变为断开时（IN 输入的下降沿）开始定时，当前时间从 0 逐渐增大。当前时间等于预设值时，输出 Q 变为 0 状态，当前时间保持不变，直到 IN 输入电路接通（见图 4-21 的波形 A）。关断延时定时器可以用于设备停机后的延时，例如大型变频电动机的冷却风扇的延时。

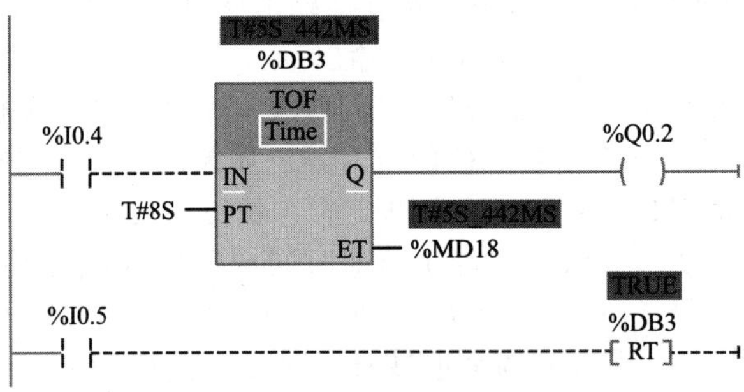

图 4-20　关断延时定时器

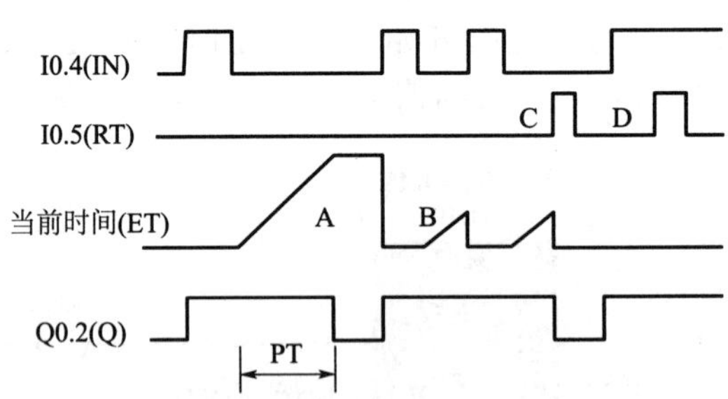

图 4-21　关断延时定时器的波形图

如果当前时间未达到 PT 预设的值，IN 输入信号就变为 1 状态，当前时间被清 0，输出 Q 将保持 1 状态不变（见图 4-21 的波形 B）。图 4-20 的 I0.5 为 1 时，定时器复位线圈 RT 通电。如果复位输入信号为 1 状态，则定时器被复位，当前时间被清零，输出 Q 变为 0 状态（见图 4-21 的波形 C）。如果复位时 IN 输入信号为 1 状态，则复位信号不起作用（见图 4-21 的波形 D）。

（4）累加定时器 TONR

累加定时器（TONR，见图 4-22）的 IN 输入电路接通时开始定时（见图 4-23 的波形 A 和 B）。输入电路断开时，累计的当前时间值保持不变。可以用 TONR 来累计输入电路接通的若干个时间段。图 4-23 中的累计时间 t_1+t_2 等于预设值 PT 时，Q 输出变为 1 状态（见图 4-23 的波形 D）。

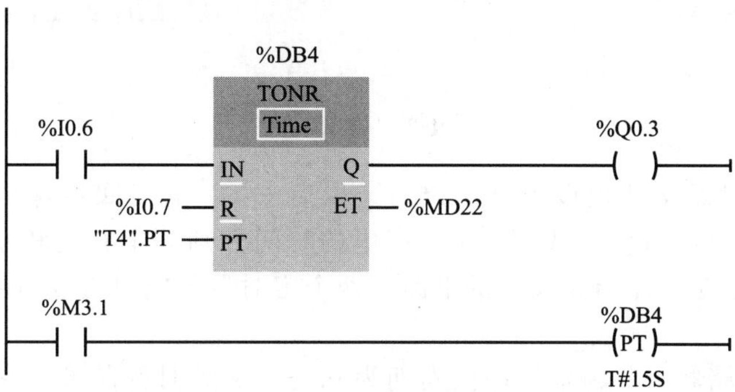

图 4-22　累加定时器

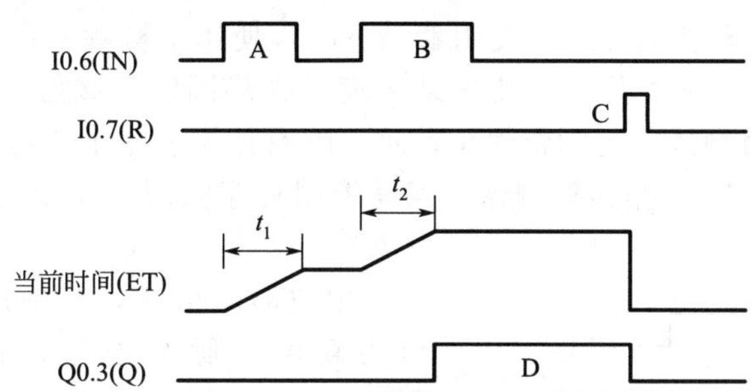

图 4-23　累加定时器的波形图

复位输入 R 为 1 状态时（见图 4-23 的波形 C），TONR 被复位，它的当前时间值变为 0，同时输出 Q 变为 0 状态。

图 4-22 中的 PT 线圈为加载持续时间指令，该线圈通电时，将 PT 线圈下面指定的时间预设值（即持续时间）写入图 4-22 中 TONR 定时器名为"T4"的背景数据块 DB4 中的静态变量 PT("T4".PT)，将它作为 TONR 的输入参数 PT 的实参。用 I0.7 复位 TONR 时，"T4".PT 也被清 0。

（5）定时器 TON 实现指示灯闪烁案例

用接通延时定时器 TON 设计周期和占空比可调的振荡电路来实现指示灯的闪烁功能。

根据 TON 定时器的工作原理，可设计图 4-24 所示的程序，其中，I1.1 为可保持开关，指示灯控制信号接 Q0.7。

分析：图 4-24 中，当 I1.1 开关闭合后，由于 DB6 对应的 T6 定时器一开始处于初始 0 状态，故"T6".Q 触点状态为 0，"T6".Q 不取反（常闭导通），串联电路接通后，左边的定时器的 IN 输入信号为 1 状态，开始定时。2s 后定时时间到，它的 Q 输出端的能流流入右边的定时器的 IN 输入端，使右边的定时器开始定时，同时 Q0.7 的线圈通电。

3s 后右边的定时器的定时时间到，它的输出 Q 变为 1 状态，使"T6".Q（T6 是 DB6 的符号地址）的常闭触点断开，左边的定时器的 IN 输入电路断开，其 Q 输出变为 0 状态，使 Q0.7 和右边的定时器的 Q 输出也变为 0 状态。下一个扫描周期因为"T6".Q 的常闭触

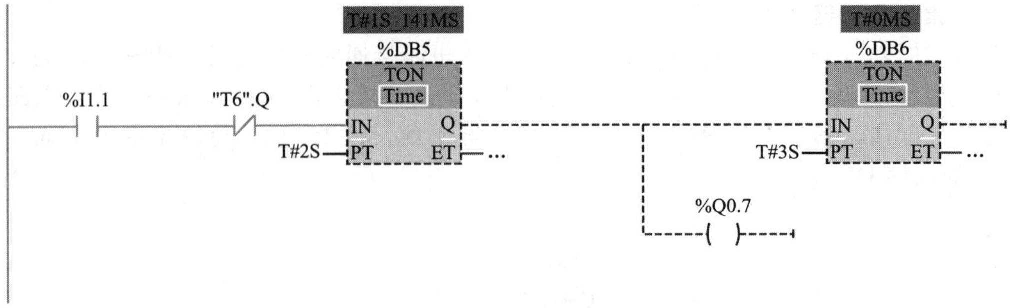

图 4-24　振荡电路

点接通，左边的定时器又从预设值开始定时，以后 Q0.7 的线圈将这样周期性地通电和断电，直到串联电路断开。Q0.7 线圈通电和断电的时间分别等于右边和左边的定时器的预设值。振荡电路实际上是一个有正反馈的电路，两个定时器的输出 Q 分别控制对方的 IN 输入端，形成了正反馈。

CPU 的时钟存储器字节的各位提供周期为 0.1～2s 的时钟脉冲，它们输出高电平和低电平时间相等的方波信号，可以用周期为 1s 的时钟脉冲来控制需要闪烁的指示灯。

(6) 3 种定时器实现卫生间冲水控制案例

卫生间智能马桶需要智能冲水，使用者坐下时，使用于检测装置的接触开关 I0.7 闭合，控制 Q1.0 控制的放水阀预冲水 4s，使用结束离开坐垫圈时，接触开关 I0.7 恢复断开，同时再冲水 5s。为防止误触碰引起的错误预冲水，唯有使用者坐下连续 3s 方认为是真实使用，请尝试用 S7-1200 系列 PLC 作为控制器，编写控制程序实现所要求的功能，满足图 4-25 的波形图控制逻辑。

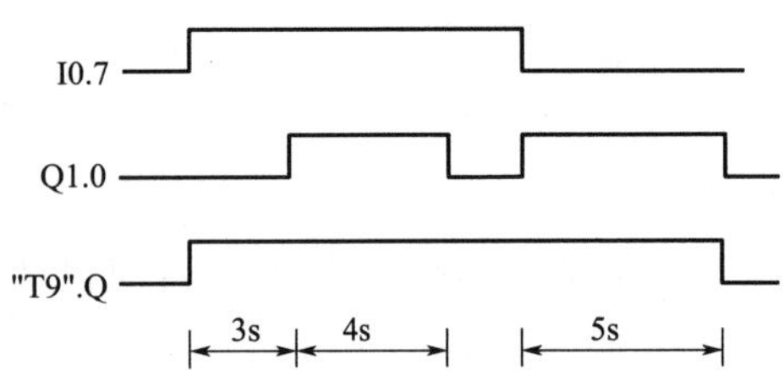

图 4-25　卫生间冲水控制所需逻辑波形图

由波形图可知，控制冲水电磁阀的 Q1.0 输出的高电平脉冲波形由两块组成。故可设计图 4-26 所示的 PLC 程序。图 4-26 中，I0.7 是光电开关检测到的有使用者的信号，用 Q1.0 控制冲水电磁阀。TP 和 TOF 的背景数据块 DB8 和 DB9 的符号地址分别为 T8 和 T9。

首先，"T7" .Q 的常开触点用于防止 3s 内孩童误触碰马桶圈下的误预冲水，以及为真实离开前的冲水做好准备。预冲水 4s 的脉冲波形先经 TON 定时器的 3s 连续使能滤波后，由 TP 的 Q 输出"T8" .Q 提供。使用完毕后 5s 的冲水由 TOF 的 Q 输出"T9" .Q 的波形减去 I0.7 的波形得到，故用"T9" .Q 的常开触点与 I0.7 的常闭触点串联的逻辑来实现上述要求。两块脉冲波形再并联即可实现两种情形控制一个阀门的或逻辑。

从 I0.7 的上升沿（有人使用）开始，用接通延时定时器 TON 延时 3s，3s 后 TON 的输出 Q 变为 1 状态，使脉冲定时器（TP）的 IN 输入信号变为 1 状态，TP 的 Q 输出 T8.Q 输出一个宽度为 4s 的脉冲。

从 I0.7 的上升沿开始，关断延时定时器（TOF）的 Q 输出 T9.Q 变为 1 状态。使用者离开时（在 I0.7 的下降沿），TOF 开始定时，5s 后 T9.Q 变为 0 状态。

(7) 两台电机 PLC 顺序启停控制案例

污水处理最后环节为沉淀污泥的螺旋泵清淤，鉴于泵的负载较大，启动按钮 I0.3 按下后，要求 Q1.1 控制的润滑电机先启动 8s，随后 Q0.6 控制的主泵启动；按下停止按钮 I0.2 后，主泵即刻停止，润滑电机继续运行 8s 后才停止。

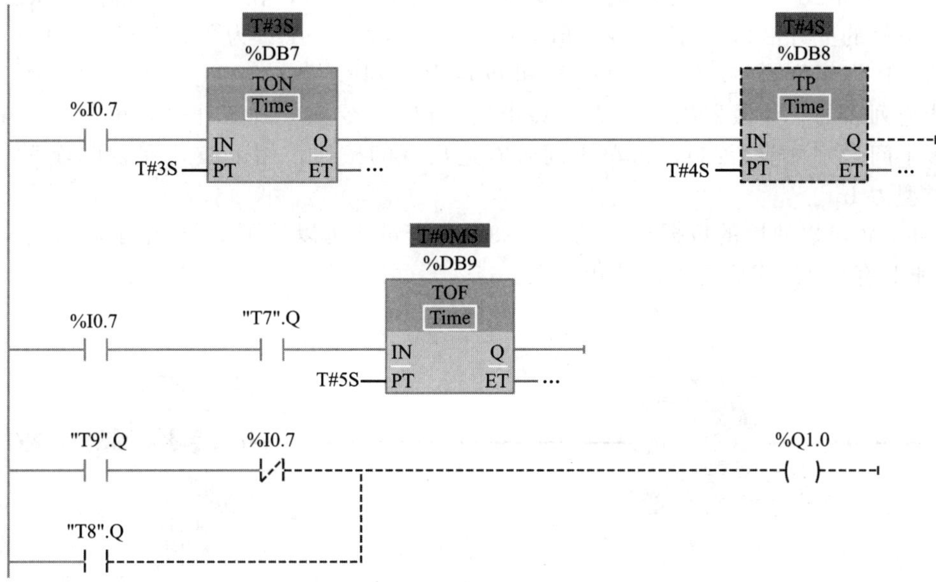

图 4-26 卫生间冲水控制逻辑 PLC 实现程序

图 4-27 是经过分析两台电机启停所需的时序波形和所设计的 PLC 顺序控制程序。

通过图 4-27 右侧程序可知：I0. 3 启动按钮被按下后，M2. 3 即刻完成自锁且驱动通电瞬时、断电延时的定时器 TOF（DB14），Q1. 1 控制的润滑电机同步启动。同时延时接通、瞬时断开的定时器 TON 开始计时，定时时间 8s 到后，Q0. 6 导通，主泵才开始启动。

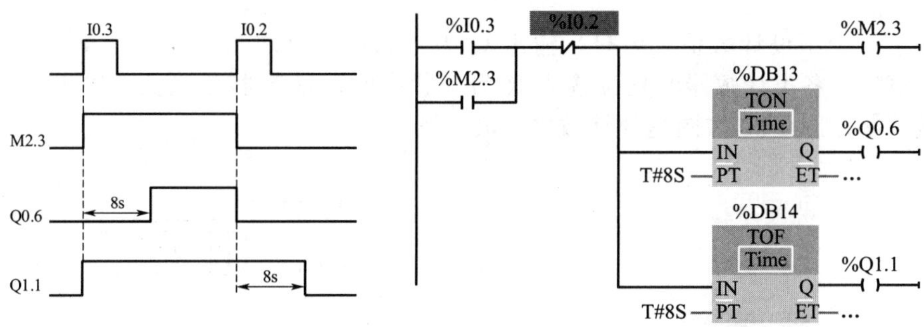

图 4-27 电机 PLC 顺序控制的程序图

I0. 2 停止按钮被按下后，M2. 3 即刻断开自锁，同时 TON 定时器由于缺少使能，Q0. 6 即刻复位，故主泵在停止按钮按下的一瞬间即刻停止；而 TOF 定时器由于断电延时，故持续导通 8s 后才使线圈复位，使得 8s 后 Q1. 1 控制的润滑电机停止。满足控制需求。

2）计数器指令

讲述完 S7-1200 系列 PLC 的定时器指令，接下来我们学习计数器指令，以期能实现前文所述的循环 10 次的计数功能。

（1）计数器的数据类型

S7-1200 有 3 种 IEC 计数器：加计数器（CTU）、减计数器（CTD）和加减计数器（CTUD）。它们属于软件计数器，其最大计数频率受到 OB1 的扫描周期限制。如果需要频率更高的计数器，可以使用 CPU 内置的高速计数器。

IEC 计数器指令是函数块，调用它们时，需要生成保存计数器数据的背景数据块。

CU（见图 4-28）和 CD 分别是加计数输入和减计数输入，在 CU 或 CD 由 0 状态变为 1 状态时（信号的上升沿），当前计数器值 CV 被加 1 或减 1。PV 为预设计数值，CV 为当前计数器值。R 为复位输入，CU、CD、R 和 Q 均为 Bool 变量。

将指令列表的“计数器操作”文件夹中的 CTU 指令拖放到工作区，单击方框中 CTU 下面的 3 个问号（见图 4-28），再单击问号右边出现的按钮，用下拉式列表设置 PV 和 CV 的数据类型为 Int。

PV 和 CV 可以使用的数据类型见图 4-28。各变量均可以使用 I（仅用于输入变量）、Q、M、DB 和 L 存储区，PV 还可以使用常数。

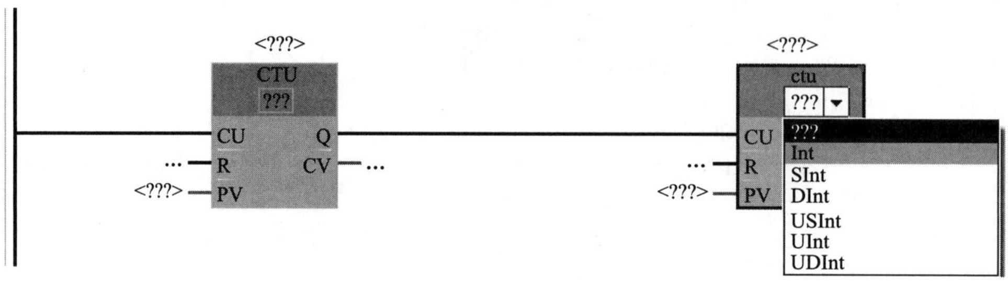

图 4-28　设置计数器的数据类型

（2）加计数器 CTU

当接在 R 输入端的复位输入 I1.1 为 0 状态（见图 4-29 左图），接在 CU 输入端的加计数脉冲输入电路由断开变为接通时（即在 CU 信号的上升沿），当前计数器值 CV 加 1，直到 CV 达到指定的数据类型的上限值。此后 CU 输入的状态变化不再起作用，CV 的值不再增加。

CV 大于等于预设计数值 PV 时，输出 Q 为 1 状态，反之为 0 状态。第一次执行指令时，CV 被清零。各类计数器的复位输入 R 为 1 状态时，计数器被复位，输出 Q 变为 0 状态，CV 被清零。图 4-29 右图是加计数器的波形图。

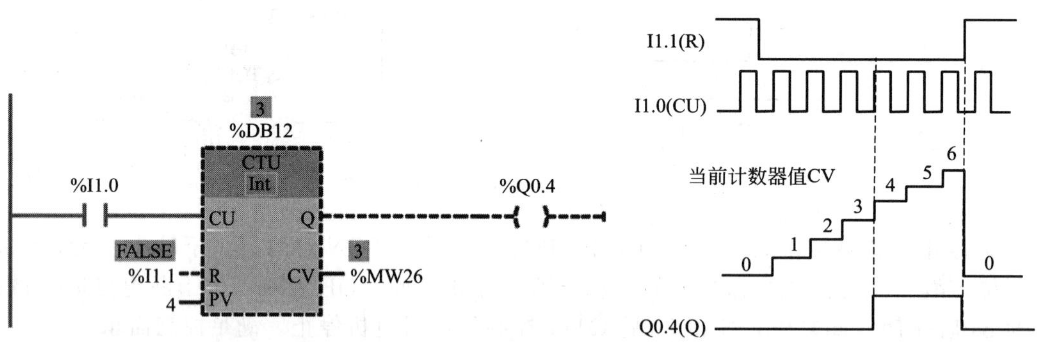

图 4-29　加计数器及响应波形图

（3）减计数器 CTD

图 4-30 中的减计数器的装载输入 LD 为 1 状态时，输出 Q 被复位为 0，并把预设计数值 PV 的值装入 CV。LD 为 1 状态时，减计数输入 CD 不起作用。

LD 为 0 状态时，在减计数输入 CD 的上升沿，当前计数器值 CV 减 1，直到 CV 达到指定的数据类型的下限值。此后 CD 输入信号的状态变化不再起作用，CV 的值不再减小。

当前计数器值 CV 小于等于 0 时，输出 Q 为 1 状态，反之 Q 为 0 状态。第一次执行指令时，CV 被清零。图 4-31 是减计数器的波形图。

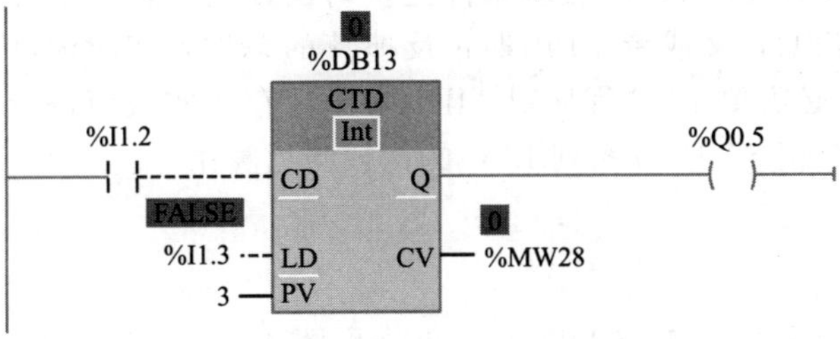

图 4-30 减计数器

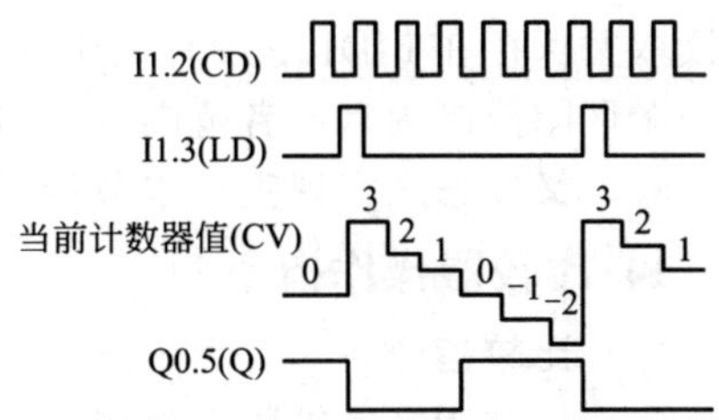

图 4-31 减计数器的波形图

(4) 加减计数器 CTUD

在加减计数器的加计数输入 CU 的上升沿（见图 4-32），当前计数器值 CV 加 1，CV 达到指定的数据类型的上限值时不再增加。在减计数输入 CD 的上升沿，CV 减 1，CV 达到指定的数据类型的下限值时不再减小。

如果同时出现计数脉冲 CU 和 CD 的上升沿，CV 保持不变。CV 大于等于预设计数值 PV 时，输出 QU 为 1，反之为 0。CV 小于等于 0 时，输出 QD 为 1，反之为 0。

装载输入 LD 为 1 状态时，预设值 PV 被装入当前计数器值 CV，输出 QU 变为 1 状态，QD 被复位为 0 状态。

复位输入 R 为 1 状态时，计数器被复位，CV 被清零，输出 QU 变为 0 状态，QD 变为 1 状态。R 为 1 状态时，CU、CD 和 LD 不再起作用。图 4-33 是加减计数器的波形图。

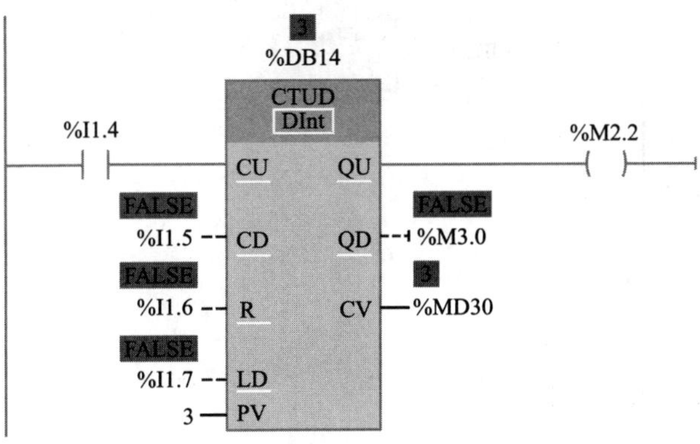

图 4-32 加减计数器

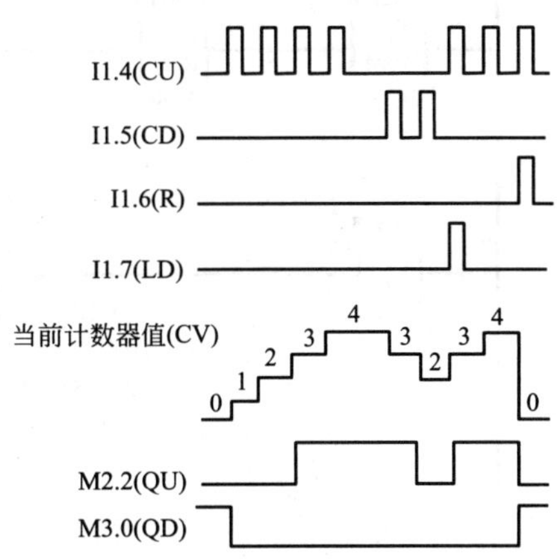

图 4-33 加减计数器的波形图

至此，我们就可以回答前文所说的电机正反转 10 次以后停止的程序设计问题，先将电机的正转启动按钮同时与反转定时器的常开触点、正转自锁线圈并联；再将电机的反转启动按钮用正转定时器的常开触点取代，同时与反转自锁线圈并联；再重新增加 1 个网络，反转定时器的常开触点串联加计数器的 IN 端，预设计数为 10；最后将加计数器常闭触点串联到正转自锁主能流中用于计满 10 次总停，再将加计数器的常开触点连接到自身的 R 端，以便计满 10 次就清零重新开始，可以为下一次的 10 周期正反转做准备。

4.1.3 比较与数学运算指令

上面的污水絮凝剂投放后，10 周期搅拌电机正反转由 PLC 控制，但是首次启动及后续每 10 个周期搅拌完成后的再次启动仍然需要人工值守。如果需要继续增加系统的智能化，例如污水的浊度实时在线监测中，絮凝搅拌 10 周期的启动条件是实时的浊度（监测值已顺利读取并保存在 MD100 中）大于 5.0 NTU，又或者 10 周期正反搅拌的条件是实时浊度在某一个区间范围内（或者范围外），这势必需要 PLC 程序对 MD100 中保存的实数值进行实时比较，又该怎么实现呢？本节接下来介绍 S7-1200 系列 PLC 的比较与运算指令。

1）比较器操作指令

（1）比较指令

比较指令用来比较数据类型相同的两个数 IN1 与 IN2 的大小（见图 4-34），IN1 和 IN2 分别在触点的上面和下面。操作数可以是 I、Q、M、L、DB 存储区中的变量或常数。比较两个字符串是否相等时，实际上比较的是它们各自对应字符的 ASCII 码的大小，第一个不相同的字符决定了比较的结果。

可以将比较指令视为一个等效的触点，比较符号可以是“＝＝”（等于）、“＜＞”（不等于）、“＞”“＞＝”“＜”和“＜＝”。满足比较关系式给出的条件时，等效触点接通。例如当 MW8 的值等于－24732 时，图 4-34 第一行左边的比较触点接通。

生成比较指令后，双击触点中间比较符号下面的问号，单击出现的按钮，用下拉式列表设置要比较的数的数据类型。数据类型可以是位字符串、整数、浮点数、字符串、Time、Date、Tod 和 Dlt。比较指令的比较符号也可以修改，双击比较符号，单击出现的按钮，可以用下拉式列表修改比较符号。

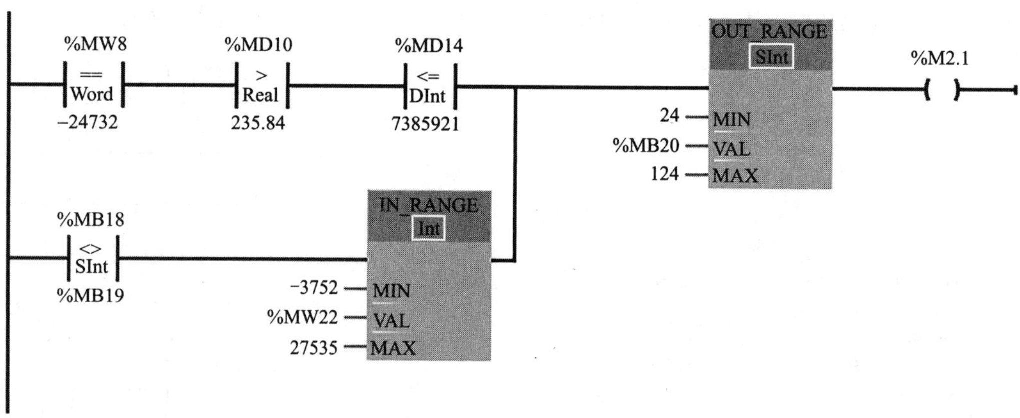

图 4-34　比较指令

（2）值在范围内与值超出范围指令

值在范围内指令 IN_RANGE 与值超出范围指令 OUT_RANGE 可以等效为一个触点。如果有能流流入指令方框，执行比较，反之不执行比较。图 4-34 中 IN _ RANGE 指令的参数 VAL 满足 MIN≤VAL≤MAX（－3752≤MW22≤27535），或 OUT _ RANGE 指令的参数 VAL 满足 VAL＜MIN 或 VAL＞MAX（MB20＜24 或 MB20＞124）时，等效触点闭合，指令框为绿色。不满足比较条件则等效触点断开，指令框为蓝色的虚线。

这两条指令的 MIN、MAX 和 VAL 的数据类型必须相同，可选整数和实数，可以是 I、Q、M、L、DB 存储区中的变量或常数。

（3）TON 和比较指令组合实现占空比可调的方波发生器设计案例

上面已经讲述了比较指令的用途，如前所述，比较指令操作数的数据类型还可以是时间类型。如果控制需求是指定使用 TON 和比较指令设计一个占空比可调的方波发生器，PLC

程序又该怎么设计呢？

可设计图4-35左图所示的PLC梯形图：T1是接通延时定时器TON的背景数据块的符号地址。"T1" .Q是TON的位输出。PLC进入RUN模式时，TON的IN输入端为1状态，定时器的当前值从0开始不断增大。当前值等于预设值时，"T1" .Q变为1状态，其常闭触点断开，定时器被复位，"T1" .Q变为0状态。下一扫描周期其常闭触点接通，定时器又开始定时。TON和它的Q输出"T1" .Q的常闭触点组成了一个脉冲发生器，使TON的当前时间"T1" .ET按图4-35所示的锯齿波形变化。比较指令用来产生脉冲宽度可调的方波，Q1.0为0状态的时间取决于比较触点下面的操作数的值。

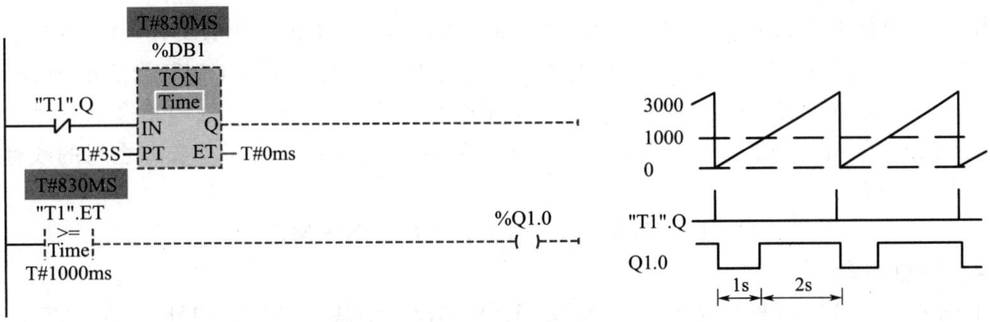

图4-35 占空比可调的脉冲发生器

比较指令上面的操作数"T1" .ET的数据类型为Time，输入该操作数后，指令中“>=”符号下面的数据类型自动变为“Time”。输入IN2的值1000后，自动变为T#1000ms。

2）转换操作指令

在前面的介绍中，在线监测的污水浊度通过计算获得，即在线检测仪连接的IW100内存储的一个整数值，浊度仪在检测到量程下限浊度和量程上限浊度时IW100的值分别为0和27648，如果当前IW100的值为12000，直接将12000与27648相除，结果不为0.434，结果为0。这主要是由于PLC在除法运算时，两个整数相除结果将以商和余数的形式保存。为获得期望的实数结果，需要先将整数12000及27648转换成实数12000.0和27648.0，然后再进行12000.0和27648.0的相除操作。当然转换指令的功能不仅限于此，接下来将详细讲解。

（1）转换值指令

转换值指令CONVERT在指令方框中的标识符为CONV，它的参数IN、OUT可以设置为十多种数据类型，IN还可以是常数。

EN输入端有能流流入时，CONVERT指令将输入IN指定的数据转换为OUT指定的数据类型。转换前后的数据类型可以是位字符串、整数、浮点数、Char、WChar和BCD码等。

图4-36中I0.3的常开触点接通时，执行CONVERT指令，将MD42中的32位BCD码转换为双整数后送入MD46。如果执行时没有出错，有能流从CONVERT指令的ENO端流出。ROUND指令将MD50中的实数四舍五入转换为双整数后保存在MD54。

（2）浮点数转换为双整数的指令

浮点数转换为双整数有4条指令，取整指令ROUND用得最多，它将浮点数转换为四舍五入的双整数。截尾取整指令TRUNC仅保留浮点数的整数部分，去掉其小数部分。浮点数向上取整指令CEIL将浮点数转换为大于或等于它的最小双整数，浮点数向下取整指令FLOOR将浮点数转换为小于或等于它的最大双整数。这两条指令极少使用。

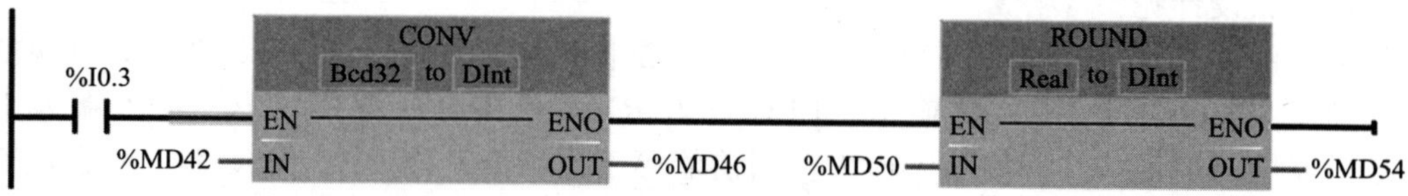

图 4-36　数据转换指令

因为浮点数的数值范围远远大于 32 位整数，有的浮点数不能成功地转换为 32 位整数。如果被转换的浮点数超出了 32 位整数的表示范围，得不到有效的结果，ENO 为 0 状态。

(3) 标准化指令

图 4-37 中标准化指令 NORM_X 的整数输入 VALUE(MIN≤VALUE≤MAX) 被线性转换（标准化或称归一化）为 0.0～1.0 之间的浮点数，转换结果用 OUT 指定的地址保存。

NORM _ X 的输出 OUT 的数据类型可选 Real 或 LReal，单击方框内指令名称下面的问号，用下拉式列表设置输入 VALUE 和输出 OUT 的数据类型。输入、输出之间的线性关系如下（见图 4-37）：

$$OUT=(VALUE-MIN)/(MAX-MIN)$$

(4) 缩放指令

图 4-38 中缩放（或称标定）指令 SCALE_X 的浮点数输入值 VALUE(0.0≤VALUE≤1.0) 被线性转换（映射）为参数 MIN（下限）和 MAX（上限）定义的范围之间的数值。转换结果用 OUT 指定的地址保存。

单击方框内指令名称下面的问号，用下拉式列表设置变量的数据类型。参数 MIN、MAX 和 OUT 的数据类型应相同，VALUE、MIN 和 MAX 可以是常数。输入、输出之间的线性关系如下（见图 4-38）：

$$OUT=VALUE(MAX-MIN)+MIN$$

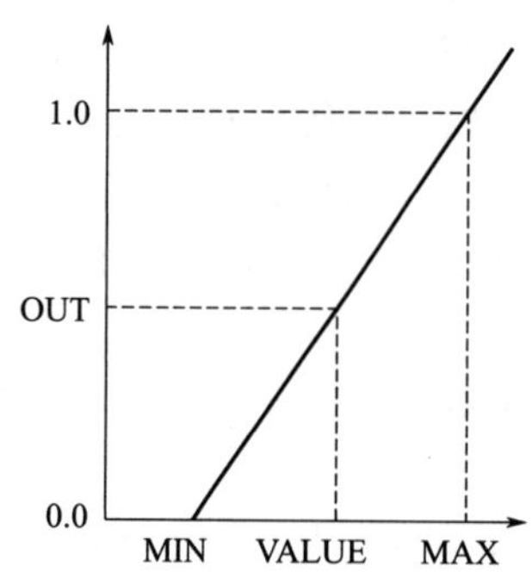

图 4-37　NORM _ X 指令的线性关系

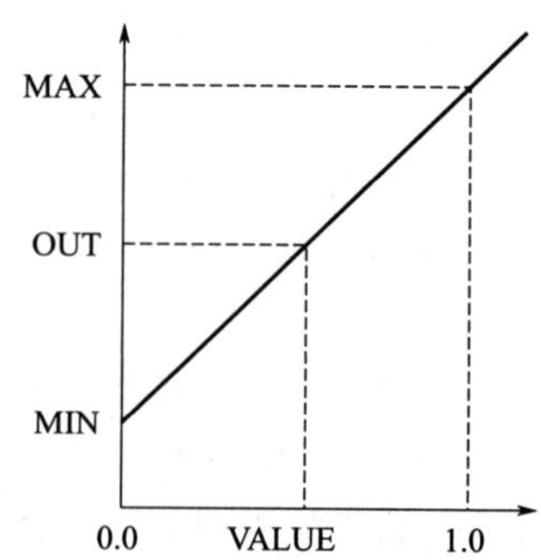

图 4-38　SCALE _ X 指令的线性关系

满足下列条件之一时 ENO 为 0 状态：EN 输入为 0 状态；MIN 的值大于等于 MAX 的值；实数值超出 IEEE754 标准规定的范围；有溢出；输入 VALUE 为 NaN（无效的算术运算结果）。

(5) 温度输入检测及转换编程案例

某温度变送器的量程为－200～850℃，输出信号为 4～20mA，符号地址为“模拟值”的 IW96 将 0～20mA 的电流信号转换为数字 0～27648，求以℃为单位的浮点数温度值。

分析：4mA 对应的模拟值为 5530，IW96 将－200～850℃的温度转换为模拟值 5530～27648，用标准化指令 NORM_X 将 5530～27648 的模拟值归一化为 0.0～1.0 之间的浮点数

（见图4-39），然后用缩放指令SCALE_X将归一化后的数字转换为−200～850℃的浮点数温度值，用变量“温度值”保存。

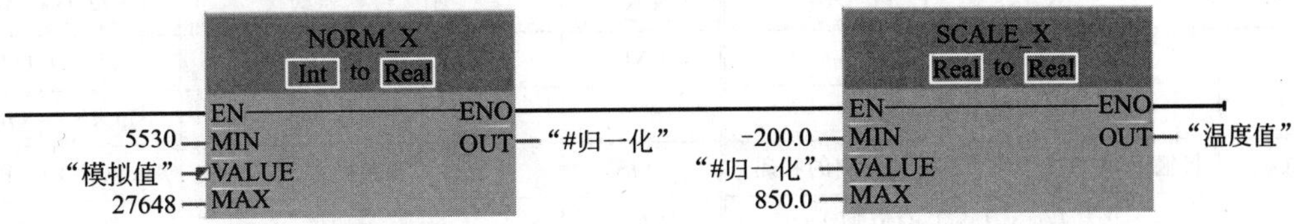

图4-39 温度输入转换

(6) 转速输出转换编程案例

地址为QW96的整型变量“AQ输入”转换为DC 0～10V电压作为变频器的模拟量输入值。通过变频器内部参数的设置，0～10V的电压对应的转速为0～1800r/m。求以r/m为单位的整型变量“转速”对应的AQ模块的输入值“AQ输入”，以供变频器接收指令电流。

程序见图4-40，注意：应去掉OB1属性中的“IEC检查”复选框中的勾，否则不能将SCALE_X指令输出参数OUT的数据类型设置为Int。如果此时要求输出“转速”为1350r/min，则经过上述程序后“#归一化”的值就为0.75，0.75经过0～27648的等比放大，就可以获得20736这样的一个整数值且赋给“AQ输入”，AQ模块将20736这个整数值转换成7.5V的电压，变频器接收到7.5V的电压即刻输出38Hz左右的交流，额定频率50Hz，额定转速为1800r/min的电机即将在额定负载范围内以1350r/min运行。

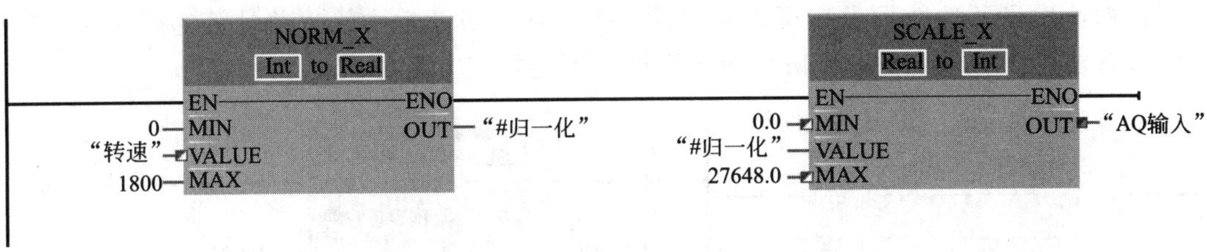

图4-40 NORM_X指令与SCALE_X指令

3）数学函数指令

实际过程中，很多的数据需要进行数学运算，S7-1200系列PLC内部自带各种数学运算函数，方便用户直接使用。

(1) 四则运算指令

数学函数指令中的ADD、SUB、MUL和DIV分别是加、减、乘、除指令，它们执行的操作见表4-3。操作数的数据类型可选整数（SInt、Int、DInt、USInt、UInt、UDInt）和浮点数Real，IN1和IN2可以是常数。IN1、IN2和OUT的数据类型应相同。

整数除法指令将得到的商截尾取整后，作为整数格式的输出OUT。

ADD和MUL指令允许有多个输入，单击方框中参数IN2后面的✱，将会增加输入IN3，以后增加的输入的编号依次递增。

表4-3 数学函数指令

梯形图	描述	梯形图	描述	表达式
ADD	IN1＋IN2＝OUT	SQR	计算平方	$IN^2=OUT$
SUB	IN1－IN2＝OUT	SQRT	计算平方根	$\sqrt{IN}=OUT$

续表

梯形图	描述	梯形图	描述	表达式
MUL	IN1×IN2=OUT	LN	计算自然对数	LN(IN)=OUT
DIV	IN1/IN2=OUT	EXP	计算指数值	e^{IN}=OUT
MOD	返回除法的余数	SIN	计算正弦值	sin(IN)=OUT
NEG	将输入值的符号取反(求二进制的补码)	COS	计算余弦值	cos(IN)=OUT
INC	将参数 IN/OUT 的值加 1	TAN	计算正切值	tan(IN)=OUT
DEC	将参数 IN/OUT 的值减 1	ASIN	计算反正弦值	arcsin(IN)=OUT
ABS	求有符号整数和实数的绝对值	ACOS	计算反余弦值	arccos(IN)=OUT
MIN	获取最小值	ATAN	计算反正切值	arctan(IN)=OUT
MAX	获取最大值	EXPT	取幂	$IN1^{IN2}$=OUT
LIMIT	将输入值限制在指定的范围内	FRAC	提取小数	—

(2) CALCULATE 指令

可以使用计算指令 CALCULATE 定义和执行数学表达式，根据所选的数据类型计算复杂的数学运算或逻辑运算。

单击图 4-41 指令框中 CALCULATE 下面的“???”，用出现的下拉式列表选择该指令的数据类型为 Real。根据所选的数据类型，可以用某些指令组合的函数来执行复杂的计算。单击指令框右上角的图标，或双击指令框中间的数学表达式方框，打开图 4-41 中的对话框。对话框给出了所选数据类型可以使用的指令，在该对话框中输入待计算的表达式，表达式可以包含输入参数的名称（IN*n*）和运算符，不能指定方框外的地址和常数。

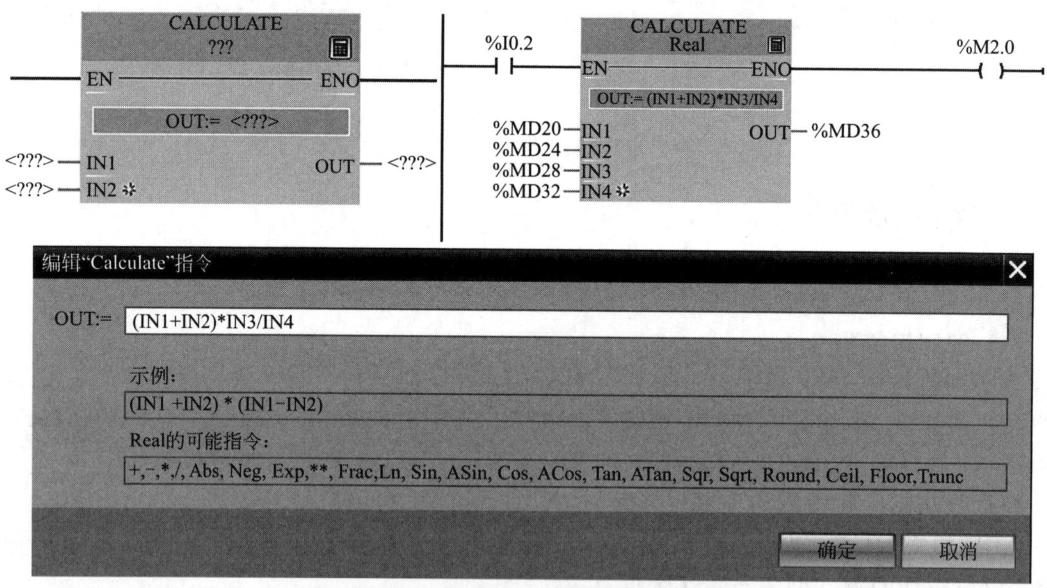

图 4-41　CALCULATE 指令实例

在初始状态下，指令框只有两个输入 IN1 和 IN2。单击方框左下角的符号，可以增加输入参数的个数。功能框按升序对插入的输入编号，表达式可以不使用所有已定义的输入。

运行时使用方框外输入的值执行指定的表达式的运算，运算结果传送到 MD36 中。

（3）浮点数函数运算指令

浮点数（实数）数学运算指令（见表 4-3）的操作数 IN 和 OUT 的数据类型为 Real。

计算指数值指令 EXP 和计算自然对数指令 LN 中的指数和对数的底数 e=2.718282。

计算平方根指令 SQRT 和指令 LN 的输入值如果小于 0，输出 OUT 为无效的浮点数。

三角函数指令和反三角函数指令中的角度均为以弧度（rad）为单位的浮点数。如果输入值是以度（°）为单位的浮点数，使用三角函数指令之前应先将角度值乘以 π/180.0，转换为弧度值。

计算反正弦值指令 ASIN 和计算反余弦值指令 ACOS 的输入值的允许范围为－1.0～1.0，ASIN 和计算反正切值指令 ATAN 的运算结果的取值范围为－π/2～π/2rad，ACOS 的运算结果的取值范围为 0～πrad。

求以 10 为底的对数时，需要将自然对数值除以 2.302585（10 的自然对数值）。例如 lg100＝ln(100/2.302585)＝4.605170/2.302585＝2。

（4）其他数学函数指令

① MOD 指令。除法指令只能得到商，余数被丢掉。可以用返回除法的余数指令 MOD 来求除法的余数（见图 4-42）。输出 OUT 中的运算结果为除法运算 IN1/IN2 的余数。

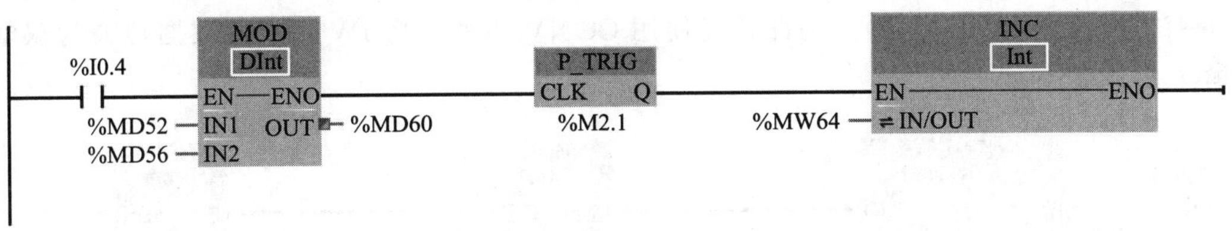

图 4-42 MOD 指令和 INC 指令

② NEG 指令。求二进制补码（取反）指令 NEG 将输入 IN 的值的符号取反后，保存在输出 OUT 中。IN 和 OUT 的数据类型可以是 SInt、Int、DInt 和 Real，输入 IN 还可以是常数。

③ INC 与 DEC 指令。执行递增指令 INC 与递减指令 DEC 时，参数 IN/OUT 的值分别被加 1 和减 1。IN/OUT 的数据类型为各种有符号或无符号的整数。

如果图 4-42 中的 INC 指令用来计 I0.4 动作的次数，应在 INC 指令之前添加检测能流上升沿的 P_TRIG 指令。否则在 I0.4 为 1 状态的每个扫描周期，MW64 都要加 1。

④ ABS 指令。计算绝对值指令 ABS 用来求输入 IN 中的有符号整数（SInt、Int、DInt）或实数（Real）的绝对值，将结果保存在输出 OUT 中。IN 和 OUT 的数据类型应相同。

⑤ MIN 与 MAX 指令。获取最小值指令 MIN 比较输入 IN1 和 IN2 的值（见图 4-43），将其中较小的值送给输出 OUT。获取最大值指令 MAX 比较输入 IN1 和 IN2 的值，将其中较大的值送给输出 OUT。输入参数和 OUT 的数据类型为各种整数和浮点数，可以增加输入的个数。

⑥ LIMIT 指令。设置限值指令 LIMIT（见图 4-43）将输入 IN 的值限制在输入 MIN 与 MAX 的值范围之间。如果 IN 的值没有超出该范围，将它直接保存在 OUT 指定的地址中。如果 IN 的值小于 MIN 的值或大于 MAX 的值，将 MIN 或 MAX 的值送给输出 OUT。

⑦ 提取小数与取幂指令。提取小数指令 FRAC 将输入 IN 的小数部分传送到输出 OUT。取幂指令 EXPT 计算以输入 IN1 的值为底，以输入 IN2 为指数的幂（$OUT=IN1^{IN2}$），计算结果在 OUT 中。

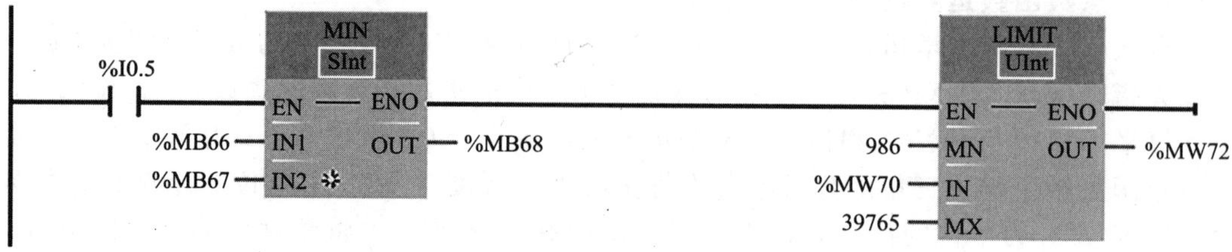

图 4-43 MIN 指令和 LIMIT 指令

(5) 压力检测及转换显示编程案例

某压力变送器的量程为 0～10MPa，输出信号为 0～10V，被 CPU 集成的模拟量输入的通道 0（地址为 IW64）转换为 0～27648 的数字。假设转换后的数字为 N，试求以 kPa 为单位的压力值。

分析：0～10MPa（0～10000kPa）对应于转换后的数字 0～27648，转换公式为

$$P=(10000\times N)/27648(\mathrm{kPa}) \tag{4-1}$$

值得注意的是，在运算时一定要先乘后除，否则将会损失原始数据的精度。

公式中乘法运算的结果可能会大于一个字能表示的最大值，因此应使用数据类型为双整数的乘法和除法（见图 4-44）。为此首先使用 CONV 指令，将 IW64 中的数据转换为双整数（DInt）。

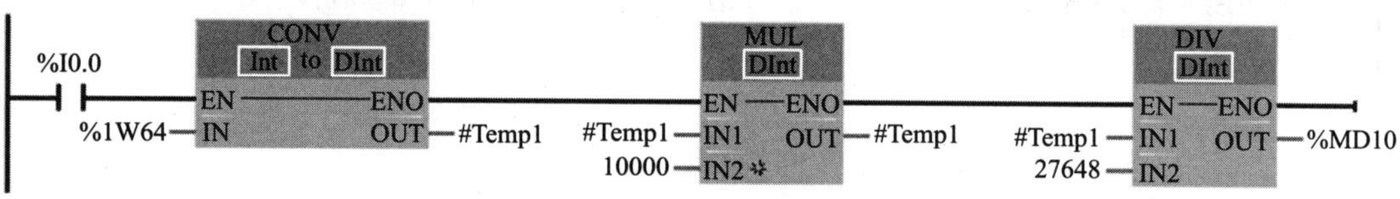

图 4-44 使用整数运算指令的压力计算程序

将指令列表中的 MUL 和 DIV 指令拖放到梯形图中后，单击指令方框内指令名称下面的问号，再单击出现的按钮，用下拉式列表框设置操作数的数据类型为双整数 DInt。在 OB1 的块接口区定义数据类型为 DInt 的临时局部变量 Temp1，用来保存运算的中间结果。

双整数除法指令 DIV 的运算结果为双整数，但是由式(4-1) 可知运算结果实际上不会超过 16 位正整数的最大值 32767，所以双字 MD10 的高位字 MW10 为 0，运算结果的有效部分在 MD10 的低位字 MW12 中。

(6) 压力检测及转换显示新方式编程案例

使用浮点数运算计算上例以 kPa 为单位的压力值。将式(4-1) 改写为式(4-2)：

$$P=(10000\times N)/27648=0.361690(\mathrm{kPa}) \tag{4-2}$$

在 OB1 的接口区定义数据类型为 Real 的局部变量 Temp2，用来保存运算的中间结果。首先用 CONV 指令将 IW64 中的数据转换为实数（Real），再用实数乘法指令完成式(4-2) 的运算（见图 4-45）。最后使用四舍五入的 ROUND 指令，将运算结果转换为整数。

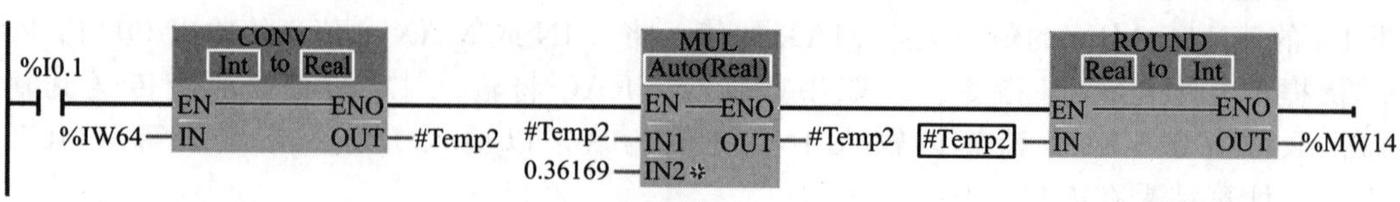

图 4-45 使用浮点数运算指令的压力计算程序

（7）三角函数 TAN 的使用及编程案例

某场景中，测量远处物体的高度时，已知被测物体到测量点的距离 L 和以°为单位的夹角 θ，求被测物体的高度 H，$H=L\tan\theta$，角度的单位为°。假设以度为单位的实数角度值在 MD40 中，乘以 $\pi/180.0=0.0174533$，得到角度的弧度值（见图 4-46），运算的中间结果用实数临时局部变量 Temp2 保存。MD44 中是 L 的实数值，运算结果在 MD48 中。

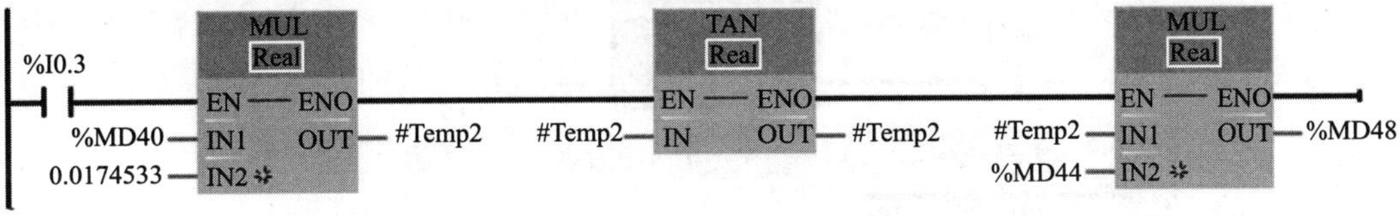

图 4-46　浮点数函数运算指令的应用

视频4.3　污水池控制案例

4.1.4　程序跳转指令

由于 PLC 编程要实现所有的功能，随着越来越长程序的编制，PLC 程序扫描完所有程序所需的总时间会越来越长，但很多异常工况的概率极低，如果仍然逐行扫描，尤其当出现概率极低异常工况的处理指令特别长时，PLC 的实时响应速度就会变慢。为提高 PLC 程序的执行效率，通过特殊指令可进行提前跳转，跳过部分程序的扫描或返回。S7-1200 系列 PLC 的程序跳转指令如下。

（1）跳转指令与标签指令

没有执行跳转指令时，各个程序段按从上到下的先后顺序执行。跳转指令中止程序的顺序执行，跳转到指令中的跳转标签所在的目的地址。跳转时不执行跳转指令与跳转标签之间的程序，跳到目的地址后，程序继续顺序执行。可以向前或向后跳转，可以在同一代码块中从多个位置跳转到同一个标签。

只能在同一个代码块内跳转，不能从一个代码块跳转到另一个代码块。在一个块内，跳转标签的名称只能使用一次。一个程序段中只能设置一个跳转标签。

如果图 4-47 中 M2.0 的常开触点闭合，则跳转条件满足。RLO 为 1 时跳转指令的 JMP 线圈通电（跳转线圈为绿色），跳转被执行，将跳转到指令给出的跳转标签 W1234 处，执行标签之后的第一条指令。被跳过的程序段的指令没有被执行，这些程序段的梯形图为灰色。标签在程序段的开始处，标签的第一个字符必须是字母，其余的可以是字母、数字和下划线。如果跳转条件不满足，将继续执行跳转指令之后的程序。

RLO 为 0 时跳转指令 JMPN 的线圈断电时，将跳转到指令给出的跳转标签处，执行跳转标签之后的第一条指令。反之则不跳转。

（2）跳转分支指令与定义跳转列表指令

跳转分支指令 SWITCH（见图 4-48）根据一个或多个比较指令的结果，定义要执行的多个程序跳转。用参数 K 指定要比较的值，将该值与各个输入提供的值进行比较。可以为每个输入选择比较符号。图 4-48 中 M2.4 的常开触点接通时，如果 K 的值等于 235 或大于 74，将分别跳转到跳转标签 LOOP0 和 LOOP1 指定的程序段。如果不满足上述条件，将执行输出 ELSE 处的跳转。如果输出 ELSE 未指定跳转标签，则从下一个程序段继续执行程序。

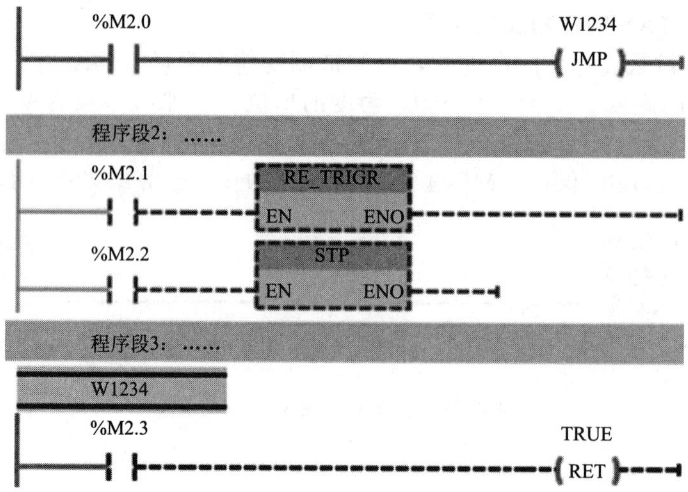

图 4-47　跳转指令

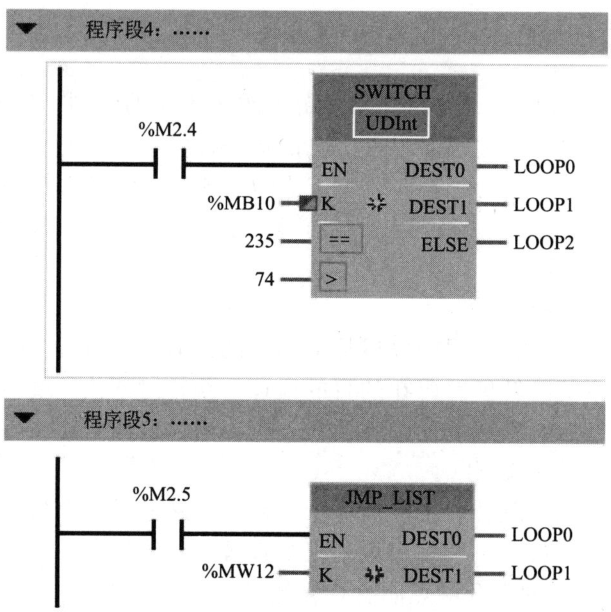

图 4-48　多分支跳转指令

单击 SWITCH 和 JMP_LIST 方框中的符号，可以增加输出 DESTn 的个数。SWITCH 指令每增加一个输出都会自动插入一个输入。

使用定义跳转列表指令 JMP_LIST，可以定义多个有条件跳转，并继续执行由参数 K 的值指定的程序段中的程序。用指令框的输出 DESTn 指定的跳转标签定义跳转，可以增加输出的个数。图 4-48 中 M2.5 的常开触点接通时，如果 K 的值为 1，将跳转到跳转标签 LOOP1 指定的程序段。如果 K 值大于可用的输出编号，则继续执行块中下一个程序段的程序。

(3) RE_TRIGR 指令

监控定时器又称为看门狗，每次循环它都被自动复位一次，正常工作时最大循环周期小于监控定时器的时间设定值时，它不会起作用。

如果循环时间大于监控定时器的设定时间，监控定时器将会起作用。可以在所有的块中调用重新启动周期监视时间指令 RE_TRIGR（见图 4-47），来复位监控定时器。PLC 扫描时间最长只能延长到已组态最大循环时间的 10 倍。

在组态 CPU 时，可以用参数“循环周期监视时间”设置允许的最大循环时间，默认值为 150ms。

（4）退出程序指令 STP 与返回指令 RET

有能流流入退出程序指令 STP（见图 4-47）的 EN 输入端时，PLC 进入 STOP 模式。返回指令 RET（见图 4-47）用来有条件地结束块，它的线圈通电时，停止执行当前的块，不再执行该指令后面的指令，返回调用它的块。RET 指令的线圈断电时，继续执行它下面的指令。一般情况并不需要在块结束时使用 RET 指令来结束块，操作系统将会自动地完成这一任务。

RET 线圈上面的参数是返回值，数据类型为 Bool。如果当前的块是 OB，返回值被忽略。如果当前的块是 FC 或 FB，返回值作为 FC 或 FB 的 ENO 的值传送给调用它的块。返回值可以是 TRUE、FALSE 或指定的位地址。

（5）GET_ERROR 与 GET_ERR_ID 指令

获取本地错误信息指令 GET_ERROR（见图 4-49）用输出参数 ERROR（错误）显示程序块内发生的错误，该错误通常为访问错误。＃ERROR1 是在 OB1 的接口区定义的系统数据类型为 ErrorStruct（错误结构）的临时局部变量。该数据类型的详细结构见该指令的在线帮助。符号“＃”表示该变量为局部变量。

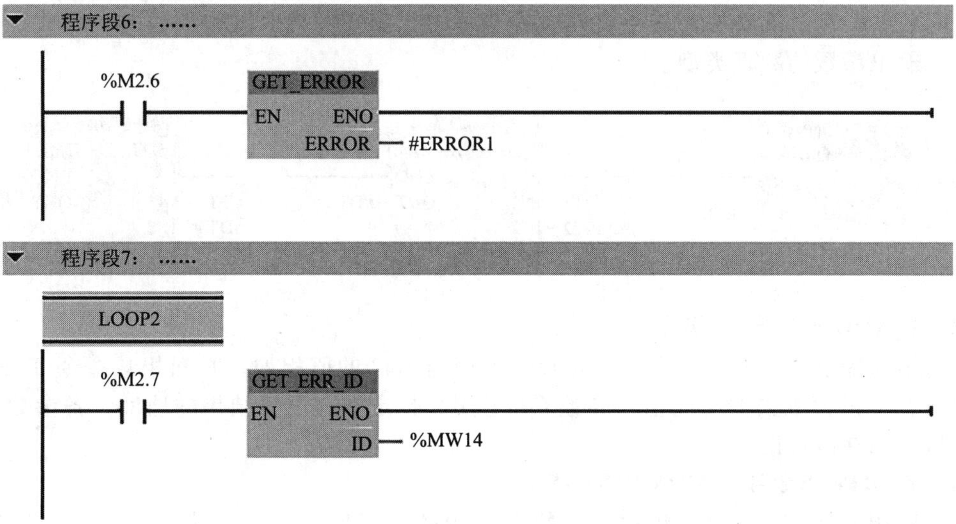

图 4-49　读取错误信息的指令

如果块内存在多处错误，更正了第一个错误后，该指令输出下一个错误的错误信息。

获取本地错误 ID 指令 GET_ERR_ID 用来报告错误的 ID（标识符）。如果块执行时出现错误，且指令的 EN 输入为 1 状态，出现的第一个错误的标识符保存在指令的输出参数“ID”中，ID 的数据类型为 Word。第一个错误消失时，指令输出下一个错误的 ID。ID 代码的意义见该指令的在线帮助。

此外，程序控制指令还有启用/禁用 CPU 密码指令 ENDIS_PW 和测量程序运行时间指令 RUNTIME。

4.1.5 日期和时钟指令

在学习完以上指令时，如果用户有特殊要求，需要 PLC 系统的部分功能读取时钟，且在断电时，PLC 内部时钟仍然与外界同步，此时就要用到 PLC 的日期和时钟指令。在 CPU 断电时，用超级电容保证实时时钟的运行。保持时间通常为 20 天，40℃时最少为 12 天。打开在线与诊断视图，可以设置实时时钟的时间值。也可以用日期和时间指令来读、写实时时钟。

(1) 日期时间的数据类型

数据类型 Time 的长度为 4B，时间单位为 ms。数据结构 DTL（日期时间）见表 4-4，可以在全局数据块或块的接口区定义 DTL 变量。

表 4-4 数据结构 DTL

数据	长度/B	取值范围	数据	长度/B	取值范围
年的低两位	2	1970～2554	小时	1	0～23
月	1	1～12	分钟	1	0～59
日	1	1～31	秒	1	0～59
星期	1	1～7(星期日～星期六)	纳秒	4	0～999999999

(2) T_CONV 指令

日期和时间指令属于扩展指令。转换时间并提取指令 T_CONV（见图 4-50）用于在整数和时间数据类型之间转换。使用实时时钟指令时，需要用指令名称下面的下拉式列表来选择输入、输出参数的数据类型。

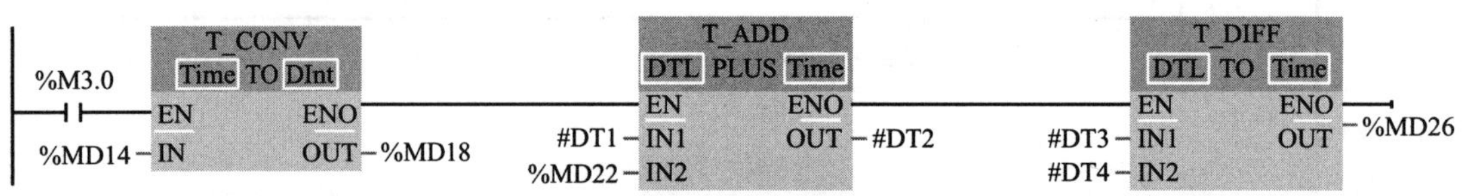

图 4-50 时间处理指令

(3) T_ADD 与 T_SUB 指令

时间相加指令 T_ADD 的输入参数 IN1 的值与 IN2 的值相加，时间相减指令 T_SUB 的输入参数 IN1 的值减去 IN2 的值，参数 OUT 用来指定保存运算结果的地址。各参数的数据类型见指令的在线帮助。

(4) T_DIFF 指令和 T_COMBINE 指令

时间值相减指令 T_DIFF 将输入参数 IN1 中的时间值减去 IN2 中的时间值，结果发送到输出参数 OUT 中。组合时间指令 T_COMBINE 用于合并日期值和时间值，并将其转换为合并后的日期和时间值。

(5) 时钟功能指令

系统时间是格林尼治标准时间，本地时间是根据当地时区设置的本地标准时间。系统时间和我国的本地时间（北京时间）相差 8 小时。可以用 CPU 的巡视窗口设置时区。

设置时间指令 WR_SYS_T 用于设置 CPU 时钟的日期和系统时间，将输入 IN 的 DTL 值写入 PLC 的实时时钟。读取时间指令 RD_SYS_T 将读取的 PLC 时钟当前日期和系统时间保存在输出 OUT 中，数据类型为 DTL。上述时间值不包括对本地时区和夏令时的补偿。输出参数 RET_VAL 是返回的指令执行的状态信息，数据类型为 Int。

生成全局数据块“数据块_1”，在其中生成数据类型为 DTL 的变量 DT1 和 DT2。写入本地时间指令 WR_LOC_T（见图 4-51）用输入参数 LOCTIME 输入的日期时间作为本地时间。参数 DST 与夏令时有关，我国不使用夏令时。

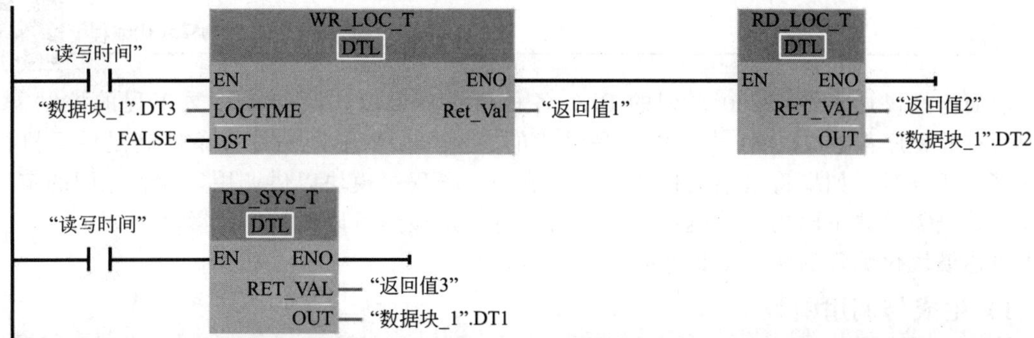

		名称	数据类型	偏移量	起始值	监视值
1		▼ Static				
2		■ ▶ DT1	DTL	0.0	DTL#1970-01-01-00:00:00	DTL#2024-06-18-10:51:06.358380
3		■ ▶ DT2	DTL	12.0	DTL#1970-01-01-00:00:00	DTL#2024-06-18-18:51:06.358380

图 4-51　读写时间指令

读取本地时间指令 RD_LOC_T 的输出 OUT 提供数据类型为 DTL 的 PLC 中的当前日期和本地时间。为了保证读取到正确的时间，在组态 CPU 的属性时，应设置实时时间的时区为北京，不使用夏令时。在读取实时时间时，应调用 RD_LOC_T 指令。图 4-51 给出了同时读出的系统时间 DT1 和本地时间 DT2，本地时间要多 8 个小时。

设置时区指令 SET_TIMEZONE 用于设置本地时区和夏令时/标准时间切换的参数。

运行时间定时器指令 RTM 用于对 CPU 的 32 位运行时间（单位为时）计数器的设置、启动、停止和读取操作。

（6）时钟控制的路灯黄昏打开和拂晓关闭控制案例

某程序照明系统要求 PLC 控制的路灯实现根据时间自动打开和关闭的无人值守：20：00 开灯，06：00 关灯，请完成 PLC 程序。

图 4-52 为给出的梯形图程序样例。首先用 RD_LOC_T 指令读取本地实时时间，保存在数据类型为 DTL 的局部变量 DT4 中，其中的 HOUR 是小时值，其变量名称为 DT4. HOUR。用 Q0. 0（符号地址 Tag_23）来控制路灯，20：00～24：00，上面的比较触点接通；0：00～6：00，下面的比较触点接通。组合起来，路灯即可在 20：00 自动开启，拂晓 6：00 自动关闭。

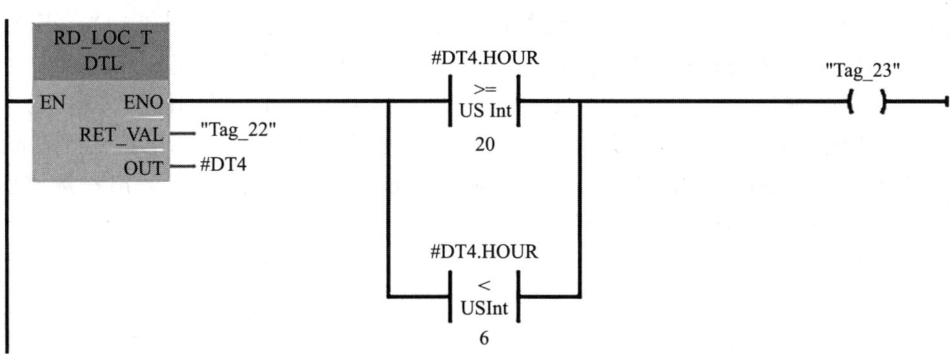

图 4-52　路灯控制电路

4.1.6 模块化编程

视频4.4 S7-1200模块化编程

前面已经讲述了 S7-1200 系列的 PLC 各种指令，可以实现绝大多数工程的控制需求。但把所有的程序都放在 OB1 中显然不是最优的，例如，当不同的选择条件满足后可执行相同的繁杂任务时，如果将繁杂的任务程序写成一个子程序模块以供调用，或者相同的定时器组合功能只需设置不同的参数就可各自并行运行，这显然可以提升编程效率和调试效率。下面将讲述模块化编程的相关知识及技巧。

1）生成与调用函数

(1) 函数的特点

S7-1200 的用户程序由代码块和数据块组成。代码块包括组织块、函数和函数块，数据块包括全局数据块和背景数据块。

函数（function，FC）和函数块（functionblock，FB）是用户编写的子程序，它们包含完成特定任务的程序。FC 和 FB 有与调用它的块共享的输入、输出参数，执行完 FC 和 FB 后，将执行结果返回给调用它的代码块。

STEP 7 V5.5 将 function 和 functionblock 翻译为功能和功能块。

设压力变送器的量程下限为 0MPa，上限为 High，经 A/D 转换后得到 0～27648 的整数。下式是转换后的数字 N 和压力 P 之间的计算公式：

$$P=(\mathrm{High}\times N)/27648(\mathrm{MPa}) \tag{4-3}$$

用函数 FC1 实现上述运算，在 OB1 中调用 FC1。

(2) 生成函数

打开 STEP 7 的项目视图，生成一个名为“函数与函数块”的新项目。双击项目树中的“添加新设备”，添加一块 CPU 1214C。

打开项目视图中的文件夹“\ PLC_1 程序块”，双击其中的“添加新块”（见图 4-53），打开“添加新块”对话框，单击其中的“函数”按钮，FC 默认的编号为 1，默认的语言为 LAD（梯形图）。设置函数的名称为“计算压力”。单击“确定”按钮，在项目树的文件夹“\ PLC_1 程序块”中可以看到新生成的 FC1。

(3) 生成函数的局部数据

将鼠标的光标放在 FC1 的程序区最上面标有“块接口”的水平分隔条上，按住鼠标左键，往下拉动分隔条，分隔条上面是函数的接口（interface）区（见图 4-53），下面是程序区。将分隔条拉至程序编辑器视窗的顶部，不再显示接口区，但是它仍然存在。

在接口区中生成局部变量，后者只能在它所在的块中使用。在 Input（输入）下面的“名称”列生成输入参数“输入数据”，单击“数据类型”列的按钮，用下拉式列表设置其数据类型为 Int（16 位整数）。用同样的方法生成输入参数“量程上限”、输出参数（Output）“压力值”和临时数据（Temp）“中间变量”，它们的数据类型均为 Real。

用鼠标右键单击项目树中的 FC1，单击快捷菜单中的“属性”，选中打开的对话框左边的“属性”，用复选框取消默认的属性“块的优化访问”。单击工具栏上的“编译”按钮，成功编译后 FC1 的接口区出现“偏移量”列，只有临时数据才有偏移量。在编译时，程序编辑器自动地为临时局部变量指定偏移量。

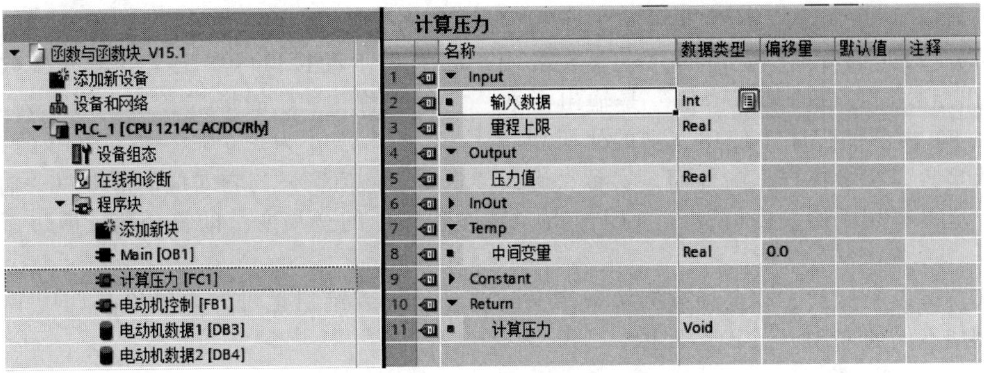

图 4-53　项目树与 FC1 接口区的局部变量

函数各种类型的局部变量的作用如下：

① Input（输入参数）：用于接收调用它的主调块提供的输入数据。

② Output（输出参数）：用于将块的程序执行结果返回给主调块。

③ InOut（输入_输出参数）：初值由主调块提供，块执行后用同一个参数将它的值返回给主调块。

④ Return 中自动生成的返回值“计算压力”与函数的名称相同，属于输出参数，其值返回给调用它的块。返回值默认的数据类型为 Void，表示函数没有返回值。在调用 FC1 时，看不到它。如果将它设置为 Void 之外的数据类型，在 FC1 内部编程时可以使用该输出变量，调用 FC1 时可以在方框的右边看到它，说明它属于输出参数。返回值的设置与 IEC 6113-3 标准有关，该标准的函数没有输出参数，只有一个与函数同名的返回值。

函数还有两种局部数据：

① Temp（临时局部数据）：用于存储临时中间结果的变量。同一优先级的 OB 及其调用的块的临时数据保存在局部数据堆栈中的同一片物理存储区，它类似于公用的布告栏，大家都可以往上面贴布告，后贴的布告将原来的布告覆盖掉。在执行块时使用临时数据，每次调用块之后，不再保存它的临时数据的值，它可能被同一优先级中后面调用的块的临时数据覆盖。调用 FC 和 FB 时，首先应初始化它的临时数据（写入数值），然后再使用它，简称为“先赋值后使用”。

② Constant（常量）：是在块中使用并且带有声明的符号名的常数。

（4）FC1 的程序设计

首先用 CONV 指令将参数“输入数据”接收的 A/D 转换后的整数值（0～27648）转换为实数（Real），再用实数乘法指令和实数除法指令完成式(4-3) 的运算（见图 4-54）。运算的中间结果用临时局部变量“中间变量”保存。STEP 7 自动地在局部变量的前面添加 # 号，例如“# 输入数据”。

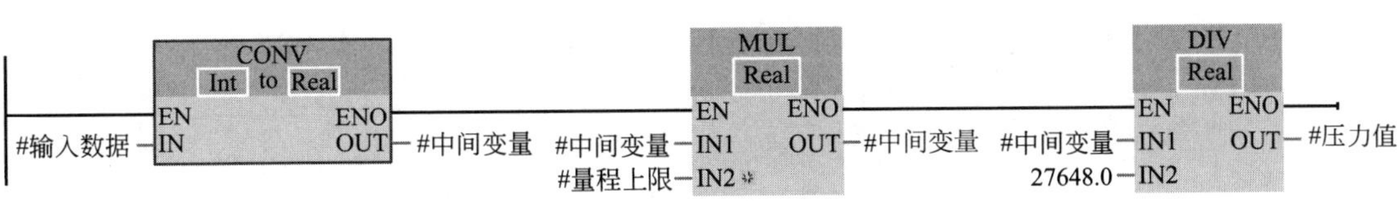

图 4-54　FC1 的压力计算程序

（5）在 OB1 中调用 FC1

在变量表中生成调用 FC1 时需要的 3 个变量（见图 4-55），IW64 是 CPU 集成的模拟量输入的通道 0 的地址。将项目树中的 FC1 拖放到右边的程序区的水平“导线”上（见图 4-56）。FC1 的方框中左边的“输入数据”等是在 FC1 的接口区中定义的输入参数和输入_输出参数，右边的“压力值”是输出参数。它们被称为 FC 的形式参数，简称为形参，形参在 FC 内部的程序中使用。别的代码块调用 FC 时，需要为每个形参指定实际的参数，简称为实参。实参在方框的外面，实参（例如“压力转换值”）与它对应的形参（“输入数据”）应具有相同的数据类型。STEP 7 自动地在程序中的全局变量的符号地址两边添加双引号。

实参可以是变量表和全局数据块中定义的符号地址或绝对地址，也可以是调用 FC1 的块（例如本例的 OB1）的局部变量。

压力转换值	Int	%IW64
压力计算值	Real	%MD18
压力计算	Bool	%I0.6

图 4-55　PLC 变量表

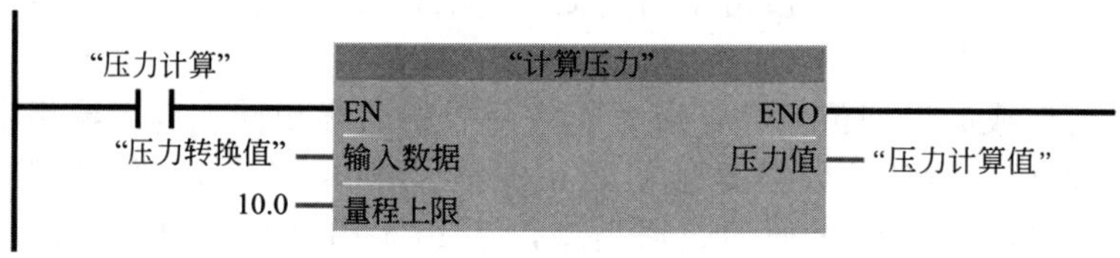

图 4-56　OB1 调用 FC1 的程序

块的 Output（输出）和 InOut（输入_输出）参数不能用常数来作实参。它们用来保存变量值，例如计算结果，因此其实参应为地址。只有 Input（输入参数）的实参能设置为常数。

（6）函数应用的实验

选中项目树中的 PLC_1，将组态数据和用户程序下载到 CPU，将 CPU 切换到 RUN 模式。

在 CPU 集成的模拟量输入的通道 0 的输入端输入一个 DC 0～10V 的电压，用程序状态功能监视 FC1 或 OB1 中的程序。调节该通道的输入电压，观察 MD18 中的压力计算值是否与理论计算值相同。

也可以通过仿真来调试程序。选中项目树中的 PLC_1，单击工具栏上的“开始仿真”按钮，出现 S7-PLCSIM 的精简视图。将程序下载到仿真 CPU，后者进入 RUN 模式。单击精简视图右下角的按钮，切换到项目视图。双击打开项目树中的“SIM 表 1”。在表中输入图 4-55 中的变量（见图 4-57）。

名称	地址	显示格式	监视/修改值	位	一致修改	
▸ ----	%IB0:P	十六进制	16#40		16#00	
"压力转换值...	%IW64:P	DEC+/-	13824		13824	!
"压力计算值"	%MD18	浮点数	5		0	

图 4-57　SIM 表 1

勾选名为“压力计算”I0.6 所在行的小方框，I0.6 的常开触点接通，调用 FC1。在第二行的“一致修改”列输入 13824（27648 的一半），单击工具栏上的“修改所有选定值”按钮，13824 被送给 IW64 后，被传送给 FC1 的形参“输入数据”。执行 FC1 的程序后，输出参数“压力值”的值5.0MPa被传送给它的实参“压力计算值”MD18。

（7）为块提供密码保护

用鼠标右键单击项目树中的FC1，执行快捷菜单命令“专有技术保护”，单击打开的对话框中的“定义”，在“定义密码”对话框中输入密码和密码的确认值。两次单击“确定”按钮后，项目树中FC1的图标变为有一把锁的符号量，表示FC1受到保护。双击打开FC1，需要在出现的对话框中输入密码，才能看到程序区的程序。

用鼠标右键单击项目树中已加密的FC1，执行快捷菜单命令“专有技术保护”，单击打开的对话框中的复选框“隐藏代码”，去掉其中的勾。输入密码，单击“确定”按钮，FC1的密码保护被解除。项目树中FC1的图标上一把锁的符号消失。

块加密后，需要关闭TIA博途，再打开后才能对关闭前加密的块解除密码。

2）多重背景

在上节的组织块学习中，如果遇到一个情形：某个已经编好的FB除了有使能接口，还有一个时间型的输入接口，即调用该FB的同时赋一个定时预置值，通过接口传送至该子程序模块中进行TON或TOF的驱动；当FB主程序OB1中从上至下，多处有程序需要调用FB时，前一个FB程序中的TON定时器还未完成定时时间，后一个FB又需要重新调用且赋予一个新的定时PV值，前一个FB中TON定时器的ET会不会瞬间复位？对于这个问题，S7-1200系列PLC已经考虑到了这个问题并给出了多重背景的解决方案，接下来详细讲解。

（1）用于定时器计数器的多重背景

打开项目视图，生成一个名为“多重背景”的新项目，CPU为CPU 1214C。打开项目树中的文件夹“\ PLC_1程序块”，生成名为“电磁阀控制”的函数块FB2，去掉它的“优化的块访问”属性。

FB2用来控制卫生间的冲水阀，在FB2的接口区生成输入、输出参数（见图4-58），图4-58中的程序逻辑与图4-26中的差不多。“使用者”是有人使用卫生间的信号，“电磁阀”是要控制的冲水电磁阀。程序中的TOF_DB.Q是TOF定时器的背景数据块中定时器的Q输出信号。

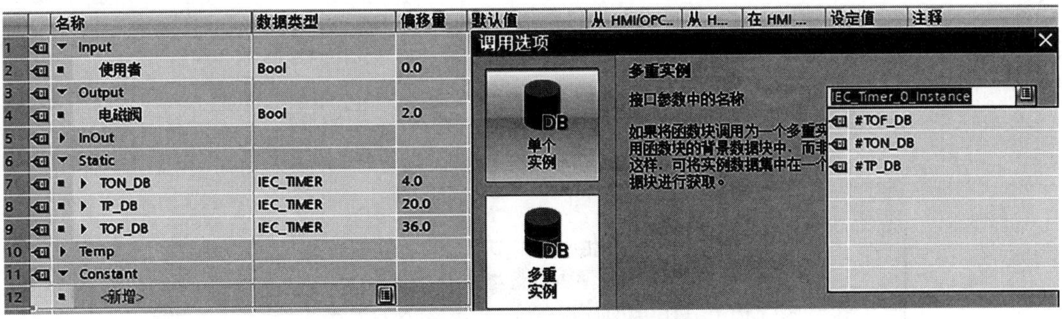

图4-58 FB2的接口区与“调用选项”对话框

每次调用IEC定时器和IEC计数器指令时，都需要指定一个背景数据块。如果这类指令很多，将会生成大量的数据块“碎片”。为了解决这个问题，在函数块中使用定时器、计数器指令时，可以在函数块的接口区定义数据类型为IEC_TIMER（IEC定时器）或IEC_COUNTER（IEC计数器）的静态变量（见图4-58），用这些静态变量来提供定时器和计数器的背景数据。这种程序结构被称为多重背景。

双击打开 FB2，在接口区生成数据类型为 IEC_TIMER 的静态变量 TON_DB、TP_DB 和 TOF_DB（见图 4-58 的左图）。将定时器 TON 拖放到程序区，出现“调用选项”对话框。单击选中“多重实例 DB”（即多重背景，见图 4-58 的右图），用选择框选中列表中的“TON_DB”，用 FB2 的静态变量“TON_DB”提供 TON 的背景数据。用同样的方法在 FB2 中调用定时器 TP 和 TOF，用 FB2 的静态变量“TP_DB”和“TOF_DB”提供 TP 和 TOF 的背景数据。

这样处理后，多个定时器或计数器的背景数据被包含在它们所在的函数块的背景数据块中，而不需要为每个定时器或计数器设置一个单独的背景数据块。因此减少了处理数据的时间，能更合理地利用存储空间。在共享的多重背景数据块中，定时器、计数器的数据结构之间不会产生相互作用。

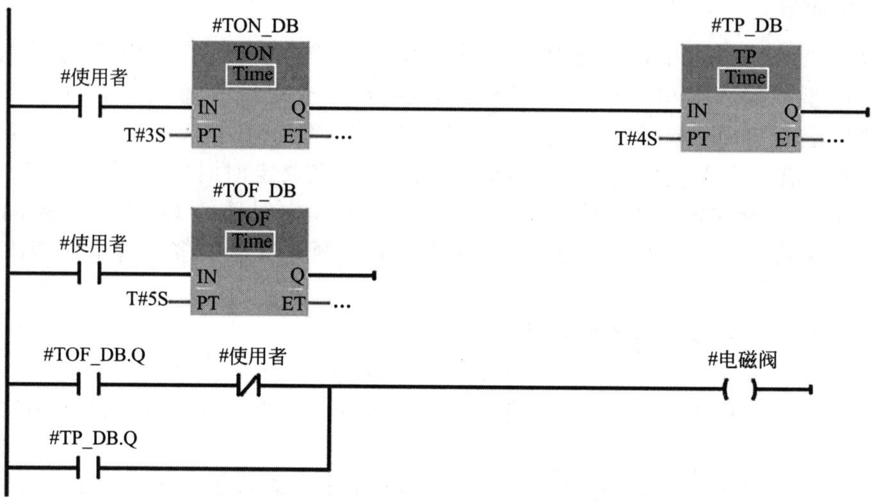

图 4-59　FB2 的程序

在 PLC 变量表（见图 4-60）中定义调用 FB2 需要的变量，在 OB1 中两次调用 FB2 的背景数据块分别为“电磁阀控制_DB1”和“电磁阀控制_DB2”（见图 4-61）。

12		使用者1	Bool	%I0.4
13		使用者2	Bool	%I0.5
14		电磁阀1	Bool	%Q0.4
15		电磁阀2	Bool	%Q0.5

图 4-60　PLC 变量表

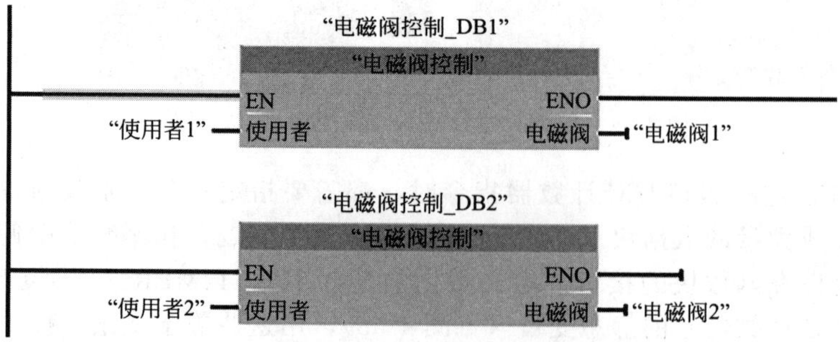

图 4-61　OB1 调用 FB2 的程序

将用户程序下载到 CPU，将 CPU 切换到 RUN 模式。拨动外接的小开关，模拟有人使用卫生间的“使用者”信号。可以看到输出参数“电磁阀”的状态按程序的要求变化，各段定时时间与 FB2 中设置的相同。可以令两次调用 FB2 的输入信号“使用者 1”和“使用者 2”几乎同时为 1 状态和同时为 0 状态。在运行时可以用主程序 OB1 的程序状态功能监视被调用的 FB2 的输入、输出参数的状态，也可以在线监视 FB2 内部程序的执行情况。

此外，也可以用仿真的方法调试电磁阀控制程序。

(2) 用于用户生成的函数块的多重背景

在项目“多重背景”中生成与第 4.1.6 节相同的名为“电动机控制”的函数块 FB1，其接口区和程序分别如图 4-53 和图 4-54 所示，去掉 FB1“优化的块访问”属性。

为了实现多重背景，生成一个名为“多台电机控制”的函数块 FB3，去掉 FB3“优化的块访问”属性。在它的接口区生成两个数据类型为“电动机控制”的静态变量“1 号电动机”和“2 号电动机”。每个静态变量内部的输入参数、输出参数等局部变量是自动生成的，与 FB1“电动机控制”的相同。

双击打开 FB3，调用 FB1“电动机控制”（见图 4-62），出现“调用选项”对话框（见图 4-63 的右图）。单击选中“多重实例 DB”，对话框中有对多重实例的解释。单击按钮，选中列表中的“1 号电动机”，用 FB3 的静态变量“1 号电动机”（见图 4-63 的左图）提供 FB1“电动机控制”的背景数据。用同样的方法在 FB3 中再次调用 FB1，用 FB3 的静态变量“2 号电动机”提供 FB1 的背景数据。

在 OB1 中调用 FB3“多台电动机控制”（见图 4-63 下面的小图），其背景数据块为“电机控制 DB”（DB3）。除了没有临时变量 Temp 和常数 Constant 外，FB3 的背景数据块与图 4-62 中 FB3 的接口区中的变量相同，只有静态变量“1 号电动机”和“2 号电动机”。两次调用 FB1 的背景数据都在 FB3 的背景数据块 DB3 中。

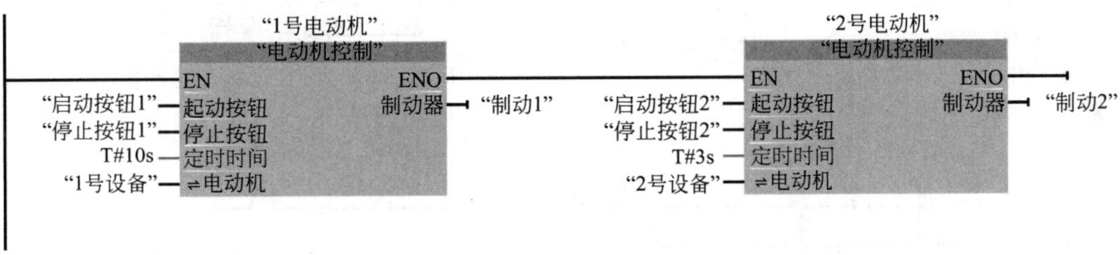

图 4-62　在 FB3 中两次调用 FB1

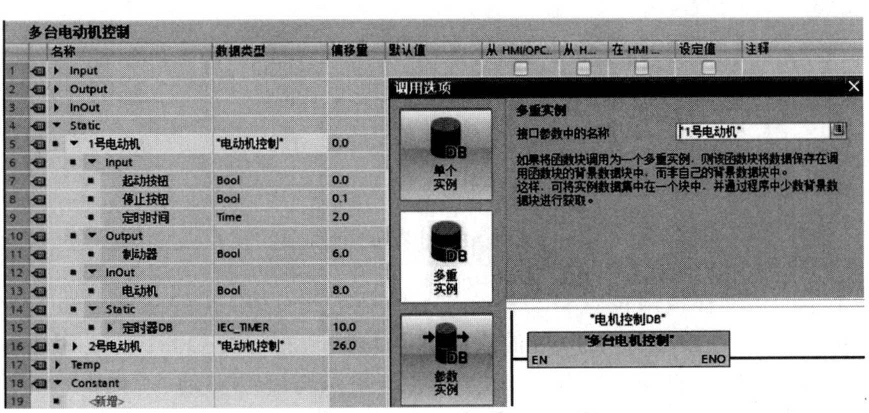

图 4-63　FB3 的接口区与 OB1 调用 FB3 的程序

4.2 顺序功能图设计法

视频4.5 顺序功能图设计法

4.2.1 顺序功能图应用场景案例

在介绍顺序功能图设计法之前，我们先来看一下下面这个工程案例：请设计一套自动控制系统，以实现小车能自动地在一段指定的路径上往返（如图 4-64 所示），要求小车可以在装料点自动装料，装完料自动启动运动到卸料点，自动卸完料后又自动返回至装料点开始下一个周期的循环。

通过分析，我们可以结合图 4-14 中 PLC 控制的电机正反转主回路接线图，在图 4-14 的基础上，增加接在 I0.3 和 I0.4 输入端子的左限位开关 SQ1 和右限位开关 SQ2 的常开触点（见图 4-65），设计出初步的梯形图（见图 4-66）。

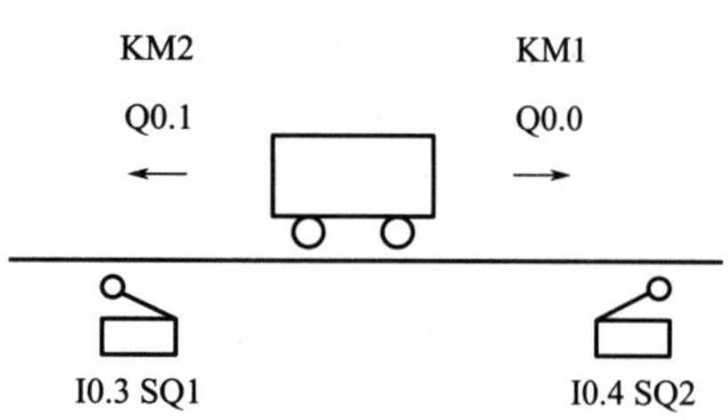

图 4-64 小车往返示意图

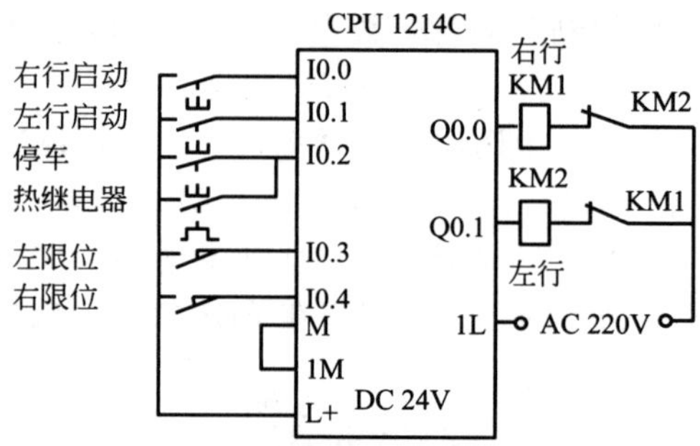

图 4-65 PLC 的外部接线图

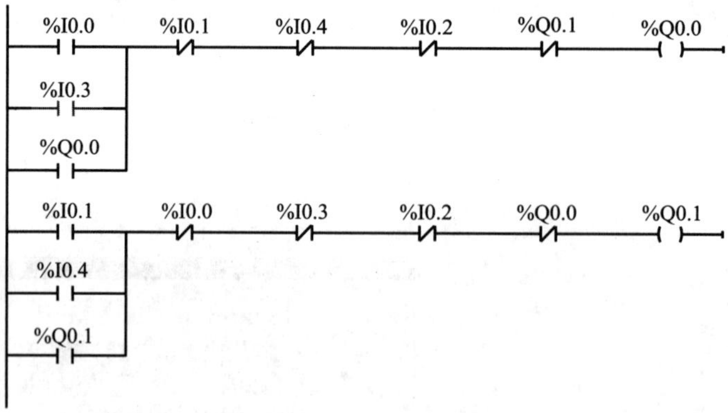

图 4-66 小车自动往返的梯形图

为了使小车的运动在极限位置自动停止，将右限位开关 I0.4 的常闭触点与控制右行的 Q0.0 的线圈串联，将左限位开关 I0.3 的常闭触点与控制左行的 Q0.1 的线圈串联。为了使小车自动改变运动方向，将左限位开关 I0.3 的常开触点与手动启动右行的 I0.0 的常开触点并联，将右限位开关 I0.4 的常开触点与手动启动左行的 I0.1 的常开触点并联。

假设按下左行启动按钮 I0.1，Q0.1 变为 1 状态，小车开始左行，碰到左限位开关时，I0.3 的常闭触点断开，使 Q0.1 的线圈断电，小车停止左行。I0.3 的常开触点接通，使 Q0.0 的线圈通电，开始右行。碰到右限位开关时，I0.4 的常闭触点断开，使 Q0.0 的线圈断电，小车停止右行。I0.4 的常开触点接通，使 Q0.1 的线圈通电，又开始左行。以后将这样不断地往返运动下去，直到按下停车按钮，I0.2 的常闭触点使 Q0.0 或 Q0.1 的线圈断电。

这种控制方式适用于小容量的异步电机，往返不能太频繁，否则电机将会过热。如果增加新的需求，即小车到达右限位后并非即刻掉头左行，而是到达右限位后停止，延时 8s（图 4-67 中的 TON 定时器%DB1）后才开始左行；回到左限位开关处，小车停止运动。则直接在原有的程序基础上根据经验，I0.4 后面接一个定时器 TON，延时 8s，8s 后定时器延时接通的开关量"T1" .Q 与左行启动 I0.1 并联，取代 I0.1 的手动左行，经验修改后得到图 4-67 所示的程序。

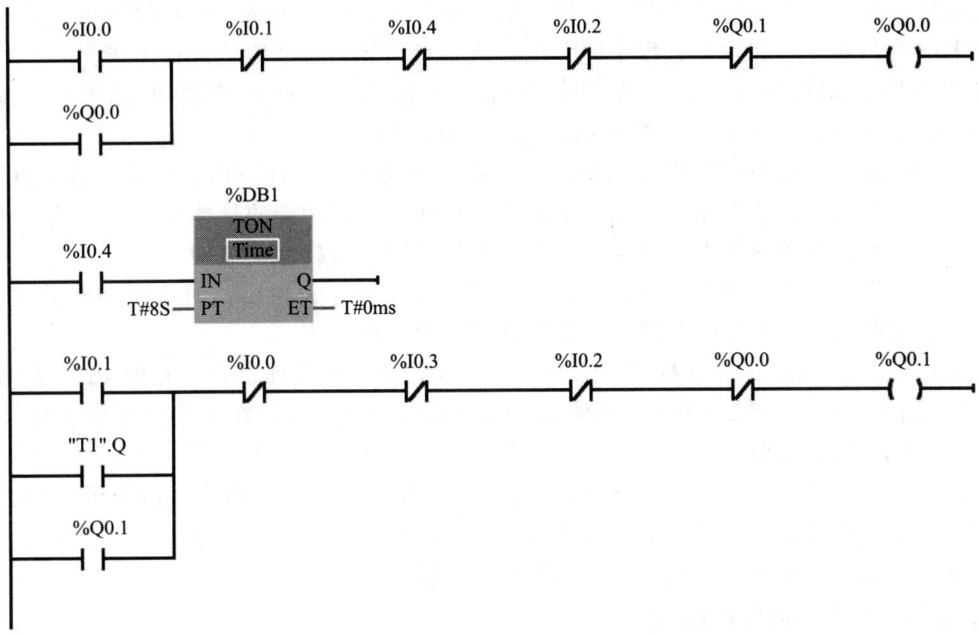

图 4-67　小车自动运行的梯形图

如图 4-67 所示，在控制右行的 Q0.0 的线圈回路中串联了 I0.4 的常闭触点，小车走到右限位开关 SQ2 处时，I0.4 的常闭触点断开，使 Q0.0 的线圈断电，小车停止右行。同时 I0.4 的常开触点闭合，定时器 TON 的输入 IN 为 1 状态，开始定时。8s 后定时时间到，定时器的 Q 输出信号"T1" .Q 的常开触点闭合，使 Q0.1 的线圈通电并自保持，小车开始左行。离开限位开关 SQ2 后，I0.4 的常开触点断开，定时器因为其输入 IN 变为 0 状态而被复位。小车运行到左边的起始点时，左限位开关 SQ1 的常开触点闭合，I0.3 的常闭触点断开，使 Q0.1 的线圈断电，小车停止运动。

在梯形图中，保留了左行启动按钮 I0.1 和停止按钮 I0.2 的触点，使系统有手动操作的功能。串联在启保停电路中的限位开关 I0.3 和 I0.4 的常闭触点可以防止小车的运动超限。

通过再次分析可以发现：可以用设计继电器电路图的方法来设计比较简单的数字量控制系统的梯形图，即在一些典型电路的基础上，根据被控对象对控制系统的具体要求，不断地修改和完善梯形图。有时需要多次反复地调试和修改梯形图，增加一些中间编程元件和触点，最后才能得到一个较为满意的结果。

通过该案例可以看出，用经验设计法设计梯形图时，没有一套固定的方法和步骤可以遵循，具有很大的试探性和随意性，对于不同的控制系统，没有一种通用的容易掌握的设计方法。在设计复杂系统的梯形图时，用大量的中间单元来完成记忆、联锁和互锁等功能，由于需要考虑的因素很多，它们往往又交织在一起，分析起来非常困难，并且很容易遗漏一些应该考虑的问题。修改某一局部电路时，很可能会"牵一发而动全身"，对系统的其他部分产生意想不到的影响，因此梯形图的修改也很麻烦，往往花了很长的时间还得不到一个满意的结果。用经验法设计出的复杂的梯形图很难阅读，给系统的维修和改进带来了很大的困难。有没有一种更加规范、调试效率更高的编程框架呢？有的，顺序功能图（或顺序控制功能图）设计法在大型、超大型的 PLC 程序编程和调试方案中表现尤为优异。

4.2.2 顺序控制设计法

所谓顺序控制，就是按照生产工艺预先规定的顺序，在各个输入信号的作用下，根据内部状态和时间的顺序，在生产过程中各个执行机构自动地、有秩序地进行操作。

使用顺序控制设计法时，首先根据系统的工艺过程，画出顺序功能图（sequential function chart，SFC），然后根据顺序功能图画出梯形图。

顺序功能图是描述控制系统的控制过程、功能和特性的一种图形，也是设计 PLC 的顺序控制程序的有力工具。顺序功能图并不涉及所描述的控制功能的具体技术，它是一种通用的技术语言，可以供进一步设计和不同专业的人员之间进行技术交流用。

顺序控制设计法是一种先进的设计方法，很容易被初学者接受，对于有经验的工程师，也会提高设计的效率，程序的调试、修改和阅读也很方便。

顺序功能图是 PLC 的国际标准 IEC 61131-3 位居首位的编程语言，有的 PLC 为用户提供了顺序功能图语言，例如 S7-300/400/1500 的 S7-Graph 语言，在编程软件中生成顺序功能图后便完成了编程工作。

现在还有相当多的 PLC（包括 S7-1200）没有配备顺序功能图语言，但是可以用顺序功能图来描述系统的功能，根据它来设计梯形图程序。在接下来的章节中，将分别讲述顺序功能图的基本构成、基本结构、基本规则及部分使用技巧。

1）顺序功能图的基本构成

（1）步的基本概念

顺序控制设计法最基本的思想是将系统的一个工作周期划分为若干个顺序相连的阶段，这些阶段称为步（step），并用编程元件（例如位存储器 M）来代表各步。步是根据输出量的状态变化来划分的，在任何一步之内，各输出量的 1、0 状态不变，但是相邻两步输出量总的状态是不同的，步的这种划分方法使代表各步的编程元件的状态与各输出量的状态之间有着极为简单的逻辑关系。

顺序控制设计法用转换条件控制代表各步的编程元件，让它们的状态按一定的顺序变化，然后用代表各步的编程元件去控制 PLC 的各输出位。

下面用一个简单的例子来介绍顺序功能图的画法。图 4-68 中的小车开始时停在最左边，限位开关 I0.2 为 1 状态。按下启动按钮，Q0.0 变为 1 状态，小车右行。碰到右限位开关 I0.1 时，Q0.0 变为 0 状态，Q0.1 变为 1 状态，小车改为左行。返回起始位置时，Q0.1 变为 0 状态，小车停止运行，同时 Q0.2 变为 1 状态，使制动电磁铁线圈通电，接通延时定时器 T1 开始定时。定时时间到，制动电磁铁线圈断电，系统返回初始状态。

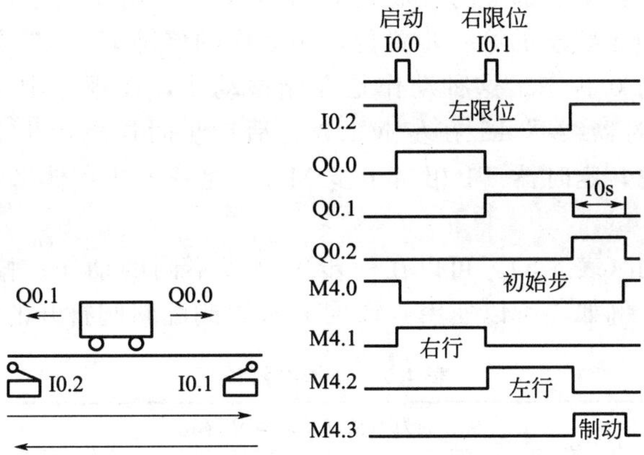

图 4-68　系统示意图与波形图

根据 Q0.0～Q0.2 的 ON/OFF 状态的变化，显然可以将上述工作过程划分为 3 步，分别用 M4.1～M4.3 来代表这 3 步，另外还设置了一个等待启动的初始步。图 4-69 是描述该系统的顺序功能图，图中用矩形方框表示步。为了便于将顺序功能图转换为梯形图，用代表各步的编程元件的地址作为步的代号，并用编程元件的地址来标注转换条件和各步的动作或命令。

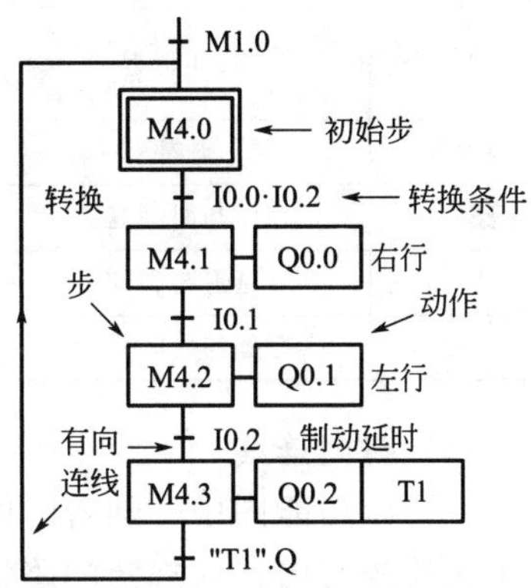

图 4-69　顺序功能图

(2) 初始步与活动步

与系统的初始状态相对应的步称为初始步，初始状态一般是系统等待启动命令的相对静止的状态。初始步用双线方框表示，每一个顺序功能图至少应该有一个初始步。

当系统正处于某一步所在的阶段时，该步处于活动状态，称该步为"活动步"。步处于活动状态时，执行相应的非存储型动作；处于不活动状态时，停止执行相应的非存储型动作。

(3) 与步对应的动作或命令

可以将一个控制系统划分为被控系统和施控系统，例如在数控车床系统中，数控装置是施控系统，而车床是被控系统。对于被控系统，在某一步中要完成某些"动作"，对于施控系统，在某一步中则要向被控系统发出某些"命令"。为了叙述方便，下面将命令或动作统称为动作，并用矩形框中的文字或变量表示动作，该矩形框应与它所在的步对应的方框相连。

如果某一步有几个动作，可以用图 4-70 中的两种画法来表示，但是并不隐含这些动作之间的任何顺序。应清楚地表明动作是存储型的还是非存储型的。图 4-69 中的 Q0.0～Q0.2 均为非存储型动作，例如在步 M4.1 为活动步时，动作 Q0.0 为 1 状态，步 M4.1 为不活动步时，动作 Q0.0 为 0 状态。步与它的非存储型动作的波形完全相同。

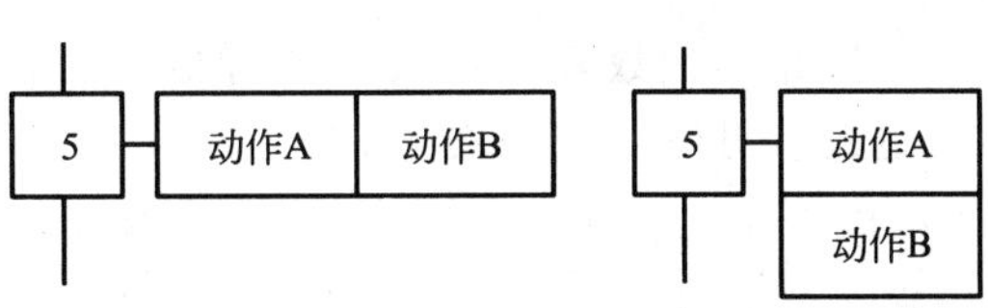

图 4-70　动作的两种画法

某些动作在连续的若干步都应为 1 状态，可以在顺序功能图中，用动作的修饰词“S”（见表 4-5）将它在应为 1 状态的第一步置位，用动作的修饰词“R”将它在应为 1 状态的最后一步的下一步复位为 0 状态。这种动作是存储型动作，在程序中用置位、复位指令来实现。在图 4-69 中，定时器线圈 T1 在步 M4.3 为活动步时通电，步 M4.3 为不活动步时断电，从这个意义上来说，定时器 T1 相当于步 M4.3 的一个非存储型动作，所以将 T1 放在步 M4.3 的动作框内。

使用动作的修饰词（表 4-5），可以在一步中完成不同的动作。修饰词允许在不增加逻辑的情况下控制动作。例如，可以使用修饰词 L 来限制配料阀打开的时间。

表 4-5　动作的修饰词

N	非存储型	当步变为不活动步时动作终止
S	置位(存储)	当步变为不活动步时动作继续，直到动作被复位
R	复位	被修饰词 S、SD、SL 或 DS 启动的动作被终止
L	时间限制	步变为活动步时动作被启动，直到步变为不活动步或设定时间到
D	时间延迟	步变为活动步时延迟定时器被启动，如果延迟之后步仍然是活动的，动作被启动和继续，直到步变为不活动步
P	脉冲	当步变为活动步，动作被启动并且只执行一次
SD	存储与时间延迟	在时间延迟之后动作被启动，一直到动作被复位
DS	延迟与存储	在延迟之后如果步仍然是活动的，动作被启动直到被复位
SL	存储与时间限制	步变为活动步时动作被启动，一直到设定的时间或动作被复位

(4) 有向连线

在顺序功能图中，随着时间的推移和转换条件的实现，将会发生步的活动状态的进展，这种进展按有向连线规定的路线和方向进行。在画顺序功能图时，将代表各步的方框按它们成为活动步的先后次序顺序排列，并用有向连线将它们连接起来。步的活动状态习惯的进展方向是从上到下或从左至右，在这两个方向有向连线上的箭头可以省略。如果不是上述的方向，则应在有向连线上用箭头注明进展方向。为了更易于理解，在可以省略箭头的有向连线上也可以加箭头。

如果在画图时有向连线必须中断（例如在复杂的图中，或者用几个图来表示一个顺序功能图时），应在有向连线中断之处标明下一步的标号。

(5) 转换与转换条件

转换用有向连线上与有向连线垂直的短划线来表示，转换将相邻两步分隔开。步的活动状态的进展是由转换的实现来完成的，并与控制过程的发展相对应。

使系统由当前步进入下一步的信号称为转换条件，转换条件可以是外部的输入信号，例如按钮、指令开关、限位开关的接通或断开等，也可以是 PLC 内部产生的信号，例如定时器、计数器输出位的常开触点的接通等，转换条件还可以是若干个信号的与、或、非逻辑组合。

转换条件可以用文字语言、布尔代数表达式或图形符号标注在表示转换的短线的旁边，使用得最多的是布尔代数表达式（见图 4-71～图 4-74）。

转换条件 I0.0 和 $\overline{\text{I0.0}}$ 分别表示当输入信号 I0.0 为 1 状态和 0 状态时转换实现。转换条件“↑I0.0”和“↓I0.0”分别表示当 I0.0 从 0 状态到 1 状态（上升沿）和从 1 状态到 0 状态（下降沿）时转换实现。实际上即使不加符号“↑”，转换一般也是在信号的上升沿实现的，因此一般不加“↑”。

图 4-71～图 4-74 中的波形图用高电平表示步 M2.1 为活动步，反之则用低电平表示。转换条件 I0.0 · $\overline{\text{I2.1}}$ 表示 I0.0 的常开触点与 I2.1 的常闭触点同时闭合，在梯形图中则用两个触点的串联来表示这样一个与逻辑关系。

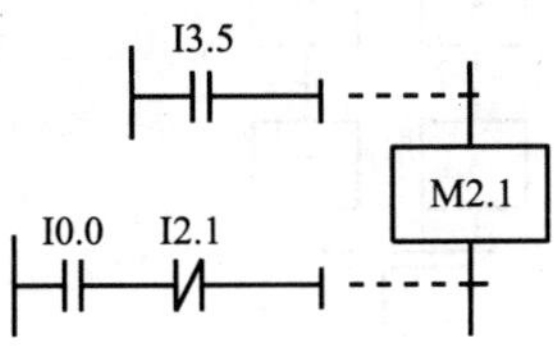

图 4-71　转换与转换条件 1

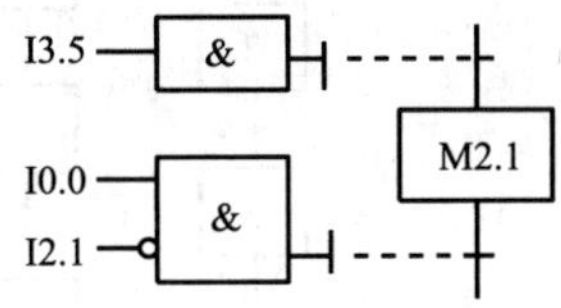

图 4-72　转换与转换条件 2

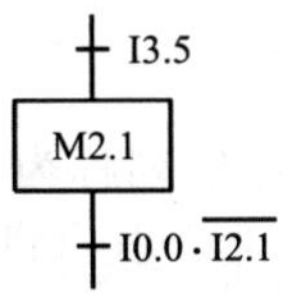

图 4-73　转换与转换条件 3

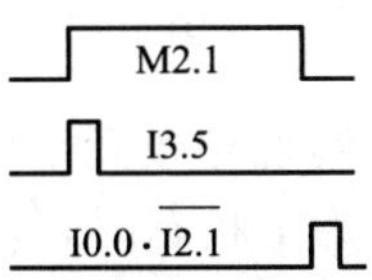

图 4-74　转换与转换条件 4

图 4-69 中步 M4.3 下面的转换条件" T1" .Q 是定时器 T1 的 Q 输出信号，T1 的定时时间到时，该转换条件满足。

在顺序功能图中，只有当某一步的前级步是活动步，该步才有可能变成活动步。如果用没有断电保持功能的编程元件来代表各步，进入 RUN 工作方式时，它们均处于 0 状态。

在对 CPU 组态时设置默认的 MB1 为系统存储器字节，用开机时接通一个扫描周期的 M1.0 的常开触点作为转换条件，将初始步预置为活动步（见图 4-69），否则如果顺序功能图中没有活动步，系统将无法工作。顺序功能图是用来描述自动工作过程的，如果系统有自动、手动两种工作方式，这时还应在系统由手动工作方式进入自动工作方式时，用一个适当的信号将初始步置为活动步。

2）顺序功能图的基本结构

(1) 单序列

单序列由一系列相继激活的步组成，每一步的后面仅有一个转换，每一个转换的后面有一个步［见图 4-75(a)］，单序列的特点是没有下述的分支与合并。

(2) 选择序列

选择序列的开始称为分支［见图 4-75(b)］，转换符号只能标在水平连线之下。如果步 4 是活动步，并且转换条件 h 为 1 状态，则发生步 4→步 5 的进展。如果步 4 是活动步，并且 k 为 1 状态，则发生步 4→步 7 的进展。如果将选择条件 k 改为 k · $\overline{\text{h}}$，则当 k 和 h 同时为 1 状态时，将优先选择 h 对应的序列，只允许同时选择一个序列。

选择序列的结束称为合并［见图 4-75(b)］，几个选择序列合并到一个公共序列时，用需要重新组合的序列相同数量的转换符号和水平连线来表示，转换符号只允许标在水平连线之上。

如果步 6 是活动步，并且转换条件 j 为 1 状态，则发生步 6→步 9 的进展。如果步 8 是活动步，并且 n 为 1 状态，则发生步 8→步 9 的进展。

(3) 并行序列

并行序列用来表示系统的几个独立部分同时工作的情况。并行序列的开始称为分支［见

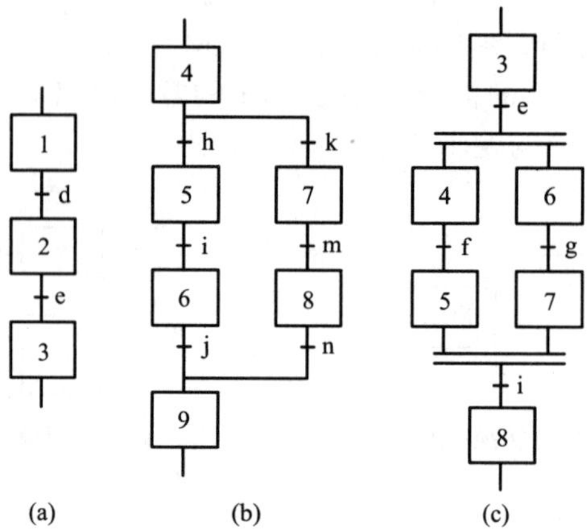

图 4-75　单序列、选择序列与并行序列

图 4-75(c)]，当转换的实现导致几个序列同时激活时，这些序列称为并行序列。当步 3 是活动步，并且转换条件 e 为 1 状态时，步 4 和步 6 同时变为活动步，同时步 3 变为不活动步。为了强调转换的同步实现，水平连线用双线表示。步 4 和步 6 被同时激活后，每个序列中活动步的进展将是独立的。在表示同步的水平双线之上，只允许有一个转换符号。

并行序列的结束称为合并［见图 4-75(c)］，在表示同步的水平双线之下，只允许有一个转换符号。当直接连在双线上的所有前级步（步 5 和步 7）都处于活动状态，并且转换条件 i 为 1 状态时，才会发生步 5 和步 7 到步 8 的进展，即步 5 和步 7 同时变为不活动步，而步 8 变为活动步。

3）顺序功能图中转换实现的基本规则

(1) 转换实现的条件

在顺序功能图中，步的活动状态的进展是由转换的实现来完成的。转换实现必须同时满足两个条件：

① 该转换所有的前级步都是活动步。

② 相应的转换条件得到满足。

这两个条件是缺一不可的，如果取消了第一个条件，假设因为误操作按了启动按钮，在任何情况下都将使以启动按钮作为转换条件的后续步变为活动步，这会造成设备的误动作，甚至会出现重大的事故。

(2) 转换实现应完成的操作

转换实现时应完成以下两个操作：

① 使所有由有向连线与相应转换符号相连的后续步都变为活动步。

② 使所有由有向连线与相应转换符号相连的前级步都变为不活动步。

以上规则可以用于任意结构中的转换，其区别如下：在单序列和选择序列中，一个转换仅有一个前级步和一个后续步。在并行序列的分支处，转换有多个后续步，在转换实现时应同时将它们对应的编程元件置位。在并行序列的合并处，转换有多个前级步，它们均为活动步时才有可能实现转换，在转换实现时应将它们对应的编程元件全部复位。

转换实现的基本规则是根据顺序功能图设计梯形图的基础，它适用于顺序功能图中的各种基本结构和下一节将要介绍的顺序控制梯形图的编程方法。

(3) 绘制顺序功能图时的注意事项

下面是针对绘制顺序功能图时常见的错误提出的注意事项：

① 两个步绝对不能直接相连，必须用一个转换将它们分隔开。

② 两个转换也不能直接相连，必须用一个步将它们分隔开。上述这两条可以作为检查顺序功能图是否正确的判据。

③ 顺序功能图中的初始步一般对应于系统等待启动的初始状态，这一步可能没有什么输出为1状态，因此有的初学者在画顺序功能图时很容易遗漏这一步。初始步是必不可少的，一方面因为该步与它的相邻步相比，从总体上说输出变量的状态各不相同；另一方面如果没有该步，无法表示初始状态，系统也无法返回等待启动的停止状态。

④ 自动控制系统应能多次重复执行同一工艺过程，因此在顺序功能图中一般应有由步和有向连线组成的闭环，即在完成一次工艺过程的全部操作之后，应从最后一步返回初始步，系统停留在初始状态（单周期操作，见图4-69），在连续循环工作方式时，应从最后一步返回下一工作周期开始运行的第一步。

(4) 顺序控制设计法的本质

经验设计法实际上是试图用输入信号I直接控制输出信号Q［见图4-76(a)］，如果无法直接控制，或者为了实现记忆和互锁等功能，只好被动地增加一些辅助元件和辅助触点。由于不同系统的输出量Q与输入量I之间的关系各不相同，以及它们对联锁、互锁的要求千变万化，不可能找出一种简单通用的设计方法。

顺序控制设计法则是用输入量I控制代表各步的编程元件（例如内部位存储器M），再用它们控制输出量Q［见图4-76(b)］。步是根据输出量Q的状态划分的，M与Q之间具有很简单的或或者相等的逻辑关系，输出电路的设计极为简单。任何复杂系统的代表步的位存储器M的控制电路，其设计方法都是通用的，并且很容易掌握，所以顺序控制设计法具有简单、规范、通用的优点。代表步的M是依次变为1、0状态的，实际上已经基本上解决了经验设计法中的记忆和联锁等问题。

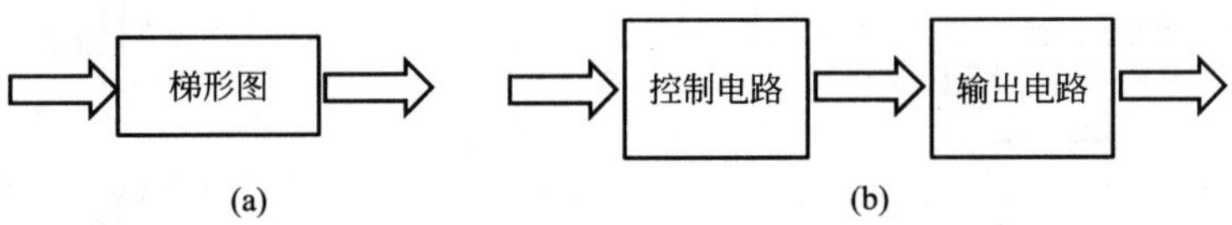

图4-76　信号关系图

4）使用置位复位指令的顺序控制梯形图设计方法

(1) 单序列的编程方法

① 设计顺序控制梯形图的基本问题。本节介绍根据顺序功能图设计梯形图的方法，这种编程方法很容易掌握，用它们可以迅速地、得心应手地设计出复杂的数字量控制系统的梯形图。

控制程序一般采用图4-77所示的典型结构。系统有自动和手动两种工作方式，每次扫描都会执行公用程序，自动方式和手动方式都需要执行的操作放在公用程序中，公用程序还用于自动程序和手动程序相互切换的处理。Bool变量“自动开关”为1状态时调用自动程序，为0状态时调用手动程序。

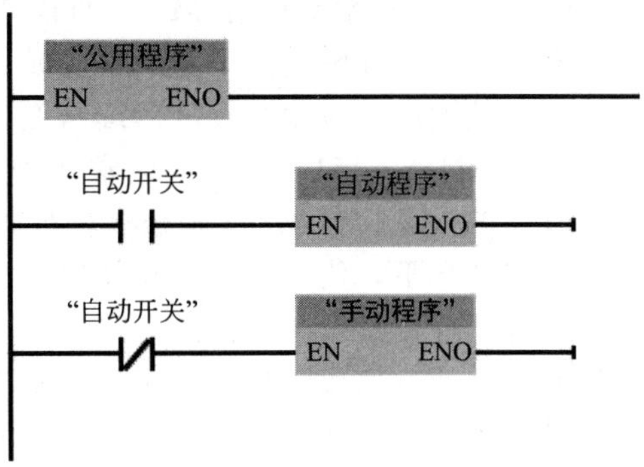

图4-77　OB1中的程序

开始执行自动程序时，要求系统处于与自动程序的顺序功能图的初始步对应的初始状态。

如果开机时系统没有处于初始状态，则应进入手动工作方式，用手动操作使系统进入初始状态后，再切换到自动工作方式，也可以设置使系统自动进入要求的初始状态的工作方式。在本节中，假设刚开始执行用户程序时，系统的机械部分已经处于要求的初始状态。在 OB1 中用仅在首次扫描循环时为 1 状态的 M1.0 将各步对应的编程元件（例如图 4-78 中的 MW4）均复位为 0 状态，然后将初始步对应的编程元件（例如图 4-78 中的 M4.0）置位为 1 状态，为转换的实现做好准备。如果 MW4 没有设置保持功能，启动时它被自动清零，可以删除图 4-78 中的 MOVE 指令。也可以用复位位域指令来复位非初始步。

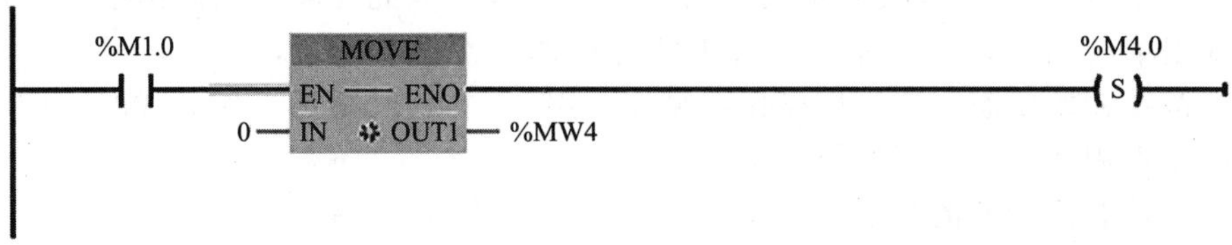

图 4-78　OB1 中的初始化电路

② 编程的基本方法。图 4-79 中转换的上面是并行序列的合并，转换的下面是并行序列的分支。如果转换的前级步或后续步不止一个，转换的实现称为同步实现。为了强调同步实现，有向连线的水平部分用双线表示。

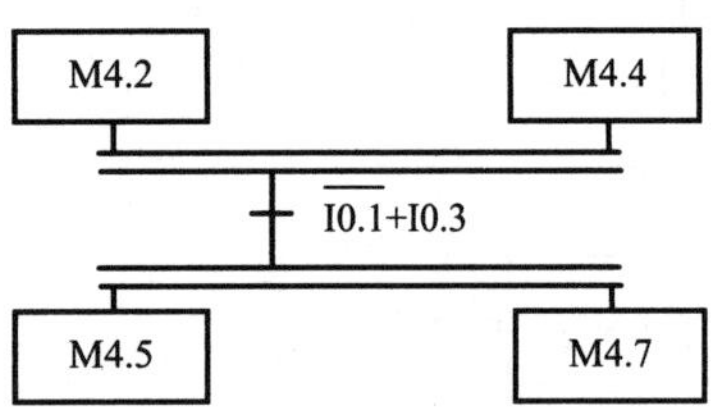

图 4-79　并行序列合并

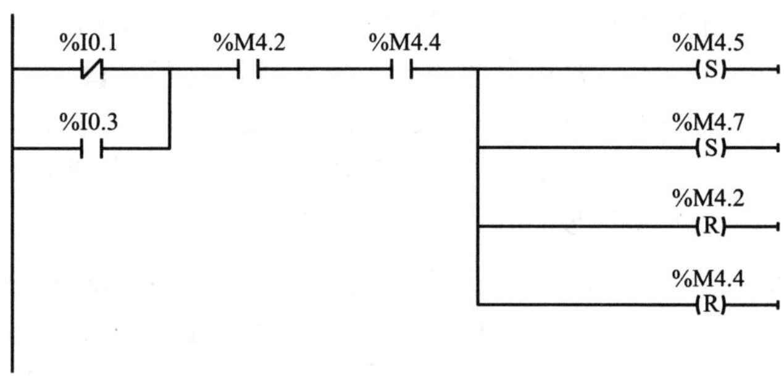

图 4-80　并行步进程序转化

在梯形图中，用编程元件（例如 M）代表步，当某一步为活动步时，该步对应的编程元件为 1 状态。当该步之后的转换条件满足时，转换条件对应的触点或电路接通。因此可以将该触点或电路与代表所有前级步的编程元件的常开触点串联，作为转换实现的两个条件同时满足对应的电路。

以图 4-79 为例，转换条件的布尔代数表达式为 $\overline{I0.1}+I0.3$，它的两个前级步对应于 M4.2 和 M4.4，应将 M4.2、M4.4 的常开触点组成的串联电路与 I0.3 的常开触点和 I0.1 的常闭触点组成的并联电路串联，作为转换实现的两个条件同时满足对应的电路。在梯形图中，该电路接通时，应使所有的后续步变为活动步，使所有的前级步变为不活动步。

因此将 M4.2、M4.4、I0.3 的常开触点与 I0.1 的常闭触点组成的串并联电路，作为使代表后续步的 M4.5 和 M4.7 置位和使代表前级步的 M4.2 和 M4.4 复位的条件。

在任何情况下，代表步的位存储器的控制电路都可以用这一原则来设计，每一个转换对应一个这样的控制置位和复位的电路块，有多少个转换就有多少个这样的电路块。这种设计方法特别有规律，梯形图与转换实现的基本规则之间有着严格的对应关系，在设计复杂的顺序功能图的梯形图时既容易掌握，又不容易出错。

(2) 选择序列与并行序列的编程方法

生成一个名为“复杂的顺序功能图的顺控程序”的项目，CPU 的型号为 CPU 1214C。

① 选择序列的编程方法。如果某一转换与并行序列的分支、合并无关，则它的前级步和后续步都只有一个，需要复位、置位的位存储器也只有一个，因此选择序列的分支与合并的编程方法实际上与单序列的编程方法完全相同。

图 4-81 所示的顺序功能图中，除了 I0.3 与 I0.6 对应的转换以外，其余的转换均与并行序列的分支、合并无关，I0.0～I0.2 对应的转换与选择序列的分支、合并有关，它们都只有一个前级步和一个后续步。与并行序列的分支、合并无关的转换对应的梯形图是非常标准的，每一个控制置位、复位的电路块都由前级步对应的一个位存储器的常开触点和转换条件对应的触点组成的串联电路、一条置位指令和一条复位指令组成。

② 并行序列的编程方法。图 4-81 中步 M4.2 之后有一个并行序列的分支，当 M4.2 是活动步，并且转换条件 I0.3 满足时，步 M4.3 与步 M4.5 应同时变为活动步，这是用 M4.2 和 I0.3 的常开触点组成的串联电路使 M4.3 和 M4.5 同时置位来实现的（见图 4-82）。与此同时，步 M4.2 应变为不活动步，这是用复位指令来实现的。

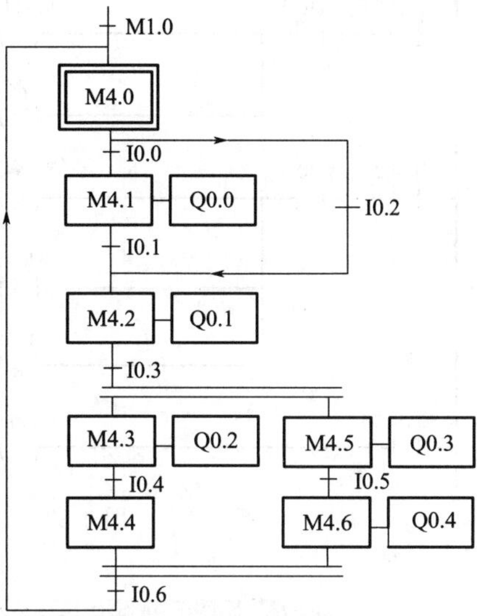

图 4-81　选择序列与并行序列

I0.6 对应的转换之前有一个并行序列的合并，该转换实现的条件是所有的前级步（即步 M4.4 和 M4.6）都是活动步，同时转换条件 I0.6 满足。由此可知，应将 M4.4、M4.6 和 I0.6 的常开触点串联，作为控制后续步对应的 M4.0 置位和前级步对应的 M4.4、M4.6 复位的电路。

调试复杂的顺序功能图对应的程序时，应充分考虑各种可能的情况，对系统的各种工作方式、顺序功能图中的每一条支路、各种可能的进展路线，都应逐一检查，不能遗漏。特别要注意并行序列中各子序列的第 1 步（图 4-81 中的步 M4.3 和步 M4.5）是否同时变为活动步，最后一步（步 M4.4 和步 M4.6）是否同时变为不活动步。发现问题后应及时修改程序，直到每一条进展路线上步的活动状态的顺序变化和输出点的变化都符合顺序功能图的规定。

选中项目树中的 PLC_1，单击工具栏上的“开始仿真”按钮，将程序下载到仿真 CPU，后者进入 RUN 模式。在 SIM 表 1 输入图 4-83 中的变量。

第一次调试时从初始步转换到步 M4.1，经过并行序列，最后返回初始步。第二次调试时从初始步开始，跳过步 M4.1，进入步 M4.2。经过并行序列，最后返回初始步。

5）小车往返的顺序功能图编程法案例

在项目视图中生成一个名为“小车顺序控制”的项目，CPU 的型号为 CPU 1214C。

将图 4-69 的小车控制系统的顺序功能图重新画在图 4-84 中。图 4-85 是根据顺序功能图编写的 OB1 中的梯形图程序。第一行的功能与图 4-82 中的初始化程序相同。

实现图 4-84 中 I0.1 对应的转换需要同时满足两个条件，即该转换的前级步是活动步（M4.1 为 1 状态）和转换条件满足（I0.1 为 1 状态）。在梯形图中，用 M4.1 和 I0.1 的常开触点组成的串联电路来表示上述条件。该电路接通时，两个条件同时满足。此时应将该转换

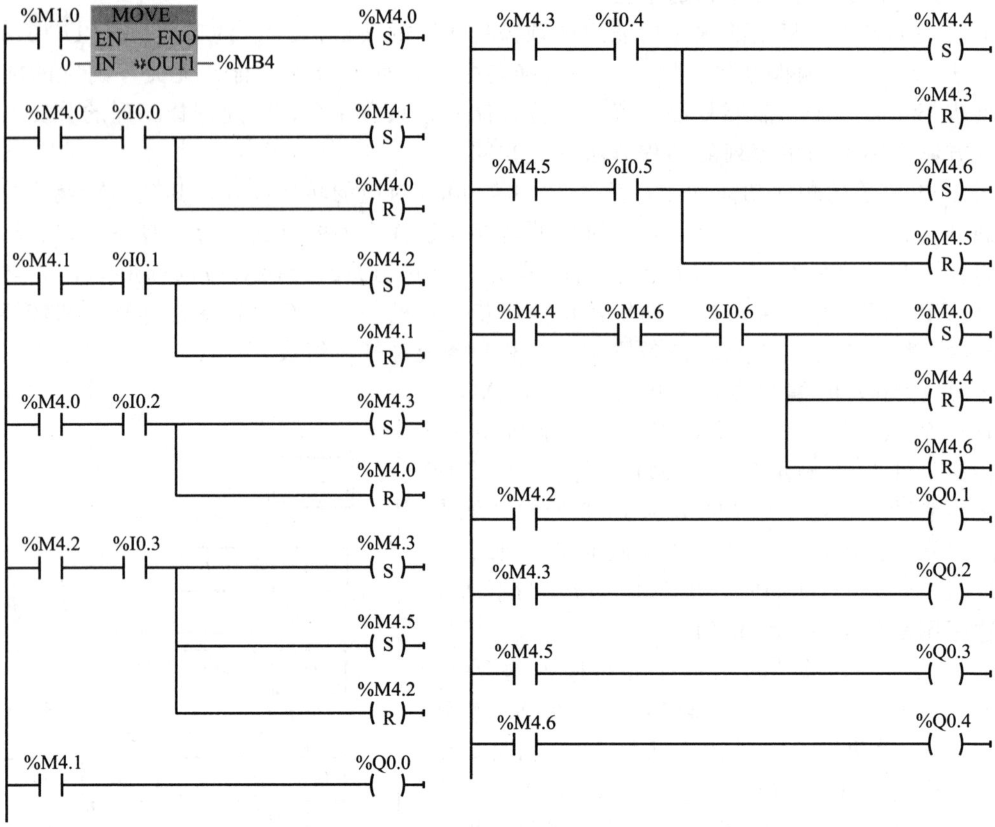

图 4-82　选择序列与并行序列的梯形图

地址	显示格式	监视/修改值	位
%IB0:P	十六进制	16#08	
%QB0	十六进制	16#0C	
%MB4	十六进制	16#28	

图 4-83　仿真软件的 SIM 表

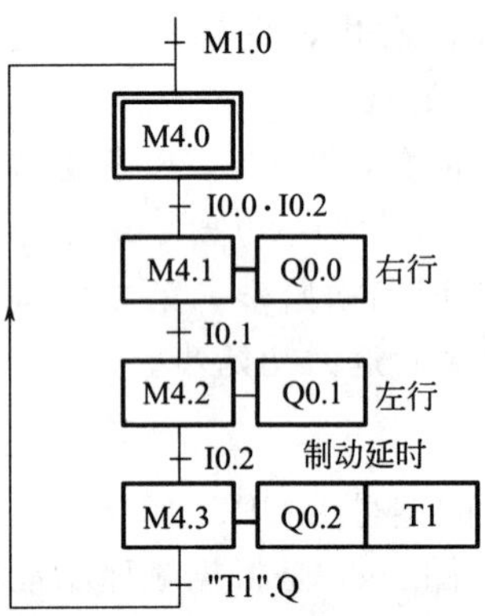

图 4-84　顺序功能图

的后续步变为活动步，即用置位指令（S 指令）将 M4.2 置位。还应将该转换的前级步变为不活动步，即用复位指令（R 指令）将 M4.1 复位。

用上述的方法编写控制代表步的 M4.0～M4.3 的电路，每一转换对应一个这样的电路。初始步下面的转换条件为 I0.0 · I0.2，对应于 I0.0 和 I0.2 的常开触点组成的串联电路。该转换的前级步为 M4.0，所以用这 3 个 Bool 变量的常开触点的串联电路，作为使代表后续步的 M4.1 置位和使代表前级步的 M4.0 复位的条件。

在顺序功能图中，Q0.0～Q0.2 都只是在某一步中为 1 状态，在输出电路中，用它们所在步的位存储器的常开触点分别控制它们的线圈。例如用 M4.1 的常开触点控制 Q0.0 的线圈。如果某个输出位在几步中都为 1 状态，应使用这些步对应的位存储器的常开触点的并联电路，来控制该输出位的线圈。

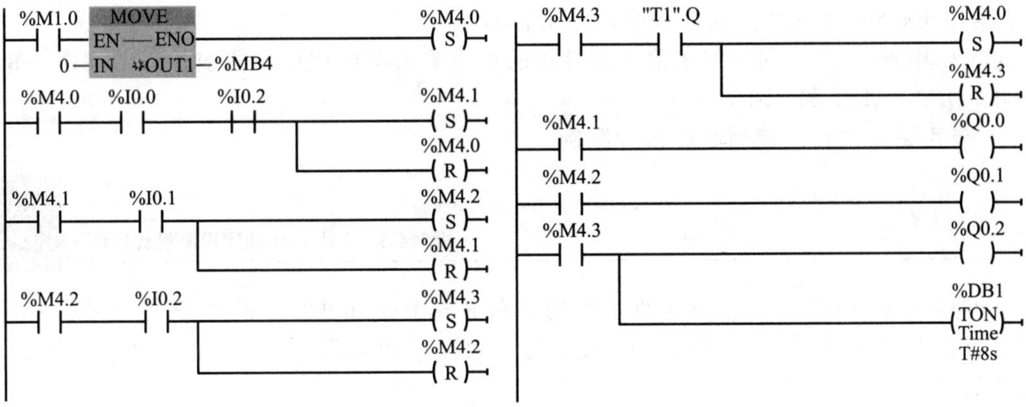

图 4-85　顺序控制梯形图

在制动延时步，M4.3 为 1 状态，它的常开触点接通，使 TON 定时器线圈开始定时。定时时间到时，定时器 T1 的 Q 输出"T1".Q 变为 1 状态，转换条件满足，将从步 M4.3 转换到初始步 M4.0。

使用这种编程方法时，不能将输出位的线圈与置位指令和复位指令并联，这是因为图 4-85 中控制置位、复位的串联电路接通的时间是相当短的，只有一个扫描周期。转换条件 I0.1 满足后，前级步 M4.1 被复位，下一个扫描循环周期 M4.1 和 I0.1 的常开触点组成的串联电路断开。而输出位 Q 的线圈至少应该在某一步对应的全部时间内被接通。所以应根据顺序功能图，用代表步的位存储器的常开触点或它们的并联电路来驱动输出位的线圈。

顺序功能图是用来描述控制系统的外部性能的，因此应根据顺序功能图而不是梯形图来调试顺序控制程序。

可以通过仿真来调试程序。选中项目树中的 PLC_1，单击工具栏上的“开始仿真”按钮，出现 S7-PLCSIM 的精简视图。将程序下载到仿真 CPU，后者进入 RUN 模式。单击精简视图右下角的按钮，切换到项目视图。双击打开项目树中的 SIM 表 1。在表中输入图 4-86 中的变量。

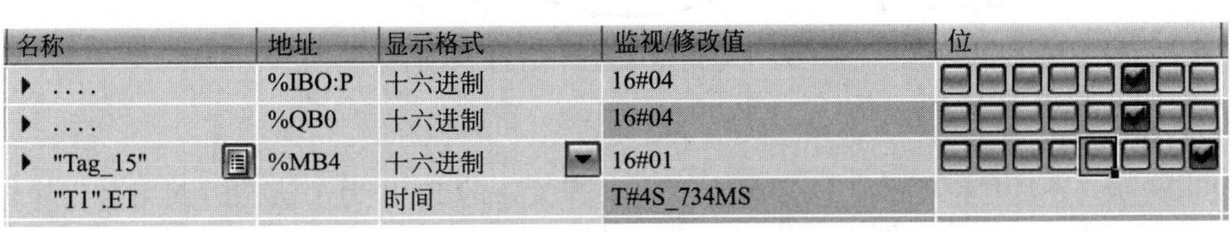

名称	地址	显示格式	监视/修改值	位
▶	%IB0:P	十六进制	16#04	
▶	%QB0	十六进制	16#04	
▶ "Tag_15"	%MB4	十六进制	16#01	
"T1".ET		时间	T#4S_734MS	

图 4-86　仿真软件的 SIM 表

进入 RUN 模式后初始步 M4.0 为活动步（小方框中有勾）。勾选 I0.2 对应的小方框，模拟左限位开关动作。两次单击 I0.0 对应的小方框，模拟按下启动按钮后马上松开。M4.0 对应的小方框中的勾消失，控制右行的 Q0.0 和步 M4.1 对应的小方框出现勾，转换到了步 M4.1。小车离开左限位开关后，应及时将 I0.2 复位为 0 状态，否则在后面的调试中将会出错。

两次单击 I0.1 对应的小方框，模拟右限位开关动作。Q0.0 变为 0 状态，Q0.1 变为 1 状态，转换到了步 M4.2，小车左行。

最后勾选 I0.2 对应的小方框，模拟左限位开关动作。Q0.1 变为 0 状态，停止左行。Q0.2 变为 1 状态，开始制动，T1 的当前时间值"T1".ET 不断增大。到达 8s 时，从步

M4.3 返回初始步，Q0.2 变为 0 状态，停止制动。

也可以用硬件 PLC 和数字量输入端外接的小开关来调试程序，用监控表监视图 4-86 中的 IB0、QB0、MB4 和"T1".ET。

6）专用钻床的顺序控制程序设计案例

视频4.6　专用钻床顺序控制设计案例

某专用钻床用来加工圆盘状零件上均匀分布的 6 个孔（见图 4-87 的下图），图 4-87 中，上面是侧视图，下面是工件的俯视图。要求钻床可以手动钻孔，也可以自动钻孔，试设计整个系统的控制程序。

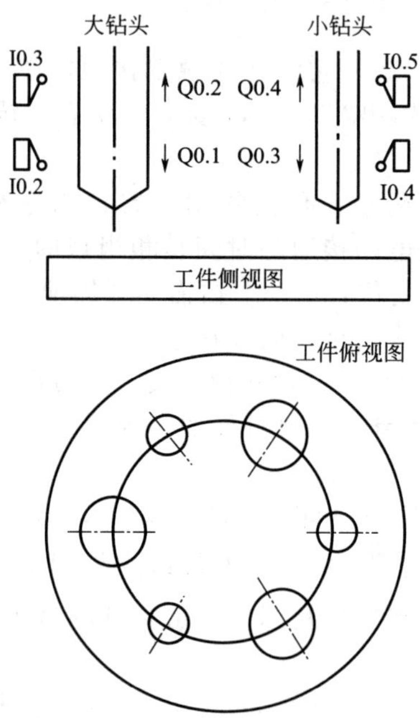

图 4-87　专用钻床控制系统的示意图

(1) OB1 程序

图 4-88 是 OB1 中的程序，符号名为"自动开关"的 I2.0 为 1 状态时调用名为"自动程序"的 FC1，为 0 状态时调用名为"手动程序"的 FC2。

在开机时（M1.0 为 1 状态）和手动方式时（"自动开关"I2.0 为 0 状态），将初始步对应的 M4.0 置位（见图 4-81），将非初始步对应的 M4.1～M5.1 复位。上述操作主要是防止出现由自动方式切换到手动方式，然后又返回自动方式时，可能会出现同时有两个或 3 个活动步的异常情况。PLC 默认的变量表见图 4-89。

(2) 手动程序

图 4-90 是手动程序。在手动方式，用 8 个手动按钮分别独立操作大、小钻头的升降、工件的旋转和夹紧、松开。每对相反操作的输出点用对方的常闭触点实现互锁，用限位开关对钻头的升降限位。

(3) 自动程序

钻床控制的顺序功能图重画在图 4-91 中，图 4-92 是用置位复位指令编写的自动程序。

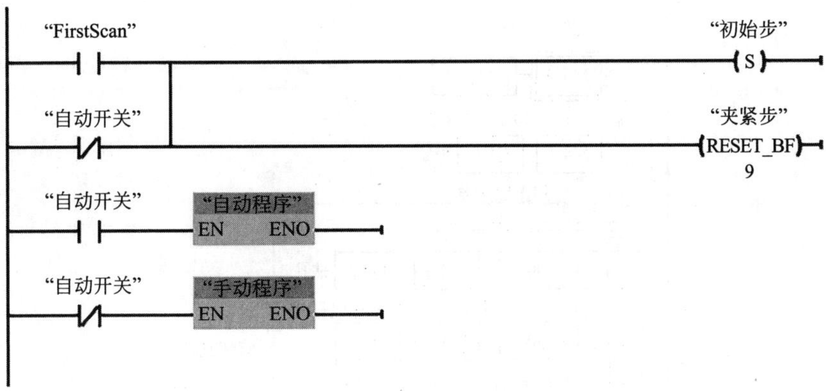

图 4-88　OB1 中的程序

	名称	数据类型	地址		名称	数据类型	地址
1	起动按钮	Bool	%I0.0	13	正转按钮	Bool	%I1.4
2	已夹紧	Bool	%I0.1	14	反转按钮	Bool	%I1.5
3	大孔钻完	Bool	%I0.2	15	夹紧按钮	Bool	%I1.6
4	大钻升到位	Bool	%I0.3	16	松开按钮	Bool	%I1.7
5	小孔钻完	Bool	%I0.4	17	自动开关	Bool	%I2.0
6	小钻升到位	Bool	%I0.5	18	夹紧阀	Bool	%Q0.0
7	旋转到位	Bool	%I0.6	19	大钻头降	Bool	%Q0.1
8	已松开	Bool	%I0.7	20	大钻头升	Bool	%Q0.2
9	大钻升按钮	Bool	%I1.0	21	小钻头降	Bool	%Q0.3
10	大钻降按钮	Bool	%I1.1	22	小钻头升	Bool	%Q0.4
11	小钻升按钮	Bool	%I1.2	23	工件正转	Bool	%Q0.5
12	小钻降按钮	Bool	%I1.3	24	松开阀	Bool	%Q0.6
				25	工件反转	Bool	%Q0.7

图 4-89　PLC 默认变量表

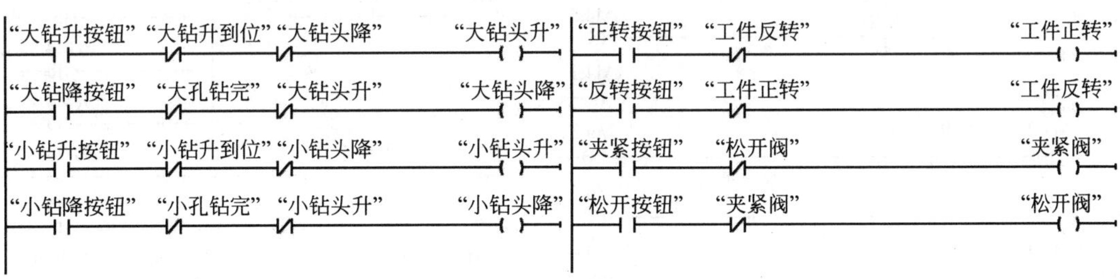

图 4-90　手动程序

在进入自动运行之前，两个钻头应在最上面，上限位开关 I0.3 和 I0.5 为 1 状态，系统处于初始步，加计数器 C1 被复位，当前计数值 CV 被清零。

用位存储器 M 来代表各步，因为要求两个钻头的向下钻孔和钻头提升的过程同时进行，故采用并行序列来描述上述的过程。顺序功能图中还包含了选择序列。

操作人员放好工件后，按下启动按钮 I0.0，转换条件 I0.0 · I0.3 · I0.5 满足，由初始步 M4.0 转换到步 M4.1，Q0.0 变为 1 状态，工件被夹紧。夹紧后压力继电器 I0.1 为 1 状态，由步 M4.1 转换到步 M4.2 和 M4.5，Q0.1 和 Q0.3 使两只钻头同时开始向下钻孔。大钻头钻到由限位开关 I0.2 设定的深度时，进入步 M4.3，Q0.2 使大钻头上升，升到由限位开关 I0.3 设定的起始位置时停止上升，进入等待步 M4.4。小钻头钻到由限位开关 I0.4 设定的深度时，进入步 M4.6，Q0.4 使小钻头上升，设定值为 3 的加计数器 C1 的实际计数值加 1。升到由限位开关 I0.5 设定的起始位置时停止上升，进入等待步 M4.7。

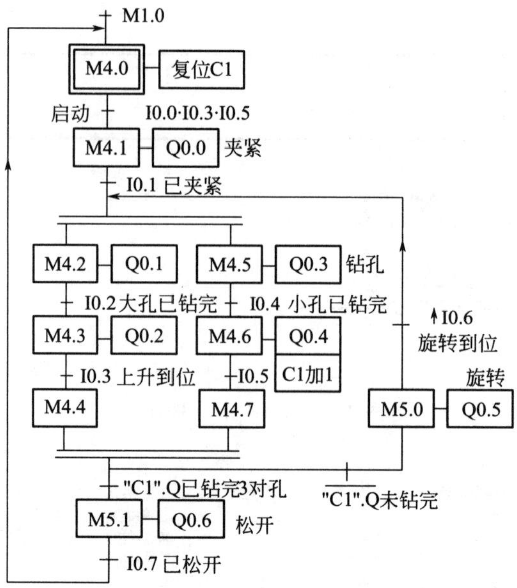

图 4-91　自动程序中的顺序功能图

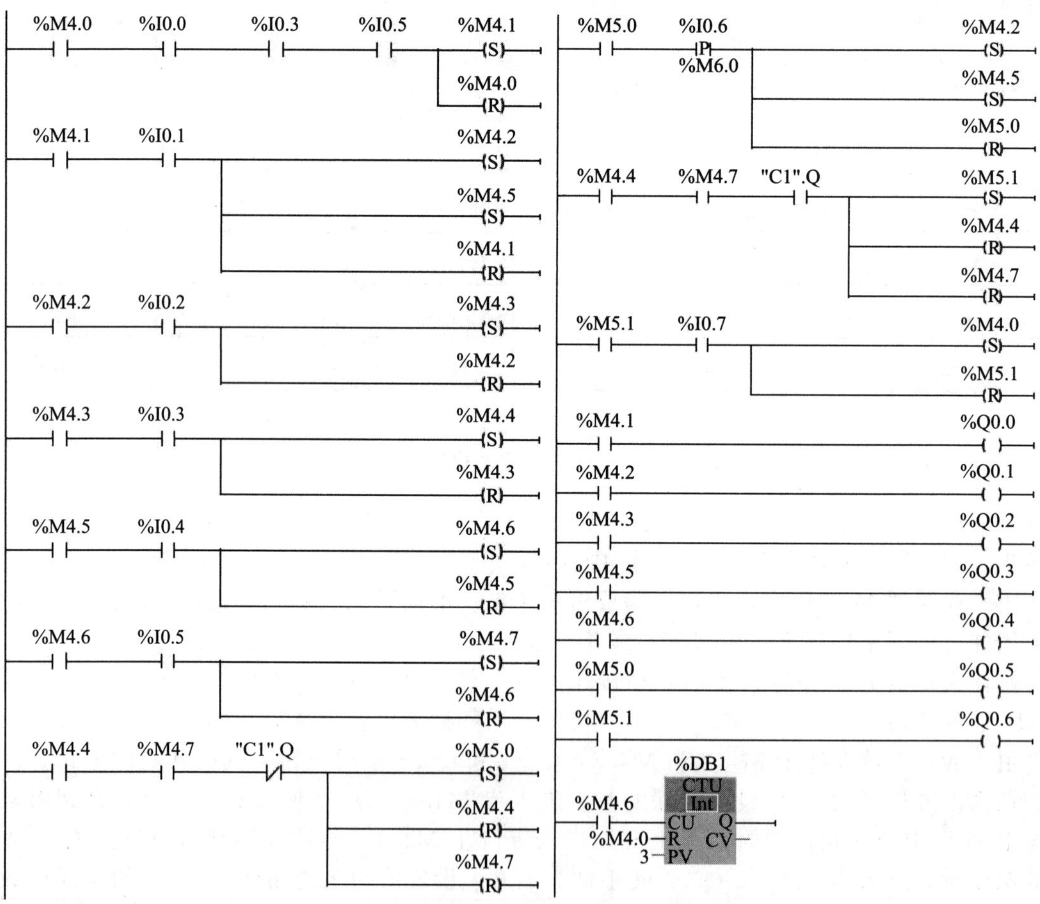

图 4-92　专用钻床控制系统的自动程序

C1 加 1 后的实际计数值为 1，小于预设值 3。C1 的 Q 输出"C1" .Q 的常闭触点闭合，转换条件"C1" .Q 满足。两个钻头都上升到位后，将转换到步 M5.0。Q0.5 使工件旋转 120°，旋转后“旋转到位”限位开关 I0.6 变为 0 状态。旋转到位时 I0.6 为 1 状态，返回步 M4.2 和 M4.5，开始钻第 2 对孔。转换条件“↑I0.6”中的“↑”表示转换条件仅在 I0.6 的上升沿时有效。如果将转换条件改为 I0.6，因为在转换到步 M5.0 之前 I0.6 就为 1 状态，进入步 M5.0 之后将会马上离开步 M5.0，不能使工件旋转。转换条件改为“↑I0.6”后，解决了这个问题。3 对孔都钻完后，实际计数值为 3，转换条件"C1" .Q 变为 1 状态，转换到步 M5.1，Q0.6 使工件松开。松开到位时，限位开关 I0.7 为 1 状态，系统返回初始步 M4.0。

由 M4.2～M4.4 和 M4.5～M4.7 组成的两个单序列分别用来描述大钻头和小钻头的工作过程。在步 M4.1 之后，有一个并行序列的分支。当 M4.1 为活动步，并且转换条件 I0.1 得到满足（I0.1 为 1 状态）时，并行序列的两个单序列中的第 1 步（步 M4.2 和 M4.5）同时变为活动步。此后两个单序列内部各步的活动状态的转换是相互独立的，例如大孔或小孔钻完时的转换一般不是同步的。

两个单序列的最后 1 步（步 M4.4 和 M4.7）应同时变为不活动步。但是两个钻头一般不会同时上升到位，不可能同时结束运动，所以设置了等待步 M4.4 和 M4.7，它们用来同时结束两个并行序列。当两个钻头均上升到位，限位开关 I0.3 和 I0.5 分别为 1 状态，大、小钻头两个子系统分别进入两个等待步时，并行序列将会立即结束。

在步 M4.4 和 M4.7 之后，有一个选择序列的分支。没有钻完 3 对孔时，"C1" .Q 的常闭触点闭合，转换条件"CI" .Q 满足，如果两个钻头都上升到位，将从步 M4.4 和 M4.7 转换到步 M5.0。如果已经钻完了 3 对孔，"C1" .Q 的常开触点闭合，转换条件"C1" .Q 满足，将从步 M4.4 和 M4.7 转换到步 M5.1。

在步 M4.1 之后，有一个选择序列的合并。当步 M4.1 为活动步，并且转换条件 I0.1 得到满足（I0.1 为 1 状态）时，将转换到步 M4.2 和 M4.5。当步 M5.0 为活动步，并且转换条件↑I0.6 得到满足时，也会转换到步 M4.2 和 M4.5。

图 4-91 中分别由 M4.2～M4.4 和 M4.5～M4.7 组成的两个单序列是并行工作的，设计梯形图时应保证这两个序列同时开始工作和同时结束，即两个序列的第一步 M4.2 和 M4.5 应同时变为活动步，两个序列的最后一步 M4.4 和 M4.7 应同时变为不活动步。

并行序列的分支的处理是很简单的，在图 4-91 中，当步 M4.1 是活动步，并且转换条件 I0.1 为 1 状态时，步 M4.2 和 M4.5 同时变为活动步，两个序列开始同时工作。在图 4-92 的梯形图中，用 M4.1 和 I0.1 的常开触点组成的串联电路，来控制对 M4.2 和 M4.5 的置位，以及对前级步 M4.1 的复位。

另一种情况是当步 M5.0 为活动步，并且在转换条件 I0.6 的上升沿时，步 M4.2 和 M4.5 也应同时变为活动步。在梯形图中用 M5.0 的常开触点和 I0.6 的扫描操作数的信号上升沿触点组成的串联电路，来控制对 M4.2 和 M4.5 的置位，以及对前级步 M5.0 的复位。图 4-91 的并行序列合并处的转换有两个前级步 M4.4 和 M4.7，当它们均为活动步并且转换条件满足时，将实现并行序列的合并。未钻完 3 对孔时，计数器 C1 输出位的常闭触点闭合，转换条件"Cl" .Q 满足，将转换到步 M5.0。在梯形图中，用 M4.4、M4.7 的常开触点和"C1" .Q 的常闭触点组成的串联电路将 M5.0 置位，使后续步 M5.0 变为活动步；同时用 R 指令将 M4.4 和 M4.7 复位，使前级步 M4.4 和 M4.7 变为不活动步。

钻完 3 对孔时，C1 的当前值等于设定值，"C1" .Q 的常开触点闭合，转换条件"C1" .Q 满足，将转换到步 M5.1。在梯形图中，用 M4.4、M4.7 和"C1" .Q 的常开触点组成的串联电路将 M5.1 置位，使后续步 M5.1 变为活动步；同时用 R 指令将 M4.4 和 M4.7 复位，使前级步 M4.4 和 M4.7 变为不活动步。

调试程序时，应注意并行序列中各子序列的第 1 步（图 4-91 中的步 M4.2 和步 M4.5）是否同时变为活动步，最后一步（步 M4.4 和步 M4.7）是否同时变为不活动步，也应注意经过 3 次循环后，是否能进入步 M5.1，最后返回初始步。

仿真时 SIM 表中的变量见图 4-93，自动运行的初始状态时自动开关 I2.0 为 1 状态（自动模式），M4.0 为 1 状态（初始步为活动步），"C1" .CV（C1 的当前值）为 0。令 I0.3 和 I0.5 为 1 状态（钻头在上面），I0.6 和 I0.7 为 1 状态（旋转到位、夹紧装置松开）。

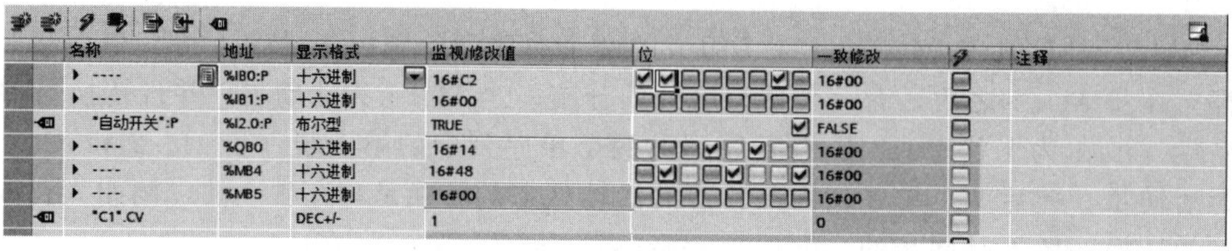

图 4-93　PLCSIM 的 SIM 表

两次单击启动按钮 I0.0，转换到夹紧步 M4.1，Q0.0 变为 1 状态并保持，工件被夹紧。令 I0.1 为 1 状态（已夹紧）和 I0.7 为 0 状态（未松开），转换到步 M4.2 和步 M4.5，开始钻孔。因为两个钻头已下行，此时一定要令 I0.3 和 I0.5 为 0 状态，将上限位开关断开，否则后面的调试将会出现问题。

分别两次单击 I0.2 和 I0.4（孔已钻完），转换到步 M4.3 和步 M4.6，钻头上升，C1 当前值加 1 变为 1。单击勾选 I0.3 和 I0.5，令两个钻头均上升到位，进入等待步。因为"C1" .Q 为 0 状态，转换到步 M5.0，Q0.5 变为 1 状态，开始旋转。旋转后旋转到位开关断开，因此令 I0.6 为 0 状态。再令 I0.6 为 1 状态，模拟工件旋转到位，返回到步 M4.2 和步 M4.5。

重复上述钻孔的过程，钻完 3 对孔且 2 个钻头都上升到位时，"C1" .Q 为 1 状态，转换到步 M5.1。令 I0.7 为 1 状态，I0.1 为 0 状态，夹紧装置松开，返回初始步 M4.0。

在自动方式运行时将“自动开关”I2.0 复位，然后置位，返回自动方式的初始状态。各输出位和非初始步对应的位存储器被复位，C1 的当前值被清零，初始步变为活动步。

4.3　S7-1200 在模拟量闭环控制中的应用

视频4.7　S7-1200模拟量控制

PLC 控制过程中，很多变量并不一定都是开关量，例如要根据温度的实时值与阈值进行比较判断、要根据液位的当前值进行进水阀的打开或关断，可见温度、压力、物位、流量等的信号采集是第一步。

4.3.1　模拟量信号采集

（1）模拟量信号采集

这些信号都是连续变化的量，常用变送器进行采集，其将电量或非电量转换为标准量程的电流或电压，然后送给模拟量输入模块。

变送器分为电流输出型变送器和电压输出型变送器。电压输出型变送器具有恒压源的性质，PLC 模拟量输入模块的电压输入端的输入阻抗很高，例如电压输入时 S7-1200 的模拟量输入模块的输入阻抗大于等于 9MΩ。如果变送器距离 PLC 较远，微小的干扰信号电流在模块的输入阻抗上将产生较高的干扰电压。例如 2μA 干扰电流在 9MΩ 输入阻抗上将会产生 18V 的干扰电压信号，所以远程传送的模拟量电压信号的抗干扰能力很差。

电流输出具有恒流源的性质，恒流源的内阻很大。S7-1200 的模拟量输入模块输入电流时，输入阻抗为 280Ω。线路上的干扰信号在模块的输入阻抗上产生的干扰电压很低，所以模拟量电流信号适于远程传送。

电流输出型变送器分为二线制和四线制两种，四线制变送器有两根电源线和两根信号线。二线制变送器只有两根外部接线，它们既是电源线，也是信号线（见图 4-94），输出 4～20mA 的信号电流，直流电源串接在回路中，有的二线制变送器通过隔离式安全栅供电。通过调试，在被检测信号量程的下限时输出电流为 4mA，被检测信号满量程时输出电流为 20mA。二线制变送器的接线少，信号可以远传，在工业中得到了广泛的应用。

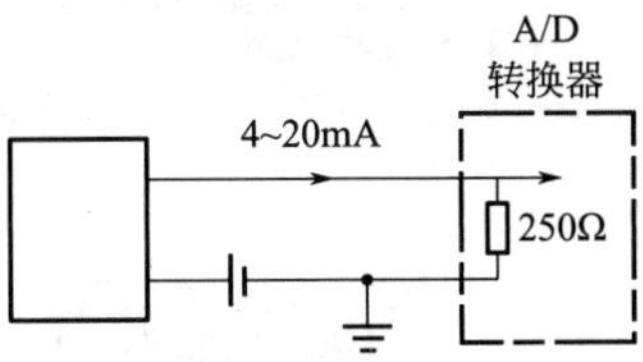

图 4-94 二线制变送器

（2）模拟量信号转换

采集到的电流信号要经过转换，转换成 PLC 程序可以识别的数字量才可以进行下一步的逻辑比较、显示等功能。接下来讲述模拟量信号在 PLC 内部的转换。以某压力的采集与转换为例，设压力变送器的量程下限为 0MPa，上限为 High，经 A/D 转换后得到 0～27648 的整数。下式是转换后的数字 N 和压力 P 之间的计算公式：

$$P=(\text{High}\times N)/27648(\text{MPa}) \tag{4-4}$$

用函数 FC1 实现上述运算，在 OB1 中调用 FC1。打开 STEP 7 的项目视图，生成一个名为“函数与函数块”的新项目。双击项目树中的“添加新设备”，添加一块 CPU 1214C。

打开项目视图中的文件夹 PLC_1 程序块，双击其中的“添加新块”（见图 4-95），打开“添加新块”对话框，单击其中的“函数”按钮，FC 默认的编号为 1，默认的语言为 LAD（梯形图）。设置函数的名称为“计算压力”。单击“确定”按钮，在项目树的文件夹 PLC_1 程序块中可以看到新生成的 FC1。

将鼠标的光标放在 FC1 的程序区最上面标有“块接口”的水平分隔条上，按住鼠标左键，往下拉动分隔条，分隔条上面是函数的接口区（见图 4-95），下面是程序区。将分隔条拉至程序编辑器视窗的顶部，不再显示接口区，但是它仍然存在。

在接口区中生成局部变量，后者只能在它所在的块中使用。在 Input（输入）下面的“名称”列生成输入参数“输入数据”，单击“数据类型”列的按钮，用下拉式列表设置其数据类型为 Int（16 位整数）。用同样的方法生成输入参数“量程上限”、输出参数（Output）“压力值”和临时数据（Temp）“中间变量”，它们的数据类型均为 Real。

首先用 CONV 指令将参数“输入数据”接收的 A/D 转换后的整数值（0～27648）转换为实数（Real），再用实数乘法指令和实数除法指令完成式(4-3) 的运算（见图 4-96）。运算的中间结果用临时局部变量“中间变量”保存。STEP 7 自动地在局部变量的前面添加“#”，例如“#输入数据”。在 FC1 块中完成图 4-96 中所示的压力计算程序。

回到项目树，点击 PLC 变量表，确认变送器连接的 AI 通道地址“压力转换值”，新建压力计算值保存地址 MD18（实数仅能用 32 位内部地址进行保存）、同时设置一个压力计算

图 4-95　项目树与 FC1 接口区的局部变量

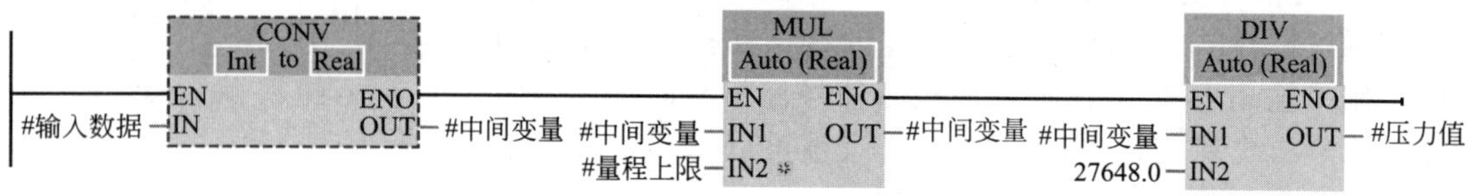

图 4-96　FC1 的压力计算程序

允许开关 I0.6，修改其易记符号为“压力计算”，见图 4-97。回到 OB1 中，进行图 4-98 所示的 FC1 调用程序编写，下载 PLC 程序，当 IW64 连接的外部压力变送器的输出电流在 4～20mA 之间时，通过监视，可发现 IW64 在 0～27648 之间的整数进行变动，MD18 中的实数——压力计算值在 0.0～10.0 之间进行变动，即完成了 IW64 通道的模拟量采集与转换。

9		压力转换值	Int	%IW64
10		压力计算值	Real	%MD18
11		压力计算	Bool	%I0.6

图 4-97　PLC 变量表

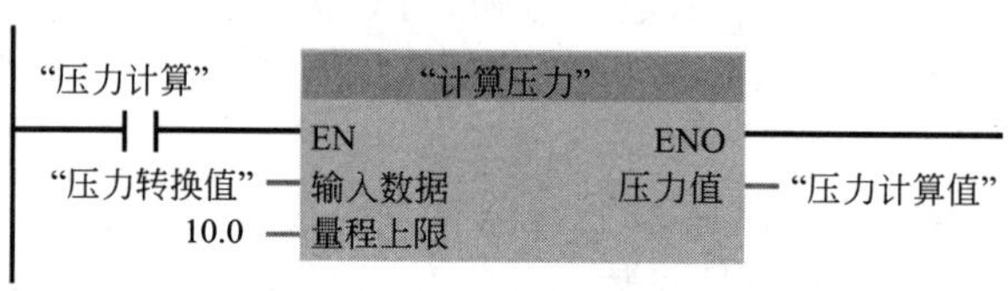

图 4-98　OB1 调用 FC1 的程序

(3) 模拟量信号模拟生成与仿真

当然，也可以利用模拟的方式，在 CPU 集成的模拟量输入的通道 0 的输入端输入一个 DC 0～10V 的电压，用程序状态功能监视 FC1 或 OB1 中的程序。调节该通道的输入电压，观察 MD18 中的压力计算值是否与理论计算值相同。也可以通过仿真来调试程序。选中项目树中的 PLC_1，单击工具栏上的“开始仿真”按钮，出现 S7-PLCSIM 的精简视图。将程序下载到仿真 CPU，后者进入 RUN 模式。单击精简视图右下角的按钮，切换到项目视图。双击打开项目树中的 SIM 表 1。在表中输入图 4-97 中的变量（见图 4-99）。

勾选名为“压力计算”I0.6 所在行的小方框，I0.6 的常开触点接通，调用 FC1。在第二行的“一致修改”列输入 13824（27648 的一半），单击工具栏上的“修改所有选定值”按钮，13824被送给IW64后，被传送给FC1的形参“输入数据”。执行FC1的程序后，输出参数“压力值”的值5.0MPa被传送给它的实参“压力计算值”MD18。

名称	地址	显示格式	监视/修改值	位	一致修改	
▸ ----	%IB0:P	十六进制	16#40	☐☐☐☐☐☐☐☐	16#00	☐
"压力转换值":P	%IW64:P	DEC+/-	13824		13824	☑ !
"压力计算值"	%MD18	浮点数	5		0	☐

图4-99　SIM表1

4.3.2　模拟量闭环控制系统

在工业生产中，一般用闭环控制方式来控制温度、压力、流量这一类连续变化的模拟量，使用得最多的是PID控制（即比例积分微分控制），这是因为PID控制具有以下优点：

① 即使没有控制系统的数学模型，也能得到比较满意的控制效果。

② 通过调用PID指令来编程，程序设计简单，参数调整方便。

③ 有较强的灵活性和适应性，根据被控对象的具体情况，可以采用P、PI、PD和PID等方式，S7-1200的PID指令采用了一些改进的控制方式，还可以实现PID参数自整定。

典型的模拟量闭环控制系统如图4-100所示，点画线中的部分是用PLC实现的。

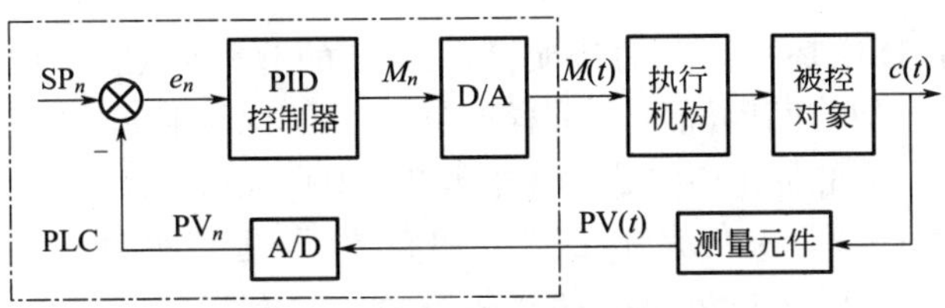

图4-100　PLC闭环控制系统框图

以加热炉温度闭环控制系统为例，用热电偶检测被控量$c(t)$（炉温），温度变送器将热电偶输出的微弱的电压信号转换为标准量程的直流电流或直流电压PV(t)，PLC用模拟量输入模块中的A/D转换器，将它们转换为与温度成比例的多位二进制数过程变量（又称为反馈值）PV_n。CPU将它与温度设定值SP_n比较，误差$e_n = SP_n - PV_n$。

模拟量与数字量之间的相互转换和PID程序的执行都是周期性的操作，其间隔时间称为采样周期T_s，各数字量中的下标n表示该变量是第n次采样计算时的数字量。

PID控制器以误差值e_n为输入量，进行PID控制运算。模拟量输出模块的D/A转换器将PID控制器的数字量输出值M_n转换为直流电压或直流电流$M(t)$，用它来控制电动调节阀的开度。用电动调节阀控制加热用的天然气的流量，实现对温度的闭环控制。

闭环负反馈控制可以使过程变量PV_n等于或跟随设定值SP_n。以炉温控制系统为例，假设被控量温度值$c(t)$低于给定的温度值，过程变量PV_n小于设定值SP_n，误差e_n为正，控制器的输出值$M(t)$将增大，使执行机构（电动调节阀）的开度增大，进入加热炉的天然气流量增加，加热炉的温度升高，最终使实际温度接近或等于设定值。

天然气压力的波动、工件进入加热炉，这些因素称为扰动，它们会破坏炉温的稳定，有的扰动量很难检测和补偿。闭环控制具有自动减小和消除误差的功能，可以有效地抑制闭环中各种扰动量对被控量的影响，使过程变量PV_n等于或跟随设定值SP_n。

闭环控制系统的结构简单，容易实现自动控制，因此在各个领域得到了广泛的应用。

闭环控制必须保证系统是负反馈（误差＝设定值－过程变量），而不是正反馈（误差＝设定值＋过程变量）。如果系统接成了正反馈，将会失控，被控量会往单一方向增大或减小。

4.3.3 PID_Compact 指令的算法与参数

在指令列表的“工艺”选项板的“\ PID 控制 \ Compact PID”文件夹中，有 3 条指令，包括集成了调节功能的通用 PID 控制器指令 PID_Compact，集成了阀门调节功能的 PID 控制器指令 PID_3Step，以及温度 PID 控制器指令 PID_Temp。

PID_Compact 指令是对具有比例作用的执行器进行集成调节的 PID 控制器，具有抗积分饱和功能，并且能够对比例作用和微分作用进行加权运算。其计算公式为

$$y=K_{\mathrm{P}}\left[(bw-x)+\frac{1}{T_{\mathrm{I}}s}(w-x)+\frac{T_{\mathrm{D}}s}{aT_{\mathrm{D}}s+1}(cw-x)\right] \tag{4-5}$$

式中，y 为 PID 算法的输出值；K_{P} 为比例增益；b 为比例作用权重；w 为设定值；x 为过程值；s 为自动控制理论中的拉普拉斯运算符；T_{I} 为积分作用时间；T_{D} 为微分作用时间；a 为微分延迟系数；微分延迟 $T_{\mathrm{I}}=aT_{\mathrm{D}}$；$c$ 为微分作用权重。

S7-1200 CPU 提供的 PID 控制器回路数量受到 CPU 的工作内存及支持 DB 块数量的限制，建议不要超过 16 路 PID 回路。用户可以手动调试 PID 参数，也可以使用参数自整定功能。此外 STEP7 还提供了 PID 调试窗口，可以通过曲线直观地了解控制器和被控对象的状态。

生成名为“1200PID 闭环控制”的新项目，CPU 的型号为 CPU 1214C。

调用 PID_Compact 的时间间隔称为采样时间，为了保证精确的采样时间，用固定的时间间隔执行 PID 指令，因此在循环中断 OB 中调用 PID_Compact 指令。

双击项目树的“程序块”文件夹中的“添加新块”，生成循环中断组织块 OB30，设置其循环时间为 300ms。将 PID_Compact 指令拖放到 OB30 中（见图 4-101），对话框“调用选项”被打开。单击“确认”按钮，在“\ 程序块 \ 系统块 \ 程序资源”文件夹中生成名为“PID_Compact”的函数块。生成的背景数据块 PID_DB（DB3）在项目树的文件夹“工艺对象”中。

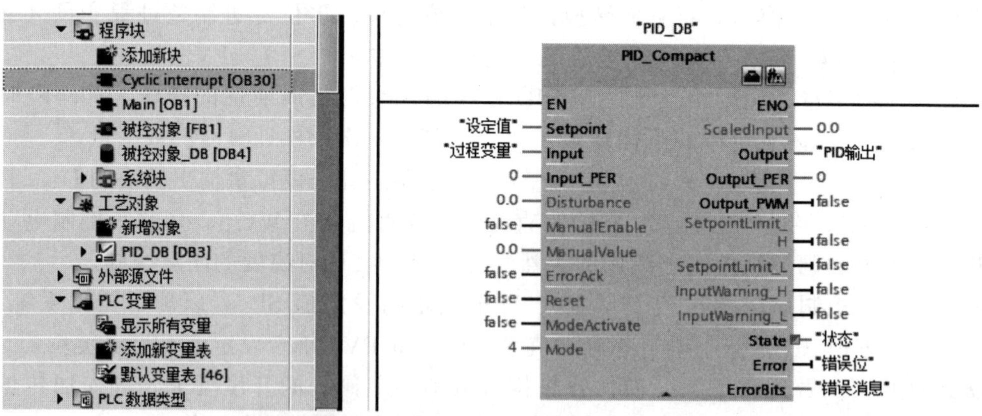

图 4-101　OB30 中的 PID_Compact 指令

单击指令框底部的▼和▲按钮，可以将其展开为详细参数显示或收缩为最小参数显示。

实数输入参数 Setpoint 和 Input 分别是控制器的设定值和过程值（即反馈值），Int 型参数 Input_PER 是模拟量输入的过程值。

Output 是实数型的 PID 输出值，Output_PER 是 Int 型的模拟量输出值，Output_PWM 是 Bool 型的 PID 脉宽调制输出值。可以同时使用这 3 个输出变量。

Int 型输出 State 是 PID 当前的工作模式，其值为 0～5 时的工作模式分别为未激活、预调节、精确调节、自动模式、手动模式和带错误监视的替代输出值。可以通过 InOut 参数 Mode，在输入参数 ModeActivate 的上升沿更改工作模式。

Bool 型输出参数 Error 为 TRUE（1 状态）表示在本周期内至少有一条错误消息处于未确认状态。DWord 型输出 ErrorBits 中是处于未确认状态的错误消息。

PID_Compact 指令的其他输入、输出参数和它的背景数据块中的静态参数的意义见该指令的在线帮助。

4.3.4　PID_Compact 指令的组态与调试

1）PID 参数组态

双击项目树的“\工艺对象\PID_DB”文件夹中的“组态”，或双击 PID_Compact 指令框中的“打开组态窗口”图标，在工作区打开 PID 的组态窗口。选中左边窗口中的“控制器类型”（见图 4-102 的上图），可以设置控制器类型为各种物理量，一般设置为“常规”，其单位为%。对于 PID 输出增大时被控量减小的设备（例如制冷设备），可以勾选“反转控制逻辑”复选框。如果勾选了“CPU 重启后激活 Mode”复选框，CPU 重启后将激活图中设置的自动模式。

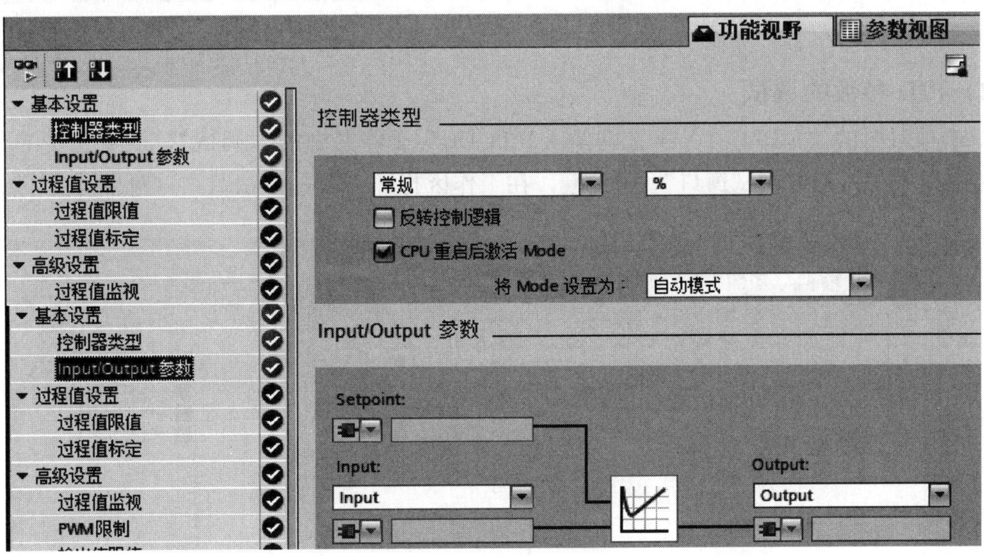

图 4-102　PID 组态窗口

选中左边窗口的“Input/Output 参数”（见图 4-102 的下图），本例设置过程变量（Input）和 PID 输出（Output）分别为指令的输入参数 Input 和输出参数 Output（浮点数）。

选中左边窗口的“过程值限值”，采用默认的过程值上限（120.0%）和下限（0.0%）。

选中左边窗口的“过程值标定”，采用默认的比例。标定的过程值下、上限分别为 0.0%和 100.0%时，A/D 转换后对应的数字为 0.0～27648.0。

选中左边窗口“高级设置”文件夹中的“过程值监视”，可以设置输入的上限报警值和下限报警值。运行时如果输入值超过设置的上限值或低于下限值，指令的 Bool 输出参数

“InputWaming_H”或“InputWaming_L”将变为1状态。

选中左边窗口的“PWM限制”，可以设置PWM的最小接通时间和最小关闭时间。

选中左边窗口的“输出值限值”（见图4-103），将输出值的上、下限设置为100.0%和0.0%，可以设置出现错误时对Output的处理方法。选中左边窗口的“PID参数”，勾选“启用手动输入”复选框，可以离线或在线监视、修改和下载PID参数，控制器结构可选PID和PI。

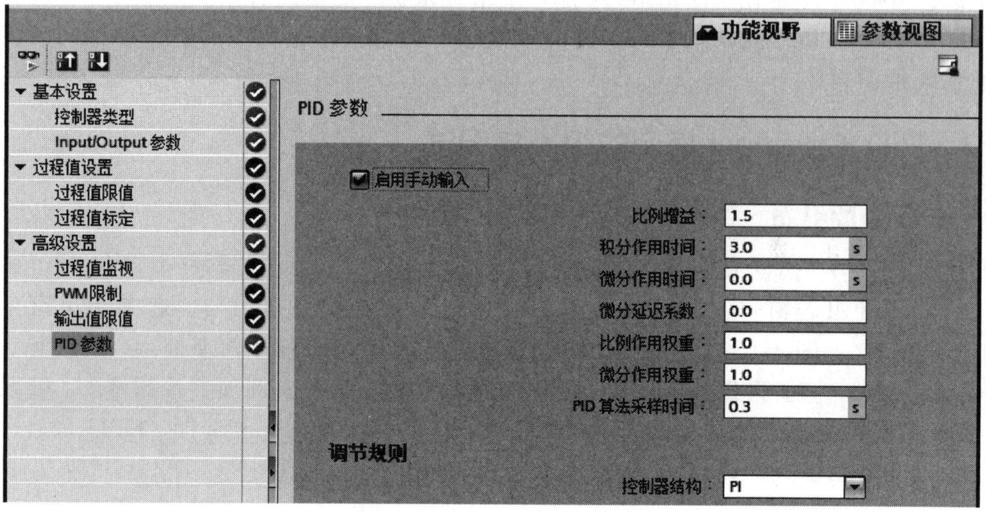

图4-103　组态PID参数

2）PID参数的调试

双击项目树的“\PLC_1\工艺对象\PID_DB”文件夹中的“调试”，或单击PID_Compact指令框中的“打开调试窗口”图标，在工作区打开PID的调试窗口（见图4-104）。

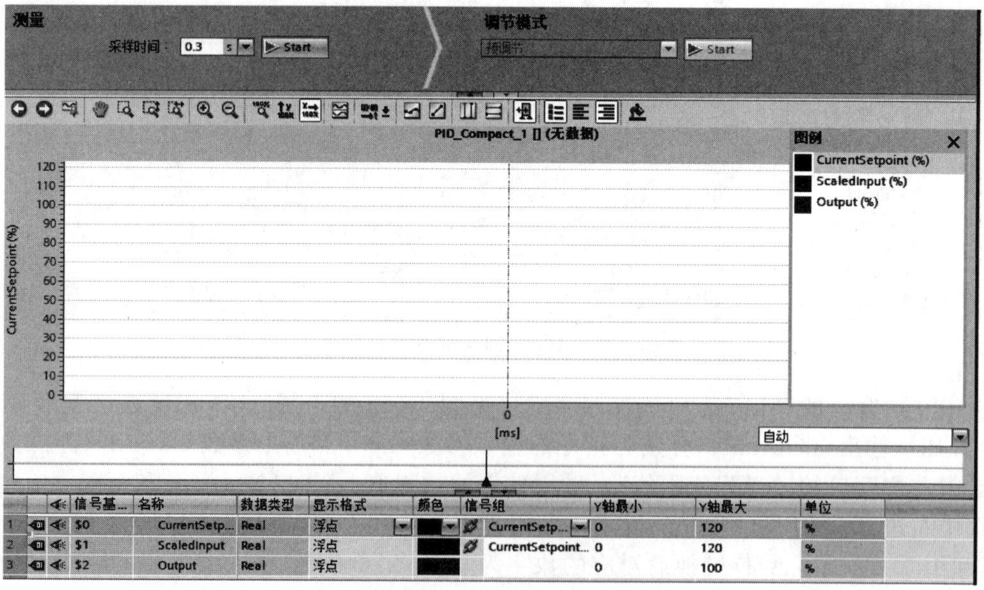

图4-104　PID调试窗口

调试窗口被3根水平分隔条分隔为4个分区，将鼠标的光标放在某个分隔条上，按住鼠标的左键移动鼠标，可以移动水平分隔条，以改变有关分区的高度或隐藏某个分区。

选中项目树中的PLC_1，将程序和组态数据下载到CPU。在最上面的分区将采样时间设置为0.3s。单击采样时间右边的“Start”（启动）按钮，开始用曲线图监视PID控制器的设定值（Setpoint）方波、标定的过程值（ScaledInput）和PID输出Output。

图4-104中曲线图右上角的图例给出了各曲线的颜色，单击曲线图工具栏上的，可以显示或隐藏图例，单击或，可以将图例放在显示屏的右上角或左上角。可以用曲线图下面的表格修改曲线的颜色，例如将设定值由浅蓝色改为洋红色。单击该表格Output行左边的，可以隐藏或重新显示Output曲线。

按下工具栏上的“垂直缩放选择”按钮，光标变为该按钮上的图形。按下鼠标左键，在曲线图中拖动鼠标，选择垂直范围，显示屏根据所选范围对纵轴进行比例缩放。例如选择的范围为40%～90%时，纵轴的上、下限变为90%和40%。如果要取消纵轴的缩放，可选择纵轴一端之外的地方。再次单击该按钮，按钮被释放，缩放功能被取消。是“水平缩放选择”按钮，显示屏根据所选范围对横轴进行比例缩放。

“缩放选择”按钮根据所选范围，对曲线图的纵轴和横轴同时进行比例缩放。

“放大”按钮和“缩小”按钮同时对时间轴和数值轴的范围进行放大或缩小。

“显示全部”按钮按比例缩放可用数据的显示屏，从而显示完整的时间范围和所有数值。激活缩放功能时，曲线的动态变化会停止。“显示全部”按钮可以再次激活曲线的动态变化。单击按下“移动视图”按钮，用鼠标左键按住曲线图中的曲线可以移动它。

3）仿真系统的程序与实际的PID程序的区别

对于工程实际应用，在模拟量闭环控制系统的基础上，PID控制程序应做下列改动：

① 删除OB30中的函数块“被控对象”和OB1中产生方波给定信号的程序。

② 实际的PID控制程序一般使用来自AI模块的过程变量Input_PER，后者应设为实际使用的AI模块的通道地址，例如IW96。不用设置浮点数的过程变量输入Input的实参。

③ 不用设置浮点数输出Output的实参，Output_PER（外设输出值）设为实际使用的模拟量输出模块的通道地址。

④ 果系统需要自动/手动两种工作模式的切换，参数ManualEnable应设置为切换自动/手动的Bool变量。手动时该变量为1状态，参数ManualValue是用于输入手动值的地址。

4.4 S7-1200通信

视频4.8 S7-1200 PLC通信

值得注意的是，单独PLC的CPU配以I/O模块可以实现局部物理范围内小工程的自动化。如果涉及更广范围内PLC与外部设备间的通信，以实现同步动作或者协调生产，就需要将PLC与外部设备进行通信，当通信不成功时优先要进行通信不成功下的故障诊断，接下来将介绍S7-1200系列PLC与外部设备间的通信方式。

4.4.1 S7-1200之间的ISO-on-TCP和TCP通信

西门子的工业自动化通信网络SIMATIC NET的顶层为工业以太网，它是基于国际标准IEEE 802.3的开放式网络，可以集成到互联网。网络规模可达1024站，距离可达1.5km（电气网络）或200km（光纤网络）。S7-1200的CPU集成了一个PROFINET以太网接口，可以与编程计算机、人机界面和其他S7 PLC通信。

PROFIBUS用于少量和中等数量数据的高速传送，AS-i是底层的低成本网络，底层的通用总线系统KNX用于楼宇自动控制，IWLAN是工业无线局域网。各个网络之间用连接器或有路由器功能的PLC连接。

S7-1200/1500的CPU都有一个集成的PROFINET接口，它是10/100Mbit/s的RJ45以太网口，支持电缆交叉自适应，可以使用标准的或交叉的以太网电缆。这个通信口可以实现CPU与编程设备、HMI和其他S7 CPU之间的通信，支持以下的通信协议和服务：TCP（传输控制协议）、ISO-on-TCP（RCF 1006）、UDP（用户数据报协议）和S7通信（可以作服务器和客户机）。

1）开放式用户通信

基于CPU集成的PN接口的开放式用户通信（open user communication）是一种程序控制的通信方式，这种通信只受用户程序的控制，可以用程序建立和断开事件驱动的通信连接，在运行期间也可以修改连接。

在开放式用户通信中，S7-300/400/1200/1500可以用功能块（博途称为指令）TCON来建立连接，用TDISCON来断开连接。指令TSEND和TRCV用于通过TCP和ISO-on-TCP协议发送和接收数据；指令TUSEND和TURCV用于通过UDP协议发送和接收数据。

S7-1200/1500除了使用上述指令实现开放式用户通信，还可以使用指令TSEND_C和TRCV_C，通过TCP和ISO-on-TCP协议发送和接收数据。这两条指令有建立和断开连接的功能，使用它们以后不需要调用TCON和TDISCON指令。

2）组态CPU的硬件

生成一个名为“1200_1200_ISO_C”的项目，单击项目树中的“添加新设备”，添加一块CPU 1215C，默认的名称为PLC_1。双击项目树的“PLC_1”文件夹中的“设备组态”，打开设备视图。选中CPU左下角表示以太网接口的绿色小方框，然后选中巡视窗口的“属性”→“常规”→“以太网地址”，采用PN接口默认的IP地址192.168.0.1和默认的子网掩码255.255.255.0。选中CPU后选中巡视窗口的“属性”→“常规”→“系统和时钟存储器”，启用MB0为时钟存储器字节。

用同样的方法添加一块CPU 1215C，默认的名称为PLC_2。PN接口的IP地址为默认的192.168.0.2，子网掩码为默认的255.255.255.0。启用它的时钟存储器字节。

3）组态CPU之间的通信连接

双击项目树中的“设备和网络”，打开网络视图（图4-105）。选中PLC_1的以太网接口，按住鼠标左键不放，拖拽出一条线，光标移动到PLC_2的以太网接口上，松开鼠标，将会出现图4-105所示的绿色的以太网线和名称为“PN/IE_1”的连接。

4）验证通信是否实现的典型程序结构

(1) 生成保存发送和接收数据的数据块

本例要求通信双方发送和接收100个整数。双击项目树的文件夹“\PLC_1\程序块”

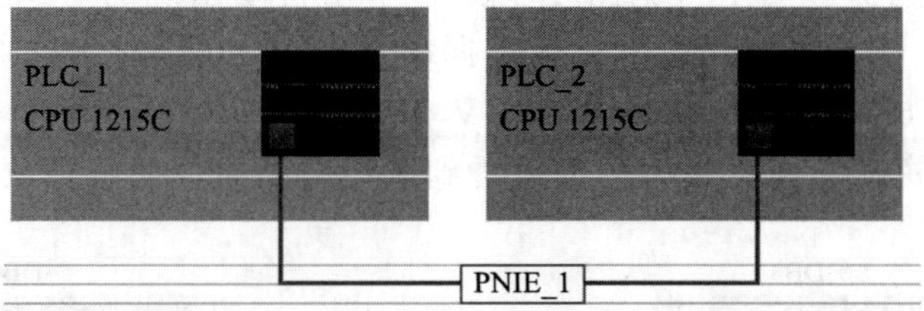

图 4-105 网络组态

中的“添加新块”，生成全局数据块 DB1，将它的符号地址改为 SendData。用右键单击它，选中快捷菜单中的“属性”，再选中打开的对话框左边窗口中的“属性”。去掉“优化的块访问”复选框中的钩，允许使用绝对地址。在 DB1 中生成有 100 个整数元素的保存要发送的数据的数组 ToPLC_2（图 4-106 上面的图）。再生成没有“优化的块访问”属性的全局数据块 DB2，符号地址为 RcvData，在 DB2 中生成有 100 个整数元素的保存接收到的数据的数组 FromPLC_2。

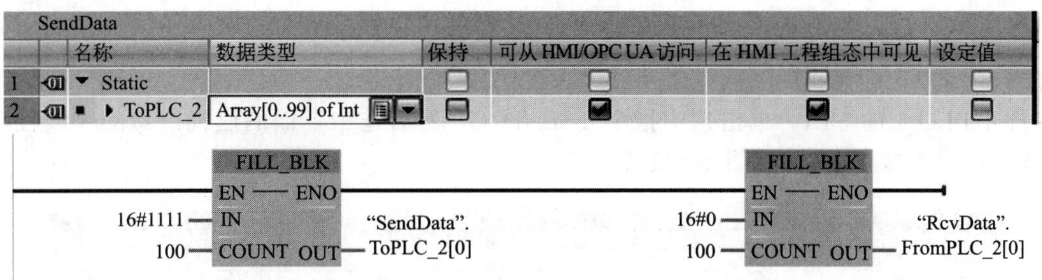

图 4-106 数据块 SendData 与 OB100 中的程序

用同样的方法生成 PLC_2 的数据块 DB1 和 DB2，在其中分别生成有 100 个整数元素的数组 TOPLC_1 和 FromPLC_1。

（2）初始化保存发送和接收数据的数组

在 OB100 中用指令 FILL_BLK（填充块）将两块 CPU 的 DB1（SendData）中要发送的 100 个整数分别初始化为 16＃1111（见图 4-106 下面的图）和 16＃2222，将保存接收数据的 DB2（RcvData）中的 100 个整数清零。

（3）将双方要发送的第一个字周期性地加 1

双击打开项目树的“\PLC_1\程序块”文件夹中的主程序 OB1，用周期为 0.5s 的时钟存储器位 M0.3 的上升沿，将要发送的第一个字 DB1.DBW0 加 1（见图 4-107）。

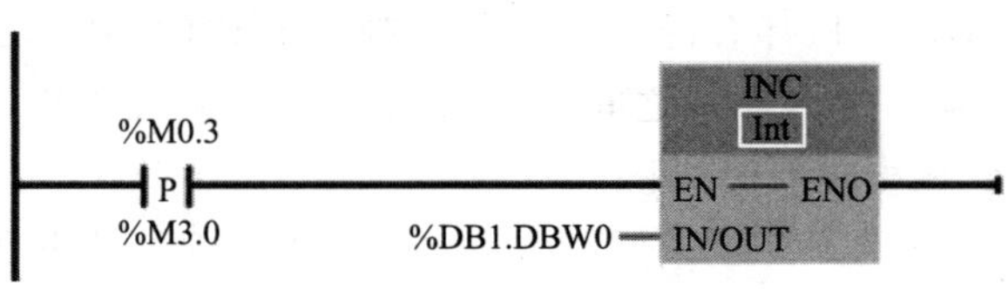

图 4-107 OB1 中的梯形图

5）调用 TSEND_C 和 TRCV_C

在开放式用户通信中，发送方调用 TSEND_C 指令发送数据，接收方调用 TRCV_C 指令接收数据。

双击打开 OB1，将右边的指令列表中的“通信”选项板的“开放式用户通信”文件夹中的 TSEND_C 拖拽到梯形图中（见图 4-108）。单击自动出现的“调用选项”对话框中的“确认”按钮，自动生成 TSEND_C 的背景数据块 TSEND_C_DB（DB3）。用同样的方法调用 TRCV_C，自动生成它的背景数据块 TRCV_C_DB（DB4）。在项目树的“\ PLC_1 \ 程序块 \ 系统块 \ 系统资源”文件夹中，可以看到这些自动生成的背景数据块。

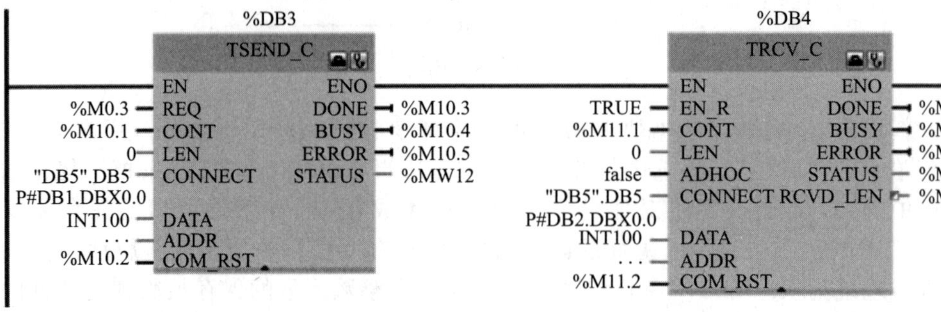

图 4-108　发送与接收指令

用同样的方法生成 PLC_2 的程序，两台 PLC 的用户程序基本上相同。

6）组态连接参数

打开 PLC_1 的 OB1，单击选中指令 TSEND_C，然后选中下面的巡视窗口的“属性”→“组态”→“连接参数”（见图 4-109）。

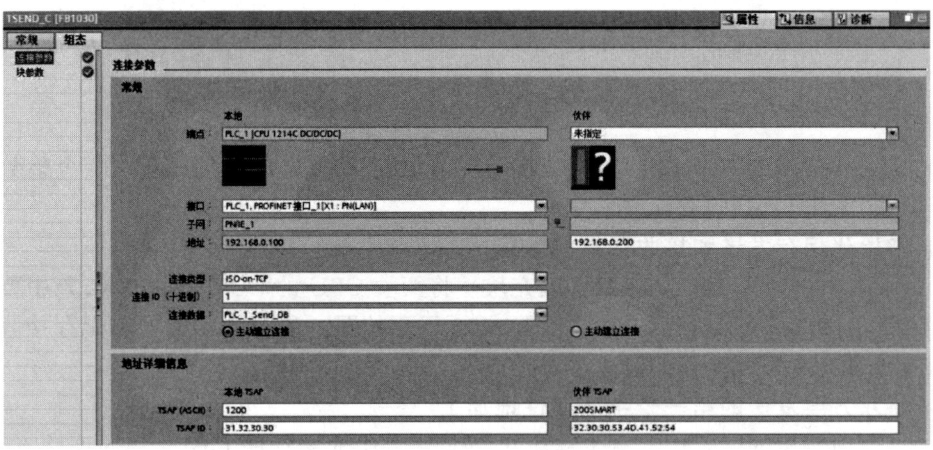

图 4-109　组态 ISO-on-TCP 连接

在右边的窗口中，单击“伙伴”的“端点”选择框右边的▼，用出现的下拉式列表选择通信伙伴为 PLC_2，两台 PLC 图标之间出现绿色连线。“连接 ID”（连接标识符，即连接的编号）的默认值为 1，编程时要用到它。

用“连接类型”选择框设置连接类型为 ISO-on-TCP。单击“本地”的“连接数据”选择框右边的▼，单击出现的“<新建>”，自动生成连接描述数据块“PLC_1_Send_DB”（DB5）。用同样的方法生成 PLC_2 的连接描述数据块“PLC_2_Send_DB”（DB5）。

通信的一方作为主动的伙伴，启动通信连接的建立。另一方作为被动的伙伴，对启动的连接作出响应。图 4-109 用单选框设置由 PLC_1 主动建立连接。

PLC_1 设置的连接参数将自动用于 PLC_2，PLC_2 组态“连接参数”的对话框与图 4-109 的结构相同，“本地”与“伙伴”列的内容互相交换。

TSAP(transport service access point）是传输服务访问点。设置连接参数时，并不检查各连接的连接 ID、TCP 连接的端口编号和 ISO-on-TCP 连接的 TSAP 是否分别重叠，但应保证这些参数在网络中是唯一的。

开放式用户连接的组态参数用连接描述数据块 PLC_1_Send_DB 和 PLC_2_Send_DB 保存。可以通过删除连接描述数据块来删除连接。在删除它们时，应同时删除调用时使用它们作为输入参数的通信指令 TSEND_C、TRCV_C 及其背景数据块，这样才能保证程序的一致性。

7）TSEND_C 和 TRCV_C 的参数

图 4-108 中 TSEND_C 的参数的意义如下。

在请求信号 REQ 的上升沿，根据参数 CONNECT 指定的连接描述数据块（DB5）中的连接描述，启动数据发送任务。发送成功后，参数 DONE 在一个扫描周期内为 1 状态。

CONT（Bool）为 1 状态时建立和保持连接。为 0 状态时断开连接，接收缓冲区中的数据将会消失。连接被成功建立时，参数 DONE 在一个扫描周期内为 1 状态。CPU 进入 STOP 模式时，已有的连接被断开。

LEN 是 TSEND_C 要发送或 TRCV_C 要接收的数据的字节数，它为默认值 0 时，发送或接收用参数 DATA 定义的所有的数据。

图 4-108 中 TSEND_C 的参数 DATA 的实参 P＃DB1. DBX0. 0INT 100 是数据块 SendData（DB1）中的数组 ToPLC_2 的绝对地址。TRCV_C 的参数 DATA 的实参 P＃DB2. DBX0. 0 INT 100 是数据块 RcvData（DB2）中的数组 FromPLC_2 的绝对地址。

COM_RST（Bool）为 1 状态时，断开现有的通信连接，新的连接被建立。如果此时数据正在传送，可能导致数据丢失。

DONE(Bool）为 1 状态时任务执行成功，为 0 状态时任务未启动或正在运行。

BUSY(Bool）为 0 状态时任务完成，为 1 状态时任务尚未完成，不能触发新的任务。

ERROR(Bool）为 1 状态时执行任务出错。

字变量 STATUS 中是错误的详细信息。

TRCV_C 的参数的意义如下。

EN_R(Bool）为 1 状态时，准备好接收数据。

CONT 和 EN_R(Bool）均为 1 状态时，连续地接收数据。

DATA(Variant）是接收区的起始地址。

RCVD_LEN 是实际接收的数据的字节数。其余的参数与 TSEND_C 的相同。

8）硬件通信实验的典型方法

用以太网电缆通过交换机（或路由器）连接计算机和两块 CPU 的以太网接口，将用户程序和组态信息分别下载到两块 CPU，并令它们处于运行模式。

同时打开两块 CPU 的监控表，用工具栏的▯垂直拆分工作区，同时监视两块 CPU 的 DB2 中接收到的部分数据（见图 4-110）。将两块 CPU 的 TSEND_C 和 TRCV_C 的参数 CONT（M10. 1 和 M11. 1）均置位为 1 状态，建立起通信连接。由于双方的发送请求信号 REQ（时钟位存储器 M0. 3）的作用，TSEND_C 每 0. 5s 发送 100 个字的数据。可以看到，双方接收到的第一个字 DB2. DBW0 的值每 0. 5s 加 1，DB2 中第二个字 DBW2 和最后一个字 DBW198 是通信伙伴在 OB100 中预置的值。

通信正常时令 M10. 1 或 M11. 1 为 0 状态，建立的连接被断开，CPU 将停止发送或接收数据。接收方的 DB2. DBW0 停止变化。

名称	地址	显示格式	监视/修改值
"Tag_5"	%M10.1	布尔型	FALSE
"Tag_27"	%M11.1	布尔型	FALSE
"RevData".FromPLC_1[0]	%DB2.DBW0	DEC+/-	0
"RevData".FromPLC_1[1]	%DB2.DBW2	DEC+/-	0
"RevData".FromPLC_1[99]	%DB2.DBW198	DEC+/-	0

名称	地址	显示格式	监视/修改值
"Tag_5"	%M10.1	布尔型	FALSE
"Tag_27"	%M11.1	布尔型	FALSE
"RcvData".FromPLC_2[0]	%DB2.DBW0	DEC+/-	0
"RcvData".FromPLC_2[1]	%DB2.DBW2	DEC+/-	0
"RcvData".FromPLC_2[99]	%DB2.DBW198	DEC+/-	0

图 4-110　PLC_1 与 PLC_2 的监控表

也可以在通信正常时双击打开 PLC_1 的数据块 DB2，然后打开数组 FromPLC_2。单击“全部监视”按钮，在“监视值”列可以看到接收到的 100 个整数数据。双方接收到的第 1 个字的值不断增大，其余 99 个字的值相同，是对方 CPU 在 OB100 中预置的值。

9）仿真实验

TIA 博途 PLCSIM V13 SP1 支持 S7-1200 对通信指令 PUT/GET、TSEND/TRCV 和 TSEND_C/TRCV_C 的仿真。

打开项目“1200_1200_ISO_C”，选中 PLC_1，单击工具栏上的“开始仿真”按钮，出现仿真软件的精简视图和“扩展的下载到设备”对话框，设置“PG/PC 接口的类型”为“PN/IE”、“PG/PC 接口”为“PLCSIM S7-1200/S7-1500”、“接口/子网的连接”为“PN/IE_1”或“插槽‘1×1’处的方向”。

单击“开始搜索”按钮，搜索到 IP 地址为 192.168.0.1 的 PLC_1。单击“下载”按钮，将程序或组态数据下载到仿真 PLC，后者被切换到 RUN 模式，RUN LED 变为绿色。

选中 PLC_2，单击工具栏上的“开始仿真”按钮，出现仿真软件的精简视图，上面显示“PLC_1（SIM-1200）”，IP 地址为 192.168.0.1。单击工具栏上的按钮，将程序和组态数据下载到仿真 PLC，后者被切换到 RUN 模式，仿真软件上显示“PLC_2”，IP 地址变为 192.168.0.2。

双击打开两台 PLC 的监控表（见图 4-110），调试的方法和观察到的现象与硬件 PLC 相同。

将项目“1200_1200_ISO_C”另存为名为“1200_1200TCP_C”的项目。将图 4-109 中的“连接类型”改为“TCP”，“伙伴端口”为默认的 2000，用户程序和其他的组态数据不变。

项目“1200_1200_ISO”“1200_1200TCP”使用 TSEND/TRCV 指令，分别使用 TCP、ISO-on-TCP 协议，通信双方在 OB1 中用指令 TCON 建立连接，用指令 TDISCON 断开连接（见图 4-111）。这两个项目和项目“1200_1200TCP_C”都可以仿真。

4.4.2　S7-1200 之间的 UDP 通信

S7-1200 之间、S7-1200 和 S7-300/400/1500 之间的开放式用户通信还可以使用 UDP 协议，通信的双方都需要调用指令 TCON、TDISCON、TUSEND 和 TURCV。

1）组态连接参数

项目“1200_1200UDP”与项目“1200_1200_ISO_C”的硬件组态相同。通信双方在 OB1 中用指令 TCON 建立连接，用 TDISCON 断开连接（见图 4-111）。选中 TCON，然后选中巡视窗口的“属性”→“组态”→“连接参数”，设置通信伙伴为“未指定”，连接类型为 UDP。“连接 ID”（连接标识符）的默认值为 1，将用于 TCON 和 TDISCON。UDP 协议不能设置“主动建立连接”复选框。

单击“本地”的“连接数据”选择框右边的，选中出现的“＜新建＞”，自动生成连

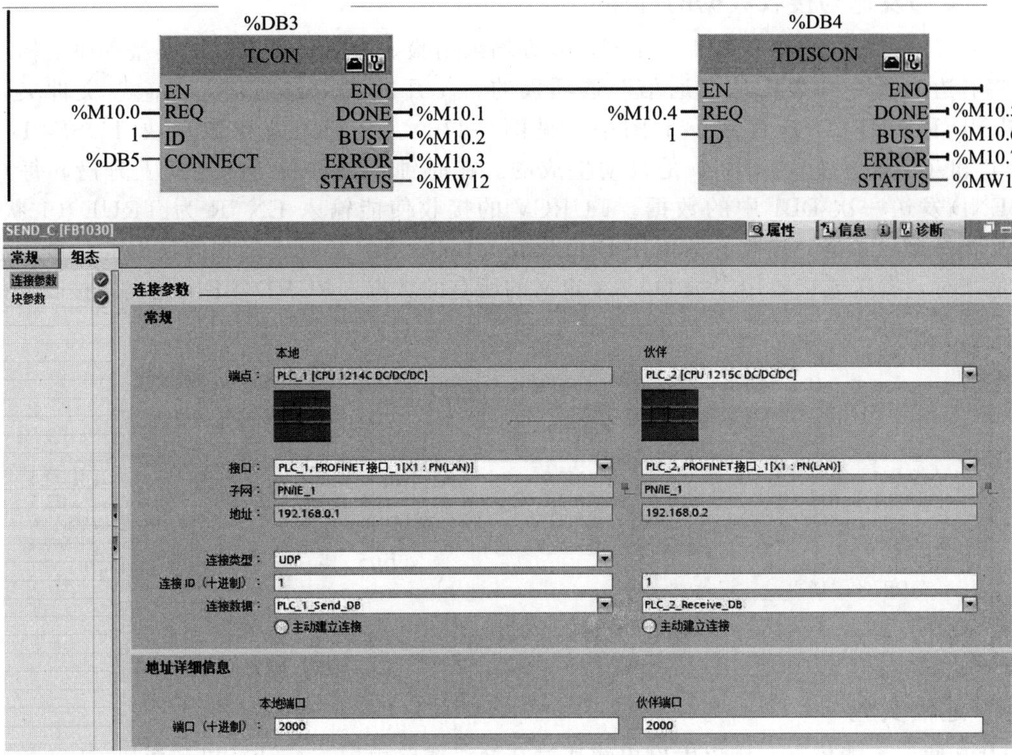

图 4-111　OB1 的程序与组态 UDP 连接参数

接描述数据块“PLC_1_Connection_DB”（DB4）。本地端口号为默认的 2000。在图 4-111 的梯形图中，DB5 是指令 TCON 的输入参数 CONNECT（指向连接描述的指针）的实参。除了本地 PLC 名称、接口、IP 地址和连接数据不同外，PLC_2 的“连接参数”对话框与图 4-111 基本上相同。

2）生成定义 UDP 连接参数的数据块

双击项目树的文件夹“\PLC_1\程序块”中的“添加新块”，在“添加新块”对话框中，选中“数据块”按钮，用类型选择框选中“TADDR_Param”，为通信双方生成全局数据块 DB7，将它的名称改为“接口参数”。组态 UDP 连接参数时，双方的伙伴均为“未指定”，需要用 DB7 来设置远程通信伙伴的 IP 地址和端口号（见图 4-112），双方的本地端口号应相同。TUSEND 和 TURCV 的输入参数 ADDR 的实参为 DB7（见图 4-113）。

在程序运行过程中修改 DB7 中通信伙伴的 IP 地址和端口号，可以和不同的伙伴通信。

接口参数

	名称	数据类型	起始值
1	▼ Static		
2	▼ REM_IP_ADDR	Array[1..4] of USInt	
3	REM_IP_ADDR[1]	USInt	192
4	REM_IP_ADDR[2]	USInt	168
5	REM_IP_ADDR[3]	USInt	0
6	REM_IP_ADDR[4]	USInt	2
7	REM_PORT_NR	UInt	2000
8	RESERVED	Word	16#0

图 4-112　用 DB7 设置 PLC_1 的通信伙伴的 IP 地址和端口地址

3）编写发送与接收数据的程序

与项目“1200_1200_ISO_C”相同，双方均采用验证通信是否实现的典型程序结构。

将右边的指令列表中的“通信”选项板的“\ 开放式用户通信 \ 其它”文件夹中的TUSEND和TURCV拖拽到梯形图中（见图4-113）。它们的背景数据块TUSEND_DB（DB5）和TURCV_DB（DB6）是自动生成的。在时钟存储器位M0.3的上升沿，每0.5s TUSEND发送一次DB1中的数据。TURCV的接收使能输入EN_R为TRUE（1状态）时，准备好接收数据，接收的数据用DB2保存。LEN是要发送或接收的数据的长度，它为默认值0时，发送或接收用参数DATA定义的所有的数据。RCVD_LEN是实际接收到的数据的字节数。其他参数的意义与TSEND_C和TRCV_C的同名参数相同。

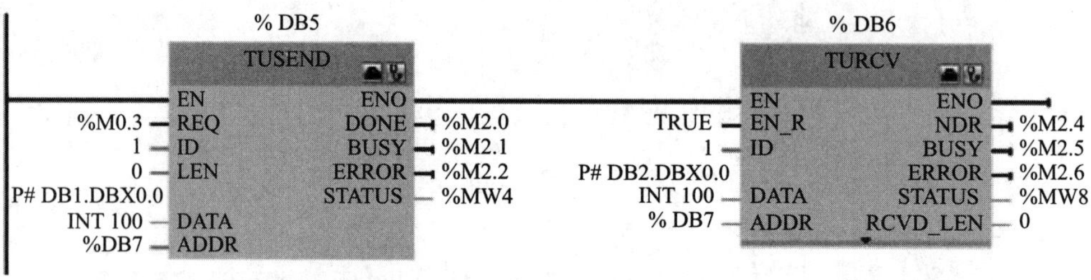

图4-113　发送与接收数据的程序

4）通信实验

UDP通信不能仿真。用以太网电缆通过交换机或路由器连接计算机和两块CPU的以太网接口，将用户程序和组态信息分别下载到两块CPU，令它们处于运行模式。

用双方的监控表分别监控两块CPU的TCON和TDISCON的REQ输入M10.0和M10.4，以及DB2中接收到的DBW0、DBW2和DBW198。

用监控表令双方的TDISCON的REQ（M10.4）均为0状态，在TCON的REQ（M10.0）的上升沿，建立起ID为1的通信连接，开始传输数据。可以看到双方接收到的第一个字DB2.DBW0不断增大，DB2中的DBW2和DBW198是通信伙伴在首次扫描时预置的值。

连接建立起来以后，可以用TDISCON的请求信号M10.4的上升沿断开连接，停止数据传输。停止传输后，可以用M10.0的上升沿来再次建立连接。

如果令双方的TCON的REQ（M10.0）为常数1，进入RUN状态时双方开始传输数据。

4.4.3　S7-1200与S7-300/400之间的开放式用户通信

1）S7-1200与S7-300/400的以太网通信概述

如果S7-300/400使用以太网通信处理器（CP），S7-300/400可以建立ISO-on-TCP、TCP和UDP静态连接，用它们进行通信，使用AG_SEND和AG_RCV指令编程。这种通信的硬件成本高，现在很少使用，一般使用开放式用户通信。

如果S7-300/400使用CPU集成的PROFINET接口通信，双方都必须使用开放式用户通信和ISO-on-TCP、TCP和UDP协议，还可以使用S7协议通信。

可以用博途对S7-1200与S7-300/400之间的通信编程。也可以用博途对S7-1200编程，用STEP 7 V5.5对S7-300/400编程。本节主要介绍S7-300/400使用CPU集成的PROFI-

NET 接口，双方基于博途的开放式用户通信。

2）S7-300/400 的组态与编程

在博途中生成一个名为“300_1200TCP”的项目，PLC_1 为 CPU 314C-2 PN/DP，PLC_2 为 CPU 1215C。它们的 IP 地址分别为 192.168.0.1 和 192.168.0.2。组态时启用双方的 MB0 为时钟存储器字节。

与项目“1200_1200_ISO_C”相同，双方均采用验证通信是否实现的典型程序结构。

图 4-114 是 S7-300 的初始化组织块 OB100 中的程序，其中的 #TEMP、#RETV1 和 #RETV2 是 OB100 的局部数据区中定义的临时变量。DB1 中保存要发送的数据的数组 ToPLC1200 的元素被预置为 16#3333，DB2 中保存接收到的数据的数组 FromPLC1200 的元素被清零。因为 FILL 指令的输入参数 BVAL 不能使用常数，所以在 FILL 指令的前面增加了一条 MOVE 指令。

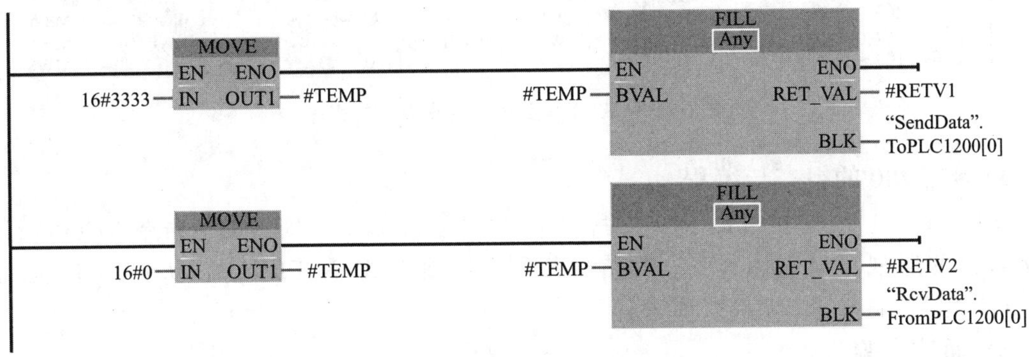

图 4-114　S7-300 的 OB100 的程序

在循环周期为 0.5s 的循环中断组织块 OB33 中，用 ADD 指令将要发送的第一个字 DB1.DBW0 加 1。

在 OB1 中调用指令 TCON 建立连接，调用 TDISCON 断开连接（见图 4-115）。在 M10.0 的上升沿建立起 ID 指定的连接，DB3 是组态连接时自动生成的连接描述数据块 PLC_1_Connection_DB。在 M10.4 的上升沿断开 ID 指定的连接。

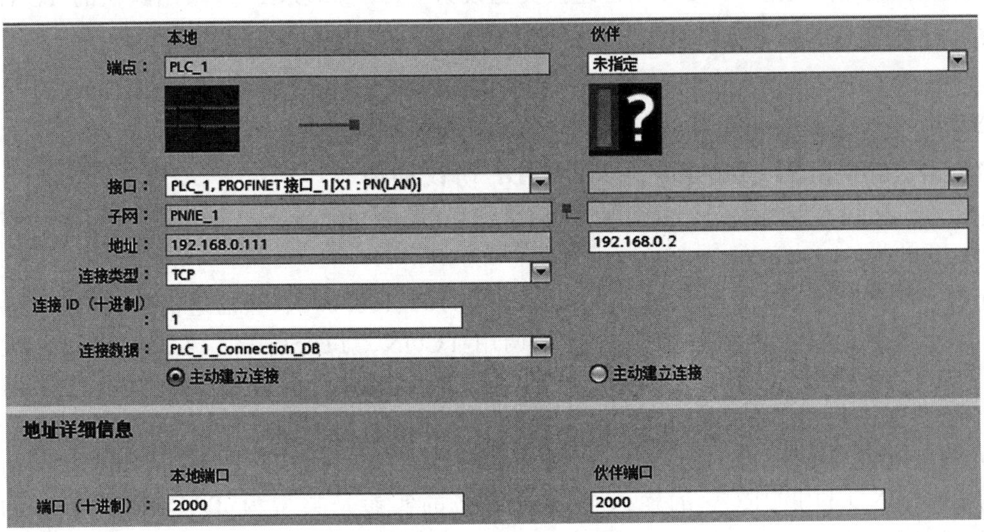

图 4-115　组态连接参数

选中 TCON，然后选中下面的巡视窗口的“属性”→“组态”→“连接参数”（见图 4-115）。设置通信伙伴的“端点”为“未指定”，IP 地址为 192.168.0.2。连接类型为 TCP，“连接 ID”的默认值为 1。由 S7-300 主动建立连接，本地端口号采用默认的 2000。单击“本地”的“连接数据”选择框右边的，单击出现的“＜新建＞”，自动生成连接描述数据块“PLC_1_Connection_DB”（DB3）。

在 OB1 中调用 TSEND，每 0.5s 发送一次 DB1 中的 100 个整数（见图 4-116）；调用 TRCV 接收数据，将接收到的 100 个整数保存到 DB2。LEN 是发送或接收的最大字节数，RCVD_LEN 是实际接收到的字节数。

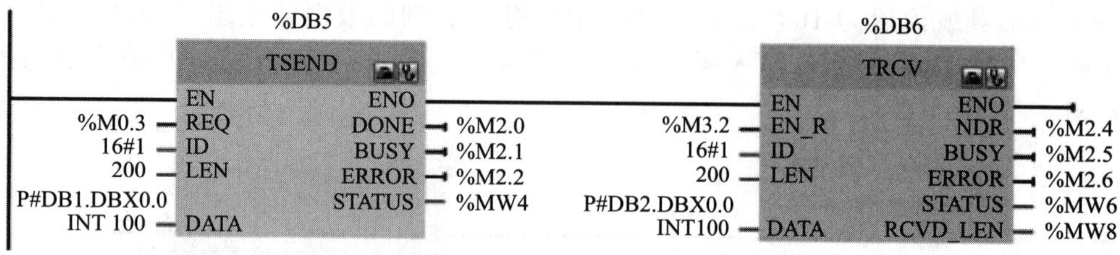

图 4-116　S7-300 发送与接收数据的程序

3）S7-1200 的组态与编程

调用 TCON 和 TDISCON 的程序与图 4-115 中的基本上相同。选中指令 TCON，组态连接参数的巡视窗口与图 4-115 的结构相同，本地 PLC 为 PLC_2，伙伴的 IP 地址为 192.168.0.1，由伙伴主动建立连接。

4）通信实验

硬件通信实验的方法和结果与项目“1200_1200UDP”的相同。用监控表监视两块 CPU 的 TCON、TDISCON 的 REQ 输入 M10.0 和 M10.4，以及 DB2 中接收到的 DBW0、DBW2 和 DBW198。可以分别用 M10.0 和 M10.4 的上升沿建立连接和断开连接。

5）使用 ISO-on-TCP 协议的通信

将项目“300_1200TCP”另存为名为“300_1200ISO”的项目，选中 OB1 中的 TCON，在组态连接参数时（见图 4-115），将连接类型改为“ISO-on-TCP”，采用默认的 TSAP。

6）使用 TSEND_C 和 TRCV_C 的通信

在 S7-300/400 和 S7-1200 的 TCP 和 ISO-on-TCP 协议通信中，S7-1200 除了使用 TSEND 和 TRCV 指令，还可以使用 TSEND_C 和 TRCV_C 指令。

7）S7-1200 和 S7-300/400 之间的 UDP 协议通信

PLC_2（CPU 1215C）的程序与“1200_1200UDP”中 PLC_2 的基本上相同，IP 地址为 192.168.0.2。

PLC_1（CPU 314C-2 PN/DP）的 IP 地址为 192.168.0.1。验证通信是否实现的程序与项目“300_1200TCP”的相同。在 OB1 中调用 TCON、TDISCON、TUSEND 和 TURCV 的程序与“1200_1200UDP”中 CPU 1215C 的基本上相同。选中 TCON，组态连接参数的巡视窗口与图 4-115 的基本上相同。

在通信双方类型为 TADDR_Param 的全局数据块 DB7 中，设置通信伙伴的 IP 地址和端口号。TUSEND 和 TURCV 的输入参数 ADDR 的实参是类型为 TADDR_Param 的 DB7（见图 4-113）。

第4章　在线测试题

本章作业

1. 某污水处理厂用两台泵进行交替工作：正常工况下无报警灯亮及闪烁，每台泵工作12小时，自动切换到另一台泵工作；当其中一台泵出现故障I0.6=1时，另一台泵单独持续运行，有故障的泵对应的报警灯亮Q0.6=1；故障解决后，报警灯灭且恢复到双泵定时切换模式。当两台泵都出现故障时，两台泵对应的报警灯均以1Hz的频率闪烁，请编写相应程序。

2. 某河沙码头，利用4条传送带M1，M2，M3，M4进行接力，将码头堆场漏斗的沙从沙场的低处向河中间的高处运输，装卸到M4下方的停泊运沙船。控制要求如下：按下启动按钮I0.0，M4即刻启动，5s后M3启动，再5s后M2启动，再5s后M1启动，即从河中间的高处传送带向源头传送带依次启动；按下停止按钮I0.0，即刻停止M1，5s后停止M2，再5s后停止M3，再5s后停止M4。正常工况下，按下启动按钮后，M4→M3→M2→M1启动完成，持续装料。按下停止按钮，M1→M2→M3→M4依次停止，恢复初始状态。异常情况下，例如仅完成了3台电机的启动M4→M3→M2，即刻按下停止按钮，则直接从M2开始顺序停止M2→M3→M4，而不进行M1的任何操作。请采用顺序功能图编程法实现相应程序的编写。

3. 某污水处理厂为保证污水池中的污水不会溢出，在污水池顶端安装了一个超声波液位计，供电24V，铭牌显示液位检测范围为0～0.8m，输出类型为4～20mA电流。请编写液位模拟量采集程序，将实际液位存储在MD10中以供上位机HMI显示。

4. 上题中的污水处理厂为保证污水池持续排水，保证工况稳定，希望污水池中的污水液位高度恒定在0.6m，拟基于采集的液位进行动态的进水阀开度0～100%的调节，请编写程序实现该功能。

5. 上题中的污水处理厂由于需求增加，需要在原有水处理容量基础上增加1倍，新增一套PLC需要与原PLC进行通信以实现同比均衡负荷提降，新PLC接收总的处理需求MD200，55%的处理量继续由原PLC系统承担，剩余45%的处理量由新PLC系统承担，同时原PLC系统处理过程中的期望误差由新PLC进行补偿，请编写两台PLC的通信程序。

第4章　作业参考答案

第3篇
集散控制系统（DCS）

集散控制系统（DCS）是现代工业自动化系统中重要的控制设备之一，主要应用于模拟量控制为主的流程工业，如化工、建材、制药等生产过程。本篇主要介绍集散控制系统的网络架构、硬件组成、软件组态，以及安全仪表系统（SIS）基本组成、工作原理等内容，使读者能够根据应用场景和系统功能要求设计和开发集散控制系统、安全仪表系统，具备硬件选型、电气设计、组态编程、调试运行等能力。

在集散控制系统出现之前，流程工业的温度、压力、液位、流量等模拟量控制系统是通过气动或电动调节仪表实现的，一台仪表控制一个回路，目前调节仪表从模拟式发展到数字式，仍在一些回路较少的模拟量控制中广泛应用，因此本篇中首先在第 5 章中介绍过程控制仪表，也就是调节仪表的基本知识，包括信号制式、防爆、控制策略，以及调节仪表组成原理、典型调节仪表产品应用等，使读者能够根据应用场景需求选择合适的数字调节仪表，组建控制回路，设置控制策略，实现简单过程控制。第 6 章主要讲解集散控制系统的发展历程、基本结构、系统特点，并以国产 DCS 中控技术的 ECS-700 为例介绍其基本硬件和网络架构，使读者理解集散控制系统结构和工作原理，能够进行硬件选型和电气设计。第 7 章以中控技术的 ECS-700 为例讲解集散控制系统软件，包括软件组成、组态方法、人机界面、数据通信等内容，使读者能够在硬件选型的基础上，根据自动化系统功能要求进行硬件组态、控制策略组态和数据通信组态等。第 8 章主要讲解安全仪表系统（SIS），主要用于具有“两重点一重大”（重点监管的危险化工工艺、重点监管的危险化学品和重大危险源）的生产储存装置安全联锁应用场景，与 DCS 配套使用，本章首先介绍安全仪表系统的基本概念，后以中控技术的 TCS-900 产品为例介绍安全仪表系统硬件结构和软件组态，并讲解 SIS 与 DCS 的关系及集成管理等，使读者能够根据应用场景需求设计开发相应的安全仪表系统硬件和软件。

第5章 过程控制仪表

5.1 过程控制仪表应用场景案例

在生产气凝胶等产品的过程中，根据工艺流程的不同，存在20%到95%的乙醇可以被回收重新利用。这些乙醇与其他成分的液体、固体混合在一起，可以采用蒸馏方式实现乙醇的回收，回收过程中需要精准控制蒸馏温度以避免相近沸点的其他成分的液体混入，确保回收乙醇的纯度。

乙醇回收流程温度控制P&ID图（工艺管道和仪表流程图）如图5-1所示，废乙醇在系统中由液体蒸发变成气体，其汽化是与95℃的热水换热实现的，水是由导热油加热的，加热后的废乙醇出口管道上的温度需要达到82℃，确保进入气液分离器中的乙醇属于气体状态，直接从上管道口排出到冷却系统。由于废乙醇的成分比较复杂，在其蒸发过程中温度要精准控制。

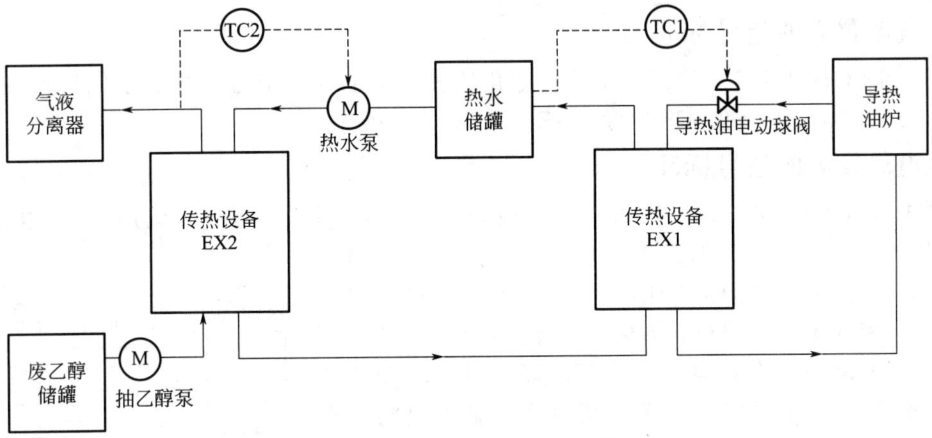

图5-1 乙醇回收流程温度控制P&ID图

系统中有两个传热设备EX1和EX2。传热设备EX1让导热油和水进行换热，用导热油对水进行加热，温度控制器TC1通过调节导热油管道上电动球阀的开度改变导热油流量，让热水被加热到95℃。当热水储罐的温度达到95℃后，开启废乙醇抽液泵。传热设备EX2让热水和废乙醇液体进行换热，用热水对废乙醇液体进行加热，温度控制器TC2通过调节热水泵抽水速度改变热水流量，使废乙醇出口管道上的温度达到82℃，废乙醇由液体蒸发变成气体，从上管道口排出到冷却系统。

在这个应用场景中，有2个温度控制回路：一是热水储罐的温度需要稳定在95℃，通过控制进入传热设备EX1的导热油流量实现。控制器是TC1，通过调节导热油电动球阀的开度改变进入传热设备EX1的导热油的流量，实现热水储罐温度的准确控制。二是乙醇出口管道温度需要稳定在 82℃，通过控制进入传热设备 EX2 的热水流量实现。控制器是 TC2，通过调节热水泵的转速调节进入传热设备 EX2 的热水流量，实现乙醇出口管道温度的准确控制。由于控制功能要求较少，属于过程控制回路，可通过简单经济地配置两个温度控制仪表作为控制器实现。

这个控制方案中只有两个控制回路，控制器 TC1 和 TC2 可以采用 PLC 实现，但 PLC 系统成本较高，可以用经济适用的数字调节仪表作为控制器构建控制系统。本章中将介绍典型数字调节仪表相关的基础知识及其原理和应用，使读者能够通过选择合适的数字调节仪表构建控制回路，实现简单过程控制需求下的控制系统应用。

5.2 过程控制仪表的信号制式

信号制式即信号标准，是指仪表之间采用的传输信号的类型和数值。过程控制仪表在设计时，应力求做到具有通用性和兼容性，以便不同系列或不同厂家生产的仪表能够共同使用在同一控制系统中，彼此相互配合，共同实现系统的功能。要实现通用性和兼容性，首先必须统一仪表的信号标准。数字调节仪表作为过程控制仪表的一种，同样遵循统一的信号标准。

5.2.1 信号标准

仪表的信号源有气源和电源两种，分别称为气动仪表和电动仪表。信号标准分为气动仪表的信号标准和电动仪表的信号标准两种类型。

1）气动仪表的信号标准

国家标准 GB/T 777—2008《工业自动化仪表用模拟气动信号》规定了气动仪表信号范围为 20～100kPa，该标准与国际标准 IEC 60382 是一致的。

2）电动仪表的信号标准

国家标准 GB/T 3369.1—2008《过程控制系统用模拟信号　第 1 部分：直流电流信号》规定了电动仪表的信号范围为 DC 4～20mA，负载电阻为 0～300Ω，该标准与国际标准 IEC 60381-1 是一致的。仪表的电气零点为 4mA，不与机械零点重合。这种“活零点”的安排有利于识别仪表断电、断线等故障，且为现场变送器实现二线制提供了可能。所谓二线制变送器就是将供电的电源线与信号的输出线合并为两根导线，DC 24V 直流电源串接在回路中，变送器输出 4～20mA 的信号电流，如图 5-2 所示。由于信号为零时变送器仍要处于工作状态，总要消耗一定的电流，所以零电流表示零信号时是无法实现二线制的。在工业现场使用二线制变送器不仅节省电缆，而且布线方便，因而得到了广泛的应用。

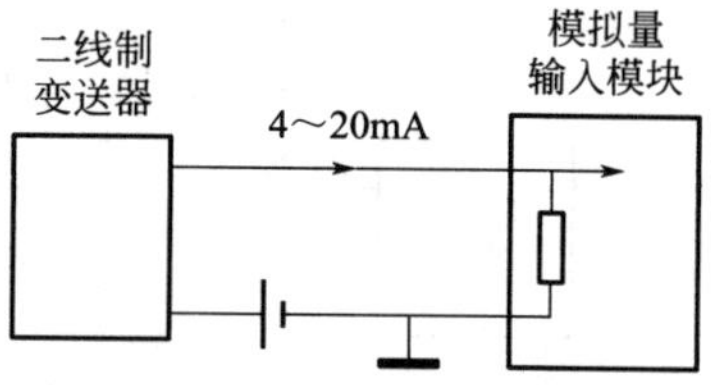

图 5-2　二线制变送器

采用直流电流信号要注意的问题有：

① 采用电流传送信息，接收端的仪表必须是低阻抗的。如果有多个仪表接收同一电流信息，则它们必须是串联的。

② 串联连接的任何一个仪表在拆离信号回路之前首先要把该仪表的两端短接，否则其他仪表将会因电流中断而失去信号。

③ 各个接收仪表一般应悬空工作，否则会引起信号混乱。若要使各个仪表有自己的接地点，则应在仪表的输入、输出之间采取直流隔离措施。

在控制室内部，各仪表之间的距离不远，适合采用 DC 1～5V 电压作为仪表之间的联络信号，用电压信号传送的信息可以采用并联连接方式，使同一个电压信号为多个仪表所接收，这样任何一个仪表拆离信号回路都不会影响其他仪表的运行。而且，各个仪表既然并联在同一信号线上，当信号源负极接地时，各仪表内部电路对地有同样的电位，这不仅解决了接地问题，而且各仪表可以共用一个直流电源。用电压传送信息的并联方式要求各个接收仪表的输入阻抗足够高，否则会引起误差，误差大小与接收仪表输入电阻高低及接收仪表的个数有关。

5.2.2　信号连接方式

电流传送适用于远距离对单个仪表传送信息，电压传送适用于把同一信息传送到并联的多个仪表。在实际应用中，DC 4～20mA 电流信号主要在现场仪表与控制室仪表相连时应用，在控制室内，各仪表的互相联络采用 DC 1～5V 电压信号。控制系统仪表之间的典型连接方式如图 5-3 所示。图中 I_o 为发送仪表的输出电流，R 为电流/电压转换电阻，通常情况下，当 I_o 为 DC 4～20mA 时，R 取 250Ω。

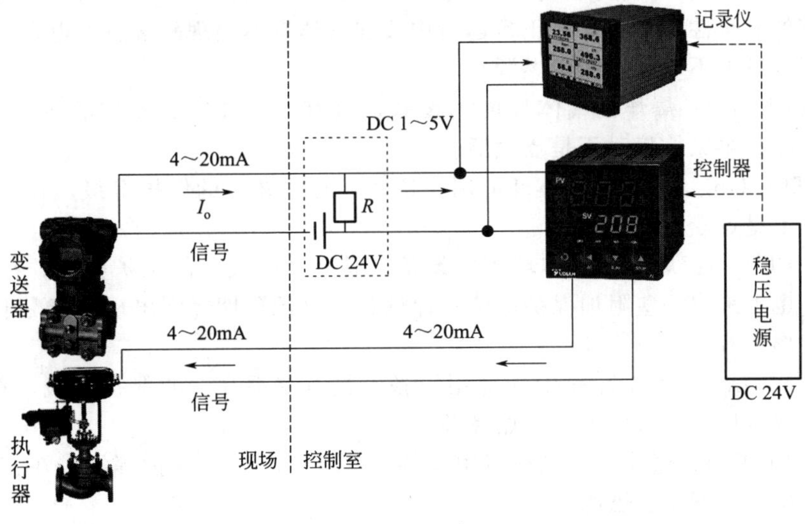

图 5-3　控制系统仪表之间的典型连接方式

5.3　过程控制仪表的防爆

在石油、化工等工业部门中，某些生产场所存在着易燃易爆的固体粉尘、气体或蒸气，它们与空气混合成为具有火灾或爆炸危险的混合物，使其周围空间成为具有不同程度爆炸危险的场所。安装在这些场所的仪表和执行器，如果产生的火花或热效应能量点燃危险混合物，则会引起火灾或爆炸。因此，用于这些危险场所的仪表和控制系统，必须具有防爆性能。

气动仪表的能源是 140kPa 的压缩空气，本质上是防爆的。电动仪表只有采取必要的防爆措施才具有防爆性能，下面主要介绍电动仪表的防爆性能。

5.3.1 防爆仪表的标准

防爆仪表必须符合国家标准 GB/T 3836.1—2021《爆炸性环境　第 1 部分：设备　通用要求》的规定。

(1) 爆炸性环境用设备的分类

按照国家标准 GB/T 3836.1—2021 规定，爆炸性环境用设备分为三大类。

Ⅰ类：Ⅰ类设备用于煤矿瓦斯气体环境。

Ⅱ类：Ⅱ类设备用于除煤矿瓦斯气体环境之外的其他爆炸性气体环境。

Ⅲ类：Ⅲ类设备用于除煤矿之外的爆炸性粉尘环境。

(2) 设备保护级别

设备保护级别是根据设备成为点燃源的可能性和爆炸性气体环境、爆炸性粉尘环境及煤矿瓦斯爆炸性环境所具有的不同特征而对设备规定的保护等级。

Ma 级（EPL Ma）：安装在煤矿瓦斯爆炸性环境中的设备，具有“很高”的保护等级，该级别具有足够的安全性，使设备在正常运行、出现预期故障或罕见故障，甚至在气体突然出现设备仍带电的情况下均不可能成为点燃源。

Mb 级（EPL Mb）：安装在煤矿瓦斯爆炸性环境中的设备，具有“高”的保护等级，该级别具有足够的安全性，使设备在正常运行中或在气体突然出现和设备断电之间的时间内出现的预期故障条件下不可能成为点燃源。

Ga 级（EPL Ga）：爆炸性气体环境用设备，具有“很高”的保护等级，在正常运行、出现的预期故障或罕见故障时不是点燃源。

Gb 级（EPL Gb）：爆炸性气体环境用设备，具有“高”的保护等级，在正常运行或预期故障条件下不是点燃源。

Gc 级（EPL Gc）：爆炸性气体环境用设备，具有“一般”的保护等级，在正常运行中不是点燃源，也可采取一些附加保护措施，保证在点燃源预期经常出现的情况下（例如灯具的故障）不会形成有效点燃。

Da 级（EPL Da）：爆炸性粉尘环境用设备，具有“很高”的保护等级，在正常运行、出现预期故障或罕见故障条件下不是点燃源。

Db 级（EPL Db）：爆炸性粉尘环境用设备，具有“高”的保护等级，在正常运行或出现的预期故障条件下不是点燃源。

Dc 级（EPL Dc）：爆炸性粉尘环境用设备，具有“一般”的保护等级，在正常运行过程中不是点燃源，也可采取一些附加保护措施，保证在点燃源预期经常出现的情况下（例如灯具的故障）不会形成有效点燃。

(3) 防爆仪表的分级和分组

在除煤矿瓦斯气体环境之外的其他爆炸性气体环境中使用的仪表，有两方面原因可能引起爆炸：

① 仪表产生能量过高的电火花或仪表内部因故障产生的火焰通过表壳的缝隙引燃仪表外的气体；

② 仪表过高的表面温度。

Ⅱ类气体和蒸气依据其最大试验安全间隙（MESG）和/或其最小点燃电流与实验室甲烷的点燃电流之比（最小点燃电流比 MICR）分为ⅡA 类、ⅡB 类和ⅡC 类。因此，根据上述两个方面对Ⅱ类防爆仪表进行了分级和分组，规定其适用范围。

Ⅱ类易燃易爆气体或蒸气分为A、B、C三级，如表5-1所示。

表5-1 易燃易爆气体或蒸气的分级

级别	MESG/mm	MICR
ⅡA	MESG≥0.9	MICR>0.8
ⅡB	0.5<MESG<0.9	0.45≤MICR≤0.8
ⅡC	MESG≤0.5	MICR<0.45

当0.50mm<MESG<0.55mm时，需要同时测定MESG和MICR，然后由MICR确定类别。当0.70<MICR<0.90或0.40<MICR<0.50时，需同时测定MESG和MICR，然后由MESG确定类别。

根据最高表面温度，Ⅱ类电气设备的最高表面温度分为T1～T6六组，如表5-2所示。

表5-2 Ⅱ类电气设备的最高表面温度分组

温度组别	T1	T2	T3	T4	T5	T6
最高表面温度/℃	≤450	≤300	≤200	≤135	≤100	≤85

防爆仪表的分级和分组，是与易燃易爆气体或蒸气的分级和分组相对应的。易燃易爆气体或蒸气的分级和分组如表5-3所示。仪表的防爆级别和组别，就是仪表能适应的某种爆炸性气体混合物的级别和组别，即对于表5-3中相应级、组的上方和左方的气体或蒸气的混合物均可以防爆。

表5-3 易燃易爆气体或蒸气的分级和分组

项目	T1	T2	T3	T4	T5	T6
ⅡA	苯胺、甲酸、乙酸、丙酮、苯、甲烷、乙烷、环丙烷、丙酸、乙酸甲酯、萘、硝基苯、苯乙烯、甲苯、氨	甲醇、硫酸二乙酯、异丙醇、正丁醇、正戊醇、甲胺、丙烷、乙胺、异丙胺、硫酸二甲酯、乙苯、丁酸乙酯、正丁烷	乙硫醇、二异丙胺、甲基环己烷、环己胺、环己醇、戊烷、正己烷、环己烷、环己烯、辛烷、壬烷、煤油	乙醛、三甲胺、苯甲醛		亚硝酸乙酯
ⅡB	丙烯酸甲酯、一氧化碳	甲醛、乙醇、正丙醇、乙烯、丙炔、环氧乙烷、糠醇、糠醛、碳酸二乙酯	四氢糠醇、丙烯醛、乙二醇单乙醚、硫化氢	乙醚、乙二醇二甲醚、丙醚、丙醛		
ⅡC	氢、水煤气	乙炔				二硫化碳

(4) 爆炸性气体环境防爆标志

防爆标志的符号为“Ex”。

防爆标志所使用的各种保护等级符号有：da——隔爆外壳（对于EPL Ga或Ma）；db——隔爆外壳（对于EPL Gb或Mb）；dc——隔爆外壳（对于EPL Gc）；eb——增安型（对于EPL Gb或Mb）；ec——增安型（对于EPL Gc）；ia——本质安全型（对于EPL Ga或Ma）；ib——本质安全型（对于EPL Gb或Mb）；ic——本质安全型（对于EPL Gc）；ma——浇封型（对于EPL Ga或Ma）；mb——浇封型（对于EPL Gb或Mb）；mc——浇封型（对于EPL Gc）；nA——无火花（对于EPL Gc）；nC——火花保护（对于EPL Gc）；nR——限制呼吸（对于EPL Gc）；ob——液浸型（对于EPL Gb或Mb）；oc——液浸型

(对于 EPL Gc)；op is——本质安全型光辐射(对于 EPL Ga、Gb、Gc、Ma 或 Mb)；op pr——保护型光辐射(对于 EPL Gb、Gc 或 Mb)；op sh——带联锁装置的光辐射(对于 EPL Ga、Gb、Gc、Ma 或 Mb)；pv——正压型(对于 EPL Gb 或 Gc)；pxb——正压型(对于 EPL Gb 或 Mb)；pyb——正压型(对于 EPL Gb)；pzc——正压型(对于 EPL Gc)；q——充砂型(对于 EPL Gb 或 Mb)；sa——特殊型(对于 EPL Ga 或 Ma)；sb——特殊型(对于 EPL Gb 或 Mb)；sc——特殊型(对于 EPL Gc)。隔爆外壳又可称为隔爆型。

仪表的防爆标志顺序为：Ex、保护等级符号、类别符号(Ⅰ类、ⅡA、ⅡB 或ⅡC 类)、对于Ⅱ类 Ex 设备，表示温度组别的符号(T1、T2、T3、T4、T5、T6)、适用的设备保护级别(EPL)“Ga”“Gb”“Gc”“Ma”或“Mb”。Ex 标志应按在上述列项中给出的顺序标志，彼此之间应有小的间隔。例如 Ex db ⅡC T4 Gb 表示Ⅱ类隔爆型 db 等级 C 级 T4 组，适用的设备保护级别为 Gb 级，它适用于ⅡC 级别 T4 温度组别及其左上边所有爆炸性气体或蒸气的场合。

5.3.2 控制仪表的防爆措施

防爆型控制仪表主要有隔爆型和本质安全型。

(1) 隔爆型防爆仪表

采用隔爆型防爆措施的仪表称为隔爆型防爆仪表，其特点是仪表的电路和接线端子全部置于防爆壳体内，其表壳强度足够大，接合面间隙深度足够大，最大的间隙宽度又足够小。这样，即使仪表因事故在表壳内部产生燃烧或爆炸，在火焰穿过缝隙过程中，受缝隙壁吸热及阻滞作用，将大大降低其外传能量和温度，从而不会引起仪表外部规定的易爆性气体混合物的爆炸。

隔爆型防爆结构的具体防爆措施是采用具有规定耐压压力的表壳；表壳外部的温度不得超过由易爆性气体或蒸气的引燃温度所规定的数值；表壳接合面的缝隙宽度及深度，应根据它的容积和易爆性气体的级别采用规定的数值等。

隔爆型防爆仪表在安装及维护正常时能达到规定的防爆要求，但是在揭开仪表表壳后，它就失去了防爆性能，因此不能在通电运行的情况下打开表壳进行检修或调整。此外，这种防爆结构长期使用后，由于表壳结合面的磨损，缝隙宽度将会增大，因此长期使用会逐渐降低防爆性能。

(2) 本质安全型防爆仪表

采用本质安全型防爆措施的仪表称为本质安全型防爆仪表，简称本安仪表，也称安全火花型防爆仪表。所谓“安全火花”是指这种火花的能量很低，它不能使爆炸性气体混合物发生爆炸。采用这种防爆结构的仪表，在正常状态下或规定的故障状态下产生的电火花和热效应能量均不会引起规定的易爆性气体混合物爆炸。正常状态是指在设计规定条件下的工作状态；故障状态是指电路中非保护性元件损坏或产生短路、断路、接地及电源故障等情况。

本质安全型防爆仪表有 ia、ib 和 ic 三个等级。本质安全型防爆仪表在电路设计上采用低工作电压和小工作电流。通常采用不大于 DC 24V 的工作电压和不大于 20mA 的工作电流。对处于危险场所的电路，适当选择电阻、电容和电感的参数值，用来限制火花能量，使其只产生安全火花；在较大电容和电感回路中并联双二极管，以消除不安全火花。

常用本质安全型防爆仪表有电动单元Ⅲ型的差压变送器、温度变送器、电/气阀门定位器以及安全栅等。

必须指出，将本质安全型防爆仪表在其所适用的危险场所中使用，还必须考虑与其配合的仪表及信号线可能对危险场所的影响，应使整个测量或控制系统具有安全火花防爆性能。

5.4 控制策略

控制策略又被称为控制规律，是指控制器的输出信号与输入信号之间的关系。控制器的输入信号是经比较机构后的偏差信号 e，它是给定值信号 x 与变送器送来的测量值信号 z 之差 $e=x-z$。控制器的输出信号就是控制器送往执行器的信号 p。

因此，所谓控制器的控制规律就是指 p 与 e 之间的函数关系，即

$$p=f(e)=f(x-z) \tag{5-1}$$

在研究控制规律时，经常是假定控制器的输入信号 e 是一个阶跃信号，然后来研究控制器的输出信号 p 随时间的变化规律。

控制器的基本控制规律有位式控制、比例控制（P）、积分控制（I）、微分控制（D）及它们的组合形式，如比例积分控制（PI）、比例微分控制（PD）和比例-积分-微分控制（PID）。

不同的控制规律适应不同的生产要求，必须根据生产要求来选用适当的控制规律。如选用不当，不但不能起到好的作用，反而会使控制过程恶化，甚至造成事故。

5.4.1 位式控制

位式控制又称为通断式控制，是将设定值与测量值相比较的差值经放大处理后，对调节对象做开或关控制的调节，位式控制又分为双位控制、三位控制或更多位控制，它们的工作原理基本上一样，比较常用的是双位控制。

双位控制的控制规律是当测量值大于给定值时，控制器的输出为最大（或最小），而当测量值小于给定值时，则输出为最小（或最大），即控制器只有两个输出值，相应的控制机构只有开和关两个极限位置，因此又称开关控制。

理想的双位控制器的输出 p 与输入偏差 e 之间的关系为

$$p=\begin{cases} p_{\max}, e>0(\text{或 } e<0) \\ p_{\min}, e<0(\text{或 } e>0) \end{cases} \tag{5-2}$$

理想的双位控制特性如图 5-4 所示。

理想的双位控制器动作非常频繁，这样会使系统中的运动部件（例如继电器、电磁阀等）因动作频繁而损坏，因此实际应用的双位控制器具有一个中间区。

偏差在中间区时，控制机构不动作。当被控变量的测量值下降到低于给定值某一数值（即偏差大于某一数值）后，控制器的输出变为最大 $p_{\max}$，控制机构处于开（或关）的位置；当被控变量的测量值上升到高于给定值某一数值（即偏差小于某一数值）后，控制器的输出变为最小 $p_{\min}$，控制机构处于关（或开）的位置。所以实际的双位控制器的控制规律如图 5-5 所示。由于设置了中间区，当偏差在中间区内变化时，控制机构不会动作，因此可以使控制机构开关的频繁程度大为降低，延长了控制器中运动部件的使用寿命。

如果工艺生产允许被控变量在一个较宽的范围内波动，控制器的中间区就可以宽一些，这样可使运动部件动作的次数减少，减少了磨损，也就减少了维修工作量。

双位控制器结构简单、成本较低、易于实现，因而应用很普遍，例如贮罐的压力控制，恒温炉、管式炉的温度控制，等等。

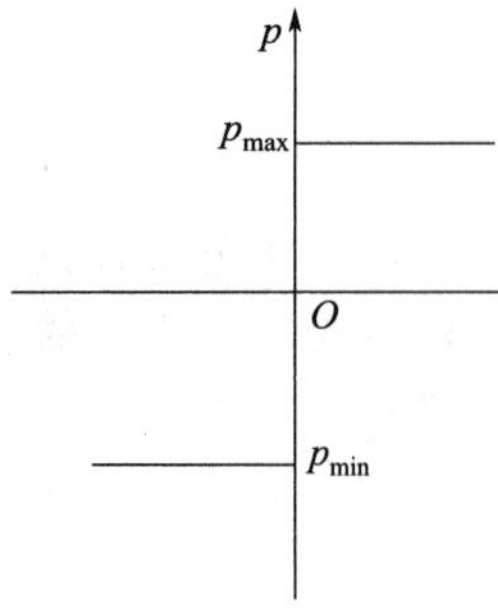

图 5-4 理想双位控制特性

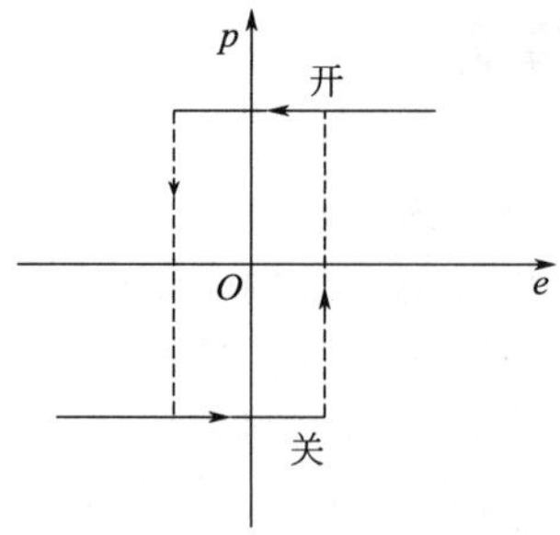

图 5-5 实际双位控制特性

5.4.2 离散 PID 控制算法

数字控制器和计算机控制系统中，对每个控制回路的被控变量处理是离散进行的，因此需要把 PID 控制规律移植到数字控制系统中，即用数字 PID 控制器取代模拟控制器。要完成此任务需要做的主要工作是：把 PID 调节规律数字化，用数字运算来实现它，以及编制 PID 算法的程序。实践证明，数字化 PID 能取得近似于 PID 模拟控制器的控制效果，而且在很多方面具有突出的优势，主要表现在：

① 可用一台微型计算机控制几十个回路，大量节省设备和费用，提高了系统的可靠性；

② 不仅用软件代替了物理的 PID 控制器，而且由于编程灵活，可以很方便地对 PID 规律进行各种改进，衍生多种形式的 PID 算法，如带死区的 PID、带自动比率的 PID 等。PID 参数的调整也只需要改变程序的数据，十分方便。

因此，在数字控制系统中，用数字运算实现 PID 的调节规律被广泛应用。PID 基本算法分为两种：理想 PID 和实际 PID。这两种形式的 PID 算法的比例、积分运算相同，区别主要是微分项不同。

(1) 理想 PID 算法

理想 PID 算法的表达式有三种，即位置式、增量式和速度式。

① 位置式 PID 算法：在对连续量的控制中，模拟 PID 控制器的理想 PID 算法为

$$u(t)=K_{\mathrm{P}}\left(e(t)+\frac{1}{T_{\mathrm{I}}}\int_{0}^{t}e(t)\mathrm{d}t+T_{\mathrm{D}}\frac{\mathrm{d}e(t)}{\mathrm{d}t}\right) \tag{5-3}$$

式中，$u(t)$表示控制器的输出；$e(t)$表示控制系统的偏差；K_{P} 表示控制器的放大系数（增益或放大倍数）；T_{I} 表示积分时间常数；T_{D} 表示微分时间常数。

上式表示成传递函数形式为

$$W(s)=\frac{U(s)}{E(s)}=K_{\mathrm{P}}\left(1+\frac{1}{T_{\mathrm{I}}s}+T_{\mathrm{D}}s\right) \tag{5-4}$$

在数字控制器和计算机控制系统中，因为是采样控制，它根据采样时刻的偏差值计算控制量，因此式(5-3) 中的积分和微分项是不能直接准确计算出的，只能用数值计算的方法逼近。用数字形式的差分方程来代替连续系统的微分方程，此时积分项和微分项可用求和及增量式来表示，即采用下列变换

$$\int_{0}^{t}e(t)\mathrm{d}t=T\sum_{i=0}^{k}e(i) \tag{5-5}$$

$$\frac{\mathrm{d}e(t)}{\mathrm{d}t}=\frac{e(k)-e(k-1)}{T} \tag{5-6}$$

式中，T 表示采样周期；$e(k)$表示第 k 次采样时刻的控制偏差量；$e(k-1)$表示第 $k-1$ 次采样时刻的控制偏差量；k 表示采样时刻序号，$k=0,1,2\cdots$。

将式(5-5)、式(5-6) 代入式(5-3)，可得离散的 PID 表达式为

$$u(k)=K_{\mathrm{P}}\left\{e(k)+\frac{T}{T_{\mathrm{I}}}\sum_{i=0}^{k}e(i)+\frac{T_{\mathrm{D}}}{T}[e(k)-e(k-1)]\right\} \tag{5-7}$$

式中，$u(k)$表示第 k 次采样时刻调节器的输出数字量。

可见式(5-7) 是式(5-3) 的数值近似计算式。如果采样周期 T 取得足够小，其计算结果与式(5-3) 的结果十分接近，控制过程与连续控制过程也十分接近。这种情况常称为准连续过程。式(5-7) 称为位置式 PID 控制算法或算式，因此若用式(5-7) 来控制阀门的开度，其输出值恰与阀门开度的位置一一对应。

② 增量式 PID 算法：数字控制器经 PID 运算，其输出为调节阀开度（位置）的增量（改变量）时，这种 PID 算法称为增量式 PID 算法。有很多控制系统的执行元件，都要求接收的是在前一次控制量输出基础上的增量，如步进电机、多圈电位器等。因此需要此种算法。

数字控制器 PID 运算的输出增量，为前后两次采样所计算的位置值之差，即

$$\Delta u(k)=u(k)-u(k-1) \tag{5-8}$$

根据式(5-7) 可知

$$u(k-1)=K_{\mathrm{P}}\left\{e(k-1)+\frac{T}{T_{\mathrm{I}}}\sum_{i=0}^{k-1}e(i)+\frac{T_{\mathrm{D}}}{T}[e(k-1)-e(k-2)]\right\} \tag{5-9}$$

所以有

$$\Delta u(k)=K_{\mathrm{P}}\left\{[e(k)-e(k-1)]+\frac{T}{T_{\mathrm{I}}}e(k)+\frac{T_{\mathrm{D}}}{T}[e(k)-2e(k-1)+e(k-2)]\right\} \tag{5-10}$$

或

$$\Delta u(k)=K_{\mathrm{P}}[e(k)-e(k-1)]+K_{\mathrm{I}}e(k)+K_{\mathrm{D}}[e(k)-2e(k-1)+e(k-2)] \tag{5-11}$$

式中，$K_{\mathrm{I}}=K_{\mathrm{P}}T/T_{\mathrm{I}}$ 表示积分系数；$K_{\mathrm{D}}=K_{\mathrm{P}}T_{\mathrm{D}}/T$ 表示微分系数。

式(5-10) 或式(5-11) 就是理想的 PID 增量式算法，其输出 $\Delta u(k)$ 表示阀位在第 $k-1$ 次采样时刻输出基础上的增量。

③ 速度式 PID 算法：数字控制器经 PID 运算，其输出是指直流伺服电机的转动速度，则此种算法称为速度式 PID 算法。

将式(5-10) 两边除以 T，即得速度式 PID 算法表达式为

$$v(k)=\frac{\Delta u(k)}{T} \tag{5-12}$$

$$v(k)=K_{\mathrm{P}}\left\{\frac{1}{T}[e(k)-e(k-1)]+\frac{1}{T_{\mathrm{I}}}e(k)+\frac{T_{\mathrm{D}}}{T^2}[e(k)-2e(k-1)+e(k-2)]\right\} \tag{5-13}$$

由于 T 为常数，故式(5-13) 与式(5-10) 并无本质区别。

在实际应用中，增量式 PID 算法应用较多。与位置式 PID 算法相比，增量式 PID 算法的优点如下：

① 位置式 PID 算法中的积分项包含了过去误差的累计值 $\sum_{i=0}^{k}e(i)$，容易产生累计误差。当该项累计值很大时，使输出控制量难以减小，调节缓慢，发生积分饱和，对控制调节不利。由于计算机字长的限制，当该项值超过字长时，又会引起积分丢失现象。增量式 PID 则没有这种缺点。

② 系统进行手动和自动切换时，增量式 PID 算法由于执行元件保存了过去的位置，因此冲击较小。即使发生故障，也由于执行元件的寄存作用，仍可保存原位，对被控过程的影响较小。

在实际应用时，以上各理想 PID 算法形式的选用要结合执行器的形式、被控对象特性以及客观条件而定。

(2) 实际 PID 算法

上面讨论的理想 PID 算法，在有些工业过程中难以得到满意的控制效果，主要有两个方面的原因：一是理想 PID 算法本身存在不足，如位置式 PID 算法积分饱和现象严重，增量式 PID 算法在给定值发生跃变时，可能出现比例和微分的饱和，且动态过程慢等；另一个原因是具体工业过程控制的特殊性，理想 PID 算法无法满足，如有的过程希望控制动作不要过于频繁，有的过程对象具有很大的纯滞后特性，理想 PID 算法难以胜任，有的过程运行环境恶劣，希望 PID 算法有较强的干扰抑制能力等。这些原因都促使人们对理想 PID 算法进行改进。

由于实际数字控制器的采样回路都可能存在高频干扰，因此几乎在所有数字控制回路都设置了一阶低通滤波器（一阶滞后环节）来限制高频干扰的影响。这里给出实际 PID 算法的一些表达式。

① 实际位置式 PID 算法：实际位置式 PID 算法的差分算法表达式为

$$u(k)=u_2(k-1)+K_1\left(1+\frac{T}{T_1}\right)\left[\frac{\gamma T_2}{\gamma T_2+T}D(k-1)+\frac{T_2+T}{\gamma T_2+T}e(k)-\frac{T_2}{\gamma T_2+T}e(k-1)\right] \tag{5-14}$$

式中，K_1 表示放大倍数；T_1 表示实际积分时间；T_2 表示实际微分时间；γ 表示微分放大倍数，$\gamma=T_F/T_2$，T_F 为低通滤波器的时间常数。

实际位置式 PID 的阶跃响应比较平滑，保留微分作用持续时间更长，因此能得到更好的控制效果。

② 实际增量式 PID 算法：其表达式为

$$\Delta u(k)=\Delta u_2(k-1)+K_1\left(1+\frac{T}{T_1}\right)\left(\frac{\gamma T_2}{\gamma T_2+T}\Delta D(k-1)+\frac{T_2+T}{\gamma T_2+T}\Delta e(k)-\frac{T_2}{\gamma T_2+T}\Delta e(k-1)\right) \tag{5-15}$$

式中，$\Delta u_2(k-1)=u_2(k-1)-u_2(k-2)$；$\Delta D(k-1)=D(k-1)-D(k-2)$；$\Delta e(k)=e(k)-e(k-1)$；$\Delta e(k-1)=e(k-1)-e(k-2)$。

5.4.3 先进控制策略

在工业过程控制领域，当前占统治地位的仍然是经典的 PID 控制器。随着过程工业日益走向大型化、集成化、连续化、复杂化，对过程控制的品质提出了更高的要求，控制的目标已不再局限于对某一个变量或几个变量的平稳操作，而是越来越多地加入了以经济效益为代表的其他控制要求，然而传统的以单变量技术为基础的控制技术已无法满足这些需求。控制与经济效益的矛盾日趋尖锐，迫切需要一类合适的先进控制策略。先进控制策略是对那些不同于常规单回路控制，并具有比常规 PID 控制效果更好的控制策略的统称。先进控制策略的主要特点在于：

① 与传统的 PID 控制不同，先进控制策略主要是基于模型的控制策略，如模型预测控制和推断控制等，这些控制策略充分利用工业过程输入输出有关信息建立系统模型，而不必

依赖对反应机理的深入研究。

② 先进控制策略通常用于处理复杂的多变量过程控制问题，如大时滞、多变量耦合、被控变量与控制变量存在着各种约束等。先进控制策略是建立在常规单回路控制策略基础之上的动态协调约束控制策略，可使控制系统适应实际工业生产过程动态特性和操作要求。

③ 先进控制策略的实现需要较高性能的计算机作为支持平台。由于先进控制策略受控制算法的复杂性和计算机硬件两方面因素的影响，复杂系统的先进控制算法通常是在上位机上实施的。随着 DCS 功能的不断增强和先进控制技术的发展，部分先进控制策略可以与基本控制回路一起在 DCS 上实现。后一种方式可有效地增强先进控制策略的可靠性、可操作性和可维护性。当前，应用非常成熟且效益极为显著的先进控制策略主要有自适应控制和预测控制。

1）自适应控制

（1）自适应控制系统的基本概念

自适应控制系统是指能够适应被控过程参数的变化，自动地调整控制的参数从而补偿过程特性变化的控制系统。

自适应控制系统的适应对象是：非线性的工业对象和非定常且具有时变特性的工业对象。传统的线性控制是根据线性化模型和其极态工作点以及过程参数的值而设计的。当过程的稳态工作点改变时，需要调整控制器参数来补偿这种变化，这时可采用自适应控制系统。

自适应控制系统的工作特点是：首先测量系统的输入和输出值，根据这些值产生系统的动态特性，再与希望系统比较，从而在自适应机构中决定是如何改变控制的参数和结构，以保证系统的最优性能。由适应机构输出信号改变控制方式，使被控对象达到合适的控制。由此可见，自适应控制的特点是：辨识、决策、控制。

（2）自适应控制系统的基本类型

工业上常用的自适应控制系统的形式很多，目前理论上较完整、应用较为广泛的自适应控制系统主要有以下三类。

① 简单自适应控制系统：它可用一些简单的方法来辨识过程参数或环境条件的变化，按一定的规律来调整控制器参数，控制算法也比较简单。

② 模型参考自适应控制系统：模型参考自适应控制系统框图如图 5-6 所示。它利用一个具有预期的品质指标并代表理想过程的参考模型，要求实际过程的模型特性向它靠拢。这就是在原来反馈控制回路的基础上，增加一个根据参考模型与实际过程输出之间的偏差，通过调节机构（适应机构）来自动调整控制算法的自适应控制回路，以便使被调整系统的性能接近参考模型规定的性能。此类系统发展很快。

③ 自校正适应性控制系统：它先用辨识方法取得过程数学模型的参数，然后以此自行校正控制算法，使其品质为最小方差，实现最优控制。框图如图 5-7 所示。

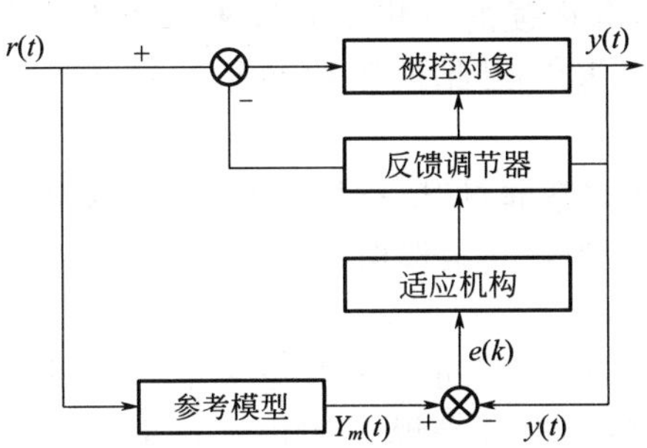

图 5-6　模型参考自适应控制系统示意图

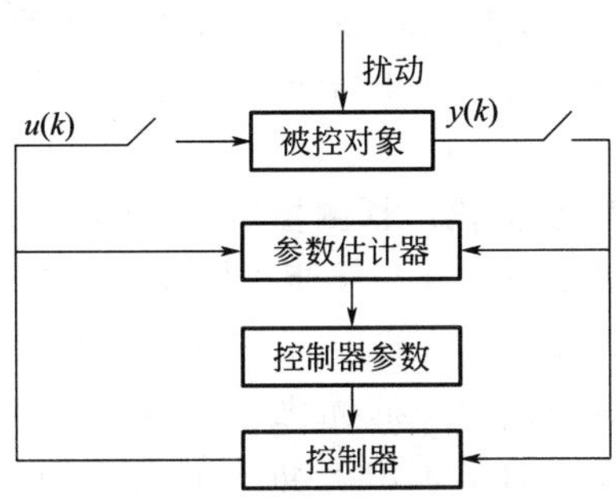

图 5-7　自校正适应性控制系统示意图

2）预测控制

预测控制是20世纪70年代末开始出现的一种基于模型的计算机控制算法。1978年Richalet提出的模型预测启发式算法，不但完整地给出这一算法，也给出工业应用的实例。近20年来，无论在理论上或工业上，由于它的先进性和有效性，控制界投入大量人力和物力进行研究，使预测控制有了很大发展，成为控制理论及其工业应用的热点。目前已经有了几十种预测控制算法，比较有代表性的是模型算法控制（MAC）、动态矩阵控制（DMC）和广义预测控制（GPC）等。

（1）预测控制的基本结构

尽管预测控制的算法很多，但归纳起来，主要都是由四部分组成，即预测模型、反馈校正、滚动优化和参考轨迹，图5-8是预测控制的基本结构图。

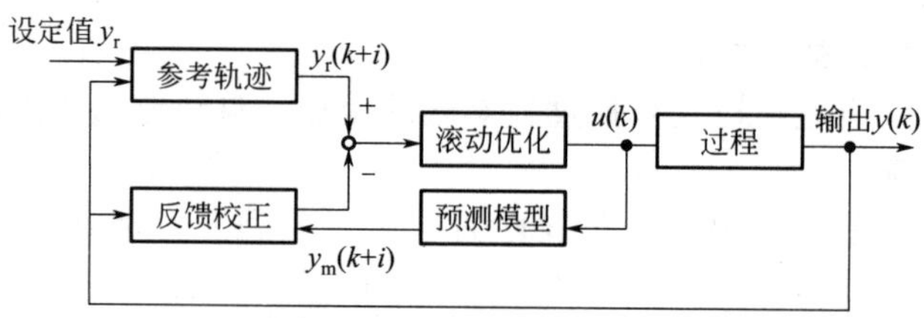

图5-8　预测控制的基本结构

① 预测模型。预测控制需要一个描述系统动态行为的模型作为预测模型。它应具有预测功能，即能够根据系统的现时刻的控制输入以及过程的历史信息，预测过程输出的未来值。在预测控制中各种不同算法，采用不同类型的预测模型，如最基本的模型算法控制（MAC）采用的是系统的单位脉冲响应曲线，而动态矩阵控制（DMC）采用的是系统的阶跃响应曲线。这两个模型之间可以互相转换，且都属于非参数模型，在实际的工业过程中比较容易通过实验测得，不必进行复杂的数据处理，尽管精度不是很高，但数据冗余量大，使其抗干扰能力较强。

预测模型具有展示过程未来动态行为的功能，这样就可像在系统仿真时那样，任意地给出未来控制策略，观察过程在不同控制策略下的输出变化，从而为比较这些控制策略的优劣提供基础。

② 反馈校正。在预测控制中，采用预测模型进行过程输出值的预估只是一种理想的方式，对于实际过程，由于存在非线性、时变、模型失配和扰动等不确定因素，使基于模型的预测不可能准确地与实际相符。因此，在预测控制中，通过输出的测量值$y(k)$与模型的预估值$y_m(k)$进行比较，得出模型的预测误差，再利用模型预测误差来对模型的预测值进行修正。

对模型施加反馈校正的过程，使预测控制具有很强的抗扰动和改善系统不确定性的能力。预测控制不仅基于模型，而且利用了反馈信息，因此预测控制是一种闭环优化控制算法。

③ 滚动优化。预测控制是一种优化控制算法。它通过某一性能指标的最优化来确定未来的控制作用。这一性能指标还涉及过程未来的行为，它是根据预测模型由未来的控制策略决定的。

但预测控制中的优化与通常的离散最优控制算法不同，它不是采用一个不变的全局最优目标，而是采用滚动式的有限时域优化策略。也就是说，优化过程不是一次离线完成的，而是反复在线进行的，即在每一采样时刻，优化性能指标只涉及从该时刻起到未来有限的时间，而到下一个采样时刻，这一优化时段会同时向前推移。因此，预测控制不是用一个对全局相同的优化性能指标，而是在每一个时刻有一个相对于该时刻的局部优化性能指标。

④ 参考轨迹。在预测控制中，考虑到过程的动态特性，为了使过程避免出现输入和输出的急剧变化，往往要求过程输出沿着一条期望的、平缓的曲线达到设定值 y_r。这条曲线通常称为参考轨迹。它是设定值经过在线“柔化”后的产物。

最广泛采用的参考轨迹为一阶指数变化的形式，它可以使急剧变化的信号转变为比较缓慢变化的信号。

将上述四个部分与过程对象连成整体，就构成了基于模型的预测控制系统。

(2) 预测控制的特点及应用

基于模型的预测控制系统具有上述所示的结构，使其在控制方式、原理及应用上具有以下特点。

首先，从控制方式上，预测控制与传统的 PID 控制不同。通常的 PID 控制是根据过程当前的和过去的输出测量值和设定值的偏差来确定当前的控制输入。而预测控制不但利用当前的和过去的偏差值，而且还利用预测模型来预估过程未来的偏差值，以滚动优化确定当前的最优输入策略。因此，从基本思想看，预测控制优于 PID 控制。

其次，从原理来说，预测控制中的预测模型、反馈校正、滚动优化虽然只不过是一般控制理论中模型、反馈和控制概念的具体表现形式。但是，预测控制对模型结构的不唯一性，使它可以根据过程的特点和控制要求，以最为方便的方法在系统的输入输出信息中，建立起预测模型。预测控制的优化模式和预测模式的非经典性，使它可以把实际系统中的不确定因素体现在优化过程中，形成动态优化控制，并可处理约束和多种形式的优化目标。因此，可以认为预测控制的预测和优化模式是对传统最优控制的修正，它使建模简化，并考虑了不确定性及其他复杂性因素，从而使预测控制能适合复杂工业过程的控制，这也正是预测控制首先广泛应用于过程控制领域的原因。

另外，预测控制对数学模型要求不高且模型的形式是多样化的，能直接处理具有纯滞后性的过程，具有良好的跟踪性能和较强的抗干扰能力，对模型误差具有较强的鲁棒性。

以上特点使预测控制更加符合工业的实际要求，这是 PID 控制或现代控制理论无法相比的。因此，预测控制在实际工业中已得到广泛重视和应用，而且必将获得更大的发展，特别是多变量有约束预测控制的推广应用将会改变过去传统的单变量设计方法，而展现多变量设计的新阶段，使工业过程控制出现新的面貌。

5.5　数字控制器

数字控制器采用数字技术，以微处理器为核心部件，具有模—数和数—模转换器件（A/D 和 D/A 转换器），在外观、体积和信号制式上都与 DDZ-Ⅲ型控制器相似或一致，可装在仪表盘上使用，且数字控制器经常只用来控制一个回路（包括复杂控制回路），所以数字控制器常被称为单回路数字控制器。

5.5.1　数字控制器组成

数字控制器由硬件电路和软件两大部分组成，其控制功能主要由软件决定。

1）数字控制器的硬件电路

数字控制器的硬件电路由主机电路、过程输入通道、过程输出通道、人/机交互部件以及通信接口电路等部分组成，其构成框图如图 5-9 所示。

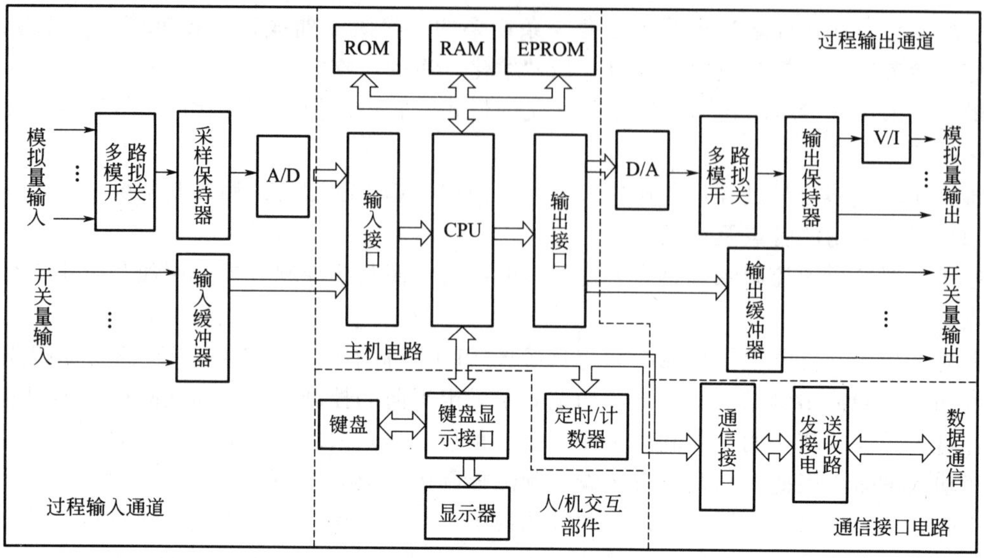

图 5-9　数字控制器硬件构成

（1）主机电路

主机电路是数字控制器的核心，用于实现仪表数据运算处理及各组成部分之间的管理。主机电路由微处理器（CPU）、只读存储器（ROM、EPROM）、随机存储器（RAM）、定时/计数器（CTC）以及输入/输出接口（I/O 接口）等组成。

（2）过程输入通道

过程输入通道包括模拟量输入通道和开关量输入通道，模拟量输入通道用于连接模拟量输入信号，开关量输入通道用于连接开关量输入信号。通常，数字控制器都可以接收多个模拟量输入信号和多个开关量输入信号。

① 模拟量输入通道：模拟量输入通道将多个模拟量输入信号分别转换为 CPU 接收的数字量。它包括多路模拟开关、采样保持器和 A/D 转换器。多路模拟开关将多个模拟量输入信号逐个连接到采样保持器，采样保持器暂时存储模拟输入信号，并把该值保持一段时间，以供 A/D 转换器转换。A/D 转换器的作用是将模拟信号转换为相应的数字量。常用的 A/D 转换器有逐位比较型、双积分型和 V/F 转换型等几种。逐位比较型 A/D 转换器的转换速度最快，一般在 10^4 次/s 以上，缺点是抗干扰能力差；其余两种 A/D 转换器的转换速度较慢，通常在 100 次/s 以下，但它们的抗干扰能力较强。

② 开关量输入通道：开关量指的是在控制系统中电接点的通与断，或者逻辑电平为“1”与“0”这类两种状态的信号。例如各种按钮开关、接近开关、液（料）位开关、继电器触点的接通与断开，以及逻辑部件输出的高电平与低电平等。开关量输入通道将多个开关输入信号转换成能被计算机识别的数字信号。为了抑制来自现场的干扰，开关量输入通道常采用光电耦合器件为输入电路进行隔离传输。

（3）过程输出通道

过程输出通道包括模拟量输出通道和开关量输出通道，模拟量输出通道用于输出模拟量信号，开关量输出通道用于输出开关量信号。通常，数字控制器都可以具有多个模拟量输出信号和多个开关量输出信号。

① 模拟量输出通道：模拟量输出通道依次将多个运算处理后的数字信号进行数/模转换，并经多路模拟开关送入输出保持器暂存，以便分别输出模拟电压（1～5V）或电流（4～20mA）信号。该通道包括 D/A 转换器、多路模拟开关、输出保持电器和 V/I 转换器。D/A 转换器起数/模转换作用，D/A 转换芯片有 8 位、10 位、12 位等品种可供选用。V/I 转换器将 1～5V 的模拟电压信号转换成 4～20mA 的电流信号，其作用与 DDZ-Ⅲ型调节器或运算器的输出电路类似。多路模拟开关与模拟量输入通道中的相同。

② 开关量输出通道：开关量输出通道通过锁存器输出开关量（包括数字、脉冲量）信号，以便控制继电器触点和无触点开关的接通与释放，也可控制步进电机的运转。同开关量输入通道一样，开关量输出通道也常采用光电耦合器件作为输出电路进行隔离传输。

(4) 人/机交互部件

人/机交互部件一般置于控制器的正面和侧面。正面板的布置类似于模拟调节器，有测量值和给定值显示器、输出电流显示器、运行状态（自动/串级/手动）切换按钮、给定值增/减按钮和手动操作按钮等，还有一些状态显示灯。侧面板有设置和指示各种参数的键盘、显示器。在有些控制器中附带后备手操器。当控制器发生故障时，可用手操器来改变输出电流，进行遥控操作。

(5) 通信接口电路

控制器的通信部件包括通信接口芯片和发送接收电路等。通信接口将欲发送的数据转换成标准通信格式的数字信号，经发送电路送至通信线路（数据通道）；同时通过接收电路接收来自通信线路的数字信号，将其转换成能被计算机接收的数据。数字控制器大多采用串行传送方式。

2）数字控制器的软件

数字控制器的软件包括系统程序和用户程序两大部分。

(1) 系统程序

系统程序是控制器软件的主体部分，通常由监控程序和功能模块两部分组成。

监控程序使控制器各硬件电路能正常工作并实现所规定的功能，同时完成各组成部分之间的管理。

功能模块提供了各种功能，用户可以选择需要的功能模块以构成用户程序，使控制器实现用户规定的功能。

(2) 用户程序

用户程序是用户根据控制系统的要求，在系统程序中选择需要的功能模块，并将它们按一定的规则连接起来的结果，其作用是使控制器完成预定的控制与运算功能。使用者编制程序实际上是完成功能模块的连接，即组态工作。

5.5.2 厦门宇电 AI-8 系列数字控制器

高端的智能温控器作为现代工业制造及科学研究不可或缺的重要部件，其核心技术长期被进口品牌高科技企业所把控。经过多年的不断努力，厦门宇电不仅在产量规模上实现对进口同类产品的大幅超越，在高性能的 AI 智能串级温控技术、高抗干扰 20ms 高速采样、多路高耐压隔离输入、0.001℃高分辨率、25ppm[❶]/℃低温漂测量及可编程运算能力等一系列先进技术方面也实现了对进口仪表的赶超。在数字控制器国产化替代方面成功获得突破，技术指标全面领先进口同类产品，真正体现了大国工匠精神。

厦门宇电 AI-8 系列数字控制器，适用于对温度、压力、液位、流量等各种工业过程参数的测量、显示和精确控制。主要特点有：

① 自带新型 APID（综合人工智能技术的比例、积分和微分）自整定自适应控制算法，在大滞后、额外扰动等不同应用场合均能实现无超调和无欠调的精确控制。

② 具有模块化与平台化结构，多种输入输出模块可供客户选择，几乎不受限制的输入输出类型，给予客户高度自由选择权。

③ 具有串级控制、自定义密码、AAT 先进快速自整定、50 段程序控制、加热冷却双输出、手动/自动无扰切换、设定值外给定、外部事件输入、输入多点修正、升降温速率限制、高温炉多段曲线加热功率限制、软启动、变送、报警等丰富功能。

④ 具有 CT 测量报警功能，选用相应的模块和面板，可实现加热器断线报警、CT 电流值显示等功能。

⑤ 支持宇电 AIBUS 及通用 MODBUS RTU 通信协议，与通信控制器配合使用，可灵活转换为 TCP、EtherCAT 等通信方式。

⑥ 搭配可自带隔离电源的模块，提供全面的输入输出信号隔离解决方案。

1）AI-8 系列数字控制器基本功能介绍

AI-8 系列数字控制器功能强大，具有多种信号输入类型、多种信号给定方式、多种控制输出方式和多种调节方式。

（1）信号输入类型

控制器支持多种信号输入类型，主要有以下几种：

① 热电偶：K、S、R、E、J、T、B、N 等热电偶。

② 热电阻：Cu50、Pt100、Ni120 等热电阻。

③ 线性电压：0～5V、1～5V、0～1V、0～100mV、0～20mV、－5～5V、－20～20mV 等直流电压。

④ 线性电流（须外接分流电阻或安装 I44 模块）：0～10mA、0～20mA、4～20mA 等直流电流。

⑤ 扩充规格：在保留上述输入规格基础上，允许用户自定义一种额外输入规格的信号。

（2）信号给定方式

控制器支持多种信号给定方式，主要有以下几种：

① 本机给定方式：可通过面板上的增减键直接修改给定值，也可以加密码锁定不让修改。

② 外部给定方式：外部给定是指通过外部模拟量信号来改变仪表的给定值，可实现比例调节、串级调节、手操器等功能。外部给定信号固定为 0～5V/1～5V 电压信号。外部给定功能有效时，内部给定值不起作用，当外部给定信号断开时自动切换内部给定。

③ 时间程序给定：该给定方式用于需要按一定时间规律自动改变给定值进行控制的场合。它具备 50 段程序编排功能，可设置任意大小的给定值升、降斜率；具有跳转、运行、暂停及停止等可编程/可操作命令，可在程序控制运行中修改程序；具有停电处理模式、测

❶ 1ppm＝1×10^{-6}。

量值启动功能及准备功能，使程序执行更有效率及更完善。

(3) 控制输出方式

控制器支持多种控制输出方式，主要有以下几种：

① 继电器触点开关输出（常开+常闭）：AC 250V/2A 或 DC 30V/2A。

② 可控硅无触点开关输出（常开或常闭）：AC 100～240V/0.2A（持续）；2A（20ms 瞬时，重复周期 5s）。

③ SSR 电压输出：模块可输出 DC 12V/30mA 信号驱动 SSR（固态继电器）。

④ 可控硅触发输出：模块可触发 5～500A 的双向可控硅、两个单向可控硅反并联连接或可控硅功率模块。

⑤ 线性电流输出：0～20mA 或 4～20mA 可定义（节能型模块最大输出电压≥5.5V，高压型输出电压≥10.5V）直流电流输出。

(4) 调节方式

控制器支持多种调节方式，主要有以下几种：

① ON/OFF 调节，位式调节方式；

② APID 调节，AI 人工智能调节，包含模糊逻辑 PID 调节及自整定自适应功能的先进控制算法；

③ nPID 调节，标准 PID 调节。

2）AI-8 系列数字控制器的面板操作

(1) AI-8 系列数字控制器的面板说明

AI-8 系列数字控制器的面板如图 5-10 所示，面板由 8 个部分组成。

图 5-10 AI-8 系列数字控制器操作面板

① PV 上显示窗，显示测量值 PV、参数名称等参数；

② SV 中显示窗，显示给定值 SV、报警代号、参数值等参数；

③ MV 下显示窗，显示输出百分比 MV 参数；

④ ↻设置键，长按该键可以进入参数设置状态，并具有确认参数修改等功能；

⑤ ◀数据移位键，每按下该键可在选中的数字之间来回切换，也有定点控制操作功能；

⑥ ▼数据减少键，每按下该键，可让选中的数值减一，也有运行/暂停操作功能；

⑦ ▲数据增加键，每按下该键，可让选中的数值加一，也有停止操作功能。

⑧ 面板上还有 10 个 LED 指示灯，MAN 灯亮表示处于手动输出状态；PRG 灯亮表示处于程序运行状态，闪烁表示处于等待功能状态；MIO、OP1、OP2、AL1、AL2、AU1、AU2 灯分别对应相应位置模块输入输出动作；COM 灯闪烁表示正与上位机通信。

(2) 操作说明

① 设置参数：在基本显示状态下按↺键并保持约 2s 即可进入自定义的现场参数设置状态。可直接按◀、▼、▲等键修改参数值。按▼键减小数据，按▲键增加数据，所修改数值位的小数点会闪动（如同光标）。按键并保持不放，可以快速地增加/减少数值，并且速度会随小数点的右移自动加快。也可按◀键来直接移动修改数据的位置（光标），操作更快捷。按↺键可保存被修改的参数值并显示下一参数，持续按↺键可快速向下；按◀键并保持不放 2s 以上，可返回显示上一参数；先按◀键不放接着再按↺键可直接退出参数设置状态；如果没有按键操作，约 25s 后也会自动退回基本显示状态。

② 设置给定值：如果仪表使用定点控制模式(参数 Pno=0 时)，在 SV 显示窗显示给定值的基本显示状态时（如 SV 显示窗显示输出值，可按↺键切换至给定值显示状态），按◀键可进入修改当前给定值状态，再按◀、▼、▲等键可直接修改给定值。

③ 设置程序：仪表使用程序控制模式(参数 Pno≥1 时)，在 SV 显示窗显示给定值的状态时，按◀键一下可进入程序设置状态，首先显示的是当前运行段给定值，按↺键则可显示下一个数据，每段程序按“给定值—时间—给定值”的顺序依次排列。即使在程序正在运行时也可以修改程序。

④自动/手动控制切换（A/M）：在 SV 显示窗显示输出值状态时（如 SV 显示窗显示给定值，可按↺键切换至输出值显示状态），按 A/M 键（即◀键），可以使仪表在自动及手动之间进行无扰动切换。在手动状态且 SV 显示窗显示输出值时，直接按▲键或▼键可增加及减少手动输出值。通过对 A-M 参数设置，也可使仪表固定在自动状态而不允许由面板按键操作来切换至手动状态，以防止误入手动状态。

⑤ 运行控制：需要启动运行控制时按▼键并保持约 2s 使仪表 SV 显示窗显示“run”的符号即可，AI-8 系列在停止状态下将启动程序运行。对于 AI-8 系列且参数 PAF. F=1 时，如果仪表已处于程序运行状态，该操作将使程序进入保持运行（HoLd）状态，该状态下时间将暂停计时，再执行一次 run 操作可恢复正常运行。

⑥ 停止控制：在 SV 显示窗显示给定值的状态时，按▲键保持 2s 左右使下显示窗显示“StoP”的符号即可，仪表停止控制输出。AI-8 系列停止程序运行，并且程序段号参数 StEP 被修改为 1。

AI-8 系列数字控制器的详细介绍可参考厦门宇电 AI-8 系列的数字控制器使用手册。

5.5.3 过程控制应用案例

针对第 5.1 节所述的乙醇回收系统，传热设备 EX1 让导热油和水进行换热，用导热油对水进行加热，温度控制器 TC1 通过调节导热油管道上电动球阀的开度改变导热油流量，让热水被加热到 95℃。当热水储罐的温度达到 95℃后，开启废乙醇抽液泵。传热设备 EX2 让热水和废乙醇液体进行换热，用热水对废乙醇液体进行加热，温度控制器 TC2 通过调节热水泵抽水速度改变热水流量，使废乙醇出口管道上的温度达到 82℃，废乙醇由液体蒸发变成气体，从上管道口排出到冷却系统。

以宇电 AI-888 仪表作为温度控制器的 P&ID 图如图 5-11 所示。现场安装了两块厦门宇电 AI-888 智能温度控制器（D 型面板仪表）分别作为温度控制器 TC1 和温度控制器 TC2，两个温度控制回路的温度检测变送仪表均选择一体化铂电阻温度变送器，测量温度范围是 0～150℃，输出 1～5V 电压信号。

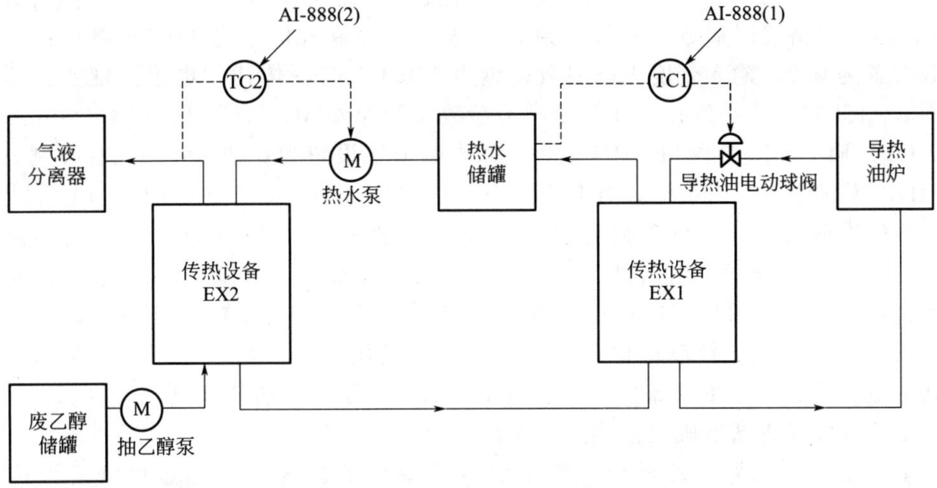

图 5-11　以宇电 AI-888 仪表作为温度控制器的 P&ID 图

第一个温度控制回路：热水储罐的温度需要稳定在 95℃，通过控制进入传热设备 EX1 的导热油流量实现。控制器是 AI-888(1) 智能温度控制器，其输出 4～20mA 电流信号调节导热油电动球阀的开度以改变进入传热设备 EX1 的导热油流量，实现热水储罐温度的准确控制。

AI-888(1) 智能温度控制器的接线图如图 5-12 所示，该控制器是 D 型面板仪表，因此，1、2 两个端子接 220V 交流电源；一体化铂电阻温度变送器的 1～5V 电压信号接至仪表的 11 和 12 端子，信号＋接至仪表的 11 端子，信号－接至仪表的 12 端子；由于温度控制器需要输出 4～20mA 电流信号，因此在控制器上加装了 X3 线性电流输出模块，电流由 10 和 8

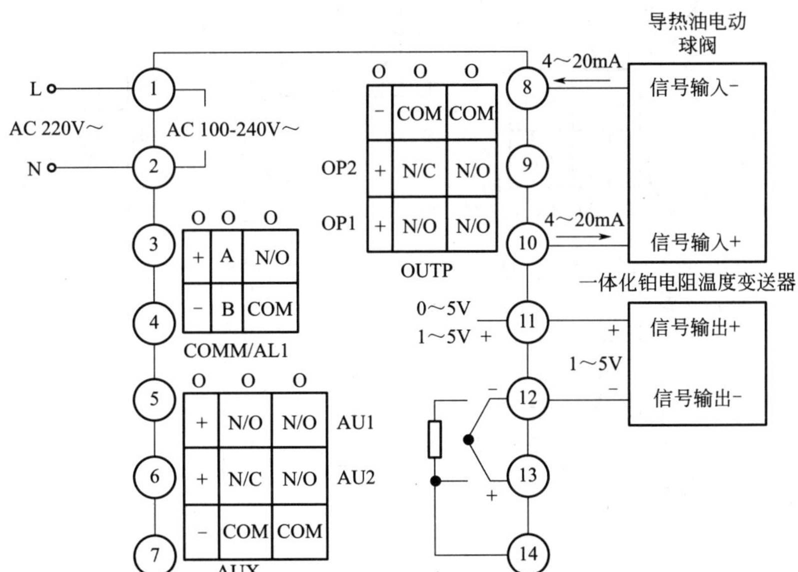

图 5-12　AI-888(1) 智能温度控制器接线图

两个端子输出，10 端子接至导热油电动球阀的输入信号＋，8 端子接至导热油电动球阀的输入信号－。

仪表首次上电后，需要设定 SV 设定值和各个仪表参数。如果温度需要显示到小数点后一位，那么 SV 设置为 95.0，表示热水储罐的温度需要稳定在 95℃；dPt 小数点位置参数设置为 0.0；输入规格代码参数 InP 设置为 33，表示仪表输入信号是 1～5V 电压；输入刻度下限参数设置为 0.0，输入刻度上限参数设置为 150.0，与一体化铂电阻温度变送器的测量温度范围 0～150℃保持一致；OPt 输出类型参数设置为 4-20，表示仪表有 4～20mA 线性电流输出；OPL 输出下限参数和 OPH 输出上限参数分别设置为 0 和 100；CtrL 控制方式参数选择 APID，仪表使用厦门宇电具有自主知识产权的先进 AI 人工智能 PID 调节算法实现热水储罐温度的准确控制；PID 参数可以由仪表自整定得到，将 At 自整定设置参数设置为 AAt 快速自整定，在仪表上电后处于满功率加热输出状态时，可以自动启动 AAt 先进的快速参数自整定功能，无须传统的周期振荡自整定，就可以预先设置好 PID 参数，大部分情况首次加热即可实现准确控制；仪表其他参数可以使用默认参数。仪表参数全部设置好以后，重新上电，先进行参数自整定，自整定结束后，由手动状态切换到自动状态，仪表投入使用，在 PV 行可以清晰准确地读出实时温度。

第二个温度控制回路：乙醇出口管道温度需要稳定在 82℃，通过控制进入传热设备 EX2 的热水流量实现。控制器是 AI-888(2) 智能温度控制器，其输出 4～20mA 电流信号调节热水泵的转速以调节进入传热设备 EX2 的热水流量，实现乙醇出口管道温度的准确控制。

AI-888(2) 智能温度控制器的接线图如图 5-13 所示，接线与 AI-888(1) 的接线基本相同，不同的是 10 和 8 两个端子接至热水泵的输入信号上，10 端子接至输入信号＋，8 端子接至输入信号－。

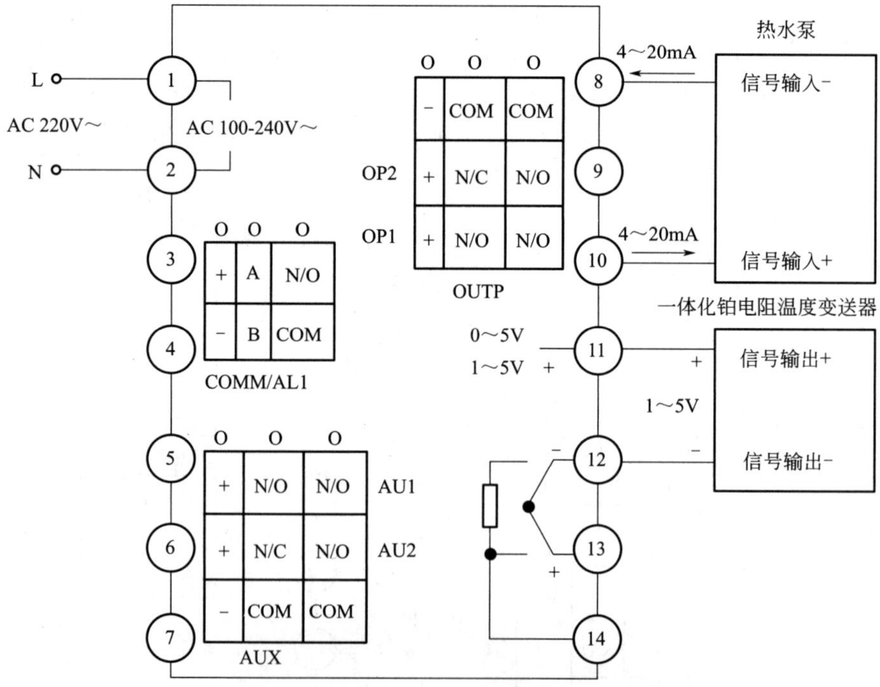

图 5-13　AI-888(2) 智能温度控制器接线图

AI-888(2) 智能温度控制器的参数设置也与 AI-888(1) 的参数设置基本相同，不同的是 SV 设置为 82.0，表示乙醇出口管道温度需要稳定在 82℃。

每半年需要对所有温度变送仪表进行一次温度标定，宇电 AI-888 仪表的读数和实际温度计的测量值误差不超过 0.1℃。使用了该温度控制器后改善了之前温度控制不精准、回收乙醇浓度不足的情况。该温度控制器不仅适用于废乙醇的回收系统，还适用于所有需要换热、蒸馏等的工况，成本低、稳定性好。

第5章 在线测试题

本章作业

1. 有一个 DC 24V 供电的二线制温度检测仪表，测温范围 −50～150℃，输出电流 4～20mA。手边现有一个 DC 24V 电源，一个 4 通道的 SM 1231 模块。如果需要将这个温度检测仪表接到 SM 1231 的 0 通道上，请画出 DC 24V 电源、温度检测仪表和 SM 1231 模块之间的连线图。

2. 有一管式炉温度控制系统，有中间继电器 KA、交流接触器 KM、加热丝和温度计若干，要求炉温控制在 80℃±10℃。温度计为带电接点的双金属温度计，该温度计的测温范围为 0～150℃，该温度计可以设置低限温度和高限温度，在温度计里有一个低限触点和一个高限触点，现将低限温度设置为 73℃，高限温度设置为 87℃。如果当前温度低于低限温度 73℃，则低限触点闭合，否则低限触点断开；若当前温度高于高限温度 87℃，则高限触点闭合，否则高限触点断开。当交流接触器 KM 线圈得电时，主触点闭合，加热丝得电，对管式炉加热。请设计一套双位温度控制系统。当前温度低于低限温度时，加热丝得电，对管式炉加热，当前温度超过低限温度时，继续加热，当前温度超过高限温度时，停止加热，当前温度低于低限温度时，再次启动加热。试画出该双位温度控制系统的电气原理图。

3. 有一温度控制系统，选用 AI-888 仪表作为温度控制器控制反应炉的炉温。仪表上加装了 G、K1 模块，通过控制一个双向可控硅模块，调节其接通-断开的时间比例来改变加热丝的输出功率进而实现对炉温的控制。温度检测元件选用一个线性温度变送器，测温范围为 −200～1200℃，输出 1～5V 直流电压。仪表采用快速自整定的控制模式，控制要求分为 4 个阶段：第 1 阶段，25℃起线性升温到 150℃，升温时间为 30min；第 2 阶段，在 150℃保温运行，时间为 60min；第 3 阶段，从 150℃起线性升温到 400℃，升温时间为 90min；第 4 阶段，升温至 400℃后，模块进入保持状态。

请阅读厦门宇电 AI-8 系列的数字控制器使用手册，回答以下问题：

① 如果选用 D 型面板仪表（D 型面板仪表的接线图如图 5-14 所示），双向可控硅模块和温度变送器的信号+、信号−两根信号线应分别接至仪表的哪几个端子？画出接线图。

② 如果温度以整数格式显示，除下述需要设置的参数外，仪表其他参数均按默认值设置。仪表参数 InP、dPt、SCL、SCH、OPt、At、Pno 该如何设置？4 段程序编排的参数该如何设置？

4. 图 5-15 所示的换热器中控制阀安装在加热蒸汽管路上。工艺上要求原料出口温度恒定在 550℃。选用宇电 AI-888 仪表作为温度控制器，仪表上加装了 X3 线性电流输出模块，其输出 4～20mA 电流信号调节加热蒸汽阀的开度以改变进入换热器的蒸汽流量，实现原料出口温度的准确控制。温度检测元件选用一个带补偿导线的 E 型热电偶。

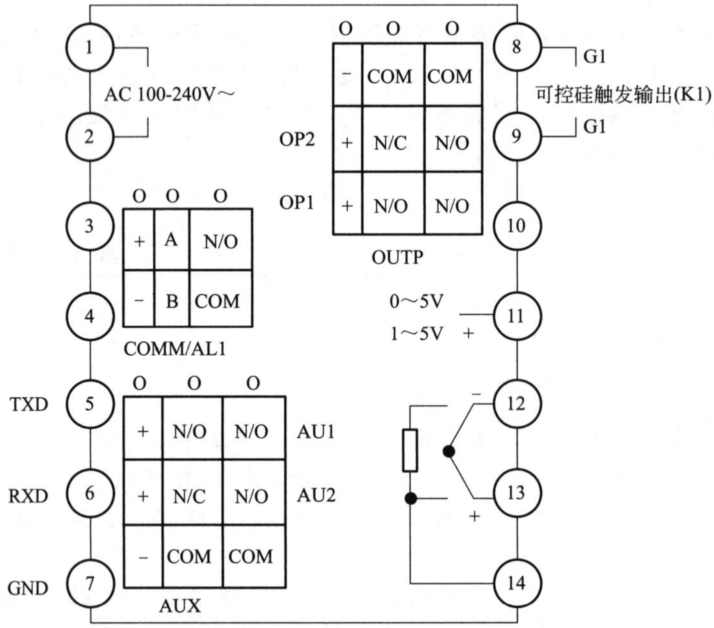

图 5-14　D 型面板仪表的接线图

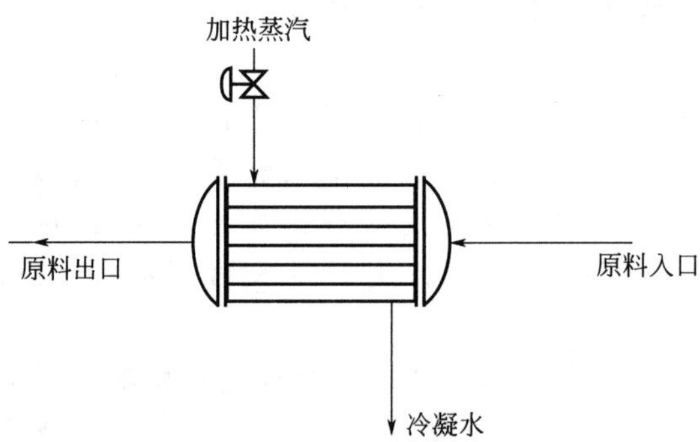

图 5-15　换热器

① 试画出以宇电 AI-888 仪表作为温度控制器的 P&ID 图。

② 如果选用 D 型面板仪表（D 型面板仪表的接线图如图 5-14 所示），加热蒸汽阀和带补偿导线的 E 型热电偶的信号＋、信号－两根信号线应分别接至仪表的哪几个端子？画出接线图。

③ 如果温度要求显示到小数点后一位，除下述需要设置的参数外，仪表其他参数均按默认值设置。仪表参数 SV、InP、dPt、OPt、At、CtrL 该如何设置？

第5章　作业参考答案

第6章 集散控制系统硬件

集散控制系统（distributed control system，DCS）广泛应用于石化、冶金、电力等流程自动化领域。它是利用微处理机或微型计算机技术对生产过程进行集中管理和分散控制的系统。整个装置继承了常规模拟仪表控制系统和计算机集中控制系统的优点，克服了单微机控制系统危险性高度集中以及常规仪表控制功能单一、人/机联系差的缺点，可以方便地用于工业装置的生产控制和经营管理。

6.1 DCS 应用场景案例

煤制甲醇的典型工艺路线如图 6-1 所示。某煤制甲醇生产基地循环经济改造项目，主要由各工艺装置、全厂系统、公用及辅助设施、锅炉装置、成品罐区、厂前区、全厂火炬及临时设施等组成，一期交付系统规模达 60000 点。

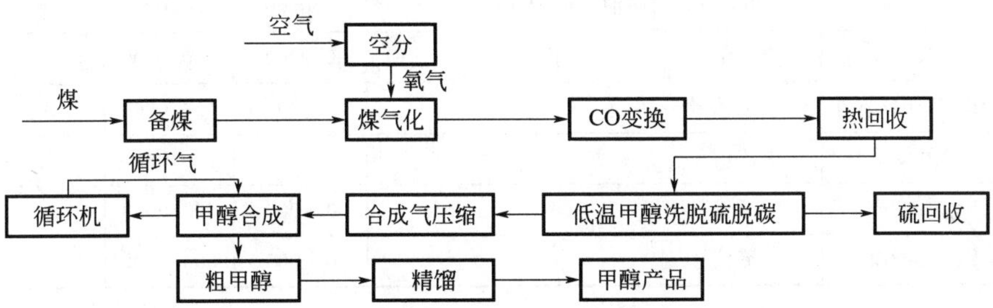

图 6-1　煤制甲醇典型工艺路线图

二期改造范围包含生产装置中的气化装置、净化装置、合成装置和硫回收装置，要求实现装置中所有现场信号的控制室集中监控和重要变量的回路控制。改造系统规模约 25000 点，其中，模拟量近 10000 点，控制回路 1200 余个，模拟量信号和模拟量控制点数占比接近 45%，使用中控 ECS-700 控制系统。

以气化装置为例，本项目包含 3 套气化装置，被命名为气化装置 E、气化装置 F、气化装置 G，其中，气化装置 E 的 I/O 位号如表 6-1、表 6-2、表 6-3 和表 6-4 所示（完整位号见拓展阅读 6.1 煤制甲醇 DCS 项目资料）。

拓展阅读6.1　煤制甲醇DCS项目资料

表 6-1　煤制甲醇 AI 位号（部分）

序号	名称	描述	量程下限	量程上限	单位	冗余
0	PI20714E	开工抽引器 J20701E 入口蒸汽压力	−0.0400	0.6000	MPa	是

续表

序号	名称	描述	量程下限	量程上限	单位	冗余
1	FI20707E1	E1 烧嘴中心氧流量	0.0000	6000.0000	Nm^3/h	是
2	FI20707E2	E2 烧嘴中心氧流量	0.0000	6000.0000	Nm^3/h	是
3	FI20707E3	E3 烧嘴中心氧流量	0.0000	6000.0000	Nm^3/h	是
4	FI20707E4	E4 烧嘴中心氧流量	0.0000	6000.0000	Nm^3/h	是
5	FI20709E	预热烧嘴入口天然气流量指示	0.0000	1000.0000	Nm^3/h	是
6	FI20712E	F20701E 出口黑水流量	0.0000	550.0000	m^3/h	是
7	FI20719E	至混合器 A20701E 黑水流量	0.0000	100.0000	m^3/h	是
8	FI20720E	旋风分离器 Y20702E 出口黑水流量	0.0000	120.0000	m^3/h	是
9	FI20721E1	黑水过滤器 S20701E 入口流量	0.0000	1200.0000	m^3/h	是
10	FI20721E2	黑水过滤器 S20701E 入口流量	0.0000	1200.0000	m^3/h	是
11	FI20721E3	黑水过滤器 S20701E 入口流量	0.0000	1200.0000	m^3/h	是
12	FI20725E	水洗塔 T20701E 顶部入口灰水流量	0.0000	500.0000	m^3/h	是
13	FI20727E	水洗塔 T20701E 出口黑水流量	0.0000	80.0000	m^3/h	是
…						
279	LIP20801E1A	P20801E1 油站油箱液位指示	0.0000	100.0000	mm	否
280	LIP20801E1B	P20801E2 油站油箱液位指示	0.0000	100.0000	mm	否
281	IIP20801E1	电流信号	0.0000	150.0000	A	否
282	IIP20801E2	电流信号	0.0000	150.0000	A	否
283	IIP20805E	电流信号	0.0000	100.0000	A	否
284	IIP20803E1	电流信号	0.0000	300.0000	A	否
285	IIP20803E2	电流信号	0.0000	300.0000	A	否

表 6-2 AO 位号（局部）

序号	名称	描述	量程下限	量程上限	单位	冗余
0	PV_20714E	开工抽引器 J20701E 入口压力指示调节	0.0000	100.0000	%	是
1	PV_20718E1	碳洗塔顶压力调节	0.0000	100.0000	%	是
2	PV_20718E2	碳洗塔顶压力调节	0.0000	100.0000	%	是
3	FV_20705E1	单烧嘴氧气流量指示调节报警	0.0000	100.0000	%	是
4	FV_20705E2	单烧嘴氧气流量指示调节报警	0.0000	100.0000	%	是
5	FV_20705E3	单烧嘴氧气流量指示调节报警	0.0000	100.0000	%	是
6	FV_20705E4	单烧嘴氧气流量指示调节报警	0.0000	100.0000	%	是
7	FV_20707E1	中心管氧气流量指示调节	0.0000	100.0000	%	是
8	FV_20707E2	中心管氧气流量指示调节	0.0000	100.0000	%	是
9	FV_20707E3	中心管氧气流量指示调节	0.0000	100.0000	%	是
10	FV_20707E4	中心管氧气流量指示调节	0.0000	100.0000	%	是

续表

序号	名称	描述	量程下限	量程上限	单位	冗余
…						是
67	HV_20811E	高温热水罐补充灰水遥控调节	0.0000	100.0000	%	是
68	PIP20801E2A_AO	供油压力信号去现场箱	0.0000	100.0000	%	是
69	PIP20801E2B_AO	供油压力信号去现场箱	0.0000	100.0000	%	是
70	SC_NP20703E1	速度调节	0.0000	100.0000	%	是
71	SC_NP20703E2	速度调节	0.0000	100.0000	%	是

表 6-3　DI 位号（局部）

序号	名称	描述	ON 描述	OFF 描述	冗余
0	KVHS_20712E	阀位开关(开位)	ON	OFF	是
1	KVLS_20712E	阀位开关(关位)	ON	OFF	是
2	KVHS_20713E	阀位开关(开位)	ON	OFF	是
3	KVLS_20713E	阀位开关(关位)	ON	OFF	是
4	KVHS_20714E	阀位开关(开位)	ON	OFF	是
5	KVLS_20714E	阀位开关(关位)	ON	OFF	是
6	KVHS_20715E	阀位开关(开位)	ON	OFF	是
7	KVLS_20715E	阀位开关(关位)	ON	OFF	是
8	KVHS_20716E	阀位开关(开位)	ON	OFF	是
9	KVLS_20716E	阀位开关(关位)	ON	OFF	是
10	KVHS_20717E	阀位开关(开位)	ON	OFF	是
11	KVLS_20717E	阀位开关(关位)	ON	OFF	是
12	KVHS_20718E	阀位开关(开位)	ON	OFF	是
13	KVLS_20718E	阀位开关(关位)	ON	OFF	是
14	KVHS_20719E	阀位开关(开位)	ON	OFF	是
15	KVLS_20719E	阀位开关(关位)	ON	OFF	是
16	XVHS_20732E	XV-20732E 上阀开位指示	ON	OFF	是
17	XVLS_20732E	XV-20732E 上阀关位指示	ON	OFF	是
…					
79	HZVHS_20702E2	阀位开关(开位)	ON	OFF	否
80	HZVLS_20702E2	阀位开关(关位)	ON	OFF	否
81	HZVHS_20704E	阀位开关(开位)	ON	OFF	否
…					
110	YL_NP20801E1	运行信号	ON	OFF	是
111	YL_NP20801E2	运行信号	ON	OFF	是
112	YL_NP20805E	运行信号	ON	OFF	是

表 6-4 DO 位号（局部）

序号	名称	描述	ON 描述	OFF 描述	冗余
0	HS_NP20702E	烧嘴冷却水泵 P20702E 停泵指令	ON	OFF	是
1	D_NP20702E_STR	DCS 联锁启动烧嘴冷却水泵	ON	OFF	是
2	HS_NP20703E2	锁斗循环泵 P20703E1 停泵指令	ON	OFF	是
3	HS_NP20704E1	渣池泵 P20704E1 停泵指令	ON	OFF	是
4	D_NP20801E1_STP	停泵信号	ON	OFF	是
5	D_NP20801E1_STR	启泵信号	ON	OFF	是
6	D_NP20801E2_STP	停泵信号	ON	OFF	是
7	D_NP20801E2_STR	启泵信号	ON	OFF	是
8	D_NP20803E1_STP	停泵信号	ON	OFF	是
9	D_NP20803E2_STP	停泵信号	ON	OFF	是
10	D_NP20805E_STP	停泵信号	ON	OFF	是
11	D_NP20805E_STR	启泵信号	ON	OFF	是
12	D_NP20807E_STP	停泵信号	ON	OFF	是
13	ML_NP20801E2A	主机运行	ON	OFF	是
14	ML_NP20801E2B	主机运行	ON	OFF	是
…					
76	HO_NP20701E2_1	DCS 上预启动泵 P20701E2 指令	ON	OFF	否
77	HO_NP20701E2_2	DCS 上启动泵 P20701E2 主电机指令	ON	OFF	否
78	HS_NP20701E2_2	DCS 停止泵 P20701E2 主电机指令	ON	OFF	否
79	HO_NP20701E2_3	DCS 上允许启动泵 P20701E2 指令	ON	OFF	否
80	HS_NA20702E	煤浆槽搅拌器 A20702E 停止指令	ON	OFF	否
81	HS_Z20702E	DCS 远程点火 Z20702E 指令	ON	OFF	否

可见，仅一套气化装置，就包含 285 个模拟量输入点、71 个模拟量输出点，整个装置包含上千个控制回路，而且作为化工装置对安全性要求非常高。若采用前述数字调节仪表或 PLC 作为控制器的方式，也可以实现必要的控制，但是每个控制回路采用一台数字调节仪表的方式需要配置大量调节仪表，而采用 PLC 需要配置大量模拟量输入输出模块，且信号的集中监控还需要专门的监控软件和通信方案，因此这类以模拟量控制为主的控制系统项目一般采用集散控制系统方案，该方案能够在统一的系统架构内实现所有的信号采集、回路控制、冗余安全、集中监控等功能。

本项目控制室及现场机柜间设置情况如图 6-2 所示。项目设 1 个中心控制室，每套装置有独立的现场机柜间，现场控制站及 I/O 单元安装在现场机柜间内或就地控制室内。中心控制室设操作员站，完成对装置的集中监视和控制操作。在现场机柜间内，设置 DCS 现场操作员站、工程师站、AMS（报警管理服务器）站。当现场机柜间、就地控制室与中心控制室之间的网络联系中断或发生通信故障时，设置在现场机柜间、就地控制室内的现场工程师站、现场操作员站必须与所在机柜间、就地控制室内的控制站构成独立系统，严禁出现操作中断的情况。

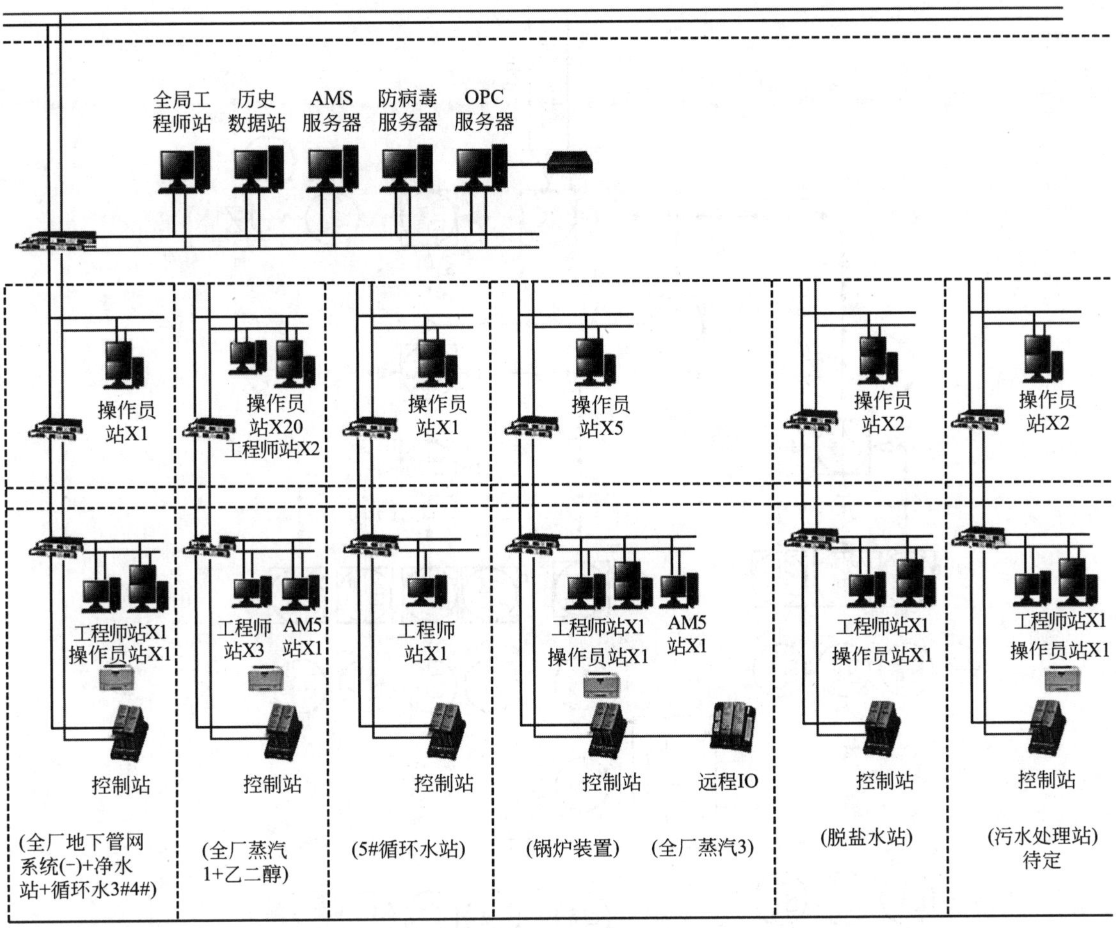

图 6-2　系统配置示意图

本案例的控制需求，除了常规的单回路控制外，还包含复杂的控制方案。比如，本项目的气化炉为多喷嘴气化炉，多喷嘴气化炉的优势在于任意一对烧嘴系统（含氧气/煤浆系统）出现故障时，可以单独退出，不影响另一对烧嘴的运行；喷射的物料集中在炉内空间部位，减轻对耐火砖的冲蚀。均匀地分配各烧嘴的物料（氧气和煤浆），使物料在炉内达到最佳雾化角度，物料和火焰得到最佳碰撞，是多喷嘴气化炉进料控制的关键。煤浆一般采用一台煤浆泵同时供一对烧嘴，两个隔膜室供 A 烧嘴，另外两个供 B 烧嘴。这样，转速是一样的，流量一般也相同。但是在某一隔膜室出现问题时，流量也就出现了偏差，如果偏差较大，必须停下此对烧嘴，进行煤浆泵的检修。任一烧嘴的氧气流量则依据该烧嘴的煤浆流量（煤浆流量中值），按比值换算成所需的氧气量，作为氧气流量的给定对氧气流量调节阀进行串级调节控制，如图 6-3 所示。

集散控制系统生产过程中的信息通过人机界面反映给操作人员，对于人机界面的设计和组态也是工程项目实施的重要工作。通常情况下，设计单位会给出装置完整的管路和仪表流程图（P&ID 流程图），对 P&ID 流程图进行阅读、分析，将集散控制系统所需的内容组态到人机界面的画面中。集散控制系统人机界面的设计并不是照搬管路和仪表流程图，大多情况下需要将多幅管路和仪表流程图的内容整合到一张监控画面中，故而需要精心设计组态。

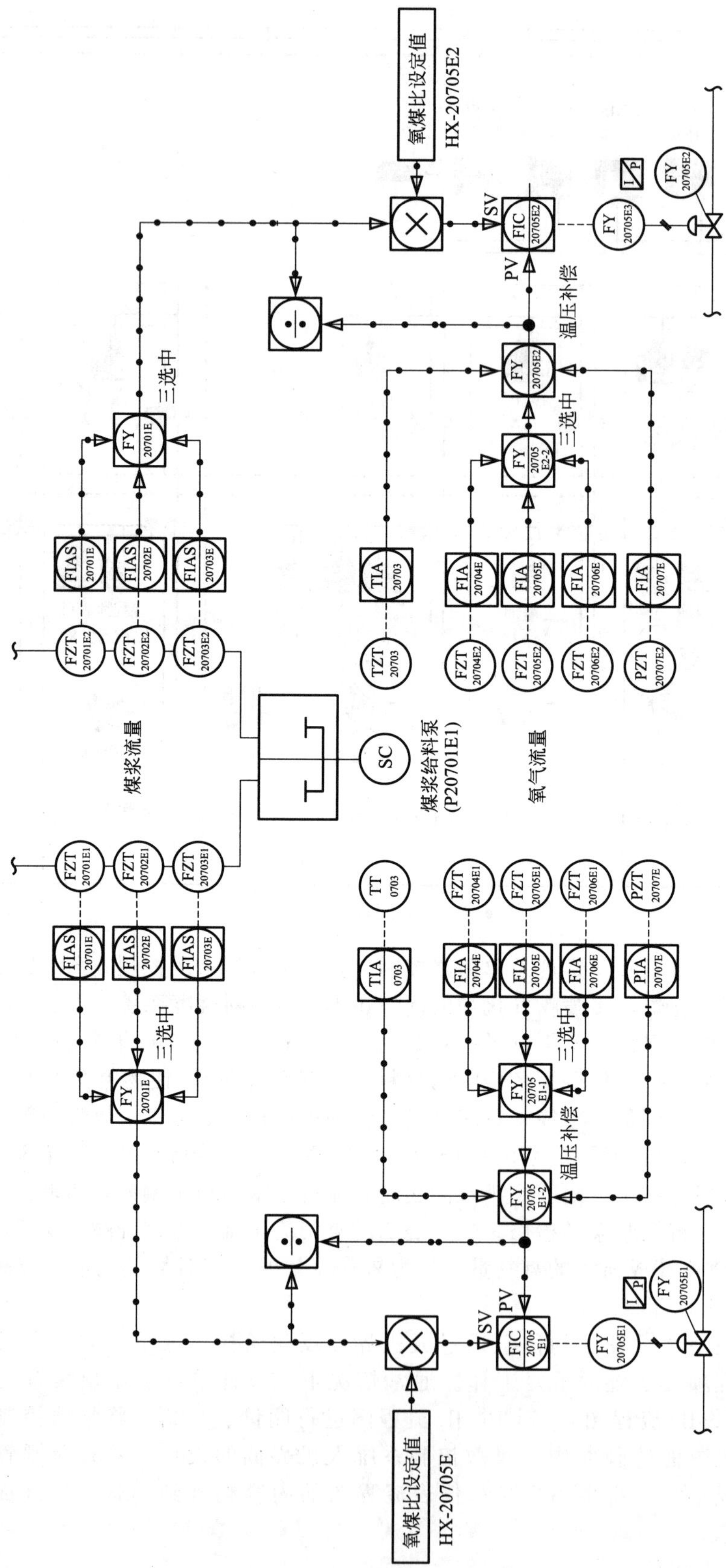

图 6-3 氧煤比控制逻辑图

6.2 DCS 概述

视频 6.1 集散控制系统概述
视频 6.2 自主可控 DCS 研发历程

6.2.1 DCS 发展

由 6.1 节案例可知，化工等流程工业涉及大量的模拟量控制回路，且对控制功能的要求也非常复杂，实现相应的控制系统采用 DCS 比采用数字调节仪表、PLC 系统更有优势。DCS 的产生和发展，经历了现场直接操作机械式仪表（20 世纪 30 年代），控制室远程操作大型气动式仪表（20 世纪 40 年代）、气动单元组合仪表（20 世纪 50 年代）、电动单元组合仪表（20 世纪 60 年代）、分散控制系统（20 世纪 70 年代）几个阶段。

分散控制系统的出现并非偶然。在 20 世纪 50 年代电子计算机问世后，人们就试图将计算机技术与现代化工业生产结合起来，利用计算机执行复杂的信号处理、运算、监控功能。随着 20 世纪 70 年代计算机走向微型化，原本一台大型机执行的任务可以分解到多台微处理机来完成，再通过网络相互连接，让这些微处理机又事实上处于一个完整的系统之内。这样的架构使得每个微处理机仅需负责少量的控制任务，使得原本一台大型机的故障引起的危险分散开来，大大提高了整体系统的可靠性，也降低了使用成本。正是在这一客观条件下，集散控制系统应运而生。

1975 年 11 月，美国霍尼韦尔公司（Honeywell）首次推出 TDC2000 系统，同期还有日本横河电机株式会社（Yokogawa）推出 CENTUM 系统，自此正式开启了商品化 DCS 的历程。1980 年，上海的第一届多国仪器仪表展览会上，TDC2000 系统首次在中国亮相，引起热烈关注，该套展品在展览会后被上海炼油厂购买，应用于常压蒸馏车间。其后世界各国大型的仪表公司不断地推出 DCS 产品，DCS 的硬件和软件功能不断进行完善和强化。目前国内外主要的 DCS 生产厂家有中控、和利时、ABB、西门子、横河、艾默生、霍尼韦尔等。

发展至 20 世纪 90 年代，典型的集散控制系统以微处理器为基础，采用控制功能分散、显示操作集中、兼顾分而自治和综合协调的设计原则的新一代仪表计算机控制系统。系统结合了计算机技术、信号处理技术、测量控制技术、通信网络技术和人机接口技术，实现了分散的仪表控制和集中式计算机控制的优点。它的主要特征就是集中管理和分散控制，当一台控制站出故障之后，不会影响到其他控制站的运行，同时，控制站又是处于集中管理的状态，方便维护。DCS 可以跨越多个设施或地点联合控制，是一种可以用于控制和监控大型运营系统的计算机系统，可以根据运行情况自动调整参数，以优化系统性能。因此，也有称集散控制系统为 4C（computer、communication、control、CRT，计算机、通信、控制、阴极射线管显示器）技术的产物。

集散控制系统经过几十年的发展进入当代之后，普及率已经达到一个很高的水平，硬件市场正趋于饱和。同时，生产企业也越来越巨型化，伴随着数字化进程，在大数据时代背景下，企业管理模式正在发生深刻的变革与创新。在这样的大背景下，集散控制系统的厂商正逐渐从控制系统供应商的角色转变成解决方案供应商，商业模式从销售硬件向以软件增值服务为增长点的转变。集散控制系统的应用软件不再局限在系统组态软件，更丰富的工业软件产品相继出现。如基于3D化建模和AR、VR技术的数字孪生平台，基于智能仪表和智能总线的仪表资产管理，基于大数据分析和机理建模的先进控制软件，等等。同时通信技术的发展和标准化进程，使得集散控制系统的平台化成为趋势，不同的装置、车间、厂区之间的关系不再是信息孤岛，越来越多的无线移动通信技术、云技术也被应用在集散控制系统当中。

6.2.2 DCS基本结构

现代大型集散控制系统的典型结构可以分为四个组成部分，包括现场级、控制级、监控级和管理级，如图6-4所示。

现场级主要包含各类现场设备。典型的现场级设备如图6-5所示，包含各类传感器、变送器和执行器，它们能将生产过程中的各类物理量转换为电信号进行信号传输。目前现场级的信息传递有三种方式：第一种是传统的4～20mA（或其他类型的模拟量信号）模拟量传输方式；第二种是现场总线的全数字量传输方式；第三种是在4～20mA模拟量信号上，叠加上调制后的数字量信号的混合传输方式。信号传输至过程控制站，过程控制量接收由现场设备送来的信号，按照控制策略进行运算，并将计算得出的控制量送回现场的执行器中，如图6-6所示。

控制级主要由数据采集站、操作员站、工程师站等构成。该部分设备一般根据工段划分为多个现场机柜间（FCR），监控、控制所属工段的控制站。数据采集站接收由现场设备送来的信号，并对其进行转换和处理，再送到控制系统的监控级设备或其他设备中。操作员站和工程师站可以实现对生产过程进行监测和控制、对工艺数据的报警管理和处理。因此，历史数据服务器、报警管理服务器、第三方系统监控站等也按需部署在各个FCR当中，也可由工程师站、操作员站兼服务器功能。

监控级主要设备有全局操作员站和全局工程师站。可以实现对生产过程进行全局监测和控制，对工艺数据的报警管理和处理，对生产过程的监督控制、故障检测和数据存档，对DCS进行配置、组态、调试和维护。某典型的DCS监控画面如图6-7所示。工业软件应用一般部署在监控级的工程师站、操作员站上，如报警优化管理（AAS）、先进控制（APC）、仿真系统（OTS）等，均可通过中心OPC服务器与DCS系统实现实时通信。

管理级的设备包括厂级管理计算机、若干生产装置的管理计算机等，它所面向的对象是厂长、经理、总工程师、值长等行政管理或运行管理人员。可以实现监视企业各部门的运行情况；承担实时全厂数据监控、全厂性能监视、运行优化、全厂负荷分配和日常运行管理等任务；承担全厂的管理决策、计划管理、行政管理等任务。工厂级管理网络架构如图6-9所示，通过ERP（enterprise resource planning，企业资源规划）系统对信息进行充分整理、有效传递，使企业的资源在购、存、产、销、人、财、物等各个方面能够得到合理配置与利用，从而实现企业经营效率的提高。生产管理功能可通过MES（manufacturing execution system，制造执行系统）对接下层数据平台，获取监控级、控制级的数据。PCS（process control system，过程控制系统）、FCS（fieldbus control system，现场总线控制系统）、DCS、PLC均是常见的控制系统。

6.2.3 DCS特点

DCS自推出以来经久不衰，是因为它始终紧跟时代的发展而不断丰富和完善，与常规仪表相比，具有独特而鲜明的技术特点。

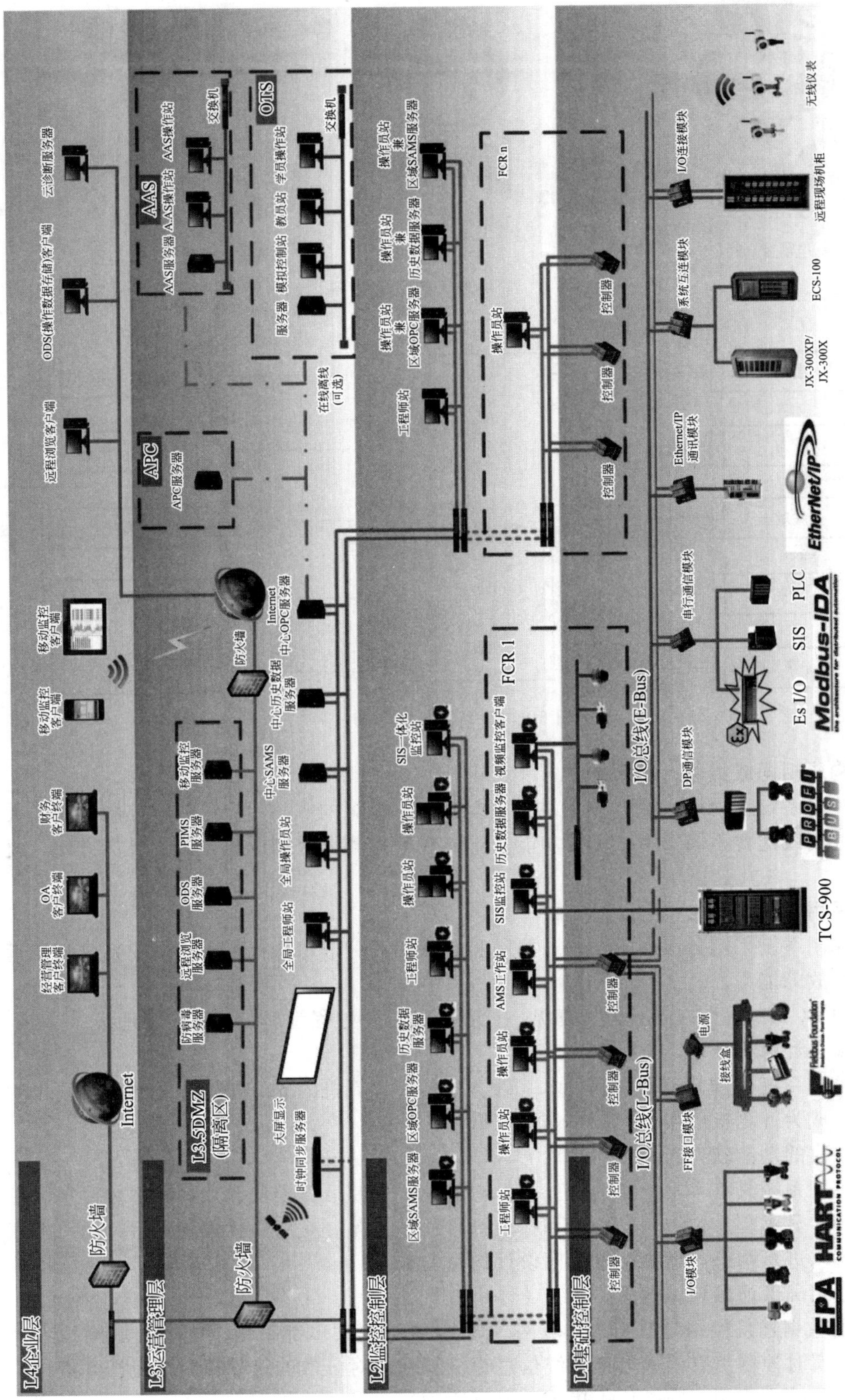

图 6-4 大型集散控制系统结构

图 6-5 常见现场级仪表设备

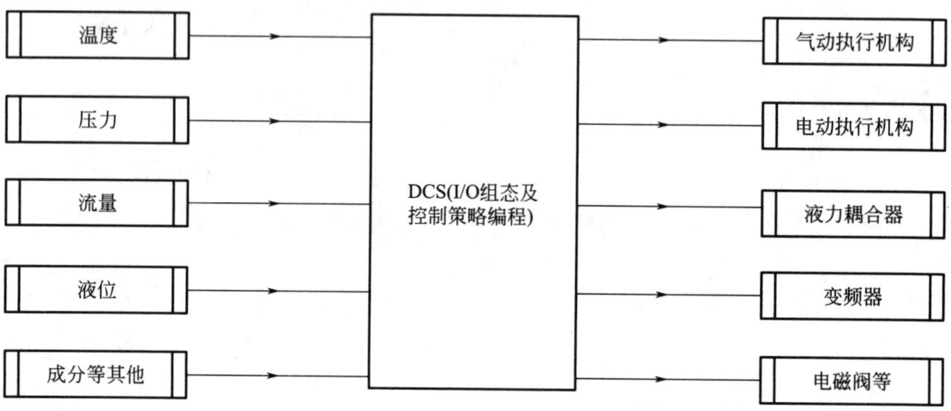

图 6-6 控制回路逻辑图

(1) 构成相同或类似

集散控制系统均由操作站、控制站和数据通信总线等构成。用户可依据控制系统的大小和需要，选用或配置不同类型、不同功能、不同规模的集散控制系统，配置灵活方便，便于扩展。

(2) 采用分级递阶结构

集散控制系统采用分级递阶结构，控制和故障相对分散，从根本上提高了系统长期运行的能力和抗故障能力。

常见的 DCS 在垂直方向上分为三级：过程控制级、过程管理级、生产管理级。

(3) 采用计算机技术

集散控制系统以微处理器为其技术基础，凝聚了计算机的先进技术，随计算机技术的发展而发展，成为计算机应用完善、丰富的领域。

(4) 丰富的功能软件包

集散控制系统具有丰富的功能软件包，它能提供控制运算模块、控制程序软件包、过程监视软件包、显示程序包、信息检索和报表打印程序包等。应用软件模块化后，用户根据系统设计的要求进行组态，就能达到程序设计的目的。

(5) 采用局部通信网络技术

DCS 的数据通信网络是典型的局域网。现在的 DCS 大多都采用了工业局域网技术进行通信，传输实时控制信息，进行全系统信息综合管理，对分散的过程控制单元、人机接口单元进行控制、操作管理。网络传输速率一般可达 1Gb/s。

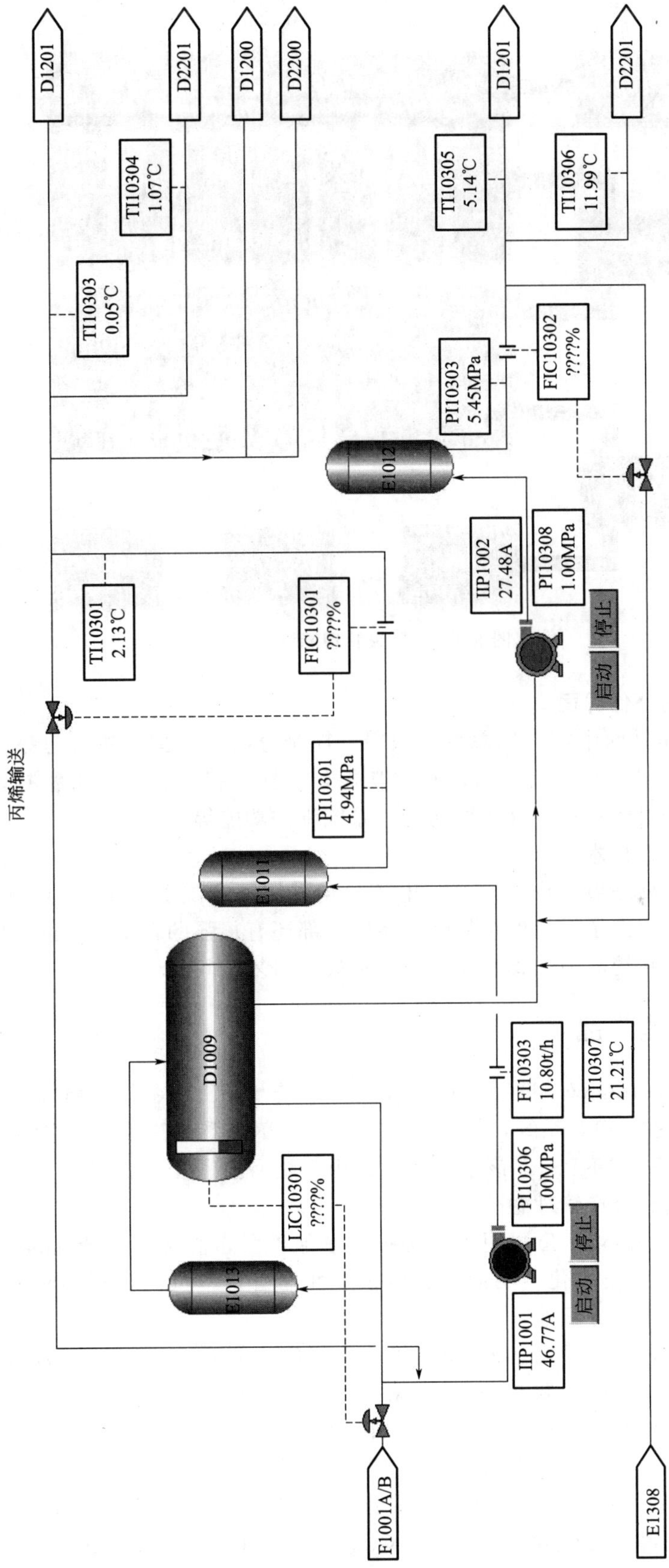

丙烯输送
D1201
D2201
D1200
D2200
D1201
D2201
TI10303
0.05℃
TI10304
1.07℃
TI10305
5.14℃
TI10306
11.99℃
PI10303
5.45MPa
FIC10302
????%
E1012
IIP1002
27.48A
PI10308
1.00MPa
启动
停止
TI10301
2.13℃
FIC10301
????%
PI10301
4.94MPa
E1011
D1009
FI10303
10.80t/h
TI10307
21.21℃
PI10306
1.00MPa
LIC10301
????%
E1013
启动
停止
IIP1001
46.77A
F1001A/B
E1308

图 6-7 DCS 监控画面

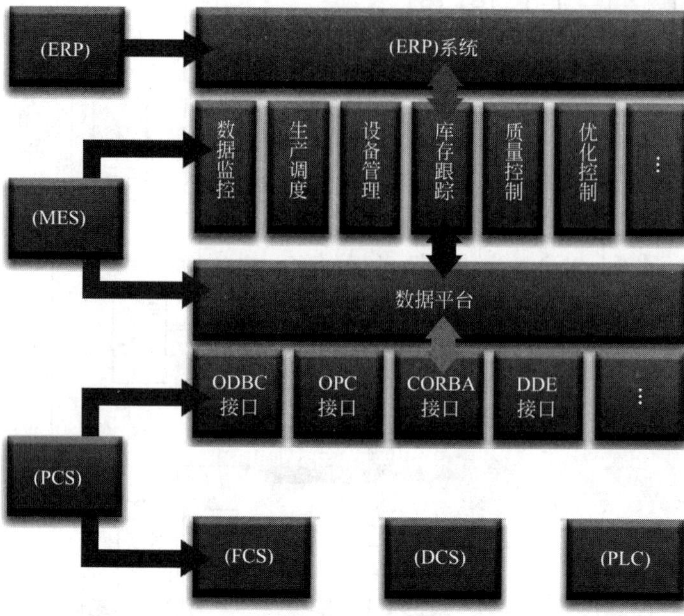

图 6-8 工厂级管理网络架构

(6) 功能强大的操作界面

DCS 的过程操作界面丰富，如总貌、报警、控制分组、数据一览、趋势图、操作指导信息以及用户流程图等；有丰富的打印输出功能，如标准报表打印，报警打印，班报、日报、月报等自由报表打印；有声光报警功能、系统维护功能等。

(7) 采用高可靠性技术

集散控制系统的处理器、内部总线、电源等均采用冗余配置，重要的 I/O 模块也可配置为冗余方式，因而提高了系统的可靠性。系统内部还有很强的自诊断功能，模块一般都支持热插拔，从而减少系统故障的诊断时间，缩短故障修复时间。

6.2.4 DCS 典型产品

美国霍尼韦尔（Honeywell）公司自 1975 年发布 TDC2000 起，相继于 1988 年发布 TDC3000，1996 年发布 TPS 系统，至 2003 年发布 E-PKS 系统。目前其主要集散控制系统产品为 Experion PKS（E-KPS），该系统被设计用来统一过程工厂的所有自动化解决方案，并将过程控制、经营和资产管理融合在一起。

美国艾默生（Emerson）公司用于过程控制领域的集散控制系统产品是 DeltaV 系统。DeltaV 系统以其高度的模块化、灵活性和可扩展性而著称，可以根据实际需求进行配置、自动识别卡件类型并自动分配地址。

和利时（HollySys）公司成立于 1993 年，总部位于北京，是国内知名的自动化企业。和利时的集散控制系统产品主要是 HOLLiAS MACS 系列，这是和利时公司在总结多年用户需求和多行业的应用特点、积累三代 DCS 开发应用的基础上，全面继承以往系统的高可靠性和方便性，综合自身核心技术与国际先进技术而推出的新一代 DCS。

中控（SUPCON）在 1993 年推出了第一套全国产化集散控制系统，命名为 JX-100，在随后的几年里不断完善和发展并陆续推出 JX-300、JX-300X、JX-300XP 等系列产品。2007

年，中控推出了 ECS-700 系统，标志着国产集散控制系统打破国外技术垄断，进军高端流程工业应用。

此外，国内外知名的集散控制系统产品还包括西门子（Siemens）的 SIMATIC PCS 7 系统、日本横河（Yokogawa）的 CENTUM VP 系统、上海新华的 XDC800 系统、南京科远的 NT6000 系统等。

各类 DCS 产品尽管品牌不同，系统结构和功能类似，但在不同的行业应用领域各有千秋，值得一提的是，国产 DCS 产品近些年来发展迅猛，在国内市场占有率已远超国外产品。

6.3 DCS 硬件架构

20 世纪 90 年代以后，通信技术、半导体集成技术、网络技术等的发展，特别是以太网的迅速发展，对集散控制系统产生了深远的影响。在这个时代背景下，第四代集散控制系统问世，目前的主流集散控制系统产品均在此基础上发展而来。本节以中控（SUPCON）的 ECS-700 系统为例介绍集散控制系统的硬件架构。

6.3.1 ECS-700 系统概述

ECS-700 系统是致力于帮助用户实现生产过程自动化的大规模联合控制系统，继承和发展了中控多年来积累的过程控制经验和核心技术，融合了最新的大规模组网技术、现场总线技术和信息管理技术。ECS-700 系统的强大功能和高可靠性可以全面帮助企业提升生产效能，在世界范围内已广泛地应用于各种石化、化工、电力、冶金、建材、食品等工业领域。

ECS-700 系统具有管理大型联合装置的一体化能力。系统在设计时已经充分考虑到大型工厂信息共享与协同工作的需求，其一体化的系统结构和系列应用软件可帮助用户及时获得现场重要信息，协同不同部门的人员工作，减少维护费用，提升生产效率。ECS-700 系统具有 OPC 等与上位信息系统易于进行数据交换的开放接口，能够充分满足企业信息系统的各种信息需求。同时，ECS-700 系统具备灵活的系统结构，支持持续的在线系统扩容，从而节省用户的成本。

ECS-700 系统基于国际标准和行业规范进行设计和研制，保证了系统的可用性、可靠性和开放性。系统具有以下鲜明的特点。

① 开放性。融合各种标准化的软、硬件接口，兼容符合现场总线标准的数字信号和传统的模拟信号，提供符合 MODBUS、HART、FF、PROFIBUS、PROFINET 和 EtherNet/IP 等标准协议的开放接口。

② 安全性。系统安全性和抗干扰性符合工业使用环境下的国际标准。全系统包括电源模块、控制器、I/O 模块和通信总线等，均实现冗余。I/O 模块具有通道级的故障诊断，具有完备的故障安全功能。系统具备组态单点在线下载和在线更改功能，确保现场安全连续运行。

③ 易用性。控制站采用 19in[1] 国际标准机械结构，部件采用标准化的组合方式，方便在各种应用环境下的安装。控制柜采用双面垂直结构，独特的柜内布局兼顾混装灵活性、

[1] 1in=25.4mm。

I/O 容积率以及维护方便性。I/O 模块功能选择通过软件配置实现，无须跳线设置。精致封装的 I/O 模块及模块基座均采用免螺钉的快速装卸结构。软件采用最新人机工程设计技术，符合工业控制操作习惯。

④ 实时性。系统提供快速逻辑控制功能，支持 20ms 的高速扫描周期。系统具有事件顺序记录（SOE）功能，精度达到 0.5ms。

⑤ 强大的联合控制。ECS-700 系统具有矩阵式的分域控制和实时数据跨域通信管理功能，满足用户对大型生产工艺过程分段控制、集中管理的需求。在过程控制网络进行域间数据共享而不是通过服务器进行域间访问，确保域间控制与域内控制具有相同的控制效果，将整个工艺过程作为一个整体进行控制管理。

⑥ 高效的多人组态。ECS-700 系统具备了多人协同工作的能力。分布式组态平台允许多个工程师在各自权限范围内同时管理一个项目，从而提高工作效率和缩短工程周期，保证设计的一致性和安全性。

⑦ 完备的系统监控。ECS-700 系统除了具有强大的报警功能和丰富的故障诊断功能外，还可以全面地实时监控超量程、强制、禁止、开关量抖动、故障等各种系统状态信息。所有这些状态信息都记录在历史数据库中，可以按照多种查询模式进行查询。

6.3.2 ECS-700 系统硬件构成

不同厂商的集散控制系统的产品非常丰富、各具特色，但在硬件构架方面具有显著的共同点。集散控制系统 DCS 主要是由工作站、控制器、系统网络等组成，如图 6-9 所示。

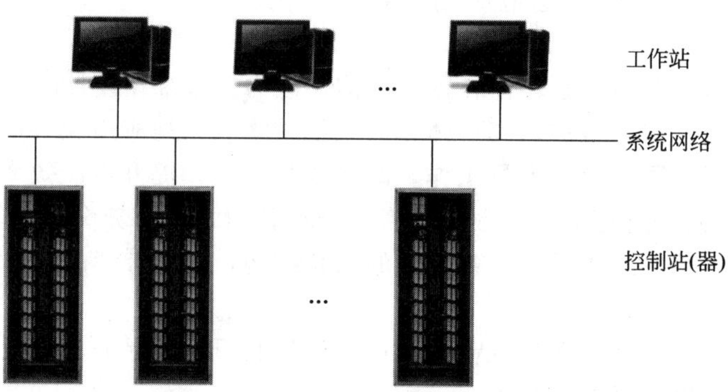

图 6-9　ECS-700 硬件构架

工作站主要用于获取现场工艺过程信息和事件报警，对现场设备进行实时控制等，同时也具备组态和系统维护等功能。

控制站是系统中直接从现场采样 I/O 数据、进行控制运算的核心单元，完成整个工业过程的实时控制功能。

系统网络主要是指控制节点内部通信网络，连接控制节点和操作节点的通信网络以及操作节点之间的通信网络，等等。

1）工作站

工作站是生产控制操作人员实现集中监控、管理的平台，通常由计算机承担。生产过程的各类参数集中显示在工作站上，生产控制操作人员通过工作站掌握生产过程的实时运行情况，并通过工作站上的人机交互界面向控制器下达指令完成操作任务。生产现场依据生产需求和功能需求部署工作站。

根据生产需求可以分为工程师站、操作员站、值长站、观察员站等，不同的工作站分配不同的监控、操作任务，可执行的操作权限、下达的指令也可分别配置。

根据功能需求可以部署如历史数据服务器、时间同步服务器、OPC 通信服务器、信息安全服务器等。

在 ECS-700 系统中，为满足组态管理、在线多人组态、分域数据管理、历史数据存储、异构通信、时钟管理等功能，一般需要部署多种服务器。

(1) 组态服务器

组态服务器用来统一存放全系统的组态，通过组态服务器可进行多人组态、组态发布、组态网络同步、组态备份和还原。组态服务器通常配置硬盘镜像以增强组态数据安全性。

(2) 数据服务器

数据服务器提供报警历史记录、操作历史记录、操作域变量实时数据服务（包括异构系统数据接入等）、SOE 服务，并向应用站提供实时和历史数据。数据服务器支持冗余配置，当工作服务器发生故障或者检修的时候，会自动切换，以保证客户端正常工作。

(3) 历史数据服务器

历史数据服务器用于接收、处理和保存历史趋势数据，并向应用站提供历史数据。历史数据服务器可三重化冗余配置，通常与数据服务器合并。当历史趋势数据容量较大时，可单独设置历史数据服务器站点。

(4) 时间同步服务器

时间同步服务器提供用于同步其他操作节点系统时间的时间基准。

工作站安装部署在生产现场的中控室中，需要满足安全、防振、防尘、防腐蚀等安装要求，因此工作站一般配置在特定的操作台里，如图 6-10 所示。

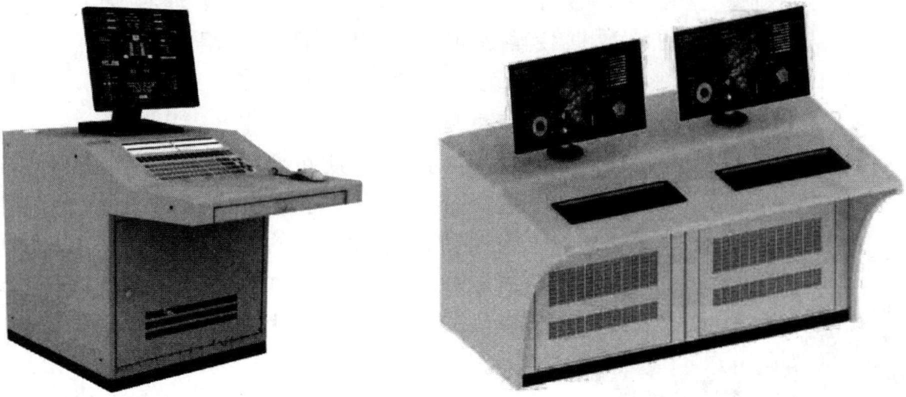

图 6-10　操作台及工作站

操作台一般可提供三个工作平面：显示设备或打印设备放置平面、键盘或（和）指示灯、按钮安装平面、写字台和鼠标操作平面。在操作台内部，用于放置计算机主机或服务器主机，并配备可供多个用电部件使用的多功能插座，也可以选装双路电源切换装置，确保主机可靠工作。

智能工厂对操作台的要求也会更加多样化。如满足人性化需求，对于布局合理、操作舒适提出高标准；满足智能化需求，要求操作台上集成更多的功能模块；满足个性化需求，要求中控室整体美观和富有科技感，如图 6-11 所示。

图 6-11 操作台及工作站

2）控制站

控制站是集散控制系统的核心单元，可周期性地采集 I/O 模块的实时过程信息，对这些信息进行综合运算处理，并将处理结果周期性地输出到 I/O 模块，完成对现场控制对象的实时控制。控制站包括主控制器、I/O 模块、基座、通信模块、I/O 连接模块等。

(1) 主控制器

ECS-700 系统的主控制器如图 6-12 所示，采用三个 32 位嵌入式微处理器协同处理控制站的任务，功能强、速度快，能最大幅度地提升控制器处理能力；采用冗余的 100Mb/s 工业以太网，使系统数据传输实时性、可靠性、网络开放性有了充分保证；主控制器支持 1∶1 设备冗余或非冗余配置，互为冗余的两个主控制器在一个周期内完成信息同步。

图 6-12 ECS-700 控制器单元

基本扫描周期可组态。可根据需处理任务的大小选择合适的基本扫描周期，从而使控制器的负荷得到控制，提高系统的稳定性和可靠性。最快 20ms 扫描周期，响应速度快、实时性高。控制软件和算法模块采用模块化设计，核心程序固化在 Flash 存储器中。

具备良好的扩展性能。通过本地 I/O 总线，可直接连接 64 个 I/O 模块；通过异构通信模块可以实现与第三方子系统、仪表的通信。

提供主控制器、I/O 连接模块、通信模块、I/O 模块、I/O 通道级综合的故障诊断；支持组态单点在线下载，可在不影响生产的情况下进行组态修改，在组态下载时仅更新当前修改的组态从而提高组态更新速度，确保组态更新过程中的安全性。提供故障安全功能，确保在故障情况下，系统输出安全可靠。

主控制器具备掉电保护功能，当控制器突然掉电后，将切换成掉电保护电池供电，控制器中的组态数据、过程数据将保持，不会丢失。

主控制器按不同的型号具备不同的驱动能力和性能表现，如表6-5所示。

表6-5 ECS-700控制器性能

型号	FCU712-S	FCU713-S
最大I/O总量	4000	4000
最大AI/AO/DI/DO点数量	2000/1000/4000/2000	2000/1000/4000/2000
最大自定义模拟量/整型量/开关量	2000/500/2000	3000/1000/5000
扩展节点	7个	31个
站间通信发送容量	512B	512B
站间通信接收容量	512B×16	512B×64
用户程序最大页数	200页	500页

（2）I/O模块

I/O模块是负责采集和输出信号的工作模块，一般分为输入模块和输出模块，也可根据信号类型分为模拟量、数字量、脉冲量等模块。ECS-700的I/O模块一览见表6-6所示。

表6-6 ECS-700常规I/O模块

型号	模块名称	描述
AI711-S	模拟信号输入模块	实现8路电压(电流)信号的测量功能并提供配电功能,可冗余
AI722-S	热电偶输入模块	实现8路热电偶(毫伏)信号的测量功能并提供冷端补偿功能,可冗余
AI731-S	热电阻输入模块	实现8路热电阻(电阻)信号的测量功能并提供二线制、三线制和四线制接口,可冗余
AO711-S	电流信号输出模块	实现8路电流信号的输出功能,可冗余
DI711-S	数字信号输入模块	24V查询电压,可支持16路无源触点或有源(24V)触点输入,可冗余
DO711-S	数字信号输出模块	可支持16路晶体管输出及单触发脉宽输出,可冗余
DO712-S	数字信号输出模块	可支持16路无源晶体管输出及单触发脉宽输出,可冗余

常规I/O模块可以配合现场的各类常用仪表进行使用，符合大多数现场的常规应用要求。

高密度I/O模块可以配合信号点数较为密集但空间有限的场合进行使用，信号通道数为同类型常规I/O模块的两倍，如表6-7所示。

表6-7 ECS-700高密度I/O模块

型号	模块名称	描述
AI713-S	模拟信号输入模块	16路输入,能够实现Ⅲ型电流信号的输入,可冗余
AI713-H	模拟信号输入模块	16路输入,实现Ⅲ型电流信号的输入,带HART通信功能,可冗余

续表

型号	模块名称	描述
AO713-S	电流信号输出模块	16通道输出,可输出Ⅲ型电流信号,可冗余
AO713-H	电流信号输出模块	16通道输出,可输出Ⅲ型电流信号,带HART通信功能,可冗余
DI715-S	数字信号输入模块	24V查询电压,32路输入,可冗余
DO716-S	数字信号输出模块	可支持32路晶体管输出及单触发脉宽输出,可冗余

在某些特殊的现场应用场合，要求I/O模块具备一些特定功能，无法通过常规I/O模块实现，此时需要用到特殊I/O模块，如表6-8所示。

表6-8 ECS-700特殊I/O模块

型号	模块名称	描述
AI711-H	模拟信号输入模块	8路输入,点点隔离,可冗余,可接入HART信号
AO711-H	电流信号输出模块	8路输出,点点隔离,可冗余,可输出HART信号
DI713-S	数字信号输入模块	24V查询电压,16路输入,可输入SOE信号
PI711-S	脉冲信号输入模块	可支持6路0～5V、0～12V、0～24V这三挡脉冲信号的采集功能,统一隔离

① 模拟信号输入模块。用于调理和采集标准的Ⅱ型（0～10mA）、Ⅲ型（4～20mA）电流（支持配电和不配电）、电压信号，精度达0.1%，根据需要可选型常规模块、高密度模块、HART模块。具备自由量程功能，可根据量程设置自动调整测量范围，支持超量程功能，支持冗余配置。

② 热电偶输入模块。用于采集热电偶信号和毫伏信号，支持的信号类型包括：－20～80mV、－100～100mV的电压信号和E、J、K、N、T、B、S、R八种热电偶信号，可根据量程设置自动调整测量范围。模块还提供了冷端温度补偿功能，以保证热电偶信号的准确性。

③ 热电阻输入模块。用于采集热电阻Pt100、Cu50和常规电阻信号。支持二线制、三线制、四线制热电阻。并具备自由量程功能，可根据量程设置自动调整测量范围，实现高精度测量，支持冗余配置。

④ 模拟信号输出模块。输出0～10mA、4～20mA、0～20mA电流信号，可冗余配置使用，支持超量程、自由量程。模块有常规8路通道和高密度16路通道可选。用户可通过组态对模块通道的安全模式进行设置，当出现模块与主控制器发生网络通信故障、主控制器故障等情况时，模块进入故障安全模式，模块的输出按照预先组态的设置，输出保持或按设定值输出。同时在模块发生热复位时，模块保持输出状态，维持正常工作。

⑤ 数字信号输入模块。能够采集多种类型数字量信号，支持冗余配置，模块有常规16路通道和高密度32路通道，支持SOE功能可选。通过电源端子配置不同分别实现无源触点、有源触点、电平信号的采集。配套多种型号转接端子板，适应生产现场多种需求。

⑥ 数字信号输出模块。晶体管输出型数字信号输出模块，通过配套继电器端子板驱动电动控制装置；模块具有单触发脉宽输出功能，可以根据组态时设定的时间范围输出从0.01～60s的单脉冲，支持冗余配置。

⑦ 脉冲信号输入模块。能够实现6路脉冲信号的测量。通过组态设置，该模块能够测量7～10000Hz的脉冲信号，并同时进行频率值和累积值的计算，通过通信总线送给控制器

模块。

（3）基座

I/O 模块安装在基座上，基座分为直连基座和转接基座，如图 6-13 所示。直连基座的基座上有接线端子，信号线直接接在基座的接线端子上；转接基座上有 DB37 转接口，通过 DB37 转接线与端子板连接，信号线接到端子板的接线端子上，不同的端子板适配不同的信号类型。常规 I/O 模块转接端子板如表 6-9 所示。ECS-TOO 基座如表 6-10 所示。

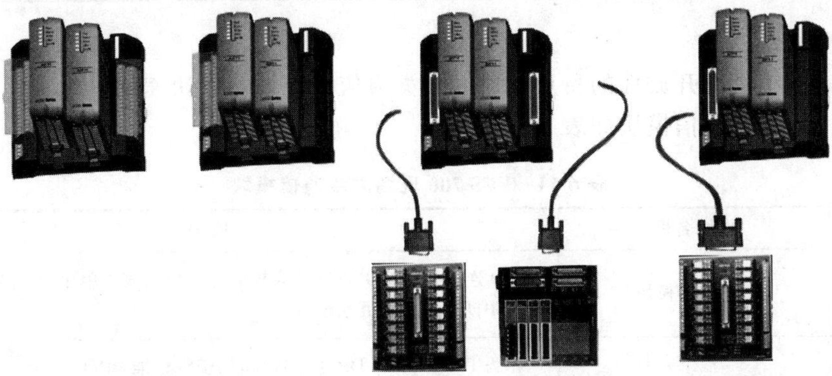

图 6-13 直连基座、直连基座（冗余）、转接基座、转接基座（冗余）（从左至右）

表 6-9 常规 I/O 模块转接端子板

型号	描述
TUA711-DIR16	16 路继电器输入端子板，可以供 1 块非冗余或 1 对冗余 16 点开关量输入模块使用，现场的开关量信号经端子板继电器隔离后送入 DI 模块。配合 MB745-S11 或者 MB746-S11 使用
TUA711-DOR16	16 路继电器隔离开关量输出端子板，可以供 1 块非冗余或 1 对冗余 16 点开关量输出模块 DO712-S11 使用。系统侧控制开关量信号经端子板继电器隔离后传送至现场侧，一般用于驱动大功率现场设备装置。配合 MB745-S11 或者 MB746-S11 使用。端子板每个通道提供了 3 个接线端子，可配置无源常开信号输出和无源常闭信号输出
TUA712-DOR16	16 路继电器输出端子板，可供一块非冗余或一对冗余 16 点开关量输出模块 DO712-S11 使用。系统侧控制开关量信号经端子板继电器隔离后传送至现场侧，一般用于驱动大功率现场设备装置。配合 MB745-S11 或者 MB746-S11 使用。端子板每个通道提供了 3 个接线端子，可配置无源常开信号输出和有源常开信号输出
TUA713-DOR16	16 路继电器输出端子板，可供一块非冗余或一对冗余 16 点开关量输出模块 DO712-S11 使用。系统侧控制开关量信号经端子板继电器隔离后传送至现场侧，一般用于驱动较大功率、较高操作频次的现场设备装置。配合 MB745-S11 或者 MB746-S11 使用。端子板每个通道提供了 6 个接线端子，可配置无源常开信号输出、有源常开信号输出，且有源常开信号输出带有消弧二极管接口
TUA711-GS00	I/O 通用转接端子板，当现场要求系统柜与端子柜分开时使用
TU731-I0000	8 路隔离式安全栅底板，可供 1 块或一对冗余的 AI711 模块使用。来自现场本安侧的信号接到隔离栅上，可向系统侧输出 4～20mA 电流
TU735-I0000	8 路隔离式安全栅底板，可供 1 块或一对冗余的 AO711 模块使用。4～20mA 信号从卡件经过 DB37 线到 TU735-I0000 底板，后经过隔离栅隔离后输出到现场
TU741-I0000	16 路安全栅底板，可供 1 块或一对冗余 DI711 模块使用。本安侧 DI(开关、接近开关)输入，系统侧继电器输出

表 6-10 ECS-700 基座

类型	型号
直连基座	MB735-S
直连基座(冗余)	MB736-S
转接基座	MB745-S11
转接基座(冗余)	MB746-S11

(4) 通信模块

ECS-700 系统具有开放性的特点，通过各类通信模块，可以快速简单地实现不同协议的通信，ECS-700 系统通信模块如表 6-11 所示。

表 6-11 ECS-700 现场总线通信模块

型号	模块名称	描述
COM711-S	I/O 连接模块	I/O 连接模块 COM711-S 为扩展机柜中的核心单元，是控制器与 I/O 模块的中间环节。可冗余配置
COM722-S	PROFIBUS 主站通信模块	作为 PROFIBUS-DP 主站接口，用于将标准 PROFIBUS-DP 从站设备连入 ECS-700 系统，也可通过西门子耦合器和连接器接入 PROFIBUS-PA 设备。可冗余配置
COM723-S	PROFINET 通信模块	在 PROFINET 的规范中，一个网络中的设备分为 PROFINET IO 控制器和 PROFINET IO 设备，PROFINET IO 控制器可以管理和发起与 PROFINET IO 设备的通信。 作为 ECS-700 系统中的 PROFINET IO 控制器接口设备，可与标准 PROFINET IO 设备通信，同时支持西门子的 Fetch/Write 和 S7Comm 通信协议，以多种方式实现与西门子 PLC 系统的通信。可冗余配置
COM725-S	EtherNet/IP 通信模块	EtherNet/IP 通信协议是一种主、从站通信协议，其中，主站设备称为扫描器(Scanner)，从站设备称为适配器(Adapter)。Scanner 可以管理和发起与 Adapter 设备的通信。 作为主站设备与标准 EtherNet/IP 的 Adapter 设备通信。可冗余配置
COM741-S	串行通信模块	串行异构设备接入模块，利用标准协议(MODBUS RTU)和自定义协议将使用同样通信协议的第三方设备的数据联入 ECS-700 系统，可冗余配置
COM742-S	以太网通信模块	以太网异构设备接入模块，利用标准协议(MODBUS TCP)将使用同样通信协议的第三方设备的数据联入 ECS-700 系统，可冗余配置
AM716-S11	FF H1 接口模块	AM716 支持采集 FF 仪表的实时输入(出)数据送给控制器，实现对 FF 仪表的集中控制；支持控制下放到现场仪表，实现分散控制；支持标准的 FF 现场总线功能块，通过 FF 组态软件与 SAMS 设备管理软件，管理现场设备的所有块参数

6.3.3 ECS-700 网络架构

ECS-700 系统的通信网络由下至上分为四层，如图 6-14 所示。

第一层网络：I/O 总线。现场设备一般通过信号线连接到相应的模块，通过模块进行信号的采集和输出。常用的普通设备信号连接到对应的常用 I/O 模块，符合 FF、HART 以及 EPA 等协议的特殊设备信号连接到对应的特殊模块。符合 MODBUS、PROFIBUS 等协议

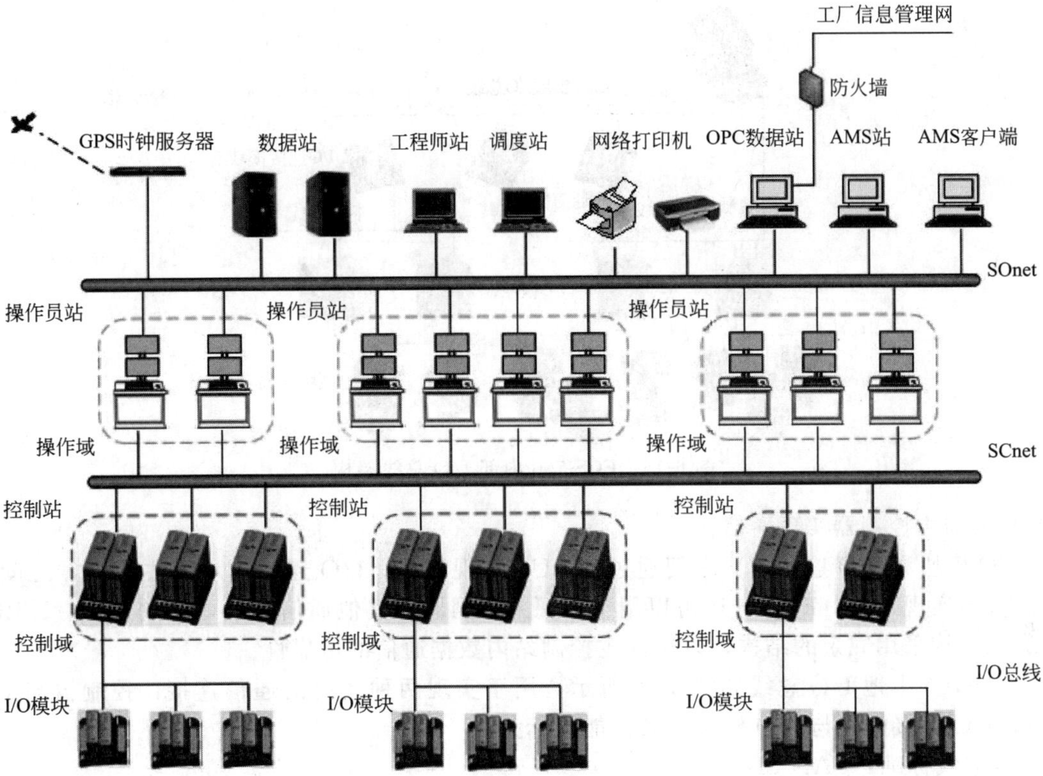

图 6-14　ECS-700 网络架构

的通信设备信号连接到对应的通信模块。

第二层网络：过程控制网（SCnet）。控制器通过过程控制网与操作节点实现通信。过程控制网可以实现每个域内上下位机之间的实时数据通信以及不同域之间的实时数据通信。过程控制网采用冗余的结构，保证控制站和操作员站之间实时数据通信的可靠性。

第三层网络：过程信息网（SOnet）。过程信息网用来实现操作节点之间的通信，包括历史趋势、历史报警、操作日志等数据查询以及组态文件的传输等。

第四层网络：信息管理网。信息管理网主要用于管理者对现场数据的访问。系统可以配套相应的软件，如 PIMS、ERP、MES 等。管理用户可以通过网关并透过防火墙安全地访问现场数据，实现数据的实时查看以及管理。

1）I/O 总线

系统的 I/O 总线为控制站的内部通信网络，用于实现控制站内部的总线通信。

ECS-700 内部 I/O 总线架构如图 6-15 所示，可分为本地 I/O 总线和扩展 I/O 总线。本地 I/O 总线用于实现本地机柜内控制器和 I/O 模块之间的通信，或者实现扩展机柜内 I/O 连接模块和 I/O 模块之间的通信。扩展 I/O 总线用于实现控制器和各类通信接口模块之间的通信（如 I/O 连接模块、PROFIBUS 通信模块、串行通信模块等）。系统的本地 I/O 总线和扩展 I/O 总线均实现冗余配置，可以有效提高总线通信的可靠性。

I/O 模块和通信模块通过 I/O 总线与主控制器进行通信，I/O 总线包括 L-BUS（本地 I/O 总线）和 E-BUS（扩展 I/O 总线）。

如果 I/O 模块位于主控制器所在的机柜内，则 I/O 模块与主控制器之间直接通过 L-BUS 实现通信，如果 I/O 模块位于扩展机柜内，则 I/O 模块需要通过扩展机柜内的 I/O

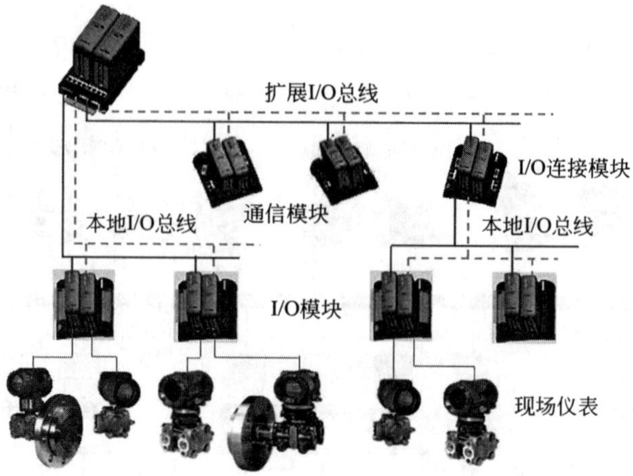

图 6-15　ECS-700 内部 I/O 总线架构

连接模块与主控制器实现通信。

I/O 模块和 I/O 连接模块之间通过 L-BUS 实现通信，I/O 连接模块与主控制器之间通过 E-BUS 实现通信。E-BUS 还可以用于实现主控制器与其他通信模块之间的通信。L-BUS 和 E-BUS 均采用冗余的结构，以保证主控制站内数据通信的可靠性。

ECS-700 本地 I/O 总线如图 6-16 所示，用于实现两种情况的通信连接：控制器与 I/O 模块，I/O 连接模块与 I/O 模块。其性能指标为：

① 总线标准：CAN SBUS。

② 冗余方式：1∶1 双网。

③ 通信速率：4Mb/s。

④ 通信接口：DB15。

⑤ 通信距离：≤10m。

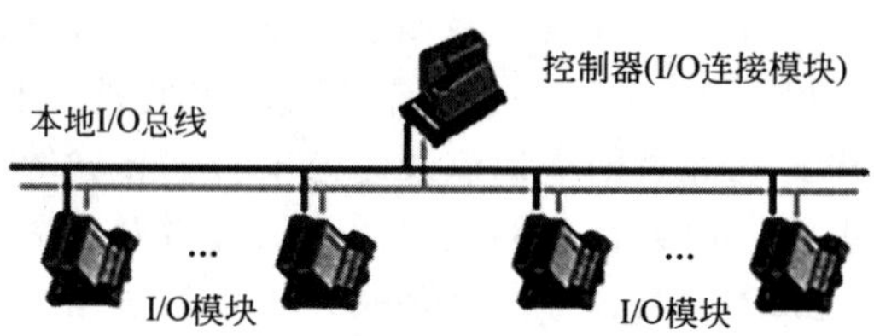

图 6-16　ECS-700 本地 I/O 总线

在本地机柜中，L-BUS 可以实现主控制器与 I/O 模块之间的通信，连接方式如图 6-17 所示，冗余的 DB 线严格按照机架顺序连接控制器和机架，本地机柜的本地 I/O 总线所连接的最后一个机架需要安装一对终端匹配电阻。

在扩展机柜中，L-BUS 可以实现 I/O 连接模块与 I/O 模块之间的通信。连接方式与本地机柜中的连接方式类似，冗余的 DB 线严格按照机架顺序连接 I/O 连接模块和机架，扩展机柜的本地 I/O 总线所连接的最后一个机架同样需要安装一对终端匹配电阻，如图 6-18 所示。

扩展 I/O 总线实现三种情况的通信连接：控制器与 I/O 连接模块，控制器与串口通信模块、控制器与 PROFIBUS 主站通信模块，如图 6-19 所示。其性能指标为：

① 协议标准：TCP/IP UDP。

② 冗余方式：1∶1 双网。

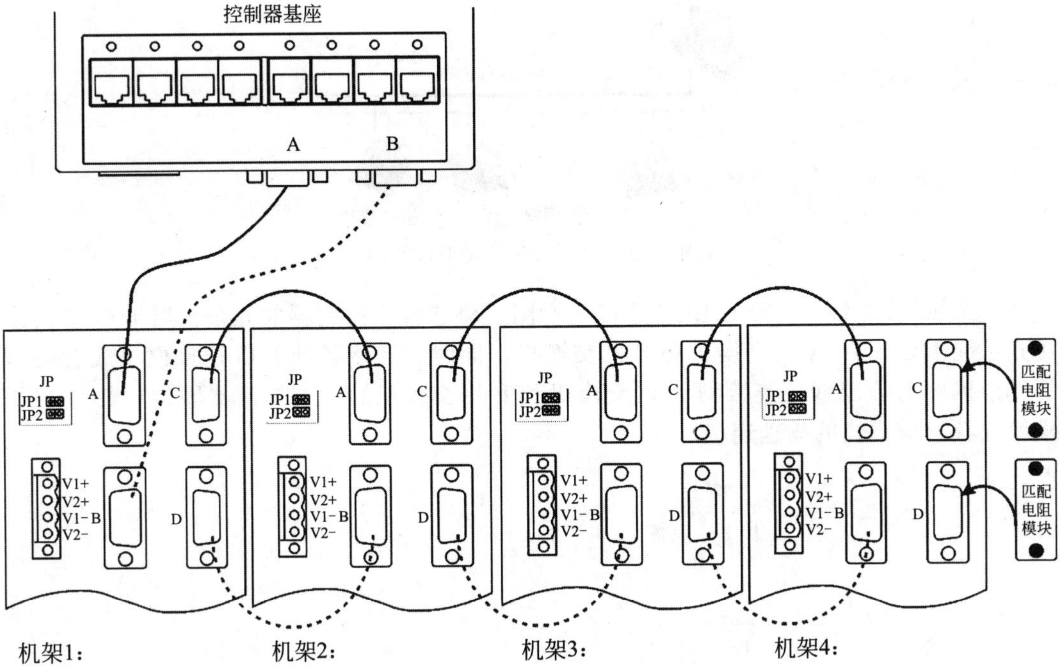

图 6-17 ECS-700 L-BUS 连接示意图

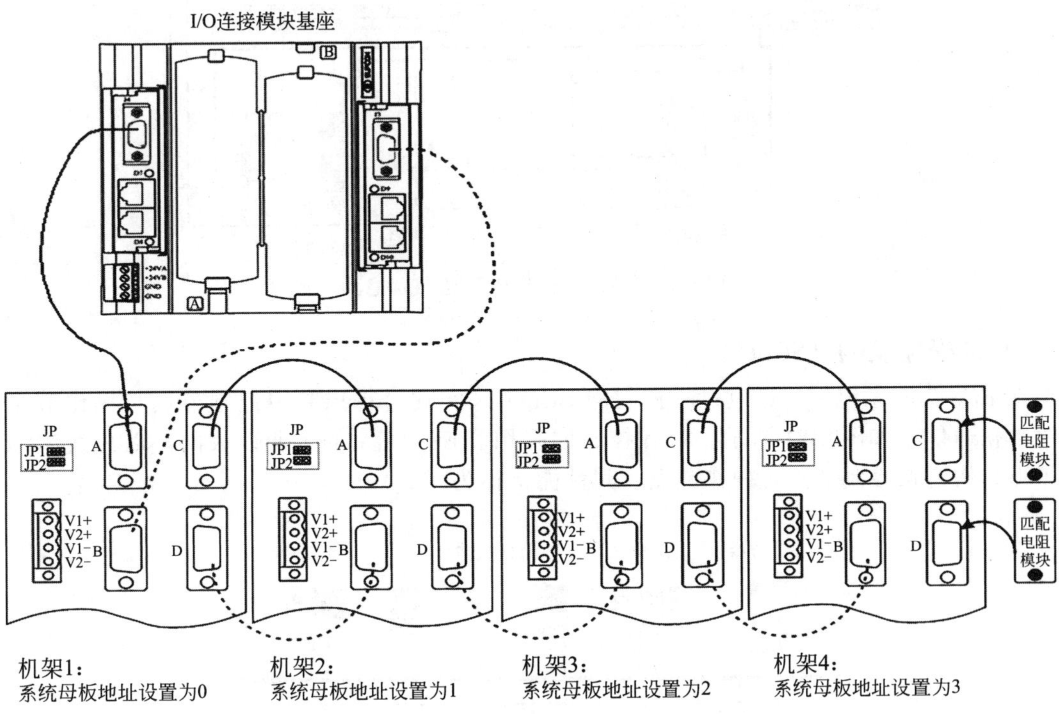

图 6-18 ECS-700 扩展节点 L-BUS 连接示意图

③ 通信速率：100Mb/s。

④ 通信接口：RJ45。

⑤ 通信距离：≤100m（双绞线）。

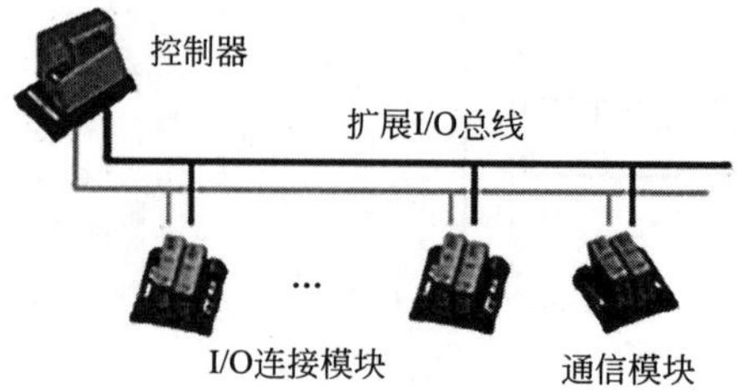

图 6-19　ECS-700 扩展 I/O 总线

图 6-20 所示为 ECS-700 E-BUS 连接示意图，将连接主控制器的冗余扩展 I/O 总线分别连接到扩展 I/O 总线 A 网交换机和 B 网交换机，同时将连接各处 I/O 连接模块或者通信模块的冗余扩展 I/O 总线也连接到 A 网交换机和 B 网交换机后，主控制器即建立起与 I/O 连接模块或者通信模块的物理连接。

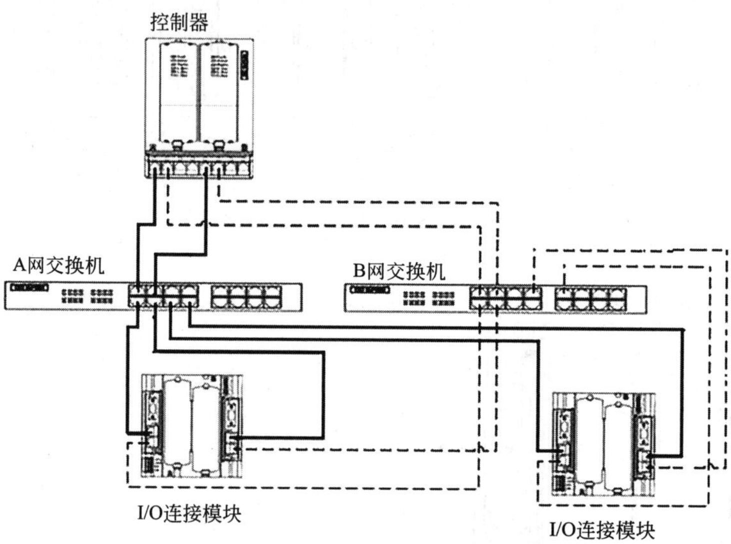

图 6-20　ECS-700 E-BUS 连接示意图

2）过程控制网（SCnet）

在 ECS-700 系统中，通过过程控制网 SCnet 来实现过程控制中控制节点与操作节点的实时数据通信，如图 6-21 所示。过程控制网采用高速、冗余的工业以太网，以总线型结构或星形结构连接控制节点与操作节点。其性能指标为：

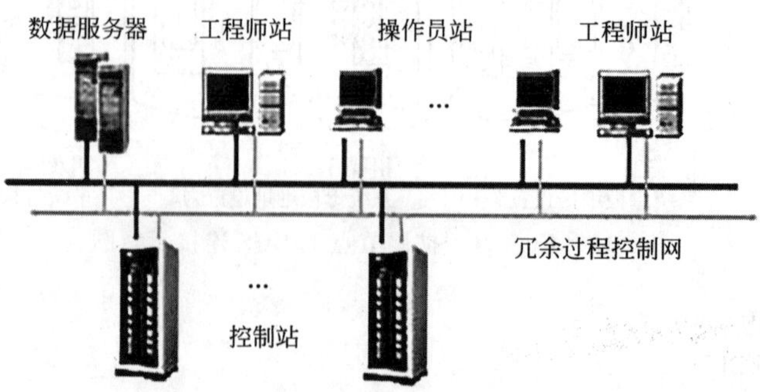

图 6-21　ECS-700 SCnet 示意图

① 协议标准：TCP/IP UDP。
② 冗余方式：1∶1 双网。
③ 通信速率：1000Mb/s。
④ 通信接口：RJ45。
⑤ 通信距离：≤100m（双绞线），≤20km（单模光纤）。

3）过程信息网（SOnet）

在 ECS-700 系统中，通过过程信息网 SOnet 来实现操作员站节点之间的通信，包括历史趋势、历史报警、操作日志等数据查询以及全系统的组态管理，如图 6-22 所示。其性能指标为：

① 协议标准：TCP/IP UDP。
② 冗余方式：可双网冗余。
③ 通信速率：1000Mb/s。

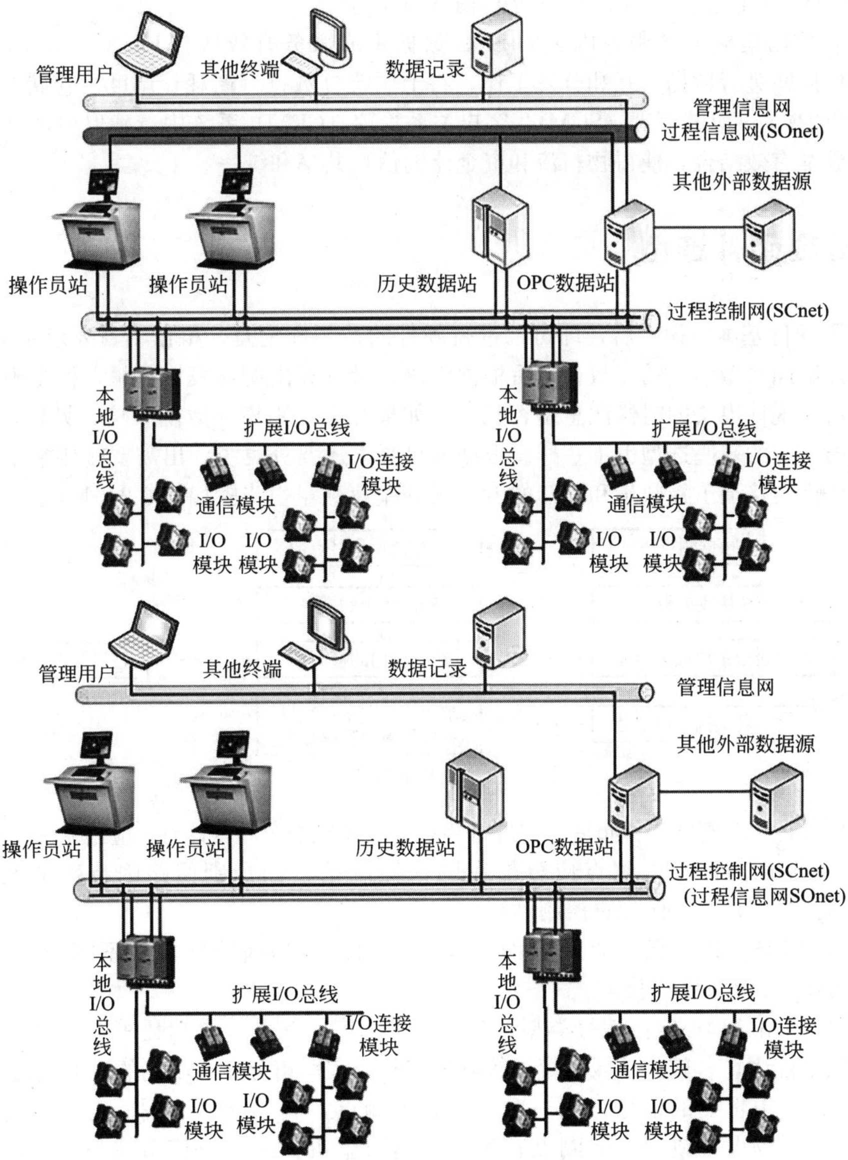

图 6-22　ECS-700 SOnet 示意图

④ 通信接口：RJ45。

⑤ 通信距离：≤100m（双绞线），≤20km（单模光纤）。

过程信息网支持独立组网和合并组网。合并组网即过程信息网与过程控制网合并，通过过程控制网来实现操作节点之间的通信。此时无须配置过程信息网的硬件，通过系统结构组态软件进行设置即可。

4）信息管理网

信息管理网采用以太网，用于工厂级的信息传送和管理，是实现全厂综合管理的信息通道。信息管理网采用大型网络数据库，实现信息共享，并可将各装置的控制系统连入企业信息管理网，实现工厂级的综合管理、调度、统计、决策等。

SUPCON MES-Suite 是综合数据集成平台服务，内嵌 ESP-iSYS 工业生产实时数据库，通过 OPC、DDE、MODBUS 等协议直接与 DCS、PLC、智能仪表等进行通信，确保 MES 和底层过程数据（工艺、质量、计量等）衔接和同步。

同时综合数据集成平台服务内嵌的 SSIS 数据集成服务有效地与 ORACLE、SQLSERVER、DB2 等关系数据库进行数据交互和分发工作，将上层统计数据（产耗、调度、仓储）传送到企业资源管理（ERP）、供应链管理（SCM）、客户关系管理（CRM）系统中，确保生产绩效信息能够和企业运作成本有效结合，使得物料流和资金流的信息共享和统一。

6.4 DCS 硬件选型

在了解了硬件基本知识之后，即可以进行硬件的选型和配置。根据项目要求中的测点清单，可以分类统计出同类型信号的点数，然后根据模块容量计算出所需模块数量，根据模块数统计出模块基座数量。统计模块的时候注意是否冗余，如果冗余，则模块数翻一倍，另外，I/O 模块冗余配置的时候对应的基座选型也不一样。根据项目要求还要分类统计出需要转接端子板的测点数量，并由此计算转接端子板数量和配套的 I/O 转接基座数量，步骤如图 6-23 所示。

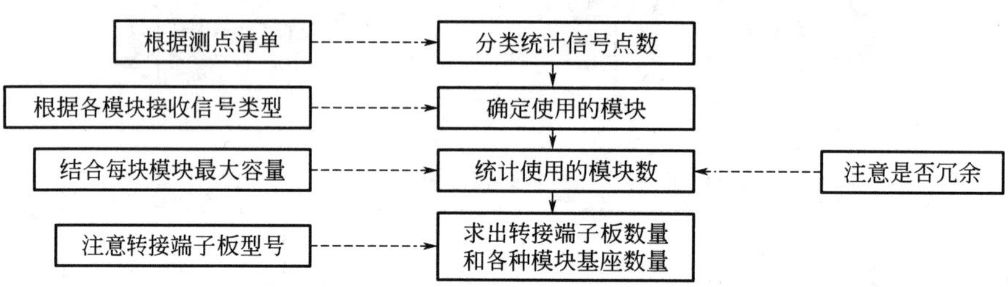

图 6-23　硬件选型流程图

最后需要设计出合理的机柜布局。在进行测点分配及机柜布局设计时，应遵循一些基本规范：

① 同一控制回路涉及的测点应分配在同一控制站，如个别回路因特殊情况不能满足，则回路应定义在 AO 位号所在的控制站；

② 同一联锁条件涉及的测点应分配在同一控制站，如因特殊情况不能满足，则参与联锁的信号通信应采用硬线连接方式；

③ 同一控制站的测点应按信号类型、转接要求、模块辅助电源功耗等进行合理排布，需考虑系统电源供电能力，若较大功耗的模块数量较多时，宜均衡分布在不同的机架或机柜中；

④ 工艺装置中重要的信号、同一设备的多个测点，宜分配在不同的 I/O 部件中；

⑤ 同一个现场设备或单元的测点宜安排在同一个机柜内，方便布线和接线；

⑥ 同一控制站中涉及的信号类型应留有适当的余量，原则上为每种信号类型的 10%～

15%，若余量充裕，宜在每块I/O部件或若干块I/O部件设置备用通道；同一类型I/O部件的布置也宜留有适当的空槽位余量，原则上为每种类型I/O部件预留1～2块。

由于项目需求，系统还需要其他配合使用的外部设备。如UPS、继电器、安全栅等。

UPS即不间断电源，主要由充电器、整流器、电池组和逆变器等部分组成。从工作原理上可分为后备式和在线式两种。后备式UPS在有市电时仅仅对市电进行稳压而逆变器不工作，处于等待状态，当市电异常时后备式UPS会迅速切换到逆变状态，将电池电能逆变成为交流电对负载继续供电，因此后备式UPS在市电异常转逆变工作时会有一段转换时间，一般小于10ms。而在线式UPS开机后逆变器始终处于工作状态，因此在市电异常转换放电时没有中断时间，即零中断。

继电器的主要作用是将信号隔离或放大，它以一定的输入信号（如电流、电压或其他热、光非电信号）实现自动切换电路的“开关”。通常DCS的DO模块每点负载电流不足以直接驱动电机等现场设备，故需通过中间继电器放大驱动电流，才能对现场设备进行直接控制。它可以保护控制者或设备的安全。按线包特性分电压型继电器和电流型继电器；按功能分为普通继电器（瞬时动作）、时间继电器（延时动作）、固态继电器（适合频繁动作）等。常用的有DC 24V和AC 220V两种继电器，它最重要的参数是触点容量。

对于有防爆要求的场所与无防爆要求的场所之间进行信号传递，要考虑采用安全栅进行隔离，用于限制危险场所电路能量，来实现危险场所设备的防爆作用。根据隔爆原理分齐纳栅和隔离栅，齐纳栅采用冗余齐纳管限能电路结构将输出电能量限制在规定范围。而隔离栅通常是通过输入/输出及电源三端口的隔离回路限能来限制回路电能量。

在分类统计I/O测点的过程中，需对测点的信号类型进行详细区分，如AI位号表中会包含电流、电压、热电偶、热电阻等信号类型，需要选配不同型号的模块进行处理。

根据6.1节项目案例气化装置E的I/O测点清单，可统计出DO位号81个，其中39个点有冗余要求，选配DO716-S模块。考虑到备用模块需求，最终气化装置E机柜配置10块DO716-S，其中4对冗余配置，2块单卡配置，备用百分比大于100%，配套端子板为TUA711-DOR32，数量为6块。非冗余配置，基座型号选型为MB745-S11；冗余配置，基座选择MB746-S11。

最终选型结果如表6-12所示。

表6-12 气化装置E控制站硬件选型表

I/O类型	AI	AI(R)	AO(R)	DI
需求点数	147	139	71	72
备用点数	61	37	41	184
总计点数	208	176	112	256
模块通道数	16	16	16	32
模块型号	AI713-H	AI713-H	AO713-H	DI715-S
模块数量	13	22	14	8
冗余	否	是	是	否
基座类型	MB745-S11	MB746-S11	MB746-S11	MB745-S11
数量	7	11	7	4
端子板类型	TUA711-AIO16	TUA711-AIO16	TUA711-AIO16	TUA711-DOR32
数量	13	11	7	8

续表

I/O 类型	DI(R)	DO	DO(R)	
需求点数	41	43	39	
备用点数	23	21	89	
总计点数	64	64	128	
模块通道数	32	32	32	
模块型号	DI715-S	DO716-S	DO716-S	
模块数量	4	2	8	
冗余	是	否	是	
基座类型	MB746-S11	MB745-S11	MB746-S11	
数量	2	1	4	
端子板类型	TUA711-DIR32	TUA711-DOR32	TUA711-DOR32	
数量	2	2	4	

根据选型表表 6-12 的统计，气化装置 E 控制站机柜最终配置为 2 个机柜，柜内配置 4 条机架，根据设计规范，将模块均匀分配在 4 条机架上，机柜布置如图 6-24 所示（尺寸单位：mm）。

(a)

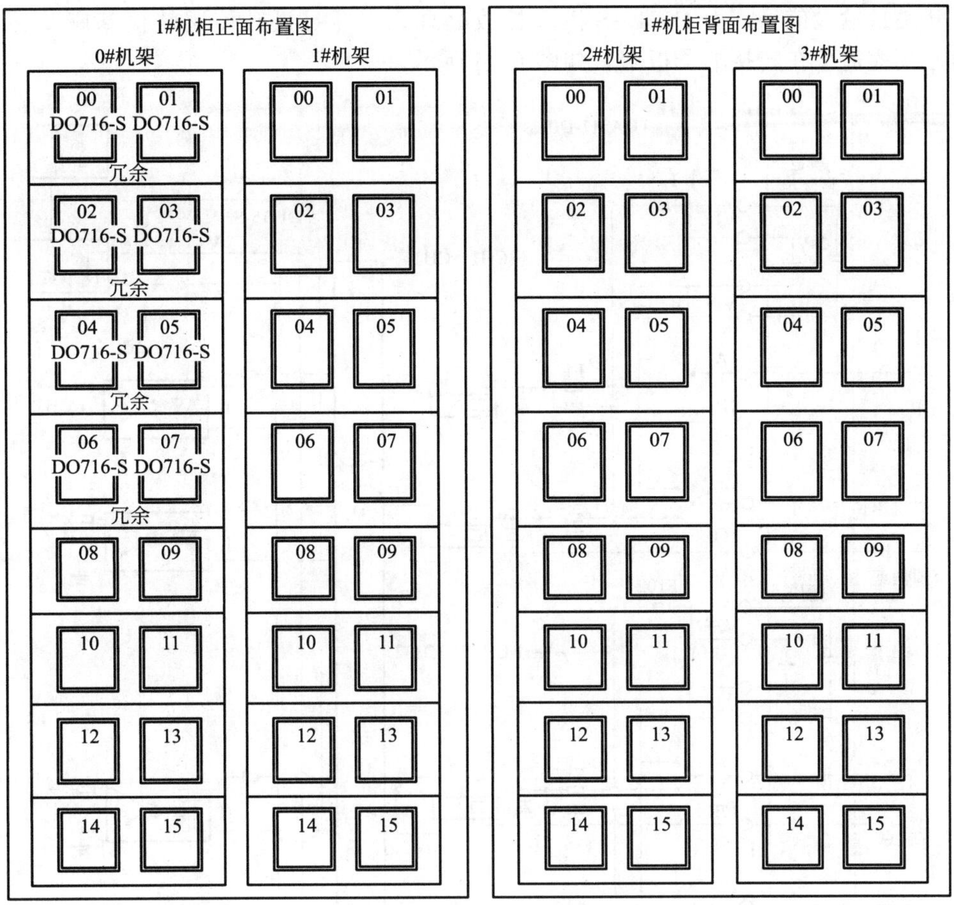

(b)

图 6-24 机柜布置示意图

各类信号线需按照设计及功能块型号进行安装连接。

如 4～20mA 的信号，由 AI713-H 模块接收处理，本项目设计使用转接基座及转接端子板，信号线缆需接在转接端子板上，如图 6-25 所示。

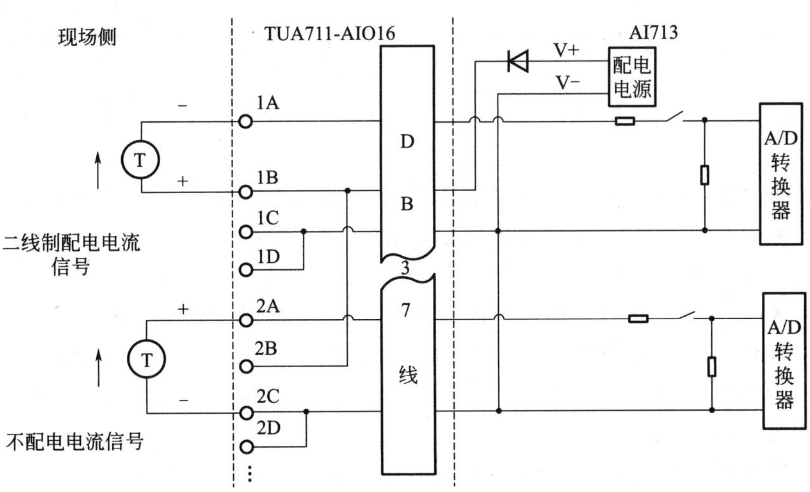

图 6-25 16 路模拟量转接端子板接口电路图

如开关量输入信号，由 DI715-S 模块接收处理，本项目设计使用转接基座及转接端子板，信号线缆需接在转接端子板上，如图 6-26 所示。

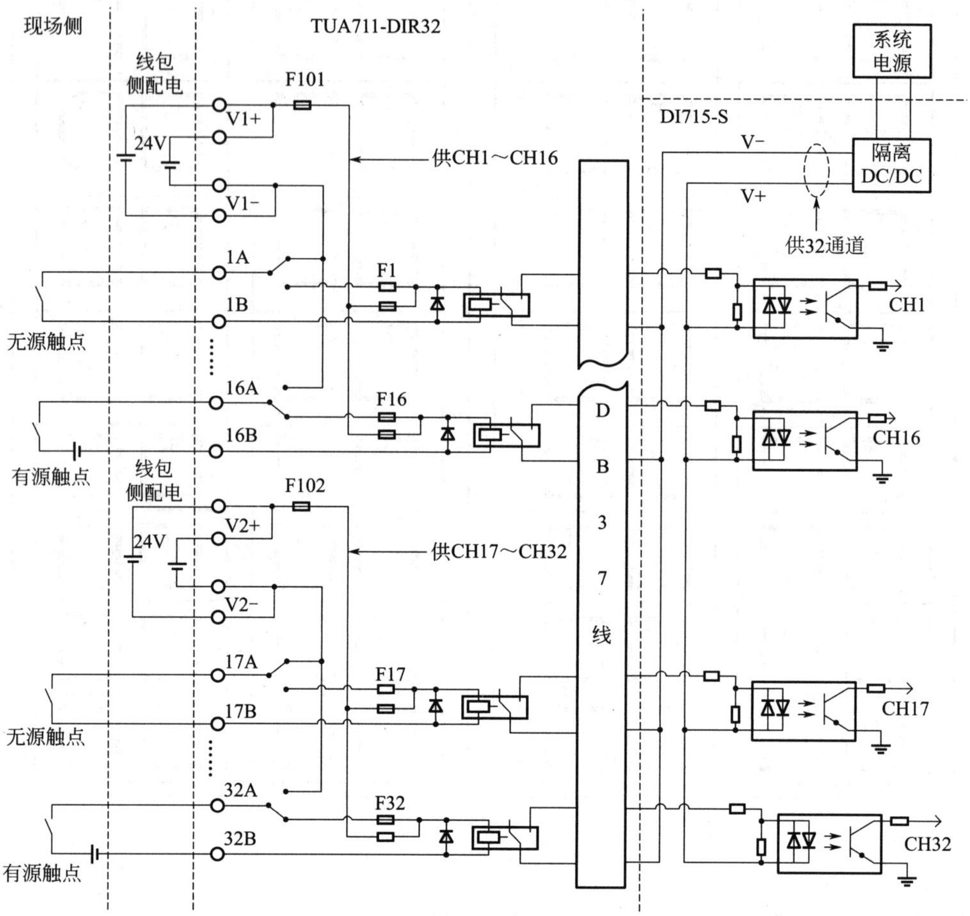

图 6-26　32 路数字量转接端子板接口电路图

第6章　在线测试题

本章作业

硫黄回收工艺是一种将含硫化氢等有毒气体中的硫化物转变为单质硫的化工过程。这种工艺不仅能够保护环境，还能将有害的硫化物转化为有用的硫黄产品。

硫黄回收通常采用一种叫作“克劳斯”的工艺来实现。含硫原料气通常称为酸气，首先将酸气与空气或氧气在一台称为燃烧炉的设备中燃烧，严格控制空气或氧气量，使燃烧产物中硫化氢与二氧化硫气体体积达到一定比例。之后燃烧气体被冷却，气体中的硫黄冷凝回收。剩余气体经加热后进入一台克劳斯反应器进行反应，硫化氢与二氧化硫生产硫黄和水，这一反应需使用催化剂才能实现。

克劳斯工艺发明伊始就成为硫回收工业的标准工艺流程，也是目前应用较为广泛的硫回收工艺之一。改良克劳斯法目前应用的有直流法、分流法和硫循环法三种基本形式，其中前两种应用较为广泛。此外，还有超级克劳斯工艺、低温克劳斯工艺、克劳斯直接氧化工艺以及富氧克劳斯工艺等特殊变形形式。

图 6-27 是部分工艺管道流程简图，I/O 测点清单参见第 6 章作业测点清单。

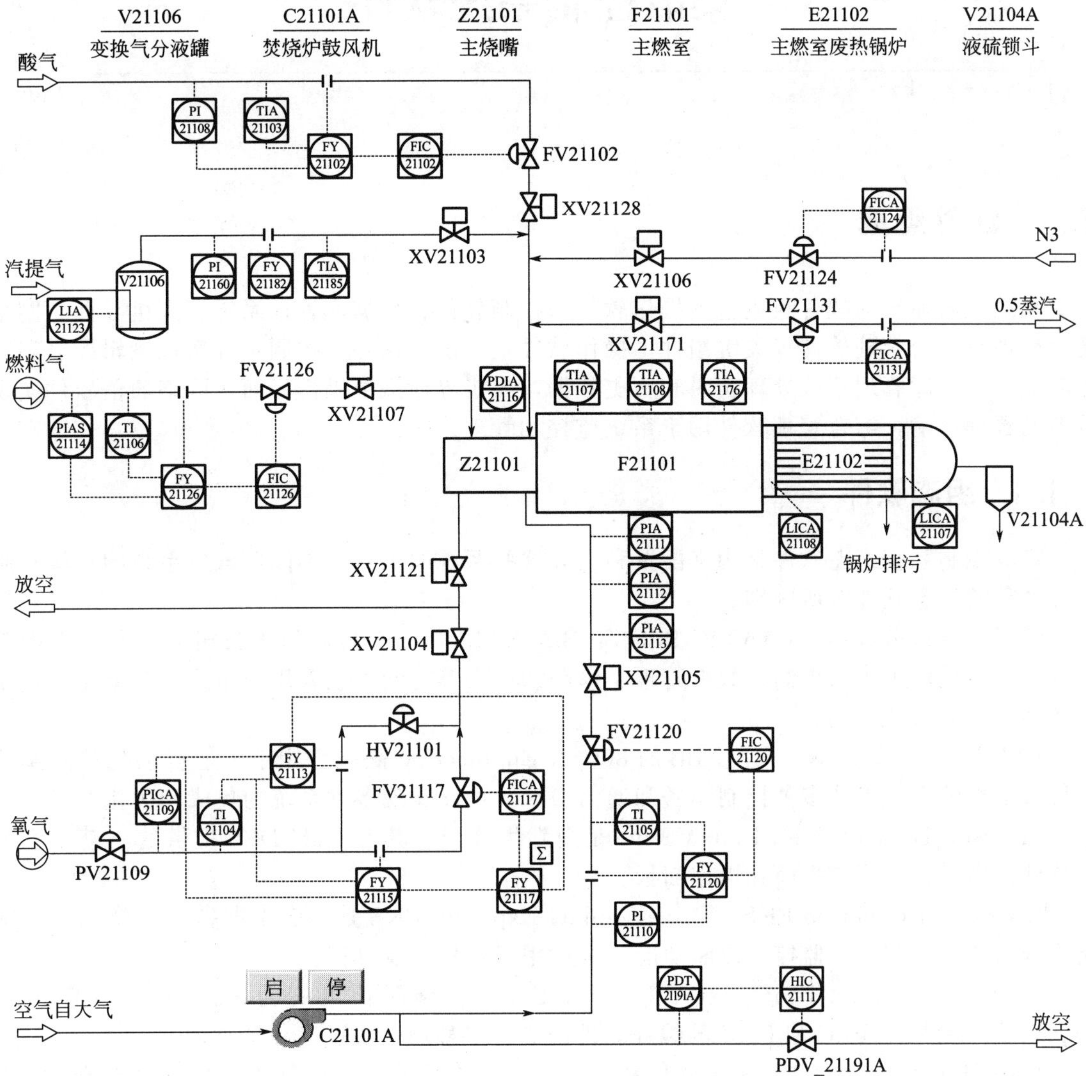

图 6-27　流程简图——制硫

请根据所学内容，完成如下作业：

① 依据测点清单，完成系统硬件的选型及系统架构的设计。

② 依据测点清单和硬件选型结果，完成硬件和测点的排布。

第6章　作业测点精单、第6、7章作业参考答案（组态工程文件）

第 7 章 集散控制系统软件

7.1 软件组成

集散控制系统的软件组成包括操作软件、控制软件、数据库管理系统、人机界面、网络通信软件和综合管理软件等关键组件。操作软件是系统的核心，控制软件实现逻辑控制和监控功能，数据库管理系统处理实时和历史数据，人机界面提供操作界面，网络通信软件实现设备间数据传输，综合管理软件用于系统监控和管理。

7.1.1 组态软件

集散控制系统组态软件是用来配置和设计这些系统的工具。不同厂家、系列的集散控制系统产品的组态软件有所区别。

西门子（Siemens）SIMATIC PCS 7：SIMATIC PCS 7 是西门子公司的一套集中控制系统软件，提供了工艺控制、数据管理、诊断和报警等功能。它采用分布式控制结构，适用于各种工业领域的应用。

ABB 800xA Engineering：ABB 的 800xA Engineering 是一套用于工业自动化控制系统的集成工程软件，支持多种控制设备和通信协议，可以实现多种系统的集成和优化。

Emerson DeltaV Live：DeltaV Live 是爱默生公司为其 DeltaV DCS 提供的一套工程组态软件，用于创建用户界面和操作面板。

Honeywell Experion PKS：Honeywell 的 Experion PKS 是一套集散控制系统软件，提供了全面的过程控制、监控和诊断功能，可适用于各种工业过程。

Schneider Electric EcoStruxure Control Expert：施耐德电气的 EcoStruxure Control Expert 是一套用于 PLC 和 PAC 的编程软件，支持多种通信协议和设备类型。

VisualField（简称 VF）系统软件是中控 ECS-700 系统进行控制系统组态和监控的软件包。该系统软件在系统结构上支持控制分域和操作分域，支持多人多机组态，支持在线调试和在线下载，支持多个数据库。其中，用于系统组态的软件又分成两部分：系统结构组态软件和组态管理软件。

ECS-700 系统组态功能由以下控制组态工具软件共同完成：

① 系统结构组态软件——用于完成整个控制系统结构框架的搭建，包括控制域、操作域的划分及功能分配，以及各工程师组态权限分配等；

② 组态管理软件——作为组态的平台软件关联和管理硬件组态软件、位号组态软件、控制方案组态软件和监控组态软件，维护组态数据库，支持用户程序调度设置、在线联机调试、组态上载以及单点组态下载等功能；

③ 硬件组态软件——控制站内硬件组态软件，支持控制站硬件参数设置、硬件组态扫描上传以及硬件调试等功能；

④ 位号组态软件——控制站内位号组态软件，支持位号参数设置、Excel 导入导出、位号自动生成、位号参数检查以及位号调试等功能；

⑤ 控制方案组态软件——用于完成控制系统控制方案的组态，提供功能块图、梯形图、ST 语言等编程语言，提供丰富的功能块库，支持用户程序在线调试、位号智能输入、执行顺序调整以及图形缩放等功能；

⑥ 监控组态软件——用于完成控制系统监控管理的组态，包括操作域组态和操作小组组态。操作域组态主要包括操作域内的操作员权限分配、域变量组态以及整个操作域的报警颜色设置、历史趋势位号组态、自定义报警分组等。操作小组组态指对各操作小组的监控界面进行组态，主要包括总貌画面、一览画面、分组画面、趋势画面、流程图、报表、调度、自定义键、可报警分区组态等。每个操作员可以关联 1 个或多个操作小组。

7.1.2　操作软件

操作软件是集散控制系统中的一个重要组成部分，主要由操作界面软件即人机界面软件构成。操作软件的作用是提供用户友好的可视化界面，让操作员实时监测和控制工业生产过程。操作软件通常包含图表、仪表盘、报警提示等功能，帮助操作员快速了解生产状态，及时响应异常情况并做出调整。通过操作软件，操作员可以方便地查看实时数据、趋势图，并进行各种操作控制，如设定参数、启停设备等。操作软件也提供了权限管理功能，可以根据用户权限设置不同操作权限，保证生产系统的安全性。总之，DCS 的操作软件通过提供直观易用的界面，有效地帮助操作员监控和控制生产过程，提高工业生产的效率和质量。

以下是一些典型的上位机操作软件：

① SCADA（supervisory control and data acquisition，数据采集与监控系统）系统软件：Schneider Electric 的 ClearSCADA、GE 的 Cimplicity、Siemens 的 WinCC、Wonderware 的 InTouch、Rockwell Automation 的 FactoryTalk View。

② 组态软件：组态王 KingView、Citect、iFix、中控 VisualField（集组态、监控于一体）。

③ 自动化控制和监控软件：ABB 的 800xA、Emerson 的 DeltaV、Honeywell 的 Experion PKS。

④ 特定行业或设备配套的上位机软件：PC 直连智能仪表的上位机软件。

⑤ 其他特定用途的上位机编程软件：PLC 编程软件，如西门子的 TIA Portal；运动控制软件，如 Beckhoff TwinCAT；数据分析与报告软件，比如与 historian（历史数据库）相关的软件。

上位机操作软件的选择往往根据具体的行业需求、通信协议要求以及硬件设备接口等因素来确定。

7.1.3　诊断软件

集散控制系统的诊断软件是其核心组成部分之一，用于确保系统的可靠性和稳定性。诊断软件的主要功能包括但不限于以下几个方面。

① 故障检测：通过实时监测系统的各个模块和组件（如控制器、I/O 模块、通信链路和电源单元等）的状态，识别潜在的硬件故障。

② 故障定位：当检测到异常时，能够迅速定位故障点，减少排查时间和成本。

③ 自诊断功能：具备自我检查能力，定期或在需要时自动执行内部和外部资源的完整性检查，包括内存、CPU 利用率、应用程序错误等。

④ 报警和事件管理：在发生故障或异常情况时，诊断软件能触发报警、记录事件日志，并提供详细的故障信息以便于维护人员分析。

⑤ 容错切换与恢复：高级的诊断软件支持系统内关键部件的冗余配置，当主系统出现故障时，能够无缝切换至备用系统，保持连续的控制功能。

⑥ 状态预估和预测性维护：预测性维护功能利用大数据和算法模型评估系统健康状况，提前预警可能发生的故障，降低意外停机风险。

⑦ 系统性能监控：跟踪系统运行效率，监控响应时间、负载平衡等性能指标，优化系统配置。

⑧ 即时更新和在线修改：支持在线下载和安装软件补丁、更新控制策略等，无须停止生产过程。

诊断软件典型的产品包括：

① Emerson DeltaV Diagnostics：提供全面的系统诊断工具，帮助用户深入了解系统状态，快速解决故障问题。

② ABB Ability System 800xA Diagnostics：包含了一系列强大的诊断工具，有助于提高系统可用性和可靠性。

③ Honeywell Experion PKS System Health Monitoring：具备先进的系统健康监测和诊断功能，保障流程工业设施安全稳定运行。

④ Siemens SIMATIC PCS 7 Diagnostics Suite：提供了丰富的诊断功能，可以详细地了解 SIMATIC PCS 7 过程控制系统的所有组件的状态。

⑤ 中控 VisualField 系统状态诊断软件：是进行系统调试以及状态分析的重要工具，主要分为两部分：实时状态监测和历史记录查询。实时状态监测的主要监测内容包括操作域、控制域、过程控制网、控制站、控制器、通信节点、I/O 模块等系统部件的运行状态和通信情况。历史记录查询功能可对特定时间内控制站发生的故障进行查看，显示故障产生时间、设备、地址、诊断结果和恢复时间等信息。

以上产品均以其强大的故障诊断功能和高效的维护支持而著称，为用户提供了一整套完善的系统健康管理解决方案。

7.1.4 批量控制软件

集散控制系统中的批量控制软件是一种专为实现生产过程自动化中的批次生产模式设计的软件模块。这种软件可以精确规划、执行和追踪一系列按顺序进行的生产步骤，确保每一步骤都按照预先定义的配方和条件严格控制。在化工、石化、制药、食品饮料、精细化工等行业中，批量生产非常常见，因此批量控制软件是 DCS 不可或缺的一部分。

近年来，国际自动化学会（ISA）发布的 ISA S88 标准为批量控制技术的进步奠定了坚实基础。该标准定义了批量生产过程的结构模型及相关术语，旨在标准化批量控制的设计、实施和管理，从而使得批量控制在精细化工装置及其他行业应用中更为高效和规范。集散控制系统中的批量控制软件正是在这种背景下应运而生，它是针对生产过程自动化中批次生产模式专门设计的软件模块。这类软件深度融入 DCS 体系，充分体现了 ISA S88 标准的理念，通过精确规划、执行和全程追踪批次生产步骤，保证每个步骤严格按照预设的配方和工艺条件进行控制。

批量控制软件的主要功能包括：

① 配方管理：存储和调用不同产品的生产配方，包含原料种类、用量、混合顺序、反应条件等细节。

② 顺序控制：按照预设的工艺流程顺序，自动启动和停止各设备，如阀门、泵、搅拌器等。

③ 过程变量控制：实时监控和调整温度、压力、液位、浓度等过程变量以达到最佳工艺条件。

④ 物料追踪与管理：跟踪物料消耗、产量、批次质量，满足产品质量追溯和合规要求。

⑤ 报警和事件管理：当生产过程偏离正常轨迹时，发出报警信号，并记录相关事件。

⑥ 报表生成：自动统计生产数据，生成批次报表，为生产管理和决策提供依据。

目前主流的批量控制软件产品包括：

① Emerson DeltaV Batch：作为 DeltaV DCS 的一个组成部分，提供了完整的批量生产解决方案，支持灵活的配方设计和批处理过程控制。

② Honeywell Experion PKS Batch Manager：与 Experion Process Knowledge System 整合，提供强大且易于使用的批量生产环境，支持多种行业的复杂批量过程控制。

③ Siemens SIMATIC Batch：作为 SIMATIC PCS 7 过程控制系统的一部分，它支持符合 ISA S88 标准的批量生产流程，实现了高度灵活和可扩展的批量控制功能。

④ ABB 800xA Batch Execution：结合 800xA DCS 平台，为用户提供了一体化的批量执行环境，支持批次生产的全过程控制。

⑤ Rockwell Automation FactoryTalk Batch：与 ControlLogix PLC 系统紧密集成，为用户提供直观的图形化编程环境，实现快速可靠的批量控制功能。

以上软件均在全球范围内被广泛应用于大型工厂和企业的批量生产环节中，有效提升了生产效率和产品质量一致性。

⑥ ECS-700 系统批量管理软件由工程组态软件、配方编辑软件和监控操作软件组成。

a. 工程组态软件（BatchCfg）：用于配置系统组态，通常安装于工程师站，由具有工程管理权限的工程师负责组态的搭建和维护，实现工程物理建模和程序建模。

b. 配方编辑软件（RecipeEditor）：通常安装于信息网或工程师服务器，由工艺工程师负责完成产品生产配方的搭建，维护原料或产品信息。

c. 监控操作软件：包含 VxBatch 客户端（BatchClient）和设备信息一览（Overview）控件，用于查看批量生产过程或历史批次信息，由操作工负责批次的运行监控和日常维护工作。

批量控制软件作为 DCS 系统的重要组成部分，在化工、石化、制药、食品饮料以及精细化工等多个行业广泛应用，对于提升批次生产效率、保障产品质量稳定以及实现全链条智能化管理具有不可替代的作用。随着 ISA S88 标准的推广普及和技术迭代更新，批量控制软件将持续优化升级，进一步推动现代工业生产迈向更高水平的自动化和智能化。

7.1.5 先进控制软件

先进过程控制（advanced process control，APC）是指一类高级控制策略和算法，它超越了传统的 PID 控制，利用模型预测控制（MPC）、自适应控制、鲁棒控制、模糊逻辑控制、神经网络控制等多种智能控制理论，用于满足复杂、非线性、时变等工况下的高级控制需求，增强过程稳定性、减少能源消耗和提高产品质量。

以下是一些 DCS 系统中常见的先进控制。

① 模型预测控制（model predictive control，MPC）：MPC 是一种基于数学模型的多变量控制策略，它在每次采样时刻通过求解一个有限时域内的优化问题来计算控制动作。在

DCS 中，MPC 常被用来解决约束多变量控制难题，例如化学过程控制、炼油过程控制等。

② 模糊逻辑控制（fuzzy logic control，FLC）：模糊逻辑控制器利用模糊集合论和模糊推理机制来模拟人类专家的经验知识，特别适用于那些难以建立精确数学模型的过程。

③ 神经网络控制（neural network control，NNC）：神经网络可用于在线学习和自适应调节，以应对复杂的动态系统。在 DCS 中，神经网络可以用于辨识过程模型、进行非线性补偿或直接作为控制器使用。

④ 自适应控制：自适应控制算法能够在系统参数变化时自动调整控制器参数，以保持优良的控制性能。

⑤ 多元统计过程控制（multivariate statistical process control，MSPC）：这种方法通过分析过程变量之间的相关关系来进行早期故障检测、过程优化和质量监控。

以上所述的先进控制策略往往需要与 DCS 系统中的实时数据库、历史数据库、高级数据分析软件以及其他过程优化工具紧密结合，共同构建出一个全方位的过程自动化解决方案。在实际应用中，APC 通常是作为 DCS 的一部分或者与其紧密结合，通过附加软件模块的形式集成到 DCS 之中。一些知名的 DCS 供应商如霍尼韦尔（Honeywell）、艾默生（Emerson）、ABB、西门子（Siemens）、中控等都有提供相应的 APC 解决方案，这些解决方案可以集成在他们的 DCS 平台上，为用户提供更加精密的过程控制服务。

中控从 20 世纪 90 年代开始研究、开发和实施先进控制技术，并成功推出集先进控制平台 APC-iSYS、多变量预测控制软件 APC-Adcon、智能软测量软件 APC-Sensor 于一体的先进控制软件 APC-Suite。

7.1.6 智能仪表管理软件

智能仪表管理软件是指针对工厂现场设备的自动化、数字化和智能化管理需求而设计的软件。从工业 3.0 到工业 4.0 的发展，随着现场设备智能化水平的提升，工厂对设备管理的自动化和数字化需求日益增加。传统的设备管理存在诸多问题，如设备资料不完整、维护资源有限、专业技术人员流失等困难。

为解决这些问题，很多厂商推出了智能仪表管理软件。如 Emerson AMS Device Manager、Honeywell Asset Manager、Endress + Hauser FieldCare、Siemens SIMATIC PDM（process device manager）、中控 IDM 智能仪表管理软件。这些智能仪表管理软件产品通常具有各种功能，如设备信息模型建立、设备诊断、故障分析、预测性维护等，帮助提升设备管理的效率和可靠性。不同的厂商和产品在功能设计和适用范围上可能会有所不同，用户需要根据自身需求和设备类型选择适合的智能仪表管理软件产品。

中控智能仪表管理软件 IDM 架构如图 7-1 所示，集数据采集和数据分析于一体，提供智能仪表、智能阀门定位器等在线组态、调试、标定管理、远程诊断、预测性维护及历史事件记录管理的一体化方案。该软件能够提供全厂设备的统一监控和管理，具有多种可视化模型、丰富的故障诊断和在线调试功能。核心功能包括建立仪表设备信息模型、批量回路测试、故障诊断和二次分析预测性诊断等。该软件符合国际标准协议，能够实现不同协议和厂家的仪表设备互联互通，用户可以方便地管理 HART 设备、FF 设备、APL 仪表和无线仪表等现场智能设备。软件具备友好的中文交互界面、专家库、自定义调试界面等功能，降低了维护人员的学习成本，提高了仪表维护的效率。通过使智能设备发挥最大效益，降低维护成本，该软件帮助企业提高对现场仪表的自动化调校水平，降低对现场设备的管理和维护成本，为数字化转型打下坚实基础。

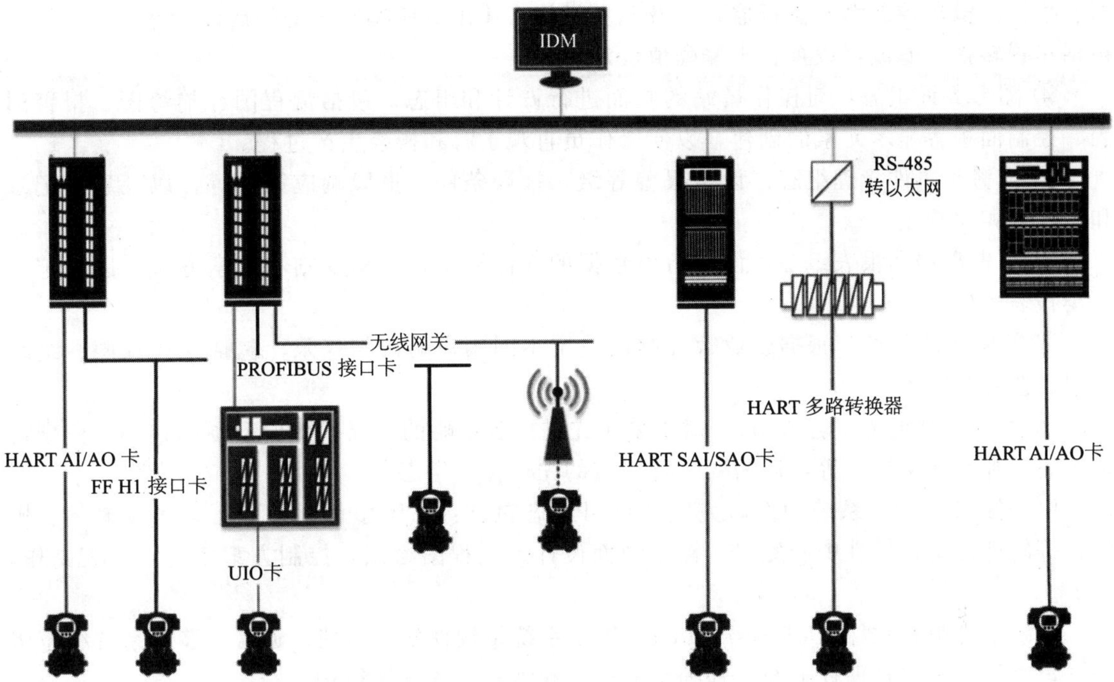

图 7-1　IDM 架构

7.2　集散控制系统控制组态

7.2.1　组态概述

控制系统组态是指对控制系统中的各个组件、设备和接口进行配置和连接，以实现所需的控制功能的过程。它涉及硬件配置、信号连接、参数设置等方面，是确保控制系统正常运行并满足设计要求的关键步骤。

控制系统组态从系统构建的角度来看待控制系统的配置和连接，即从单个组件到整个系统的层级。通过组态，可以将各个组件有机地连接在一起，形成一个完整的控制系统，实现信号的传递、处理和控制，作用主要体现在保证系统能够按照设计要求正常运行的功能上。通过合理的硬件配置和信号连接，可以确保控制系统的稳定性和可靠性。同时，通过参数设置和逻辑设计，可以实现系统的功能和控制要求。

控制系统组态通常包含以下几个方面的内容。

① 系统组态：在 DCS 的控制组态中，系统组态是第一步，它包括硬件配置和网络架构的设计。硬件组态包括设定控制器、输入/输出（I/O）卡件、通信模块等设备的物理连接和地址分配，以及系统服务器、操作员站、工程师站等各个节点的功能设定。网络组态则是确定数据传输路径、网络拓扑结构和通信协议等。

② 控制策略组态：控制策略组态即根据生产工艺要求，采用 PID 控制、串级控制、比值控制、前馈控制、解耦控制等控制算法设计控制器的行为，实现对生产过程变量的精确控制。这一阶段涉及编写控制逻辑、设定控制参数和保护限值等。

③ I/O组态：I/O组态指定义每个I/O通道的功能，如模拟量输入对应哪些现场传感器、模拟量输出控制哪些执行器，以及开关量输入输出对应哪些设备的启停状态等。此外还包括量程转换、滤波器设置、报警阈值设定等。

④ 图形界面组态：对操作员站的画面进行设计和组态，包括流程图、趋势图、报警列表、控制面板等显示元素的创建，以便操作员直观了解和操控生产过程。

⑤ 报警和事件管理组态：设定报警等级、报警条件、报警响应策略等，以及事件记录和追踪的相关规则。

⑥ 历史数据和报表组态：设置历史数据的存储周期、压缩规则和检索方式，以及定制各类报表的生成模板。

⑦ 权限管理组态：根据企业管理制度设定不同用户的访问权限，包括操作权限、组态权限、监视权限等。

⑧ 先进控制组态（若适用）：对于采用先进控制策略的情况，如模型预测控制、模糊逻辑控制、神经网络控制等，还需要进行相应的先进控制组态。

以中控ECS-700系统为例，完整的项目组态包含：系统整体架构配置，各控制站、操作站等硬件设备在软件中的配置，操作画面设计，流程图绘制，控制方案编写，报表制作，等等。

系统结构组态软件（VFSysBuilder）用于系统结构框架的搭建。通常安装于系统组态服务器，由具有工程管理权限的工程师负责构建和维护系统框架结构。

组态管理软件（VFExplorer）作为系统组态的工作平台，关联控制站硬件组态软件、位号组态软件、控制方案组态软件、功能块编制软件和监控组态软件，支持离线下载、在线下载、在线组态、离线组态、多人组态和组态发布、单控制站组态备份和读取、仿真等功能。

组态管理软件应用于工程师站，既与组态服务器相连，维护系统统一的组态数据库，又与各控制站相连，进行组态同步，同时还可对各节点进行组态的发布。在系统结构组态软件中将系统框架搭建完后，通过组态管理软件可以完成各控制站硬件、位号、控制方案、用户功能块的组态，还可以完成监控组态，以及组态的在线下载和在线发布等。

ECS-700系统具体组态流程如图7-2所示。

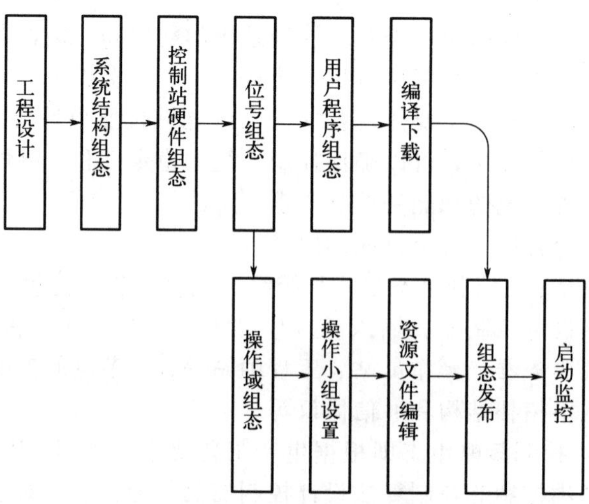

图7-2　系统组态流程

7.2.2 集散控制系统组态

视频 7.1 ECS-700 软件概述
视频 7.2-1 结构组态之结构搭建
视频 7.2-2 结构组态之 IP 地址设置
视频 7.3-1 控制组态之硬件组态和位号组态
视频 7.3-2 控制组态之用户程序组态
视频 7.3-3 控制组态之仿真下载与程序调试
视频 7.4-1 监控组态之标准画面
视频 7.4-2 监控组态之监控用户授权与历史趋势
视频 7.4-3 监控组态之流程图组态
视频 7.5 监控启动软件使用方法
视频 7.6 NT6000 DCS 工程组态

ECS-700 系统组态包括系统结构组态和控制组态。

（1）系统结构组态

ECS-700 系统结构组态主要分为三部分：控制域组态、操作域组态、工程师组态。

控制域组态：主要对控制域名称、描述、域地址以及域内位号分组名称进行设置；对控制站名称、描述、地址、系统、类型以及权限用户进行设置。

操作域组态：对操作域名称、描述、可监视控制域以及权限用户进行设置；对服务器名称、描述、地址进行设置；对操作节点的名称、描述、地址、操作节点类型以及过程控制网连接类型进行设置。

工程师组态：对工程师的工程管理权限以及可以维护的控制站和操作域进行分配设置。

另外，还可以将当前工程压缩备份到工程师选择的路径，对工程的一些全局参数进行默认配置：如小数位数、面板报警灯颜色、时钟同步服务器、面板二次确认权限、报警等级、信息网连接等。

进行工程组态前必须先通过系统结构组态软件搭建系统结构框架，再通过组态管理软件对该工程下的各个控制站的硬件、位号、控制方案等进行组态，通过监控组态软件对操作域进行组态。

根据第 6 章系统配置图及配置表进行甲醇项目结构组态，系统结构组态软件编辑界面如图 7-3 所示。

（2）硬件组态

在系统结构组态软件完成系统结构组态后，在组态管理软件（VFExplorer）上进行控制组态相关工作。

进行控制组态前，需启动组态管理软件，并选中要编辑的控制站，右键单击选择“从组态服务器打开”，则右侧栏目中出现控制组态的内容，包括：用户程序、用户功能块、硬件配置、位号表、单元控制、FF 设备列表。

根据工程设计的测点清单、控制柜布置图和 I/O 测点布置图等图纸进行硬件组态，使用硬件配置软件来实现系统中硬件模块的配置。

选中需进行硬件组态的控制站节点，在右边的组态属性列表中右击“硬件配置”，选择右键菜单“编辑”，或者双击“硬件配置”，即可启动控制站硬件组态界面，硬件组态界面如图 7-4 所示。

硬件组态界面的主要功能如下：提供方便快捷的硬件组态信息编辑功能；支持硬件组态

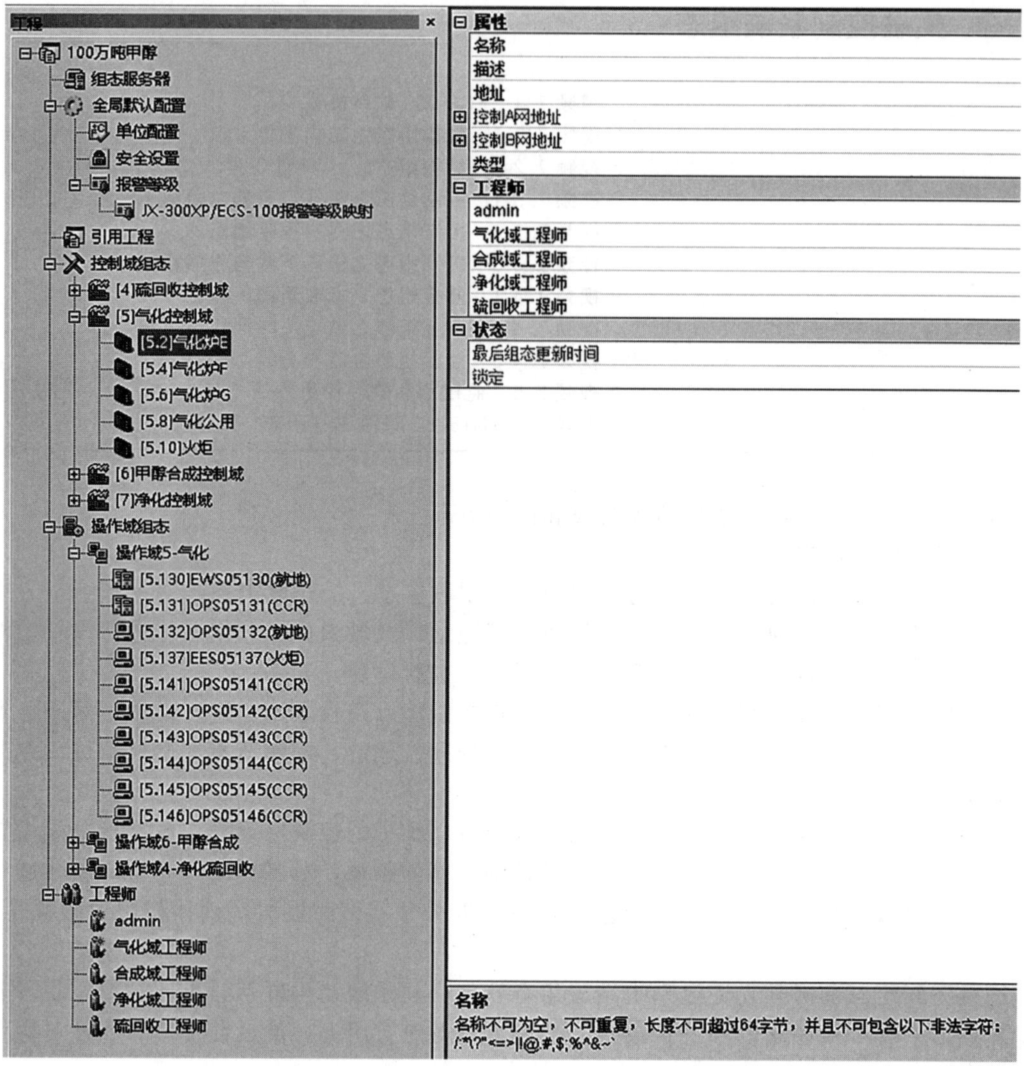

图 7-3 案例结构组态

导入功能；为位号组态提供已组态硬件的硬件地址（I/O 通道地址等）和通道类型信息；提供硬件组态扫描上传功能（无须手工组态，自动从控制站扫描生成硬件组态信息）；提供 I/O 模块实时数据和诊断数据调试功能；提供控制器、I/O 连接模块、机架、I/O 模块电源功耗统计功能；提供通信模块组态功能。

技术指标：支持最大 I/O 连接模块数为 7；单控制器支持最大机架数为 32；单机架支持最大模块数——长机架为 16、短机架为 8；单模块支持最大通道数——模拟量为 16、开关量为 32；支持最多撤销步数为 32；全站模块扫描上传最长时间为 2min。

在硬件组态界面进行硬件添加及组态设置，含控制器、机柜、机架、I/O 及通信模块设置，组态流程如图 7-5 所示。

以第 6 章系统柜布置图要求为例，进行硬件配置，可得到图 7-6 所示的硬件组态。

(3) 位号组态

完成硬件配置后，需要到位号表中对位号进行设置。选中需进行位号组态的控制站节点，在右边的组态属性列表中右击“位号表”，选择右键菜单“编辑”，或者双击“位号表”，

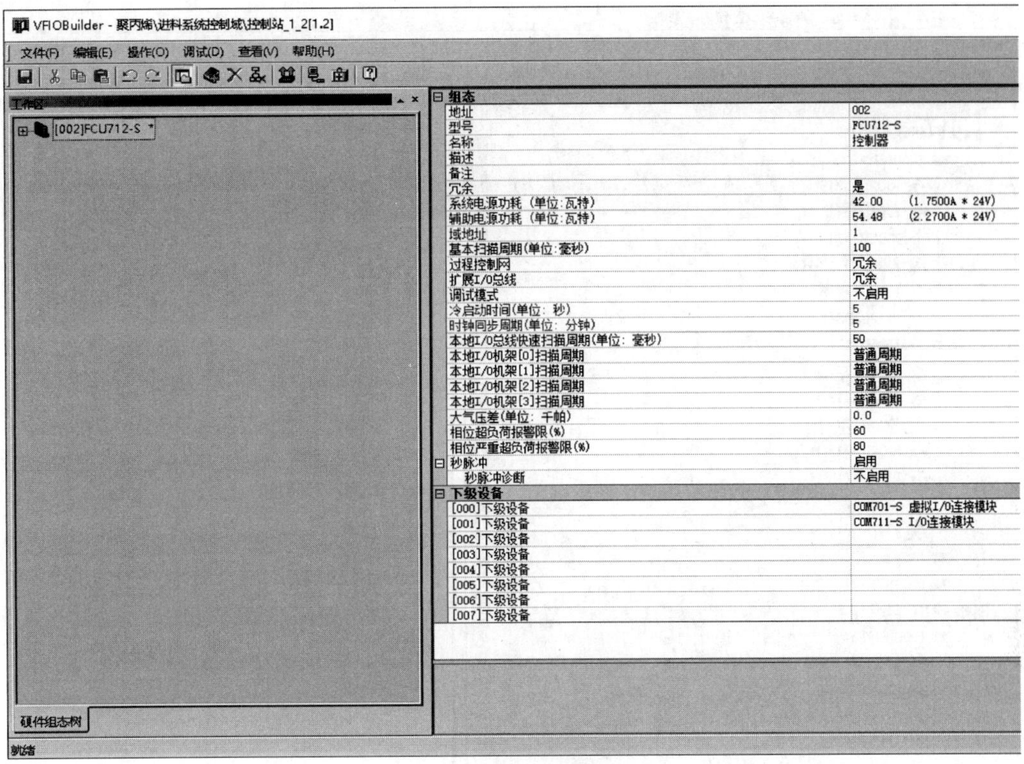

图 7-4　硬件组态界面

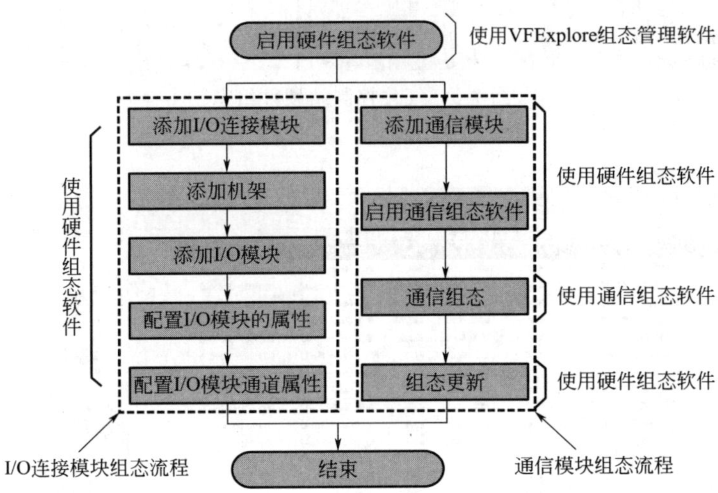

图 7-5　硬件组态流程

进入控制站位号组态界面，位号组态界面如图 7-7 所示。

可根据气化炉 E 测点清单，在位号表中完成单个控制站内的位号组态，如位号名称、描述、量程上下限等。软件提供方便快捷的位号组态信息编辑功能，包括位号的增加、删除、修改等基本编辑功能以及位号参数（包括位号名称）的批量修改功能。支持 Excel 格式组态导入导出功能。提供通道位号扫描上传功能（无须手工组态，直接在完成的硬件组态基础上生成对应的位号）。

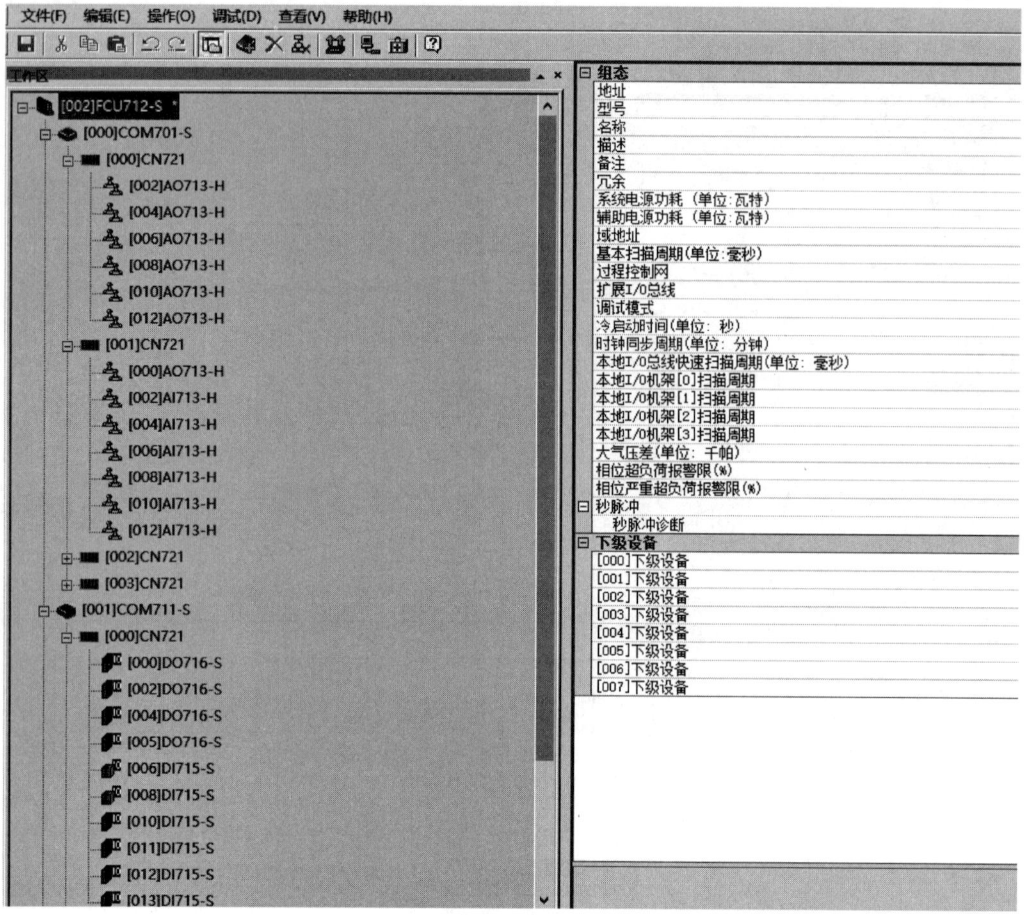

图 7-6　气化控制站硬件组态

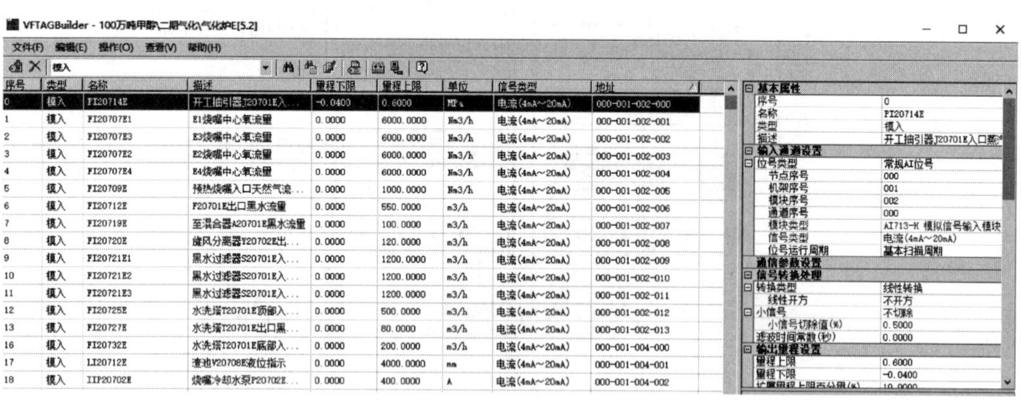

图 7-7　位号组态界面

7.2.3 图形化编程

1）编程环境

IEC 61131-3 是由 IEC 制定的一种国际标准，专门用于 PLC 和其他工业控制系统编程。

该标准定义了一套编程模型、编程语言以及程序组织结构，旨在为工业控制领域提供一致性高、兼容性好的编程环境，从而降低开发成本，提高程序的移植性和重用性。

IEC 61131-3 规定了五种标准化编程语言，它们分别是：

① 梯形图（ladder diagram，LD）：基于继电器逻辑电路图演变而来，直观易懂，特别适合传统电气工程师。

② 函数块图（function block diagram，FBD）：采用图形化方式表达控制逻辑，通过连接不同函数块来构建程序。

③ 顺序功能图（sequential function chart，SFC）：描述系统的顺序动作，常用于复杂的控制流程，如机器自动化的启动、停止和故障处理序列。

④ 结构文本（structured text，ST）：类似于高级语言的文本编程形式，适合编写较复杂的算法和数学计算。

⑤ 指令表（instruction list，IL）：以指令列表的形式编写程序，类似于汇编语言，简洁紧凑，对于熟悉低级语言的程序员较为友好。

VF 系统编程软件符合 IEC 61131-3 标准，提供高效的图形编程功能，提供函数块图、梯形图、ST 等编程语言。函数块图（FBD）编程软件（VFFBDBuilder）是控制系统中主要的控制策略组态工具之一，提供 FBD 编程和调试功能，如图 7-8 所示。

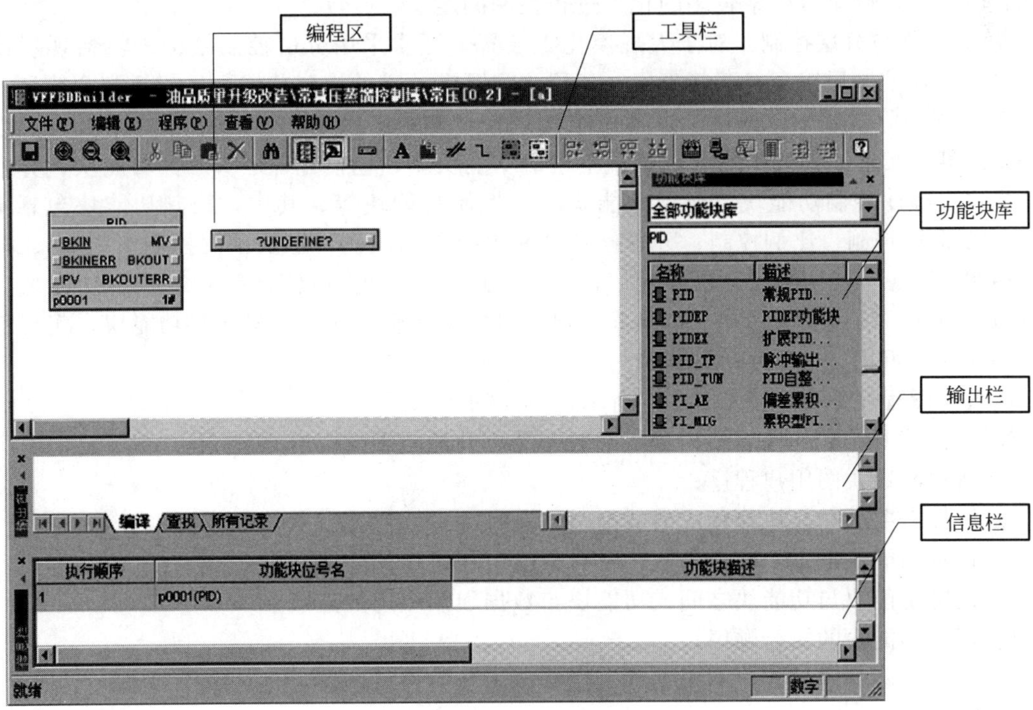

图 7-8　功能块图（FBD）编程软件主界面

在化工生产中，为了保证生产过程的安全稳定运行和产品质量的精准控制，常采用多种控制方案。

这些方案具体包括但不限于以下几个。

① 单回路 PID 控制：化工生产中最基本且最常用的控制方式是 PID 控制，它广泛应用于温度、压力、流量、液位等各种连续过程控制中，通过实时调整阀门开度、泵速等来控制工艺变量接近设定值。

② 串级控制：在某些化工过程中，某个关键变量受另一个更难直接测量和控制的内部变量影响很大，这时可以采用串级控制系统，即设置一个主控制器和一个副控制器，主控制器负责控制最终目标变量，而副控制器则先行控制影响主变量的关键内部因素。

③ 选择性控制系统：当多个干扰源同时作用于一个被控变量时，可通过选择性控制系统优先解决主要干扰，例如在精馏塔的操作中，可能会优先控制塔底产品的质量而非塔顶产品的质量，从而确保整个系统的稳定性。

④ 前馈控制：对于可预见的扰动，可以通过预先计算并施加补偿控制信号，避免扰动对被控变量的影响，例如预估进料量变化带来的温度波动，并提前调整加热量。

⑤ 多变量控制：多变量控制策略包括解耦控制、协调控制等，用于处理多个相互关联的工艺变量，减少耦合效应，比如在多个物料流量和能量输入共同影响某一产品质量的情况下，需要同时考虑多个变量的关系并进行协同控制。

⑥ 模型预测控制：基于过程模型预测未来输出，在考虑约束条件的情况下优化控制输入，尤其适合具有严格约束条件和复杂动态特性的化工过程。

⑦ 自适应控制：针对那些特性随时间发生变化或者不易精确建模的化工过程，控制器能根据过程当前状态自适应地调整其参数，以维持良好控制性能。

⑧ 智能控制技术：如模糊逻辑控制、神经网络控制等现代智能控制策略，用于处理非线性、时变、不确定等因素较多的化工过程控制问题。

⑨ 集成化与分层控制：对于大规模化工装置，通常采用分层控制结构，包括现场设备控制层、过程控制层以及经营管理层，各层之间既有独立的控制功能，又相互配合协调。

在 ECS-700 系统中，通过用户程序来实现控制策略。一个用户程序可能用来实现生产过程中的某一工艺。ECS-700 系统提供丰富的功能块库，包括各种逻辑运算功能块、算术运算功能块、顺序控制功能块、通信功能块以及控制功能块等。其中，控制功能块包括 PID 控制、PI 采样控制、比例控制、分程控制等常规控制功能块，以及预测控制（PFC）、模糊逻辑控制（FLC）、自整定 PID 控制（PID _ TUN）、Smith 预估器等先进控制功能块。此外，ECS-700 系统还支持用户功能块库，可将自定义逻辑程序编写成用户功能块，实现程序逻辑的保密和重用。

函数块图程序编程步骤如图 7-9 所示，具体描述如下：

① 选择需要编程的控制站，从组态服务器打开进行锁定；

② 新建函数块图用户程序；

③ 添加需要的功能块和相应的数据引用；

④ 针对功能块设置功能块参数，针对数据引用调用位号或变量；

⑤ 设置功能块与功能块之间或功能块与数据引用之间的连线；

⑥ 调整功能块的执行顺序；

⑦ 编译，若编译失败，则根据提示返回以上环节进行修改，直至编译通过；

⑧ 下载；

⑨ 联机调试，编译仅能检查语法错误，联机调试才能检查程序是否符合控制方案的要求。若调试失败，则根据错误现象返回以上环节修改。调试通过则编程结束。

ECS-700 系统典型功能块如图 7-10 所示，包括数据引用块、回路控制块、电机控制块、阀门控制块等，下面分别介绍。

数据引用块：数据引用块在 FBD 程序中起连接数据变量的作用。通过数据引用功能选择变量，使其与位号组态软件中的具体位号对应。

PID 功能块：PID 功能块基于过程测量值（PV）和给定值（SV）的差值执行 PID 调节

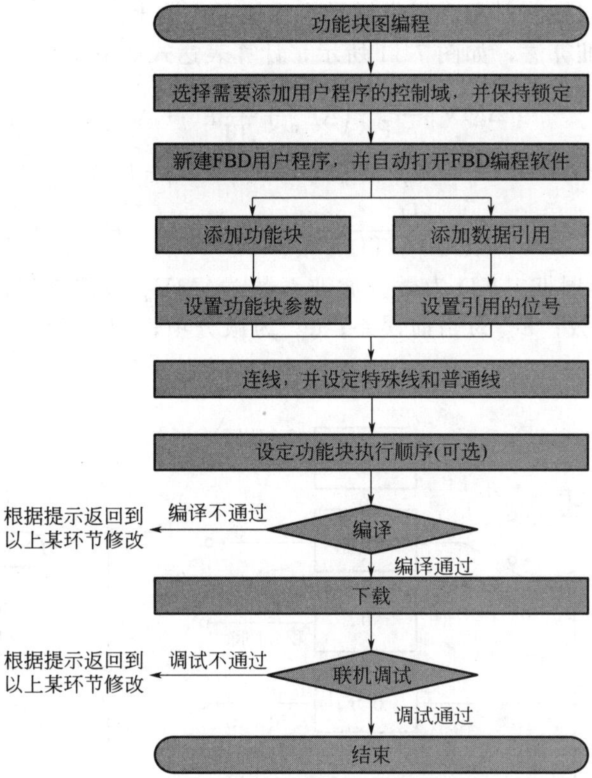

图 7-9　FBD 用户程序组态流程图

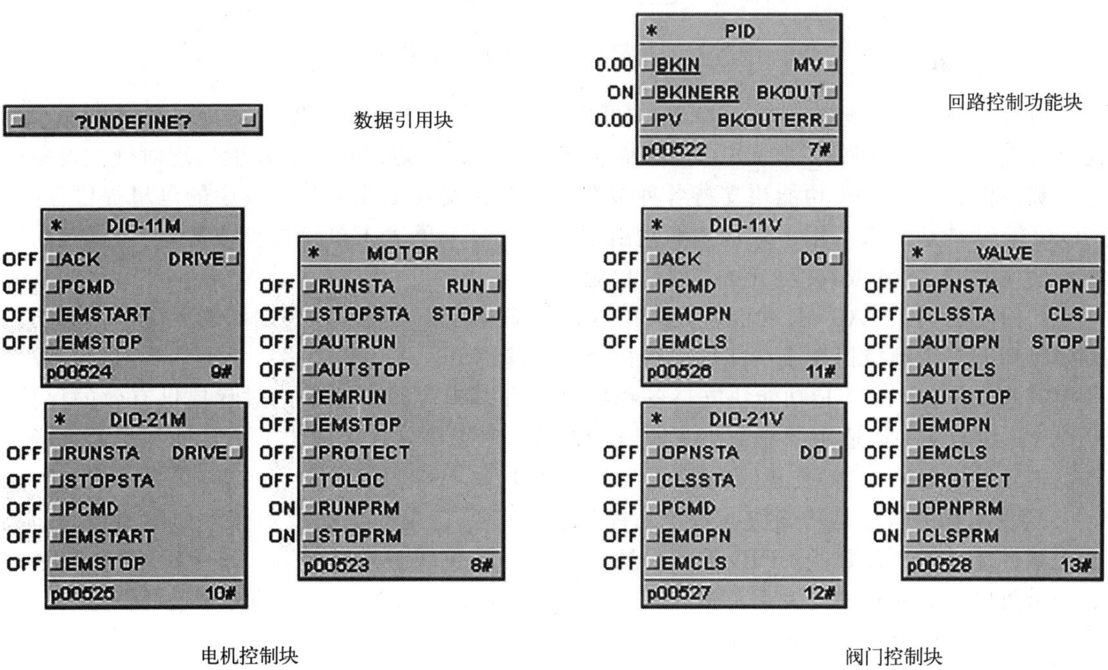

图 7-10　典型功能块

功能，可通过参数设置提供标准PID控制、PV比例微分先行控制和PV微分先行控制三种控制模式，可针对不同控制对象。提供增量式或位置式输出。

功能块默认为标准算法，如图7-11所示，计算表达式如下：

$$\Delta MV_n=\frac{100}{PB}\left(\Delta E_n+\frac{T_S}{TI}E_n+\Delta U_n\right) \tag{7-1}$$

$$\Delta E_n=E_n-E_{n-1};\ \Delta U_n=U_n-U_{n-1}$$

$$U_n=\frac{TD}{KDT_S+TD}[U_{n-1}+KD(E_n-E_{n-1})]$$

式中，T_S 为控制周期；KD为微分滤波系数；ΔMV_n 为控制量的变化量；PB为比例带；TI为积分时间常数；E_n 为当前误差；U_n 为微分项；ΔU_n 为微分项的变化量；TD为微分时间常数。

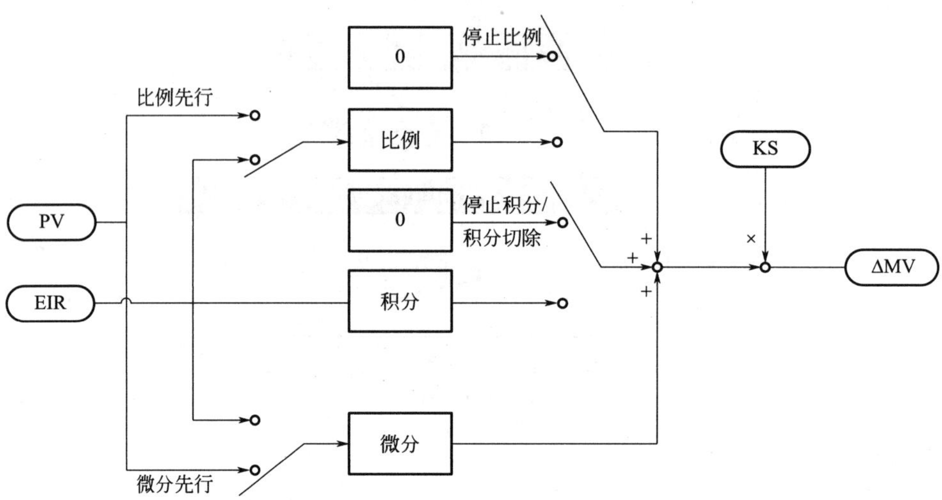

图7-11　常规PID功能块算法处理

电机控制块：电机控制块MOTOR可用于控制单台设备的启停，并实现联锁保护。当功能块接收到上一级顺控指令或功能块面板指令后，输出启停命令，从而实现对受控设备的控制和操作。MOTOR功能块支持各种报警，可以为实际工业生产过程中的电机提供保护。MOTOR功能块一般适用于双输入双输出型设备，对于单输入单输出型或其他类型的设备，推荐使用DIO-11M或其他DIO类型的功能块。

阀门控制块：VALVE功能块完成单台设备基本的开、关、停控制和联锁保护，当功能块接收到上一级顺控指令或功能块面板指令后，输出开、关、停命令，从而实现对受控设备的控制和操作。VALVE功能块支持各种报警，可以为实际工业生产过程提供有效的保护。VALVE功能块一般适用于双输入三输出型设备，对于单输入单输出型或其他类型的现场设备，推荐使用DIO-11V或其他DIO类型的功能块。

FBD编程的核心是功能块，每个功能块代表一项特定的功能或操作，如逻辑运算、数学运算、定时器、计数器、PID控制、数据处理等，连线表示数据流，在FBD中，通过连线表示数据的流向和逻辑关系，输入信号通过连线送入功能块，功能块处理这些信号后，产生输出信号，构成一个控制程序。

2）应用案例一

被控对象为反应釜，检测变送器为温度变送器、控制器为PID、执行器为冷却水调节阀，控制示意图如图 7-12 所示。

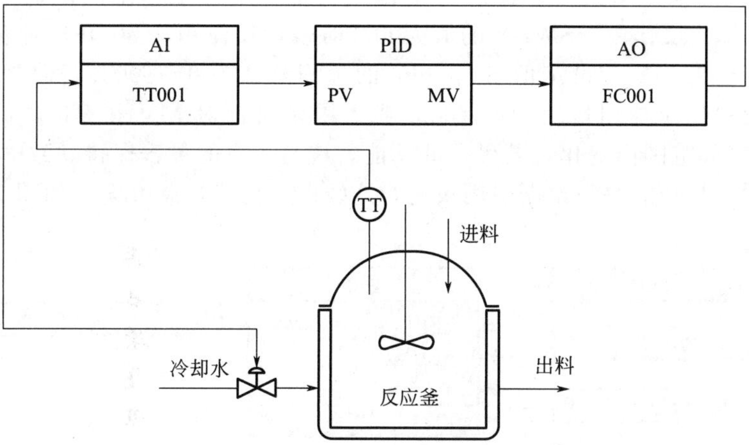

图 7-12　反应混合物温度 PID 控制示意图

AI 位号 TT001 采集反应混合物温度 TT，PID 功能块接收到 TT001 的值后，进行 PID 运算并输出执行信号到 AO 位号 FC001，FC001 控制阀门，调节冷却水的流量，使反应混合物温度达到给定值。

控制方案实现方式：首先通过数据引用块将 TT001 温度位号和 FC001 调节阀位号添加到程序页中，然后在功能块库找到需要的 PID 功能块添加进程序页，该功能块默认显示 3 个输入引脚和 3 个输出引脚。其中，BKIN 与 BKINERR 用于连接下游 AO 位号的 BKOUT 和 BKOUTERR，BKOUT 与 BKOUTERR 用于连接上游功能块的 BKIN 和 BKINERR，进行输出反演计算。PV 为闭环控制过程测量值，用于连接被控对象测点 AI；MV 为 PID 调节输出值，用于连接 AO 位号。

双击 PID 功能块，可在“功能块属性”页面设置功能块位号名称、描述以及监控属性。“基本参数”包括三项，正反作用设置、限幅设置和量程设置，如图 7-13 所示。

功能块属性 | 基本参数 | 扩展参数

名称	类型	初值	输入引脚	输出引脚	描述
⊟ 正反作用设置					正反作用设置
└ SWPN	BOOL	ON			正反作用选择开关…
⊟ 限幅设置					限幅设置
├ MVH	REAL	100.0000			MV高限值
├ MVL	REAL	0.0000			MV低限值
├ SVH	REAL	100.0000			SV高限值
├ SVL	REAL	0.0000			SV低限值
└ DMVLIM	REAL	100.0000			MV输出速率变化限…
⊟ 量程设置					量程设置
├ MVSCH	REAL	100.0000			MV量程高值
├ MVSCL	REAL	0.0000			MV量程低值
├ SVSCH	REAL	100.0000			SV量程高值
├ SVSCL	REAL	0.0000			SV量程低值
├ SVEU	EUNIT				SV工程单位
├ MVEU	EUNIT	%			MV工程单位
├ SVDLEN	USINT	3			SV小数位数[0,5]
└ MVDLEN	USINT	3			MV小数位数[0,5]

图 7-13　PID 功能块基本参数

PID 的正反作用是指 PID 输入信号与输出信号变化方向的关系。当测量值 PV 与设定值 SV 的差值，也就是偏差增大时，输出 MV 随之增加，即为正作用；当偏差增大时，输出 MV 随之减小，即为反作用。SWPN 的值为 ON 时表示反作用，为 OFF 时表示正作用。量程设置对象包括输出 MV 与设定值 SV。MV 的量程默认为 0～100%，通常无需修改；SV 的量程高低限及单位应与测量值 PV 保持一致。限幅可针对 MV 和 SV 高低限幅，MV 和 SV 只能在高低限幅范围内变化。若无须此功能，应与各自的量程保持一致。

设置完成后，将功能块与数据引用块进行连线即可构成控制方案，如图 7-14 所示。

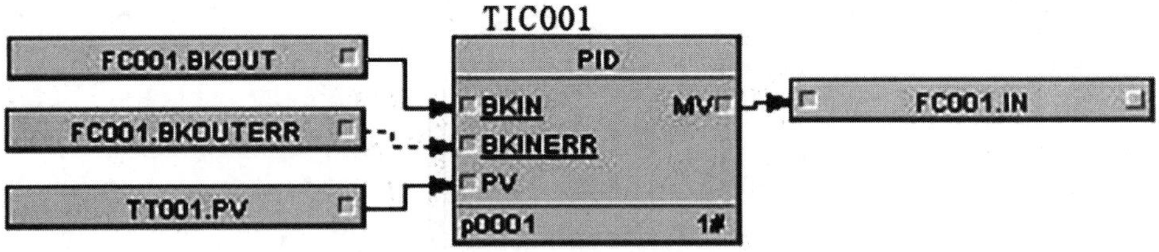

图 7-14　单回路闭环控制程序图

3）应用案例二

在气化系统中对氧煤比的控制逻辑旨在维持气化炉内氧气与煤浆的摩尔比例处于最佳范围，以保证气化反应效率、合成气品质和设备安全性。控制原理图参考图 6-3 氧煤比控制原理图。

以下是详细的氧煤比控制逻辑介绍。

（1）目标设定与参数获取

目标氧煤比设定：基于工艺要求和经验数据，操作人员在 DCS 人机交互界面（HMI）设定目标氧煤比值。这个值可随气化炉工况、煤浆种类、负荷变化等因素动态调整。

实时参数监测：DCS 从现场仪表和分析设备实时获取氧气流量、煤浆流量、温度、压力等关键工艺参数。这些数据经过校验、处理后，用于计算实际氧煤比。

（2）实际氧煤比计算

对于氧气和煤浆流量均测量质量或体积，直接按质量或体积比计算实际氧煤比。若二者以不同单位测量（如氧气以体积计，煤浆以质量计），则需要进行必要的单位转换和密度修正。

① 选择控制：根据氧煤比控制原理图，管线中氧流量和煤浆流量分别有 3 个测点，控制方案中选择中间值作为控制测点，选用三选一功能块（THRSEL），THRSEL 根据类型参数 MODE 取的值选择输出三个输入信号的平均值、最小值、最大值、中值，输入信号 1，输入信号 2，输入信号 3，例如本案例中 MODE 初值设置为 3，即可实现 3 个测点的中间值输出进行后续氧煤比控制。

② 温压补偿：在测量或控制理想气体流量时，考虑到气体的体积流量与温度、压强之间的密切关系，为了准确反映气体的实际流量，需要进行修正或补偿操作。这是因为理想气体的体积、压强、温度和物质的量之间遵循理想气体状态方程：

$$PV=nRT \tag{7-2}$$

式中，P 是气体的压强，通常以帕斯卡（Pa）为单位；V 是气体在一定温度和压强下的体积，通常以立方米（m^3）为单位；n 是气体的物质的量，通常以摩尔（mol）为单位；R 是理想气体常数（其值取决于所使用的单位体系）；T 是气体的绝对温度，通常以开尔文（K）为单位，绝对温度＝实际温度＋273.15K。

在实际应用中，气体流量测量设备（如流量计）可能以特定的基准条件（如常温和标准大气压）来标定其性能，而实际工况下的气体温度和压强往往与基准条件不同。这种情况下，如果不进行温压补偿，直接读取的流量值将不能准确反映实际气体流量。理想气体温压补偿的目的就是消除这些温度和压强变化对流量测量的影响，将实际工况下的体积流量或质量流量转换到与基准条件一致的标准状态下的流量。因此，在进行氧煤比计算之前，需要对氧气流量进行温压补偿，补偿程序可选用扩展理想气体补偿功能块（PTCOMPX），通过设定功能块 MODE 参数初值确定补偿公式，如 MODE=1，补偿公式如下：

$$\mathrm{OUT}=\mathrm{IN}\sqrt{\frac{(\mathrm{PRESS}+0.1013223)\times 293.15}{(\mathrm{TMPRT}+273.15)\times 0.1013223}} \tag{7-3}$$

在功能块输入端引入管线工作压强、工作温度测点，即可完成氧流量温压补偿控制程序。

③ 氧纯度：管线中的氧气通常并非 100%纯氧，而是含有一定比例的杂质气体（如氮气、氩气等），如果直接使用测量到的流量，将会高估实际参与化学反应或满足工艺需求的氧气量。因此，通过自定义模拟量位号设置氧纯度，将流量乘以氧纯度，可以得到实际的氧气摩尔流量。最终将通过程序修正后的氧流量给到下游进行氧煤比计算，同时可以通过指示功能块（PVI）显示在流程图上。

④ 氧煤比计算：将最终的氧气流量与煤浆流量使用除法运算功能块（DIV）进行比较，算出氧煤比值，并在监控中显示。

（3）控制回路设计

主控回路：通常采用 PID 控制器作为氧煤比控制的核心算法。PID 控制器接收目标氧煤比与实际氧煤比之间的偏差信号，以及偏差的变化率（微分项），并据此计算出氧气阀门开度或氧气压缩机转速的控制信号。

副控回路：对于影响氧煤比的煤浆流量，设置副控回路进行辅助控制，通过串级控制策略，预先调整供应，以补偿这些变量变化对氧煤比的影响。

副控回路与 PID 主控回路串级控制，最终设备控制程序如图 7-15 所示。

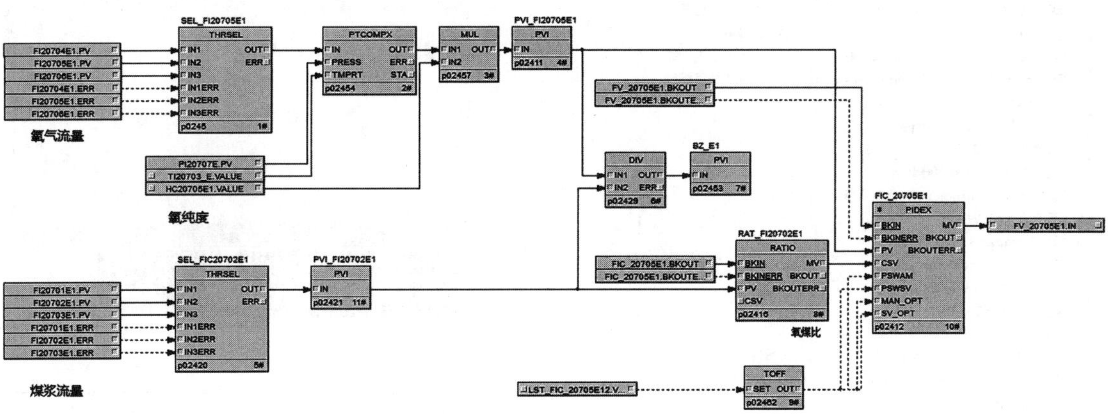

图 7-15 氧煤比控制程序

（4）启停控制

对于控制方案中的煤浆泵控制，需要在系统中实现启停控制，假设该泵有运行状态回讯信号、启动信号和停止信号，为单 DI 双 DO 设备，因此可以选用电机控制功能块（MOTOR）实现设备启停控制，控制程序如图 7-16 所示。

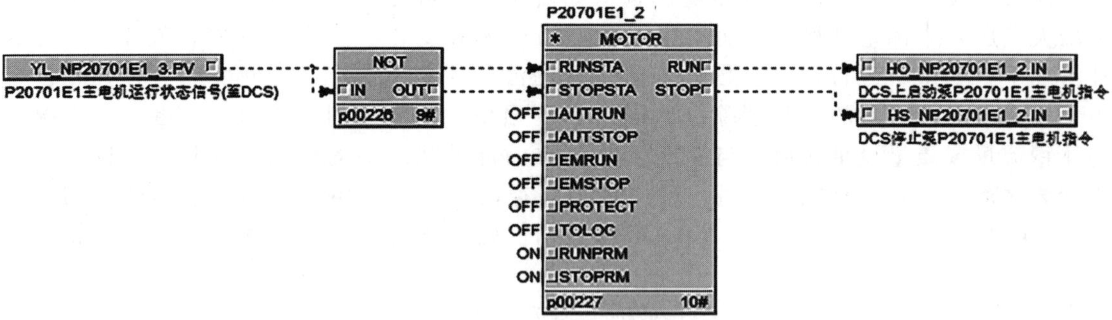

图 7-16　煤浆泵控制程序

7.2.4　现场总线控制系统组态（FF）

许多主流的自动化控制系统生产商都支持 FF 现场总线技术，例如 Emerson 旗下的 DeltaV DCS、Siemens 的 SIMATIC PCS7 等控制系统平台均支持 FF 现场总线技术。

中控的 FF 组态软件 VFFFBuilder 是以 ECS-700 系统的 AM712-S 和 AM716-S 作为 FF H1 接口模块，实现 FF H1 网段组态的软件平台。

首先需要在硬件组态软件的组态树中添加 FF 硬件模块 AM712-S/AM716-S，然后选中 AM712-S/AM716-S，并在其右键菜单中选中“通信组态”，弹出图 7-17 所示的 VFFFBuilder 软件界面。

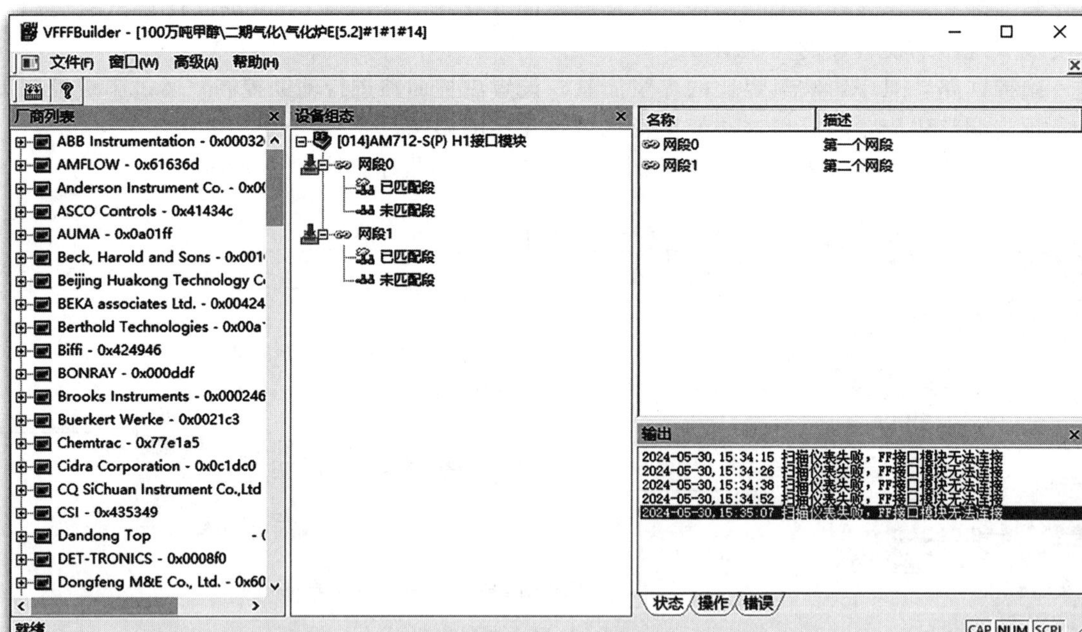

图 7-17　VFFFBuilder 软件界面

FF 组态软件可以对 FF 仪表进行以下操作。

(1) 配置

① 实现对 FF 现场总线设备节点地址的自动分配和管理；

② 实现对设备位号（PDTAG）和函数块位号（FBTAG）的设置；

③ 实现对设备的块参数的修改与配置。

(2) 组态

① 实现对现场总线设备之间链接以及设备位号与主控制器之间链接的组态；

② 实现对网段宏周期、子周期的设置，各功能块调度顺序的优化。

(3) 监视

获取 FF 仪表的设备报警诊断信息和块报警诊断信息。

FF 仪表组态流程如图 7-18 所示。

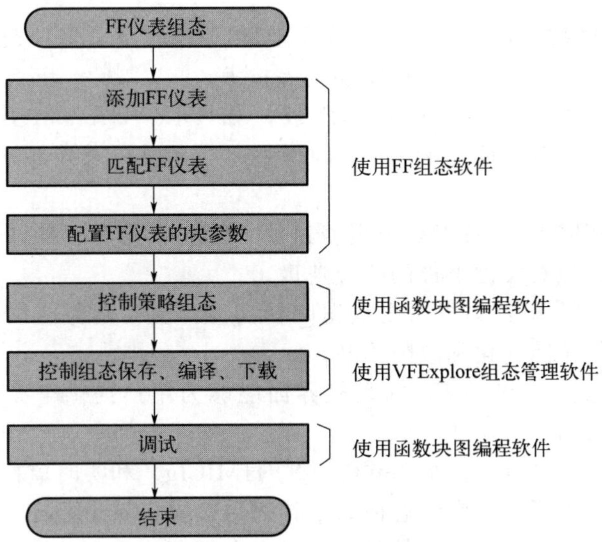

图 7-18 FF 仪表组态流程图

7.3 人机界面

7.3.1 人机界面概念

人机界面在集散控制系统中至关重要，作为系统与操作员沟通的桥梁和窗口，它使操作员能够实时监控和操控设备、工艺和生产过程。人机界面包含了操作面板、显示器、键盘、指示灯和按钮等组件，通过触摸屏、鼠标、键盘等交互方式，直观展示系统运行状态、设备参数和报警信息。良好的人机界面设计需具备直观、易操作、信息丰富及友好的特点，以便操作员迅速理解并有效操作。人机界面助力远程监控与操作，显著提升生产自动化程度和控制效率，减轻人工负担，提高工作效率，减少错误，保障系统稳定性。因此，在集散控制系统中，打造符合操作需求、功能完备且易于操作的人机界面至关重要。集散控制系统（DCS）的人机界面（HMI）通常采用以下关键技术来实现高效、直观和可靠的交互。

① 图形化编程工具：开发 HMI 时使用专用的图形化编程和组态软件，允许工程师拖拽控件、图标、按钮等元素构建定制化的操作画面，无须复杂的编程语言即可设计出符合工艺流程的可视化界面。

② Web 技术：随着技术发展，越来越多的 HMI 开始采用基于 Web 的技术，如 HTML5、CSS 和 JavaScript 等，使操作员可以通过标准浏览器远程访问和操作 DCS，增强了系统的可扩展性和跨平台能力。

③ 实时数据库技术：用于存储和管理实时过程数据，这些数据库能够快速存取和更新大量数据点，并提供查询、统计和报表功能。

④ 触摸屏技术：现代 HMI 普遍支持触摸操作，采用电容式、电阻式或其他类型的触摸屏技术，提高用户体验和操作便利性。

⑤ 动画与动态效果：利用动画和动态模拟来表现设备状态和过程变化，使操作员能够更直观地理解复杂系统的运行情况。

⑥ 安全认证与加密技术：为了保护系统安全，HMI 应用了多种安全认证手段，包括用户身份验证、访问权限控制以及数据传输加密等技术。

⑦ 通信协议：支持多种工业通信协议，如 OPC UA、MODBUS、Ethernet/IP、PROFINET、EtherCAT 等，确保 HMI 与 DCS 内部各组件以及外部系统间的数据交换畅通无阻。

⑧ 报警与事件管理系统：采用高级报警过滤、优先级排序、确认机制，以及声音、灯光等多种提示方式，增强对关键事件的响应速度。

⑨ 历史数据和趋势分析：集成历史数据归档功能，支持趋势曲线展示和数据分析，帮助操作员和工程师进行性能优化和故障诊断。

通过上述技术的综合运用，DCS 的人机界面能够为用户提供全面的过程监控、灵活的操作控制以及深入的数据分析功能。

ECS-700 系统人机界面由监控组态软件（VFHMICfg）和实时监控软件组成。组态软件即人机界面组态软件，主要提供在组态模式下针对单个操作域中监控正常运行所需的相关内容进行有关组态的功能。实时监控软件是一个具有友好用户界面的流程监控软件，为用户监视现场硬件设备的运行情况，并就现场运行情况进行及时有效的控制，提供了一个可视性监控界面，便于管理者操作和维护。

7.3.2 人机界面操作

在集散控制系统（DCS）的人机界面上，操作人员可以执行一系列操作，以便于监控和控制整个生产过程。具体可进行的操作包括但不限于以下内容。

(1) 过程监控

① 查看实时工艺参数：如温度、压力、流量、液位、速度等各种传感器反馈的数值。

② 观察动态流程图：通过动画展示各个设备的工作状态及物料流动路径。

③ 监视设备状态：查看电机、泵、阀门等设备的运行状态和故障指示。

(2) 数据记录与分析

① 记录历史数据：保存并查阅历史过程数据，便于追溯过去某一时刻的系统状态。

② 趋势分析：显示各种工艺变量随时间变化的趋势图，有助于发现异常和预测潜在问题。

(3) 报警与事件处理

① 报警管理：接收并处理各类报警信息，对报警进行确认、分类和优先级设置。

② 事件记录：查看系统产生的事件记录，及时了解重要操作和系统变更。

(4) 控制操作

① 手动控制：直接通过 HMI 调整设备设定值，如调节阀开度、电机转速等。

② 自动控制：启动、停止或者切换自动化控制策略，确保工艺过程按照预设条件自动运行。

③ 紧急停车操作：在必要时执行紧急停车程序，确保安全生产。

(5) 配方管理

设置和修改生产配方，针对不同的产品或工况调整工艺参数。

(6) 报告与打印输出

创建和打印报表，包括实时数据报告、历史数据统计报告等。

(7) 系统维护与调试

① 设备校准：对现场仪表进行远程校准和标定。

② 系统配置：对 DCS 系统中的控制器、I/O 模块等进行在线配置和诊断。

整个监控界面分为监控表头和监控画面 2 个部分，通过监控表头中的按钮及菜单可以显示不同的监控画面。监控表头包含工具栏、报警列表和状态栏。

7.3.3　人机界面组成

本节介绍常用人机界面的基本组成，典型控制系统的标准画面如图 7-19 所示。

系统总貌：一幅总貌画面最多可显示 32 个信息块，信息块可以是画面，也可以是数据。显示画面时，点击信息块可跳转到相应的画面。

数据一览：一幅一览画面最多可显示 32 个位号信息，将以表格的形式显示序号、位号名称、描述、数值和单位共五项信息。

控制分组：一幅分组画面最多可显示 16 个位号或 8 个功能块位号的仪表面板。

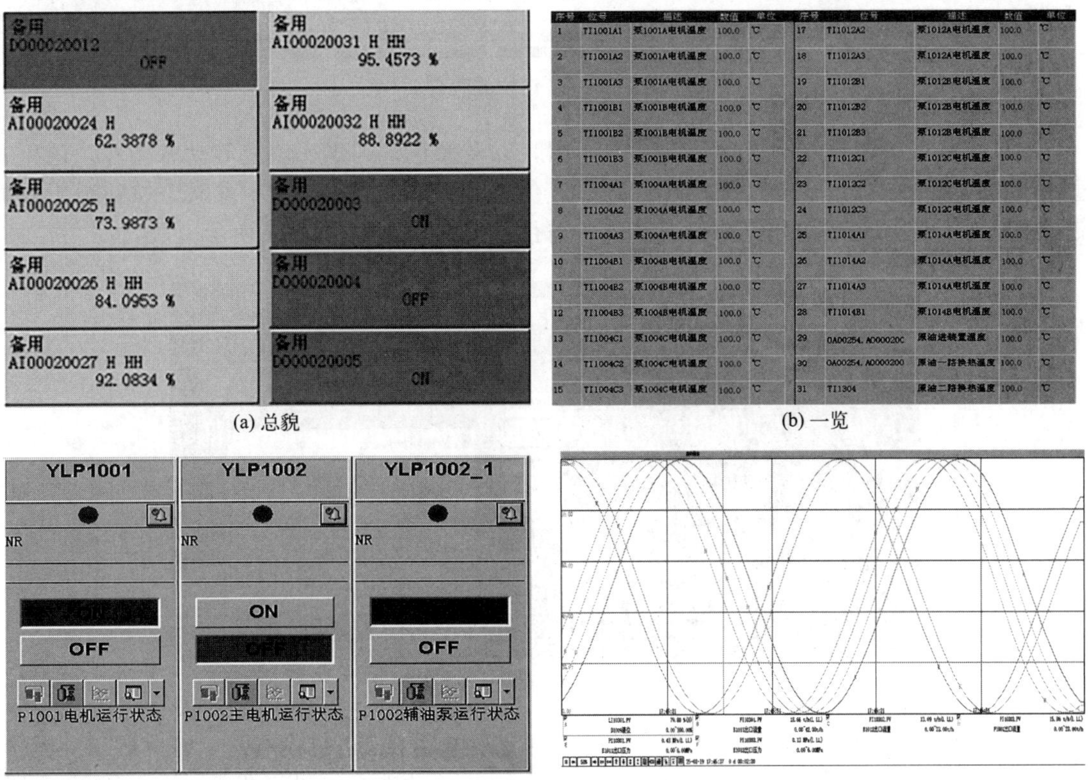

(a) 总貌　(b) 一览　(c) 分组　(d) 趋势

图 7-19　标准画面

趋势画面：趋势画面根据组态信息和工艺运行情况，以一定的时间间隔记录一个数据点，动态更新历史趋势图，并显示时间轴所在时刻的数据。趋势画面下方自带一排工具条，可实现翻页、查询、画面效果设置、统计等功能。

流程图：流程图是工艺过程在实时监控画面上的仿真，是主要监控画面之一，画面效果完全由组态决定。流程图根据组态信息和工艺运行情况，在实时监控过程中动态地更新各个动态对象（如数据点、动态效果等）。因此，大部分的过程监视和控制操作都可在流程图上完成。典型的流程图样例如图 7-20 所示。

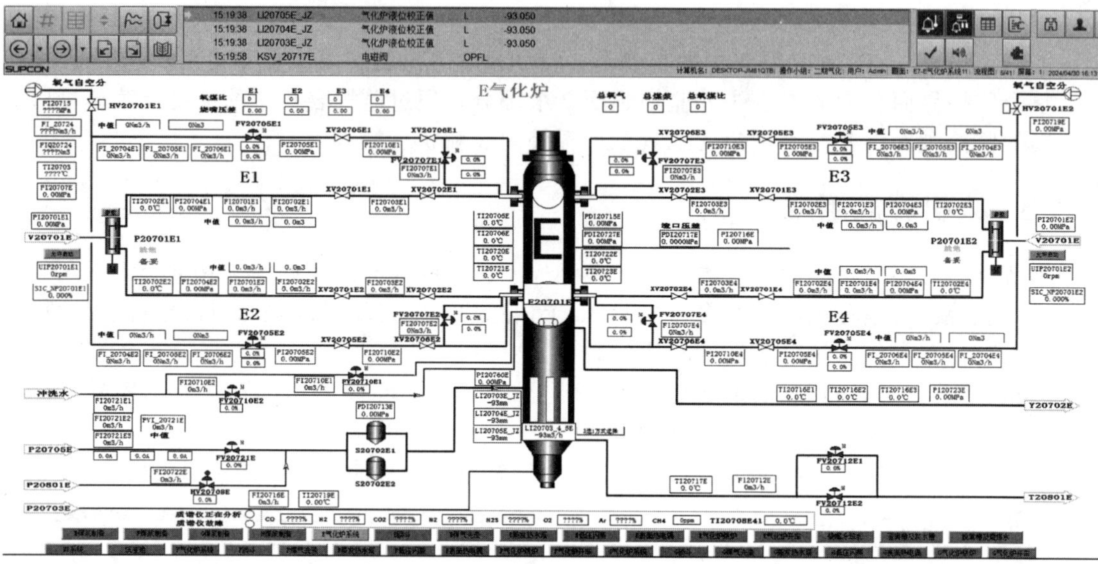

图 7-20　气化炉流程图

流程图画面可以显示静态图形和动态数据，以及颜色、闪烁、填充等动态特性，还可通过按钮实现赋值、弹出流程图等操作。例如气化炉流程图上可以通过“参数”按钮弹出参数流程图，并通过弹出流程图上的按钮对设备进行写值控制，如图 7-21 所示。

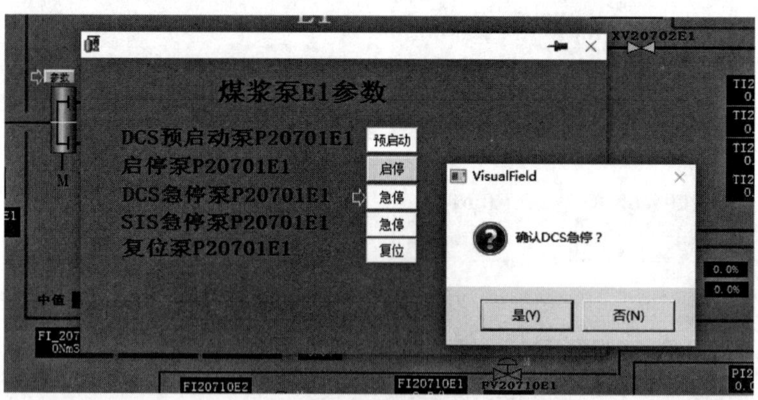

图 7-21　按钮弹出画面/写值

动态数据相应的位号若产生报警，将显示报警颜色并闪烁。

流程图中所有包含位号的图形对象均支持右键菜单功能，可进行报警确认、弹出面板、弹出趋势画面、弹出组合窗口等操作。

7. 3. 4　仪表面板和调整画面

位号的仪表面板可观察位号的所有状态，且支持跳转到位号所关联的各种画面，是了解位号详细信息的重要工具。位号的调整画面支持对位号的各种操作，如报警设置、强制、启停控制、工作模式、参数修改等，在集散控制系统中对于监控和控制过程变量至关重要。典型的 AI 位号仪表面板及调整画面如图 7-22 所示，PID 仪表面板及调整画面如图 7-23 所示。

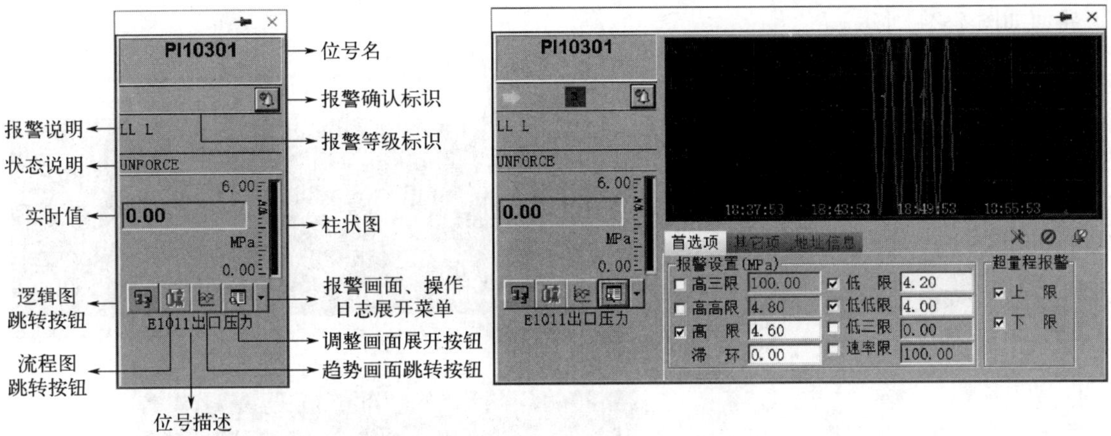

图 7-22　AI 位号仪表面板及调整画面

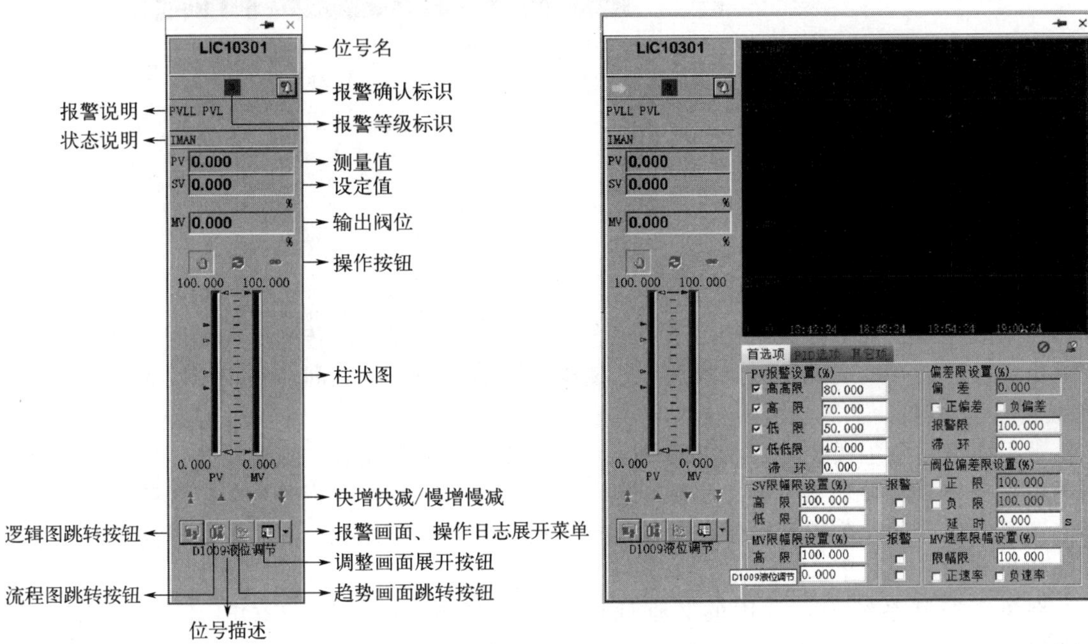

图 7-23　PID 仪表面板及调整画面

仪表面板和调整画面可通过控制分组画面、流程图、位号选择器等方式打开。不同类型的位号，仪表面板和调整画面也不相同。

7.3.5 报警管理

报警系统综合集成了实时监控与历史记录功能，包括自定义排序的报警列表、便捷的报警确认与静音操作、直观的报警面板指示、详尽的过程与系统报警表、灵活的历史查询、全面的状态跟踪以及智能化操作指导提示。通过色彩编码、动态更新和多样化的交互方式(如右键菜单、弹出报警表)，系统不仅强化了即时故障反馈与处理能力，还支持报警的分类管理、优先级调控及批量操作，可确保操作人员能高效识别、响应并记录各种报警事件，同时提供系统状态的深度诊断接入与操作指导，全面提升监控效率与安全性。某系统实时监控报警界面如图 7-24 所示。

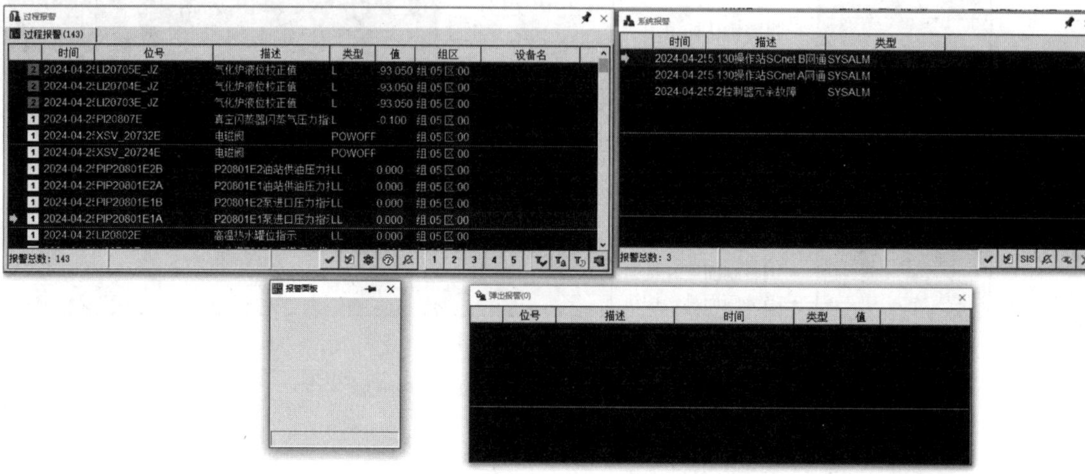

图 7-24 实时监控报警界面

7.4 数据通信

7.4.1 数据通信基本概念

在集散控制系统中，数据通信是实现各个控制节点之间信息传递和交换的重要手段。数据通信可以通过有线或无线的方式进行，使得不同的控制节点之间能够实现实时数据的传输和共享。

数据通信主要包括控制节点之间的实时数据传输、参数设置、报警信息传递等。通过数据通信，控制系统可以集中监控和控制各个子系统，实现整个生产过程的协调和同步。数据通信还可以实现远程监控和操作，使得运行人员可以远程监视和控制系统，提高生产过程的自动化程度和运行效率。

在集散控制系统中，常用的数据通信方式包括 MODBUS、PROFIBUS、以太网等。MODBUS 是一种串行通信协议，使用广泛且成熟稳定，适用于实时数据传输和设备控制。PROFIBUS 是一种用于自动化领域的常见工业通信协议，具有高速传输和可靠性强的特点。以太网则是一种常见的局域网通信协议，适用于在局域网内进行数据传输和共享。

通过有效的数据通信，集散控制系统可以实现实时的监控和控制，提高生产过程的自动化水平和工作效率。同时，数据通信也为控制系统的信息化和智能化发展提供了重要的基础。因此，在设计集散控制系统时，合理选择和配置数据通信方式是至关重要的一环，能够有效提高系统的稳定性、可靠性和安全性。

7.4.2 集散控制系统的网络协议

集散控制系统的网络协议通常涉及多种类型的通信协议，用于实现控制器、I/O 设备、操作站和其他系统组件之间的信息交换。

以常见的 MODBUS 及 OPC 通信为例。

(1) MODBUS 通信

MODBUS 通信协议是一种在工业自动化领域广泛应用的串行通信协议，最初由 Modicon 公司（现属于施耐德电气）于 1979 年开发，现已成为工业控制领域的一种通用标准。MODBUS 支持多种物理层接口，包括 RS-232、RS-485、以太网（MODBUS TCP/IP）、无线通信等，能够实现不同设备间的数据交换。

MODBUS 协议采用主从式架构，其中有一个主设备（如 PLC、HMI、SCADA 系统）负责发起请求，多个从设备（如传感器、执行器、智能仪表等）响应主设备的查询请求。协议通过功能码来定义不同的操作命令，如读取/写入线圈状态（0x01/0x05）、读取/写入离散输入状态（0x02/0x0F）、读取/写入保持寄存器（0x03/0x06）、读取/写入输入寄存器（0x04/0x10）等。

线圈：代表离散的开关状态，地址范围从 0x0000 开始，每个线圈占用一个地址。

离散输入：也是离散的开关状态，但通常由外部设备驱动，地址范围从 0x0000 开始。

保持寄存器：用于存储可读写的 16 位数据，如模拟量或计数值，地址范围从 0x0001 开始。

输入寄存器：类似于保持寄存器，但通常由外部设备驱动，地址范围从 0x0001 开始。

MODBUS 通信报文由设备地址、功能码、数据地址、数据数量和 CRC 校验等部分组成。主设备发送请求报文到指定从设备，从设备解析请求并做出响应，响应报文包含请求的功能码、数据以及从设备地址。

对于串行通信，MODBUS 协议通常使用 RTU 或 ASCII 两种传输模式。RTU 模式紧凑高效，ASCII 模式则适于需要长距离传输或噪声较大的环境。而在以太网通信中，MODBUS TCP 封装在 TCP/IP 协议之上，增加了报文头部和尾部以实现网络传输。

ECS-700 系统中，COM741-S 以太网通信模块组态工作流程如图 7-25 所示。

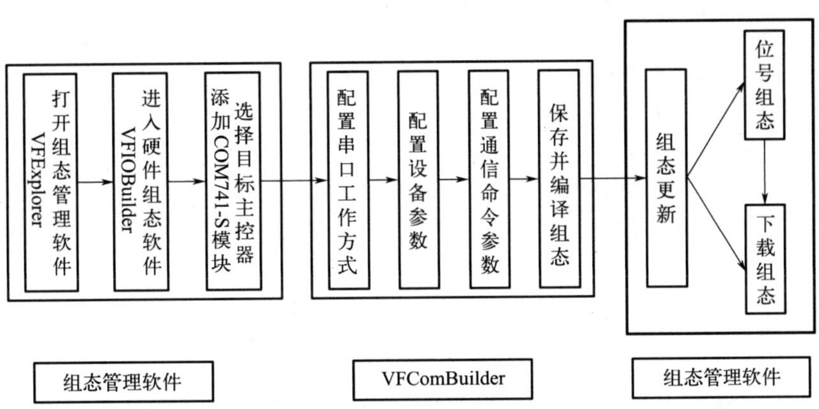

图 7-25　COM741-S 以太网通信模块组态工作流程

下面通过 ECS-700 系统与有机废液收集系统的 MODBUS 通信案例说明其工作过程。

① 右键点击 COM741-S，点进“通信组态”，根据用户给出的波特率、数据位、停止位、校验方式进行设置，如图 7-26 所示。

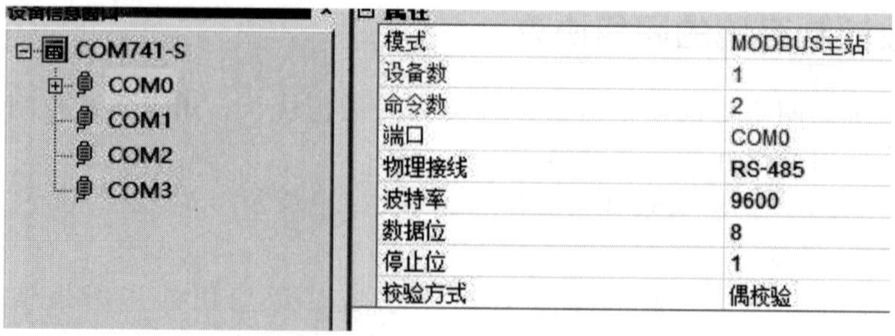

图 7-26　串口设置示意图

② 选择 COM1 增加设备，此次通信设备为废液收集系统，以此命名，设备地址为从站地址。

③ 选择设备增加通信命令，功能号为需要读写的位号类型，开始地址为第一个通信位号的地址，数量为一直连续的位号数量，此项目位号类型为四字节浮点型，厂家给出的通信点表如图 7-27，对应软件端设置如图 7-28。

序号	变量位号	用途	测量范围	工程单位	PLC变量地址	MODBUS通信地址	数据类型
NO	TAG NO	SERVICE	RANGE	UNIT		9600/8/N/1 HoldStart: &VB1000 MaxHold: 100	
1	PT-10801	乙醇罐压力	−10～110	kPa(G)	VD1000	400001	Real
2	PT-10802	丙醇罐压力	−10～110	kPa(G)	VD1004	400003	Real
3	LGT-10801	乙醇罐液位	0～100	%	VD1008	400005	Real
4	LGT-10802	丙醇罐液位	0～100	%	VD1012	400007	Real
5	L10801_LL	乙醇罐液位低低限报警设定值		%	VD1020	400011	Real
6	L10801_L	乙醇罐液位低限报警设定值		%	VD1024	400013	Real
7	L10801_H	乙醇罐液位高限报警设定值		%	VD1028	400015	Real
8	L10801_HH	乙醇罐液位高高限报警设定值		%	VD1032	400017	Real
9	L10802_LL	丙醇罐液位低低限报警设定值		%	VD1036	400019	Real
10	L10802_L	丙醇罐液位低限报警设定值		%	VD1040	400021	Real
11	L10802_H	丙醇罐液位高限报警设定值		%	VD1044	400023	Real
12	L10802_HH	丙醇罐液位高高限报警设定值		%	VD1048	400025	Real

图 7-27　通信 I/O 表

图 7-28　读 AO 设置

完成 COM741-S 通信组态，保存设置（保存的同时会编译此组态）后，退出通信组态软件。

④ 在硬件组态软件中右键单击 COM741-S 模块，在右键菜单中选择“组态更新”，更新

完成后保存，退出硬件组态软件。

⑤ 打开通信所在控制站的位号表，选择菜单命令“操作/扫描通道位号/扫描新增”，软件自动添加 COM741-S 组态的位号，再对位号名称、描述、单位进行更改，如图 7-29 所示。

模入	05A_FY_PT10801_4...	乙醇罐压力	-10.0000	110.0000	kPa	006-001-000-000-000
模入	05A_FY_PT10802_4...	丙醇罐压力	-10.0000	110.0000	kPa	006-001-000-000-004
模入	05A_FY_L10801LL_...	乙醇罐液位低低限报警设定值	0.0000	100.0000	%	006-001-000-001-000
模入	05A_FY_L10801L_4...	乙醇罐液位低限报警设定值	0.0000	100.0000	%	006-001-000-001-004
模入	05A_FY_L10801H_4...	乙醇罐液位高限报警设定值	0.0000	100.0000	%	006-001-000-001-008
模入	05A_FY_L10801HH_...	乙醇罐液位高高限报警设定值	0.0000	100.0000	%	006-001-000-001-012
模入	05A_FY_L10802LL_...	丙醇罐液位低低限报警设定值	0.0000	100.0000	%	006-001-000-001-016
模入	05A_FY_L10802L_4...	丙醇罐液位低限报警设定值	0.0000	100.0000	%	006-001-000-001-020
模入	05A_FY_L10802H_4...	丙醇罐液位高限报警设定值	0.0000	100.0000	%	006-001-000-001-024
模入	05A_FY_L10802HH_...	丙醇罐液位高高限报警设定值	0.0000	100.0000	%	006-001-000-001-028
模入	05A_FY_LGT10801_...	乙醇罐液位	0.0000	100.0000	%	006-001-000-002-000
模入	05A_FY_LGT10802_...	丙醇罐液位	0.0000	100.0000	%	006-001-000-002-004
模入	05A_FY_XL10801_4...	输入状态通信包40009	0.0000	100.0000	%	006-001-000-003-000

图 7-29　位号表 AI 设置

至此完成从其他设备到 ECS-700 系统的 MODBUS 通信。

（2）OPC 通信

OPC（OLE for process control，面向过程控制的 OLE）是一种工业标准，旨在解决不同自动化设备和系统之间的数据交换问题。OPC 通信技术允许不同制造商的硬件和软件组件之间无缝共享实时数据，特别是在工业自动化环境中。

OPC 通信主要特点与分类：

① OPC Classic（OPC 经典）：包括 OPC DA（data access，数据访问）和 OPC AE（alarms and events，报警和事件）。OPC DA 用于实现实时数据（如传感器数据和控制信号）的读取和写入。OPCAE 则专注于报警和事件信息的传输。

② OPC UA（OPC unified architecture，OPC 统一架构）：是 OPC Classic 的升级版，采用了更先进的技术和更宽泛的标准，提供更强大和安全的数据交换功能。OPC UA 不仅支持实时数据访问，还包括历史数据访问、报警和条件、方法调用、文件传输等多种服务，并具备跨平台、跨网络的安全通信能力。

OPC 通信工作原理：

① OPC 服务器：负责从现场设备或控制系统收集数据，并按照 OPC 标准格式化这些数据，供客户端应用程序访问。

② OPC 客户端：通常是 HMI（人机界面）、SCADA 系统、DCS（集散控制系统）、ERP（企业资源规划）系统或者其他需要实时数据的应用程序。它们通过 OPC 接口连接到服务器，获取或控制实时数据。

OPC 通信过程：

① 连接阶段：客户端应用程序连接到服务器，通过注册回调函数或轮询方式请求数据。

② 数据交换阶段：客户端根据需要读取或写入数据，服务器处理请求并将结果返回给客户端。

③ 断开连接：在通信结束后，客户端与服务器断开连接。

通过 OPC 通信，工业自动化领域的软硬件系统能够实现高效、可靠、安全的数据共享，降低集成难度，提升整个系统的互联互通性。

VisualField 系统软件内建两种 OPC 服务器（VFOPCSvr 和 VFOPCAEServer）以及可通过独立 OPC 包安装的 OPC 服务器（ECSDASvr 和 ECSAESvr），共同实现与 OPC 客户端

的数据交互。

① 内建 OPC 服务器。VFOPCSvr：用于传输 ECS-700 系统上下位机位号的实时值至 OPC 客户端，同时支持最多 30 个客户端的数据服务。VFOPCAEServer：专门服务于过程报警、系统报警、SOE 和操作日志，覆盖 ECS-700 系统本域和跨域的各种报警信息，同样支持最多 30 个客户端。VFOPC 服务器典型应用如图 7-30 所示。

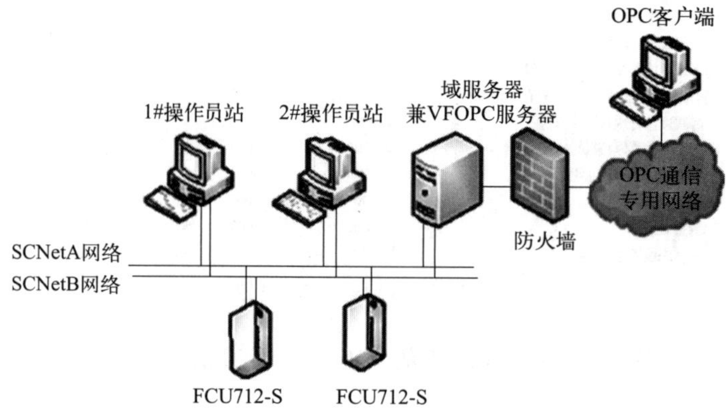

图 7-30　VFOPC 服务器典型应用

② 独立 OPC 服务器。ECSDASvr：作为 OPC DA 服务器，传送 ECS-700 系统下位机位号的实时数据给 OPC 客户端，同样支持最多 30 个客户端的数据服务。ECSAESvr：作为 OPC AE 服务器，提供 ECS-700 系统下位机位号的实时报警信息、操作日志以及 ECS-700 和 TCS-900 系统的 SOE 记录给 OPC 客户端，支持客户端数同样限制为 30 个。

第7章　在线测试题

本章作业

针对第 6 章作业中的硫黄回收工段要求，在完成第 6 章作业的基础上，继续完成以下内容。

① 完成结构组态、硬件配置、位号组态、流程图组态、程序组态等，步骤如下：

a. 新建项目，名称为“硫回收 _ 姓名”，管理员 admin 密码设置为 supcondcs。

b. 设置一个控制域（包含一个控制站）和一个操作域（包含一个操作节点，兼作为服务器）。

c. 根据选型和排布结果，进行单个控制站内硬件和位号组态。

d. 创建“硫回收”操作小组，保持监控用户 admin 的默认密码，操作权限最大。

e. 新建“制硫”流程图，按图 6-27 绘制流程图，棒状图显示三个液位。

f. 编写程序，图 6-27 中程序包括：流量温压补偿、PID 回路控制、电机控制等。其中，温压补偿中的工作模式(计算公式)、设计温度和设计压力见表 7-1，使用 PTCOMPX 功能块；回路控制采用 PID _ TUN 功能块。

g. 记录所有位号的历史数据，周期为 1s。

② 对程序进行仿真调试，达到控制要求。

表 7-1　温压补偿参数

序号	名称	描述	补偿公式	设计压力/MPa	设计温度/℃	备注
1	FIC_21126	燃料气流量指示调节	公式 2①	0.15	79.00	
2	FI_21113	去 Z21101 主氧气管线流量指示	公式 2	1.00	60.00	
3	FI_21115	去 Z21101 平衡氧气管线流量指示	公式 1②	0.10	0.00	
4	FICA_21120	Z21101 空气流量指示调节报警联锁	公式 2	0.06	58.00	
5	FICA_21102	去 Z21101 含 H_2S 酸性气流量指示调节报警	公式 2	0.13	230.00	
6	FI_21182	进 Z21101 变换气流量指示	公式 2	0.13	230.00	

① 公式 2 适用于采用差压式流量计测量体积流量时，将气体的体积流量换算到设计条件下，公式如下。

$$\mathrm{OUT}=\mathrm{IN}\sqrt{\frac{(\mathrm{PRESS}+0.101325)(\mathrm{TMPRT0}+273.15)}{(\mathrm{TMPRT}+273.15)(\mathrm{PRESS0}+0.101325)}}$$

② 公式 1 适用于采用体积流量计测量体积流量时，将气体的体积流量换算到设计条件，公式如下。

$$\mathrm{OUT}=\frac{\mathrm{IN}(\mathrm{PRESS}+0.101325)(\mathrm{TMPRT0}+273.15)}{(\mathrm{TMPRT}+273.15)(\mathrm{PRESS0}+0.101325)}$$

第6、7章　作业参考答案

（同第6章作业参考答案）

第 8 章 安全仪表系统（SIS）

在工业控制领域，除了集散控制系统外，也常常能听到安全仪表系统、安全停车系统、紧急停车系统等。近年来，随着安全意识的提高与相关政策的完善，在工业生产现场、能源行业、化工厂、石油、天然气以及其他需要进行过程监控和安全风险控制的领域，越来越常见到安全仪表系统的应用。安全仪表系统可以监测关键参数、及时报警并采取应急措施，一旦生产装置或设施出现可能导致安全事故的情况，安全仪表系统能够瞬间动作，使生产过程安全停止运行或自动导入预定的安全状态，以确保生产过程安全稳定运行，预防事故发生，保护生产设备和保障人员安全。

8.1 安全仪表系统概述

视频 8.1 安全仪表系统

8.1.1 安全仪表系统应用背景

早些年，我国企业普遍存在风险和安全意识薄弱、安全重视程度不足的问题，安全仪表系统及其相关安全保护措施在设计、安装、操作和维护管理等生命周期的各阶段存在着管理混乱的隐患。随着我国化工装置、危险化学品储存设施规模大型化、生产过程自动化水平的逐步提高，国家也加强了对安全仪表系统的规范和管理工作。

2011 年 8 月，为了减少和防止危险化学品事故的发生，国家安全监管总局公布《危险化学品重大危险源监督管理暂行规定》，要求重大危险源配备独立的安全仪表系统。

2013 年 7 月，国家安全监管总局为加强化工过程安全管理，加强化工企业安全生产基础工作，提出加强化工过程安全管理的指导意见，明确企业要按照《过程工业领域安全仪表系统的功能安全》（GB/T 21109）和《石油化工安全仪表系统设计规范》的要求，设计、安装、管理和维护安全仪表系统。

2014 年 11 月，国家安全监管总局发布了关于加强化工安全仪表系统管理的指导意见，文件对安全仪表系统（SIS）的应用和评估提出了具体要求，如所有新建涉及“两重点一重大”的化工装置和危险化学品储存设施，要按照文件指导意见的要求，设计符合相关标准规定的安全仪表系统。

可以看出，随着国家政策的引导、企业的日益重视，安全仪表系统的应用渐趋成熟。

8.1.2 安全仪表系统相关术语

在应用安全仪表系统时，大家会接触到一些安全领域的名词，本节稍做整理介绍。

安全：不存在不可接受的风险。

功能安全：与过程和DCS有关的整体安全的组成部分，取决于SIS与其他保护层的正确功能执行。

风险：出现伤害的概率及该伤害严重性的组合。

过程风险：因非正常事件引起过程条件改变而产生的风险。

危险：导致人身伤害或疾病、财产损失、环境破坏等事件的可能。

安全仪表系统（safety instrumented system，SIS）：用来实现一个或几个仪表安全功能的仪表系统。

安全完整性等级（safety integrity level，SIL）：用来规定分配给安全仪表系统安全功能的安全完整性要求的离散等级。SIL4是安全完整性的最高等级，SIL1为最低等级。

安全生命周期：从项目概念阶段开始到所有的仪表安全功能不再适用为止。

传感器：测量过程条件的装置或装置组合（如：变送器、传感器、过程开关和定位开关）。

逻辑运算器：既可以是一个DCS的一部分，也可以是SIS的一部分，它执行一个或几个逻辑功能。

最终元件：执行实现某种安全状态所必需的实际动作的安全仪表系统的组成部分。

故障安全：安全仪表系统发生故障时，使被控制过程转入预定安全状态。

冗余：使用多个元素或系统来执行同一种功能；冗余可以使用同种元素实现（同型冗余）或使用不同元素实现（异型冗余）。

容错：在出现故障或错误时，功能单元仍继续执行规定功能的能力。

保护层：控制、预防或减轻风险的任何独立机制。它可能是装危险化学物品的压力容器的容量这样一个过程工程机制，也可能是一个安全阀这样的机械工程机制，或者是一个安全仪表系统，或者是应对紧急危险的一个应急计划，等等。

从 N 中取 M（Moo$N$）：N 个独立通道构成的安全仪表系统或其部分，它被连接成其中 M 个通道足以执行仪表安全功能，如2oo3意为3取2。

紧急停车系统（ESD）：用于监视装置的操作，如果过程超出安全操作范围，可以使过程进入安全状态，确保装置具有一定安全度的系统。

正常励磁模式：在正常操作条件下，线圈是励磁的，在满足停车条件时线圈是非励磁的。

正常非励磁模式：在正常操作条件下，线圈是非励磁的，在满足停车条件时线圈是励磁的。

8.1.3 SIS与DCS的关系

各种标准通常都明确要求将常规控制系统和安全系统分开设置。因为安全仪表系统要求对变更进行严格的管理，应保证在修改系统的一个局部（例如程序逻辑）时，不会影响到系统中其他与之无关的安全功能，避免出现操作错误的有效途径就是将不同控制目的的系统分开设置。

集散控制系统通常是主动的和动态的，大多数故障能在生产过程中自我显露出来。而安全仪表系统则相对是被动的或休眠的，在没有进行异常响应时，一些故障不会自我显露。因此，相较集散控制系统，安全仪表系统需要手动测试或有效地自我诊断，这样的本质区别也使得一般用途的DCS不能有效整合安全功能。

集散控制系统设计得相对容易被访问，操作员能够结合需求频繁地改变控制方式。而安全仪表系统要求执行严格的管理规程和访问控制，避免未授权的变更或修改。集散控制系统的任何变更，不能妨碍 SIS 正确地执行安全仪表功能。

随着安全管理工作的日渐完善，集散控制系统和安全仪表系统近年来都分开设置，并会设计采用差异化或多样性技术。若将 DCS 与 SIS 整合，可能具有潜在的利益：如统一的供电、简化的维护和培训、更低的项目成本，但是参照工业领域的各项标准，以及推荐的工程惯例，都强烈要求避免这种方式。在同一系统中既执行常规控制功能又执行安全仪表功能，对适度规模的系统并不经济可行。

安全仪表系统有着更为严格的设计要求需要遵循，其系统的分析、设计、操作、维护、文档管理以及变更管理等，都需要更严谨地对待。

8.1.4 典型安全仪表系统

安全仪表系统在各种工业过程和自动化系统中提供保护层功能方面发挥着至关重要的作用，因而 SIS 具有严格的第三方产品研发认证要求和国际标准限制。

目前国内厂商通过认证的机构较少，自控厂商主要包括中控技术（TCS-900/TCS-500/G5 Pro Safety）、和利时（HiaGuard/LKS）、康吉森（Tricon/TSxPlus），此外，市场上常见的国外厂商有 ABB（800xA）、横河电机（ProSafe-RS）、HIMA（H51Q/H41Q）、Rockwell Atomation（Trusted/AADvance）、Emerson（DeltaV）、Honeywell（SM/FSC）、Siemens（S7-400FH）等。

8.2 安全仪表系统硬件组成

根据《过程工业领域安全仪表系统的功能安全》给出的定义，安全仪表系统由任意组合的传感器、逻辑解算器和最终元件组合。在本章节，我们以中控技术股份有限公司的 TCS-900 系统为例展开具体介绍。

TCS-900 系统是一套中控面向流程工业领域自主研发的安全仪表系统，适用于 IEC 61508 定义的低要求操作模式和高要求操作模式的安全相关应用，通过 TÜV Rheinland 的认证，符合 IEC 61508 定义的系统能力等级 SC 3 和安全完整性等级 SIL 3 的要求，其应用范围涵盖 ESD（紧急停车系统）、BMS（燃烧器管理系统）、F&G（火灾及气体检测系统）、CCS（压缩机控制系统）、GDS（气体检测系统）、HIPPS（高压完整性压力保护系统）等领域，也是国内市场占有率第一的 SIS。TCS-900 系统使用三重化冗余架构、五级表决、安全盾等技术，具备高速控制、同步控制、强信息互联、在线下载等能力，可以满足流程行业生产装置对安全性的高要求，能够满足机组控制、在线维护扩容等苛刻应用需求，切实保障人员、设备和环境的安全。

8.2.1 系统架构概述

TCS-900 系统组成可以分为三个部分：安全控制站、工程师站以及网络，如图 8-1 所示。

安全控制站是系统中直接从现场采集数据、进行控制运算的核心单元，由符合 IEC 61508 SIL 3 要求的控制器模块、I/O 模块、端子板、通信模块等部件组成。在安全仪表回路中，TCS-900 系统的部件采用三重化架构，包括输入模块、控制器、总线和输出模块，系统三通道的处理器、电源、总线等，在物理上完全独立，能够避免单通道故障造成的相互

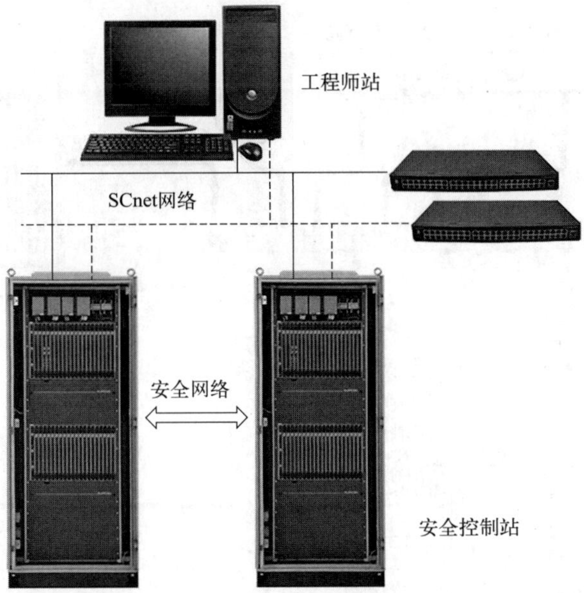

图 8-1 TCS-900 系统架构图

影响。各通道间的数据通过表决运算，保证数据的一致性和可靠性。控制器模块和 I/O 模块支持冗余配置，冗余模块采用双主独立工作模式，两模块同时工作，无主备之分，使模块实现零切换，且信号无扰。TCS-900 系统采用五级表决机制，设计了多级故障隔离区，避免单一故障在整个通道中扩散，从而导致系统整体降级。

安全控制站的工作温度范围－20～70℃、湿度 5%～95%RH、最高工作海拔 4000m，符合 ANSI/ISA-S74.01 定义的 G3 防腐等级，EMC（电磁兼容性）满足工业 3A 级要求，防静电、抗浪涌、抗群脉冲能力达 4A 级，整体具备高可靠性和高环境适应性，能忍受严酷的工业环境。

工程师站可创建、编辑和下载控制所需的各种软硬件组态信息，它作为系统管理平台，使用的组态软件 SafeContrix 是通过 IEC 61508 SC3 认证的 T3 工具，包含 FBD、LD、ST、CEM 四种符合 IEC 61131-3 编程语言标准的图形编辑语言，提供快速、灵活、便捷的组态方式，软件包还包括 SafeManager 软件、SOE 管理软件、ISE 系统事件记录软件、OPC Server 软件、虚拟控制器软件等，SafeManager 软件可以结合硬件组态信息对 TCS-900 系统中的各个硬件设备进行诊断管理。

TCS-900 系统设计有 SCnet、SafeEthernet、MODBUS TCP、MODBUS RTU、SNTP、HART 通信协议网络，可实现与其他控制系统或智能设备的通信。其中，SafeEthernet 为安全专用网络，用于用户安全控制站间相关数据通信，其他为开放网络，可用于与其他控制系统、第三方设备或监控软件的数据通信。典型的 TCS-900 系统应用网络架构如图 8-2 所示。

8.2.2 安全控制站

TCS-900 系统是基于全冗余、三重化、五级故障表决的安全仪表系统。控制站的每个控制器模块和 I/O 模块内部都有三个软硬件完全独立的通道回路实现三重化，同时支持模块冗余配置，可执行五级表决，控制站原理如图 8-3 所示。

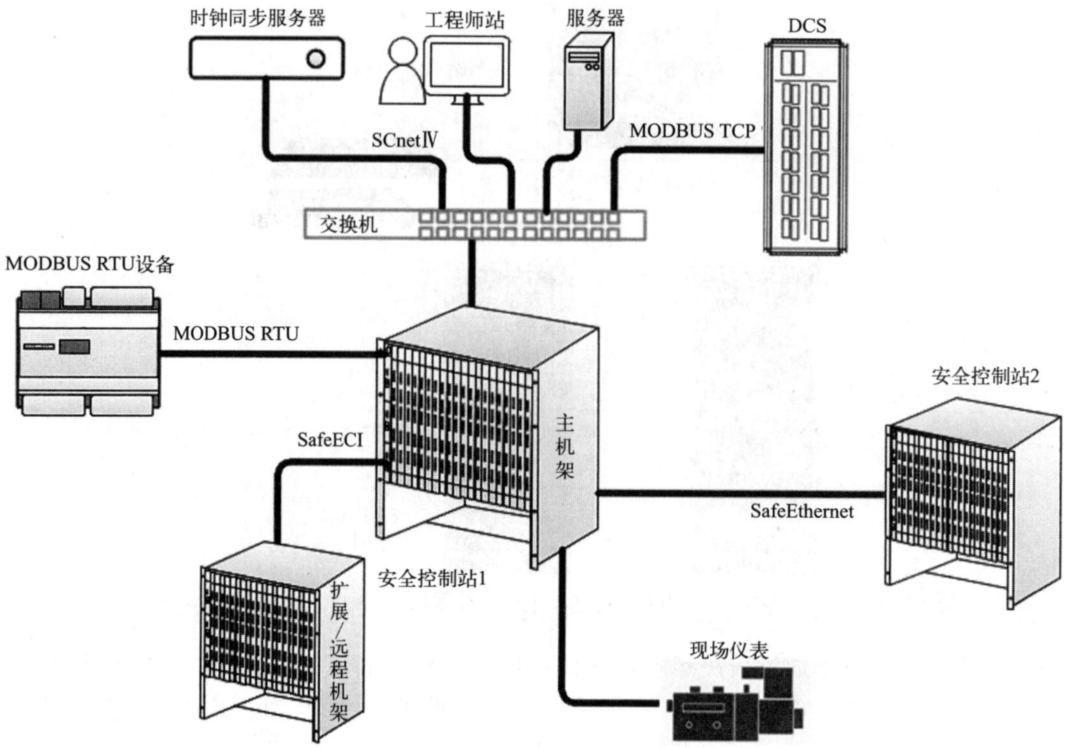

图 8-2　TCS-900 系统应用网络架构图

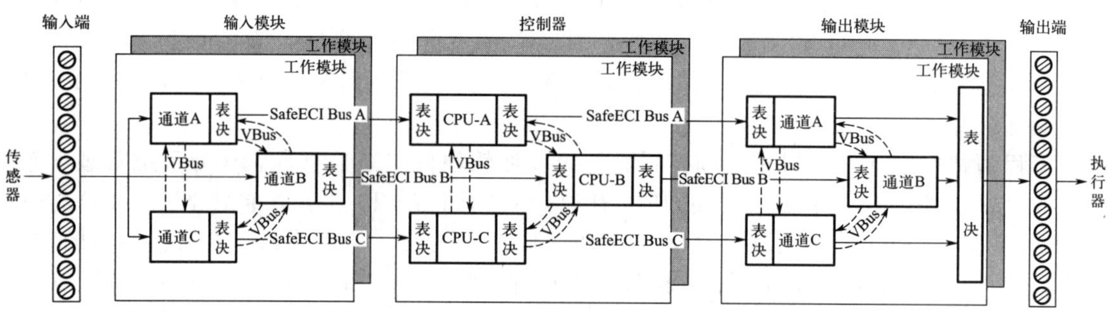

图 8-3　TCS-900 控制站原理示意图

TCS-900 系统内的每个控制器模块和 I/O 模块内都包含三个相同通道（A、B 和 C），每个通道拥有独立的 CPU。虽然三个通道位于同一模块内，但是它们之间完全相互隔离并且可以独立运行，这意味着一个通道上的故障不会影响到其他通道。控制器模块和 I/O 模块中的三个通道之间均通过专有高速总线系统 VBus 相互通信。

输入模块内的三个通道同时采集同一个现场信号并分别进行数据处理，经表决后发送到三条 I/O 总线（SafeECI Bus）。控制器模块内的三个通道分别从三条 I/O 总线接收数据，进行三通道数据表决，并将表决后的结果用于运算。各 CPU 处理器独立完成数据运算后，控制器模块对三通道中的运算结果进行表决，并将表决结果分别发送至三条 I/O 总线。输出模块内的三个通道分别从三条 I/O 总线接收数据，进行数据表决，将表决结果输出处理，三个通道的处理结果进行表决后，最后输出驱动信号。

TCS-900 控制站冗余机制如图 8-4 所示。系统冗余配置时，除模拟信号输出（AO）模块和网络通信模块外，每一对冗余模块都同时工作，不区分主备，并通过 RBus 总线进行数据冗余通信。两个冗余控制器模块都会对来自同一对冗余输入模块的两组输入数据进行实时选择。取用通信正常且故障等级较小的模块数据，若等级相同则保持上一次的选择。两个冗余控制器同时将输出数据传递给输出模块。而冗余输出模块的每个通道同时接收来自一对冗余控制器的两组数据后，将优先选择通信正常且故障等级较小的模块数据进入表决，并将输出数据传递到输出回路中，在作用于现场设备前，两个冗余模块中的三个通道的数据将进入 2oo3 选择电路中进行表决后分别输出，最后通过端子板同时作用于现场。

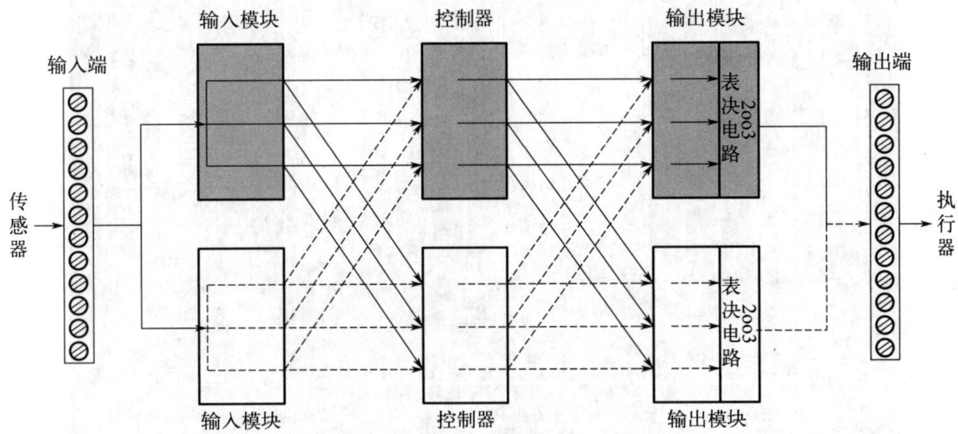

图 8-4 TCS-900 控制站冗余机制

控制站机架是安装控制器、通信模块、I/O 模块的机械结构，底板配有 I/O 总线 SafeECI Bus，可以实现机架内模块间的数据通信。机架分为主机架和扩展/远程机架，主机架与扩展/远程机架通过三重化单模块光纤实现连接，可以在机架左侧的 3 个 I/O 总线扩展插槽中看到。

在一个安全控制站中，有且仅有一个主机架，扩展/远程机架最多可配置 7 个。每个机架均包含 20 个槽位，用以安装 10 对冗余模块。模块的插槽固定为冗余设计，分别以 L 和 R 标识。槽位下方的盖板下包含冗余的两组电源接线端子和连接端子板的 DB37 转接接口，如图 8-5 所示。

主机架中会安装控制器与通信模块，其余槽位可安装 I/O 模块，扩展/远程机架可安装 10 对冗余的 I/O 模块。TCS-900 系统中常用的模块如表 8-1 所示。

表 8-1 安全控制站常用模块列表

型号	名称	描述
SCU9010	控制器	单模块三重化通道冗余，支持模块冗余，支持安全组态下载，SIL3
SCM9040	网络通信模块	安装于主机架中，用于与工程师站及第三方通信、站间通信等按照黑色通道进行设计，适用于构建 SIL3 安全回路
SDI9010	DI 模块	单模块三重化通道冗余，支持模块冗余，32 点，SIL3
SDO9010	DO 模块	单模块三重化通道冗余，支持模块冗余，32 点，SIL3
SAI9010	AI 模块	单模块三重化通道冗余，支持模块冗余，32 点，SIL3
SAO9010-H	AO 模块	单模块三重化通道冗余，支持模块冗余，16 点，SIL3，支持 HART

图 8-5　TCS-900 主机架正面视图

8.2.3 工程师站

工程师站是控制系统的人机接口，工程师站会安装相应的组态平台和系统维护工具。在SIS中，当操作员站失效时，安全仪表系统的逻辑处理功能不应受到影响。通过系统组态平台可构建适合于安全要求的应用系统，而使用系统的维护工具软件可实现安全控制网络调试、故障诊断、信号调校等。在工程师站可以创建、编辑和下载控制所需的各种软硬件组态信息。

工程师站作为TCS-900系统的应用工作平台，安装有中控安全控制系统软件(SafeContrix软件包)，操作系统应使用Windows 10企业版或Windows 7专业版+SP1。软件集成了硬件组态、变量组态、控制策略开发、系统诊断等功能，可以进行硬件组态、控制方案组态、I/O位号和自定义变量组态、组态下载、组态调试以及组态操作记录查看等。

工程师站通常部署在生产现场的中控室内，放置于特定的操作台上。同一项目中，SIS选用的操作台可以与DCS保持一致。

但是，在SIS项目中，根据《石油化工安全仪表系统设计规范》(GB/T 50770)，除常规操作台外，还应设置辅助操作台，在辅助操作台上安装有紧急停车按钮、开关、信号报警器及信号灯等。关键信号的报警除了在操作员站显示外，应同时在辅助操作台进行指示，如图8-6所示。

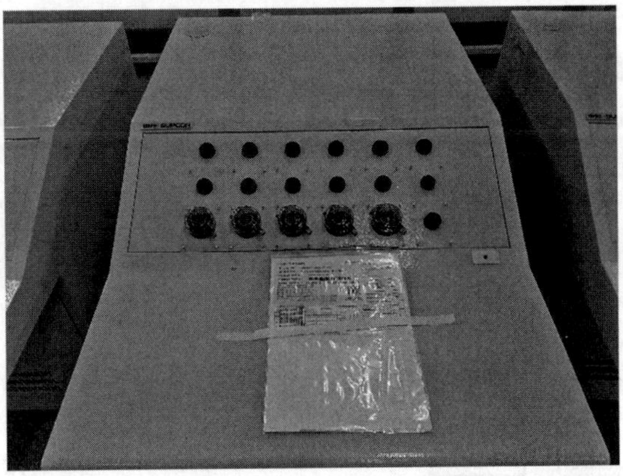

图 8-6　辅助操作台示意图

8.2.4　系统网络

TCS-900 系统中，安全控制站与工程师站、外部设备之间的通信，通过以下通信网络实现。

（1）SafeECI

SafeECI 是 I/O 总线，在 TCS-900 内存在 3 路独立的 I/O 总线，以实现控制站内各个模块之间的安全通信，支持级联以实现物理延伸和扩展，如图 8-7 所示。

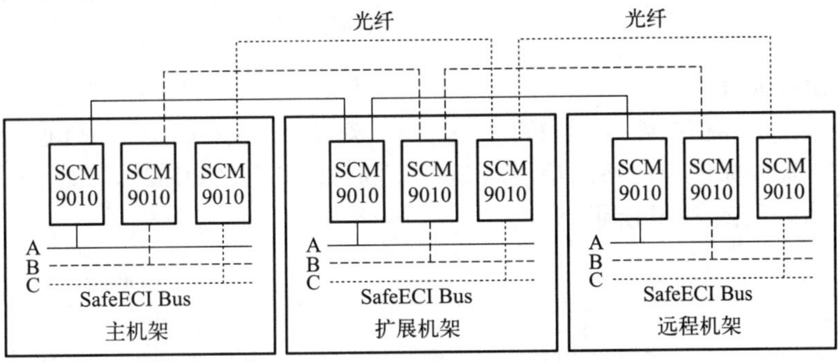

图 8-7　SafeECI 的物理延伸和扩展

（2）SafeEthernet

SafeEthernet 网络是专用安全以太网，在 TCS-900 系统内作为 2 路独立的专用安全网络实现安全控制站之间的站间通信，如图 8-8 所示。SafeEthernet 的冗余双网 A、B 网同时工

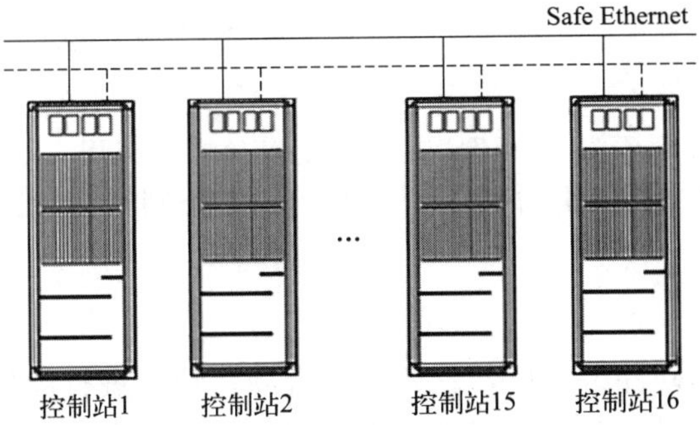

图 8-8　SafeEthernet 网络示意图

作，可在 16 个安全控制站之间进行站间通信，网络连接通过网络通信模块面板上标识为“Peer-Peer”的 RJ45 网口实现。

(3) SCnet Ⅳ

SCnet Ⅳ网络是高速冗余的工业以太网，10/100Mb/s 自适应，实现系统内安全控制站、工程师站/操作站、时钟同步服务器、SOE 服务器等站点之间的数据通信，也实现安全控制站与其他非安全系统（如 DCS）控制站间的站间数据通信，如图 8-9 所示。SCnet Ⅳ网络连接通过网络通信模块面板上标识为“SCnet”的 RJ45 网口实现。

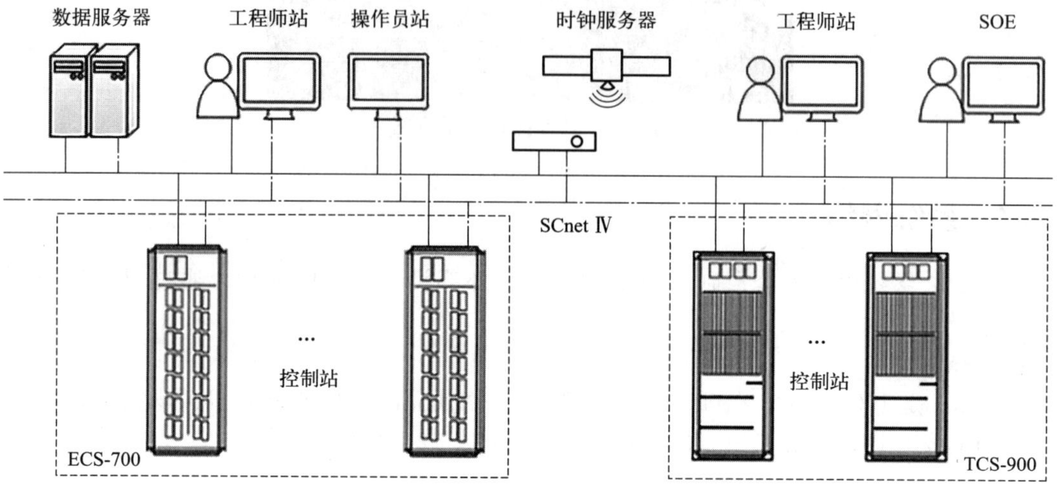

图 8-9　SCnet Ⅳ网络示意图

(4) MODBUS RTU

MODBUS RTU 网络用于实现 TCS-900 系统与 MODBUS RTU 设备的连接。MODBUS RTU 接口标识为网络通信模块面板上的“COM1/COM2”，每个串口都可以实现 RS-485 方式通信，如图 8-10 所示。

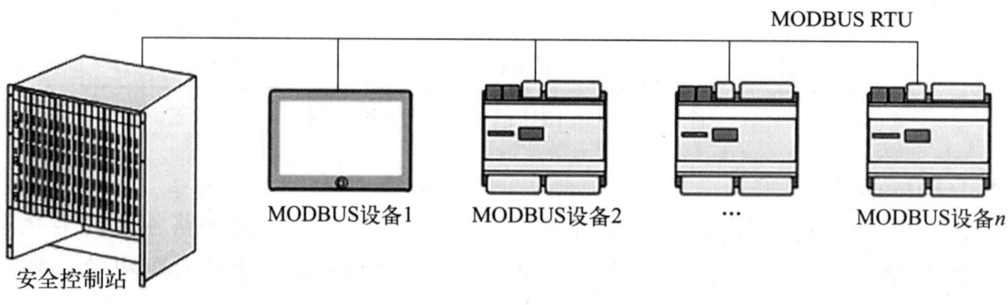

图 8-10　MODBUS RTU 串口通信网络示意图

(5) MODBUS TCP

MODBUS TCP 网络用于实现 TCS-900 系统与 MODBUS TCP 设备的连接，在 TCS-900 系统中，MODBUS TCP 网络与 SCnet Ⅳ共用同一个网络，如图 8-11 所示。

8.2.5　硬件选型

了解安全仪表系统的硬件组成后，就可以结合项目情况进行硬件的选型和配置。在本书中，给出一个工程案例项目，根据工程案例项目的信息，进行硬件选型。

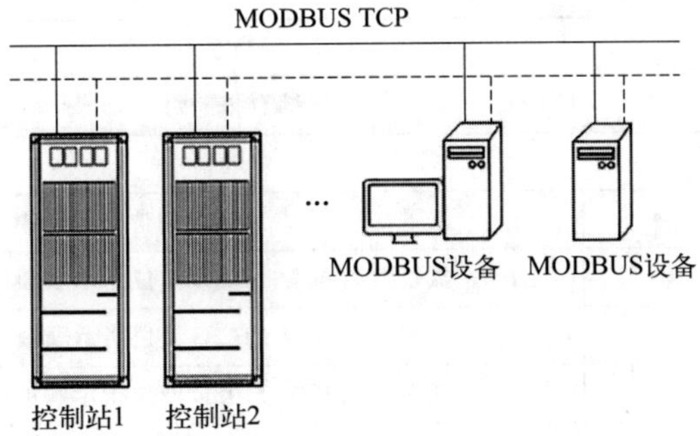

图 8-11　MODBUS TCP 通信网络示意图

该项目拥有一个控制站，测点清单如表 8-2 所示，可以分类统计出各类型信号的点数，然后根据安全控制站各 I/O 模块的容量计算出所需模块数量。统计模块的时候还需根据项目考虑是否冗余，如果冗余，则模块数量翻倍。在 SIS 项目中，卡件根据类型排布，推荐按照 DI、DO、AI、AO、PI 的顺序进行排布。

表 8-2　工程案例项目测点清单

序号	位号名	描述	类型
1	HXV_1102A_C	罐 V-1102A 切断阀关回讯	DI
2	HXV_1102B_C	罐 V-1102B 切断阀关回讯	DI
3	HXV_1102A_O	罐 V-1102A 切断阀开回讯	DI
4	HXV_1102B_O	罐 V-1102B 切断阀开回讯	DI
5	HXV_1103A_C	罐 V-1103A 切断阀关回讯	DI
6	HXV_1103B_C	罐 V-1103B 切断阀关回讯	DI
7	HXV_1103A_O	罐 V-1103A 切断阀开回讯	DI
8	HXV_1103B_O	罐 V-1103B 切断阀开回讯	DI
9	PB_1102A	中控室辅操台 XV-1102A 急停关阀	DI
10	PB_1102B	中控室辅操台 XV-1102B 急停关阀	DI
11	PB_1103A	中控室辅操台 XV-1103A 急停关阀	DI
12	PB_1103B	中控室辅操台 XV-1103B 急停关阀	DI
13	POWER_ALM	电源故障报警	DI
14	STOP	急停按钮	DI
15	ALM_ACK	报警确认	DI
16	HXV_1102A	关氯甲烷贮罐 V-1102A 出口切断阀	DO
17	HXV_1102B	关氯甲烷贮罐 V-1102B 出口切断阀	DO
18	HXV_1102C	关氯甲烷贮罐 V-1102C 出口切断阀	DO
19	HXV_1102D	关氯甲烷贮罐 V-1102D 出口切断阀	DO
20	HXV_1103A	关氯甲烷贮罐 V-1103A 进口切断阀	DO
21	HXV_1103B	关氯甲烷贮罐 V-1103B 进口切断阀	DO
22	HXV_1103C	关氯甲烷贮罐 V-1103C 进口切断阀	DO
23	HXV_1103D	关氯甲烷贮罐 V-1103D 进口切断阀	DO

续表

序号	位号名	描述	类型
24	ALM_Lamp	综合报警灯	DO
25	BUZZER	蜂鸣器	DO
26	LT_1102A	氯甲烷贮藏 V-1102A 液位指示联锁	AI
27	LT_1102B	氯甲烷贮藏 V-1102B 液位指示联锁	AI
28	LT_1102C	氯甲烷贮藏 V-1102C 液位指示联锁	AI
29	LT_1102D	氯甲烷贮藏 V-1102D 液位指示联锁	AI
30	PT_1102A	氯甲烷贮藏 V-1102A 压力指示联锁	AI
31	PT_1102B	氯甲烷贮藏 V-1102B 压力指示联锁	AI
32	PT_1102C	氯甲烷贮藏 V-1102C 压力指示联锁	AI

在完成硬件初步选型后，就可以进行机架模块的排布，以设计出合理的机柜布局。表 8-3 为冗余配置下的模块排布示意图。

表 8-3　主机架模块排布示意

SCU		SCM		M03		M04		M05		M06		M07		M08		M09		M10	
SCU9010	SCU9010	SCM9040	SCM9040	SDI9010	SDI9010	SDO9010	SDO9010	SAI9010	SAI9010										

8.3　安全仪表系统软件组成

TCS-900 系统结合了功能安全和信息安全两大理念，通过系统组态平台可构建适合于安全要求的应用系统。

TCS-900 系统的软件包括操作系统、组态软件、SOE 软件、时钟同步软件、运行管理软件、监控组态软件、OPC 服务器、AMS 软件和中控技术先进压缩机控制软件包等。

8.3.1　控制系统软件组态

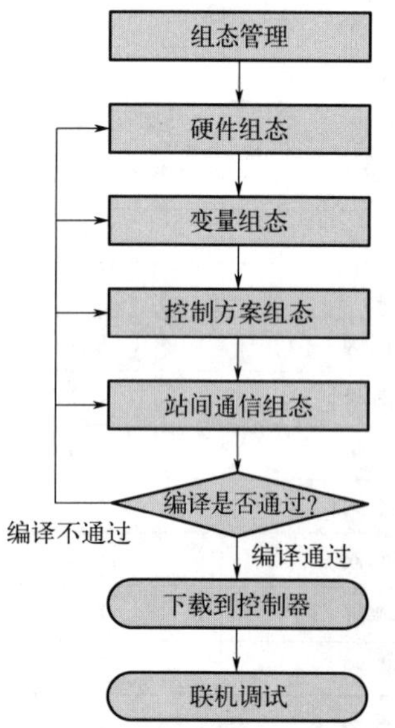

图 8-12　SafeContrix 组态流程图

SafeContrix 软件是 TCS-900 系统的配套组态软件，按照 IEC 61508-3 的要求，作为 T3 类 Off line 支持工具由 TÜV Rheinland 进行评估，适用于 SIL3 的应用。软件集成了硬件组态、变量组态、控制策略开发等功能。

在进行 SafeContrix 组态时，通常按照图 8-12 所示流程进行。

通过组态管理，可以创建新工程或打开已有工程，进行用户权限管理、组态版本管理、导出备份、操作记录查看、设置工程属性等。

进入工程后的软件界面如图 8-13 所示，各区域包含标题栏、菜单栏、工具栏、组态树、组态区、信息区、状态栏等。

其中，组态树的导航栏提供了 SafeContrix 组态中主要的几个功能模块，包括对 TCS-900 系统硬件进行组态的硬件组态 Hardware；管理硬件 I/O 模块对应位号、创建并管

图 8-13 SafeContrix 软件界面

理内存变量和操作变量的变量组态 Variable；创建并编辑 TCS-900 系统需要的控制方案 Program。

1）硬件组态

TCS-900 系统硬件安装并连接后，需要在 SafeContrix 软件中对系统硬件进行配置。只有完成 SafeContrix 软件中的配置并将配置信息下载到控制器后，TCS-900 系统的硬件才能开始正常工作。

通过组态树切换至硬件组态界面后，可以在此添加机架、添加模块、导入/导出模块信息以及进行设备组态，如图 8-14 所示。

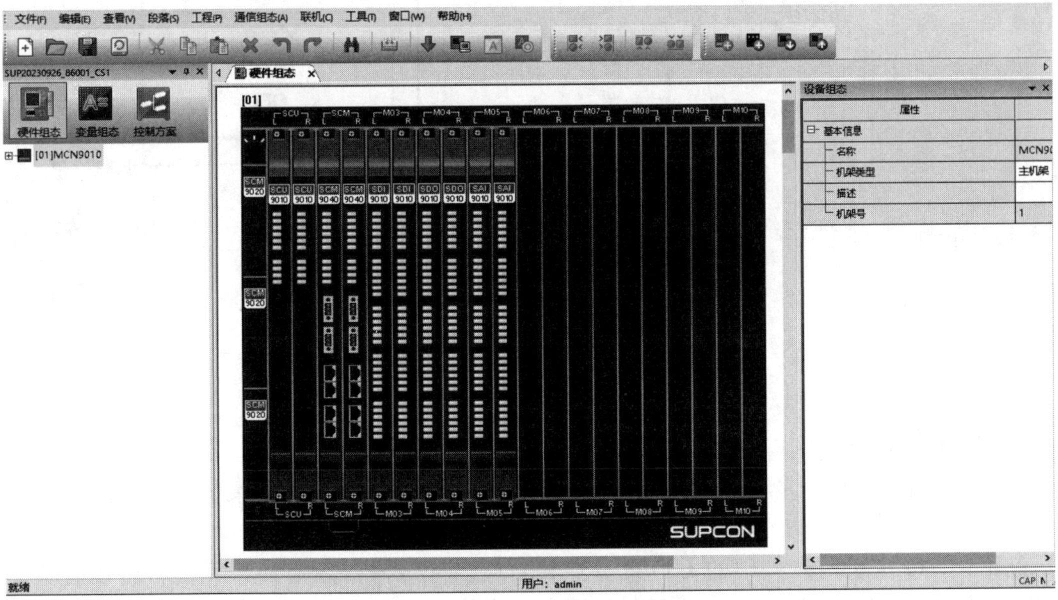

图 8-14 SafeContrix 硬件组态界面

在 TCS-900 系统中，一个控制站最多可以包含 8 个机架，主机架上可以配置控制模块、通信模块和 8 对 I/O 模块，扩展/远程机架上最多可以配置 10 对 I/O 模块，通过图形化的组态方式，可以简洁明晰地在机架缩略图上进行对照。

选中添加的模块后，在右侧窗口可以进行设备组态，如对控制器模块配置地址、控制周期等，对通信模块配置时间同步、MODBUS TCP、MODBUS RTU 参数等。

对于 I/O 模块，除了在设备组态页对端子板类型与冗余配置外，还可切换至信号点组态页查看卡件上所有通道关联的位号名称与描述信息。双击机架中模块，在弹出的信号点设置窗口中，配置所有通道的详细参数，如是否启用、位号名称、描述、质量码、SOE 参数、量程、单位等，如图 8-15 所示。

当需要批量对硬件通道位号进行配置时，可以使用工具栏导出/导入功能，在外部表格中进行编辑后导入，可提高组态效率。

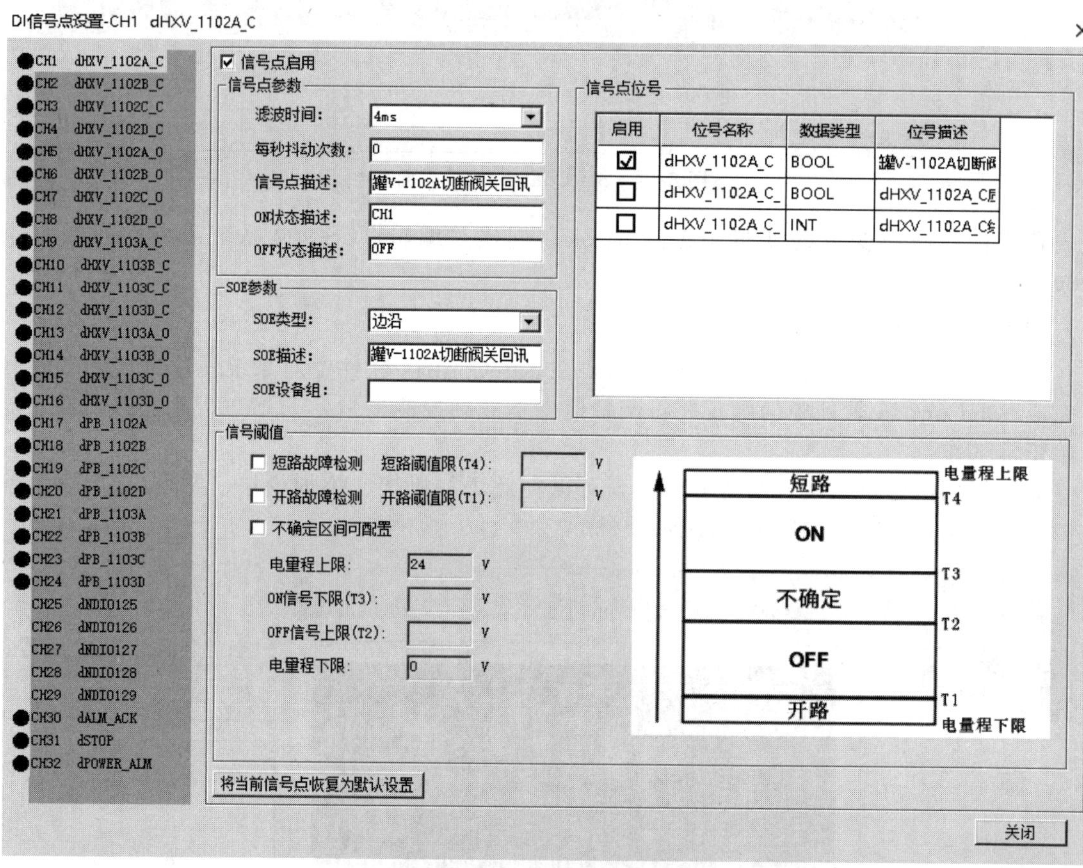

图 8-15　DI 信号点设置窗口

结合工程案例项目测点清单与模块排布设计，可以进行卡件与 I/O 信号点的配置练习。

2）变量组态

SafeContrix 中支持多种类型的变量，如 I/O 变量、内存变量、操作变量、通信变量、同步变量、扩展站间通信变量、扩展通信接口变量等。

其中，I/O 变量与硬件中的 I/O 信号点相对应，完成硬件组态后，系统将自动生成 I/O 变量，如果需要修改变量名称、位置、描述、数据类型，则需要返回修改硬件组态。I/O 变量应用在控制方案的程序中时，负责程序外部的数据输入、输出等操作。SafeContrix 内的 I/O 变量可以应用在工程内的所有控制方案中。

内存变量应用在控制方案的程序中，负责程序内部的数据转换等操作，支持用户程序的读写，但是对于外部访问（如 MODBUS 通信），其属性为只读。

操作变量在系统运行状态下可以通过调用 HMI 中的功能块面板、软按钮等方式来实现对参数的设置，除了支持用户程序的读写操作外，在外部访问时，也允许读写。

通过组态树可以切换至内存变量组态界面，在 BOOL 变量、二字节变量、四字节变量各页面配置不同类型的变量。添加变量时，找到工具栏或在右键菜单点击“添加变量”命令，然后配置名称、描述、初值、SOE 等参数，界面如图 8-16 所示。

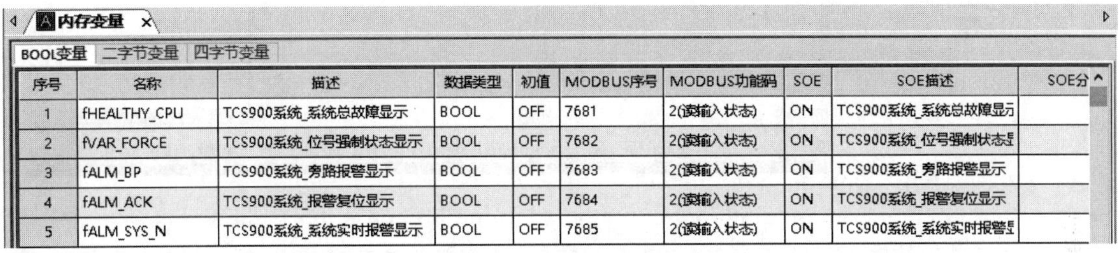

内存变量　BOOL变量　二字节变量　四字节变量

序号	名称	描述	数据类型	初值	MODBUS序号	MODBUS功能码	SOE	SOE描述	SOE分
1	fHEALTHY_CPU	TCS900系统_系统总故障显示	BOOL	OFF	7681	2(读输入状态)	ON	TCS900系统_系统总故障显示	
2	fVAR_FORCE	TCS900系统_位号强制状态显示	BOOL	OFF	7682	2(读输入状态)	ON	TCS900系统_位号强制状态	
3	fALM_BP	TCS900系统_旁路报警显示	BOOL	OFF	7683	2(读输入状态)	ON	TCS900系统_旁路报警显示	
4	fALM_ACK	TCS900系统_报警复位显示	BOOL	OFF	7684	2(读输入状态)	ON	TCS900系统_报警复位显示	
5	fALM_SYS_N	TCS900系统_系统实时报警显示	BOOL	OFF	7685	2(读输入状态)	ON	TCS900系统_系统实时报警	

图 8-16　内存变量示例图

操作变量的应用场景与内存变量有所区分，但是配置方法基本一致，切换至操作变量界面即可添加与配置，如图 8-17 所示。

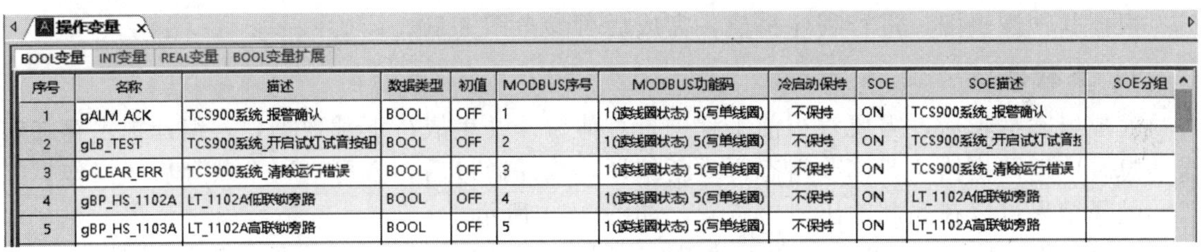

操作变量　BOOL变量　INT变量　REAL变量　BOOL变量扩展

序号	名称	描述	数据类型	初值	MODBUS序号	MODBUS功能码	冷启动保持	SOE	SOE描述	SOE分组
1	gALM_ACK	TCS900系统_报警确认	BOOL	OFF	1	1(读线圈状态) 5(写单线圈)	不保持	ON	TCS900系统_报警确认	
2	gLB_TEST	TCS900系统_开启试灯试音按钮	BOOL	OFF	2	1(读线圈状态) 5(写单线圈)	不保持	ON	TCS900系统_开启试灯试音	
3	gCLEAR_ERR	TCS900系统_清除运行错误	BOOL	OFF	3	1(读线圈状态) 5(写单线圈)	不保持	ON	TCS900系统_清除运行错误	
4	gBP_HS_1102A	LT_1102A低联锁旁路	BOOL	OFF	4	1(读线圈状态) 5(写单线圈)	不保持	ON	LT_1102A低联锁旁路	
5	gBP_HS_1103A	LT_1102A高联锁旁路	BOOL	OFF	5	1(读线圈状态) 5(写单线圈)	不保持	ON	LT_1102A高联锁旁路	

图 8-17　操作变量示例图

当需要批量管理变量时，在变量组态页同样可以找到导入/导出工具，便于在外部表格中批量编辑、备份存储等。

在工程案例项目中，提供了内存变量与操作变量的附件表格，可以进行导入练习。

3）控制方案

一个 TCS-900 系统通常由一个 SafeContrix 工程来控制，其中包括执行工艺中的每个环节。一个 SafeContrix 工程通常由多个控制方案构成，每个控制方案用来执行某一工艺环节中的任务。

SafeContrix 软件符合 IEC 61131-3 标准，内置 IEC 功能块库，提供 FBD 程序编辑和调试功能。本节主要展示以 FBD 语言编辑用户程序，SafeContrix 软件中的 FBD 程序支持功能块 EN/ENO 引脚的设置是否显示、支持功能块参数作为输入或输出显示、支持用户指定功能块执行顺序、支持辅助线划分区。

在组态树中切换至控制方案，可以选择编辑自定义函数、自定义功能块或用户程序，控制方案组态界面如图 8-18 所示，工具栏中可以实现功能块选择、连接线、取反、注释添加等操作。

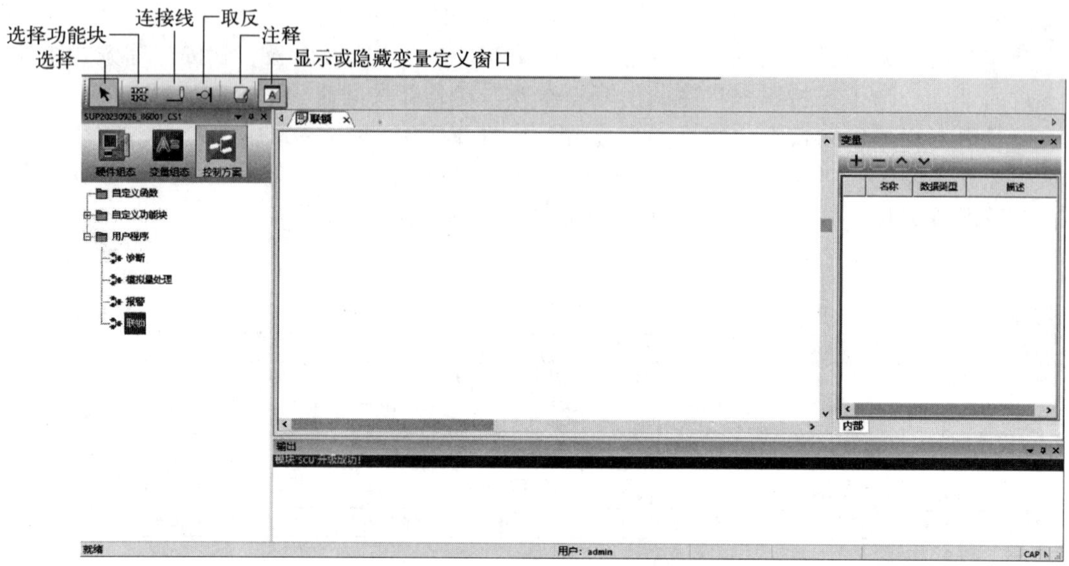

图 8-18 FBD 用户程序编辑界面

工程案例项目的联锁逻辑图，如图 8-19 所示，可以看出，在 ESD 应用中，通常采用正常励磁模式，即系统正常时检测元件与最终执行元件应是励磁的，系统不正常时应为非励磁停车设计。

根据联锁逻辑图，进行程序搭建，完成后可参考图 8-20。

4）下载调试

完成组态编辑后，需要对当前工程进行总体编译并生成待下载数据，若编译提示存在错误信息，应返回出错位置修改组态再重新编译，编译通过后，方可进行下载等后续操作。

编译结果可以在底部输出栏中查看，如图 8-21 所示。

编译工程成功后，可以将工程下载到控制器中。SafeContrix 支持全体下载和增量下载，若执行全体下载，会将组态完整地下载到控制器中，全体下载完成后，控制器中的各变量初始化为初值；而执行增量下载则将前次下载组态与当前组态中的差异部分下载到控制器，增量下载完成后，控制器中发生修改的变量从初值开始运行，未修改的变量将继续在实时值上运行。

在没有接入真实控制器时，SafeContrix 软件支持对控制器进行仿真，借由仿真控制器对程序进行仿真调试。需要注意的是，仿真控制器需要授权才能启动，启动后的下载流程与真实控制器一致，如图 8-22 所示。

下载组态后，可以启动联机调试，当控制器处于运行状态时，即可预览变量的实时值变化、控制方案中变量的实时值或是对位号的强制操作。图 8-23 为调试状态下的程序界面。

5）诊断软件

在 TCS-900 系统软件包中，SafeManager 软件可以根据 SafeContrix 中的硬件组态信息对 TCS-900 系统中的各个硬件设备进行诊断管理，如对控制器、通信模块、I/O 模块进行实时诊断，对控制器、通信模块、I/O 模块进行测试，对安全相关部件的线路状态、模块状态、电源状态等进行诊断，对时钟同步状态进行诊断。

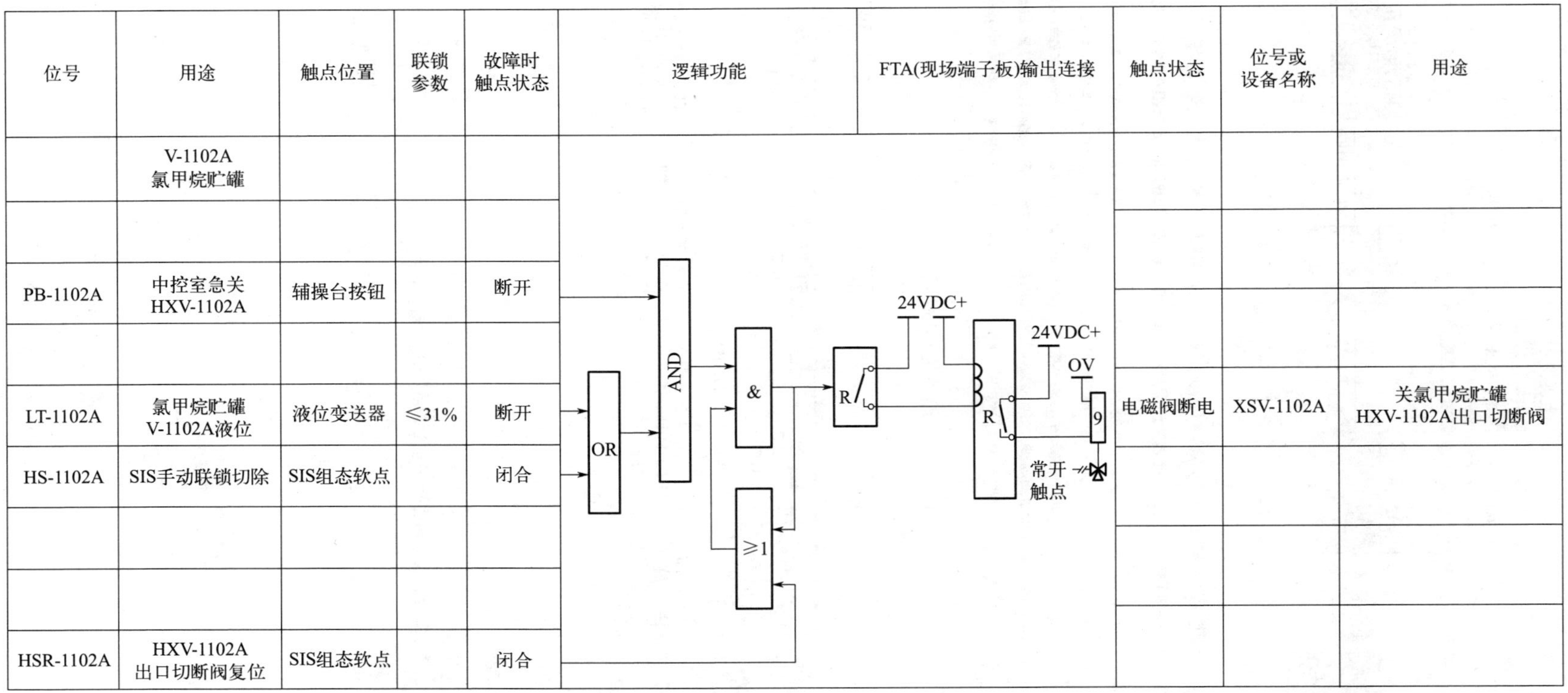

图 8-19　工程案例项目联锁逻辑图

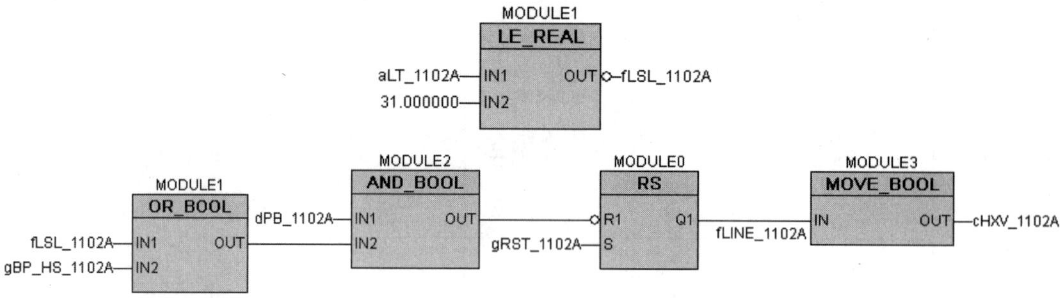

图 8-20　工程案例项目联锁程序

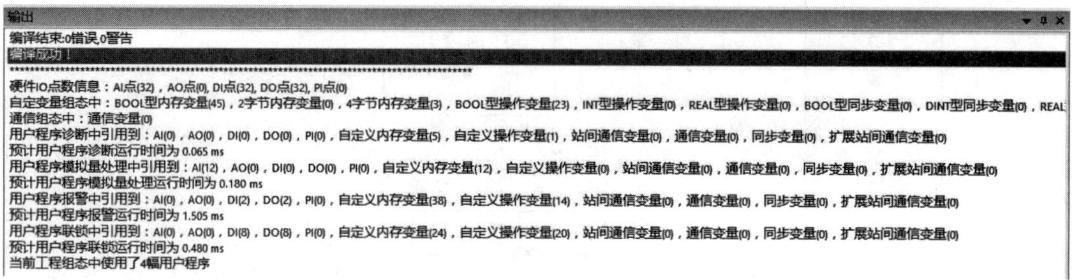

图 8-21　编译信息输出栏

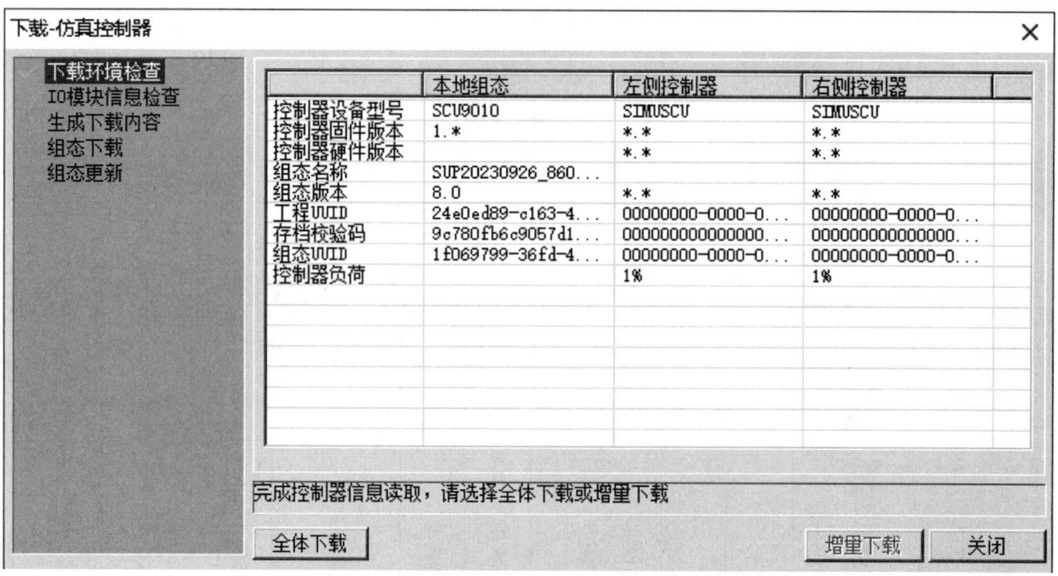

图 8-22　下载窗口

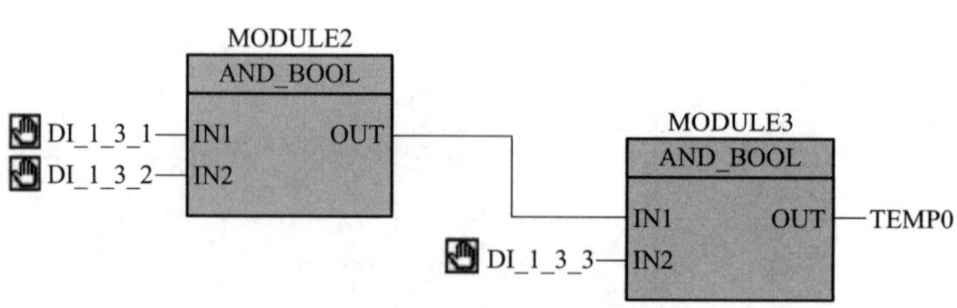

图 8-23　调试状态下的程序界面

SafeContrix 中的工程编译通过并下载后，启动 SafeManager 软件即可关联组态文件，查看运行状态下各设备的实时诊断信息，诊断软件主界面如图 8-24 所示。

图 8-24　SafeManager 主界面

6）SOE

TCS-900 系统的 SOE 记录功能由 DI 模块、控制器模块、通信模块完成，并能将 SOE 记录提供给服务器上的 SOE 管理软件。SafeContrix 软件包中通常自带 SOE 管理软件 SSOE，包含 SOE 服务器与 SOE 浏览器。SOE 服务器用于配置数据源、关联组态文件、选择采集模式等，通常设置完成后后台自动运行，SOE 浏览器则用于查看 SOE 记录，可以进行条件筛选、记录打印等，如图 8-25 所示。

7）ISE

TCS-900 系统软件包中还有系统事件记录软件 SISE。SISE 系统软件由 ISE 服务器软件和 ISE 浏览器软件构成。

ISE 服务器与主控制器、通信模块、I/O 模块配合，采集和记录系统事件，记录的内容包括事件发生的时间、类型、位置和所属模块类型等信息。ISE 浏览器可以浏览系统事件、过滤系统事件、导出系统事件等，如图 8-26 所示。

8.3.2　HMI 软件应用

TCS-900 系统可以与多种 HMI 软件搭配使用，如中控 i-PowerSight 软件、iFix 软件、InTouch 软件或是 ECS-700 系统的 VisualField 等，安装合适的驱动，即可实现安全控制站

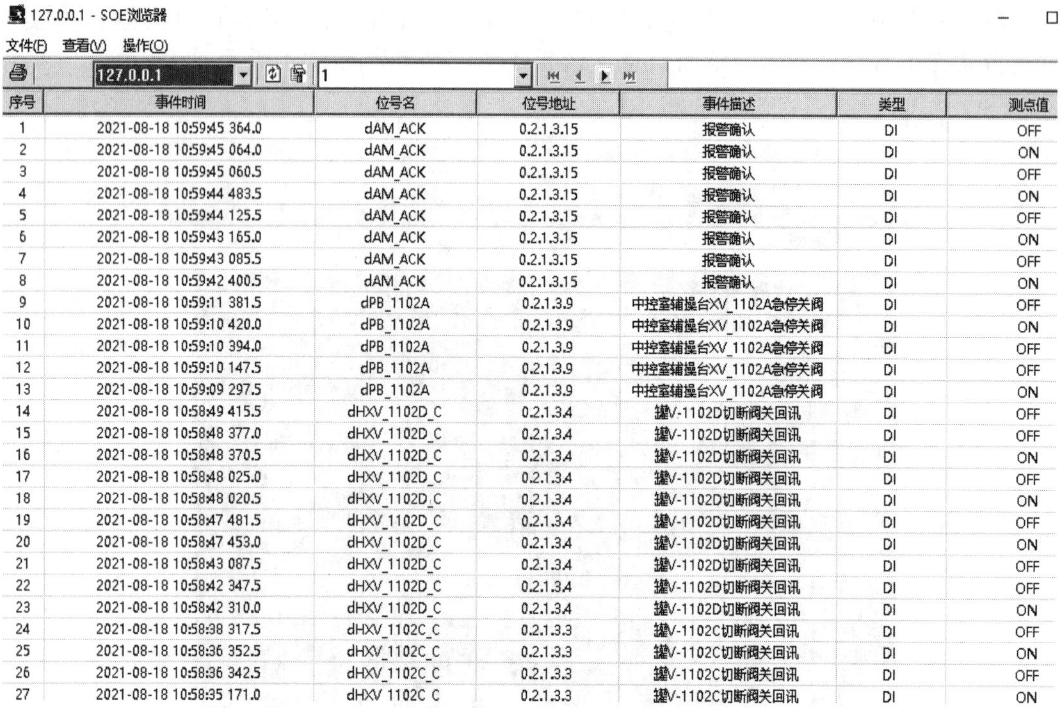

序号	事件时间	位号名	位号地址	事件描述	类型	测点值
1	2021-08-18 10:59:45 364.0	dAM_ACK	0.2.1.3.15	报警确认	DI	OFF
2	2021-08-18 10:59:45 064.0	dAM_ACK	0.2.1.3.15	报警确认	DI	ON
3	2021-08-18 10:59:45 060.5	dAM_ACK	0.2.1.3.15	报警确认	DI	OFF
4	2021-08-18 10:59:44 483.5	dAM_ACK	0.2.1.3.15	报警确认	DI	ON
5	2021-08-18 10:59:44 125.5	dAM_ACK	0.2.1.3.15	报警确认	DI	OFF
6	2021-08-18 10:59:43 165.0	dAM_ACK	0.2.1.3.15	报警确认	DI	ON
7	2021-08-18 10:59:43 085.5	dAM_ACK	0.2.1.3.15	报警确认	DI	OFF
8	2021-08-18 10:59:42 400.5	dAM_ACK	0.2.1.3.15	报警确认	DI	ON
9	2021-08-18 10:59:11 381.5	dPB_1102A	0.2.1.3.9	中控室辅操台XV_1102A急停关阀	DI	OFF
10	2021-08-18 10:59:10 420.0	dPB_1102A	0.2.1.3.9	中控室辅操台XV_1102A急停关阀	DI	ON
11	2021-08-18 10:59:10 394.0	dPB_1102A	0.2.1.3.9	中控室辅操台XV_1102A急停关阀	DI	OFF
12	2021-08-18 10:59:10 147.5	dPB_1102A	0.2.1.3.9	中控室辅操台XV_1102A急停关阀	DI	OFF
13	2021-08-18 10:59:09 297.5	dPB_1102A	0.2.1.3.9	中控室辅操台XV_1102A急停关阀	DI	ON
14	2021-08-18 10:58:49 415.5	dHXV_1102D_C	0.2.1.3.4	罐V-1102D切断阀关回讯	DI	OFF
15	2021-08-18 10:58:48 377.0	dHXV_1102D_C	0.2.1.3.4	罐V-1102D切断阀关回讯	DI	OFF
16	2021-08-18 10:58:48 370.5	dHXV_1102D_C	0.2.1.3.4	罐V-1102D切断阀关回讯	DI	ON
17	2021-08-18 10:58:48 025.0	dHXV_1102D_C	0.2.1.3.4	罐V-1102D切断阀关回讯	DI	OFF
18	2021-08-18 10:58:48 020.5	dHXV_1102D_C	0.2.1.3.4	罐V-1102D切断阀关回讯	DI	ON
19	2021-08-18 10:58:47 481.5	dHXV_1102D_C	0.2.1.3.4	罐V-1102D切断阀关回讯	DI	OFF
20	2021-08-18 10:58:47 453.0	dHXV_1102D_C	0.2.1.3.4	罐V-1102D切断阀关回讯	DI	ON
21	2021-08-18 10:58:43 087.5	dHXV_1102D_C	0.2.1.3.4	罐V-1102D切断阀关回讯	DI	OFF
22	2021-08-18 10:58:42 347.5	dHXV_1102D_C	0.2.1.3.4	罐V-1102D切断阀关回讯	DI	OFF
23	2021-08-18 10:58:42 310.0	dHXV_1102D_C	0.2.1.3.4	罐V-1102D切断阀关回讯	DI	ON
24	2021-08-18 10:58:38 317.5	dHXV_1102C_C	0.2.1.3.3	罐V-1102C切断阀关回讯	DI	OFF
25	2021-08-18 10:58:36 352.5	dHXV_1102C_C	0.2.1.3.3	罐V-1102C切断阀关回讯	DI	ON
26	2021-08-18 10:58:36 342.5	dHXV_1102C_C	0.2.1.3.3	罐V-1102C切断阀关回讯	DI	OFF
27	2021-08-18 10:58:35 171.0	dHXV 1102C C	0.2.1.3.3	罐V-1102C切断阀关回讯	DI	ON

图 8-25 SOE 浏览器界面

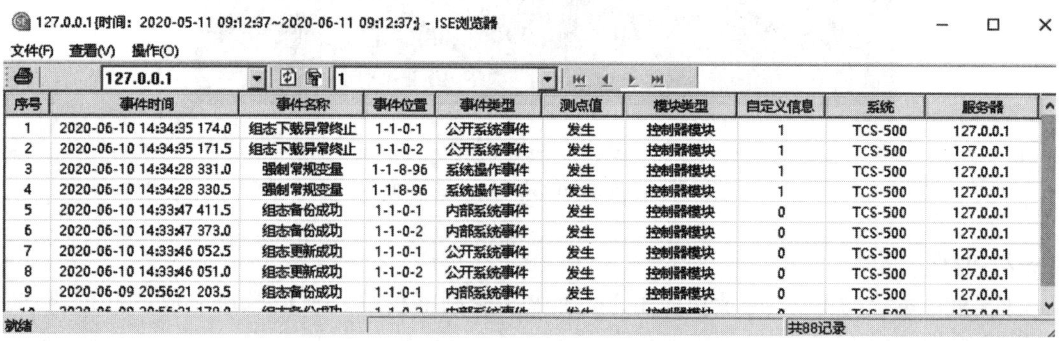

序号	事件时间	事件名称	事件位置	事件类型	测点值	模块类型	自定义信息	系统	服务器
1	2020-06-10 14:34:35 174.0	组态下载异常终止	1-1-0-1	公开系统事件	发生	控制器模块	1	TCS-500	127.0.0.1
2	2020-06-10 14:34:35 171.5	组态下载异常终止	1-1-0-2	公开系统事件	发生	控制器模块	1	TCS-500	127.0.0.1
3	2020-06-10 14:34:28 331.0	强制常规变量	1-1-8-96	系统操作事件	发生	控制器模块	1	TCS-500	127.0.0.1
4	2020-06-10 14:34:28 330.5	强制常规变量	1-1-8-96	系统操作事件	发生	控制器模块	1	TCS-500	127.0.0.1
5	2020-06-10 14:33:47 411.5	组态备份成功	1-1-0-1	内部系统事件	发生	控制器模块	0	TCS-500	127.0.0.1
6	2020-06-10 14:33:47 373.0	组态备份成功	1-1-0-2	内部系统事件	发生	控制器模块	0	TCS-500	127.0.0.1
7	2020-06-10 14:33:46 052.5	组态更新成功	1-1-0-1	公开系统事件	发生	控制器模块	0	TCS-500	127.0.0.1
8	2020-06-10 14:33:46 051.0	组态更新成功	1-1-0-2	公开系统事件	发生	控制器模块	0	TCS-500	127.0.0.1
9	2020-06-09 20:56:21 203.5	组态备份成功	1-1-0-1	内部系统事件	发生	控制器模块	0	TCS-500	127.0.0.1

图 8-26 ISE 浏览器界面

与 HMI 软件之间的数据通信。在此节中，我们以 i-PowerSight 为例进行介绍。

i-PowerSight 是中控专为大型分布式应用领域而研究开发的大型 SCADA 软件平台。SCADA 是一类功能强大的计算机远程监督控制和数据采集系统，综合利用了计算机技术、控制技术、通信与网络技术。i-PowerSight 主要应用于油气长输管线、城市热网、电网输配电、长距离水传输、污水处理、环保监控、市政交通等多个领域。

i-PowerSight 软件平台采用模块化设计，可根据需求新增、裁减或组合模块/服务；支持二次开发，提供 I/O 驱动开发接口（开发新的通信协议接口）、流程图控件嵌入、操作面板、脚本、报表逻辑等功能；可以通过相应的数据库连接驱动，将实时数据（OPC、ODBC 数据源）、历史数据（ODBC 数据源、SQL）等输入关系型数据库；可支持 1∶1 服务器冗余、客户端 DNS（域名系统）解析、服务器自诊断、冗余切换、历史数据冗余存储；支持操作分组，不同岗位对应的操作界面、权限、报警、报表等不同，支持操作岗位冗余（加载相同的操作小组）和切换；提供统一接口，采用 XML（可扩展标记语言）技术，可接入第三方监控系统位号组态信息，无须二次组态。

i-PowerSight 由实时监控软件（即运行客户端）、组态软件、实时数据服务器软件、历史数据服务器软件、报警软件、I/O 驱动接口软件、报表软件、数据采集器软件构成，其结构如图 8-27 所示。

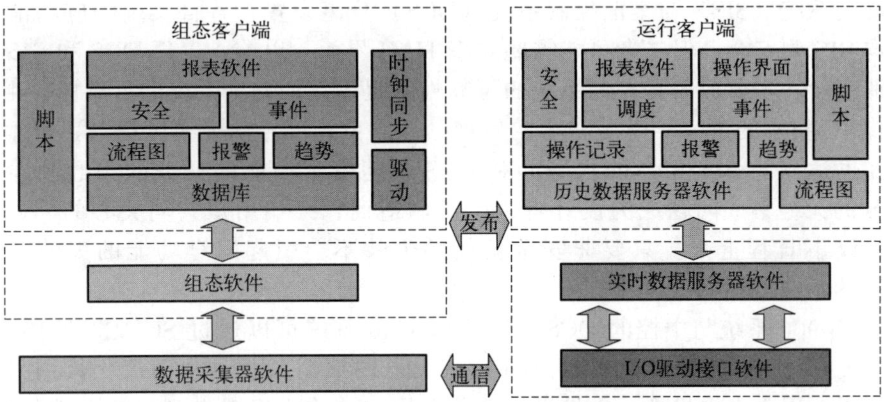

图 8-27　i-PowerSight 软件结构图

进行 i-PowerSight 工程组态时，可以参考图 8-28 所示流程展开。

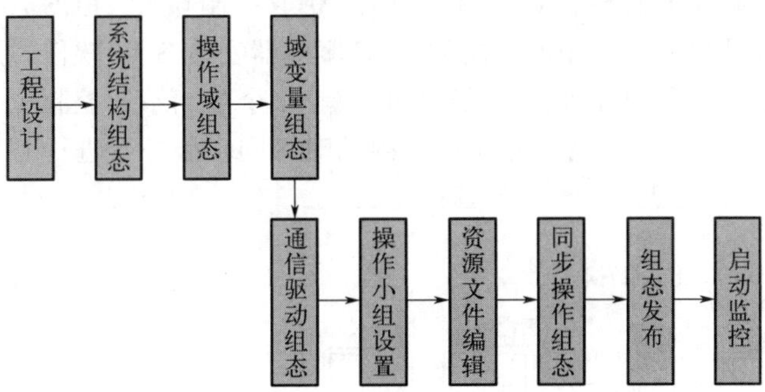

图 8-28　i-PowerSight 工程部署步骤图

以工程案例项目为例，进行数据库位号同步后，结合 SafeContrix 中的联锁逻辑，即可在流程图中绘制联锁逻辑画面、添加动态数据、制作动态效果等，图 8-29 为绘制完成的联锁流程图。

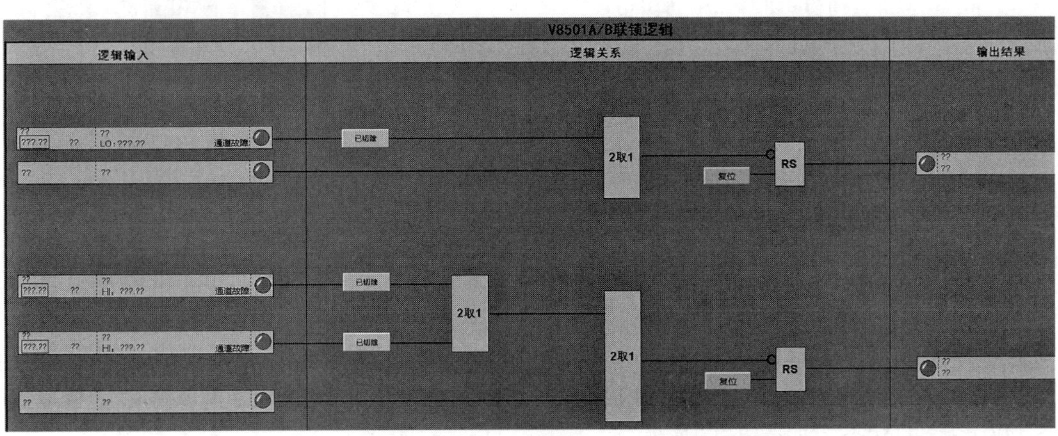

图 8-29　i-PowerSight 联锁流程图

8.4 DCS与SIS的集成管理

安全仪表系统（SIS）与集散控制系统（DCS）分离设置，各自实现相应功能，DCS侧失效不影响SIS侧安全，但二者可能需要共享HMI界面。以前，工厂DCS和SIS往往分别设计、分别建设，主要原因是控制系统的可靠性不足以保证安全系统的可靠性，由于近十年以来，随着3C技术的进步，DCS技术的发展，控制系统可靠性大幅度提高，成本降低，系统的健壮性也达到与SIS相当的水平，对DCS承担安全功能的任务的担心减少了，使得DCS与SIS的无缝集成问题成为设计者、生产制造商、终端用户共同关心的问题，并且已提到应用的议事日程上来。只要非安全功能的失效不会引起安全功能的失效，即可考虑DCS与SIS的集成使用。

中控TCS-900系统与中控的DCS产品ECS-700系统可以通过SCNET网络无缝连接，操作员通过统一的VF软件平台同时访问DCS和SIS实时数据，从而简化数据采集与管理过程，有效减少用户成本投入。中控设计的信息层一体化方案在做到对安全性保证的同时，也为用户提供了维护的便利性。

图8-30展示了TCS-900系统与ECS-700系统的集成组网方式，可以在操作域0内的工程师站中安装SAFECONTRIX软件、VF软件，用来获取控制域0（ECS-700系统）和控制域1（TCS-900系统）的位号数据；操作域0内的SOE服务器安装SOE软件，用来获取控制域0和控制域1的SOE数据，一个SOE服务器最多可支持64个控制站；控制域0内的ECS-700系统和控制域1内的TCS-900系统，均与操作域0内的时钟同步服务器进行时钟同步。

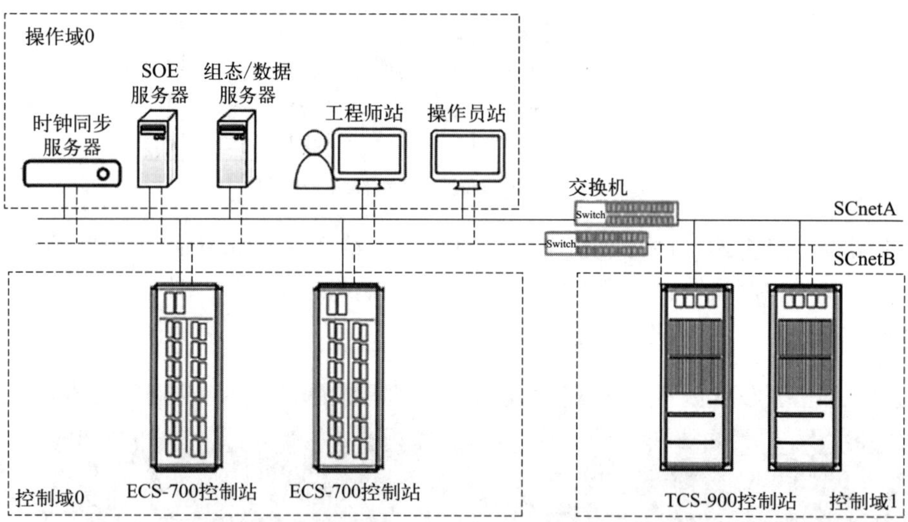

图8-30 TCS-900系统与ECS-700系统的典型组网方式

通过VF软件集成TCS-900到ECS-700时，需要按图8-31流程进行组态操作。

其中，SISPatch可在SafeContrix软件包中安装，用于集成中控VisualField软件或中控i-PowerSight软件，将SIS数据接入，实现对实时数据、诊断数据、趋势数据等的监控。

通过导入或直接编辑的方式在VF工程中添加TCS-900系统组态，完成编辑后就可以将TCS-900系统组态发布到VF工程内的其他节点。此时在VF实时监控软件中，可以查看TCS-900系统的状态，如图8-32所示。

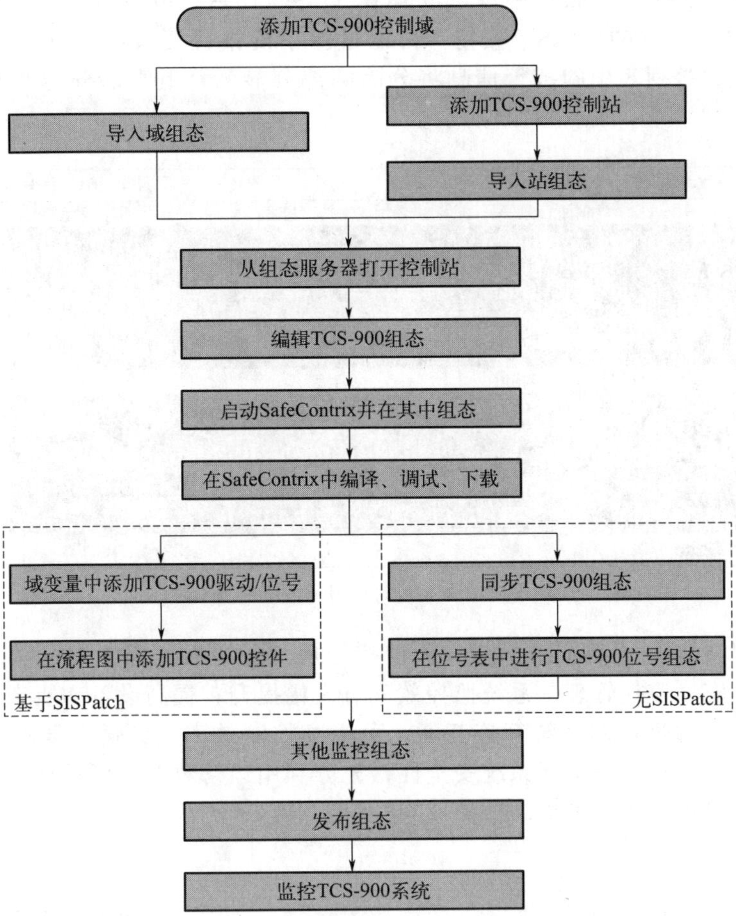

图 8-31　TCS-900 系统集成到 ESC-700 的操作流程图

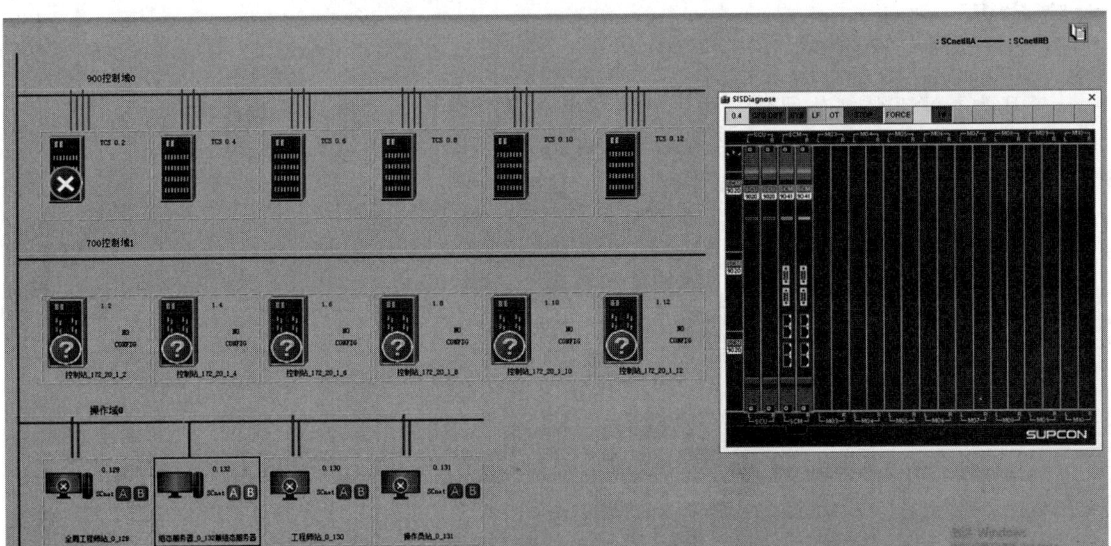

图 8-32　VF 实时监控画面中的 TCS-900 状态

同样，在 VF 实时监控软件中也可以查看 TCS-900 系统报警与过程报警。通过“系统报警”对话框中右下角的“SIS”按钮，可以过滤系统报警列表中的 TCS-900 报警，单击“SIS”后，系统报警列表中的报警信息将分为两部分显示，上半部分为 TCS-900 报警，下半部分为 ECS-700 报警，如图 8-33 所示。

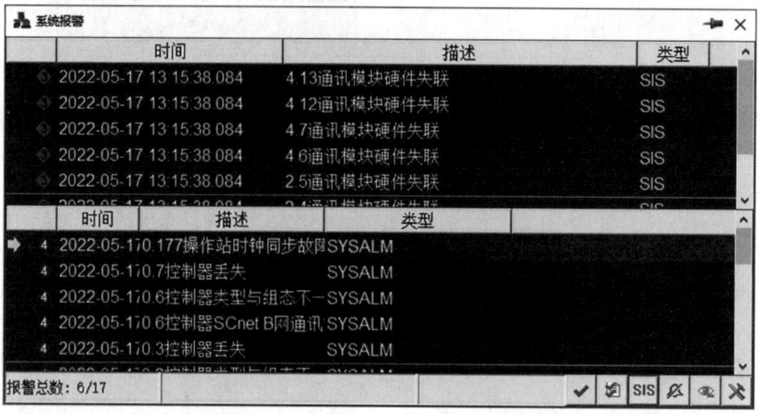

图 8-33　VF 实时监控中的系统报警

综上，可以看出 DCS 与 SIS 的一体化监控管理，能够通过智能化控制，有效降低人员参与度；统一组态、监控管理，系统监控效率可大幅提升；提高设备功能集成度，可降低项目综合建造成本；通过控制系统互连互通，可提高控制效率；加强人员监控，降低安全隐患，运用多重技术防护，可保证系统安全性；充分利用运营数据，可提高企业管理效率；实现智能化监控及管理设备，可提高维护效率。

第8章　在线测试题

本章作业

项目基本情况见拓展阅读 8.2 第 8 章作业信息（SIS），请依据信息完成：

① 系统硬件的选型、系统架构设计、测点排布等。

② 结构组态、硬件配置、位号组态、流程图组态、程序组态、程序调试等。

第8章　作业信息及参考答案

第4篇

工业控制装备应用实践

工业控制装备系统设计开发是一门应用性很强的技术，需重点培养学生的工程应用能力和实践创新能力，本篇重点讲解工业控制装备应用实践相关的内容，通过设计方法的讲解、实验和实习项目的实践练习，使读者具备实际工业控制装备复杂工程项目的设计开发和运行调试能力。第 9 章讲解工业控制装备应用系统的设计方法，并以污水处理 PLC 系统、聚丙烯生产 DCS 2 个实际工程案例介绍实际项目开发过程。第 10 章为工业控制装备应用实验，使学生体验 PLC 系统、DCS、SIS 设计、开发、调试的完整流程。第 11 章为工业控制装备应用实习内容，给出了实习任务要求和必要的方案设计要求，并通过电子资源动态更新实习项目库，使读者体验实际工程项目和创新实践项目的开发投运过程。

第9章 工业控制装备应用系统设计

9.1 系统综合设计场景案例

工业控制装备应用的场景很广，本节以分布式污水处理系统和金橙氯化反应控制系统为例介绍其应用场景。

水处理系统是指通过物理和化学措施，使水质达到一定使用标准的系统，广泛应用于核电站、污水处理厂、石化企业等。水处理控制系统一般采用 PLC 控制系统，由现场设备、智能仪表、就地控制站、计算机操作站、工业交换机等组成，完成水处理过程的工艺参数监控和生产数据采集等功能。

分布式污水处理系统为水处理行业的典型系统，常见的污水处理服务包括泵站前池应急处理、污水水质一体化处理、水质净化应急处理等，用于处理雨水渠来水、污水泵站来水等。图 9-1 为某泵站水质净化应急处理系统结构，污水处理系统距泵站 2km，处理能力为 6 万 t/d。污水经过混凝沉淀后进入 CBS（高效沉淀三相增强生物反应膜耦合技术）反应器，进行生化反应和滤池过滤，最后进行滤布过滤，达标后排放。污水处理系统包括粗格栅、高效沉淀池、膜格栅、生物膜反应器、污泥脱水间、污泥池、配电间、机柜间、控制室等。

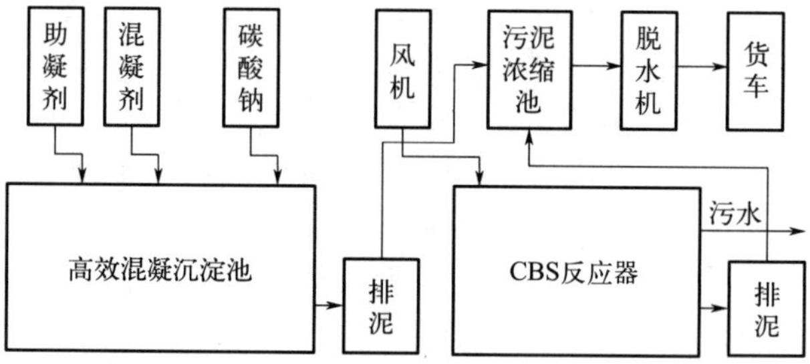

图 9-1　泵站水质净化应急处理系统

图 9-2 为调节池控制工艺流程图，包括集水坑、地沟、调节池，污水经调节池抽出，送至高效沉淀池。调节池用于调节高效沉淀池进水流量，图中，M 代表泵或阀，FIT 表示流量指示变送器，COD 是化学需氧量，TP 是总磷，LIT 代表液位指示变送，FIQ 代表累积流量指示，PI 为就地压力指示，LS 为液位开关，AT 为分析变送，用于监测 COD、pH 值、氨氮和总磷含量。控制系统配置点数：DI——282 点，DO——110 点，AI——80 点，AO——34 点。设计人员需要根据控制说明及附件 I/O 清册进行 PLC 硬件选型配置、PLC 程序编制和上位机程序编制。

调节池的控制说明如下：当总进水流量≥$417m^3/h$ 时，保持高效沉淀池进水管电动蝶阀处于打开状态，同时打开调节池进水管电动调节蝶阀，通过控制调节池进水管电动调节蝶阀的开度，使高效沉淀池进水管流量低于 $417m^3/h$，多余水量进入调节池，调节池提升泵

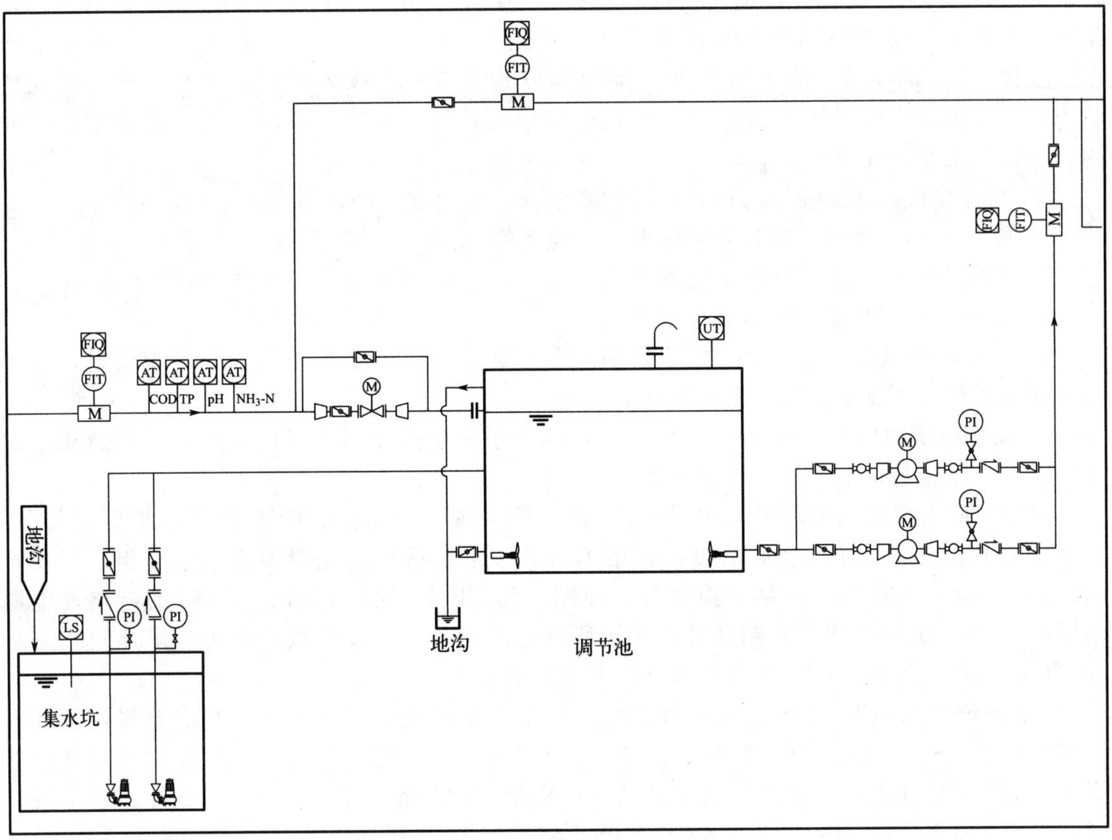

图 9-2 调节池控制工艺流程

关闭；当 377m^3/h≤总进水流量≤417m^3/h 时，保持高效沉淀池进水管电动蝶阀处于打开状态，关闭调节池进水管电动调节蝶阀，调节池提升泵关闭；当总进水流量低于 377m^3/h 时，保持高效沉淀池进水管电动蝶阀处于打开状态，关闭调节池进水管电动调节蝶阀，启动调节池提升泵，调节池提升泵为变频，保证高效沉淀池进水流量及调节池提升泵出水流量之和为 377～417m^3/h。调节池液位联锁说明如表 9-1 所示。

表 9-1 调节池液位联锁要求

序号	参数名称	参数设定值/m	超过设定值后		低于设定值后	
			报警	联锁动作	报警	联锁动作
1	高高液位	6	高高报警	现场排查是否有设备故障	取消高高报警	
2	高液位	5.8		不允许打开调节池进水管电动调节蝶阀		
3	低液位	0.7		允许启动调节池提升泵		不允许启动调节池提升泵
4	低低液位	0.3	低低报警		取消低低报警	现场排查是否有设备故障

当实际工程项目工艺流程比较复杂，控制的模拟量 I/O 点数较多或安全联锁要求较高

时，一般采用 DCS 或 SIS 系统实现监测和控制功能。若化工生产涉及国家重点监管的危险化工工艺，需要设置 DCS 与 SIS 系统。

金橙（芘蒽酮）是一种还原染料，氯化反应是其核心生成单元，由 T 酸、氯、碘在硫酸中发生氯化反应得氯化 T 酸。进入氯化反应釜的硫酸是由原料硫酸和发烟硫酸混合而成的，一批次工作过程包括：

① 将硫酸和发烟硫酸打入各自的计量高位槽，缓缓放入闭环釜。

② 搅拌一定时间后，控制调整酸度在一定范围。

③ 开尾气吸收系统，氯化反应釜投入定量 T 酸后，迅速升温至需要的温度后保温。

④ 降温至釜内温度一定温度时投入碘。

⑤ 冰盐水降温至釜内温度一定温度时向釜内通氯气，当釜内压力达到一定值时，关闭釜上通氯阀和氯气流量计阀，进行氯化。

⑥ 反应一定时间后，取样。当 2-甲基蒽醌低于一定温度时，反应结束，关闭通氯系统各阀门，停止通氯，生成的物料进入下一工序。

氯化反应需要采用 DCS 和 SIS 控制系统进行生成过程监控。DCS 控制系统要求如下：控制室集中监控；设置冗余通信接口，用于与 SIS 系统通信。配置要求：电气柜、工程师站、操作员站、操作台、网络交换机等，控制站的 CPU、网络接口、I/O 通信链路及电源模块必须 1∶1 冗余配置。控制功能：现场所有监测信号的采集；按操作过程顺序自动完成批次操作；按具体控制要求实现监测、控制和联锁。

SIS 系统要求如下：SIS 系统必须采用国际权威认证机构安全认证的控制器系统及其数据网络连接；SIS 系统的中央逻辑处理器、I/O 模块、电源模块、内部通信模块等硬件设备安装在 SIS 系统机柜中，独立完成工艺装置的安全保护和紧急停车；SIS 辅助操作台上设置紧急停车手动开关；SIS 系统与 DCS 系统通信，在 DCS 操作站显示报警；在控制室设有 SIS 工程师站。SIS 系统监控画面如图 9-3 所示。

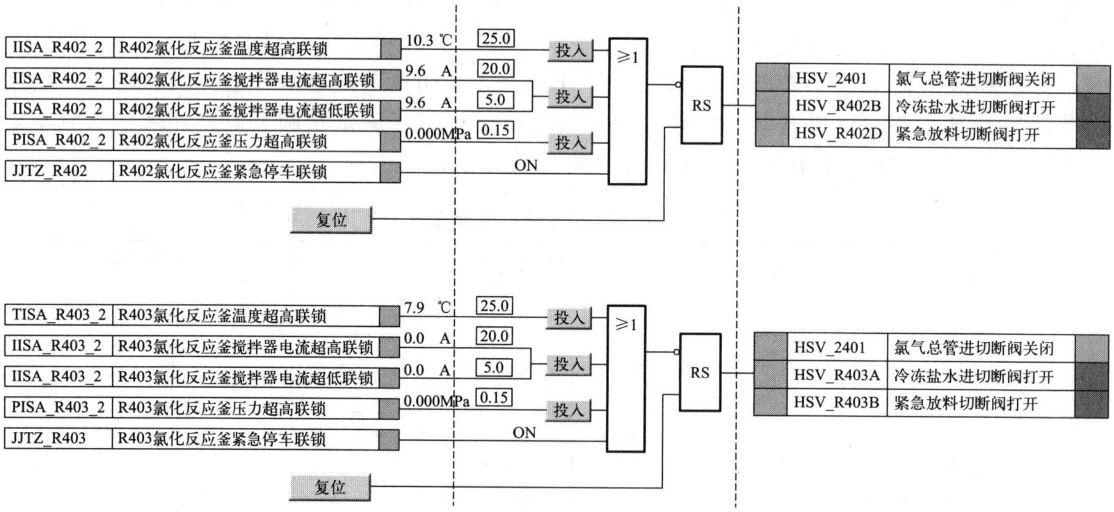

图 9-3　氯化反应 SIS 系统监控画面

要实现上述污水处理系统和氯化反应控制系统的工程项目，该如何设计和实施 PLC 控制系统、DCS/SIS 控制系统？读者可以根据前述章节学习的知识初步进行设计，后续内容中将介绍自动化系统设计和投运的规范流程，学习后可更全面规范地设计自动化系统。

9.2　工业自动化系统设计流程

视频 9.1　工业自动化系统设计

随着人工智能技术、工业物联网技术和智能感知技术的飞速发展，工业控制装备应用系统的方案设计、程序设计和系统实施都发生了根本性的变化，传统的设计方法已不能适应数字时代的根本需求。工程项目实践中，PLC、DCS、SIS 设计具有共同的特征和标准化的流程，总结产业工程项目经验，凝炼控制系统全过程设计的标准化流程，可为智能控制系统的设计与应用提供有效指导，减少大型自动化控制系统设计开发周期。

工程项目首先要用设计文件和设计图纸体现出来，自动化系统工程设计人员应具有正确的设计思想，要了解自动化技术工具（PLC、DCS、SIS 等）的特性和基本控制原理，了解装置特性和单元操作知识，熟悉技术资料查阅方法。工程设计的基本程序包括：初步设计、施工图设计、设计文件的审校与签署、安装施工、试生产考核、设计回访等过程。

9.2.1　PLC 自动化系统设计流程

1）确定工程文件规范

PLC 自动化系统设计需要确定工程项目设计用到的工程文件规范，不同行业都有自己的工程设计文件国家标准，如《化工装置自控专业工程设计文件的编制规范　自控专业工程设计用图形符号和文字代号》（HG/T 20637.2—2017）、《电气简图用图形符号》（GB/T 4728）、《电气技术用文件的编制》（GB/T 6988）、《石油化工安全仪表系统设计规范》（GB/T 50770—2013）、《油气管道工程建设项目设计文件编制标准》（GB/T 50644—2011）、《建材工厂工程建设项目设计文件编制标准》（GB/T 50718—2011）、《天然气处理厂工程建设项目设计文件编制标准》（GB/T 50692—2011）、《油气田地面工程建设项目设计文件编制标准》（GB/T 50691—2011）等。在相关国家标准和规范中规定了常见的电气图形符号（表 2-1）、电气文字符号（表 2-2）、化工装置自控专业基本框图符号（表 9-2）、分散控制/集中显示和逻辑控制的图形符号（表 9-3）、化工装置自控专业文字符号（表 9-4）。

表 9-2　化工装置自控专业基本框图符号

图形符号	功能说明	图形符号	功能说明
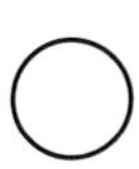	圆形框表示测量或信号读出功能		正菱形框表示手动信号处理功能
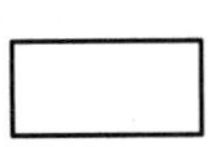	矩形框表示自动信号处理功能	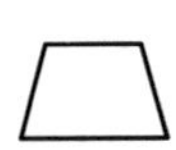	等腰梯形框表示最终控制装置，如执行机构等

表 9-3　分散控制/集中显示和逻辑控制的图形符号

类别	安装在现场 正常情况下操作员 不能监控	安装在主操作台 正常情况下操作员 可以监控	安装在辅助设备 正常情况下操作员 可以监控	安装在盘后或不与 DCS 通信 正常情况下操作员 不能监控
仪表		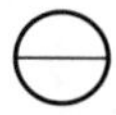	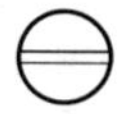	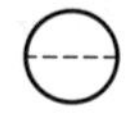
分散控制 共用显示 共用控制	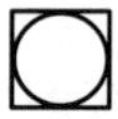	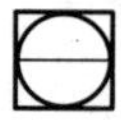	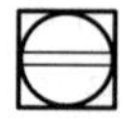	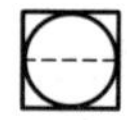
可编程逻辑 控制器		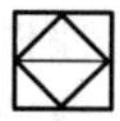		
计算机		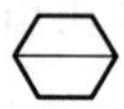		

表 9-4　化工装置自控专业文字符号

字母	首位字母		后继字母		
	被测变量或引发变量	修饰词	读出功能	输出功能	修饰词
A	分析		报警		
B	烧嘴、火焰		供选用	供选用	供选用
C	电导率			控制	
D	密度	差			
E	电压(电动势)		检测元件		
F	流量	比率(比值)			
G	毒性气体或可燃气体		视镜、观察		
H	手动				高值、限值
I	电流		指示		
J	功率	扫描			
K	时间、时间程序	变化速率		操作器	
L	物位		灯		低限、低值
M	水分或湿度	瞬动			中值、中间

化工装置自控专业常用图形符号的应用实例如下。

① 被测变量为液位，仪表采用差压变送器，功能为指示报警，如图 9-4、图 9-5。

② 被测变量为温度，仪表采用一体化温度变送器，功能为记录报警联锁，如图 9-6。

2）遵循工程设计原则

设计原则：需要通过查阅资料、深入现场、充分沟通、拟订方案等最大限度地满足被控

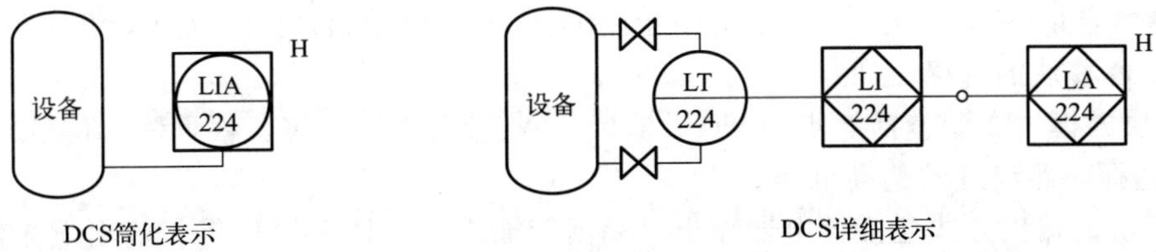

图 9-4　差压指示报警的图形符号 1

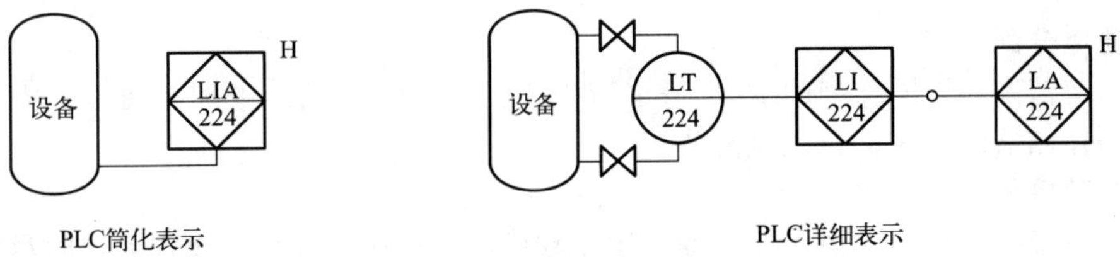

图 9-5　差压指示报警的图形符号 2

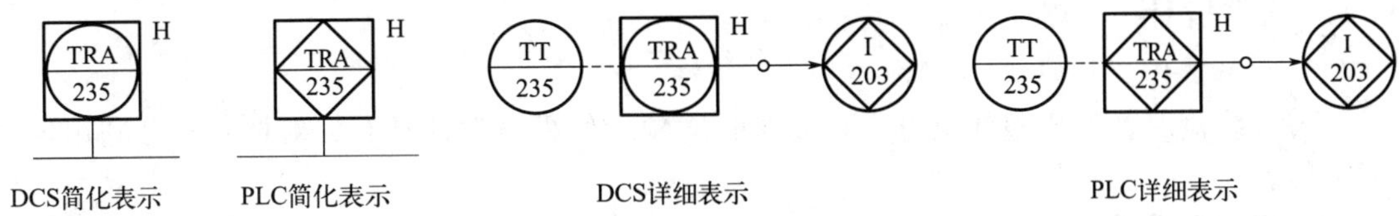

图 9-6　记录联锁报警的图形符号

对象的控制要求。满足要求的前提下，使控制系统简单、经济、操作方便，还应全面考虑控制系统安全、健康、环境方面的因素，考虑增加硬件冗余、联锁保护，减少频繁操作，避免危险环境操作，保护环境可持续发展。硬件设备应易于扩展和升级，选择 PLC 时留 20%余量。人机界面友好，能兼顾操作人员的习惯。

3）系统设计步骤

首先，深入了解和分析被控对象的工艺条件和控制要求，确定基本控制方式、控制指标、应完成的动作、自动工作循环的组成、联锁保护；然后，确定 I/O 设备，包括按钮、行程开关、选择开关、传感器等输入设备和继电器、接触器、指示灯、电磁阀、气缸等输出设备；根据 PLC 机型、容量、I/O 模块、电源模块、通信模块等选择合适的 PLC 硬件，完成 I/O 地址分配表、绘制 I/O 端子接线图，设计操作台、电气柜、非标准电气元件；进行现场施工，完成 PLC 程序和上位机程序的设计、下载与调试，进行正常工况和故障工况的调试；最后，编制技术文件。

4）硬件设计

（1）PLC 选型

PLC 选型要考虑性能与任务相适应、处理速度满足实时性、应用系统结构合理、机型系列统一等。

（2）PLC 容量估算

根据 I/O 点数，保留 20%余量。用户存储器容量的估算与 I/O 点数、控制要求、运算处理量、程序结构等有关。

经验公式：

存储器容量(KB)=(1～1.25)(DI×10+DO×8+AI/AO×100+CP×300)/1024

(3) I/O模块的选择

DI模块的模块类型包括8点/16点、直流24V/交流220V等，根据输入信号与PLC模块的远近选择，距离远的选高电压。

DO模块的输出方式包括继电器输出、晶闸管输出、晶体管输出等。输出电流选择：模块输出电流大于负载额定电流；电容性负载、热敏电阻负载接通时有冲击电流，留有足够裕量。同时接通的输出点数：输出模块同时接通的总电流值不得超过模块规定的最大允许电流。

(4) 通道分配

明确通道范围：不同类型的PLC通道范围不同。内部辅助继电器：明确各内部辅助继电器和数据存储器的用途，避免重复使用。

(5) 外部接线设计

包括电源接线、接地、输入接线等，大多数可以不做接地处理，条件允许时尽量接地抑制干扰。对于易造成事故的负载，在PLC之外设置事故开关、紧急停机装置等，使设备一旦发生故障能够及时切断引起事故的负载电源。

5) 软件设计

(1) 准备工作

了解系统概况，形成整体概念；熟悉被控对象，使程序设计具有针对性；充分利用软件编程环境。

(2) 程序框图设计

确定用户程序基本结构、程序设计标准和结构框图；根据工艺要求绘制各功能单元的详细功能框图，尽量采用模块化设计；绘制各模块内部的详细功能、顺序功能图等。

(3) 编写程序

可以借鉴典型的标准程序；注意符号表的使用。

(4) 程序测试

确认是否按设计要求运行；确认必要功能是否具备；确认发生意外事故的响应；确认对现场干扰等环境因素的适应能力；测试使用现场的运行情况，达到设计要求后下载到PLC投运。

(5) 编写程序说明书

便于程序设计者与现场工程技术人员进行程序调试与程序修改；一般包括程序设计的依据、程序设计与调试的关键点等。

6) 系统调试与检查

系统调试步骤包括对每个输入信号和控制信号做单独测试；对输入信号和控制信号做组合测试、总体综合测试。

9.2.2 DCS自动化系统设计流程

视频9.2 DCS项目实施流程

集散控制系统的设计主要包括集散控制系统的硬件设计和应用软件设计，从工程设计角度看，包括如下内容：系统规模、控制目标、项目组织、进度控制、硬件选型、软件设计、系统调试和人员培训等。DCS 自动化系统的设计流程包括总体设计、初步设计和工程化设计三个阶段。

1）总体设计

总体设计的目的是明确 DCS 的基本任务，进行可行性分析，明确 DCS 的控制范围、控制深度和控制方式。设计之前应明确 DCS 的控制范围。有些设备 DCS 只能监视其运行状态而不能实施控制，有些设备可以控制其启停和运行过程，应保证在设计中控制和监视的深度是可行的。同时，要明确工程师站、操作员站、应用站、打印机等人机接口的数量，确定 DCS 的分散程度。

2）初步设计

根据总体设计的硬件数量和控制范围等内容，进行硬件初步设计、软件初步设计、人机接口设计。

① 硬件初步设计：根据控制范围和控制对象确定 I/O 点的数量、类型、分布，从而确定 I/O 卡件数量；再根据控制任务确定控制器的数量与等级；依照工艺过程分布确定 DCS 网络系统架构和控制柜的数量与分布；根据运行方式要求，确定工程师站、操作员站、人机接口设备以及辅助设备数量，并确定与其他设备的通信接口数量与形式。

② 软件初步设计：根据顺序控制要求设计逻辑框图或写出控制说明；根据过程参数要求和工艺要求设计控制系统框图及联锁保护要求；针对控制设备提出的启停条件等控制要求给出单回路控制、设备驱动控制等通用功能的典型组态模式，并将其作为今后应用程序开发的基本模式；确定规定报警、归档等方面的原则。

③ 人机接口设计：人机接口设计需要确定画面的类型与结构，包括工艺流程图画面、过程控制画面、系统监控画面等，确定画面的范围以及相互之间的调用关系；还应完成画面颜色、字体、布局等形式的约定；确定报警、记录、归档等功能的设计原则，定义典型的设计方法。

3）工程化设计

工程化设计过程，实际上就是落实初步设计方案的过程。DCS 的初步设计一般由设计院完成，工程化设计则由 DCS 工程的承包商和用户实现，设计院、承包商和用户在这个阶段应密切联系和沟通，这部分工作是 DCS 系统成败的关键。

工程化设计基本流程：

① 施工图设计前的调研：发现设计阶段、DCS 定型后、试验后未解决的技术问题。

② 施工图开工报告：设计依据、自动化水平确定、控制方案确定、仪表选型、控制要求、动力供应、带控制点工艺流程图及有关材料选型等。

③ 设计联络：与 DCS 厂商联系，确定设计的界面，熟悉硬件、软件环境对设计的要求，解决 DCS 定型后遗留的技术问题，解决 DCS 系统外部设备的要求。

④ 施工图设计：DCS 设计文件目录、DCS 技术规格书、DCS 的 I/O 表、联锁系统逻辑图、仪表回路图、DCS 监控数据表、DCS 系统配置图、控制室布置图、端子柜布置图、工艺流程图、DCS 操作组分配表、DCS 趋势组分配表、DCS 生产报表、控制室电缆布置图、仪表接地系统图、操作说明书、控制功能图、通信网络设备规格表。

⑤ 设计文件的校审和会签。

⑥ 设计交底。

⑦ 施工、试车、验收和交工。

⑧ 技术总结和设计回访。

9.2.3 SIS 系统设计流程

SIS 系统工程作业流程包括合同评审、项目前期准备（任务分配、项目组成立、前期联络)、设计阶段（项目联络会、详细工程设计)、生产采购、出厂测试 FAT（工厂验收试验)、现场实施（开箱、安装、调试、现场培训、投运验收)、资料归档等环节。

首先，需要明确设计的基础和范围，这包括适用的标准和规范以及工程的设计要求。其次，要制订安全要求规范（SRS)，这涉及 SIS 的软硬件设计和验证。然后进行工程设计：根据 SRS，进行具体的工程设计，包括但不限于仪表及自动控制设备的选择和配置，以及仪表工程的实施。完成设计后，进行项目的实施和测试工作，包括现场服务、竣工资料的制作等。在实施过程中，需要进行工程设计评审，以及设计图纸、竣工资料的审核，确保所有工作符合设计要求。最后进行培训与技术支持。

整个流程中，强调了遵循 IEC 61508 和 IEC 61511 提供的国际通用技术规范和参考资料的重要性，以确保安全仪表系统的设计和实施满足安全完整性等级（SIL）的要求。

SIS 的安全要求非常高，必须按照安全认证的系统性规范标准执行。IEC 61511 提出了 SIS 安全生命周期（safety lifecycle，SLC）的定义，即从项目概念阶段开始，到所有的仪表安全功能（SIF）不再使用时，涉及仪表安全功能（SIF）的必要活动，如图 9-7 所示。

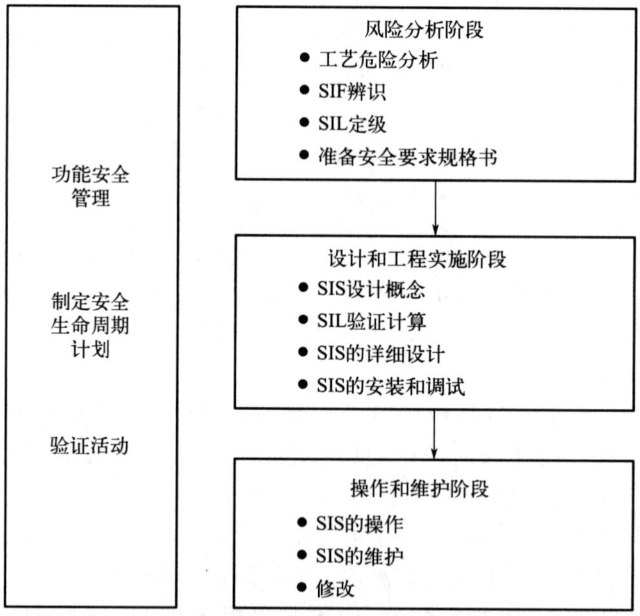

图 9-7　SIS 系统简化的安全生命周期架构

① 风险分析。涵盖了工艺危险分析、风险评估、SIF 辨识、SIL 定级以及安全要求规格书制订。

② 设计和工程实施。涵盖 SIS 的设计概念、SIL 验证计算、SIS 详细设计，以及 SIS 的

安装和调试。

③ 操作和维护。涉及在 SIS 整个使用年限内如何操作和维护系统，确保每个 SIF 的 SIL 能够持续保持。

9.3 水处理 PLC 控制系统工程案例

视频 9.3　水处理工程案例
视频 9.4　智慧环保平台解决方案

9.3.1 水处理控制系统设计思路

1）设计输入资料

设计输入资料主要是由工艺专业人员提供的相关资料，包括以下内容：

① 技术协议、联络会纪要：工艺流程、设备说明、设备清单、控制要求、控制说明、仪表控制清单等。

② 系统 P&ID 图、布置图：带控制点的工艺流程图、设备布置图等。

③ 工艺系统说明：系统设置的自动阀门，主要设备的不同状态及各状态的说明，各个工艺段转换的条件、过程等。

④ 工艺步序表：每个步序需要说明需要开启的阀门、水泵及仪表监控情况等。

⑤ 系统运行要求。

2）设计输出资料

水处理 PLC 控制系统硬件设计资料包括：

① 仪表设备清册：有就地仪表，也有远程控制仪表，同时根据工艺资料来编制详细的规格参数，为后续采购工作和程序编制提供基本的数据。

② 现场自动阀门、就地控制箱图纸：包括就地电磁阀箱、变频器柜、就地控制柜等。

③ I/O 清册：结合工艺提供的相关资料和控制系统技术协议，根据模块型号统计模块数量，根据槽位的一些规则算出槽架数。

④ PLC 接线图纸：包括 PLC 元件清单，PLC 柜内的电气元器件布置图，PLC 配置图，电源柜、程控柜接线图等。

水处理 PLC 控制系统软件设计资料包括控制说明书、下位机程序软件、上位机监控软件，控制说明书用于说明控制方式、控制功能、控制程序流程等。

9.3.2 水处理系统运行要求

在核电或火电机组中，为了提高汽水品质、提高机组的安全性、缩短机组的启动时间，设置了凝结水精处理系统对凝结水进行 3×50％精处理。每台机组设置一套精处理混床单元，主要由三台高速混床、一台再循环泵和一套旁路系统组成，精处理系统流程为：凝汽器热井来水→凝结水泵→精处理混床单元（CD）→轴封冷却器→低压加热器→除氧器。

两台机组精处理混床单元共用一套体外再生设备，采用体外再生、高塔分离技术，系统再生流程为：精处理混床→树脂分离塔（SPT）→阴塔（CRT）→阳塔（ART）→树脂贮脂塔→精处理混床，如图 9-8 所示。

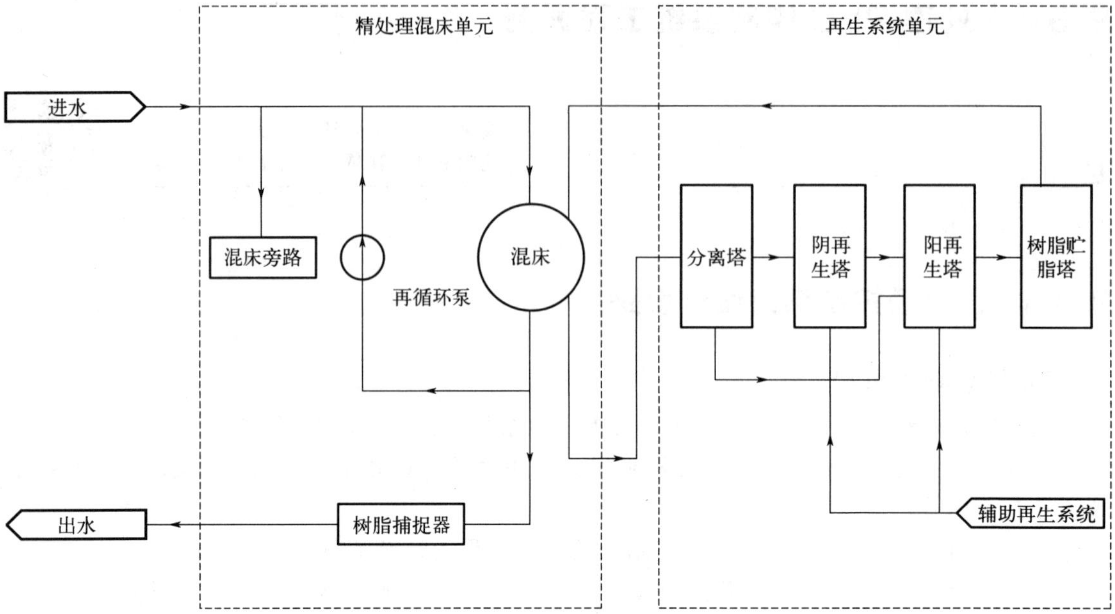

图 9-8 核电厂水处理系统工艺流程

混床系统的部分 P&ID 图（带控制点的工艺流程图）如图 9-9 所示。

在凝结水精处理系统中，通常设置三台混床。混床主要用来减少凝结水中的金属阳离子含量和硅含量，并降低凝结水的导电度，从而达到提高水质的目的。每台混床一般设置七只气动自动阀门：进水阀、出水阀、出水再循环阀、排气阀、进脂阀、出脂阀和升压阀。有时，考虑到二次混脂，会增加一只泄压阀。每套混床系统另设有再循环泵入口阀、进脂总阀、出脂总阀、进脂管冲洗水总阀、出脂管冲洗水总阀、压缩空气总阀、排水总阀和树脂中间阀。每台混床有以下几种状态：离线、升压、备用、再循环、运行、运行退出、泄压、树脂输出、等待树脂输入、树脂输入。

系统运行要求如下：

① 实现系统全过程程序控制。混床的投运、停运、解列、树脂的输送、分离、再生、混合等步骤均采用 PLC 进行程序控制，包含备用混床自动投入、失效混床自动退出、旁路系统自动打开至设定开度、树脂自动输送、失效树脂自动再生；当凝结水进出水母管差压或进水温度超过设定值时，自动 100%开启旁路阀门保证混床等设备安全等操作。

② 实现状态显示。系统运行、再生、失效停运、所有泵和风机的工作状态（包括两台废水泵的工作状态），全开/全关阀门状态、调节阀开度、程控步序等。

③ 实现模拟量显示。各类设备的压力、流量、温度、水质指标、液位等。

④ 报警内容包括参数越限、设备状态异常、程序故障中断、电源故障等。

⑤ 系统采用 PLC 控制、LCD 操作员站进行监控。LCD 操作员站显示工艺流程及测量参数、控制对象和状态。所有被监控的信息均能打印记录。凝结水精处理的状态和主要测量参数可送往主控室，并留有网站接口。

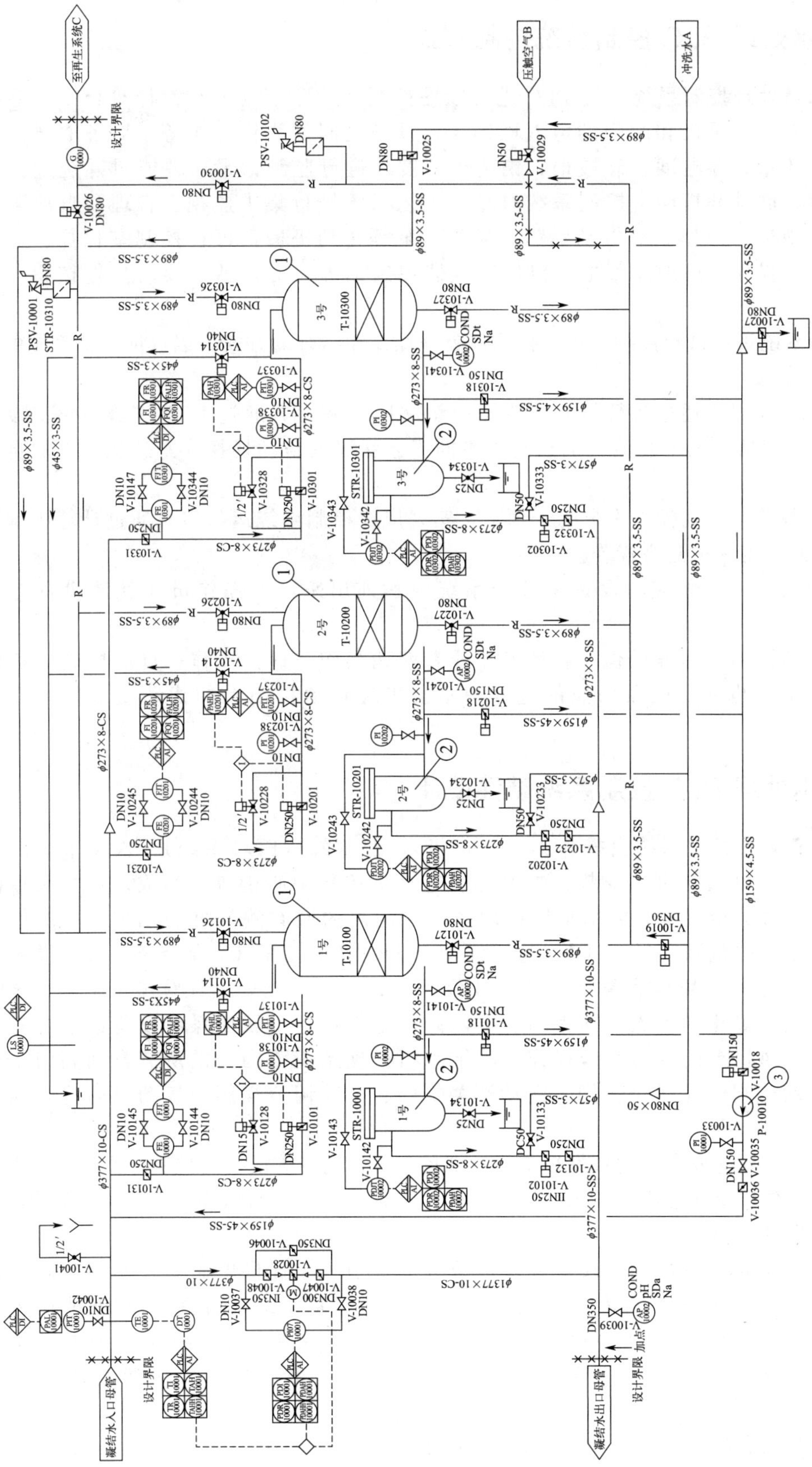

图 9-9　混床系统 P&ID 图

9.3.3 水处理PLC控制系统控制方式

凝结水精处理控制系统采用PLC进行顺序控制，顺序控制逻辑设计符合工艺系统的控制要求。对泵、风机和阀门的电气联锁，各设备之间的联锁保护等，对各取样点的温度、压力、流量、导电度、硅酸根、钠离子浓度等进行监测记录，并能对系统进行故障显示、报警、联锁和打印。控制系统对整个工艺系统进行集中监视、管理和自动顺序控制，并可实现远方操作。对电动阀门、风机、泵等转动机械，可在控制室程控、远方控制及就地柜上操作。就地控制柜（包括变频器控制柜等）上包括必要的操作按钮、开关和信号灯等。

本控制系统采用自动控制、远方操作和就地操作相结合的方式，以保证整个系统的可靠运行。

① 自动控制时，通过执行与工艺要求一致的PLC程序，通过LCD实施对整套设备的控制和显示，包括系统工艺流程的运行，不同工艺状况的自动切换，紧急状态下的自动停机、报警等。

② 远方操作时，在操作人员的干预下，实现成组控制系统运行以及通过计算机键盘对现场设备实现一对一的远方操作。

③ 就地操作时，相应的设备从整个系统中解列出来，由操作员在就地设备上进行操作。

以上自动控制—远方操作—就地操作或者就地操作—远方操作—自动控制的切换都是无扰平滑的，也就是说在切换的过程中不会出现自动控制上的扰动或工艺流程上的紊乱。

9.3.4 水处理PLC控制系统硬件设计

凝结水精处理控制系统由操作站（上位机）、控制站（PLC系统）、现场采集仪表及就地操作设备（电磁阀箱、变频器控制柜、电动机控制中心柜等）组成。现场采集仪表包括热工仪表和分析仪表。凝结水精处理系统范围内的所有测量控制仪表、一次仪表及其附件，包括：热电阻、过程开关、流量孔板、SIGNET流量计、树脂检测器、差压变送器、压力变送器、磁翻板液位计、雷达液位计等；钠表、硅表、计算型pH表、导电度表、酸碱浓度计等化学仪表；变频器、电磁阀等电气设备。就地操作设备：主要完成对阀门、水泵、风机等设备的就地操作。凝结水精处理系统范围内的所有自动阀门，有气动蝶阀、气动球阀、气动隔膜阀、电动开关蝶阀、电动调节蝶阀、气动三通混合阀、取样电磁阀等。

控制站：主要完成现场的数据采集和对现场电机、阀门等设备的控制。操作站：人机界面管理、各种数据及动态流程显示、报警管理、实时与历史数据趋势、逻辑和联锁功能的管理、系统管理等。

电磁阀控制如图9-10，进线电源由电源分配柜引入，提供电磁阀控制部分电源，当盘/柜失电后，失电信号会送入PLC进行报警提示。提供PLC远程控制和就地控制两种方式控制气动阀的通断。系统由公用单元、双电控电磁阀控制单元和单电控电磁阀控制单元三部分构成，PLC的开阀和关阀信号控制对应电磁阀通断，达到气动阀控制的目的。

PLC硬件设备的部分I/O清册如表9-5所示。

表 9-5 I/O清册

序号	标签号	标签名称	图号	类型	量程低限	量程高限	单位	信号类型
162	01LDP51AA0023	酸计量箱进酸阀已开	K0609-03	DI				NO
163	01LDP51AA0024	酸计量箱进酸阀已关	K0609-03	DI				NO
164	01LDP51AA0041	酸喷射器进酸阀开	K0609-03	DO				NO
165	01LDP51AA0043	酸喷射器进酸阀已开	K0609-03	DI				NO
166	01LDP51AA0044	酸喷射器进酸阀已关	K0609-03	DI				NO
167	01LDP51AA0121	酸喷射器进水阀开	K0609-03	DO				NO
168	01LDP51AA0123	酸喷射器进水阀已开	K0609-03	DI				NO
169	01LDP51AA0124	酸喷射器进水阀已关	K0609-03	DI				NO
170	01LDP51CF101	酸稀释水流量	K0609-03	AI	0	10	t/h	4～20mA
171	01LDP51CQ101	稀酸浓度	K0609-03	AI	0	5	%	4～20mA
172	01LDP56PL	酸碱系统电磁阀箱失电	K0609-03	DI				
173	01LDP56RC	酸碱系统电磁阀箱远控	K0609-03	DI				
174	01LDP61AA0021	碱计量箱进碱阀开	K0609-03	DO				NO
175	01LDP61AA0023	碱计量箱进碱阀已开	K0609-03	DI				NO
176	01LDP61AA0024	碱计量箱进碱阀已关	K0609-03	DI				NO
177	01LDP61AA0041	碱喷射器进碱阀开	K0609-03	DO				NO
178	01LDP61AA0043	碱喷射器进碱阀已开	K0609-03	DI				NO
179	01LDP61AA0044	碱喷射器进碱阀已关	K0609-03	DI				NO
180	01LDP61AA0101	碱喷射器进水阀开	K0609-03	DO				NO
181	01LDP61AA0103	碱喷射器进水阀已开	K0609-03	DI				NO
182	01LDP61AA0104	碱喷射器进水阀已关	K0609-03	DI				NO
183	01LDP61CF101	碱稀释水流量	K0609-03	AI	0	9	t/h	4～20mA
184	01LDP61CQ101	稀碱浓度	K0609-03	AI	0	5	%	4～20mA
185	01LDP61CT101	稀碱温度	K0609-03	AI	0	40	℃	4～20mA
186	01LDP71CP101	仪用压缩空气压力	K0609-03	AI	0	1	MPa	4～20mA

控制柜配置优化设计方面：

① I/O模件采用接插式端子，能更换所有的I/O模件，而不用改变盘/柜与其他的连接线；

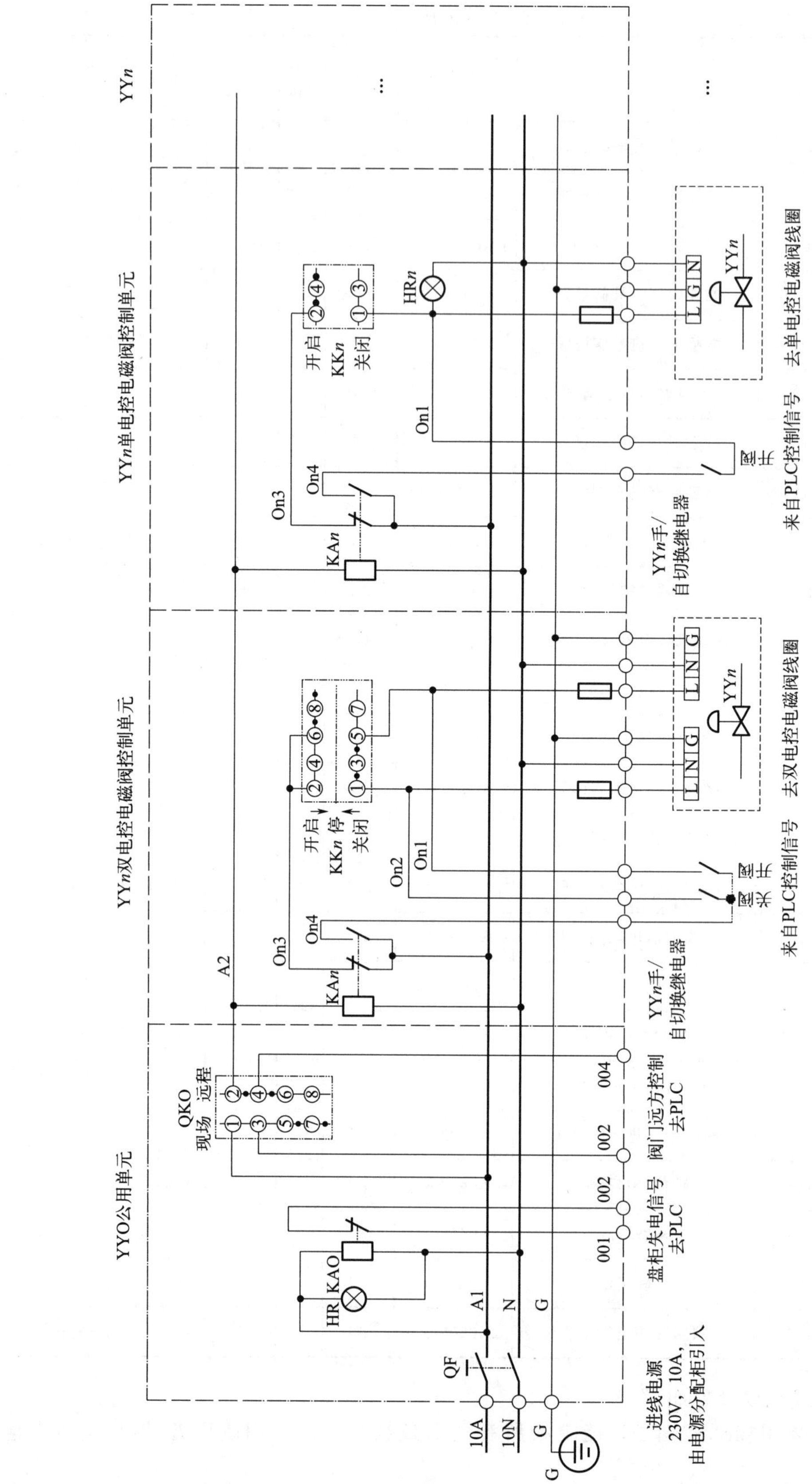

图 9-10 电磁阀箱气动阀用双电控及单电控电磁阀控制原理图

② 为了便于检修人员维护，所有 DO 输出均采用中间继电器进行隔离，包括备用的 DO 点在内，并将备用中间继电器的输出接线至端子上，如今后需要增加输出，只需要接线到端子上；

③ 所有的 I/O 备用点接线至端子，如果系统需要增加设备，直接将设备的信号线和控制线接到端子上即可，无须对控制柜内的接线进行变动。

图 9-11　控制柜实物图

9.3.5　水处理 PLC 控制系统软件设计

控制方式要求如下：

① 设计方案满足在集控室和水处理就地控制室对水处理系统进行监控的要求，并考虑两处操作的闭锁措施以避免几个操作员站同时操作同一个设备。PLC 控制系统记录运行人员在集控室和水处理就地控制室的所有操作项目及每一次操作的时间。通过这些运行人员的操作记录，便于分析运行人员的操作意图。

② 水处理控制系统采用 PLC 进行数据采集和系统控制。控制系统能对整个水处理系统的运行、停止、冲洗、再生和故障等进行集中监视、管理、自动顺序控制、联锁保护及自动调节，并可实现远方操作。

③ 采用 LCD 操作站作为操作员站的人机接口，通过 LCD 画面和鼠标对整个水处理系统进行监视和控制，不再设置常规的仪表盘台和模拟屏。所有运行参数、报警信号均能打印记录。

④ 对于泵、风机和阀门等被控对象，除了在就地控制室 LCD 操作员站上遥控外，还能在 MCC 柜上的控制开关或阀门电动装置上的按钮进行就地控制，对于气动阀门，能在装于电磁阀箱上的按钮进行就地控制；远方/就地切换功能均在 MCC 柜和电磁阀箱上实现，并将“处于就地控制”信号输出至 PLC 控制系统。

控制功能要求：

① 水处理系统采用自动程序控制、远方操作及就地操作相结合的控制方式。程序控制设有步进操作、成组操作或单独操作等手段，并有跳步、中断或旁路等操作功能，还设有必要的步骤时间和状态指示、选择和闭锁功能。

② 存放液体的槽、池、箱都有液位计、液位开关或远传连续式液位变送器，并能在上位机上显示液位及各项报警。

③ 槽、池、箱出口的泵均与槽、池、箱上的液位计高低液位信号联锁（高低液位报警，低低液位停泵。所有泵的启动以对应槽、池、箱内的高或低液位为条件）。

④ 各气动阀门上设有阀门处于启、闭位置的反馈装置，其位置信号作为程序控制的条件。

控制程序：混床的操作可分为离线、升压、备用、再循环、运行、卸压、运行退出、树脂输出、等待树脂输入和树脂输入几个部分。树脂再生的操作分为树脂输出、树脂输入、树脂分离、阴树脂再生、阳树脂再生、阴树脂送阳床、树脂在阳床混合漂洗、混脂由阳床送到分离塔。操作界面提供给用户信息齐全、功能强大的信息中心，通过它操作人员可实现程序的闭锁/解锁、步进、步延、暂停等人工干预功能，并可及时了解程序的执行情况。混床系统程序流程如图 9-12 所示。

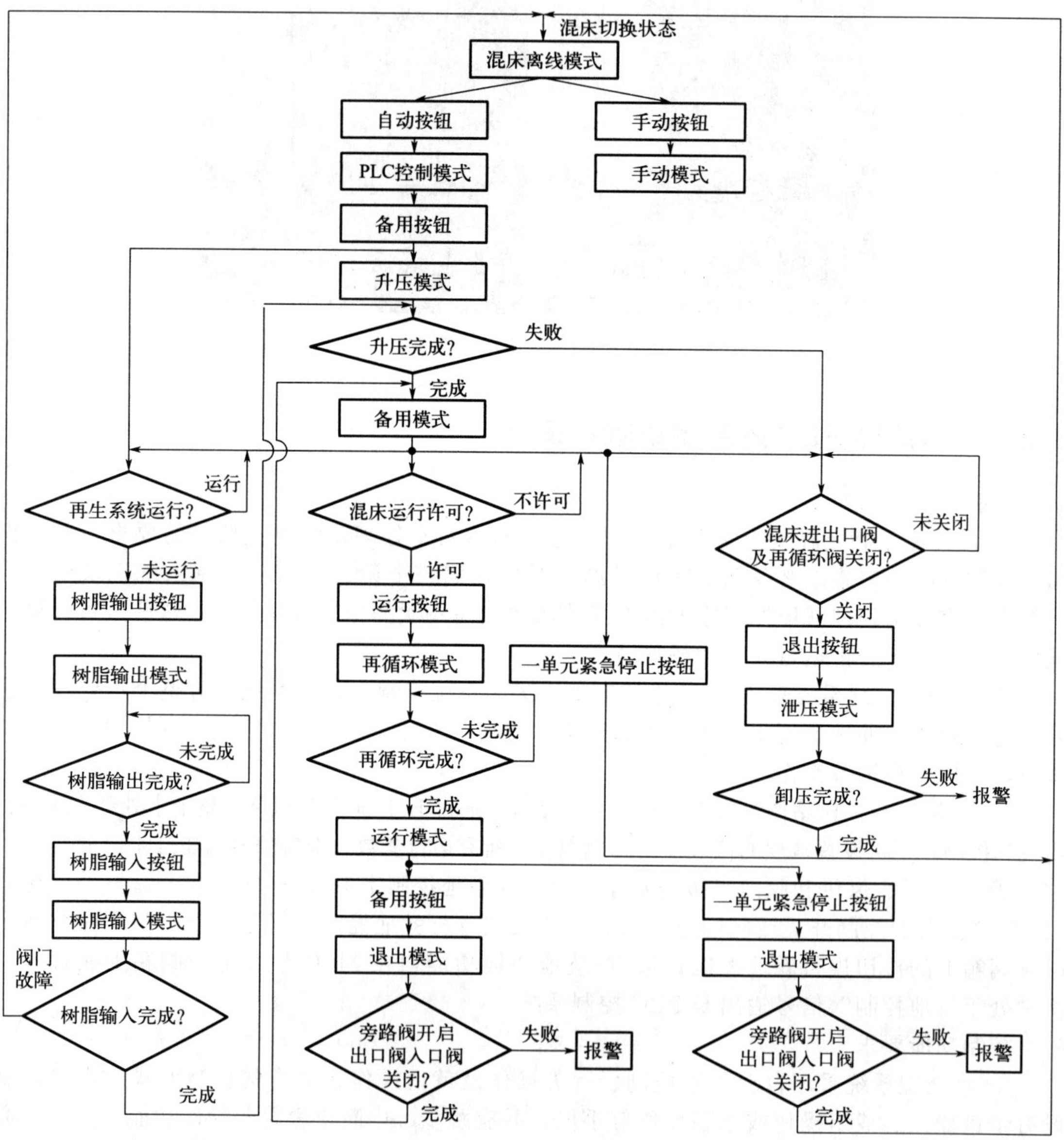

图 9-12 混床控制流程

下位机编程软件采用 SIMATIC Manager STEP 7 V5.6，逻辑程序基本采用梯形图语言 LAD 来编写实现。OB 组织块构成了 S7 CPU 和用户程序的接口，如图 9-13 所示。可以把全部程序存在 OB1 中，让它连续不断地循环处理，也可以把程序放在不同的块中，用 OB1 在需要的时候调用这些程序块。除 OB1 外，操作系统根据不同的事件可以调用其他的 OB 块。OB1 块是最重要的组织块，在 PLC 加电后首先执行，并确定其他组织块的运行顺序，用于调用、通信故障、模块故障、中断程序、冷复位、报警复位等控制用户程序的子块。

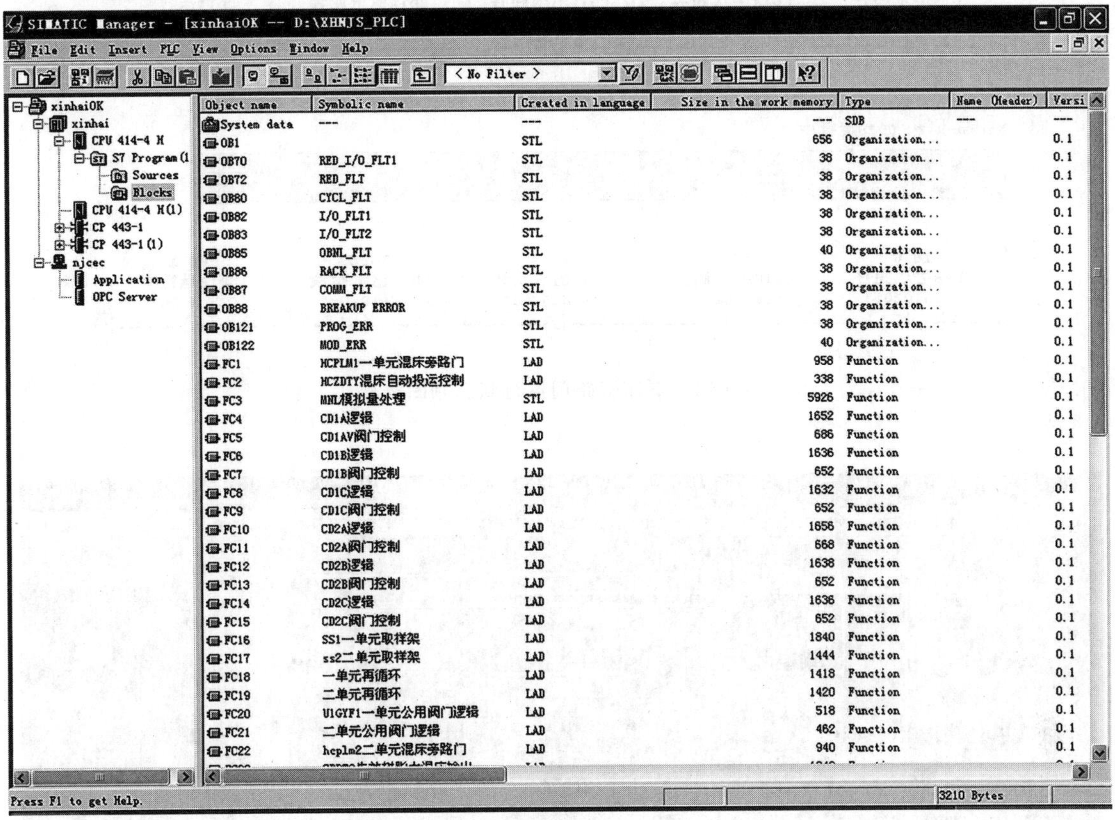

图 9-13　OB 组织块形式

FC 是类似于函数块的逻辑操作块，但是，其中不分配存储区。FC 不需要背景数据块。临时变量保存在局部堆栈中，直到功能结束。当 FC 执行结束时，使用的变量要丢失。FC1～FC44 用于逻辑实现、工艺参数设置、报警预设定等子功能块，混床旁路门运行状态判断的逻辑程序如图 9-14 所示。

上位机监控软件采用 IFIX 软件作为组态软件，西门子 PLC 与组态软件通信采用 OPC 方式进行，从软件编程的角度出发，提出两个提高通信速率的方法：

① 减少 PC 与 PLC 之间的通信变量。实际操作中，在 IFIX 中定义通信变量时，尽量把类型相同的数据组合成一个数组，减少变量以加快 PC 与 PLC 之间的通信。

② 减少 PC 对 PLC 的写入次数。应尽量减少 PC 往 PLC 写入数据的次数，对必须写入的数据采取变化时发送通信请求然后刷新数据的方法，可比较明显地提高通信速率。

为了使用户更好更多地了解设备的实际运行情况，在画面中提供了相关设备尽可能多的状态信息显示，这样用户就无须切换多个画面来了解该设备的运行状态。混床系统画面如图 9-15 所示。

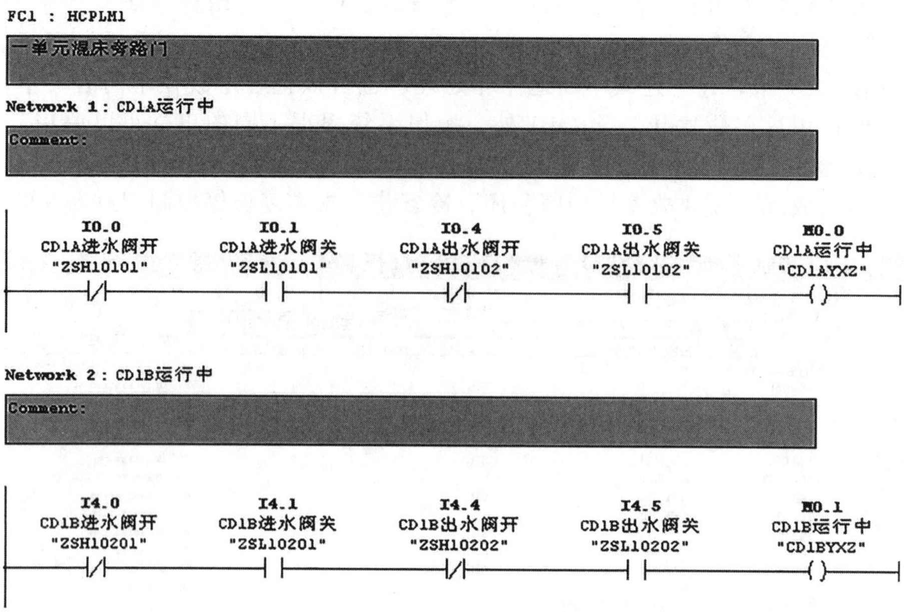

图 9-14　混床旁路门运行状态判断程序

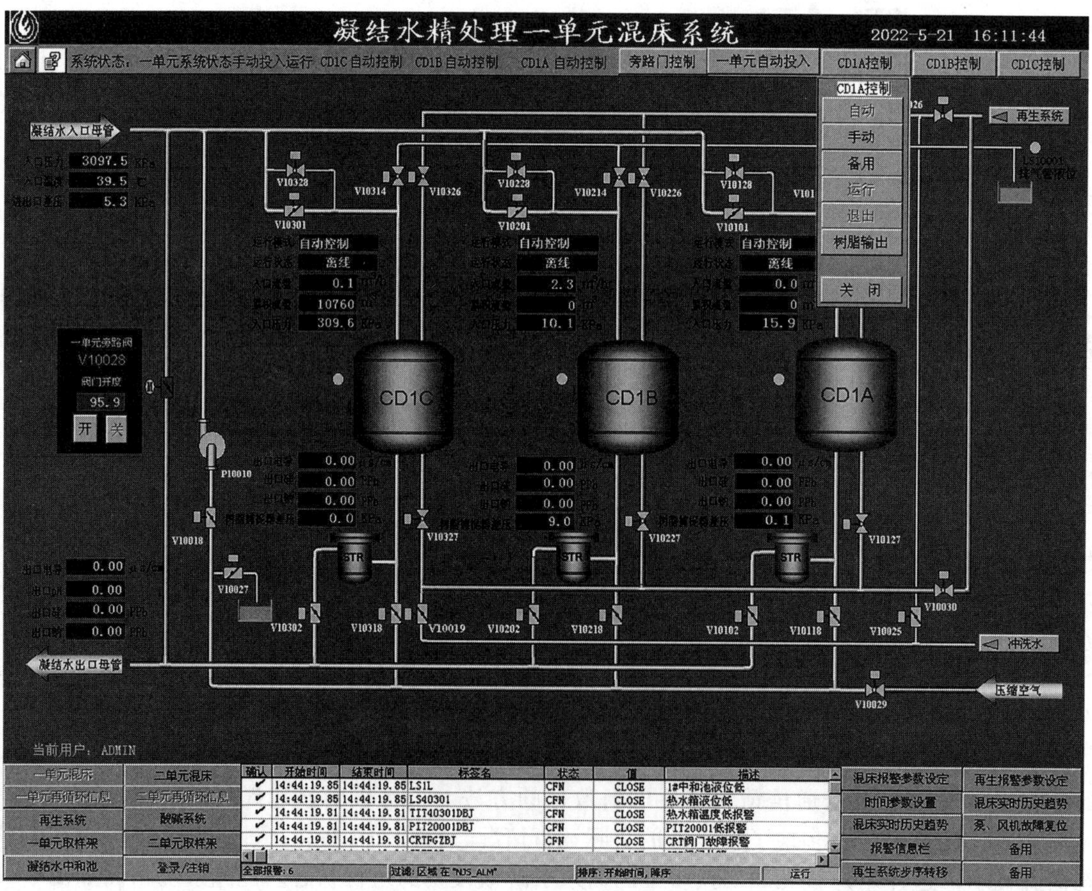

图 9-15　混床组态画面

9.4　DCS 应用案例

9.4.1　项目案例及要求

聚丙烯（PP）是以丙烯为原料，经过催化剂的催化聚合而形成的一种热塑性树脂，耐热、耐腐蚀、密度小，是最轻的通用塑料，可用于薄膜制品、注塑制品、挤塑制品等。

某化工厂的主要产品是聚丙烯，生产装置按照工艺流程大致分为：

① 进料系统（简称预处理，包括丙烯精制、进料和催化剂配置）；

② 聚合系统（主工艺）；

③ 聚丙烯产品处理（包括气固分离、干燥、回收、包装）。

该厂使用了 ECS-700 系统进行聚丙烯生产的监控，以下是该项目的部分设计要求：

① 为满足数据隔离和安全的要求，根据工艺流程划分控制域，需要有与其对应的操作域；同时还需设置中央操作域实现统一监控。

② 为使全厂各系统时间一致且准确，采用双时间信号源。

③ 实现丙烯输送、丙烯精制、催化剂画面和报警的相对独立，丙烯输送需有独立的操作员监控。

④ 利用标准画面实现典型信号数据批量查看；趋势画面中体现重点关注的流量、压力等位号趋势。

⑤ 丙烯输送流程图和回路控制逻辑如图 9-16 所示。

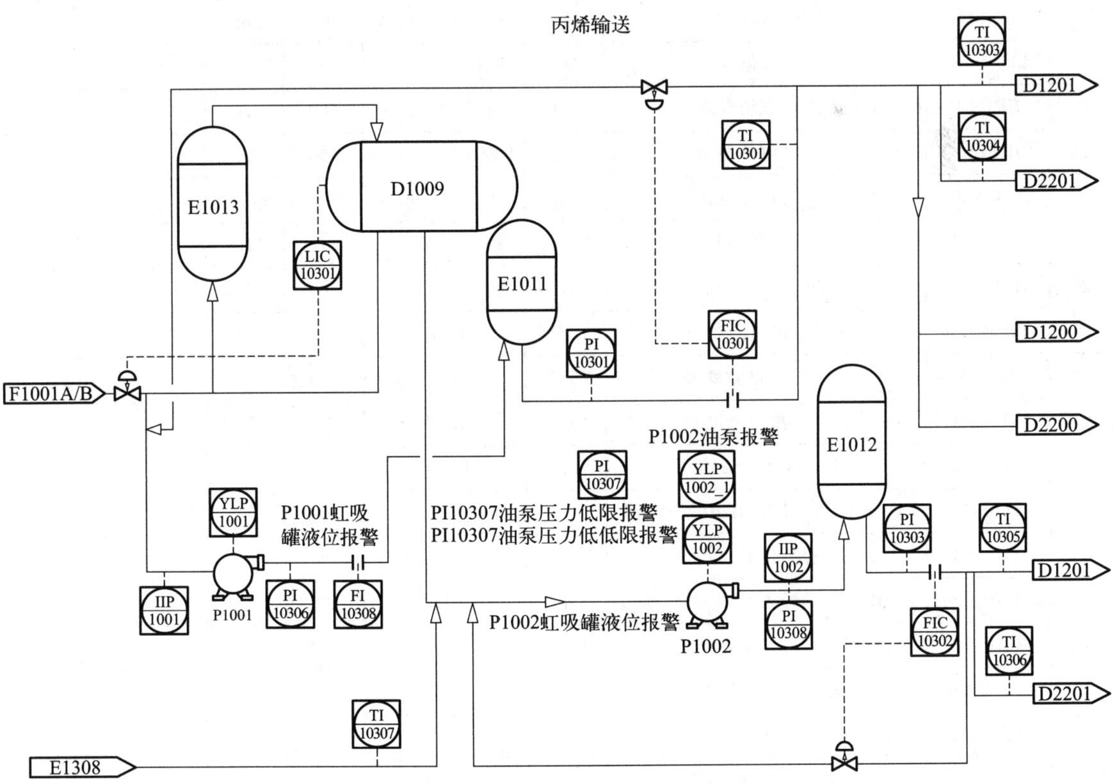

图 9-16　丙烯输送流程图（简化）

⑥ 测点清单如表 9-6 所示。

表 9-6 测点清单

序号	名称	描述	I/O	信号类型	量程上限	单位	报警
1	PI10301	E1011 出口压力	AI	配电 4～20mA	6	MPa	HH4.8 H4.6 L4.2 LL4.0
2	PI10303	E1012 出口压力	AI	配电 4～20mA	6	MPa	HH4.8 H4.6 L4.2 LL4.0
3	PI10307	丙烯加料泵油压系统压力	AI	配电 4～20mA	1	MPa	L0.23 LL0.2
4	PI10306	P1001 虹吸罐油压压力	AI	配电 4～20mA	1	MPa	HH0.2 H0.1
5	PI10308	P1002 虹吸罐油压压力	AI	配电 4～20mA	1	MPa	HH0.2 H0.1
6	FI10301	E1011 出口流量	AI	配电 4～20mA	42	t/h	HH23 H22 L17 LL16
7	FI10302	E1012 出口流量	AI	配电 4～20mA	23	t/h	
8	FI10303	P1001 出口流量	AI	配电 4～20mA	23	t/h	
9	FI10401	E1020 出口流量	AI	配电 4～20mA	7000	kg/h	
10	FI10402	E1021 出口流量	AI	配电 4～20mA	250	m^3/h	
11	LI10301	D1009 液位	AI	配电 4～20mA	100	%	
12	LI10401	E1020 液位	AI	配电 4～20mA	10	m	
13	LI10402	E1021 液位	AI	配电 4～20mA	10	m	
14	LI10403A	E1022 液位	AI	配电 4～20mA	10	m	
15	LI10403B	E1022 液位	AI	配电 4～20mA	10	m	
16	IIP1001	P1001 电流显示	AI	不配电 4～20mA	200	A	
17	IIP1002	P1002 电流显示	AI	不配电 4～20mA	200	A	
18	FI10403	E1020 进口蒸汽流量	AI	配电 4～20mA	7000	m^3/h	
19	PI10403	E1020 进口实测压力	AI	配电 4～20mA	4	MPa	
20	TI10403	E1020 进口实测温度	AI	配电 4～20mA	500	℃	
21	TI10401A	E1020 出口温度 A	TC	K 型	600	℃	
22	TI10401B	E1020 出口温度 B	TC	K 型	600	℃	
23	TI10401C	E1020 出口温度 C	TC	K 型	600	℃	
24	TI10301	E1011 出口温度	RTD	Pt100	100	℃	
25	TI10303	E1011 出口丙烯去 D1201A/B 温度	RTD	Pt100	100	℃	
26	TI10304	去 SL22003A/B 丙烯温度	RTD	Pt100	100	℃	
27	TI10305	E1012 出口丙烯去 D1201A/B 温度	RTD	Pt100	100	℃	
28	TI10306	去 SL-22003A/B 丙烯温度	RTD	Pt100	100	℃	
29	TI10307	E1308 出口温度	RTD	Pt100	100	℃	
30	FV10301	E1011 出口流量调节阀	AO	正输出	100	%	
31	FV10302	E1012 丙烯流量调节阀	AO	正输出	100	%	

续表

序号	名称	描述	I/O	信号类型	量程上限	单位	报警
32	FV10402	E1021 进口流量调节阀	AO	正输出	100	%	
33	LV10301	分子筛丙烯进 P1001 流量调节阀	AO	正输出	100	%	
34	LV10401	E1020 液位调节阀	AO	正输出	100	%	
35	HCV10402	E1020 出口手动调节阀	AO	正输出	100	%	
36	YLP1001	P1001 电机运行状态	DI	干触点			
37	YLP1002	P1002 主电机运行状态	DI	干触点			
38	YLP1002_1	P1002 辅油泵运行状态	DI	干触点			
39	YLP10401	P10401 电机运行状态	DI	干触点			
40	YLP10402	P10402 电机运行状态	DI	干触点			
41	YLP10403	P10403 电机运行状态	DI	干触点			
42	PI10307_LO	ESD 低限报警	DI	干触点			OFF 报警
43	PI10307_LL	ESD 低低限报警	DI	干触点			OFF 报警
44	YAP1002	P1002 故障	DI	干触点			ON 报警
45	YAP1002_1	P1002 油泵故障	DI	干触点			ON 报警
46	LS10302	P1001 虹吸罐液位报警	DI	干触点			
47	LS10303	P1002 虹吸罐液位报警	DI	干触点			
48	LS10302A	P1001A 虹吸罐液位报警	DI	干触点			
49	LS10302B	P1001B 虹吸罐液位报警	DI	干触点			
50	LS10302C	P1001C 虹吸罐液位报警	DI	干触点			
51	LS10303A	P1002A 虹吸罐液位报警	DI	干触点			
52	LS10303B	P1002B 虹吸罐液位报警	DI	干触点			
53	LS10303C	P1002C 虹吸罐液位报警	DI	干触点			
54	YLP10404A	1#泵	DI	干触点			
55	YLP10404B	2#泵	DI	干触点			
56	HSV1001	P1001 电机控制	DO	常开			
57	HSV1002	P1002 电机控制	DO	常开			
58	HSV10401	P10401 电机控制	DO	常开			
59	HSV10402	P10402 电机控制	DO	常开			
60	HSV10403	P10403 电机控制	DO	常开			
61	HSV10404	1&2#泵控制	DO	常开			
62	KSV10401	E1020 电磁阀 10401	DO	常开			
63	KSV10402	E1020 电磁阀 10402	DO	常开			

9.4.2 系统结构设计

根据项目案例要求和前面章节内容，首先进行系统的结构设计。

(1) 控制域及操作域配置

控制域及操作域配置示意图如图 9-17 所示。

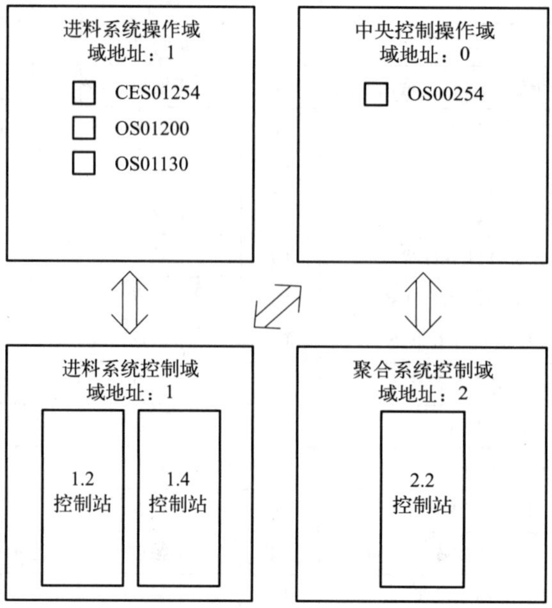

图 9-17 控制域及操作域配置示意图

① 2 个控制域（1＃进料系统控制域、2＃聚合系统控制域），2 个操作域（0＃中央控制操作域、1＃进料系统操作域）；0＃操作域监视、管理 1＃控制域、2＃控制域；1＃操作域监视、管理 1＃控制域。

② 1＃控制域内包含两个控制节点，地址分别为 1.2 和 1.4。

③ 2＃控制域内包含一个控制节点，地址为 2.2。

④ 0＃操作域内包含一个数据服务器兼历史数据服务器兼时间同步服务器（0.254）。

⑤ 1＃操作域内包含一个组态服务器兼数据服务器兼历史数据服务器兼时间同步服务器（1.254），一个冗余数据服务器兼历史数据服务器（1.200），一个操作员站（1.130）。

应用注意：

① 本项目充分考虑 ECS-700 系统在大规模项目中的应用，0＃操作域用于中央控制的统一监控。

② 本项目中未使用 0＃控制域，若不同控制域之间存在部分公共数据，则 0＃控制域可进行公共数据的统一采集和运算，便于站间通信。

③ 若项目规模不大或没有中央控制和公共数据的要求，0＃操作域和 0＃控制域可正常使用。

(2) 全局默认配置

① 报警等级数目：6 个。

② 时钟同步服务器数量为 2 个，第三位地址分别为 0 和 1。

③ 信息网与控制网合并且冗余。

(3) 工程师组态权限

① 工程创建者名称为 admin，密码为 supcondcs，拥有工程管理、所有控制站和操作域的权限。

② 新建工程师，名称为 eng，密码为 eng，拥有 1.2 控制站和进料系统操作域的权限。

9.4.3　控制域设计

此处以 1＃控制域设计为例。

(1) 1.2 控制站硬件配置

包含 1 个本地机柜和 1 个扩展机柜，每个机柜安装 4 个机架。本地机柜正面布置图如图 9-18 所示。

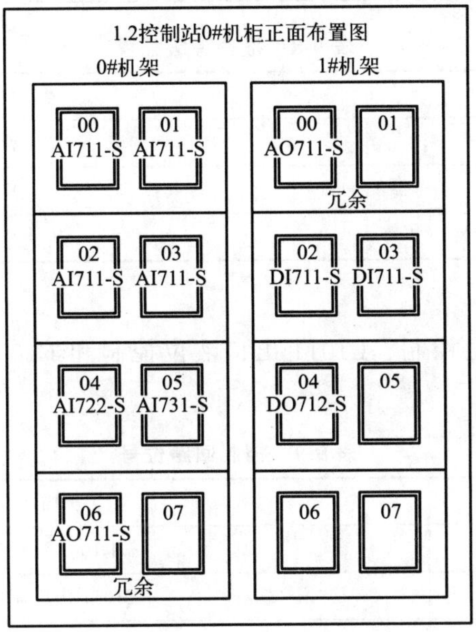

图 9-18　控制站 0＃机柜正面布置图

扩展机柜正面布置图如图 9-19 所示。

图 9-19　控制站 1＃机柜正面布置图

(2) 位号分组

位号分组与报警等级配置如表 9-7 和表 9-8 所示。

表 9-7　位号分组配置

名称	包含数据
位号分组 0	丙烯输送相关位号(位号名中数字为 103 开头的位号)
位号分组 4	位号名中数字为 104 开头的位号

表 9-8　报警等级配置

报警类型	报警等级
AI 位号 HH/LL 报警	高
AI 位号 H/L 报警	中
设备故障报警反馈(DI ON 报警)	中

(3) 程序控制

程序控制回路包括液位控制、E1011 出口液位控制和 E1012 出口液位控制，如表 9-9 所示。

表 9-9　控制回路位号

序号	回路位号	描述
1	LIC10301	D1009 液位控制
2	FIC10301	E1011 出口流量控制
3	FIC10302	E1012 出口流量控制

9.4.4　操作域设计

(1) 操作小组

操作小组配置如表 9-10 所示。

表 9-10　操作小组配置

操作小组名称	切换等级
丙烯输送	操作员
丙烯精制	操作员
催化剂	操作员

(2) 监控用户授权

根据操作需要，建立用户及监控用户授权如表 9-11 所示。

表 9-11　监控用户授权

级别	用户名	用户密码	监控操作权限	数据分组	关联操作小组
特权+	Admin	admin	该级别下所有监控操作权限	所有位号分组	丙烯精制 丙烯输送 催化剂

续表

级别	用户名	用户密码	监控操作权限	数据分组	关联操作小组
工程师	班长	123456	该级别下所有监控操作权限	位号分组 0 位号分组 1 位号分组 2	丙烯精制 丙烯输送 催化剂
操作员	丙烯输送操作员	1111	查看系统状态、屏幕拷贝打印、报警确认、报表浏览	位号分组 0	丙烯输送

面板权限配置：设置操作员可以修改 AI 位号 HH、H、L、LL 报警限值。

(3) 丙烯输送操作小组

标准画面有格式统一、组态便捷等优点，利于批量数据的观察。

① 可浏览总貌画面，总貌画面配置如表 9-12 所示。

表 9-12　总貌画面配置

页码	页标题	内容
1	索引画面 （待画面完成后添加）	丙烯输送操作小组一览画面、分组画面、趋势画面的所有页面，丙烯输送流程图
2	模拟量输入参数	所有丙烯输送工段相关 AI 数据实时状态
3	模拟量输出参数	所有丙烯输送工段相关 AO 数据实时状态
4	开关量参数	所有丙烯输送工段相关 DI/DO 数据实时状态

② 可浏览一览画面，一览画面配置如表 9-13 所示。

表 9-13　数据一览配置

页码	页标题	内容
1	数据一览	所有丙烯输送工段相关 AI 实时数据

③ 可浏览分组画面，分组画面配置如表 9-14 所示。

表 9-14　分组画面配置

页码	页标题	内容
1	压力	PI10301、PI10303、PI10306、PI10307、PI10308
2	温度	TI10301、TI10303、TI10304、TI10305、TI10306、TI10307
3	流量	FI10301、FI10302、FI10303
4	运行状态反馈	YLP1001、YLP1002、YLP1002_1

④ 可浏览趋势画面，趋势画面配置如表 9-15 所示。

每页趋势跨度时间为 10 分钟，要求显示位号描述、位号名称和位号量程。

表 9-15　趋势画面配置

趋势显示要求	
位号	趋势设置中的坐标显示方式
LI10301	工程量
FI10301	工程量

续表

趋势显示要求	
FI10302	工程量
FI10303	工程量
PI10301	工程量
PI10303	工程量

⑤ 流程图，流程图配置如表 9-16 所示。

表 9-16　流程图配置

页码	页标题	内容
1	丙烯输送	参考工艺流程图进行绘制

视频 9.5　金橙生产氯化反应自动化系统案例

第9章　在线测试题

本章作业

项目基本情况见第 9 章作业信息，请依据信息完成：

① 利用 CAD 绘制软件绘制系统程控柜和工艺 P&ID 图。

② 完成 PLC 程序设计。

第9章　作业信息及参考答案

第10章 工业控制装备实验

本章一共有5个实验项目，10.1、10.2和10.3这三节实验是西门子S7-1200 PLC实验，使用的实验设备是浙江求是QSPLC-Ⅱ型多对象可编程控制器实验装置，实验装置上有一个CPU 1214C AC/DC/Relay模块、一个用于模拟量输出（1AQ）的SB 1232信号板、一个8DI/8DQ Relay的SM 1223信号模块、8个用于逻辑电平输出的拨动开关（具有点动/自锁功能）、8个用于逻辑电平指示的LED灯、1个液体混合装置实验模块、1个温度检测与控制模块、1个十字路口交通灯控制模块、1个天塔之光模拟控制模块等。如果读者有实验设备，可以按照每节的指导练习；如果没有实验设备，需要在电脑上安装PLC SIM软件，在博途软件中编写好程序后，将程序下载到PLC SIM软件仿真出的硬件模块中执行和调试。但是10.3节实验需要用到PID _ Compact程序模块，该模块只能运行在实际的硬件模块中，PLC SIM软件不能仿真运行。

10.1 博途软件使用及基本指令练习

视频10.1 博途编程软件及应用
视频10.2 S7-1200人机界面
视频10.3 PLC指令练习

1）实验目的

① 熟悉浙江求是QSPLC-Ⅱ型多对象可编程控制器实验装置。

② 熟悉博途编程软件的操作。

③ 掌握与、或、非逻辑功能和定时器、计数器的编程方法。

2）实验内容

① 熟悉博途编程软件使用方法。

② 练习与、或、非基本指令。

③ 练习定时器、计数器基本指令。

3）实验设备及仪器

① 浙江求是QSPLC-Ⅱ型多对象可编程控制器实验装置

② 个人计算机。

③ 博途编程软件。

4）实验方法与步骤

① 熟悉博途编程软件。

a. 打开博途编程软件，在启动界面中可以直接点击右下角“打开”按钮打开现有项目，也可以点击左边项目栏里的“创建新项目”按钮创建一个新的项目，如图10-1所示。

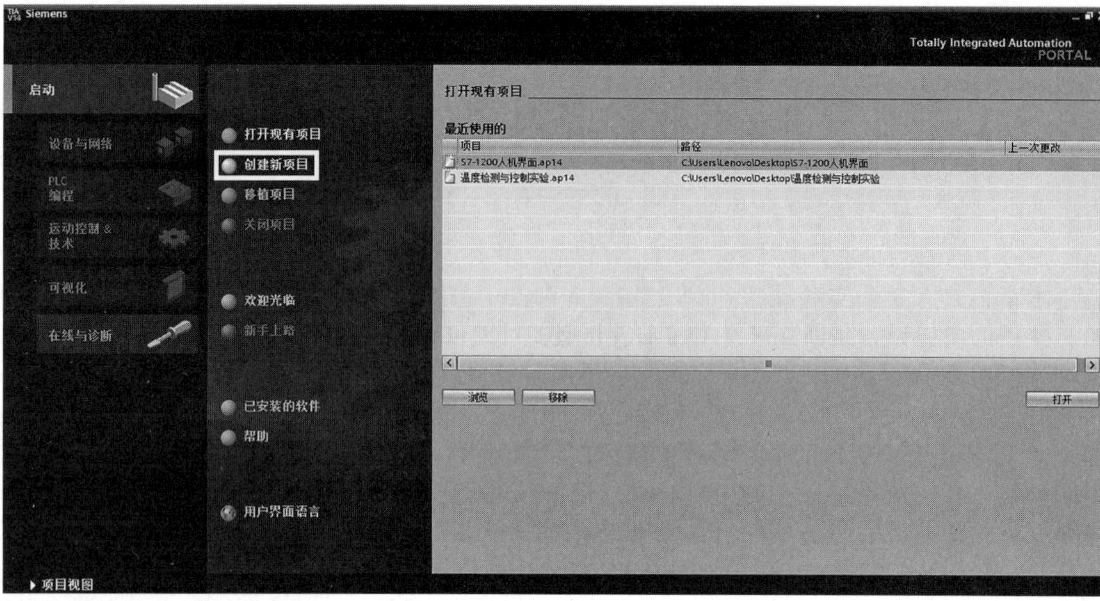

图 10-1　启动界面

b. 输入新项目的项目名称、路径、作者和注释，点击“创建”按钮创建一个新的项目。如图 10-2 所示。

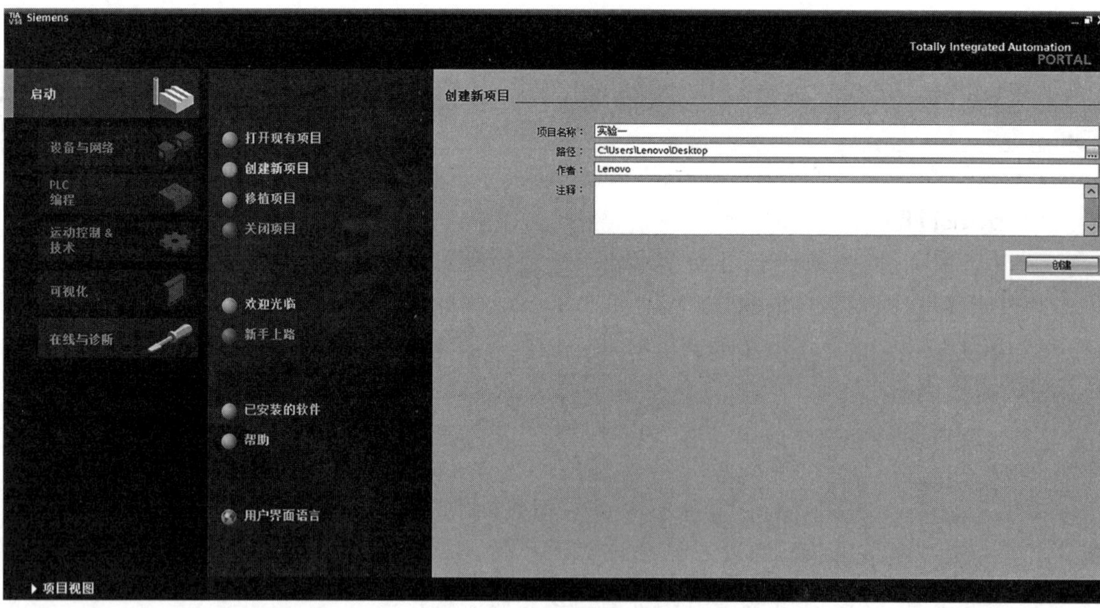

图 10-2　创建新项目

c. 新项目中，首先要完成硬件组态，点击“组态设备”按钮，在项目中添加硬件设备。如图 10-3 所示。

d. 添加的硬件设备应该和实际使用的硬件模块一致。实验台上有一个 CPU 1214C AC/DC/Relay 模块、一个用于模拟量输出（1AQ）的 SB 1232 信号板，一个 8DI/8DQ Relay 的 SM 1223 信号模块。因此在项目中添加这三个模块。首先选择 CPU 模块，单击项目树里的

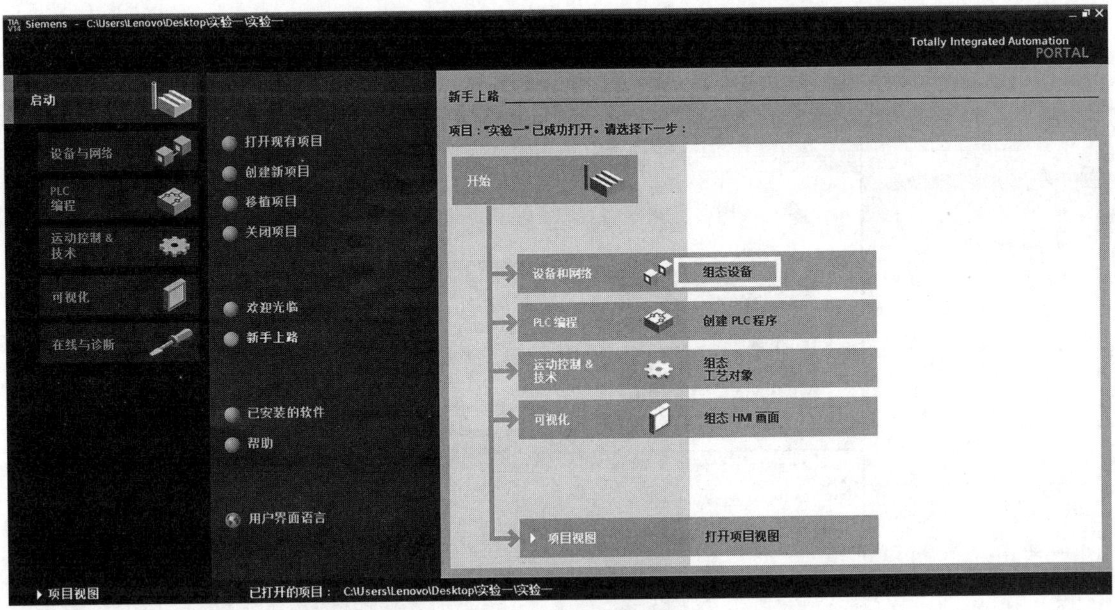

图 10-3　组态设备

“添加新设备”，选择“控制器”按钮，选择“SIMATIC S7-1200”下的 CPU 1214C AC/DC/Rly。实验台上 CPU 模块的供货号是“6ES7 214-1BG40-0XB0”，因此此处也选择该模块，版本选择 V4.1。如图 10-4 所示。

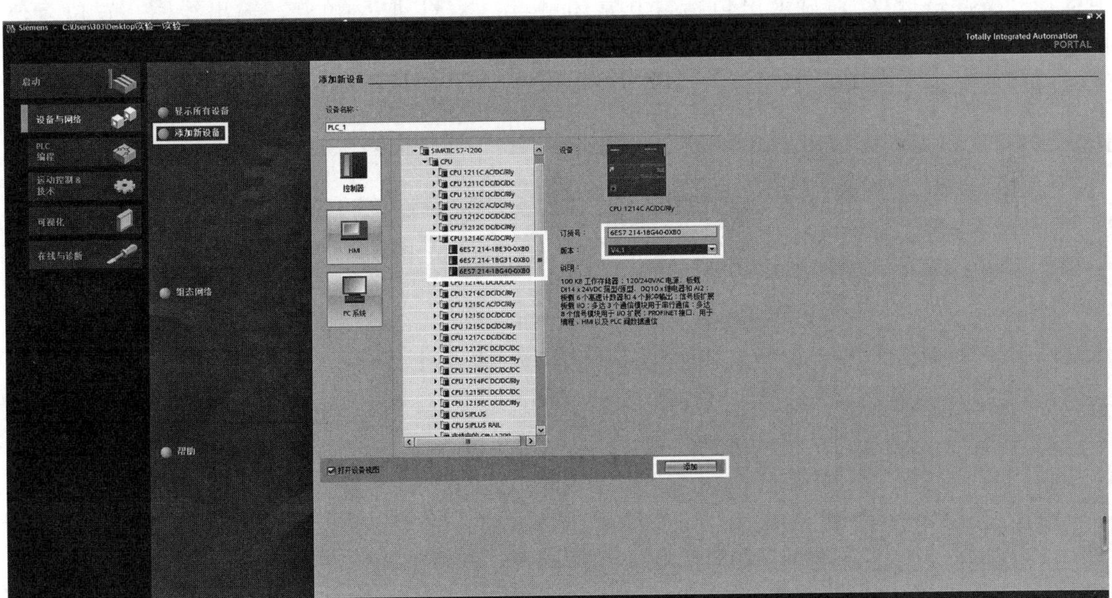

图 10-4　添加新设备

e. 点击右下角的“添加”按钮后，打开项目视图。在项目视图的工作区，添加 SB 1232 信号板和 8DI/8DQ Relay 的 SM 1223 信号模块。在最右边的任务卡，选择“硬件目录”，双击供货号为“6ES7 232-4HA30-0XB0”的 SB 1232 信号板和供货号为“6ES7 223-1PH32-0XB0”的 8DI/8DQ Relay 的 SM 1223 信号模块，将它们放置到工作区中，完成硬件组态。

如图 10-5 所示。

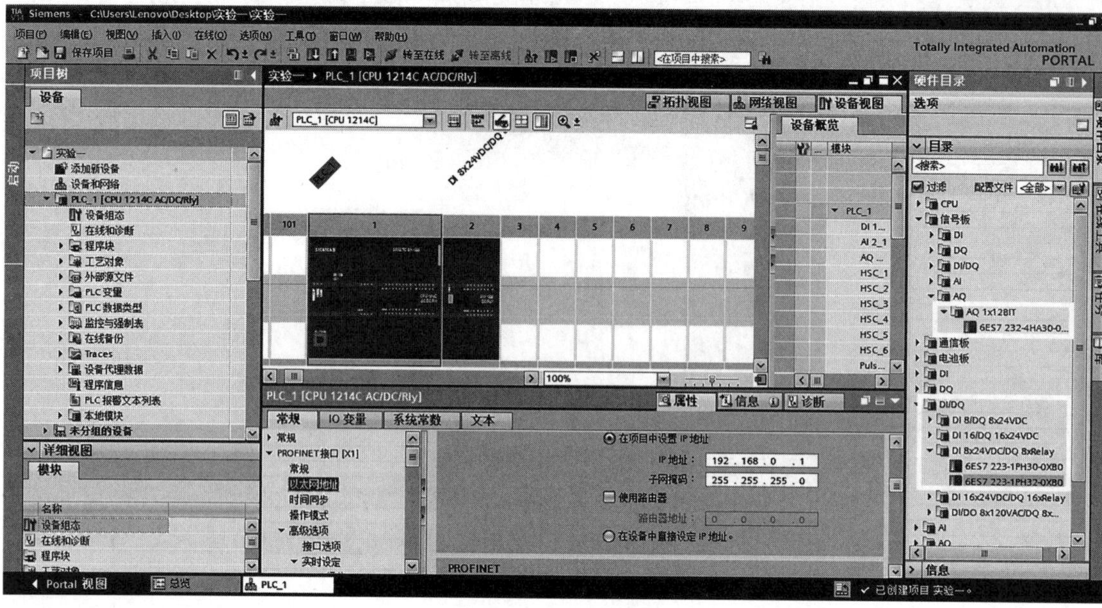

图 10-5　硬件组态

f. 硬件组态完成后就要开始编写 PLC 程序。双击项目树中的“程序块”下的“Main［OB1］”，打开主程序。在最右边的任务卡，选择指令列表中的“基本指令”，在指令列表中选择“位逻辑运算”，显示出包括常开常闭触点、NOT 取反触点、输出线圈、置位复位指令等所有的位逻辑指令。选择指令后将指令拖到程序段的相应位置，并给每个指令元件分配相应的位地址。图 10-6 所示为一个带有自锁功能的启保停电路程序。

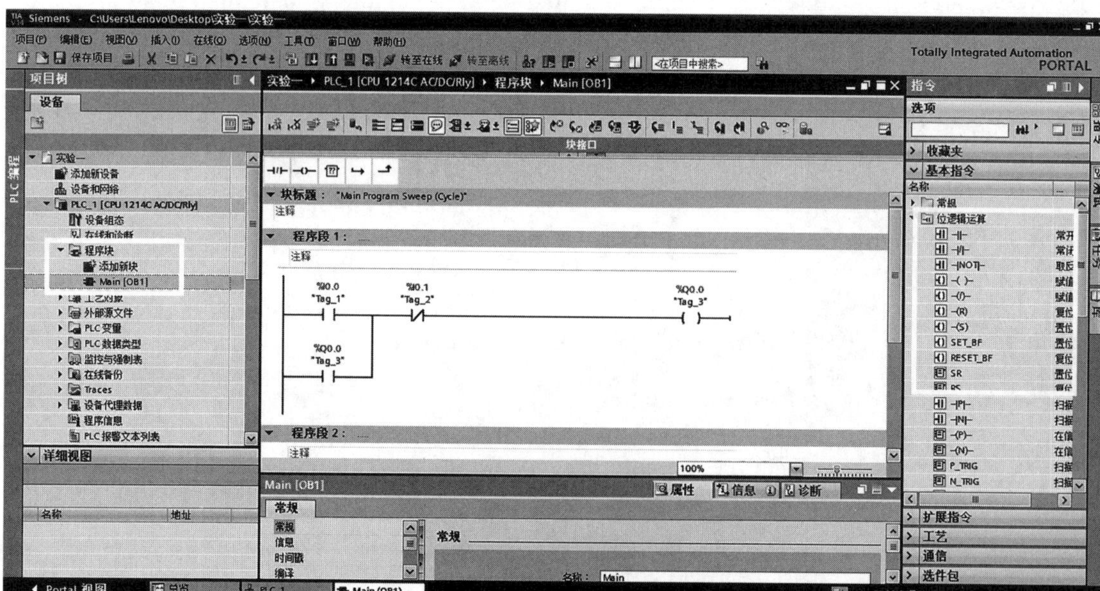

图 10-6　位逻辑运算指令的使用

g. 在最右边的任务卡，选择指令列表中的“基本指令”，在指令列表中选择“定时器操作”，显示出 TP、TON、TOF、TONR 等定时器指令以及定时器线圈指令。选择 TON 后将其拖到程序段的相应位置，设置定时时间以及输入位 IN 和输出位 Q。图 10-7 所示为 TON 指令的使用。

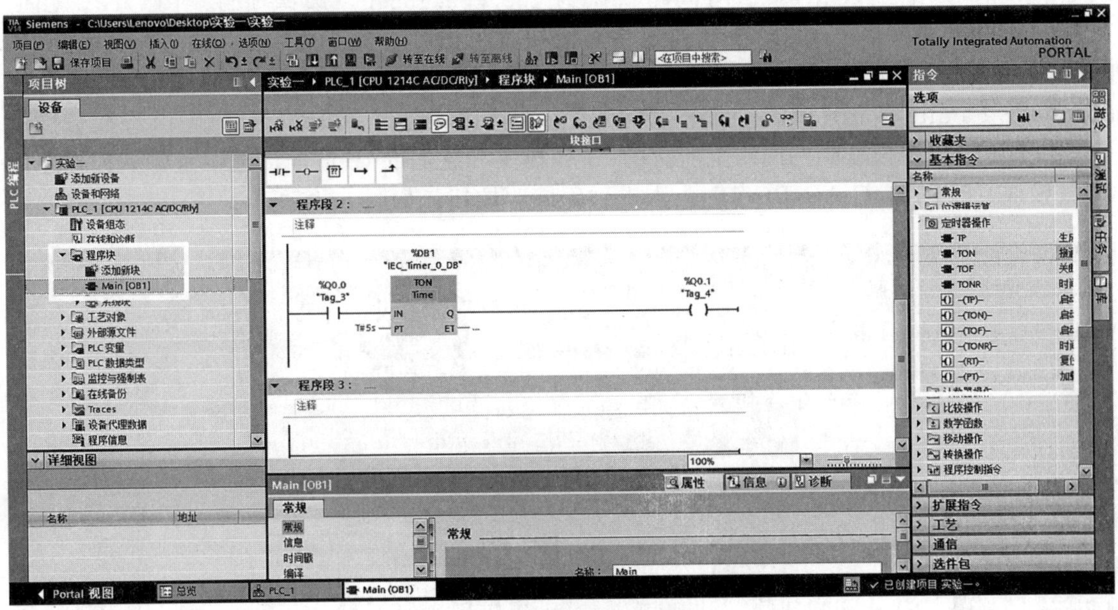

图 10-7　TON 指令的使用

h. 在最右边的任务卡，选择指令列表中的“基本指令”，在指令列表中选择“计数器操作”，显示出 CTU、CTD 和 CTUD 等计数器指令。选择 CTU 后将其拖到程序段的相应位置，设置加计数输入端 CU、复位输入 R、预设计数值 PV、计数器输出 Q 以及当前计数值 CV。图 10-8 所示为 CTU 指令的使用。

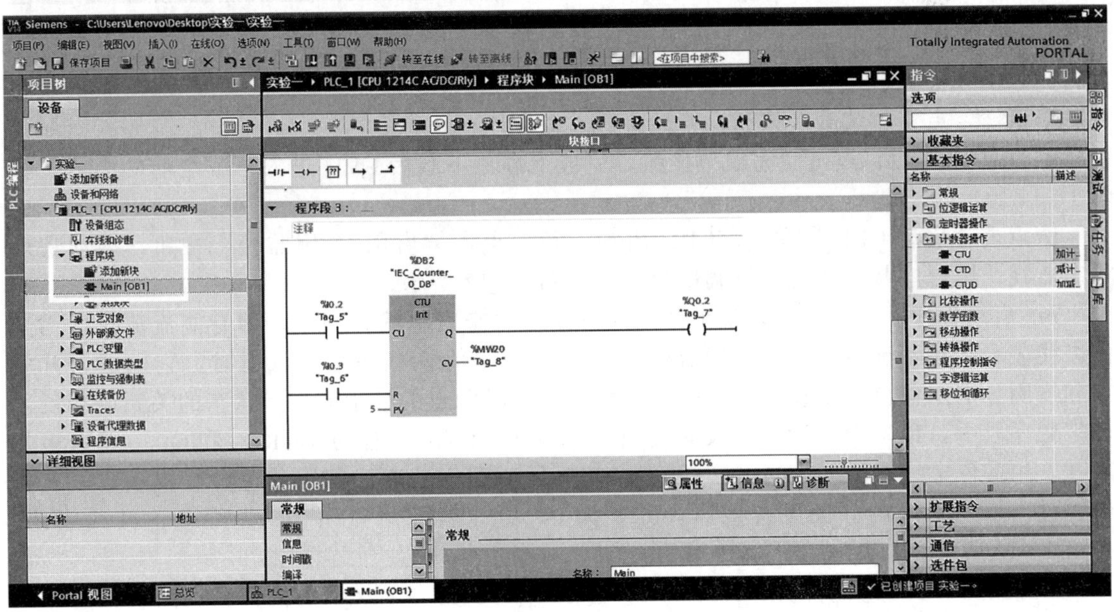

图 10-8　CTU 指令的使用

i. 程序编写好后需要下载到 CPU 模块中，首先设置计算机的 IP 地址，由于 CPU 模块的 IP 地址默认为 192.168.0.1，计算机必须与 CPU 模块处于一个网络内，因此把计算机的 IP 地址设置为 192.168.0.X（X 为 0 到 255 中的任何一个值，但此处不能为 1，不能和 CPU 模块的 IP 地址重叠）。子网掩码默认为 255.255.255.0。选择项目“PLC _ 1[CPU 1214C AC/DC/Rly]”，点击“下载到设备”按钮，跳出“扩展下载到设备”对话框，PG/PC 接口类型选择“PN/IE”，PG/PC 接口选择实际使用的网卡，本机的网卡是“Realtek PCIe GbE Family Controller”。点击“开始搜索”按钮，经过一段时间后，在“选择目标设备”列表中，出现搜索到的网络上所有的 CPU 模块和它们的 IP 地址，选中需要下载程序的 CPU 模块 CPU 1214C AC/DC/Rly，点击“下载”按钮。如图 10-9 所示。

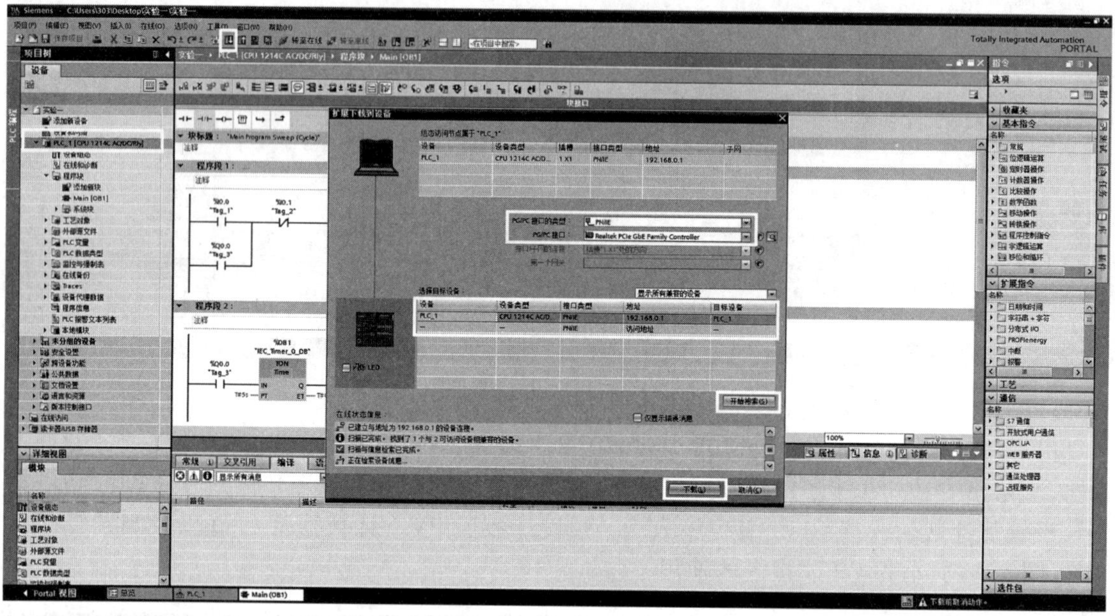

图 10-9 下载程序

j. 点击“下载”按钮后，编程软件首先对项目进行编译，编译成功后，跳出“下载预览”对话框，点击“装载”按钮，开始下载。如图 10-10 所示。

k. 下载结束后，点击“完成”按钮，完成下载。下载后 CPU 进入下载之前的模式。如图 10-11 所示。

l. 点击“启动 CPU”按钮，CPU 启动运行。点击“启用/禁用监视”按钮，启动程序状态监视，用程序状态监视功能调试程序。如图 10-12 所示。

m. 启动程序状态监视后，梯形图用绿色连续线来表示状态满足，即有能流流过；用蓝色虚线表示状态不满足，即没有能流流过。Bool 变量为 0 状态和 1 状态时，它们的常开触点和线圈分别用蓝色虚线和绿色连续线来表示，常闭触点的显示与变量状态的关系则相反。

程序段中，I0.0 对应的开关没有接通，I0.0 为 0，Q0.0 也为 0，I0.0 和 Q0.0 常开触点断开，用蓝色虚线表示。TON 定时器不启动，梯形图中的连线都用蓝色虚线表示，没有能流通过。I0.1 对应的开关没有接通，I0.1 为 0，I0.1 常闭触点闭合，用绿色连续线表示。如图 10-13 所示。

n. 接通 I0.0 对应的开关，I0.0 为 1，Q0.0 为 1，I0.0 和 Q0.0 常开触点闭合，用绿色连续线表示，TON 定时器启动，梯形图中有能流通过，都用绿色连续线表示。如图 10-14 所示。

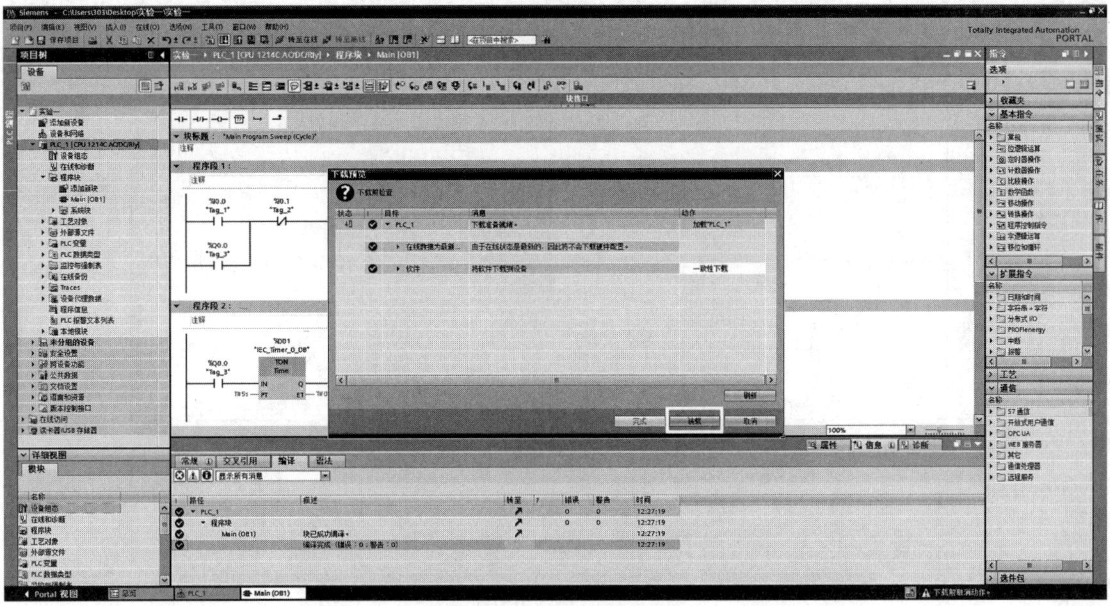

图 10-10　下载预览

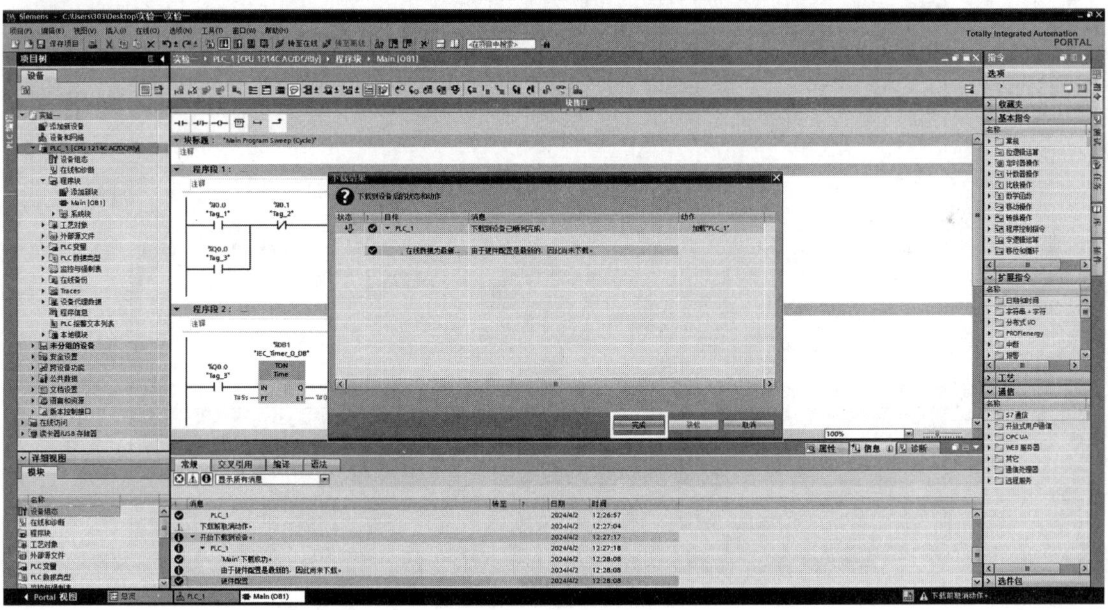

图 10-11　完成下载

图 10-12　启动程序状态监视

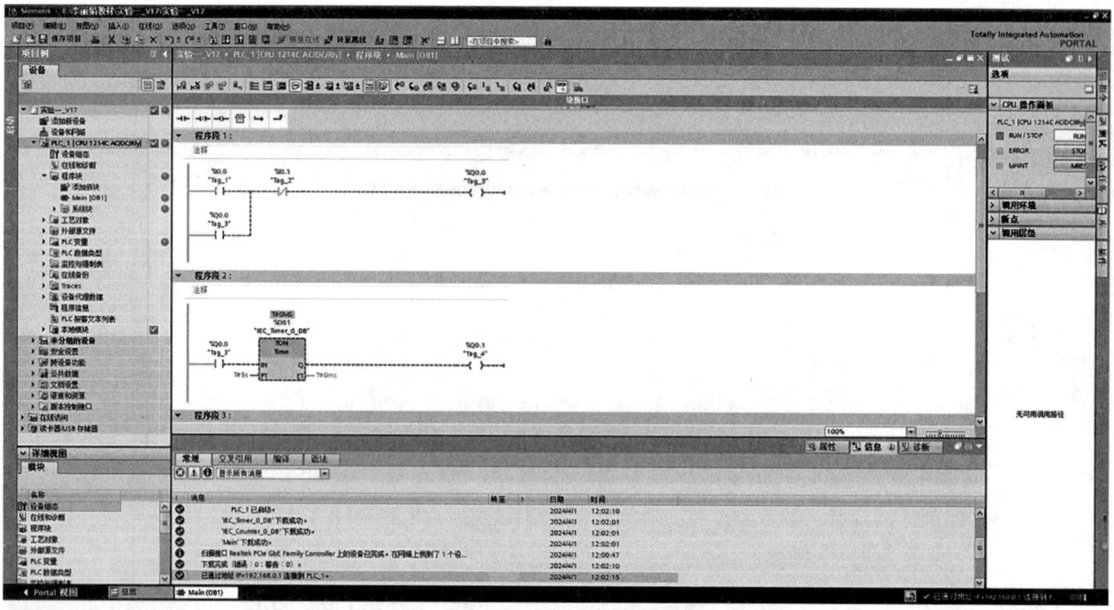

图 10-13　程序状态监视

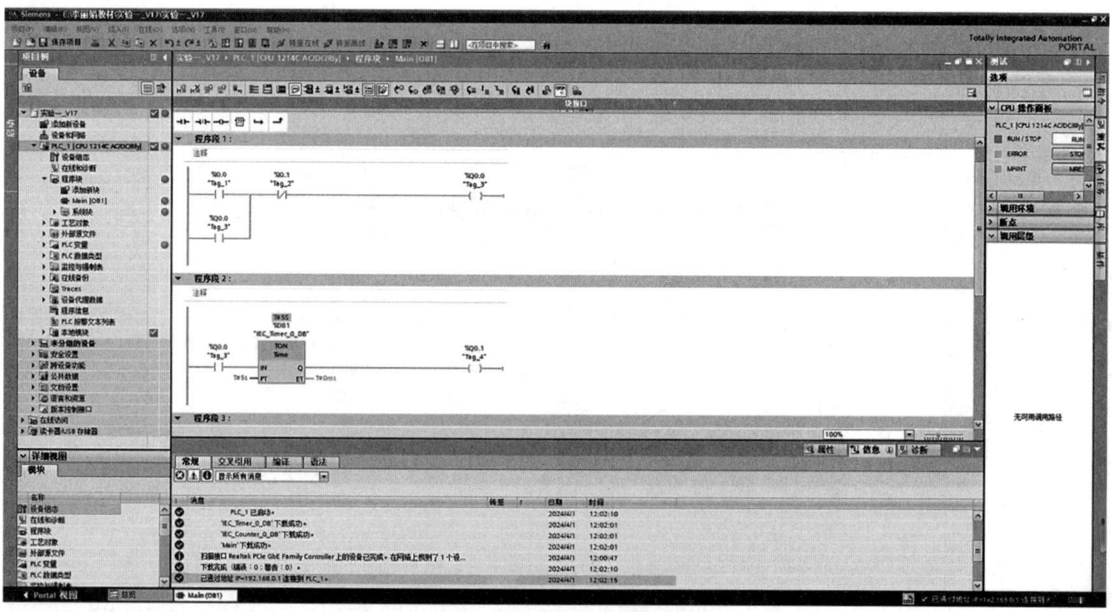

图 10-14　程序状态监视

② 练习与、或、非基本指令。

a. 为基本指令的练习分配 I/O 点。

b. 将开关、指示灯与 PLC 的主机相应的输入输出插孔相接，完成硬件接线（I 为输入点，Q 为输出点）。

c. 在编程软件中分别编写与、或、与非、或非等程序，可用梯形图编写，也可用指令表编写并编译通过。

d. 把编好的程序下载到 PLC。

e. 在PLC中运行程序，动作相应的输入设备，观察输出指示灯是否符合程序逻辑，若不符合，则返回修改调试程序，直至满足要求为止。

③ 练习定时器基本指令。用定时器指令顺序完成如下要求：有输入信号，定时器1开始计时，延时5s后输出置1；有输入信号，定时器2开始计时，输出置1，延时5s后输出置0；有输入信号，定时器3开始计时，延时5s输出并保持，由另一个输入信号使其复位。

具体步骤与基本指令的练习相同。

④ 练习计数器基本指令。有输入信号使加计数器开始计数，计数到10次使输出置1；有输入使减计数器计数，计数值减小到0使输出置1。

⑤ 关闭PLC电源。

⑥ 2～3人一组完成实验，请大家在实验过程中发扬团结合作精神，做好分工，遇到问题时协商解决，齐心协力做好实验。

⑦ 安全无小事。请读者在做实验时注意用电安全，一定要做到断电接线！接完线要等老师核验通过后才可上电！

5）实验报告内容与要求

① 绘制出PLC电气原理图和接线图。

② 绘制出硬件组态图。

③ 附上编写的梯形图程序。

6）思考题

如果定时时间为30天，请用定时器串联和定时器、计数器配合这两种方法实现。

10.2　西门子S7-1200液体混合装置控制

1）实验目的

① 熟悉浙江求是QSPLC-Ⅱ型多对象可编程控制器实验装置。

② 掌握S7-1200 PLC顺序功能图的设计方法。

③ 掌握S7-1200 PLC顺序控制梯形图的设计方法。

2）实验内容

液体混合装置的模拟示意图如图10-15所示。

初始状态：关闭液体A进料阀Y1、液体B进料阀Y2和出料阀Y3，搅拌电机M停止运行。

工作流程：按下启动按钮SB1后，打开液体A进料阀Y1，等混合罐液位上升到L2位置时（按下L2按钮模拟），关闭液体A进料阀Y1，打开液体B进料阀Y2，等混合罐液位上升到L1位置时（按下L1按钮模拟），关闭液体B进料阀Y2，启动搅拌电机M，搅拌电机运行1min后停止运行，打开出料阀Y3排出混合料，等混合罐液位下降到L3位置时（按下L3按钮模拟），关闭出料阀Y3，一个工作流程结束。控制系统紧接着开始下一个工作流程，循环往复。按下停止按钮SB2后，系统停止运行，关闭液体A进料阀Y1、液体B进料阀Y2和出料阀Y3，搅拌电机M停止运行。

3）实验步骤

① 分配I/O点。

② 实验接线，确认无接线错误。

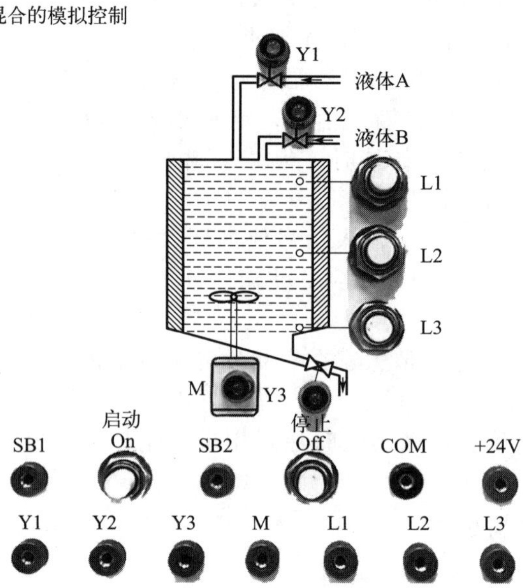

图 10-15 液体混合装置的模拟示意图

③ 新建项目，编写程序完成液体混合装置的控制要求，下载到 PLC 中。

④ 调试程序直至满足控制要求。

⑤ 2～3 人一组完成实验，请大家在实验过程中发扬团结合作精神，做好分工，遇到问题时协商解决，齐心协力做好实验。

⑥ 安全无小事。请大家在做实验时注意用电安全，一定要做到断电接线！接完线要等老师核验通过后才可上电！

4）实验报告内容与要求

① 写出 I/O 点的分配情况。

② 绘制出控制系统的顺序功能图。

③ 附上编写的梯形图程序并做注释。

5）思考题

回顾本次实验过程，控制要求为按下启动按钮后，液体混合装置连续运行。如果要求增加一个切换按钮，让系统既可以单周期运行，又可以连续运行，程序需要做哪些修改？请画出顺序功能图，编写程序实现。

10.3 西门子 S7-1200 温度检测与控制

视频 10.4 PLC 温度控制实验

1）实验目的

① 熟悉用 PLC 构成温度检测和控制系统的方法。

② 掌握利用 PID 向导生成一个闭环控制的 PID 算法。

③ 熟悉利用调试面板进行 PID 参数整定。

2）实验内容

（1）控制要求

温度的检测和控制示意图如图 10-16 所示。

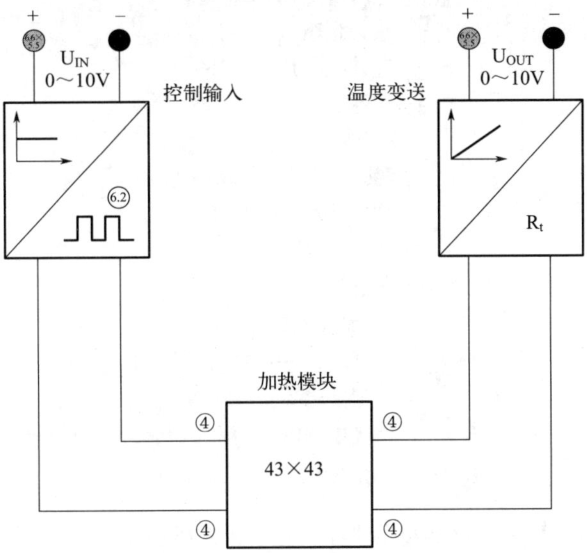

图 10-16　温度的检测和控制示意图

温度控制原理：PLC 输出 0～10V 电压到加热模块，模块温度由温度变送器转换为 0～10V 电压送入 PLC。输入给加热模块的电压越高，加热功率越大，模块的温度就越高，反之就越低。

PID 闭环控制：通过 PLC＋A/D＋D/A 实现 PID 闭环控制。比例系数、积分时间和微分时间取得合适，系统就容易稳定，这些都可以通过 PLC 软件编程来实现。

（2）PID 向导步骤

① 在程序块中添加新块，选择 cyclic interrupt 组织块，在程序段 1 中添加 PID 控制向导。方法：选择指令树下的“工艺”选项，在工艺子菜单下点击“Compact PID”，双击“PID _ Compact V2. 2”，如图 10-17 所示，即添加完成。

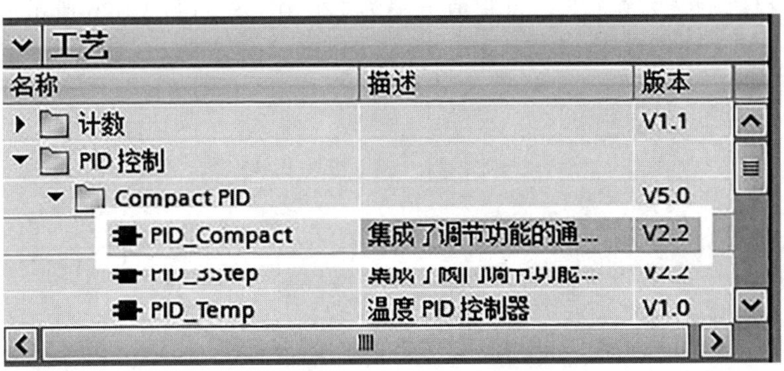

图 10-17　添加 PID _ Compact 程序块

② 点击程序右侧项目树下的“工艺对象”中的“PID _ Compact”的“组态”，如图 10-18

所示，可以设置 PID 参数。双击调试按钮，可用图形方式监视 PID 回路运行。

图 10-18　组态 PID _ Compact 程序块

③ 双击“组态”打开设置对话框，控制器类型选择温度，如图 10-19 所示。

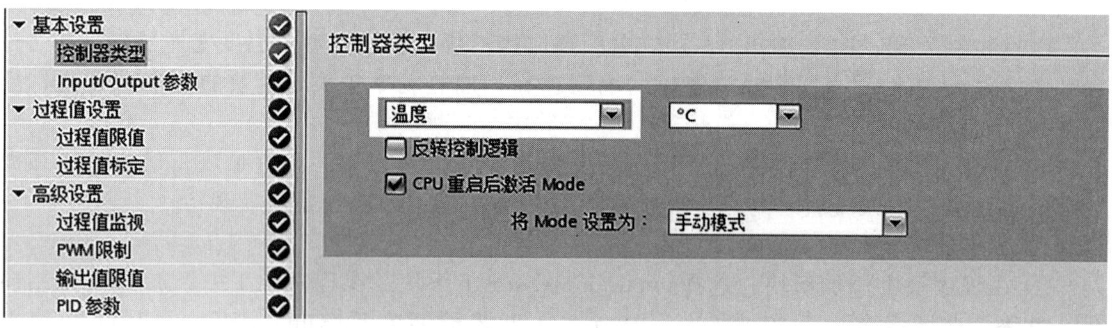

图 10-19　选择控制器类型

④ 设置过程值下限为 0.0℃，过程值上限为 120.0℃，如图 10-20 所示。

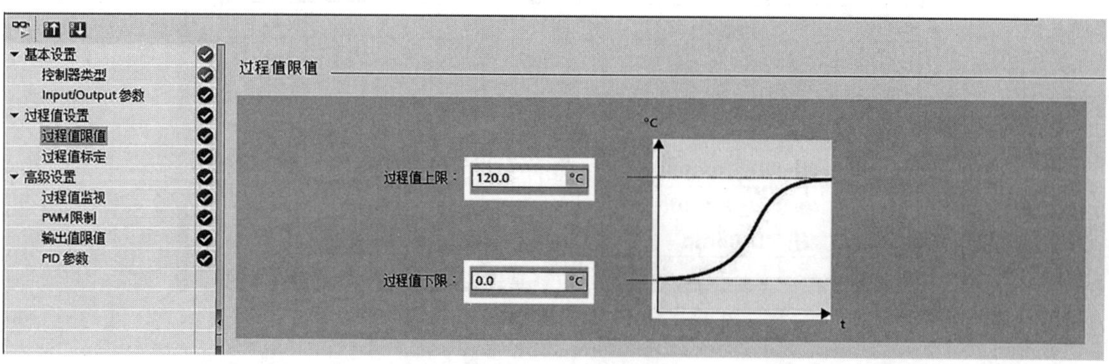

图 10-20　设置过程值上下限

⑤ 设置输出值的下限为 0.0%，输出值的上限为 100.0%，如图 10-21 所示。

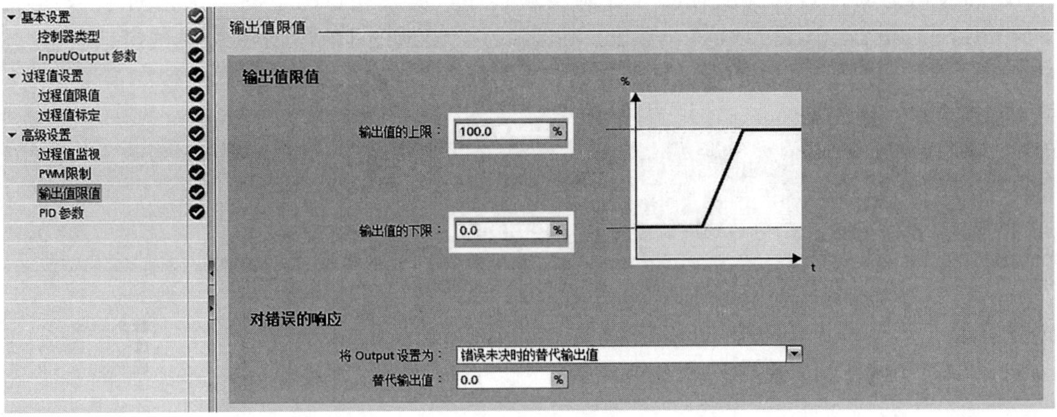

图 10-21　设置输出值的上、下限

⑥ 对过程值进行标定，0.0 标定的过程值下限为 0.0℃，27648.0 标定的过程值上限为 100℃。如图 10-22 所示。

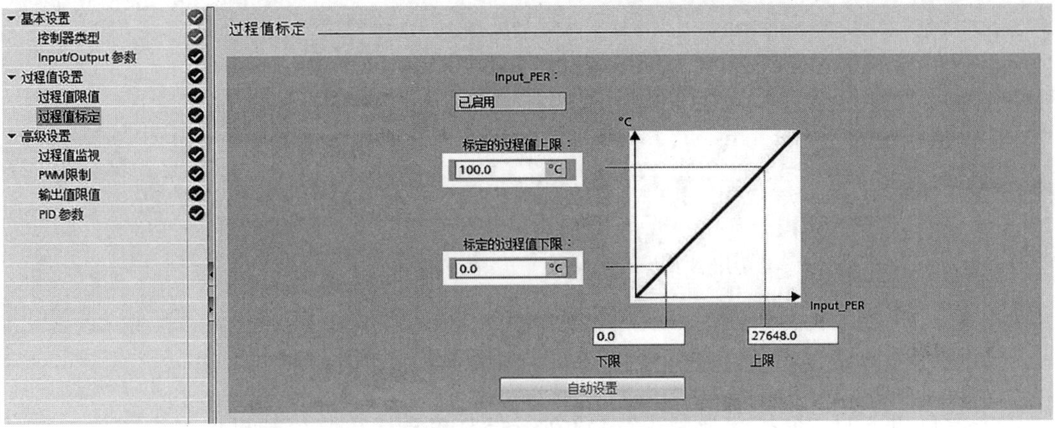

图 10-22　过程值标定

⑦ 合理设置 PID 参数和调节规则，默认的 PID 参数如图 10-23 所示。

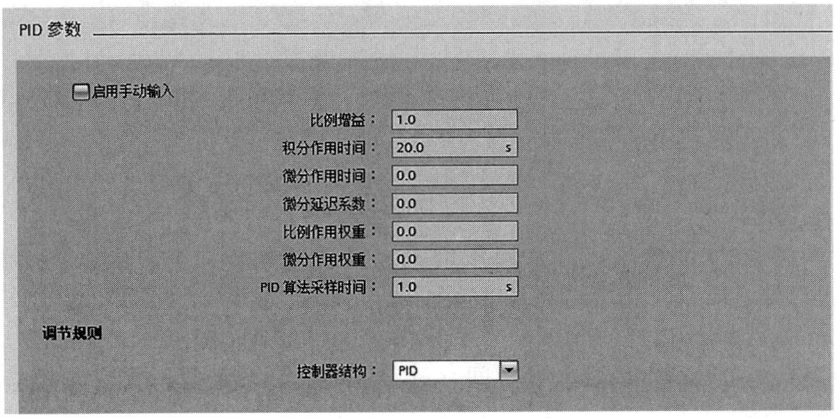

图 10-23　PID 参数设置

(3) 实验过程调试窗口

用 TIA 博途软件打开温度检测与控制实验程序，展开项目树下的“工艺对象”，单击其下的“PID _ Compact _ 2[DB1]”，点击“调试”，会出现图 10-24 所示的调试窗口。

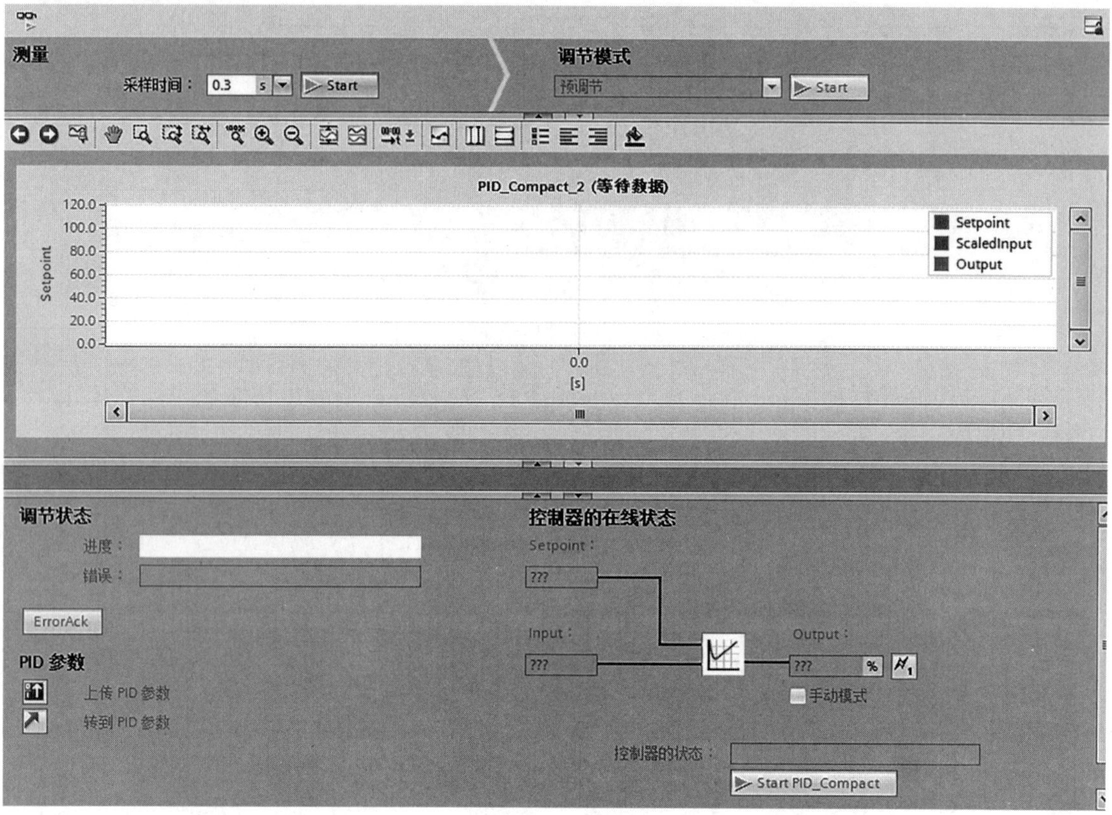

图 10-24　调试窗口

点击项目树下的“监控与强制表”，建立一张监控表，在监控表里添加设定值的地址并在“修改值”一栏输入设定值。如图 10-25 所示。

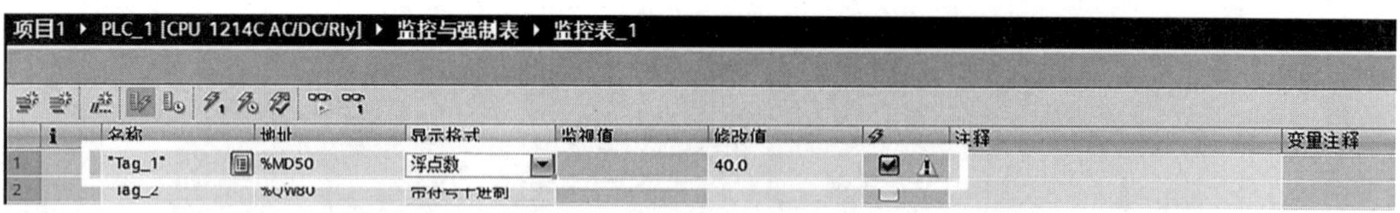

图 10-25　监控表设置窗口

(4) 下载程序

把程序下载到 CPU 模块，打开调试窗口。设置好采样时间，点击调节模式右边的“Start”按钮开始采样和调节，如图 10-26 所示。

(5) 运行程序

若 PID 参数设置合适，经过一段时间，过程值会达到设定值，实现控制系统的稳定运行，如图 10-27 所示。

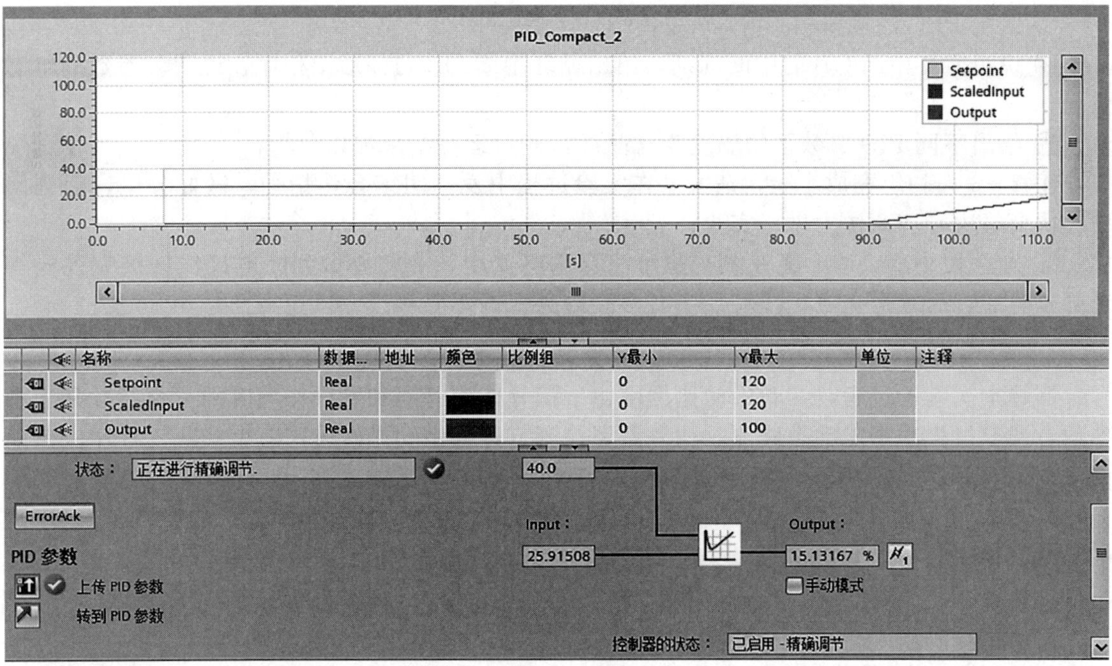

图 10-26　调试窗口

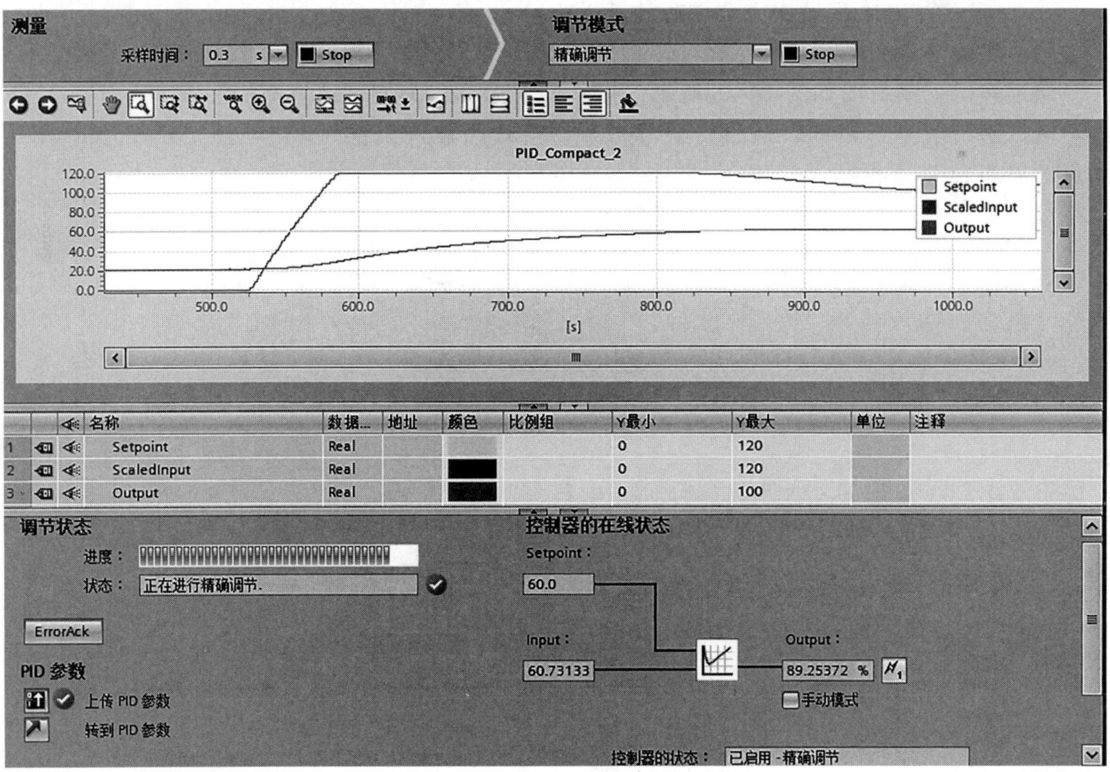

图 10-27　温度控制调试窗口

3）实验报告内容与要求

① 绘制 PLC 的接线图；

② 说明循环中断 OB 的中断周期，给出循环中断 OB 的梯形图程序，说明各参数的组态情况；

③ 给出不同 PID 参数下的温度变化曲线，并对运行结果加以分析；

④ 2～3 人一组完成实验，请大家在实验过程中发扬团结合作精神，做好分工，遇到问题时协商解决，齐心协力做好实验；

⑤ 安全无小事。请大家在做实验时注意用电安全，一定要做到断电接线！接完线要等老师核验通过后才可上电！模块加热时温度较高，请不要触摸，以免烫伤！

4）思考题

回顾本次实验过程，实验中的比例增益、积分作用时间和微分作用时间三个参数是静态参数，调节过程中不能动态修改。如果需要在调节过程中动态修改这三个参数，程序应该如何修改？编写程序实现。

10.4 储罐液位 DCS 控制系统组态仿真

（1）实验目的

① 熟悉 ECS-700 系统软硬件组成及功能。

② 掌握简单 DCS 系统设计的步骤和方法。

③ 掌握 ECS-700 系统组态和编程技巧。

（2）实验内容

储罐液位控制简图如图 10-28 所示，控制要求如下：某储罐液位 LI20201（0～10m）通过串级控制系统进行控制，阀门为 FV20201，气开阀输入流量为 FI20201（0～250m^3/h）。测点清单如表 10-1 所示。

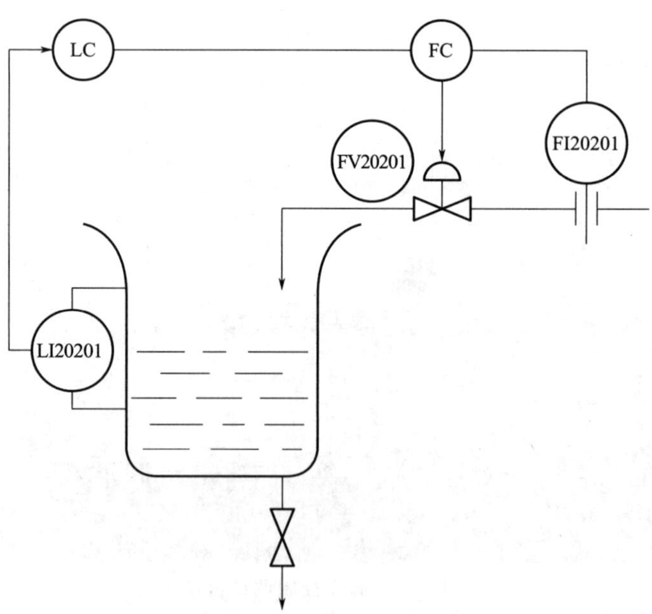

图 10-28 储罐液位控制简图

表 10-1 测点清单

序号	名称	描述	I/O	信号类型	量程下限	量程上限	单位	报警
1	LI20201	储罐液位	AI	配电 4～20mA	0	10	m	HH8.5 H8.0 L0.5
2	FI20201	输入流量	AI	配电 4～20mA	0	250	m^3/h	
3	FV20201	流量调节阀输出	AO	正输出	0	100	%	

① 设置一个控制站和一个操作站（兼作服务器）；

② 使用主流的硬件，控制器、I/O 模块、网络均需冗余配置；

③ 要求当液位位号或流量位号故障时，副回路应可手动保障安全；

④ 流程图中液位有动态显示。

(3) 实验步骤

① 根据控制要求进行硬件选型和 I/O 点分配；

② 画出系统结构简图，明确过程控制网中各节点的 IP 地址等信息；

③ 新建项目，完成结构、硬件、位号、程序、画面等组态；

④ 调试程序直至满足控制要求（如有控制器仿真授权）。

(4) 实验报告内容与要求

① 写出硬件选型的结果（包括控制器、I/O 模块、基座等硬件的型号、数量）和 I/O 点的分配情况。

② 画出系统结构简图，标注网络中各节点的 IP 地址。

③ 程序截图及注释，列出关键参数的设置情况。

④ 备份组态（以电子文档形式提交）。

⑤ 2～3 人一组完成实验，请大家在实验过程中发扬团结合作精神，做好分工，遇到问题时协商解决，齐心协力做好实验。

10.5 SIS 仿真设计

(1) 实验目的

① 熟悉 TCS-900 系统软硬件组成及功能。

② 掌握简单 SIS 设计的步骤和方法。

③ 掌握 TCS-900 系统组态和编程技巧。

(2) 实验内容

电磁阀联锁切断控制逻辑图如图 10-29 所示，测点清单如表 10-2 所示，要求如下：

① 设置一个控制站和一个操作站。

② 使用主流的硬件，控制器、I/O 模块、网络均需冗余配置。

③ DO 点（辅操台点除外）要求进 SOE；所有 AI 点进安全栅，采用 4～20mA 安全栅；所有 Bool 型操作变量进 SOE，冷启动不保持；涉及联锁的内存变量（包括系统诊断报警变量）都要求进 SOE。

④ 要求通过程序实现电磁阀联锁切断。

⑤ 流程图体现联锁逻辑关系。

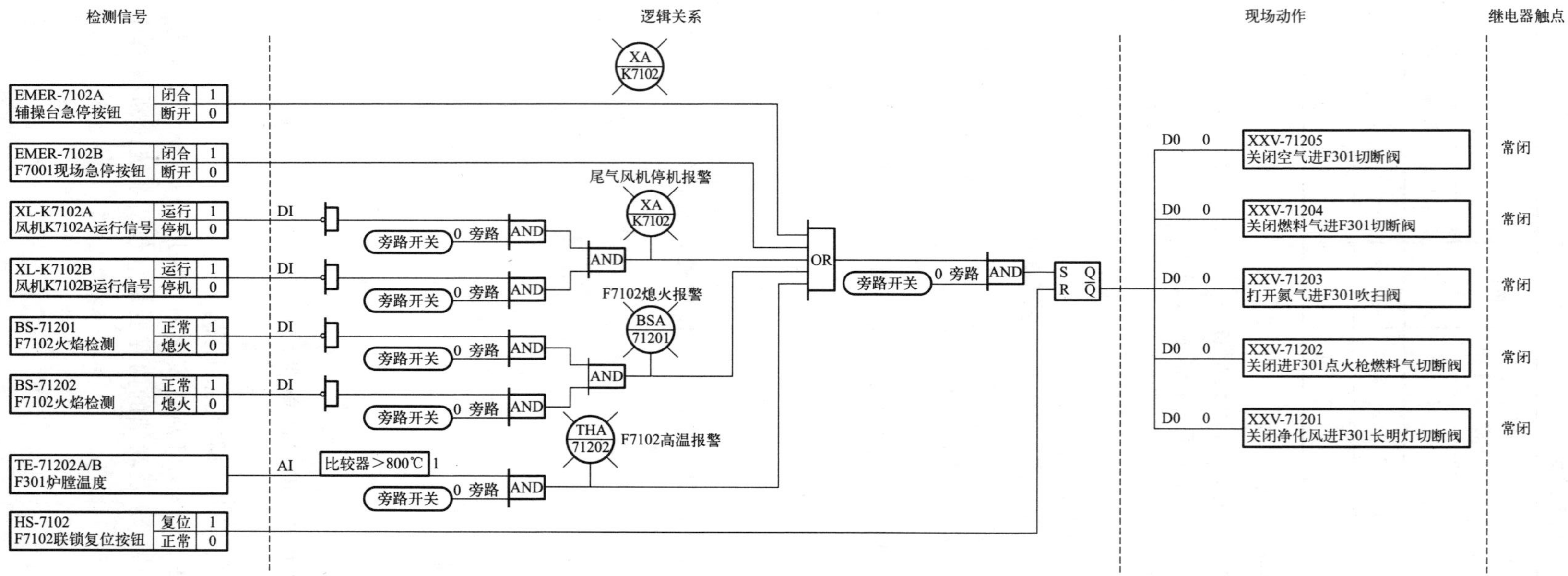

说明：①逻辑设置约定如下：按点闭合时为“1”，断开时为“0”，电磁阀得电为“1”，失电为“0”；正常工况下输出继电器励磁、电磁阀励磁、灯输出“0”信号、阀输出“1”信号；

②图例：

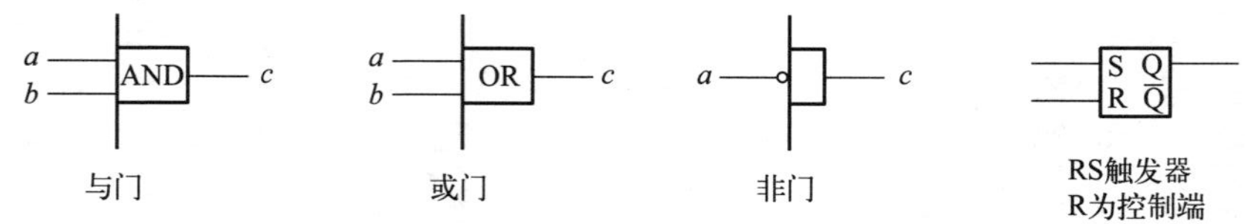

为逻辑内部信号

Q_{t-1}表示上一次的状态

R	S	Q	$\overline{Q}$
0	1	1	0
0	0	Q_{t-1}	$\neg(Q_{t-1})$
1	0	0	1
1	1	0	1

图 10-29　联锁逻辑图

表 10-2　测点清单

序号	位号	描述	量程	单位	备注
		AI			
1	TIS-71202A	尾气焚烧炉炉膛温度指示	0～900	℃	
2	TIS-71202B	尾气焚烧炉炉膛温度指示	0～900	℃	
		DI			
1	BS-71201	制硫炉火焰检测指示			MCC
2	BS-71202	制硫炉火焰检测指示			MCC
3	XL-K7102A	尾气鼓风机 K7102A 运行信号			MCC
4	XL-K7102B	尾气鼓风机 K7102B 运行信号			MCC
5	EMER-7102A	F7102 紧急停车按钮			辅操台
6	EMER-7102B	F7102 现场停机按钮			现场
7	HS-7102	F7102 联锁复位按钮			辅操台
		DO			
1	XXV-71201	净化风进 F301 长明灯切断阀			现场
2	XXV-71202	进 F301 点火枪燃料气切断阀			现场
3	XXV-71203	氮气进 F301 吹扫阀			现场
4	XXV-71204	燃料气进尾气炉联锁阀			现场
5	XXV-71205	空气进 F301 联锁阀			现场
6	XA-K7102	尾气风机停机报警(红灯)			辅操台
7	BSA-71201	F7102 熄火报警(红灯)			辅操台
8	THA-71202	F7102 高温报警(红灯)			辅操台

(3) 实验步骤

① 根据控制要求进行硬件选型和 I/O 点分配；

② 画出系统结构简图，明确过程控制网中各节点的 IP 地址等信息；

③ 新建项目，完成硬件、位号、联锁程序、流程图画面等组态；

④ 调试程序直至满足控制要求（如有控制器仿真授权）。

(4) 实验报告内容与要求

① 写出硬件选型的结果（包括控制器、I/O 模块等硬件的型号、数量）和导出变量。

② 画出系统结构简图，标注网络中各节点的 IP 地址。

③ 程序截图及注释。

④ 备份组态，含上位机和下位机（以电子文档形式提交）。

⑤ 2～3 人一组完成实验，请大家在实验过程中发扬团结合作精神，做好分工，遇到问题时协商解决，齐心协力做好实验。

第11章 工业控制装备应用实习

经过前面章节大量的学习和实践练习，相信读者已经具备了相当的控制系统设计开发能力，本章将进入更加考验读者综合创新能力的实践环节。创新实践环节采用 PBL（project based learning，项目式学习）团队实习方式，要求读者在这个环节完成一个综合应用项目。本章将介绍实习项目的培养目标、实习任务要求和实习成果呈现形式，实习项目的完成过程将模拟一个真实的工业自动化系统招投标过程，使读者体验实际工程项目的承接、设计和实施流程。

视频 11.1 实习指导

11.1 实习目标

① 深入理解工业控制装备应用原理：通过完成一个实际工程项目，深刻理解不同类型工业控制装备的原理、功能、优势、应用场景、设计和实施方式等。

② 培养工程应用能力和动手实践能力：读者根据任务书需求设计系统方案，并亲自动手、实践锻炼，不断从实际运行中发现问题并解决问题，工程应用和实践操作能力得到提升。

③ 培养创新思维和解决复杂工程问题能力：通过应用工业控制装备新技术、新功能设计工业自动化系统方案，解决在设计、开发、实施流程中遇到的实际问题和挑战，期间不断思考和尝试不同的解决方案，培养读者创新思维和解决复杂工程问题能力。

④ 增强团队协作意识和沟通能力：PBL 团队实习需要组建团队相互协作完成任务，在团队分工、协作联调、沟通方案等环节中增强团队协作意识和沟通能力。

⑤ 锻炼吃苦耐劳、攻坚克难等精神：帮助读者了解并适应工业自动化系统开发的艰苦工作环境和烦琐工作流程，锻炼其不断克服困难和挑战的耐力，提高职业素养和就业竞争力。

11.2 实习任务

实习项目来源于两个渠道：一是“西门子杯”中国智能制造挑战赛、“中国工业智能挑战赛”、“菲尼克斯智能技术创新与应用大赛”等权威竞赛的赛题，另一个渠道是从教材编写团队教师承担的产学研项目提炼出的实践任务。两个渠道的课题任务均具备真实复杂工程场景特征，需要的知识和能力远高于前面课程学习内容。前面章节学习的是某一个品牌一个系列的工业控制装备产品，实际产业中应用的产品众多，而且任务不只涉及 PLC/DCS/SIS 系统，还会涉及网络通信、云平台、人工智能等前沿技术，需要读者综合学习和应用前沿技术、其他产品手册或者其他课程的知识才能完成。

每个实习项目有不同的自动化系统实施背景和应用要求，但一般都包含制作商务标书与技术标书（技术标书即自动化系统技术方案，具体包括需求分析，硬件选型与设计，电气原理图、电气柜设计图设计，控制和监控软件流程图设计，有的还有通信接口开发、无线监控软件开发、云监控软件开发、智能算法等）、系统硬件实施和软件程序开发、系统测试和联调、系统投运、撰写验收报告文档等具体实习任务。

由于任务的复杂性，模拟实际项目开发流程采用团队实习方式，每组 3～5 人为宜，完成项目周期一般为 2～3 周。组队后确定队长，负责队内成员的分工和进度统筹，组员确认分工后分头工作，以各种线上线下的形式定期交流汇报进度，每位队员要负责好自己的任务，相互协作，设计好技术方案后，有条件的组别进行硬件的模拟测试和联合调试，最后形成技术报告和汇报 PPT。项目的执行过程要按照关于规范化开展工程实践项目的标准流程开展。

项目实施后团队提交技术报告和汇报 PPT，技术报告的内容要包含遵循规范和标准、项目需求分析、系统架构、硬件选型与设计、控制程序开发、监控软件开发、通信接口功能开发、测试结果与分析、项目分工情况、项目小结等。汇报 PPT 内容与技术报告配套。

以下给出 2 个实习项目样例，其余实习项目详见定期更新的实习任务。

拓展阅读 11.1　工程项目类实习任务
拓展阅读 11.2　学科竞赛类实习任务

1）工程项目样例：

（1）项目背景

项目名称：储能装置实验控制系统开发。

本项目目的是为移动储能装置配置控制系统。移动储能装置为最终产品，位于集装箱内，通过车辆运输至蒸汽余热企业，接入蒸汽进行蓄热，蓄热完成后运输至热水用户进行放热。为配合产品研发，先开发实验原型机，原型机功能如图 11-1 所示。

通过测试储热箱在充/放热过程中传热介质的工况参数以及储热箱内的温度，分析该装置的储热性能，包括：储热密度、储热效率、储热材料性能老化，并通过调节传热介质的工况参数，以优化储热箱的充/放热时间，使其与实际应用需求相匹配。

（2）控制需求

① 参数测量：

a. 温度测量：包括储热箱（4 个角部的温度，每个角部包含 3 个测温点：底部、中部、液面，共 12 个温度点）、储热箱进出的温度、来源管路温度及负载出口温度测量及信号传送（至少 10 路）。

b. 流量测量：热水出料管路的流量测量及信号传送。

② 控制逻辑：

a. 初始状态：按下控制箱上实体启停按键，系统初始化开始待机，5 个电磁阀处于关闭状态，变频泵处于停泵状态。

b. 蓄热阶段：自动模式(自动状态)：触摸屏切换开关切至蓄热方式，按下系统储能启动按钮，依次打开冷凝水出料电磁阀，打开蒸汽进料电磁阀，期间监测箱体 4 个角落温度，

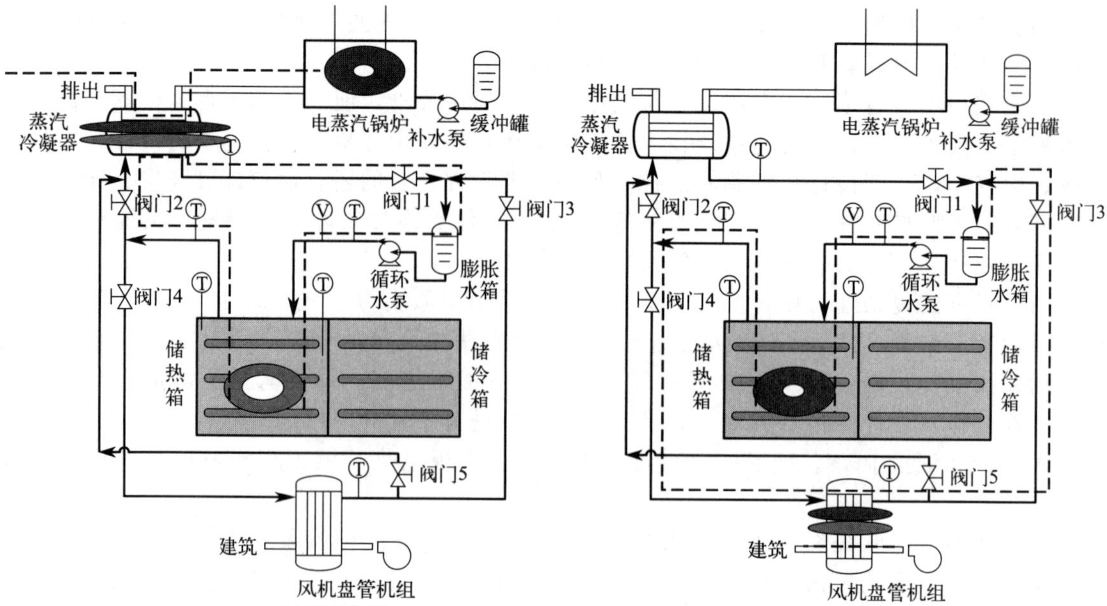

(a) 蓄热阶段　　(b) 放热阶段

图 11-1　储热实验系统流程图

—— 水路　═ 气路　Ⓣ温度传感　Ⓥ流量传感

当 4 个温度均达到约 120℃（具体数值实验测试后确定）时，关闭蒸汽进料电磁阀，一定时间（实验测试后确定）后关闭冷凝水出料电磁阀，蓄热过程结束。期间可通过停止按钮关闭蒸汽进料电磁阀，延时一定时间后关闭冷凝水出料电磁阀。手动模式(手动状态)：每个阀门及水泵单独控制（水泵只有在蓄热所有阀门均开启下才可手动打开，否则不响应）。

c. 放热阶段：自动模式(自动状态)：触摸屏切换开关切至放热方式，按下启动按钮，依次打开热水出料电磁阀，打开风机盘管侧的冷水进水电磁阀，启动变频泵开始放热水，检测热水出口温度，通过 PID 控制算法调节热水流量实现加热后的冷水出口温度为 55℃。当热水流量开至最小，仍达不到 55℃时，停止变频供水，关闭冷水进料电磁阀，关闭热水出料电磁阀，放热过程结束。其间可通过停止按钮关闭变频泵，关闭冷水进料电磁阀，延时一定时间后关闭热水出料电磁阀。手动模式(手动状态)：每个阀门及水泵单独控制（水泵只有在放热时所有阀门均开启下，才可手动打开，否则不响应）。

d. 增加一种手动模式(手动状态)：单独控制阀门 1、阀门 4、阀门 5、水泵。

(3) 人机交互设计

人机交互主界面含 5 个子窗口。

① 主画面中左侧动态显示整套系统的各部分动态、点位测量值、水泵工作状态、管道液体流向等；右侧显示触屏控制按钮，数据采集结果等。

② 实时曲线中显示不同变量的实时曲线及趋势。

③ 历史曲线中显示所要查询时间区间的实验参数变化曲线及所选取的时刻一类的值。

④ 参数设置画面，报警管理中，区分显示当前系统报警的点位、类别、温度超高报警、流量超低报警等，这便于协助操作人员对控制箱上的报警蜂鸣器报警进行定位（含上下限的设置及故障定位）。

⑤ 参数设置画面，便于操作人员输入实验所需参数，例如储能介质的比热容、储热效率、管道流量损失等，计算出储热功率、放热效率等。

(4) 实习要求

根据前述内容，撰写商务标书、技术标书，与指导老师确认技术方案，配置和开发相应软硬件系统，组织实施与投运调试，验收功能满足项目需求且具有稳定性、安全性，完成实习总结报告。

2）学科竞赛样例：

(1) 项目背景

本实习项目选自“西门子杯”中国智能制造挑战赛赛题，项目名称：流程工业某合成工艺的产率优化控制。项目硬件设备为 SMTP 仿真试验台，配置西门子 S7-400 CPU、PM125 通讯模块等，软件采用 PCS7 编程软件。

(2) 控制需求

① 工艺与控制要求

反应工艺过程如图 11-2 所示，工艺管道及仪表流程图（P&ID）如图 11-3 所示。该放热反应过程在催化剂 C 的作用下，原料 A 与原料 B 反应生成主产物 D 和副产物 E，反应方程式如下：

主反应：
$$A+2B \xrightarrow{C} D$$

副反应：
$$A+B \xrightarrow{C} E$$

式中，主生成物 D 是所需产品；副生成物 E 是杂质，主、副反应均为强放热反应。为了获得较高的反应转化率，采用原料 A 过量的工艺。

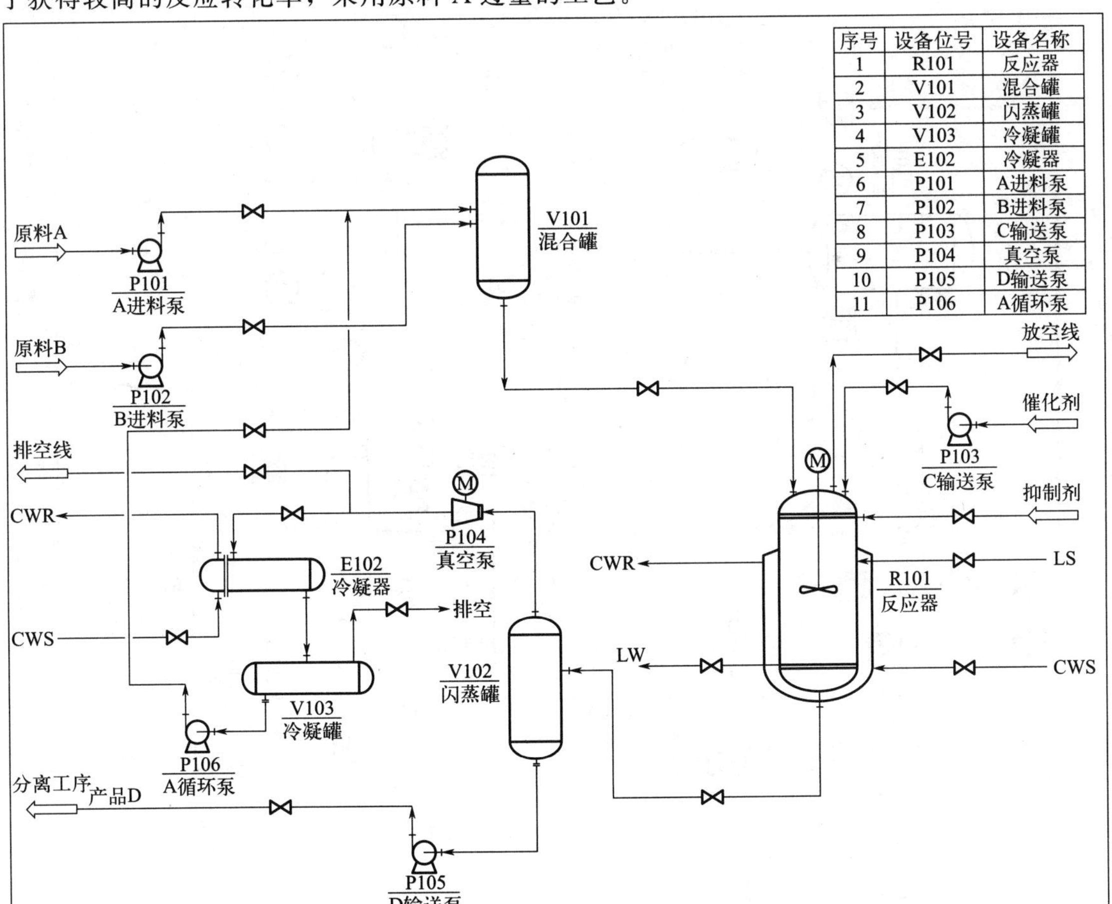

图 11-2　反应器工艺流程简图

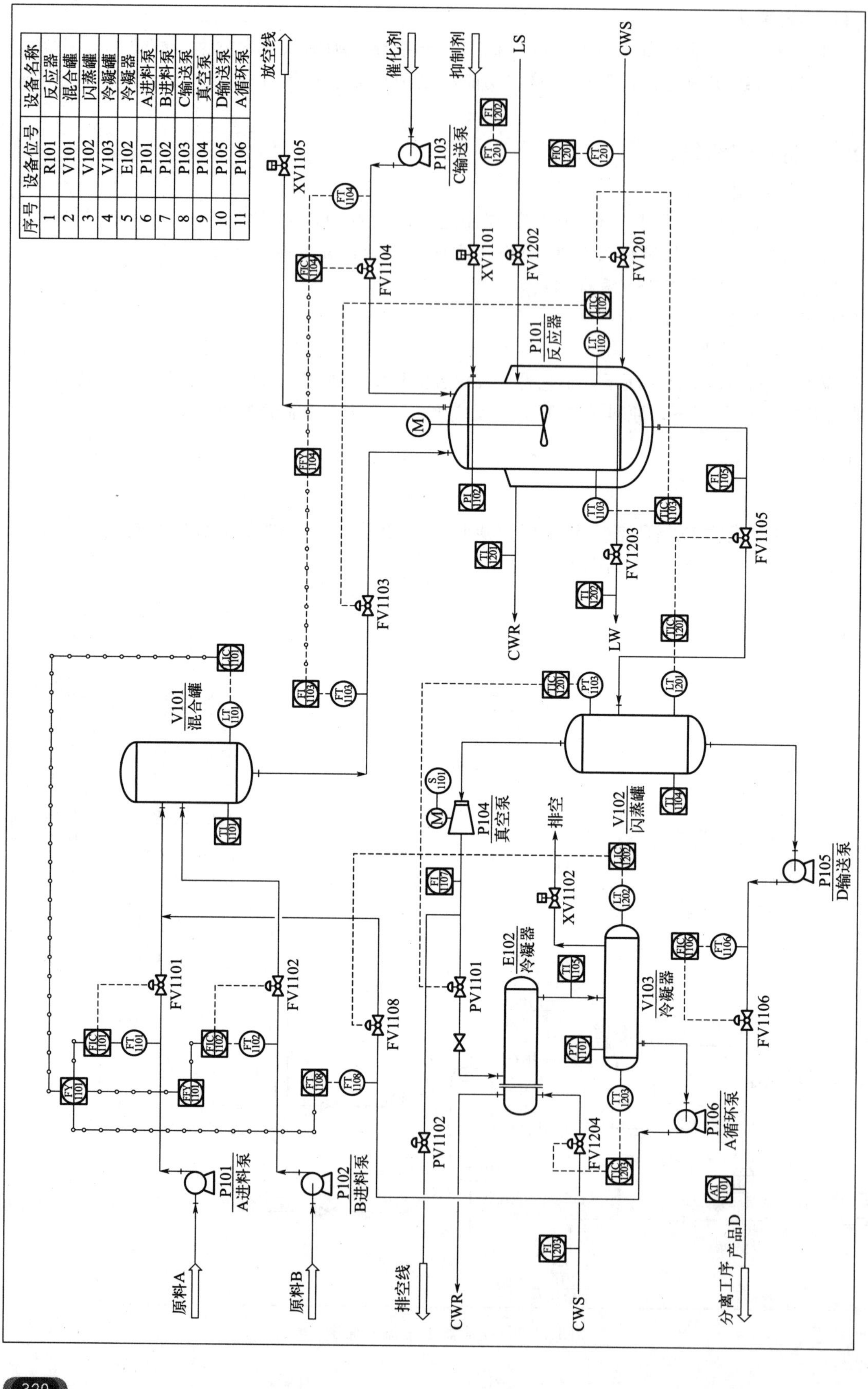

序号	设备位号	设备名称
1	R101	反应器
2	V101	混合罐
3	V102	闪蒸罐
4	V103	冷凝罐
5	E102	冷凝器
6	P101	A进料泵
7	P102	B进料泵
8	P103	C输送泵
9	P104	真空泵
10	P105	D输送泵
11	P106	A循环泵

图 11-3 工艺管道及仪表流程图

原料A与原料B分别由原料A进料泵P101、原料B进料泵P102输送进入混合罐V101（立式罐）内混合，混合物料进入放热反应器R101进行反应，反应所需的催化剂C，由催化剂C输送泵P103从反应器顶部加入。为了诱发反应达到活化温度，在反应初始阶段，反应器R101采用夹套蒸汽对反应物料进行加热。上述反应为强放热过程，反应器R101采用内盘管式水冷却，将反应放出的热量移除，维持反应器温度稳定，避免造成超温超压等安全事故。反应转化率与反应温度、停留时间、反应物料浓度及物料混合配比有关，反应体系气相压力对温度敏感，在冷却失效产生的高温条件下，过高的气相压力使反应器有爆炸的风险。在反应器顶部设置一路放空管线，当反应器因物料汽化导致压力急剧升高时，可以将气相物料放空至火炬，避免反应器发生爆炸事故影响正常生产；在反应器顶部设置一路抑制剂管线，当因反应失控导致温度或压力过高危及安全时，通入抑制剂F，使催化剂C迅速中毒失活，从而中止反应。

反应器R101底部出口生成物含有产品D、杂质E，催化剂C以及未反应的原料A和少量原料B，为了回收原料A，在反应器下游设置闪蒸罐V102，将混合生成物（D+E+C+A+B）中过量的原料A分离提纯。闪蒸罐V102顶部采出混合物（原料A、少量D+E+C+B）为气相，首先进入冷凝器E102与冷却水进行换热冷凝，冷凝后的混合物进入冷凝罐V103，通过循环泵P106再送入混合罐V101循环利用。闪蒸罐V102底部的混合生成物（D+E+C+A+B）经输送泵P105加压，送到下游分离工序，进行提纯精制，以分离出产品D。

反应生产装置提供最大负荷：原料A最大流量为32.29t/h；原料B最大流量为27.86t/h；催化剂C最大流量为6.98t/h。装置最大产能：产品D最大产量为48.75t/h。

② 开车步骤

a. 初始化检查，工况处于开车前状态，确认所有阀门和机泵均处于关闭状态。

b. 启动原料A输送泵P101，并打开原料A进料阀；启动原料B输送泵P102，并打开原料B进料阀，原料A、B按照一定比例进入混合罐V101。

c. 混合罐V101达到一定的液位时，打开罐底阀门，混合原料（A+B）进入反应器R101，启动催化剂输送泵P103，并打开催化剂C管线阀门，催化剂C与混合原料（A+B）按一定配比从反应器R101顶部加入。

d. 当反应器R101达到一定液位时，打开反应器R101夹套加热蒸汽管线阀门及凝结水管线阀门，夹套通入加热蒸汽使反应器物料升温诱发反应。

e. 当反应物料达到活化温度后，关闭反应器R101夹套加热蒸汽管线阀门及凝结水管线阀门，停止进加热蒸汽。原料A、B在催化剂C作用下进行化学反应，生成产品D及副产物E，并放出大量热能。

f. 当反应器R101液位持续升高达到一定液位时，打开反应器R101底部管线阀门，反应生成物进入闪蒸罐V102进行闪蒸。

g. 当反应器R101温度达到一定生产工艺值时，打开反应器R101循环冷却水上水管线阀门，冷却水通过内盘管进入反应器吸收热量，以控制反应器R101温度。

h. 在反应生成物进入闪蒸罐V102之前，启动真空泵P104，打开闪蒸罐顶部排空阀门，闪蒸罐开始抽真空并维持在一定真空度，然后反应生成物进入闪蒸罐进行闪蒸操作。

i. 当闪蒸罐维持稳定后，打开冷凝器E102循环冷却水上水管线阀门，冷凝器E102投用。关闭闪蒸罐顶部排空阀门，打开闪蒸物料进入冷凝器E102管线阀门，闪蒸罐顶部物料经冷凝器冷凝后进入冷凝罐V103。

j. 当冷凝罐V103达到一定液位时，启动A循环泵P106，打开A物料循环管线阀门，A物料进入混合罐V101进行循环使用。

k. 当闪蒸罐V102达到一定的液位时，启动D输送泵P105，打开闪蒸罐底部产品D混合物管线阀门，产品D混合物进入下游分离工序，以提纯产品D。

l. 开车过程完成后，投入自动控制系统，使工艺过程平稳运行，并保证满足工艺生产要求。

③ 设计要求

a. 关键工艺参数达到相关控制要求。

b. 不能出现安全事故。

c. 生产原料、公用工程消耗以及产品分别计价，最终收益（收益=产品总价－生产原料和公用工程消耗的总价）越多越好。

根据工艺过程及需求完成：

a. 项目方案设计，根据提供的工艺参数、设备数据、物性数据等完成方案设计，包括工艺分析、开车步骤设计、控制系统设计［对象特性及控制需求分析、仪表和调节阀选型（需考虑维护、控制系统调试等现场需求）、控制回路设计、控制算法研究、人机界面设计等］、控制系统的组成（控制器、IO卡件、通信网络等）、系统实施说明（系统连接、系统安装、系统组态、系统整定、系统调试、系统投运等）等。

b. 控制系统方案在西门子控制系统上实施（控制器硬件型号不限，推荐控制器为PCS7 412-H）并调试。开车过程允许将控制器置手动、修改控制器输出或是直接修改阀门开度等操作。

依据甲方需求，在开车过程结束、系统已进入稳态生产后，以最终收益、工艺参数是否达到控制要求为得分依据。

扣分项包括但不限于以下情况（依顺序扣分增大）：

a. 生产过程中，加抑制剂中止反应（造成废料增加，后处理困难）；

b. 混合罐、反应器、闪蒸罐、冷凝罐等罐式设备出现抽空或满罐现象（生产事故）；

c. 反应器超压爆炸（严重生产事故）。

④ 实习要求

根据①～③的项目背景和开发需求，撰写商务标书、技术标书，与指导老师确认技术方案，配置和开发相应软硬件系统，组织系统调试，功能满足项目需求且尽可能达到系统稳定，产率最大化，完成实习总结报告。

11.3 实习流程

实习过程模拟实际工程项目实施过程，读者经过实习训练后能够具备负责实际工程项目的基本技术能力和管理能力。具体实习流程如下：

① 指导教师模拟招标单位给出项目招标书（任务书）。

② 读者模拟投标单位组织团队，确定项目负责人，分工制作投标书，包括商业标书和技术标书。商业标书考虑性能价格比，展示团队在承担该项目方面的优势和基础，并给出报价清单。技术标书考虑方案的科学性、功能完整性、可扩展性、可实施性、运维保障等，商业标书和技术标书与其他投标对手相比体现出竞争力。

③ 指导教师评判标书的科学性、合理性、可行性等，指导团队修改后确认技术方案（实际工程项目中，项目招标单位组织评审标书后确认中标单位，并签订项目合同）。

④ 按照确认后的技术方案组织实施，分工进行技术方案中各模块的开发实施，并分别测试分项功能使其达到标书技术要求。

⑤ 现场联合调试，积极思考实施中的问题解决方案，确保系统达到甲方所有的控制需求，满足验收标准。

⑥ 指导教师组织项目验收、答辩。

⑦ 完成实习技术报告文档，备份所有工程资料。

在完成实习任务时，以下几点需特别关注：

第一，注重国产工业控制装备的选用。我国国产化 PLC、DCS、SIS 产品都取得了长足的进步，在满足功能要求的情况下，要推广应用国产产品，助力国产工业控制装备的成长进步，实现我国制造业重要基础设施的安全可控。

第二，方案设计中要贯彻创新、协调、绿色、开放、共享的新发展理念。实际工程项目评审中创新性是一个重要指标，开放性和可扩展性也是项目设计的遵循原则，PLC/DCS 网络架构为开放共享提供了技术保证，读者在方案设计时要注重前沿技术的学习，在实践中探索工业互联网、大数据、智能决策控制等最新技术的应用，也要注重总体协调统筹，控制功能实现的同时关注生态环境的保护。

第三，要发扬团结协作、攻坚克难的精神。智能制造类的项目通过工业互联网将产业链中的各环节贯通，包含多个子任务，项目的实施都要靠团队集体的力量完成。项目中每位成员都有分工，要发扬团队协作精神，按组长规划的进度完成，协调推进项目的完成。由于项目任务的复杂性，项目实施中可能会遇到各种困难，这也是真实项目实施中经常遇到的问题，团队成员要群策群力，想办法通过学习、咨询、交流等各种渠道攻坚克难解决问题。

11.4 实习文档

实习涉及的文档主要有商务投标标书、技术投标标书、实习总结报告和汇报 PPT 等。为了使读者了解实际工程中的标书和技术报告撰写方法，下面对相关文档主要内容给出简要介绍。

11.4.1 投标标书

投标标书是指投标单位按照招标书的条件和要求，向招标单位提交的报价并填具标单的文书。它是投标单位在充分领会招标文件，进行现场实地考察和调查的基础上编制的投标文书，是对招标公告提出要求的响应和承诺，并同时提出具体的标价及有关事项来竞争中标。投标标书是投标单位获得项目立项的重要依据，一般分为商务标书和技术标书。

1）商务标书

商务标书用于向招标单位介绍自己的企业和服务，展示能力和优势，争取商务合作机会。在商务领域竞争激烈，企业需要通过标书来展示自己的专业能力、技术实力、管理经验等优势，以获得合同或订单。商务标书的制作过程需要严谨、详尽，以确保信息准确、完整、清晰地传达给评审人员。

商务标书的内容根据招标书的要求不尽相同，通常包括以下几个方面：

① 法定代表人身份证明；

② 法人授权委托书；

③ 投标函；

④ 对招标文件及合同条款的承诺及补充意见；

⑤ 报价表（又称投标一览表）；

⑥ 投标报价说明；

⑦ 企业营业执照、资质证书、安全生产许可证等；

⑧ 类似项目业绩证明。

本课程实习中，实习团队模拟投标单位进行投标，重点说明团队承担该项目的基础和优势，并给出报价即可。

2）技术标书

技术标书用于向招标单位陈述响应招标文件的技术方案，对于工业自动化系统工程项目来说，标书内容根据项目目标和范围不尽相同，以下以某企业总排废水整治系统项目为例说明一般技术标书内容。

作为总承包项目，技术标书包括工艺方案制定、系统设计、相关拆除、土建施工、安装、全部设备及材料供货、调试、验收及交付等全方位的技术要求，其技术标书陈述了项目从设计到投运验收的所有技术内容，一级目录如下：

一、工艺、电气、自控系统描述
二、图纸
三、施工组织计划
四、工期一览表
五、人员一览表
六、拟投入本项目的机械设备一览表
七、投标方工艺土建、工艺设备、电气、自控供货设备一览表
八、大件部件情况
九、差异表
十、运行方案描述

上述一级目录下，与工业控制装备应用实习项目最相关的是“一、工艺、电气、自控系统描述”，在这个目录下，技术标书包括的内容有：

1. 项目总说明部分
2. 工艺设计说明
3. 设备、材料技术要求
4. 电气系统部分
5. 仪表与控制部分
6. 土建及公共工程部分
7. 技术资料内容和交付进度
8. 检验、试验和验收
9. 竣工验收
10. 技术培训

在上述1～10中，电气系统、仪表与控制是工业控制装备应用实习的核心内容，下面分别介绍这两部分的技术标书要点。

电气系统部分的技术方案内容有：

① 电气系统概述：描述电气系统设计内容、采用的标准规范。

② 电气方案要求及供货范围：描述总体供电方案，系统电压、电机控制、照明与检修系统、防雷接地系统、动力及控制电缆等的设计要求，电气设备及材料供货范围。

③ 供货技术要求：描述电气系统接线要求，电气设备防护等级，防止触电措施，电气设备的颜色标识，10kV开关柜设计标准、一般要求、结构、接地、断路器小车、绝缘隔板和绝缘活门、联锁、电缆终端接线、柜内连接、柜内设备，电力变压器要求，低压配电柜选型要求、结构要求，就地控制柜要求，电动机设计，照明方式及配电箱，室内电源插座，检修电源箱，照明系统，电缆设计及施工，电负荷计算清单。

④ 电气主要设备表：包括变电所设备、高压电气设备、低压电气设备、电气安装材料。

仪表与控制部分的技术方案内容包括：

① 仪表与系统概述：描述负责区域及工业控制装备系统类型、采用的标准规范。

② 仪控方案要求及工作范围：描述工作范围，控制系统硬件要求（I/O 模块、外围设备、电源与接地），控制系统软件要求（程序要求、组态要求），仪表选型原则。

③ 供货范围：描述仪表供货范围，仪表盘柜供货范围，安装材料供货范围，备品备件供货范围，项目文件资料（自控系统网络拓扑图、仪表盘柜阀箱制造原理及接线图、电缆桥架敷设路径、控制室平面布置、仪表接地系统图、仪表安装材料表、I/O 清册、仪表清册、仪表安装图、仪表布置图等项目设计文件，系统硬件手册、系统安装/维护/调试手册、组态/编程手册、系统控制柜外型图/安装图/原理图、电源柜外型图/安装图/原理图、硬接线接口清单和接线图、工程画面、工程报表、控制供货清单、系统组态软件包/工具软件/系统软件备份文件等项目资料）。

④ 仪控主要设备表：描述仪表清单、控制设备清单、仪控安装材料清单。

以上是较为完整的工业自动化系统技术标书内容，课程实习中根据招标项目功能要求可简化处理。

11.4.2 实习总结报告

实习总结报告是对实习过程从立项到结题验收过程的全面总结，是对整个项目技术方案和实施要点的记录文件，便于后续项目维护和团队传承交流。实习总结报告应涵盖以下内容。

① 封面（包含项目名称、团队成员、指导教师等）。

② 实习目的（学生能力培养目标）。

③ 技术方案。技术方案是总结报告中最重要的内容，需分项详细给出具体内容。

(a) 项目概述与目标：项目立项背景，工作区域范围，拟采用的工业控制装备类型，采用的标准规范，以及立项建设的目标。

(b) 项目需求分析：项目工作内容，系统硬件要求（控制器、I/O 模块、外围设备、电源与接地、各类仪表，列出 I/O 清册、仪表清册），系统软件要求（程序要求、组态要求）。

(c) 系统方案：设计原则，系统架构（图文），分项说明技术方案及其合理性、可行性、创新性分析。

(d) 设备选型与配置：仪表选型，控制器选型，外围扩展模块选型，外围设备选型，盘柜选型，编程、组态、通信软件选型，列出选型清单。

(e) 电气系统设计：系统网络拓扑图以及电缆桥架敷设路径，供电系统图，仪表布置图、接地系统图，仪表盘柜电气原理图、接线图。

(f) 控制系统逻辑设计：顺序控制逻辑（包括设备启动、运行、停止等状态的切换逻辑，以及报警、联锁等功能的实现逻辑），模拟量控制原理（每个关键被控变量的控制方案）。

(g) 数据通信与接口：系统各部件采用的通信协议和接口技术，不同系统、设备间的通信方案，安全性和保密性措施。

(h) 软件开发：控制软件、监控组态软件、通信软件等，包括编程工具、程序及注释。

(i) 安全与保护策略：电气系统防雷、接地等，软件系统联锁保护，网络安全防护等措施。

④ 系统实施及投运：硬件购置、接线、安装、测试过程及结果，软件调试过程及结果，系统联调过程及结果。

⑤ 提交和备份所有设计资料、工程软件。

⑥ 系统评价：从技术、安全、经济、环境等方面评价系统方案。

⑦ 实习过程总结及体会（组内分工情况，完成效果分析，经验总结，存在问题分析）。

参考文献

[1] 田龙，陈冬丽，李静．可编程控制器原理及应用［M］．南京：东南大学出版社，2014.

[2] 段礼才，黄文钰，徐善海，等．西门子 S7-1200PLC 编程及使用指南［M］．北京：机械工业出版社，2018.

[3] 冀敏，王宁，刘李军．电气控制与 PLC 编程［M］．北京：中国水利水电出版社，2019.

[4] 霍罡，苏强，等．欧姆龙 CP1 系列 PLC 原理与典型案例精解［M］．北京：机械工业出版社，2016.

[5] 赵晶，等．台达可编程控制器原理与应用［M］．厦门：厦门大学出版社，2014.

[6] 李新，王璐欢．智能视觉技术应用初级教程（信捷）［M］．哈尔滨：哈尔滨工业大学出版社，2020.

[7] 李道进，郭瑛，刘长松．环境保护与污水处理技术研究［M］．北京：文化发展出版社，2020.

[8] 史国生，曹弋．电气控制与可编程控制器技术［M］．4 版．北京：化学工业出版社，2019.

[9] 郭丙君．电气控制技术［M］．上海：华东理工大学出版社，2018.

[10] 丁炜．过程控制仪表及装置［M］．4 版．北京：电子工业出版社，2022.

[11] 李丽娟，张利．过程控制［M］．4 版．南京：东南大学出版社，2019.

[12] 王毅，张早校．过程装备控制技术及应用［M］．2 版．北京：化学工业出版社，2015.

[13] 厉玉鸣．化工仪表及自动化［M］．5 版．北京：化学工业出版社，2015.

[14] 廖常初．S7-1200 PLC 编程及应用［M］．4 版．北京：机械工业出版社，2021.

[15] 黄海燕，于昭旭，何衍庆．集散控制系统原理及应用［M］．4 版．北京：化学工业出版社，2021.

[16] Paul Gruhn，P. E.，CFSE，等．安全仪表系统工程设计与应用［M］．2 版．张建国，李玉明，译．北京：中国石化出版社，2017.